高等数学竞赛题解析教程(2021)

主编：陈 仲

编者：陈 仲 张玉莲 林小围

王夕予 王 培

东南大学出版社
·南京·

内 容 简 介

　　本书依据全国大学生数学竞赛大纲与江苏省普通高等学校高等数学竞赛大纲，并参照教育部制定的考研数学考试大纲编写而成，内容分为极限与连续、一元函数微分学、一元函数积分学、多元函数微分学、二重积分与三重积分、曲线积分与曲面积分、空间解析几何、级数、微分方程等九个专题，每个专题含"基本概念与内容提要""竞赛题与精选题解析"与"练习题"三个部分。其中，竞赛题选自全国大学生数学竞赛试题(非数学专业组)、江苏省、北京市、浙江省、广东省等省市大学生数学竞赛试题，南京大学、东南大学、清华大学等高校高等数学竞赛试题，莫斯科大学等国外高校大学生数学竞赛试题；另外，从近几年全国硕士研究生入学考试试题中也挑选了一些"好题"，作为本书的有力补充。这些题目中既含基本题，又含很多构思巧妙、解题技巧性强，具有较高水平和较大难度的创新题，本书逐条解析，深入分析，并总结解题方法与技巧。

　　本书可作为准备高等数学竞赛的老师和学生的培优教程，也可作为各类高等学校的大学生学习高等数学和考研的辅导教程，特别有益于成绩优秀的大学生提高高等数学水平。

图书在版编目(CIP)数据

　　高等数学竞赛题解析教程. 2021 / 陈仲主编. —南京：东南大学出版社，2021.1
　　ISBN 978-7-5641-9414-7

　　Ⅰ. ①高… Ⅱ. ①陈… Ⅲ. ①高等数学—高等学校—题解 Ⅳ. ①O13-44

　　中国版本图书馆 CIP 数据核字(2021)第 008436 号

高等数学竞赛题解析教程(2021)
Gaodeng Shuxue Jingsaiti Jiexi Jiaocheng（2021）

主　　编	陈　仲
出版发行	东南大学出版社
社　　址	南京市四牌楼 2 号(邮编：210096)
出 版 人	江建中
责任编辑	吉雄飞(025-83793169,597172750@qq.com)
经　　销	全国各地新华书店
印　　刷	南京京新印刷有限公司
开　　本	700 mm×1000 mm　1/16
印　　张	22
字　　数	431 千字
版　　次	2021 年 1 月第 1 版
印　　次	2021 年 1 月第 1 次印刷
书　　号	ISBN 978-7-5641-9414-7
定　　价	46.80 元

本社图书若有印装质量问题，请直接与营销部联系，电话：025-83791830。

前　言

　　高等数学(或称大学数学)是一年级大学生的基础课程,为加强普通高校的数学教学工作,提高教学质量,自 2009 年起,中国数学会已主办了十一届全国大学生数学竞赛(分非数学专业组与数学专业组);江苏省高等学校数学教学研究会从1991 年至今也已主办了十七届大学生高等数学竞赛,参赛类别分为本科一级 A、本科一级 B、本科二级、专科等四类;北京市、浙江省以及一些高等院校内部也常常组织大学生数学竞赛。

　　大学生数学竞赛的宗旨是贯彻教育部关于普通高校要注重素质教育的指示,激励大学生学习高等数学的兴趣,培养大学生对高等数学的热爱,加强高等学校教师与学生对高等数学的重视,以及促进高等学校对创新人才的发现、选拔与培养。它要求学生能够系统地理解高等数学的基本概念和基本理论,掌握数学的基本方法,并具有抽象思维能力、逻辑推理能力、空间想象能力以及综合运用所学知识分析问题和解决问题的能力。大学生数学竞赛给广大学生提供了一个展示自己数学智慧和能力的平台,越来越受到高校师生的认可、重视和欢迎,大家的参赛热情很高。

　　本书依据全国大学生数学竞赛大纲与江苏省普通高等学校高等数学竞赛大纲,并参照教育部制定的考研数学考试大纲编写而成,内容分为极限与连续、一元函数微分学、一元函数积分学、多元函数微分学、二重积分与三重积分、曲线积分与曲面积分、空间解析几何、级数、微分方程等九个专题,每个专题含"基本概念与内容提要""竞赛题与精选题解析"与"练习题"三个部分。其中,竞赛题选自全国大学生数学竞赛试题(非数学专业组 1—11 届预赛与 1—10 届决赛),江苏省(1—17届)、北京市(1—15 届)、浙江省(1—10 届及 2016—2019 年)、广东省等省市大学生数学竞赛试题,南京大学、东南大学、清华大学、上海交通大学、西安交通大学等高校高等数学竞赛试题,莫斯科大学等国外高校大学生数学竞赛试题;从近几年全国硕士研究生入学考试试题中也精心挑选了不少"好题",还有些"好题"在竞赛和考研试卷中都没有出现过,为此本书在每个专题中增加了不少"精选题",大大丰富了本书的内涵。这些题目中既含基本题,又含很多构思巧妙、解题技巧性强,具有较高水平和较大难度的创新题,本书逐条解析,深入分析,并总结解题方法与技巧。

　　本书自 2012 年起陆续推出多个版本,受到广大教师与学生的赞许,获得了许多好评。在这一版中我们对本书 2020 版进行了修订,将原专题 5 拆分为 2 个专题,同时增选了一些新题,修改了部分例题的解析,并将一些陈题调整为练习题,进一步提高了本书的质量。

　　本书可作为准备高等数学竞赛的老师和学生的培优教程,也可作为各类高等学校的大学生学习高等数学和考研的辅导教程,特别有益于成绩优秀的大学生提高高等数学水平。

　　在本书编写及历次修订过程中,编者得到了南京大学许绍溥、姜东平、姚天行、周国飞、黄卫华等教授的帮助,得到了江苏省高等学校数学教学研究会王栓宏、陈文彦、刘金林、曹菊生、郭跃华、姚泽清、侯绳照、施庆生、石澄贤、谭飞、卢殿臣等教授的一贯支持,谨此一并表示衷心的感谢。编者还要感谢东南大学出版社吉雄飞编辑的认真负责和悉心编校,使本书质量大有提高。

　　书中错误或缺点难免,敬请智者不吝赐教。

陈　仲

2020 年 11 月于南京大学

目　录

专题 1　极限与连续

1.1　基本概念与内容提要

1.1.1　一元函数基本概念

1）利用已知条件求函数的表达式.

2）函数的奇偶性、单调性、有界性与周期性.

3）基本初等函数（常值函数、幂函数、指数函数、对数函数、三角函数与反三角函数）和初等函数.

4）反函数、复合函数、参数式函数、隐函数.

5）分段函数.

1.1.2　数列的极限

1）$\lim\limits_{n\to\infty}x_n = A$ 的定义：$\forall \varepsilon > 0, \exists N \in \mathbf{N}$，当 $n > N$ 时，有

$$|x_n - A| < \varepsilon$$

2）收敛数列的性质

定理 1（惟一性）　若数列 $\{x_n\}$ 收敛于 A，则其极限 A 是惟一的.

定理 2（有界性）　若数列 $\{x_n\}$ 收敛，则 $\{x_n\}$ 为有界数列.

定理 3（保号性）　若 $\lim\limits_{n\to\infty}x_n = A > 0 (< 0)$，则 $\exists N \in \mathbf{N}$，当 $n > N$ 时，有

$$x_n > 0 \quad (< 0)$$

1.1.3　函数的极限

1）六种极限过程下函数极限的定义

$$\lim_{x\to a}f(x) = A, \quad \lim_{x\to a^+}f(x) = A, \quad \lim_{x\to a^-}f(x) = A$$

$$\lim_{x\to\infty}f(x) = A, \quad \lim_{x\to+\infty}f(x) = A, \quad \lim_{x\to-\infty}f(x) = A$$

例如　$\lim\limits_{x\to a}f(x) = A$ 的定义：$\forall \varepsilon > 0, \exists \sigma > 0$，当 $0 < |x - a| < \sigma$ 时，有

$$|f(x) - A| < \varepsilon$$

定理 1　$\lim\limits_{x\to a}f(x) = A \Leftrightarrow f(a^-) = A, \ f(a^+) = A.$

定理 2　$\lim\limits_{x\to\infty}f(x) = A \Leftrightarrow f(-\infty) = A, \ f(+\infty) = A.$

2）函数极限的性质

定理 3（惟一性） 在某一极限过程下，若函数 $f(x)$ 的极限存在，则其极限是惟一的.

定理 4（有界性） 若 $\lim\limits_{x \to a} f(x)$ 存在，则存在 $x = a$ 的去心邻域 $U_\delta^\circ(a)$，使得 $f(x)$ 在 $U_\delta^\circ(a)$ 上有界.

定理 5（保号性） 若 $\lim\limits_{x \to a} f(x) = A > 0 (< 0)$，则存在 $x = a$ 的去心邻域 $U_\delta^\circ(a)$，使得 $x \in U_\delta^\circ(a)$ 时 $f(x) > 0 (< 0)$.

1.1.4 证明数列或函数极限存在的方法

定理 1（夹逼准则） 设数列 $\{x_n\}, \{y_n\}, \{z_n\}$ 满足 $y_n \leqslant x_n \leqslant z_n$，且 $\lim\limits_{n \to \infty} y_n = A$，$\lim\limits_{n \to \infty} z_n = A$，则 $\lim\limits_{n \to \infty} x_n = A$.

定理 2（夹逼准则） 设三个函数 $f(x), g(x), h(x)$ 在 $x = a$ 的去心邻域中满足 $g(x) \leqslant f(x) \leqslant h(x)$，且 $\lim\limits_{x \to a} g(x) = A$，$\lim\limits_{x \to a} h(x) = A$，则 $\lim\limits_{x \to a} f(x) = A$.

注 对于其他的极限过程，类似的结论留给读者自己写出.

定理 3（单调有界准则） 若数列 $\{x_n\}$ 单调递增，并有上界（或单调递减，并有下界），则数列 $\{x_n\}$ 必收敛.

1.1.5 无穷小量

1）若在某极限过程中（$x \to a, x \to a^+, x \to a^-, x \to \infty, x \to +\infty, x \to -\infty$ 中任一个），某变量或函数 $\alpha(x) \to 0$，则称 $\alpha(x)$ 为该极限过程下的**无穷小量**，简称**无穷小**. 在同一极限过程中的有限个无穷小量之和仍为无穷小量；在同一极限过程中的有限个无穷小量的乘积仍为无穷小量；无穷小量与有界变量的乘积仍为无穷小量. 例如

$$\lim_{x \to 0} x \sin \frac{1}{x} = 0 \quad \left(因 x \to 0, \sin \frac{1}{x} 有界\right)$$

$$\lim_{x \to \infty} \frac{\sin x}{x} = 0 \quad \left(因 \frac{1}{x} \to 0, \sin x 有界\right)$$

定理 $\lim\limits_{x \to a} f(x) = A \Leftrightarrow f(x) = A + \alpha(x)$，这里 $x \to a$ 时 $\alpha(x)$ 为无穷小量.

2）无穷小的比较

假设在某极限过程中（以 $x \to a$ 为例），α, β 都是无穷小量.

(1) 若 $\dfrac{\alpha}{\beta} \to 0$，则称 α 是比 β **高阶的无穷小**，记为 $\alpha = o(\beta)$.

(2) 若 $\dfrac{\alpha}{\beta} \to \infty$，则称 α 是比 β **低阶的无穷小**.

(3) 若 $\dfrac{\alpha}{\beta} \to c (c \neq 0, c \in \mathbf{R})$，则称 α 与 β 为**同阶无穷小**. 特别的，当 $c = 1$ 时，称 α 与 β 为**等价无穷小**，记为 $\alpha \sim \beta (x \to a)$.

(4) 若 $\dfrac{\alpha}{x^k} \to c(c \neq 0, k > 0)$，则称 α 是 x 的 **k 阶无穷小**. 此时 $\alpha \sim cx^k$，称 cx^k 为 α 的**无穷小主部**.

1.1.6　无穷大量

1) 当 $n \to \infty$ 时，下列数列无穷大的阶数由低到高排序：

$$\ln n, \quad n^{\alpha}(\alpha > 0), \quad n^{\beta}(\beta > \alpha > 0), \quad a^n(a > 1), \quad n^n$$

2) 当 $x \to +\infty$ 时，下列函数无穷大的阶数由低到高排序：

$$\ln x, \quad x^{\alpha}(\alpha > 0), \quad x^{\beta}(\beta > \alpha > 0), \quad a^x(a > 1), \quad x^x$$

1.1.7　求数列或函数的极限的方法

1) 四则运算法则
2) 利用夹逼准则求极限
3) 先利用单调有界准则证明数列的极限存在，再求其极限
4) 利用两个重要极限求极限

$$\lim_{\square \to 0} \frac{\sin \square}{\square} = 1, \qquad \lim_{\square \to 0}(1 + \square)^{\frac{1}{\square}} = \mathrm{e}$$

例如　$\lim\limits_{x \to 0}(\cos x)^{\frac{1}{\cos x - 1}} = \lim\limits_{x \to 0}(1 + \cos x - 1)^{\frac{1}{\cos x - 1}} = \mathrm{e}$　（这里 $\square = \cos x - 1$）

5) 利用等价无穷小替换法则求极限

定理　当 $\square \to 0$ 时，有下列无穷小的等价性：

$$\square \sim \sin \square \sim \arcsin \square \sim \tan x \sim \arctan \square \sim \ln(1 + \square) \sim \mathrm{e}^{\square} - 1$$

$$(1 + \square)^{\lambda} - 1 \sim \lambda \square \qquad (\lambda > 0)$$

$$1 - \cos \square \sim \frac{1}{2} \square^2$$

6) 利用洛必达法则求极限（关于洛必达法则见第 2.1 节）
7) 利用马克劳林展开式求极限（关于马克劳林展式见第 2.1 节）
8) 利用导数的定义求极限
9) 利用定积分的定义求极限

1.1.8　函数的连续性

1) 函数 $f(x)$ 连续的定义：设 $f(x)$ 在 $x = a$ 的某邻域内有定义，若 $\lim\limits_{x \to a} f(x) = f(a)$，则称 $f(x)$ **在 $x = a$ 处连续**，记为 $f \in \mathscr{C}(a)$；若 $f(x)$ 在某区间 (a,b) 上每一点皆连续，称 $f(x)$ **在 (a,b) 上连续**，记为 $f \in \mathscr{C}(a,b)$；若 $f(x)$ 在 (a,b) 上连续，且 $f(x)$ 在 $x = a$ 处**右连续**（即 $\lim\limits_{x \to a^+} f(x) = f(a)$），在 $x = b$ 处**左连续**（即 $\lim\limits_{x \to b^-} f(x) = $

$f(b))$,则称 $f(x)$ 在 $[a,b]$ 上连续,记为 $f \in \mathscr{C}[a,b]$.

2) 连续函数的四则运算性质

3) 复合函数的极限与连续性

定理 1 若 $\lim\limits_{x \to a} \varphi(x) = b$,函数 $f(x)$ 在 $x = b$ 处连续,则

$$\lim_{x \to a} f(\varphi(x)) = f(\lim_{x \to a} \varphi(x)) = f(b)$$

定理 2 若函数 $\varphi(x)$ 在 $x = a$ 处连续,函数 $f(x)$ 在 $x = b = \varphi(a)$ 处连续,则 $f(\varphi(x))$ 在 $x = a$ 处连续,即有

$$\lim_{x \to a} f(\varphi(x)) = f(\varphi(a))$$

定理 3 初等函数在其有定义的区间上连续.

4) 间断点的分类

若 $f(x)$ 在 $x = a$ 处不连续,则称 $x = a$ 为 $f(x)$ 的**间断点**.间断点分为两类.

(1) 若 $f(a^-)$ 与 $f(a^+)$ 皆存在时,称 $x = a$ 为 $f(x)$ 的**第一类间断点**.若 $f(a^-) = f(a^+)$,称 $x = a$ 为**可去型间断点**;若 $f(a^-) \neq f(a^+)$,称 $x = a$ 为**跳跃型间断点**.

(2) 若 $f(a^-)$ 与 $f(a^+)$ 中至少有一个不存在时,称 $x = a$ 为 $f(x)$ 的**第二类间断点**.

5) 闭区间上连续函数的性质

定理 4(有界定理) 若 $f \in \mathscr{C}[a,b]$,则 $\exists K > 0$,使得 $\forall x \in [a,b]$,$|f(x)| \leqslant K$.

定理 5(最值定理) 若 $f \in \mathscr{C}[a,b]$,则 $\exists x_1, x_2 \in [a,b]$,使得

$$\forall x \in [a,b], \quad f(x_1) \leqslant f(x) \leqslant f(x_2)$$

定理 6(零点定理) 若 $f \in \mathscr{C}[a,b]$,$f(a)f(b) < 0$,则 $\exists \xi \in (a,b)$,使得 $f(\xi) = 0$,并称 $x = \xi$ 为函数 $f(x)$ 的零点.

1.2 竞赛题与精选题解析

1.2.1 求函数的表达式(例 1.1—1.3)

例 1.1(江苏省 2004 年竞赛题) 已知函数 $f(x)$ 是周期为 π 的奇函数,且当 $x \in \left(0, \dfrac{\pi}{2}\right)$ 时 $f(x) = \sin x - \cos x + 2$,则当 $x \in \left(\dfrac{\pi}{2}, \pi\right)$ 时 $f(x) =$ _____.

解析 因 $f(x)$ 为奇函数,所以当 $-\dfrac{\pi}{2} < x < 0$ 时

$$f(x) = -f(-x) = -(\sin(-x) - \cos(-x) + 2)$$
$$= \sin x + \cos x - 2$$

又因为 $f(x)$ 是周期为 π 的函数,所以当 $\dfrac{\pi}{2} < x < \pi$ 时

$$f(x) = f(x-\pi) = \sin(x-\pi) + \cos(x-\pi) - 2$$
$$= -\sin x - \cos x - 2$$

例 1.2(江苏省 1991 年竞赛题) 函数 $y = \sin x |\sin x| \left(\text{其中} |x| \leqslant \dfrac{\pi}{2}\right)$ 的反函数为_____.

解析 当 $0 \leqslant x \leqslant \dfrac{\pi}{2}$ 时 $y = \sin^2 x$,即 $\sin x = \sqrt{y}$ $(0 \leqslant y \leqslant 1)$,所以 $x = \arcsin\sqrt{y}(0 \leqslant y \leqslant 1)$;当 $-\dfrac{\pi}{2} \leqslant x \leqslant 0$ 时 $y = -\sin^2 x(-1 \leqslant y \leqslant 0)$,所以 $\sin^2 x = -y$, $\sin x = -\sqrt{-y}$, $x = \arcsin(-\sqrt{-y}) = -\arcsin(\sqrt{-y})$ $(-1 \leqslant y \leqslant 0)$. 于是所求反函数为

$$y = \begin{cases} \arcsin\sqrt{x}, & 0 \leqslant x \leqslant 1; \\ -\arcsin(\sqrt{-x}), & -1 \leqslant x \leqslant 0 \end{cases}$$

注 若利用公式 $\sin^2 x = \dfrac{1-\cos 2x}{2}$,类似的分析可得所求反函数为

$$y = \begin{cases} \dfrac{1}{2}\arccos(1-2x), & 0 \leqslant x \leqslant 1; \\ -\dfrac{1}{2}\arccos(1+2x), & -1 \leqslant x \leqslant 0 \end{cases}$$

例 1.3(莫斯科经济统计学院 1975 年竞赛题) 求

$$f(x) = \lim_{n \to \infty} \sqrt[n]{1 + x^n + \left(\dfrac{x^2}{2}\right)^n}$$

的表达式,并作函数 $f(x)$ 的图象.

解析 当 $0 \leqslant |x| < 1$ 时,$f(x) = (1+0+0)^0 = 1$;

当 $x = 1$ 时,$f(1) = (2+0)^0 = 1$;

当 $x = -1$ 时,由于

$$\lim_{n \to \infty} \sqrt[2n]{1 + (-1)^{2n} + \left(\dfrac{1}{2}\right)^{2n}} = (2+0)^0 = 1$$

$$\lim_{n \to \infty} \sqrt[2n+1]{1 + (-1)^{2n+1} + \left(\dfrac{1}{2}\right)^{2n+1}} = \dfrac{1}{2}$$

所以 $x = -1$ 时 $f(x)$ 无定义;

当 $1 < x < 2$ 时

$$f(x) = \lim_{n \to \infty} x \cdot \sqrt[n]{\left(\dfrac{1}{x}\right)^n + 1 + \left(\dfrac{x}{2}\right)^n} = x$$

当 $x = 2$ 时

$$f(2) = \lim_{n \to \infty} \sqrt[n]{1 + 2 \cdot 2^n} = \lim_{n \to \infty} 2 \cdot \sqrt[n]{2 + \frac{1}{2^n}} = 2(2+0)^0 = 2$$

当 $|x| > 2$ 时

$$f(x) = \lim_{n \to \infty} \frac{x^2}{2} \cdot \sqrt[n]{\left(\frac{2}{x^2}\right)^n + \left(\frac{2}{x}\right)^n + 1} = \frac{x^2}{2}$$

当 $-2 < x < -1$ 时,由于

$$\lim_{n \to \infty} \sqrt[2n]{1 + x^{2n} + \left(\frac{x^2}{2}\right)^{2n}} = \lim_{n \to \infty} (-x) \cdot \sqrt[2n]{\frac{1}{x^{2n}} + 1 + \left(\frac{x}{2}\right)^{2n}}$$
$$= (-x)(0+1+0)^0 = -x$$

$$\lim_{n \to \infty} \sqrt[2n+1]{1 + x^{2n+1} + \left(\frac{x^2}{2}\right)^{2n+1}} = \lim_{n \to \infty} x \cdot \sqrt[2n+1]{\frac{1}{x^{2n+1}} + 1 + \left(\frac{x}{2}\right)^{2n+1}}$$
$$= x \cdot (0+1+0)^0 = x$$

所以 $-2 < x < -1$ 时 $f(x)$ 无定义;

当 $x = -2$ 时,由于

$$\lim_{n \to \infty} \sqrt[2n]{1 + (-2)^{2n} + (2)^{2n}}$$
$$= \lim_{n \to \infty} 2 \cdot \sqrt[2n]{\frac{1}{2^{2n}} + 2} = 2 \cdot (0+2)^0 = 2$$
$$\lim_{n \to \infty} \sqrt[2n+1]{1 + (-2)^{2n+1} + 2^{2n+1}} = 1^0 = 1$$

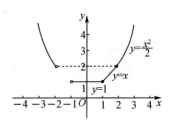

所以 $x = -2$ 时 $f(x)$ 无定义.

函数 $f(x)$ 的图象如右图所示.

1.2.2 利用极限的性质与四则运算求极限(例1.4—1.13)

例1.4(江苏省2008年竞赛题)　当 $a = $ _____,$b = $ _____ 时,有

$$\lim_{x \to \infty} \frac{ax + 2|x|}{bx - |x|} \arctan x = -\frac{\pi}{2}$$

解析　因为

$$\lim_{x \to +\infty} \frac{ax + 2|x|}{bx - |x|} \arctan x = \frac{a+2}{b-1} \cdot \frac{\pi}{2} = -\frac{\pi}{2}$$

所以 $a + 2 = 1 - b$;又因为

$$\lim_{x \to -\infty} \frac{ax + 2|x|}{bx - |x|} \arctan x = \frac{a-2}{b+1}\left(-\frac{\pi}{2}\right) = -\frac{\pi}{2}$$

所以 $a - 2 = b + 1$.

由上,解得 $a = 1$,$b = -2$.

例 1.5(江苏省 2012 年竞赛题)　求 $\lim\limits_{n\to\infty}n^4\left(\dfrac{3}{n^3}-\sum\limits_{i=1}^{3}\dfrac{1}{(n+i)^3}\right).$

解析　原式 $=\lim\limits_{n\to\infty}\left(n^4\left(\dfrac{1}{n^3}-\dfrac{1}{(n+1)^3}\right)+n^4\left(\dfrac{1}{n^3}-\dfrac{1}{(n+2)^3}\right)+n^4\left(\dfrac{1}{n^3}-\dfrac{1}{(n+3)^3}\right)\right)$

$\qquad=\lim\limits_{n\to\infty}\left(\dfrac{n^4(3n^2+3n+1)}{n^3(n+1)^3}+\dfrac{n^4(6n^2+12n+8)}{n^3(n+2)^3}+\dfrac{n^4(9n^2+27n+27)}{n^3(n+3)^3}\right)$

$\qquad=3+6+9=18$

例 1.6(江苏省 2012 年竞赛题)　求 $\lim\limits_{n\to\infty}\dfrac{1}{n}\cdot\left|1-2+3-\cdots+(-1)^{n+1}n\right|.$

解析　令 $x_n=\dfrac{1}{n}\cdot\left|1-2+3-\cdots+(-1)^{n+1}n\right|$,则

$$x_{2n}=\dfrac{1}{2n}\cdot\left|1-2+3-\cdots+(2n-1)-2n\right|$$

$$=\dfrac{1}{2n}\cdot\left|(1+3+\cdots+(2n-1))-(2+4+\cdots+2n)\right|$$

$$=\dfrac{1}{2n}\cdot\left|n^2-(n^2+n)\right|=\dfrac{1}{2}$$

$$x_{2n+1}=\dfrac{1}{2n+1}\cdot\left|1-2+3-\cdots-2n+(2n+1)\right|$$

$$=\dfrac{1}{2n+1}\cdot\left|(1+3+\cdots+(2n+1))-(2+4+\cdots+2n)\right|$$

$$=\dfrac{1}{2n+1}\cdot\left|(n^2+2n+1)-(n^2+n)\right|=\dfrac{n+1}{2n+1}$$

由于 $\lim\limits_{n\to\infty}x_{2n}=\dfrac{1}{2},\lim\limits_{n\to\infty}x_{2n+1}=\dfrac{1}{2}$,故

$$\lim\limits_{n\to\infty}\dfrac{1}{n}\cdot\left|1-2+3-\cdots+(-1)^{n+1}n\right|=\lim\limits_{n\to\infty}x_n=\dfrac{1}{2}$$

例 1.7(莫斯科电子技术学院 1975 年竞赛题)　求

$$\lim\limits_{n\to\infty}\left(\dfrac{2^3-1}{2^3+1}\cdot\dfrac{3^3-1}{3^3+1}\cdot\dfrac{4^3-1}{4^3+1}\cdot\cdots\cdot\dfrac{n^3-1}{n^3+1}\right)$$

解析　原式 $=\lim\limits_{n\to\infty}\prod\limits_{k=2}^{n}\dfrac{k^3-1}{k^3+1}$

$\qquad=\lim\limits_{n\to\infty}\prod\limits_{k=2}^{n}\dfrac{(k-1)((k+1)^2-(k+1)+1)}{(k+1)(k^2-k+1)}$

$\qquad=\lim\limits_{n\to\infty}\dfrac{1\cdot2\cdot\cdots\cdot(n-1)}{3\cdot4\cdot\cdots\cdot(n+1)}\cdot\prod\limits_{k=2}^{n}\dfrac{(k+1)^2-(k+1)+1}{k^2-k+1}$

$$= \lim_{n \to \infty} \frac{2}{n(n+1)} \frac{n^2+n+1}{3} = \frac{2}{3}$$

例 1.8(江苏省 2014 年竞赛题)　设对每一个 j，$\{f_j(k)\}_{k=1}^{\infty}$ 都是无穷小数列，其中 $j = 1, 2, 3, \cdots$. 现定义 $z_k = \lim_{n \to \infty}\{f_1(k)f_2(k)\cdots f_n(k)\}$，若 $\{z_k\}$ 是一个数列，那么 $\lim_{k \to \infty} z_k = 0$ 是否一定成立？若一定成立，给出证明；若不一定成立，举一反例.

解析　$\lim_{k \to \infty} z_k = 0$ 不一定成立. 反例如下：

当 $j = 1$ 时，设

$$f_1(k) = \frac{1}{k}, \quad k = 1, 2, \cdots$$

当 $j \geqslant 2$ 时，设

$$f_j(k) = \begin{cases} 1, & k < j, \\ j^{j-1}, & k = j, \\ \dfrac{1}{k}, & k > j \end{cases}$$

即

$$f_1(k): 1, \frac{1}{2}, \frac{1}{3}, \frac{1}{4}, \cdots, \frac{1}{n}, \frac{1}{n+1}, \cdots$$

$$f_2(k): 1, 2, \frac{1}{3}, \frac{1}{4}, \cdots, \frac{1}{n}, \frac{1}{n+1}, \cdots$$

$$f_3(k): 1, 1, 3^2, \frac{1}{4}, \cdots, \frac{1}{n}, \frac{1}{n+1}, \cdots$$

$$\vdots$$

$$f_n(k): 1, 1, 1, 1, \cdots, n^{n-1}, \frac{1}{n+1}, \cdots$$

$$\vdots$$

则 $z_k = \lim_{n \to \infty}\{f_1(k)f_2(k)\cdots f_n(k)\} = 1$，所以 $\lim_{k \to \infty} z_k = 1$.

例 1.9(江苏省 1991 年竞赛题)　已知一点先向正东移动 a m，然后左拐弯移动 aq m(其中 $0 < q < 1$)，如此不断重复地左拐弯，使得后一段移动的距离为前一段的 q 倍，这样该点有一极限位置，试问该极限位置与原出发点相距多少米？

解析　设出发点为坐标原点 $O(0,0)$，移动 n 次到达点 (x_n, y_n). 根据移动规则，得 $x_1 = a$，$x_2 = a$，$x_3 = a - aq^2$，$x_4 = a - aq^2$，$x_5 = a - aq^2 + aq^4$，$x_6 = x_5$，$x_7 = a - aq^2 + aq^4 - aq^6$，$x_8 = x_7$，$\cdots$，归纳得

$$x_{2n-1} = a - aq^2 + aq^4 - \cdots + (-1)^{n-1}aq^{2(n-1)}, \quad x_{2n} = x_{2n-1}$$

于是

$$\lim_{n \to \infty} x_{2n-1} = \lim_{n \to \infty} x_{2n} = \frac{a}{1+q^2}$$

同样,根据移动规则得 $y_1 = 0, y_2 = aq, y_3 = y_2, y_4 = aq - aq^3, y_5 = y_4,$
$y_6 = aq - aq^3 + aq^5, y_7 = y_6, \cdots,$ 归纳得

$$y_{2n} = aq - aq^3 + \cdots + (-1)^{n-1} aq^{2n-1}, \qquad y_{2n+1} = y_{2n}$$

于是

$$\lim_{n \to \infty} y_{2n} = \lim_{n \to \infty} y_{2n+1} = \frac{aq}{1+q^2}$$

综上,极限位置为 $\left(\dfrac{a}{1+q^2}, \dfrac{aq}{1+q^2} \right)$,它与原点的距离为

$$d = \sqrt{\left(\frac{a}{1+q^2} \right)^2 + \left(\frac{aq}{1+q^2} \right)^2} = \frac{a}{\sqrt{1+q^2}} (\mathrm{m})$$

例 1.10(上海交通大学 1991 年竞赛题)　设 $x_1 = 1, x_2 = 2,$ 且

$$x_{n+2} = \sqrt{x_{n+1} \cdot x_n} \quad (n = 1, 2, \cdots)$$

求 $\lim\limits_{n \to \infty} x_n$.

解析　令 $y_n = \ln x_n$,则由 $x_{n+2} = \sqrt{x_{n+1} \cdot x_n}$ 得

$$y_{n+2} = \frac{1}{2}(y_{n+1} + y_n)$$

$$y_{n+2} - y_{n+1} = -\frac{1}{2}(y_{n+1} - y_n) = \left(-\frac{1}{2} \right)^2 (y_n - y_{n-1})$$

$$= \cdots = \left(-\frac{1}{2} \right)^n (y_2 - y_1) = \left(-\frac{1}{2} \right)^n \ln 2$$

移项得

$$y_{n+2} = y_{n+1} + \left(-\frac{1}{2} \right)^n \ln 2 = y_n + \left(-\frac{1}{2} \right)^{n-1} \ln 2 + \left(-\frac{1}{2} \right)^n \ln 2$$

$$= \cdots = y_1 + \left[\left(-\frac{1}{2} \right)^0 \ln 2 + \left(-\frac{1}{2} \right) \ln 2 + \cdots + \left(-\frac{1}{2} \right)^n \ln 2 \right]$$

$$= \ln 2 \left[1 + \left(-\frac{1}{2} \right) + \left(-\frac{1}{2} \right)^2 + \cdots + \left(-\frac{1}{2} \right)^n \right]$$

$$= \ln 2 \cdot \frac{1 - \left(-\frac{1}{2} \right)^{n+1}}{1 + \frac{1}{2}} = \frac{2}{3} \left[1 - \left(-\frac{1}{2} \right)^{n+1} \right] \ln 2$$

故 $\lim\limits_{n \to \infty} y_{n+2} = \dfrac{2}{3} \ln 2 \lim\limits_{n \to \infty} \left[1 - \left(-\dfrac{1}{2} \right)^{n+1} \right] = \dfrac{2}{3} \ln 2$,于是

$$\lim_{n \to \infty} x_n = \lim_{n \to \infty} x_{n+2} = \lim_{n \to \infty} e^{y_{n+2}} = 2^{\frac{2}{3}}$$

例 1.11(全国 2011 年预赛题)　设数列 $\{a_n\}$ 收敛,且 $\lim\limits_{n \to \infty} a_n = A (A \in \mathbf{R})$,证明:

$$\lim_{n\to\infty}\frac{a_1+a_2+\cdots+a_n}{n}=A$$

解析 根据数列收敛的定义，$\forall\varepsilon>0,\exists N\in\mathbf{N}^*$，当 $n>N$ 时，有 $|a_n-A|<\dfrac{\varepsilon}{3}$. 记 $S_n=a_1+a_2+\cdots+a_n$，于是

$$\frac{S_n}{n}-A=\frac{S_N}{n}+\frac{a_{N+1}+a_{N+2}+\cdots+a_n-nA}{n}$$

$$=\frac{S_N}{n}+\left[\frac{(a_{N+1}-A)+(a_{N+2}-A)+\cdots+(a_n-A)}{n-N}+\frac{NA}{n-N}\right]\left(1-\frac{N}{n}\right)$$

$$\left|\frac{S_n}{n}-A\right|\leqslant\left|\frac{S_N}{n}\right|+\frac{|a_{N+1}-A|+|a_{N+2}-A|+\cdots+|a_n-A|}{n-N}+\left|\frac{NA}{n-N}\right|$$

$$\leqslant\left|\frac{S_N}{n}\right|+\frac{\varepsilon}{3}+\left|\frac{NA}{n-N}\right|$$

由于 $\lim\limits_{n\to\infty}\dfrac{S_N}{n}=0,\lim\limits_{n\to\infty}\dfrac{NA}{n-N}=0$，所以 $\exists N_1>N$，当 $n>N_1$ 时，有 $\left|\dfrac{S_N}{n}\right|<\dfrac{\varepsilon}{3}$，$\left|\dfrac{NA}{n-N}\right|<\dfrac{\varepsilon}{3}$，于是 $\left|\dfrac{S_n}{n}-A\right|<\varepsilon$，再由极限的定义即得

$$\lim_{n\to\infty}\frac{S_n}{n}=\lim_{n\to\infty}\frac{a_1+a_2+\cdots+a_n}{n}=A$$

例 1.12（莫斯科技术物理学院 1976 年竞赛题） 设数列 $\{a_n\}$ 与 $\{b_n\}$ 都收敛，且 $\lim\limits_{n\to\infty}a_n=A,\lim\limits_{n\to\infty}b_n=B(A,B\in\mathbf{R})$，证明：

$$\lim_{n\to\infty}\frac{a_1b_n+a_2b_{n-1}+\cdots+a_nb_1}{n}=AB$$

解析 由极限存在的充要条件，必存在无穷小量 $\alpha_n\to0,\beta_n\to0(n\to\infty)$，使得 $a_n=A+\alpha_n,b_n=B+\beta_n$，于是

$$\frac{a_1b_n+a_2b_{n-1}+\cdots+a_nb_1}{n}$$

$$=\frac{1}{n}\left[(A+\alpha_1)(B+\beta_n)+(A+\alpha_2)(B+\beta_{n-1})+\cdots+(A+\alpha_n)(B+\beta_1)\right]$$

$$=AB+B\frac{\alpha_1+\alpha_2+\cdots+\alpha_n}{n}+A\frac{\beta_1+\beta_2+\cdots+\beta_n}{n}+\frac{\alpha_1\beta_n+\alpha_2\beta_{n-1}+\cdots+\alpha_n\beta_1}{n}$$

由于 $\alpha_n\to0,|\beta_n|\to0(n\to\infty)$，应用例 1.11 的结论，得

$$\lim_{n\to\infty}\frac{\alpha_1+\alpha_2+\cdots+\alpha_n}{n}=0,\quad\lim_{n\to\infty}\frac{|\beta_1|+|\beta_2|+\cdots+|\beta_n|}{n}=0$$

又因数列 $\{\alpha_n\}$ 有界，所以 $\exists K>0$，使得 $|\alpha_n|<K(n=1,2,\cdots)$，且

$$\left|\frac{\alpha_1\beta_n+\alpha_2\beta_{n-1}+\cdots+\alpha_n\beta_1}{n}\right|<K\frac{|\beta_1|+|\beta_2|+\cdots+|\beta_n|}{n}\to0\quad(n\to\infty)$$

于是 $\lim\limits_{n\to\infty}\dfrac{\alpha_1\beta_n+\alpha_2\beta_{n-1}+\cdots+\alpha_n\beta_1}{n}=0$. 因此

$$\lim_{n\to\infty} \frac{a_1 b_n + a_2 b_{n-1} + \cdots + a_n b_1}{n} = AB + B \cdot 0 + A \cdot 0 + 0 = AB$$

注 例 1.12 的结论是例 1.11 的结论的推广，取 $b_n = 1(n = 1, 2, \cdots)$ 即得.

例 1.13(全国 2017 年预赛题) 设 $\{a_n\}$ 为一数列，p 为固定的正整数，如果极限 $\lim_{n\to\infty}(a_{n+p} - a_n) = \lambda$，其中 λ 为常数，证明：$\lim_{n\to\infty} \dfrac{a_n}{n} = \dfrac{\lambda}{p}$.

解析 将数列 $\{a_n\}$ 分为 p 个子数列：

$$\{a_{np+1}\}, \{a_{np+2}\}, \cdots, \{a_{np+i}\}, \cdots, \{a_{np+p}\} \quad (n = 0, 1, 2, \cdots)$$

对于子数列 $\{a_{np+i}\}(1 \leqslant i \leqslant p)$，令 $b_i(n) = a_{np+i} - a_{(n-1)p+i}$，由条件有 $\lim_{n\to\infty} b_i(n) = \lambda$，再应用例 1.11 的结论得

$$\lim_{n\to\infty} \frac{b_i(1) + b_i(2) + \cdots + b_i(n)}{n} = \lim_{n\to\infty} \frac{a_{np+i} - a_i}{n} = \lim_{n\to\infty} \frac{a_{np+i}}{n} = \lambda$$

则有

$$\lim_{n\to\infty} \frac{a_{np+i}}{np+i} = \lim_{n\to\infty} \frac{a_{np+i}}{n} \cdot \frac{n}{np+i} = \frac{\lambda}{p} \quad (i = 1, 2, \cdots, p)$$

因数列 $\left\{\dfrac{a_n}{n}\right\}$ 的 p 个子数列 $\left\{\dfrac{a_{np+i}}{np+i}\right\}(i = 1, 2, \cdots, p)$ 的极限都是 $\dfrac{\lambda}{p}$，故 $\lim_{n\to\infty} \dfrac{a_n}{n} = \dfrac{\lambda}{p}$.

1.2.3 利用夹逼准则与单调有界准则求极限(例 1.14—1.18)

例 1.14(江苏省 2018 年竞赛题) 求 $\lim_{n\to\infty}\left[\dfrac{1 \cdot 3 \cdot \cdots \cdot (2n-3) \cdot (2n-1)}{2 \cdot 4 \cdot \cdots \cdot (2n-2) \cdot (2n)}\right]^2$.

解析 记 $a_n = \dfrac{1^2 \cdot 3^2 \cdot \cdots \cdot (2n-1)^2}{2^2 \cdot 4^2 \cdot \cdots \cdot (2n)^2}$，因为 $\dfrac{(2k-1) \cdot (2k+1)}{(2k)^2} < 1$(其中 $k \in \mathbf{N}^*$)，所以

$$0 < a_n = \frac{1 \cdot 3}{2^2} \cdot \frac{3 \cdot 5}{4^2} \cdot \frac{5 \cdot 7}{6^2} \cdot \cdots \cdot \frac{(2n-3) \cdot (2n-1)}{(2n-2)^2} \cdot \frac{2n-1}{(2n)^2} < \frac{2n-1}{(2n)^2}$$

又因为 $\lim_{n\to\infty} \dfrac{2n-1}{(2n)^2} = 0$，应用夹逼准则得 $\lim_{n\to\infty} a_n = 0$.

例 1.15(南京工业大学 2009 年竞赛题) 求 $\lim_{n\to\infty} \dfrac{1! + 2! + \cdots + n!}{n!}$.

解 原式 $= 1 + \lim_{n\to\infty} \dfrac{1! + 2! + \cdots + (n-1)!}{n!}$，由于

$$0 < \frac{1! + 2! + \cdots + (n-1)!}{n!} = \frac{1! + 2! + \cdots + (n-2)! + (n-1)!}{n!}$$

$$< \frac{(n-2)(n-2)! + (n-1)!}{n!} < \frac{2(n-1)!}{n!} = \frac{2}{n}$$

因为 $\dfrac{2}{n} \to 0$，由夹逼准则得 $\lim\limits_{n\to\infty} \dfrac{1!+2!+\cdots+(n-1)!}{n!} = 0$，故原式 $=1+0=1$.

例 1.16（江苏省 2008 年竞赛题）　设数列 $\{x_n\}$ 为 $x_1=\sqrt{3}$，$x_2=\sqrt{3-\sqrt{3}}$，$x_{n+2}=\sqrt{3-\sqrt{3+x_n}}$ $(n=1,2,\cdots)$，求证数列 $\{x_n\}$ 收敛，并求其极根.

解析　因为

$$|x_{n+2}-1| = \left|\sqrt{3-\sqrt{3+x_n}}-1\right| = \dfrac{\left|2-\sqrt{3+x_n}\right|}{\sqrt{3-\sqrt{3+x_n}}+1}$$

$$\leqslant \left|\sqrt{x_n+3}-2\right| = \dfrac{1}{\sqrt{x_n+3}+2}|x_n-1|$$

$$\leqslant \dfrac{1}{2}|x_n-1|$$

所以

$$|x_{2n}-1| \leqslant \dfrac{1}{2}|x_{2n-2}-1| \leqslant \cdots \leqslant \dfrac{1}{2^{n-1}}|x_2-1| = \dfrac{1}{2^{n-1}}\left|\sqrt{3-\sqrt{3}}-1\right|$$

$$|x_{2n+1}-1| \leqslant \dfrac{1}{2}|x_{2n-1}-1| \leqslant \cdots \leqslant \dfrac{1}{2^n}|x_1-1| = \dfrac{1}{2^n}\left|\sqrt{3}-1\right|$$

由于 $\lim\limits_{n\to\infty} \dfrac{1}{2^{n-1}}\left|\sqrt{3-\sqrt{3}}-1\right|=0$，$\lim\limits_{n\to\infty}\dfrac{1}{2^n}\left|\sqrt{3}-1\right|=0$，应用夹逼准则得 $x_{2n}\to 1$，$x_{2n+1}\to 1$，故 $\lim\limits_{n\to\infty}x_n=1$.

例 1.17（莫斯科轻工业学院 1977 年竞赛题）　求正整数 n，使得

$$n < 6(1-1.001^{-1000}) < n+1$$

解析　由于数列 $\left\{\left(1+\dfrac{1}{n}\right)^n\right\}$ 单调递增并且趋向于 e，所以 $\left(1+\dfrac{1}{n}\right)^n < $ e. 又 $\left(1+\dfrac{1}{n}\right)^n \geqslant 2$. 取 $n=1000$，得

$$2 < (1.001)^{1000} < e < 3$$

$$\dfrac{1}{3} < (1.001)^{-1000} < \dfrac{1}{2}$$

$$\dfrac{1}{2} < 1-1.001^{-1000} < \dfrac{2}{3}$$

$$3 < 6(1-1.001^{-1000}) < 4$$

于是所求正整数 $n=3$.

例 1.18（莫斯科公路学院 1976 年竞赛题）　设 $a>b>0$，定义 $a_1=\dfrac{a+b}{2}$，

$b_1 = \sqrt{ab}$，$a_2 = \dfrac{a_1 + b_1}{2}$，$b_2 = \sqrt{a_1 b_1}$，$\cdots$，$a_{n+1} = \dfrac{a_n + b_n}{2}$，$b_{n+1} = \sqrt{a_n b_n}$，$\cdots$. 求证：数列 $\{a_n\}$ 和 $\{b_n\}$ 皆收敛，且其极限相等.

解析 由于

$$0 < b = \sqrt{b^2} < \sqrt{ab} < \frac{a+b}{2} < \frac{a+a}{2} = a$$

所以 $0 < b < b_1 < a_1 < a$. 同理可得 $0 < b_1 < b_2 < a_2 < a_1$，$0 < b_2 < b_3 < a_3 < a_2$. 归纳假设 $0 < b_{n-1} < b_n < a_n < a_{n-1}$，则

$$0 < b_n = \sqrt{b_n^2} < \sqrt{a_n b_n} < \frac{a_n + b_n}{2} < \frac{a_n + a_n}{2} = a_n$$

所以 $0 < b_n < b_{n+1} < a_{n+1} < a_n$，由此得数列 $\{a_n\}$ 单调递减，有下界 b；数列 $\{b_n\}$ 单调递增，有上界 a. 应用单调有界准则，它们皆收敛. 设

$$\lim_{n \to \infty} a_n = A, \qquad \lim_{n \to \infty} b_n = B$$

在 $a_{n+1} = \dfrac{a_n + b_n}{2}$，$b_{n+1} = \sqrt{a_n b_n}$ 两边令 $n \to \infty$，得

$$2A = A + B, \quad B^2 = AB$$

由于 $A > 0$，$B > 0$，所以 $A = B$，即 $\lim\limits_{n \to \infty} a_n = \lim\limits_{n \to \infty} b_n$.

1.2.4 利用重要极限与等价无穷小替换求极限(例1.19—1.26)

例1.19(莫斯科财政金融学院 1977 年竞赛题) 求极限

$$\lim_{n \to \infty} \left(\cos \frac{x}{2} \cos \frac{x}{4} \cdots \cos \frac{x}{2^n} \right)$$

解析 令 $x_n = \cos \dfrac{x}{2} \cos \dfrac{x}{4} \cdots \cos \dfrac{x}{2^n}$，则 $x_n \sin \dfrac{x}{2^n} = \dfrac{1}{2^n} \sin x$，所以

$$\lim_{n \to \infty} x_n = \lim_{n \to \infty} \frac{\sin x}{x} \cdot \frac{\dfrac{x}{2^n}}{\sin \dfrac{x}{2^n}} = \frac{\sin x}{x}$$

例1.20(浙江省 2010 年竞赛题) 求 $\lim\limits_{n \to \infty} \left[\sqrt{n} (\sqrt{n+1} - \sqrt{n}) + \dfrac{1}{2} \right]^{\frac{\sqrt{n+1} + \sqrt{n}}{\sqrt{n+1} - \sqrt{n}}}$.

解析 因为

$$\sqrt{n} (\sqrt{n+1} - \sqrt{n}) + \frac{1}{2} = 1 + \frac{\sqrt{n} - \sqrt{n+1}}{2(\sqrt{n+1} + \sqrt{n})}$$

$$\lim_{n \to \infty} \frac{\sqrt{n} - \sqrt{n+1}}{2(\sqrt{n+1} + \sqrt{n})} = \lim_{n \to \infty} \frac{-1}{2(\sqrt{n+1} + \sqrt{n})^2} = 0$$

则应用等价无穷小替换 $\ln(1+\square) \sim \square(\square \to 0)$，得

$$原式 = \exp\left[\lim_{n \to \infty} \frac{\sqrt{n+1}+\sqrt{n}}{\sqrt{n+1}-\sqrt{n}}\ln\left(1+\frac{\sqrt{n}-\sqrt{n+1}}{2(\sqrt{n+1}+\sqrt{n})}\right)\right]$$

$$= \exp\left[\lim_{n \to \infty}\left(\frac{\sqrt{n+1}+\sqrt{n}}{\sqrt{n+1}-\sqrt{n}} \cdot \frac{\sqrt{n}-\sqrt{n+1}}{2(\sqrt{n+1}+\sqrt{n})}\right)\right] = \exp\left(-\frac{1}{2}\right) = \frac{1}{\sqrt{e}}$$

例 1.21（全国 2013 年决赛题）　计算

$$\lim_{x \to 0^{+}}\left[\ln(x\ln a)\ln\left(\frac{\ln(ax)}{\ln(x/a)}\right)\right] \quad (a > 1)$$

解析　因 $\lim\limits_{x \to 0^{+}} \dfrac{2\ln a}{\ln x - \ln a} = 0$，又由等价无穷小替换 $\ln(1+\square) \sim \square(\square \to 0)$，所以

$$原式 = \lim_{x \to 0^{+}}\left[(\ln x + \ln\ln a)\ln\left(1 + \frac{2\ln a}{\ln x - \ln a}\right)\right]$$

$$= \lim_{x \to 0^{+}} \frac{2(\ln x + \ln\ln a)\ln a}{\ln x - \ln a} = \lim_{x \to 0^{+}} 2\ln a \frac{1 + \dfrac{\ln\ln a}{\ln x}}{1 - \dfrac{\ln a}{\ln x}} = 2\ln a$$

例 1.22（江苏省 1998 年竞赛题）　$\lim\limits_{x \to 0} \dfrac{\sqrt{1+x}+\sqrt{1-x}-2}{\sqrt{1+x^2}-1} = $ _____.

解析　应用四则运算与等价无穷小替换 $(1+\square)^\lambda - 1 \sim \lambda\square(\square \to 0)$，得

$$原式 = \lim_{x \to 0} \frac{\sqrt{1+x}+\sqrt{1-x}-2}{\sqrt{1+x^2}-1} = \lim_{x \to 0} \frac{(\sqrt{1+x}+\sqrt{1-x})^2 - 2^2}{\frac{1}{2}x^2(\sqrt{1+x}+\sqrt{1-x}+2)}$$

$$= \lim_{x \to 0} \frac{2(\sqrt{1-x^2}-1)}{2x^2} = \lim_{x \to 0} \frac{-\frac{1}{2}x^2}{x^2} = -\frac{1}{2}$$

例 1.23（北京市 1996 年竞赛题）　已知 $\lim\limits_{x \to 0} \dfrac{\ln\left(1+\dfrac{f(x)}{\sin 2x}\right)}{3^x - 1} = 5$，求 $\lim\limits_{x \to 0} \dfrac{f(x)}{x^2}$.

解析　由于 $x \to 0$ 时，$\ln\left(1+\dfrac{f(x)}{\sin 2x}\right) \to 0$，所以 $\dfrac{f(x)}{\sin 2x} \to 0$，且

$$\ln\left(1+\frac{f(x)}{\sin 2x}\right) \sim \frac{f(x)}{\sin 2x} \sim \frac{f(x)}{2x}, \quad 3^x - 1 = e^{x\ln 3} - 1 \sim x\ln 3$$

所以

$$\lim_{x \to 0} \frac{\ln\left(1+\dfrac{f(x)}{\sin 2x}\right)}{3^x - 1} = \lim_{x \to 0} \frac{\dfrac{f(x)}{2x}}{x\ln 3} = \lim_{x \to 0} \frac{f(x)}{x^2} \cdot \frac{1}{2\ln 3} = 5$$

故 $\lim\limits_{x \to 0} \dfrac{f(x)}{x^2} = 10\ln 3$.

例 1.24(浙江省 2016 年竞赛题)   求极限 $\lim\limits_{n \to \infty} \dfrac{\ln\cos(\sqrt{n^2+1}-n)}{\ln(n^2+2)-2\ln n}$,其中 n 为正整数.

解析   由于

$$\lim_{n \to \infty}(\sqrt{n^2+1}-n) = \lim_{n \to \infty}\frac{1}{\sqrt{n^2+1}+n} = 0 \Rightarrow \lim_{n \to \infty}\Big[\cos(\sqrt{n^2+1}-n)-1\Big] = 0$$

又应用等价无穷小替换 $\ln(1+\square) \sim \square$, $1-\cos\square \sim \dfrac{1}{2}\square^2(\square \to 0)$,所以

$$原式 = \lim_{n \to \infty}\frac{\ln\Big[1+(\cos(\sqrt{n^2+1}-n)-1)\Big]}{\ln(1+2/n^2)} = -\lim_{n \to \infty}\frac{1-\cos(\sqrt{n^2+1}-n)}{2/n^2}$$

$$= -\lim_{n \to \infty}\frac{\dfrac{1}{2}(\sqrt{n^2+1}-n)^2}{2/n^2} = -\frac{1}{4}\lim_{n \to \infty}\frac{n^2}{(\sqrt{n^2+1}+n)^2}$$

$$= -\frac{1}{4}\lim_{n \to \infty}\frac{1}{(\sqrt{1+1/n^2}+1)^2} = -\frac{1}{16}$$

例 1.25(江苏省 1998 年竞赛题)   求 $\lim\limits_{n \to \infty}\big|\sin(\pi\sqrt{n^2+n})\big|$.

解析   因为

$$\big|\sin(\pi\sqrt{n^2+n})\big|$$
$$= \big|\sin[n\pi+(\sqrt{n^2+n}-n)\pi]\big|$$
$$= \big|\sin n\pi \cdot \cos(\sqrt{n^2+n}-n)\pi + \cos n\pi \cdot \sin(\sqrt{n^2+n}-n)\pi\big|$$
$$= \big|0+(-1)^n\sin(\sqrt{n^2+n}-n)\pi\big| = \big|\sin(\sqrt{n^2+n}-n)\pi\big|$$
$$= \Big|\sin\frac{n}{\sqrt{n^2+n}+n}\pi\Big| = \sin\frac{\pi}{1+\sqrt{1+\dfrac{1}{n}}}$$

所以

$$\lim_{n \to \infty}\big|\sin(\pi\sqrt{n^2+n})\big| = \lim_{n \to \infty}\sin\frac{\pi}{1+\sqrt{1+\dfrac{1}{n}}} = \sin\frac{\pi}{2} = 1$$

例 1.26(全国 2013 年预赛题)   求极限 $\lim\limits_{n \to \infty}\big(1+\sin(\pi\sqrt{1+4n^2})\big)^n$.

解析   由于

$$\sin(\pi\sqrt{1+4n^2}) = \sin\Big[\pi(\sqrt{1+4n^2}-2n)\Big]$$
$$= \sin\frac{\pi}{\sqrt{1+4n^2}+2n} \to 0 \quad (n \to \infty)$$

又应用等价无穷小替换 $\ln(1+\square) \sim \square, \sin\square \sim \square(\square \to 0)$,所以

$$原式 = \exp\Big(\lim_{n\to\infty} n\ln(1+\sin(\pi\sqrt{1+4n^2}))\Big)$$

$$= \exp\Big(\lim_{n\to\infty} n\sin\frac{\pi}{\sqrt{1+4n^2}+2n}\Big)$$

$$= \exp\Big(\lim_{n\to\infty} n\frac{\pi}{\sqrt{1+4n^2}+2n}\Big) = \exp\Big(\lim_{n\to\infty}\frac{\pi}{\sqrt{4+1/n^2}+2}\Big) = e^{\frac{\pi}{4}}$$

1.2.5 无穷小比较与无穷大比较(例 1.27—1.28)

例 1.27(西安交通大学 1989 年竞赛题) 当 $x \to 0$ 时,确定下列无穷小量的阶数: (1) $\tan(\sqrt{x+2}-\sqrt{2})$; (2) $\sqrt[3]{1+\sqrt[3]{x}}-1$; (3) $3^{\sqrt{x}}-1$.

解析 (1) $x \to 0$ 时,有

$$\tan(\sqrt{x+2}-\sqrt{2}) = \tan\sqrt{2}\Big(\sqrt{1+\frac{x}{2}}-1\Big) \sim \sqrt{2}\Big(\sqrt{1+\frac{x}{2}}-1\Big) \sim \frac{\sqrt{2}}{4}x$$

故 $\tan(\sqrt{x+2}-\sqrt{2})$ 是 1 阶无穷小.

(2) $x \to 0$ 时,有 $\sqrt[3]{1+\sqrt[3]{x}}-1 \sim \frac{1}{3}\sqrt[3]{x}$,故 $\sqrt[3]{1+\sqrt[3]{x}}-1$ 是 $\frac{1}{3}$ 阶无穷小.

(3) $x \to 0$ 时,有 $3^{\sqrt{x}}-1 = e^{\sqrt{x}\ln 3}-1 \sim \sqrt{x}\ln 3$,故 $3^{\sqrt{x}}-1$ 是 $\frac{1}{2}$ 阶无穷小.

例 1.28(南京大学 1995 年竞赛题) 对充分大的一切 x,下面 5 个函数

$$1000^x, \quad e^{3x}, \quad \log_{10}x^{1000}, \quad e^{\frac{1}{1000}x^2}, \quad x^{10^{10}}$$

中最大的是_____.

解析 因为 $x \to +\infty$ 时,指数函数比幂函数为高阶无穷大,幂函数比对数函数为高价无穷大,且本题的三个指数函数中,指数 $\frac{1}{1000}x^2$ 比 $x\ln 1000, 3x$ 又是高阶无穷大,所以 5 个函数中 $e^{\frac{1}{1000}x^2}$ 是最高阶无穷大,因此最大.

1.2.6 连续性与间断点(例 1.29—1.31)

例 1.29(江苏省 2004 年竞赛题) 设函数 $f(x)$ 在区间 $(-\infty,+\infty)$ 上有定义,在 $x=0$ 处连续,且对一切实数 x_1, x_2 有 $f(x_1+x_2) = f(x_1)+f(x_2)$,求证:$f(x)$ 在 $(-\infty,+\infty)$ 上处处连续.

解析 在 $f(x_1+x_2) = f(x_1)+f(x_2)$ 中令 $x_1 = x_2 = 0$,可得 $f(0)=0$. 因 $f(x)$ 在 $x=0$ 处连续,所以

$$\lim_{x\to 0} f(x) = f(0) = 0$$

$\forall x_0 \in (-\infty,+\infty)$,令 $x-x_0 = t$,则

$$\lim_{x \to x_0} f(x) = \lim_{t \to 0} f(x_0 + t) = \lim_{t \to 0} (f(x_0) + f(t))$$
$$= f(x_0) + \lim_{t \to 0} f(t) = f(x_0) + 0 = f(x_0)$$

所以 $f(x)$ 在 x_0 处连续. 由 $x_0 \in (-\infty, +\infty)$ 的任意性, 故 $f(x)$ 在 $(-\infty, +\infty)$ 上处处连续.

例 1.30(精选题)　设函数 $f(x)$ 对一切实数满足 $f(x^2) = f(x)$, 且在 $x = 0$ 与 $x = 1$ 处连续, 求证: $f(x)$ 恒为常数.

解析　$\forall x_0 > 0$, 有

$$f(x_0) = f(\sqrt{x_0}) = f(x_0^{\frac{1}{4}}) = f(x_0^{\frac{1}{8}}) = \cdots = f(x_0^{\frac{1}{2^n}})$$

由于 $n \to \infty$ 时 $u = x_0^{\frac{1}{2^n}} \to 1$, 且 $f(x)$ 在 $x = 1$ 处连续, 所以

$$f(x_0) = \lim_{n \to \infty} f(x_0^{\frac{1}{2^n}}) = \lim_{u \to 1} f(u) = f(1)$$

又 $\forall x_1 < 0$, 有

$$f(x_1) = f(x_1^2) = f(|x_1|^2) = f(|x_1|) = f(|x_1|^{\frac{1}{2}}) = \cdots = f(|x_1|^{\frac{1}{2^n}})$$

于是

$$f(x_1) = \lim_{n \to \infty} f(|x_1|^{\frac{1}{2^n}}) = \lim_{u \to 1} f(u) = f(1)$$

由于 $f(x)$ 在 $x = 0$ 处连续, 所以 $f(0) = f(1)$. 故 $\forall x \in \mathbf{R}, f(x) = f(1)$.

例 1.31(北京市 1992 年竞赛题)　设函数 $f(x)$ 在 $(0,1)$ 上有定义, 且函数 $e^x f(x)$ 与函数 $e^{-f(x)}$ 在 $(0,1)$ 上都是单调增加的, 求证: $f(x)$ 在 $(0,1)$ 上连续.

解析　对 $\forall x_0 \in (0,1)$, 证明 $f(x)$ 在 x_0 的连续性, 首先考虑右连续.

当 $0 < x_0 < x < 1$ 时, 由于 $e^{-f(x)}$ 单调增加, 故 $e^{-f(x_0)} \leqslant e^{-f(x)}$, 可知

$$f(x_0) \geqslant f(x)$$

又因为 $e^x f(x)$ 单调增加, 故 $e^{x_0} f(x_0) \leqslant e^x f(x)$, 得

$$e^{x_0 - x} f(x_0) \leqslant f(x) \leqslant f(x_0)$$

在上式中令 $x \to x_0^+$, 由夹逼准则知 $\lim_{x \to x_0^+} f(x) = f(x_0)$, 即 $f(x)$ 在 x_0 右连续. 同理可得其左连续性.

由此 $f(x)$ 在 x_0 是连续的, 由 x_0 在 $(0,1)$ 内的任意性知 $f(x)$ 在 $(0,1)$ 上连续.

1.2.7　利用介值定理的证明题(例 1.32—1.36)

例 1.32(浙江省 2011 年竞赛题)　证明: $[x^3] + x^2 = [x^2] + x^3$ 存在一个非整数解, 其中 $[x]$ 表示不大于 x 的最大整数.

解析　令

$$f(x) = x^3 - x^2 + [x^2] - [x^3]$$

由于 $2 < (\sqrt[3]{3})^2 < (\sqrt[3]{3.9})^2 < 3, 3 = (\sqrt[3]{3})^3 < (\sqrt[3]{3.9})^3 < 4$,故当 $x \in [\sqrt[3]{3}, \sqrt[3]{3.9}]$ 时,$[x^2] = 2, [x^3] = 3$,于是

$$f(x) = x^3 - x^2 + 2 - 3 = x^3 - x^2 - 1$$

显见 $f(x)$ 在 $[\sqrt[3]{3}, \sqrt[3]{3.9}]$ 上连续. 由于

$$f(\sqrt[3]{3}) = 2 - \sqrt[3]{9} < 0, \quad f(\sqrt[3]{3.9}) = 2.9 - \sqrt[3]{15.21} > 0$$

应用零点定理,必 $\exists \xi \in (\sqrt[3]{3}, \sqrt[3]{3.9})$,使得 $f(\xi) = 0$. 由于 $[\sqrt[3]{3}, \sqrt[3]{3.9}] \subset (1, 2)$,所以 $\xi \in (1, 2)$,即 $f(x) = 0$ 至少有一个非整数解,于是 $[x^3] + x^2 = [x^2] + x^3$ 至少存在一个非整数解.

例 1.33(北京市 1992 年竞赛题) 已知

$$f_n(x) = C_n^1 \cos x - C_n^2 \cos^2 x + \cdots + (-1)^{n-1} C_n^n \cos^n x$$

求证:(1) 对于任何自然数 n,方程 $f_n(x) = \dfrac{1}{2}$ 在区间 $\left(0, \dfrac{\pi}{2}\right)$ 中仅有一根;

(2) 设 $x_n \in \left(0, \dfrac{\pi}{2}\right)$ 满足 $f_n(x_n) = \dfrac{1}{2}$,则 $\lim\limits_{n \to \infty} x_n = \dfrac{\pi}{2}$.

解析 (1) 因 $f_n(x) = 1 - (1 - \cos x)^n \in \mathscr{C}\left[0, \dfrac{\pi}{2}\right]$,且 $f_n(0) = 1, f_n\left(\dfrac{\pi}{2}\right) = 0$,则由介值定理知,对于 $\dfrac{1}{2} \in (0, 1)$,存在 $x_n \in \left(0, \dfrac{\pi}{2}\right)$,使得 $f_n(x_n) = \dfrac{1}{2}$. 又

$$f_n'(x) = -n(1 - \cos x)^{n-1} \sin x < 0, \quad x \in \left(0, \dfrac{\pi}{2}\right)$$

因此 $f_n(x)$ 在 $\left(0, \dfrac{\pi}{2}\right)$ 上单调减少,故 x_n 是惟一存在的.

(2) 由 $f_n(x_n) = 1 - (1 - \cos x_n)^n = \dfrac{1}{2} \Rightarrow x_n = \arccos\left(1 - \dfrac{1}{\sqrt[n]{2}}\right)$,所以

$$\lim_{n \to \infty} x_n = \lim_{n \to \infty} \arccos\left(1 - \dfrac{1}{\sqrt[n]{2}}\right) = \arccos 0 = \dfrac{\pi}{2}$$

例 1.34(浙江省 2008 年竞赛题) (1) 证明 $f_n(x) = x^n + nx - 2$(n 为正整数)在 $(0, +\infty)$ 上有惟一正根 a_n;(2) 计算 $\lim\limits_{n \to \infty} (1 + a_n)^n$.

解析 (1) 因 $f_n(0) = -2 < 0, f_n\left(\dfrac{2}{n}\right) = \left(\dfrac{2}{n}\right)^n > 0$,故在 $\left[0, \dfrac{2}{n}\right]$ 上应用零点定理,必 $\exists a_n \in \left(0, \dfrac{2}{n}\right) \subset (0, +\infty)$,使 $f_n(a_n) = 0$. 又

$$f_n'(x) = nx^{n-1} + n > 0, \quad x \in (0, +\infty)$$

即 $f_n(x)$ 在 $(0, +\infty)$ 上单调增加,故在 $(0, +\infty)$ 上有惟一正根 a_n.

(2) 当 $n > 2$ 时 $0 < \frac{2}{n} - \frac{2}{n^2} < 1, \frac{2}{n} - \frac{2}{n^2} < \frac{2}{n}$,故

$$f_n\left(\frac{2}{n} - \frac{2}{n^2}\right) = \left(\frac{2}{n} - \frac{2}{n^2}\right)^n - \frac{2}{n} < 0$$

于是第(1)问中 a_n 的取值范围可优化为 $a_n \in \left(\frac{2}{n} - \frac{2}{n^2}, \frac{2}{n}\right)$,因此

$$\left(1 + \frac{2}{n} - \frac{2}{n^2}\right)^n < (1 + a_n)^n < \left(1 + \frac{2}{n}\right)^n$$

令 $n \to \infty$,则

$$\left(1 + \frac{2}{n}\right)^n = \left(1 + \frac{2}{n}\right)^{\frac{n}{2} \cdot 2} \to e^2$$

$$\left(1 + \frac{2}{n} - \frac{2}{n^2}\right)^n = \left(1 + \frac{2n-2}{n^2}\right)^{\frac{n^2}{2n-2} \cdot \frac{2n(n-1)}{n^2}} \to e^2$$

应用夹逼准则可得 $\lim\limits_{n\to\infty}(1 + a_n)^n = e^2$.

例 1.35(北京市 1994 年竞赛题) 设

$$f_n(x) = x + x^2 + \cdots + x^n \quad (n = 2, 3, \cdots)$$

(1) 证明:方程 $f_n(x) = 1$ 在 $[0, +\infty)$ 内有惟一的实根 x_n;

(2) 求 $\lim\limits_{n\to\infty} x_n$.

解析 (1) 由题可知 $f_n(x)$ 在 $[0,1]$ 上连续,且 $f_n(0) = 0, f_n(1) = n > 1$,则由介值定理知,$\exists x_n \in (0,1)$,使得 $f_n(x_n) = 1$. 又

$$f'_n(x) = 1 + 2x + \cdots + nx^{n-1} > 0, \quad x \geqslant 0$$

即 $f_n(x)$ 在 $[0, +\infty)$ 上单调增加,故 $f_n(x) = 1$ 在 $[0, +\infty)$ 内有惟一的实根 x_n.

(2) 由(1)可知,$\forall n \geqslant 2$,有 $0 < x_n < 1$,故数列 $\{x_n\}$ 是有界的. 又 $f_n(x_n) = 1 = f_{n+1}(x_{n+1})$,即

$$x_n + x_n^2 + \cdots + x_n^n = x_{n+1} + x_{n+1}^2 + \cdots + x_{n+1}^n + x_{n+1}^{n+1}$$

移项得

$$(x_n - x_{n+1})[1 + (x_n + x_{n+1}) + \cdots + (x_n^{n-1} + x_n^{n-2}x_{n+1} + \cdots + x_{n+1}^{n-1})]$$

$$= x_{n+1}^{n+1} > 0$$

故 $x_n > x_{n+1}$,即数列 $\{x_n\}$ 单调递减.据单调有界准则知数列 $\{x_n\}$ 收敛.

由 $0 < x_n^n < x_2^n$,且 $0 < x_2 < 1$,应用夹逼准则,得 $\lim\limits_{n\to\infty} x_n^n = 0$. 又

$$x_n + x_n^2 + \cdots + x_n^n = \frac{x_n(1 - x_n^n)}{1 - x_n} = 1$$

令 $x_n \to A(n \to \infty)$，则 $\dfrac{A}{1-A} = 1$. 解得 $A = \dfrac{1}{2}$，所以 $\lim\limits_{n \to \infty} x_n = \dfrac{1}{2}$.

例 1.36（全国 2018 年决赛题）　设函数 $f(x)$ 在区间 $(0,1)$ 内连续，且存在两两互异的点 $x_1, x_2, x_3, x_4 \in (0,1)$，使得

$$\alpha = \frac{f(x_1) - f(x_2)}{x_1 - x_2} < \frac{f(x_3) - f(x_4)}{x_3 - x_4} = \beta$$

证明：对任意 $\lambda \in (\alpha, \beta)$，存在互异的点 $x_5, x_6 \in (0,1)$，使得 $\lambda = \dfrac{f(x_5) - f(x_6)}{x_5 - x_6}$.

解析　不妨设 $x_1 < x_2, x_3 < x_4$，作辅助函数

$$F(t) = \frac{f((1-t)x_1 + t x_3) - f((1-t)x_2 + t x_4)}{((1-t)x_1 + t x_3) - ((1-t)x_2 + t x_4)}$$

则显然 $F(t) \in \mathscr{C}[0,1]$，且 $F(0) = \alpha < \lambda < \beta = F(1)$. 应用连续函数的介值定理，必存在 $t_0 \in (0,1)$，使得 $F(t_0) = \lambda$，即

$$\lambda = \frac{f((1-t_0)x_1 + t_0 x_3) - f((1-t_0)x_2 + t_0 x_4)}{((1-t_0)x_1 + t_0 x_3) - ((1-t_0)x_2 + t_0 x_4)}$$

令 $x_5 = (1-t_0)x_1 + t_0 x_3, x_6 = (1-t_0)x_2 + t_0 x_4$，则有 $x_5 < x_6$，且 $x_5 \in (x_1, x_3)$，$x_6 \in (x_2, x_4)$，于是 $x_5, x_6 \in (0,1)$，使得

$$\lambda = \frac{f(x_5) - f(x_6)}{x_5 - x_6}$$

练 习 题 一

1. 已知函数 $f(x)$ 在区间 (a,b) 内连续，且 $f(a^+)$ 和 $f(b^-)$ 都存在，则 $f(x)$ 在区间 (a,b) 内（　　）.

A. 有最大值　　　　　B. 有最小值　　　　　C. 有界　　　　　D. 无界

2. 设 $z = x - y + f(x+y)$，当 $x = 0$ 时，$z = y^3$，求 $f(x)$ 和 $z(x,y)$.

3. 设函数 $f(x)$ 满足 $\sin f(x) - \dfrac{1}{3}\sin f\left(\dfrac{1}{3}x\right) = x$，求 $f(x)$.

4. 求 $\lim\limits_{n \to \infty}\left(\dfrac{1}{2} + \dfrac{3}{2^2} + \dfrac{5}{2^3} + \cdots + \dfrac{2n-1}{2^n}\right)$.

5. 求 $\lim\limits_{n \to \infty}\left(\dfrac{1^2}{n^3 + 1^2} + \dfrac{2^2}{n^3 + 2^2} + \cdots + \dfrac{n^2}{n^3 + n^2}\right)$.

6. 设 $x_n = \sum\limits_{k=1}^{n} \dfrac{k}{(k+1)!}$，求 $\lim\limits_{n \to \infty} x_n$.

7. 设 $\lim\limits_{x \to \infty}\left(\sqrt[3]{1 + x^2 + x^3} - ax - b\right) = 0$，求 a 与 b 的值.

8. 求下列极限：

(1) $\lim\limits_{x \to +\infty}\left(\cos\sqrt{x+1} - \cos\sqrt{x}\right)$；

(2) $\lim\limits_{x \to +\infty}\left(\sin\dfrac{1}{x} + \cos\dfrac{1}{x}\right)^x$；

(3) $\lim\limits_{x\to 0}\dfrac{\mathrm{e}^x-\mathrm{e}^{\sin x}}{(x+x^2)\ln(1+x)\arcsin x}$；

(4) $\lim\limits_{x\to -3}\dfrac{(x^2-9)\ln(4+x)}{\arctan^2(x+3)}$；

(5) $\lim\limits_{x\to 0}\dfrac{x-\sin x+\ln(1+x^3)}{\tan^3 x}$；

(6) $\lim\limits_{x\to 0}\dfrac{(1+x)^{\frac{1}{x}}-\mathrm{e}}{x}$；

(7) $\lim\limits_{x\to 0}(\cos\pi x)^{\frac{1}{x^2}}$；

(8) $\lim\limits_{x\to -\infty}x(\sqrt{x^2+100}+x)$；

(9) $\lim\limits_{n\to\infty}(\sqrt{1+2+\cdots+n}-\sqrt{1+2+\cdots+(n-1)})$；

(10) $\lim\limits_{x\to -\infty}\dfrac{\sqrt{4x^2+x-1}+x+1}{\sqrt{x^2+\sin x}}$；

(11) $\lim\limits_{x\to 0}x\left[\dfrac{1}{x}\right]$.

9. 设 $f(x)$ 是 x 的三次多项式，且

$$\lim_{x\to 2a}\frac{f(x)}{x-2a}=1,\quad \lim_{x\to 4a}\frac{f(x)}{x-4a}=1\quad (a\neq 0)$$

求极限 $\lim\limits_{x\to 3a}\dfrac{f(x)}{x-3a}$.

10. 求极限 $\lim\limits_{n\to\infty}\left(\dfrac{1}{1\cdot 2\cdot 3}+\dfrac{1}{2\cdot 3\cdot 4}+\cdots+\dfrac{1}{n(n+1)(n+2)}\right)$.

11. 设 $x_1=1,x_n=1+\dfrac{x_{n-1}}{1+x_{n-1}},n=1,2,\cdots$，试证明数列 $\{x_n\}$ 收敛，并求其极限.

12. 设 $x_1=1,x_{n+1}+\sqrt{1-x_n}=0,n=1,2,\cdots$，试证明数列 $\{x_n\}$ 收敛，并求其极限.

13. 求 $f(x)=\lim\limits_{n\to\infty}\sqrt[n]{1+2^n+x^n}\ (x>0)$ 的表达式.

14. 求函数 $f(x)=\dfrac{x}{|1-x|}\ln|x|$ 的间断点，并判别其类型.

15. 设 $f(x)=\dfrac{\mathrm{e}^x-b}{(x-a)(x-b)}$ 有可去间断点 $x=1$，求 a 和 b 的值.

16. 设 $f(x)=\lim\limits_{n\to\infty}\dfrac{x^{2n-1}+ax^2+bx}{x^{2n}+1}$ 为连续函数，试确定 a 和 b 的值.

17. 讨论函数 $f(x)=\lim\limits_{n\to\infty}\arctan(1+x^n)$ 的定义域、连续性；若有间断点，指出其类型.

18. 证明：方程 $x-2\sin x=0$ 在 $\left(\dfrac{\pi}{2},\pi\right)$ 内恰有一个实根.

19. 证明：方程 $\ln x=ax+b$ 至多有两个实根（其中 a,b 为常数，$a>0$）.

20. 证明：方程 $\mathrm{e}^x=\dfrac{1}{2}\mathrm{e}x^2$ 恰有一个实根.

21. 证明：方程 $2^x=1+x^2$ 恰有三个实根.

22. 若函数 $f(x)$ 在闭区间 $[a,b]$ 上连续，且 $f(a)=f(b)$，求证：$\exists\xi\in(a,b)$，使得 $f(\xi)=f\left(\xi+\dfrac{b-a}{2}\right)$.

专题 2   一元函数微分学

2.1   基本概念与内容提要

2.1.1   导数的定义

$$f'(a) \xlongequal{\text{def}} \lim_{\square \to 0} \frac{f(a+\square)-f(a)}{\square} = \lim_{x \to a} \frac{f(x)-f(a)}{x-a}$$

$$f'(0) \xlongequal{\text{def}} \lim_{\square \to 0} \frac{f(\square)-f(0)}{\square} = \lim_{x \to 0} \frac{f(x)-f(0)}{x}$$

2.1.2   左、右导数的定义

$$f'_-(a) \xlongequal{\text{def}} \lim_{\square \to 0^-} \frac{f(a+\square)-f(a)}{\square} = \lim_{x \to a^-} \frac{f(x)-f(a)}{x-a}$$

$$f'_+(a) \xlongequal{\text{def}} \lim_{\square \to 0^+} \frac{f(a+\square)-f(a)}{\square} = \lim_{x \to a^+} \frac{f(x)-f(a)}{x-a}$$

左导数 $f'_-(a)$ 不同于导函数 $f'(x)$ 在 $x=a$ 的左极限 $f'(a^-)$，右导数 $f'_+(a)$ 也不同于导函数 $f'(x)$ 在 $x=a$ 的右极限 $f'(a^+)$．可以证明：当 $f(x)$ 在 $x=a$ 处连续，导函数 $f'(x)$ 在 $x=a$ 的左(右)极限 $f'(a^-)(f'(a^+))$ 存在时，则左(右)导数 $f'_-(a)(f'_+(a))$ 必存在，且 $f'_-(a)=f'(a^-)(f'_+(a)=f'(a^+))$；当 $f(x)$ 在 $x=a$ 处不连续时，上述结论不成立．

2.1.3   微分概念

1) 可微的定义：若 $f(x)$ 在 $x=a$ 处的全增量可写为

$$\Delta f(x)\Big|_{x=a} = f(a+\Delta x)-f(a) = A\Delta x + o(\Delta x) \tag{$*$}$$

时，称 $f(x)$ 在 $x=a$ 处**可微**．

    定理 1   当 f 在 $x=a$ 处可微时，f 在 $x=a$ 处必连续．

    定理 2   函数 f 在 $x=a$ 处可微的充要条件是 f 在 $x=a$ 处可导，且（$*$）式中的 $A=f'(a)$．

    2) 微分的定义：当函数 f 在 $x=a$ 处可微时，f 在 $x=a$ 处的**微分**定义为

$$\mathrm{d}f(x)\Big|_{x=a} \xlongequal{\text{def}} f'(a)\mathrm{d}x$$

一般的,有

$$\mathrm{d}f(x) = f'(x)\mathrm{d}x$$

2.1.4　基本初等函数的导数公式

$$(x^{\lambda})' = \lambda x^{\lambda-1}, \quad (a^x)' = a^x \ln a, \quad (\mathrm{e}^x)' = \mathrm{e}^x$$

$$(\log_a |x|)' = \frac{1}{x\ln a}, \quad (\ln|x|)' = \frac{1}{x}$$

$$(\sin x)' = \cos x, \quad (\cos x)' = -\sin x, \quad (\tan x)' = \sec^2 x, \quad (\cot x)' = -\csc^2 x$$

$$(\sec x)' = \sec x \tan x, \quad (\csc x)' = -\csc x \cot x$$

$$(\arcsin x)' = \frac{1}{\sqrt{1-x^2}}, \quad (\arccos x)' = \frac{-1}{\sqrt{1-x^2}}$$

$$(\arctan x)' = \frac{1}{1+x^2}, \quad (\operatorname{arccot} x)' = \frac{-1}{1+x^2}$$

熟记两个函数的导数:$(\sqrt{x})' = \dfrac{1}{2\sqrt{x}}, \left(\dfrac{1}{x}\right)' = -\dfrac{1}{x^2}$.

2.1.5　求导法则

1) 四则运算法则:设函数 u, v 可导,则

$$(u \pm v)' = u' \pm v'$$

$$(uv)' = u'v + uv', \quad (cu)' = cu' \quad (c \in \mathbf{R})$$

$$\left(\frac{u}{v}\right)' = \frac{u'v - uv'}{v^2} \quad (v \neq 0)$$

2) 复合函数链锁法则

$$(f(\varphi(x)))' = f'(\varphi(x)) \cdot \varphi'(x)$$

3) 反函数、隐函数与参数式函数求导法则
4) 取对数求导法则

$$f'(x) = f(x)(\ln|f(x)|)'$$

2.1.6　高阶导数

1) 几个高阶导数公式

$$(\sin x)^{(n)} = \sin\left(x + n \cdot \frac{\pi}{2}\right), \quad (\cos x)^{(n)} = \cos\left(x + n \cdot \frac{\pi}{2}\right)$$

$$\left(\frac{1}{x}\right)^{(n)} = (-1)^n \frac{n!}{x^{n+1}}, \quad (\ln x)^{(n+1)} = (-1)^n \frac{n!}{x^{n+1}}$$

$$(x^n)^{(k)} = \frac{n!}{(n-k)!} x^{n-k} \ (1 \leqslant k \leqslant n), \quad (x^n)^{(k)} = 0 \ (k > n)$$

2) 参数式函数的二阶导数

3) 分段函数在分段点处的二阶导数

4) 莱布尼茨公式：设函数 u,v 皆 n 阶可导，则

$$(uv)^{(n)} = u^{(n)}v + C_n^1 u^{(n-1)}v' + \cdots + C_n^{n-1}u'v^{(n-1)} + uv^{(n)}$$

2.1.7 微分中值定理

定理 1（费马定理） 若函数 $f(x)$ 在 $x = a$ 的某邻域 U 上定义，$f(a)$ 为 f 在 U 上的最大或最小值，且 f 在 $x = a$ 处可导，则 $f'(a) = 0$.

定理 2（罗尔定理） 若函数 $f(x)$ 在 $[a,b]$ 上连续，在 (a,b) 内可导，且 $f(a) = f(b)$，则 $\exists \xi \in (a,b)$，使得 $f'(\xi) = 0$.

定理 3（拉格朗日中值定理） 若函数 $f(x)$ 在 $[a,b]$ 上连续，在 (a,b) 内可导，则 $\exists \xi \in (a,b)$，使得

$$f(b) - f(a) = f'(\xi)(b-a)$$

定理 4（柯西中值定理） 若函数 $f(x)$ 与 $g(x)$ 皆在 $[a,b]$ 上连续，在 (a,b) 内可导，且 $g'(x) \neq 0$，则 $\exists \xi \in (a,b)$，使得

$$\frac{f(b) - f(a)}{g(b) - g(a)} = \frac{f'(\xi)}{g'(\xi)}$$

2.1.8 泰勒公式与马克劳林公式

1) 若 $f(x)$ 在 $x = a$ 的某邻域 U 上 $(n+1)$ 阶可导，则 $\forall x \in U$，有

$$f(x) = f(a) + f'(a)(x-a) + \cdots + \frac{1}{n!}f^{(n)}(a)(x-a)^n + R_n(x) \tag{1}$$

称(1)式为 $f(x)$ 在 $x = a$ 的 n 阶**泰勒公式**，$R_n(x)$ 称为**余项**，有

$$R_n(x) = \frac{1}{(n+1)!}f^{(n+1)}(\xi)(x-a)^{n+1} \tag{2}$$

或

$$R_n(x) = o(x-a)^n \tag{3}$$

其中 ξ 介于 a 与 x 之间，并称(2)式为**拉格朗日余项**，称(3)式为**皮亚诺余项**.

2) 若 $f(x)$ 在 $x = 0$ 的某邻域 U 上 $(n+1)$ 阶可导，则 $\forall x \in U$，有

$$f(x) = f(0) + f'(0)x + \frac{1}{2!}f''(0)x^2 + \cdots + \frac{1}{n!}f^{(n)}(0)x^n + o(x^n) \qquad (4)$$

称(4) 式为 $f(x)$ 的**马克劳林公式**.

3) 几个常用函数的马克劳林公式:

$$\mathrm{e}^x = 1 + x + \frac{1}{2!}x^2 + \frac{1}{3!}x^3 + \cdots + \frac{1}{n!}x^n + o(x^n)$$

$$\sin x = x - \frac{1}{3!}x^3 + \frac{1}{5!}x^5 - \cdots + (-1)^n \frac{1}{(2n+1)!}x^{2n+1} + o(x^{2n+1})$$

$$\cos x = 1 - \frac{1}{2!}x^2 + \frac{1}{4!}x^4 - \cdots + (-1)^n \frac{1}{(2n)!}x^{2n} + o(x^{2n})$$

$$\frac{1}{1-x} = 1 + x + x^2 + \cdots + x^n + o(x^n)$$

$$\ln(1-x) = -x - \frac{1}{2}x^2 - \frac{1}{3}x^3 - \cdots - \frac{1}{n}x^n + o(x^n)$$

2.1.9　洛必达法则

在某极限过程中(下面以 $x \to a$ 为例), $f(x) \to 0, g(x) \to 0$, 则称 $\lim\limits_{x \to a} \dfrac{f(x)}{g(x)}$ 为 $\dfrac{0}{0}$

型的**未定式极限**. 类似的, 有 $\dfrac{\infty}{\infty}$ 型, $0 \cdot \infty$ 型, $\infty - \infty$ 型, 以及 $1^\infty, 0^0, \infty^0$ 型的未定式
的极限, 洛必达法则是求上述未定式的极限的好方法.

1) $\dfrac{0}{0}$ 型的未定式的极限

定理 1(洛必达法则 Ⅰ)　若在某极限过程中(下文以 $x \to a$ 为例), 有
(1) $f(x) \to 0, g(x) \to 0$;
(2) $f(x), g(x)$ 在 $x = a$ 的某去心邻域内可导, $g'(x) \neq 0$;
(3) $\lim\limits_{x \to a} \dfrac{f'(x)}{g'(x)} = A$(或 ∞),

则有

$$\lim_{x \to a} \frac{f(x)}{g(x)} = \lim_{x \to a} \frac{f'(x)}{g'(x)} = A \quad (\text{或} \infty)$$

2) $\dfrac{\infty}{\infty}$ 型的未定式的极限

定理 2(洛必达法则 Ⅱ)　若在某极限过程中(下文以 $x \to a$ 为例), 有
(1) $f(x) \to \infty, g(x) \to \infty$;
(2) $f(x), g(x)$ 在 $x = a$ 的某去心邻域内可导, $g'(x) \neq 0$;
(3) $\lim\limits_{x \to a} \dfrac{f'(x)}{g'(x)} = A$(或 ∞),

则有

$$\lim_{x \to a} \frac{f(x)}{g(x)} = \lim_{x \to a} \frac{f'(x)}{g'(x)} = A \quad (\text{或} \infty)$$

3) 其他型的未定式的极限

对于 $0 \cdot \infty, \infty - \infty$ 型的未定式,总可化为 $\frac{0}{0}$ 或 $\frac{\infty}{\infty}$ 型的形式;对 $1^\infty, 0^0, \infty^0$ 型的未定式 u^v,有

$$u^v = \exp(v \ln u) = \exp\left(\frac{\ln u}{1/v}\right)$$

这里 $\dfrac{\ln u}{1/v}$ 是 $\dfrac{0}{0}$ 或 $\dfrac{\infty}{\infty}$ 型.

2.1.10 导数在几何上的应用

1) 单调性

可导函数 $f(x)$ 在区间 Z 上单调增加(减少)的充分条件是 $f'(x) > 0(<0)$.

2) 极值

可导函数 $f(x)$ 在 $x = a$ 取极值的必要条件是 $f'(a) = 0$. 反之,若 $f'(a) = 0$,且

$$f'(x)(x-a) > 0 \quad (<0)$$

这里 x 在 $x = a$ 的去心邻域内取值,则 $f(a)$ 为 $f(x)$ 在一个极小值(极大值). 若 $f'(a) = 0, f''(a) > 0(<0)$,则 $f(a)$ 为 $f(x)$ 的极小值(极大值).

3) 最值

设函数 $f(x)$ 在区间 $[a,b]$ 上连续,$x_i \in (a,b)$ 是 $f(x)$ 的驻点(即 $f'(x_i) = 0$),$x_j \in (a,b)$ 是 $f(x)$ 的不可导点,则 $f(x)$ 在 $[a,b]$ 上的最大值与最小值分别为

$$\max_{x \in [a,b]} f(x) = \max\{f(x_i), f(x_j), f(a), f(b)\}$$

$$\min_{x \in [a,b]} f(x) = \min\{f(x_i), f(x_j), f(a), f(b)\}$$

4) 凹凸性、拐点

设 $f(x)$ 在区间 Z 上二阶可导,当 $f''(x) > 0$ 时,$f(x)$ 在 Z 上的曲线是凹的;当 $f''(x) < 0$ 时,$f(x)$ 在 Z 上的曲线是凸的. 二阶可导函数 $f(x)$ 有拐点 $(a, f(a))$ 的必要条件是 $f''(a) = 0$. 反之,若 $f''(a) = 0$,且

$$f''(x)(x-a) \neq 0$$

这里 x 在 $x = a$ 的去心邻域内取值,则 $(a, f(a))$ 是 $f(x)$ 的拐点.

5) 作函数的图形

首先考察函数 $f(x)$ 的定义域,是否有奇偶性、周期性,是否连续;第二步求 $f'(x)$,确定驻点与不可导点,判别 $f(x)$ 的单调性,求其极值;第三步求 $f''(x)$,确定凹凸区间,求出拐点;第四步考察 $x \to \infty$ 时 $f(x)$ 的曲线的走向,即求 $y = f(x)$ 的

渐近线;最后作 $y = f(x)$ 的简图.

6) 渐近线

（1）铅直渐近线:若 $\lim\limits_{x \to a^+} f(x) = \infty$ 或 $\lim\limits_{x \to a^-} f(x) = \infty$,则 $x = a$ 是 $y = f(x)$ 的一条铅直渐近线.

（2）水平渐近线:若 $\lim\limits_{x \to +\infty} f(x) = A$, $\lim\limits_{x \to -\infty} f(x) = B(A,B \in \mathbf{R})$,则 $y = A$ 与 $y = B$ 是 $y = f(x)$ 的两条水平渐近线. $y = f(x)$ 的水平渐近线最多有两条.

（3）斜渐近线

若 $\lim\limits_{x \to +\infty} \dfrac{f(x)}{x} = a$, $\lim\limits_{x \to +\infty}(f(x) - ax) = b$,则 $y = ax + b$ 是 $y = f(x)$ 的一条斜渐近线;若 $\lim\limits_{x \to -\infty} \dfrac{f(x)}{x} = c$, $\lim\limits_{x \to -\infty}(f(x) - cx) = d$,则 $y = cx + d$ 是 $y = f(x)$ 的一条斜渐近线.

$y = f(x)$ 的斜近线最多有两条; $y = f(x)$ 的水平渐近线与斜渐近线的总条线最多有两条.

2.2　竞赛题与精选题解析

2.2.1　利用导数的定义解题(例 2.1—2.6)

例 2.1(北京市 1994 年竞赛题)　设函数 $f(x)$ 在 $(-\infty, +\infty)$ 内有定义,对任意 x 都有 $f(x+1) = 2f(x)$,且当 $0 \leqslant x \leqslant 1$ 时 $f(x) = x(1-x^2)$,试判断在 $x = 0$ 处函数 $f(x)$ 是否可导.

解析　当 $-1 \leqslant x < 0$ 时有 $0 \leqslant x+1 < 1$,故

$$f(x) = \frac{1}{2}f(x+1) = \frac{1}{2}(x+1)(-2x - x^2)$$

$$f'_-(0) = \lim_{x \to 0^-} \frac{f(x) - f(0)}{x} = \lim_{x \to 0^-} \frac{-\dfrac{x}{2}(x+1)(2+x) - 0}{x} = -1$$

$$f'_+(0) = \lim_{x \to 0^+} \frac{f(x) - f(0)}{x} = \lim_{x \to 0^+} \frac{x(1-x^2) - 0}{x} = 1$$

由于 $f'_-(0) \neq f'_+(0)$,故 $f(x)$ 在 $x = 0$ 处不可导.

例 2.2(全国 2010 年决赛题)　设 $f(x)$ 在 $x = 1$ 附近定义,且在 $x = 1$ 可导, $f(1) = 0, f'(1) = 2$,求极限 $\lim\limits_{x \to 0} \dfrac{f(\sin^2 x + \cos x)}{x^2 + x\tan x}$.

解析　令 $u = \sin^2 x + \cos x$,因 $\lim\limits_{x \to 0} u = 1, f(1) = 0$,应用导数的定义、极限的四则运算法则与等价无穷小替换 $\sin x \sim x, 1 - \cos x \sim \dfrac{1}{2}x^2, \tan x \sim x (x \to 0)$ 得

$$\lim_{x \to 0} \frac{f(\sin^2 x + \cos x)}{x^2 + x\tan x} = \lim_{u \to 1} \frac{f(u) - f(1)}{u - 1} \cdot \lim_{x \to 0} \frac{\sin^2 x + \cos x - 1}{x^2 + x\tan x}$$

$$= f'(1) \cdot \lim_{x \to 0} \frac{\dfrac{\sin^2 x}{x^2} - \dfrac{1 - \cos x}{x^2}}{1 + \dfrac{\tan x}{x}} = 2 \cdot \frac{1 - \dfrac{1}{2}}{1 + 1} = \frac{1}{2}$$

例 2.3（江苏省 2018 年竞赛题）   若函数 $f(x)$ 在 $x = a$ 处可导（$a \in \mathbf{R}$），数列 $\{x_n\}, \{y_n\}$ 满足：$x_n \in (a - \delta, a), y_n \in (a, a + \delta)(\delta > 0)$，且 $\lim\limits_{n \to \infty} x_n = a, \lim\limits_{n \to \infty} y_n = a$，试求 $\lim\limits_{n \to \infty} \dfrac{x_n f(y_n) - y_n f(x_n)}{y_n - x_n}$.

解析   由 $f(x)$ 在 $x = a$ 处可导，有

$$\lim_{n \to \infty} \frac{f(x_n) - f(a)}{x_n - a} = f'_-(a) = f'(a)$$

$$\lim_{n \to \infty} \frac{f(y_n) - f(a)}{y_n - a} = f'_+(a) = f'(a)$$

应用极限存在的充要条件，必存在无穷小量 $\alpha_n \to 0, \beta_n \to 0(n \to \infty)$，使得

$$f(x_n) = f(a) + f'(a)(x_n - a) + \alpha_n \cdot (x_n - a)$$

$$f(y_n) = f(a) + f'(a)(y_n - a) + \beta_n \cdot (y_n - a)$$

则

$$\lim_{n \to \infty} \frac{x_n f(y_n) - y_n f(x_n)}{y_n - x_n}$$

$$= -f(a) + af'(a) + \lim_{n \to \infty} \frac{x_n \beta_n (y_n - a) + y_n \alpha_n (a - x_n)}{y_n - x_n}$$

$$= -f(a) + af'(a) + \lim_{n \to \infty} x_n \beta_n \frac{y_n - a}{y_n - x_n} + \lim_{n \to \infty} y_n \alpha_n \frac{a - x_n}{y_n - x_n}$$

$$\left(\text{因 } 0 < \frac{y_n - a}{y_n - x_n}, \frac{a - x_n}{y_n - x_n} < 1 \right)$$

$$= -f(a) + af'(a) + 0 + 0 = -f(a) + af'(a)$$

例 2.4（江苏省 2006 年竞赛题）   设

$$f(x) = \begin{cases} ax^2 + b\sin x + c, & x \leqslant 0, \\ \ln(1 + x), & x > 0 \end{cases}$$

试问 a, b, c 为何值时，$f(x)$ 在 $x = 0$ 处一阶导数连续，但二阶导数不存在？

解析   因为 $f(0^-) = c, f(0^+) = 0, f(0) = c$，又函数 $f(x)$ 在 $x = 0$ 处连续，所以 $c = 0$. 由

$$f'_-(0) = \lim_{x \to 0^-} \frac{f(x) - f(0)}{x} = \lim_{x \to 0^-} \frac{ax^2 + b\sin x - 0}{x} = b$$

$$f'_+(0) = \lim_{x \to 0^+} \frac{f(x) - f(0)}{x} = \lim_{x \to 0^+} \frac{\ln(1 + x) - 0}{x} = 1$$

所以 $b = 1$,且

$$f'(x) = \begin{cases} 2ax + \cos x, & x < 0, \\ 1, & x = 0, \\ \dfrac{1}{1 + x}, & x > 0 \end{cases}$$

因 $f'(0^-) = 1$, $f'(0^+) = 1$, $f'(0) = 1$,故 $b = 1$, $c = 0$ 时 $f'(x)$ 在 $x = 0$ 处连续.

又

$$f''(0) = \lim_{x \to 0} \frac{f'(x) - f'(0)}{x}$$

$$= \begin{cases} \lim\limits_{x \to 0^-} \dfrac{2ax + \cos x - 1}{x} = 2a, \\ \lim\limits_{x \to 0^+} \dfrac{\dfrac{1}{1+x} - 1}{x} = \lim\limits_{x \to 0^+} \dfrac{-x}{x(1+x)} = -1 \end{cases}$$

则当 $2a \neq -1$,即 $a \neq -\dfrac{1}{2}$ 时 $f(x)$ 在 $x = 0$ 处二阶不可导.

综上,$a \neq -\dfrac{1}{2}$, $b = 1$, $c = 0$ 为所求之值.

例 2.5(江苏省 1994 年竞赛题)　已知 $f(0) = 0$, $f'(0)$ 存在,求

$$\lim_{n \to \infty} \left[f\left(\frac{1}{n^2}\right) + f\left(\frac{2}{n^2}\right) + \cdots + f\left(\frac{n}{n^2}\right) \right]$$

解析　因 $f(0) = 0$, $f'(0)$ 存在,所以

$$\lim_{n \to \infty} \frac{f\left(\dfrac{k}{n^2}\right) - f(0)}{\dfrac{1}{n^2}} = \lim_{n \to \infty} k \cdot \frac{f\left(\dfrac{k}{n^2}\right) - f(0)}{\dfrac{k}{n^2}} = kf'(0)$$

这里 $k = 1, 2, \cdots, n$. 于是 $n \to \infty$ 时

$$f\left(\frac{k}{n^2}\right) = kf'(0) \frac{1}{n^2} + o\left(\frac{1}{n^2}\right)$$

原式 $= \lim\limits_{n \to \infty} \left[f'(0)\left(\frac{1}{n^2} + \frac{2}{n^2} + \cdots + \frac{n}{n^2}\right) + n \cdot o\left(\frac{1}{n^2}\right) \right]$

$$= \lim_{n \to \infty} \left[f'(0) \cdot \frac{\frac{1}{2}n(n+1)}{n^2} + o\left(\frac{1}{n}\right) \right] = \frac{1}{2}f'(0)$$

例 2.6(江苏省 2016 年竞赛题) 设命题:若函数 $f(x)$ 在 $x = 0$ 处连续,且

$$\lim_{x \to 0} \frac{f(2x) - f(x)}{x} = a \quad (a \in \mathbf{R})$$

则 $f(x)$ 在 $x = 0$ 处可导,且 $f'(0) = a$.

判断该命题是否成立.若成立,给出证明;若不成立,举一反例并作出说明.

解析 **方法 1** 命题成立. 因为 $\lim\limits_{x \to 0} \dfrac{f(2x) - f(x)}{x} = a$,所以

$$f(2x) = f(x) + ax + o(x) \quad (x \to 0)$$

此式等价于

$$f(x) = f\left(\frac{x}{2}\right) + \frac{1}{2}ax + o\left(\frac{x}{2}\right) = f\left(\frac{x}{2}\right) + \frac{1}{2}ax + \frac{1}{2}o(x)$$

$$= f\left(\frac{x}{2}\right) + \frac{1}{2}(ax + o(x)) \quad (x \to 0)$$

由此可得

$$f(x) = \left(f\left(\frac{x}{2^2}\right) + \frac{1}{2^2}(ax + o(x)) \right) + \frac{1}{2}(ax + o(x))$$

$$= f\left(\frac{x}{2^2}\right) + \left(\frac{1}{2} + \frac{1}{2^2} \right)(ax + o(x))$$

$$= \cdots = f\left(\frac{x}{2^n}\right) + \left(\frac{1}{2} + \frac{1}{2^2} + \frac{1}{2^3} + \cdots + \frac{1}{2^n} \right)(ax + o(x)) \quad (x \to 0)$$

由于 $\lim\limits_{n \to \infty} \left(\dfrac{1}{2} + \dfrac{1}{2^2} + \cdots + \dfrac{1}{2^n} \right) = 1$,$\lim\limits_{n \to \infty} \dfrac{x}{2^n} = 0$,且 $f(x)$ 在 $x = 0$ 处连续,则在上式中令 $n \to \infty$,可得

$$f(x) = f(0) + ax + o(x) \quad (x \to 0)$$

应用可微的定义得 $f(x)$ 在 $x = 0$ 处可导,且 $f'(0) = a$.

方法 2 命题成立. 因为 $\lim\limits_{x \to 0} \dfrac{f(2x) - f(x)}{x} = a$,所以

$$f(2x) - f(x) = ax + x\alpha(x) \quad (x \to 0 \text{ 时 } \alpha(x) \to 0)$$

由此可得

$$f(x) - f\left(\frac{x}{2}\right) = a\frac{x}{2} + \frac{x}{2}\alpha\left(\frac{x}{2}\right) \quad \left(x \to 0 \text{ 时 } \alpha\left(\frac{x}{2}\right) \to 0\right)$$

$$\vdots$$

$$f\left(\frac{x}{2^{n-1}}\right) - f\left(\frac{x}{2^n}\right) = a\,\frac{x}{2^n} + \frac{x}{2^n}\alpha\left(\frac{x}{2^n}\right) \quad \left(x \to 0\ \text{时}\ \alpha\left(\frac{x}{2^n}\right) \to 0\right)$$

将上述 n 个式子相加,得

$$f(x) - f\left(\frac{x}{2^n}\right) = \left(\frac{1}{2} + \frac{1}{2^2} + \frac{1}{2^3} + \cdots + \frac{1}{2^n}\right)ax + A(x)$$

其中 $A(x) = x\sum_{k=1}^{n}\frac{1}{2^k}\alpha\left(\frac{x}{2^k}\right)$. 记 $\beta(x) = \max\left\{\left|\alpha\left(\frac{x}{2}\right)\right|, \left|\alpha\left(\frac{x}{2^2}\right)\right|, \cdots, \left|\alpha\left(\frac{x}{2^n}\right)\right|\right\}$,则 $x \to 0$ 时 $\beta(x) \to 0$,又因为 $0 < \frac{1}{2} + \frac{1}{2^2} + \cdots + \frac{1}{2^n} < 1$,所以 $|A(x)| \leqslant |x|\beta(x)$,因此 $A(x) = o(x)$,于是有

$$f(x) - f\left(\frac{x}{2^n}\right) = \left(\frac{1}{2} + \frac{1}{2^2} + \cdots + \frac{1}{2^n}\right)ax + o(x) \quad (x \to 0)$$

又由于 $\lim\limits_{n\to\infty}\left(\frac{1}{2} + \frac{1}{2^2} + \cdots + \frac{1}{2^n}\right) = 1$,$\lim\limits_{n\to\infty}\frac{x}{2^n} = 0$,且 $f(x)$ 在 $x = 0$ 处连续,在上式中令 $n \to \infty$,可得

$$f(x) - f(0) = ax + o(x) \quad (x \to 0)$$

应用微分的定义得 $f(x)$ 在 $x = 0$ 处可导,且 $f'(0) = a$.

2.2.2　利用求导法则解题(例 2.7—2.8)

例 2.7(浙江省 2003 年竞赛题)　求 $\lim\limits_{n\to\infty}\dfrac{2^{-n}}{n(n+1)}\sum\limits_{k=1}^{n}C_n^k \cdot k^2$.

解析　应用二项式定理,有

$$(1+x)^n = 1 + C_n^1 x + C_n^2 x^2 + \cdots + C_n^n x^n = \sum_{k=0}^{n}C_n^k x^k$$

两边求导得

$$n(1+x)^{n-1} = \sum_{k=1}^{n}C_n^k \cdot k x^{k-1}$$

两边乘以 x 后再求导得

$$n(1+x)^{n-1} + n(n-1)x(1+x)^{n-2} = \sum_{k=1}^{n}C_n^k \cdot k^2 x^{k-1}$$

令 $x = 1$ 得

$$n \cdot 2^{n-1} + n(n-1) \cdot 2^{n-2} = \sum_{k=1}^{n}C_n^k \cdot k^2$$

化简得 $\sum\limits_{k=1}^{n} C_n^k \cdot k^2 = \dfrac{1}{4} 2^n \cdot n(n+1)$，于是

$$\lim_{n \to \infty} \frac{2^{-n}}{n(n+1)} \sum_{k=1}^{n} C_n^k \cdot k^2 = \frac{1}{4}$$

例 2.8（全国 2010 年决赛题）　是否存在 **R** 中的可微函数 $f(x)$，使得

$$f(f(x)) = 1 + x^2 + x^4 - x^3 - x^5$$

若存在，请给出一个例子；若不存在，请给出证明.

解析　满足条件的函数不存在.

（反证）假设这样的函数 $f(x)$ 存在，令 $f(x) = x$，则

$$f(f(x)) = f(x) = x \Rightarrow 1 + x^2 + x^4 - x^3 - x^5 = x$$
$$\Rightarrow (1-x)(1+x^2+x^4) = 0 \Rightarrow x = 1$$

所以 $f(x)$ 有惟一的不动点 $x = 1$，使得 $f(1) = 1$. 再令 $f(f(x)) = x$，则

$$f(f(x)) = x \Rightarrow 1 + x^2 + x^4 - x^3 - x^5 = x$$
$$\Rightarrow (1-x)(1+x^2+x^4) = 0 \Rightarrow x = 1$$

所以 $f(f(x))$ 也有惟一的不动点 $x = 1$，使得 $f(f(1)) = 1$. 又令

$$g(x) = f(f(x)) = 1 + x^2 + x^4 - x^3 - x^5$$

则

$$g'(x) = f'(f(x))f'(x) \Rightarrow g'(1) = f'(f(1))f'(1) = (f'(1))^2 \geqslant 0$$

另一方面

$$g'(1) = (2x + 4x^3 - 3x^2 - 5x^4)\Big|_{x=1} = -2$$

从而导出了矛盾. 所以满足条件的函数 $f(x)$ 不存在.

2.2.3　求高阶导数（例 2.9—2.18）

例 2.9（南京大学 1995 年竞赛题）　设 $f'(0) = 1$，$f''(0) = 0$，求证：在 $x = 0$ 处，有

$$\frac{\mathrm{d}^2}{\mathrm{d}x^2} f(x^2) = \frac{\mathrm{d}^2}{\mathrm{d}x^2} f^2(x)$$

解析　因为 $f''(0) = 0$，所以 $f'(x)$ 在 $x = 0$ 处可导，因此 $f'(x)$ 在 $x = 0$ 处连续. 令 $F(x) = f(x^2)$，则

$$F'(x) = 2xf'(x^2)，\quad F'(0) = 0$$

应用二阶导数的定义得

$$\frac{\mathrm{d}^2}{\mathrm{d}x^2}f(x^2)\Big|_{x=0} = \frac{\mathrm{d}}{\mathrm{d}x}F'(x)\Big|_{x=0} = \lim_{x\to 0}\frac{F'(x)-F'(0)}{x}$$

$$= \lim_{x\to 0}\frac{2xf'(x^2)}{x} = 2f'(0) = 2$$

又令 $G(x) = f^2(x)$，则

$$G'(x) = 2f(x)f'(x),\quad G'(0) = 2f(0)f'(0) = 2f(0)$$

应用二阶导数的定义得

$$\frac{\mathrm{d}^2}{\mathrm{d}x^2}f^2(x)\Big|_{x=0} = \frac{\mathrm{d}}{\mathrm{d}x}G'(x)\Big|_{x=0} = \lim_{x\to 0}\frac{G'(x)-G'(0)}{x} = \lim_{x\to 0}\frac{2f(x)f'(x)-2f(0)}{x}$$

$$= 2\lim_{x\to 0}\frac{f(x)f'(x)-f(x)+f(x)-f(0)}{x}$$

$$= 2\lim_{x\to 0}\frac{f(x)(f'(x)-f'(0))}{x} + 2\lim_{x\to 0}\frac{f(x)-f(0)}{x}$$

$$= 2f(0)f''(0) + 2f'(0) = 0+2 = 2$$

综上，原式得证.

例 2.10（江苏省 1994 年竞赛题）　设 $f(x) = \begin{cases} \dfrac{\sin x}{x}, & x\neq 0, \\ 1, & x=0, \end{cases}$ 求 $f''(0)$.

解析　由导数的定义，有

$$f'(0) = \lim_{x\to 0}\frac{f(x)-f(0)}{x} = \lim_{x\to 0}\frac{\dfrac{\sin x}{x}-1}{x}$$

$$= \lim_{x\to 0}\frac{\sin x-x}{x^2} = \lim_{x\to 0}\frac{\cos x-1}{2x} = \lim_{x\to 0}\frac{-\dfrac{1}{2}x^2}{2x} = 0$$

当 $x\neq 0$ 时，$f'(x) = \dfrac{x\cos x-\sin x}{x^2}$，再用定义求 $f''(0)$ 得

$$f''(0) = \lim_{x\to 0}\frac{f'(x)-f'(0)}{x} = \lim_{x\to 0}\frac{x\cos x-\sin x}{x^3}$$

$$= \lim_{x\to 0}\frac{\cos x-x\sin x-\cos x}{3x^2} = \lim_{x\to 0}\frac{-x\sin x}{3x^2} = -\frac{1}{3}$$

例 2.11（江苏省 2000 年竞赛题）　如果 $y = y(x)$ 由方程组 $\begin{cases} x+t(1-t)=0, \\ te^y+y+1=0 \end{cases}$

确定，求 $\dfrac{\mathrm{d}^2y}{\mathrm{d}x^2}\Big|_{t=0}$.

解析　由 $x = t^2-t$，$x'(t) = 2t-1$，$x''(t) = 2$，故 $x'(0) = -1$，$x''(0) = 2$.
设由 $te^y+y+1=0$ 确定 $y = y(t)$，则 $y(0) = -1$. 方程两边对 t 求导得

$$e^y+te^y\cdot y'(t)+y'(t) = 0 \tag{$*$}$$

令 $t=0$ 得 $e^{-1}+0+y'(0)=0$,所以 $y'(0)=-\dfrac{1}{e}$.

（ * ）式两边求 t 求导数得

$$2e^y y'(t)+te^y(y'(t))^2+te^y y''(t)+y''(t)=0$$

令 $t=0$ 得 $2e^{-1}y'(0)+0+0+y''(0)=0$,所以 $y''(0)=\dfrac{2}{e^2}$.

于是

$$\frac{d^2 y}{dx^2}\bigg|_{t=0}=\frac{x'(0)y''(0)-y'(0)x''(0)}{(x'(0))^3}=\frac{-\dfrac{2}{e^2}+\dfrac{2}{e}}{-1}=\frac{2}{e^2}-\frac{2}{e}$$

例 2. 12（东南大学 2019 年竞赛题） 设 $f(x)$ 无穷阶可导,证明恒等式:

$$\left(x^{n-1}f\left(\frac{1}{x}\right)\right)^{(n)}=\frac{(-1)^n}{x^{n+1}}f^{(n)}\left(\frac{1}{x}\right)\quad(n=1,2,\cdots)\qquad(*)_n$$

解析 $n=1$ 时 $\left(f\left(\dfrac{1}{x}\right)\right)'=-\dfrac{1}{x^2}f'\left(\dfrac{1}{x}\right)$,故（ * ）$_1$ 式成立. 假设（ * ）$_n$ 式成立,
应用莱布尼茨公式得

$$\left(x^n f\left(\frac{1}{x}\right)\right)^{(n+1)}=\left(x\cdot x^{n-1}f\left(\frac{1}{x}\right)\right)^{(n+1)}$$

$$=x\left(x^{n-1}f\left(\frac{1}{x}\right)\right)^{(n+1)}+(n+1)\left(x^{n-1}f\left(\frac{1}{x}\right)\right)^{(n)}$$

$$=x\left(\frac{(-1)^n}{x^{n+1}}f^{(n)}\left(\frac{1}{x}\right)\right)'+(n+1)\frac{(-1)^n}{x^{n+1}}f^{(n)}\left(\frac{1}{x}\right)$$

$$=x\left[-\frac{(-1)^n(n+1)}{x^{n+2}}f^{(n)}\left(\frac{1}{x}\right)+\frac{(-1)^n}{x^{n+1}}f^{(n+1)}\left(\frac{1}{x}\right)\cdot\left(-\frac{1}{x^2}\right)\right]$$

$$\quad+\frac{(-1)^n(n+1)}{x^{n+1}}f^{(n)}\left(\frac{1}{x}\right)$$

$$=-\frac{(-1)^n(n+1)}{x^{n+1}}f^{(n)}\left(\frac{1}{x}\right)-\frac{(-1)^n}{x^{n+2}}f^{(n+1)}\left(\frac{1}{x}\right)$$

$$\quad+\frac{(-1)^n(n+1)}{x^{n+1}}f^{(n)}\left(\frac{1}{x}\right)$$

$$=\frac{(-1)^{n+1}}{x^{n+2}}f^{(n+1)}\left(\frac{1}{x}\right)$$

所以（ * ）$_{n+1}$ 式成立,由数学归纳法即得原恒等式成立.

例 2. 13（浙江省 2016 年竞赛题） 设函数 $f(x)=\dfrac{1+xe^x}{1+x}$,求 $f^{(5)}(0)$.

解析 因 $f(x)=\dfrac{1+xe^x+e^x-e^x}{1+x}=\dfrac{1-e^x}{1+x}+e^x$,令 $g(x)=\dfrac{1-e^x}{1+x}$,则

$$f(x)=g(x)+e^x,\quad \text{且}\quad g(0)=0,f^{(5)}(0)=g^{(5)}(0)+1$$

应用莱布尼茨公式,对$(1+x)g(x) = 1 - \mathrm{e}^x$ 两边求 n 阶导数得

$$(1+x)g^{(n)}(x) + ng^{(n-1)}(x) + 0 = -\mathrm{e}^x \Rightarrow g^{(n)}(0) = -ng^{(n-1)}(0) - 1$$

可得

$$g'(0) = -g(0) - 1 = -1, \quad g''(0) = -2g'(0) - 1 = 1$$
$$g'''(0) = -3g''(0) - 1 = -4, \quad g^{(4)}(0) = -4g'''(0) - 1 = 15$$
$$g^{(5)}(0) = -5g^{(4)}(0) - 1 = -76$$

所以 $f^{(5)}(0) = g^{(5)}(0) + 1 = -76 + 1 = -75$.

例 2.14(江苏省 1991 年竞赛题) 设 $P(x) = \dfrac{\mathrm{d}^n}{\mathrm{d}x^n}(1 - x^m)^n$,其中 m, n 为正整数,求 $P(1)$.

解析 因为

$$(1 - x^m)^n = (1 - x)^n \cdot (1 + x + x^2 + \cdots + x^{m-1})^n$$

令 $u(x) = (1 - x)^n$, $v(x) = (1 + x + \cdots + x^{m-1})^n$,应用莱布尼茨公式,因
$$u(1) = u'(1) = \cdots = u^{(n-1)}(1) = 0, \quad u^{(n)}(1) = (-1)^n n!$$

所以

$$P(1) = v^{(n)}(1)u(1) + nv^{(n-1)}(1)u'(1) + \cdots + v(1)u^{(n)}(1)$$
$$= 0 + 0 + \cdots + 0 + m^n(-1)^n n! = (-1)^n m^n \cdot n!$$

例 2.15(江苏省 1994 年竞赛题) 设 $f(x) = (x^2 - 3x + 2)^n \cos\dfrac{\pi x^2}{16}$,求 $f^{(n)}(2)$.

解析 由 $f(x) = (x-2)^n (x-1)^n \cos\dfrac{\pi x^2}{16}$,令

$$u(x) = (x-2)^n, \quad v(x) = (x-1)^n \cos\dfrac{\pi x^2}{16}$$

由于 $u(2) = u'(2) = \cdots = u^{(n-1)}(2) = 0, u^{(n)}(2) = n!$,应用莱布尼茨公式得

$$f^{(n)}(2) = v(2)u^{(n)}(2) + nv'(2)u^{(n-1)}(2) + \cdots + v^{(n)}(2)u(2)$$
$$= v(2)u^{(n)}(2) = n!\cos\dfrac{4\pi}{16} = \dfrac{\sqrt{2}}{2}n!$$

例 2.16(精选题) 设 $y = \dfrac{1}{\sqrt{1 - x^2}}\arcsin x$,求 $y^{(n)}(0)$.

解析 由

$$y' = \dfrac{1}{1 - x^2} + \dfrac{x\arcsin x}{(1 - x^2)\sqrt{1 - x^2}} = \dfrac{1}{1 - x^2} + \dfrac{xy}{1 - x^2}$$
$$\Rightarrow (1 - x^2)y' - xy - 1 = 0 \Rightarrow (1 - x^2)y'' - 3xy' - y = 0$$
$$\Rightarrow (1 - x^2)y''' - 5xy'' - 4y' = 0 \Rightarrow \cdots$$
$$\Rightarrow (1 - x^2)y^{(n+1)} - (2n+1)xy^{(n)} - n^2 y^{(n-1)} = 0$$

令 $x = 0$,得 $y^{(n+1)}(0) = n^2 y^{(n-1)}(0)$. 由于 $y'(0) = 1, y''(0) = y(0) = 0$,所以

$$y^{(2n)}(0) = 0, \quad y^{(2n+1)}(0) = 4^n(n!)^2$$

例 2.17(广东省 1991 年竞赛题)　设 $f(x) = \dfrac{x^n}{x^2-1}$ $(n=1,2,3,\cdots)$,求 $f^{(n)}(x)$.

解析　应用多项式除法,有

$$f(x) = \begin{cases} x^{n-2} + x^{n-4} + \cdots + x^2 + 1 + \dfrac{1}{2}\left(\dfrac{1}{x-1} - \dfrac{1}{x+1}\right), & n \text{ 为偶数}, \\ x^{n-2} + x^{n-4} + \cdots + x + \dfrac{1}{2}\left(\dfrac{1}{x-1} + \dfrac{1}{x+1}\right), & n \text{ 为奇数} \end{cases}$$

由于 $(x^k)^{(n)} = 0 (k=0,1,2,\cdots,n-1)$,又

$$\left(\frac{1}{x-1}\right)^{(n)} = (-1)^n \frac{n!}{(x-1)^{n+1}}, \quad \left(\frac{1}{x+1}\right)^{(n)} = (-1)^n \frac{n!}{(x+1)^{n+1}}$$

所以

$$f^{(n)}(x) = \frac{n!}{2}\left[\frac{(-1)^n}{(x-1)^{n+1}} - \frac{1}{(x+1)^{n+1}}\right], \quad n=1,2,3,\cdots$$

例 2.18(南京大学 1996 年竞赛题)　设 $y = x^{n-1}\ln x$,求 $y^{(n)}$.

解析　由

$$y' = (n-1)x^{n-2}\left(\ln x + \frac{1}{n-1}\right)$$

$$y'' = (n-1)(n-2)x^{n-3}\left(\ln x + \frac{1}{n-1} + \frac{1}{n-2}\right)$$

$$= \frac{(n-1)!}{(n-3)!}x^{n-3}\left(\ln x + \frac{1}{n-1} + \frac{1}{n-2}\right)$$

归纳假设

$$y^{(k)} = \frac{(n-1)!}{(n-k-1)!}x^{n-k-1}\left(\ln x + \frac{1}{n-1} + \frac{1}{n-2} + \cdots + \frac{1}{n-k}\right) \qquad (*)_k$$

则

$$y^{(k+1)} = \frac{(n-1)!}{(n-k-2)!}x^{n-k-2}\left(\ln x + \frac{1}{n-1} + \frac{1}{n-2} + \cdots + \frac{1}{n-k}\right)$$
$$+ \frac{(n-1)!}{(n-k-1)!}x^{n-k-1}\frac{1}{x}$$

$$= \frac{(n-1)!}{(n-k-2)!}x^{n-k-2}\left(\ln x + \frac{1}{n-1} + \frac{1}{n-2} + \cdots + \frac{1}{n-k} + \frac{1}{n-k-1}\right)$$

所以 $(*)_{k+1}$ 成立,于是 $(*)_k$ 对 $k=1,2,\cdots,n-1$ 均成立. 当 $k=n-1$ 时

$$y^{(n-1)} = (n-1)!x^0\left(\ln x + \frac{1}{n-1} + \frac{1}{n-2} + \cdots + \frac{1}{2} + \frac{1}{1}\right)$$

于是 $y^{(n)} = \dfrac{(n-1)!}{x}$.

2.2.4　与微分中值定理有关的证明题(例2.19—2.40)

例2.19(莫斯科大学1975年竞赛题)　设 $f(x)$ 在 $[0, +\infty)$ 上连续可导,$f(0) = 1$,且对一切 $x \geqslant 0$ 有 $|f(x)| \leqslant e^{-x}$,求证:$\exists \xi \in (0, +\infty)$,使得 $f'(\xi) = -e^{-\xi}$.

解析　令 $F(x) = f(x) - e^{-x}$,则 $F(x)$ 在 $(0, +\infty)$ 上连续可导,且 $F(0) = f(0) - 1 = 0$. 由于 $|f(x)| \leqslant e^{-x}$,所以

$$\lim_{x \to +\infty} |f(x)| \leqslant \lim_{x \to +\infty} e^{-x} = 0 \Leftrightarrow \lim_{x \to +\infty} f(x) = 0$$

于是

$$\lim_{x \to +\infty} F(x) = \lim_{x \to +\infty} f(x) - \lim_{x \to +\infty} e^{-x} = 0$$

若 $f(x) = e^{-x}$,则 $\forall x \in [0, +\infty)$,$F(x) = 0$,于是 $\forall \xi \in (0, +\infty)$,有 $f'(\xi) = -e^{-\xi}$. 若 $f(x) \neq e^{-x}$,由于 $|f(x)| \leqslant e^{-x}$,所以 $\exists c \in (0, +\infty)$,使得 $f(c) < e^{-c}$,则 $F(c) < 0$. 于是 $F(x)$ 在区间 $(0, +\infty)$ 内取得最小值. 设 $F(\xi)$ 是其最小值,则 $F'(\xi) = 0$. 即 $\exists \xi \in (0, +\infty)$,使得 $F'(\xi) = 0$,从而 $f'(\xi) = -e^{-\xi}$.

例2.20(莫斯科石油工业学院1976年竞赛题)　设实系数一元 n 次方程

$$P(x) = a_0 x^n + a_1 x^{n-1} + \cdots + a_{n-1} x + a_n = 0 \quad (a_0 \neq 0, n \geqslant 2)$$

的根全为实数,证明:方程 $P'(x) = 0$ 的根也全为实数.

解析　设方程 $P(x) = 0$ 的 n 个实根为

$$c_1, c_2, \cdots, c_r, d_1, d_2, \cdots, d_l$$

其中 $c_1, c_2, \cdots, c_r$ 为单根;$d_1, d_2, \cdots, d_l$ 为重根,其重数依次为 $k_1, k_2, \cdots, k_l (k_j \geqslant 2, j = 1, 2, \cdots, l)$,则

$$r + k_1 + k_2 + \cdots + k_l = n$$

对于重根 $d_j (j = 1, 2, \cdots, l)$,多项式 $P(x)$ 可写为

$$P(x) = (x - d_j)^{k_j} Q(x), \quad Q(d_j) \neq 0$$

则

$$P'(x) = k_j (x - d_j)^{k_j - 1} Q(x) + (x - d_j)^{k_j} Q'(x)$$
$$= (x - d_j)^{k_j - 1} [k_j Q(x) + (x - d_j) Q'(x)]$$

由于

$$k_j Q(x) + (x - d_j) Q'(x) \Big|_{x = d_j} = k_j Q(d_j) \neq 0$$

所以 $x = d_j$ 是方程 $P'(x) = 0$ 的 $(k_j - 1)$ 重实根. 由此可得方程 $P'(x) = 0$ 有实根 d_1,

$d_2, \cdots, d_l$,它们的重数依次为$k_1 - 1, k_2 - 1, \cdots, k_l - 1$,这些实根的总个数为

$$(k_1 - 1) + (k_2 - 1) + \cdots + (k_l - 1) = n - r - l$$

另一方面,在$P(x) = 0$的每两个相邻实根之间应用罗尔定理,可得方程$P'(x) = 0$至少有一个实根.由此可得$P'(x) = 0$至少有$(r + l - 1)$个实根.

由上述两种情况获得的方程$P'(x) = 0$的实限,至少有$(n - r - l) + (r + l - 1) = (n - 1)$个.而$P'(x) = 0$为实系数一元$(n-1)$次方程,它至多有$(n-1)$个实根.因此方程$P'(x) = 0$恰有$(n-1)$个实根,即$P'(x) = 0$的根全为实数.

例 2.21(北京市 1992 年竞赛题) 设$f(x)$在$[0, \pi]$上连续,在$(0, \pi)$内可导,且

$$\int_0^\pi f(x)\cos x \, dx = \int_0^\pi f(x)\sin x \, dx = 0$$

求证:$\exists \xi \in (0, \pi)$,使得$f'(\xi) = 0$.

解析 当$x \in (0, \pi)$时,可知$\sin x > 0$.如果$\forall x \in (0, \pi)$,有$f(x) > 0 (< 0)$,则$\int_0^\pi f(x)\sin x \, dx > 0 (< 0)$.而已知$\int_0^\pi f(x)\sin x \, dx = 0$,故在$(0, \pi)$内$f(x)$不可能恒正或恒负,即$f(x)$在$(0, \pi)$内必有零点.

假设$f(x)$在$(0, \pi)$内有惟一零点x_0,则在$(0, x_0)$及(x_0, π)上$f(x)$异号.不妨设$0 < x < x_0$时$f(x) > 0$,$x_0 < x < \pi$时$f(x) < 0$,则

$$\int_0^\pi f(x)\sin(x - x_0)\,dx = \int_0^{x_0} f(x)\sin(x - x_0)\,dx + \int_{x_0}^\pi f(x)\sin(x - x_0)\,dx < 0$$

但由已知条件有

$$\int_0^\pi f(x)\sin(x - x_0)\,dx = \int_0^\pi f(x)\sin x \cos x_0 \, dx - \int_0^\pi f(x)\cos x \sin x_0 \, dx = 0$$

导出矛盾,故$f(x)$在$(0, \pi)$内至少存在两个零点$x_1, x_2 (x_1 < x_2)$.在区间$[x_1, x_2]$上应用罗尔定理,$\exists \xi \in (x_1, x_2) \subset (0, \pi)$,使$f'(\xi) = 0$.

例 2.22(江苏省 2004 年竞赛题) 设函数$f(x)$在$[a, b]$上连续,在(a, b)内可导,且有$f(a) = a$,$\int_a^b f(x)\,dx = \frac{1}{2}(b^2 - a^2)$,求证:在$(a, b)$内至少有一点$\xi$,使得

$$f'(\xi) = f(\xi) - \xi + 1$$

解析 由

$$\int_a^b f(x)\,dx = \frac{1}{2}(b^2 - a^2) \quad \Rightarrow \quad \int_a^b (f(x) - x)\,dx = 0$$

对上面的右式应用积分中值定理,$\exists c \in (a, b)$,使得

$$\int_a^b (f(x) - x)\,dx = (f(c) - c)(b - a) = 0$$

于是$f(c) - c = 0 \ (a < c < b)$.作辅助函数

$$F(x) = e^{-x}(f(x) - x)$$

则 $F(a) = F(c) = 0$,且 $F(x)$ 在 $[a,c]$ 上连续,在 (a,c) 内可导,应用罗尔定理,$\exists \xi \in (a,c) \subset (a,b)$,使得 $F'(\xi) = 0$. 因

$$F'(x) = e^{-x}(f'(x) - 1 - f(x) + x)$$

所以 $F'(\xi) = e^{-\xi}(f'(\xi) - 1 - f(\xi) + \xi) = 0$,即

$$f'(\xi) = f(\xi) - \xi + 1$$

例 2.23(江苏省 2000 年竞赛题) 设 $f(x)$, $g(x)$ 在 $[a,b]$ 上可微,且 $g'(x) \neq 0$,证明:存在一点 $c(a < c < b)$,使得 $\dfrac{f(a) - f(c)}{g(c) - g(b)} = \dfrac{f'(c)}{g'(c)}$.

解析 作辅助函数

$$F(x) = f(a)g(x) + g(b)f(x) - f(x)g(x)$$

则 $F(x)$ 在 $[a,b]$ 上可微,且 $F(a) = F(b) = f(a)g(b)$,应用罗尔定理,$\exists c \in (a,b)$,使得 $F'(c) = 0$. 由于

$$F'(x) = f(a)g'(x) + g(b)f'(x) - [f'(x)g(x) + f(x)g'(x)]$$

则

$$F'(c) = f(a)g'(c) + g(b)f'(c) - [f'(c)g(c) + f(c)g'(c)] = 0$$

化简得

$$g'(c)(f(a) - f(c)) = f'(c)(g(c) - g(b))$$

由于 $g'(c) \neq 0$ 且 $g(c) - g(b) \neq 0$(否则 $\exists \xi \in (c,b)$,使得 $g'(\xi) = 0$,此与 $g'(x) \neq 0$ 矛盾),所以上式等价于

$$\frac{f(a) - f(c)}{g(c) - g(b)} = \frac{f'(c)}{g'(c)}$$

例 2.24(南京大学 1995 年竞赛题) 设 $f(x)$ 在 $(0,1)$ 内有三阶导数,$0 < a < b < 1$,证明:$\exists \xi \in (a,b)$,使得

$$f(b) = f(a) + \frac{1}{2}(b-a)[f'(a) + f'(b)] - \frac{(b-a)^3}{12}f'''(\xi)$$

解析 令

$$\frac{12}{(b-a)^3}\left[f(a) - f(b) + \frac{1}{2}(b-a)(f'(a) + f'(b))\right] = k$$

则有等式

$$f(a) - f(b) + \frac{1}{2}(b-a)(f'(a) + f'(b)) - \frac{(b-a)^3}{12}k = 0 \qquad (*)$$

作辅助函数

$$F(x) = f(a) - f(x) + \frac{1}{2}(x-a)(f'(a) + f'(x)) - \frac{(x-a)^3}{12}k$$

由($*$)式得 $F(b) = 0$，又 $F(x)$ 在 $(0,1)$ 内可导，$F(a) = 0$，在 $[a,b]$ 上应用罗尔定理，必 $\exists \eta \in (a,b)$，使得 $F'(\eta) = 0$. 由于

$$F'(x) = -f'(x) + \frac{1}{2}(f'(a) + f'(x)) + \frac{1}{2}(x-a)f''(x) - \frac{1}{4}(x-a)^2 k$$

$$= \frac{1}{2}(f'(a) - f'(x)) + \frac{1}{2}(x-a)f''(x) - \frac{1}{4}(x-a)^2 k$$

所以 $F'(a) = 0$. 由于 $F'(x)$ 在 $(0,1)$ 上可导，且 $F'(a) = F'(\eta) = 0$，对函数 $F'(x)$ 在 $[a,\eta]$ 上应用罗尔定理，必 $\exists \xi \in (a,\eta) \subset (a,b)$，使得 $F''(\xi) = 0$. 又因为

$$F''(x) = -\frac{1}{2}f''(x) + \frac{1}{2}f''(x) + \frac{1}{2}(x-a)f'''(x) - \frac{1}{2}(x-a)k$$

$$= \frac{1}{2}(x-a)(f'''(x) - k)$$

所以

$$F''(\xi) = \frac{1}{2}(\xi-a)(f'''(\xi) - k) = 0$$

于是 $k = f'''(\xi)$，代入($*$)式即为所求证的等式.

例 2.25（浙江省 2004 年竞赛题） 已知函数 $f(x)$ 在 $[0,1]$ 上三阶可导，且 $f(0) = -1, f(1) = 0, f'(0) = 0$，试证：至少存在一点 $\xi \in (0,1)$，使

$$f(x) = -1 + x^2 + \frac{x^2(x-1)}{3!}f'''(\xi), \quad x \in (0,1)$$

解析 $\forall x_0 \in (0,1)$，记 $k = \frac{3!}{x_0^2(x_0-1)}(f(x_0) + 1 - x_0^2)$，则有等式

$$f(x_0) + 1 - x_0^2 - \frac{x_0^2(x_0-1)}{6}k = 0 \qquad (*)$$

作辅助函数

$$F(x) = f(x) + 1 - x^2 - \frac{x^2(x-1)}{6}k$$

则 $F(0) = f(0) + 1 = 0, F(1) = f(1) + 1 - 1 = 0$，且由($*$)式可得 $F(x_0) = 0$. 因为函数 $F(x)$ 在 $[0,1]$ 上可导，分别在区间 $[0,x_0]$ 与 $[x_0,1]$ 上应用罗尔定理，必 $\exists \eta_1 \in (0,x_0), \eta_2 \in (x_0,1)$，使得 $F'(\eta_1) = 0, F'(\eta_2) = 0$. 由于

$$F'(x) = f'(x) - 2x - \frac{3x^2 - 2x}{6}k$$

所以 $F'(0) = f'(0) = 0$，又 $F'(x)$ 在 $[0,\eta_2]$ 上可导，分别在区间 $[0,\eta_1]$ 与 $[\eta_1,\eta_2]$ 上应用罗尔定理，必 $\exists \xi_1 \in (0,\eta_1), \xi_2 \in (\eta_1,\eta_2)$，使得 $F''(\xi_1) = 0, F''(\xi_2) = 0$. 由于

$$F''(x) = f''(x) - 2 - \frac{3x-1}{3}k$$

在 $[\xi_1, \xi_2]$ 上可导,应用罗尔定理,必 $\exists \xi(x_0) \in (\xi_1, \xi_2) \subset (0,1)$,使得 $F'''(\xi(x_0)) = 0$. 由于 $F'''(x) = f'''(x) - k$,所以 $k = f'''(\xi(x_0))$. 代入 ($*$) 式,由 $x_0 \in (0,1)$ 的任意性即得:$\forall x \in (0,1)$,必 $\exists \xi(x) \in (0,1)$,使得

$$f(x) = -1 + x^2 + \frac{x^2(x-1)}{3!}f'''(\xi(x))$$

例 2.26(江苏省 2016 年竞赛题)　设函数 $f(x)$ 在 $[0,1]$ 上二阶可导,且 $f(0) = 0$,$f(1) = 1$,求证:存在 $\xi \in (0,1)$,使得 $\xi f''(\xi) + (1+\xi)f'(\xi) = 1+\xi$.

解析　因为 $f(x)$ 在 $[0,1]$ 上连续,在 $(0,1)$ 内可导,$f(0) = 0$,$f(1) = 1$,应用拉格朗日中值定理,可知存在 $c \in (0,1)$,使得 $f'(c) = \dfrac{f(1)-f(0)}{1-0} = 1$.

令 $F(x) = e^x x(f'(x) - 1)$,则 $F(0) = 0$,$F(c) = 0$. 因 $F(x)$ 在区间 $[0,c]$ 上可导,应用罗尔定理,可知存在 $\xi \in (0,c) \subset (0,1)$,使得 $F'(\xi) = 0$. 由于

$$\begin{aligned} F'(x) &= e^x[x(f'(x)-1) + (f'(x)-1) + xf''(x)] \\ &= e^x[xf''(x) + (1+x)f'(x) - (1+x)] \end{aligned}$$

即

$$F'(\xi) = e^\xi[\xi f''(\xi) + (1+\xi)f'(\xi) - (1+\xi)]$$

于是 $\xi f''(\xi) + (1+\xi)f'(\xi) = 1+\xi$.

例 2.27(全国 2013 年决赛题)　已知函数 $f(x)$ 在区间 $[-2,2]$ 上二阶可导,且 $|f(x)| \leqslant 1$,又 $[f(0)]^2 + [f'(0)]^2 = 4$,试证:在区间 $(-2,2)$ 上至少存在一点 ξ,使得 $f(\xi) + f''(\xi) = 0$.

解析　因为函数 $f(x)$ 在区间 $[-2,2]$ 上二阶可导,所以 $f(x)$ 与 $f'(x)$ 在区间 $[-2,2]$ 上皆连续. 记 $F(x) = [f(x)]^2 + [f'(x)]^2$,则 $F(0) = 4$.

分别在区间 $[-2,0]$ 与 $[0,2]$ 上应用拉格朗日中值定理,则存在 $\xi_1 \in (-2,0)$,$\xi_2 \in (0,2)$,使得

$$f'(\xi_1) = \frac{f(0)-f(-2)}{0-(-2)}, \quad f'(\xi_2) = \frac{f(2)-f(0)}{2-0}$$

由于 $|f(x)| \leqslant 1$,故 $|f'(\xi_1)| \leqslant 1$,$|f'(\xi_2)| \leqslant 1$,得 $0 \leqslant F(\xi_1) \leqslant 2$,$0 \leqslant F(\xi_2) \leqslant 2$.

因为 $F(x)$ 在闭区间 $[\xi_1, \xi_2]$ 上连续,所以 $F(x)$ 在 $[\xi_1, \xi_2]$ 上取到最大值,设最大值为 $F(\xi) = M$,因 $F(0) = 4$,所以 $M \geqslant 4$. 又因 $0 \leqslant F(\xi_1) \leqslant 2$,$0 \leqslant F(\xi_2) \leqslant 2$,所以 $\xi \in (\xi_1, \xi_2)$. 因此 $F(\xi)$ 是 $F(x)$ 在 (ξ_1, ξ_2) 内的极大值,故有 $F'(\xi) = 0$,即

$$F'(\xi) = 2f(\xi)f'(\xi) + 2f'(\xi)f''(\xi) = 2f'(\xi)(f(\xi) + f''(\xi)) = 0$$

因为 $F(\xi) = [f(\xi)]^2 + [f'(\xi)]^2 \geqslant 4$,$[f(\xi)]^2 \leqslant 1$,所以 $f'(\xi) \neq 0$,于是有

$$f(\xi) + f''(\xi) = 0$$

其中 $\xi \in (\xi_1, \xi_2) \subset (-2, 2)$.

例 2.28（江苏省 2019 年竞赛题）　已知函数 $f(x)$ 在 $[a,b]$ 上连续,在 (a,b) 内二阶可导,且

$$\int_a^b f(x)\mathrm{d}x = (b-a)f\left(\frac{a+b}{2}\right)$$

证明:存在 $\xi \in (a,b)$,使得 $f''(\xi) = 0$.

解析　作辅助函数 $F(x) = \int_a^x f(t)\mathrm{d}t - (x-a)f\left(\frac{a+x}{2}\right)$,则 $F(x)$ 在 (a,b) 内可导,且 $F(a) = F(b) = 0$,应用罗尔定理,必存在 $c \in (a,b)$,使得 $F'(c) = 0$.因

$$F'(x) = f(x) - f\left(\frac{a+x}{2}\right) - \frac{x-a}{2}f'\left(\frac{a+x}{2}\right)$$

$$\Rightarrow \qquad f(c) - f\left(\frac{a+c}{2}\right) = \frac{c-a}{2}f'\left(\frac{a+c}{2}\right)$$

而 $f(x)$ 在 $\left[\frac{a+c}{2}, c\right]$ 上可导,应用拉格朗日中值定理,必存在 $d \in \left(\frac{a+c}{2}, c\right)$ 使得

$$f(c) - f\left(\frac{a+c}{2}\right) = f'(d)\left(c - \frac{a+c}{2}\right) = \frac{c-a}{2}f'(d)$$

于是 $f'\left(\frac{a+c}{2}\right) = f'(d)$.又由于 $f'(x)$ 在区间 $\left[\frac{a+c}{2}, d\right]$ 上可导,应用罗尔定理,必存在 $\xi \in \left(\frac{a+c}{2}, d\right) \subset (a,b)$,使得 $f''(\xi) = 0$.

例 2.29（东南大学 2006 年竞赛题）　设 $a_1 < a_2 < \cdots < a_n$ 为 n 个不同的实数,函数 $f(x)$ 在 $[a_1, a_n]$ 上有 n 阶导数,并满足 $f(a_1) = f(a_2) = \cdots = f(a_n) = 0$.证明:对任意 $c \in [a_1, a_n]$,存在 $\xi \in (a_1, a_n)$ 满足等式

$$f(c) = \frac{(c-a_1)(c-a_2)\cdots(c-a_n)}{n!}f^{(n)}(\xi)$$

解析　若 $c = a_i(i = 1, 2, \cdots, n)$,则上式两边皆等于 0,即 $\forall \xi \in (a_1, a_n)$ 成立.下面设 $c \in [a_1, a_n], c \neq a_i(i = 1, 2, \cdots, n)$,作辅助函数

$$F(x) = f(c)(x-a_1)(x-a_2)\cdots(x-a_n) - f(x)(c-a_1)(c-a_2)\cdots(c-a_n)$$

则 $F(x)$ 在 $[a_1, a_n]$ 上 n 阶可导,且 $F(a_1) = F(a_2) = \cdots = F(a_n) = F(c) = 0$.在这 $n+1$ 个不同零点的每两个相邻零点之间应用罗尔定理,得 $F'(x)$ 在 (a_1, a_n) 上至少有 n 个不同零点,再在这 n 个不同零点的每两个相邻零点之间应用罗尔定理,得 $F''(x)$ 在 (a_1, a_n) 上至少有 $n-1$ 个不同零点,依此类推,最后得 $F^{(n)}(x)$ 在 (a_1, a_n) 上至少有一个零点,记为 $x = \xi$,使得 $F^{(n)}(\xi) = 0$.由于

$$F^{(n)}(x) = f(c)n! - f^{(n)}(x)(c-a_1)(c-a_2)\cdots(c-a_n)$$

所以 $F^{(n)}(\xi) = f(c)n! - f^{(n)}(\xi)(c-a_1)(c-a_2)\cdots(c-a_n) = 0$,移项即得

$$f(c) = \frac{(c-a_1)(c-a_2)\cdots(c-a_n)}{n!}f^{(n)}(\xi)$$

例 2.30（江苏省 2019 年竞赛题）　已知函数 $f(x)$ 在 $[0,1]$ 上连续,在 $(0,1)$ 内可导,且 $f(0)=f(1)=0$,若 $a\in(0,1),f(a)>0$,证明:存在 $\xi\in(0,1)$,使得
$$|f'(\xi)|>2f(a)$$

解析　在 $[0,a]$ 与 $[a,1]$ 上分别应用拉格朗日中值定理,必存在 $\xi_1\in(0,a)$, $\xi_2\in(a,1)$,使得

$$|f'(\xi_1)|=\left|\frac{f(a)-f(0)}{a-0}\right|=\frac{f(a)}{a},\quad |f'(\xi_2)|=\left|\frac{f(1)-f(a)}{1-a}\right|=\frac{f(a)}{1-a}$$

(1) 当 $0<a<\dfrac{1}{2}$ 时, $|f'(\xi_1)|=\dfrac{f(a)}{a}>\dfrac{f(a)}{1/2}=2f(a)$.

(2) 当 $\dfrac{1}{2}<a<1$ 时, 因 $0<1-a<\dfrac{1}{2}$,则 $|f'(\xi_2)|=\dfrac{f(a)}{1-a}>\dfrac{f(a)}{1/2}=2f(a)$.

(3) 当 $a=\dfrac{1}{2}$ 时,因为函数 $f(x)$ 在 $x=\dfrac{1}{2}$ 处可导,所以 $f(x)$ 不可能在区间 $\left[0,\dfrac{1}{2}\right]$ 与 $\left[\dfrac{1}{2},1\right]$ 上皆为线性函数.不妨设 $f(x)$ 在区间 $\left[0,\dfrac{1}{2}\right]$ 上不是线性函数,则存在 $c\in\left(0,\dfrac{1}{2}\right)$,使得 $f(c)\neq 2cf\left(\dfrac{1}{2}\right)$. 在 $[0,c]$ 与 $\left[c,\dfrac{1}{2}\right]$ 上分别应用拉格朗日中值定理,必存在 $\xi_3\in(0,c),\xi_4\in\left(c,\dfrac{1}{2}\right)$,使得

$$|f'(\xi_3)|=\left|\frac{f(c)-f(0)}{c-0}\right|=\frac{|f(c)|}{c},$$
$$|f'(\xi_4)|=\left|\frac{f(1/2)-f(c)}{1/2-c}\right|=\frac{2|f(1/2)-f(c)|}{1-2c}$$

① 当 $f(c)>2cf\left(\dfrac{1}{2}\right)$ 时,因 $f(c)>0,0<c<\dfrac{1}{2}$, 则

$$|f'(\xi_3)|=\frac{f(c)}{c}>2f\left(\frac{1}{2}\right)$$

② 当 $f(c)<2cf\left(\dfrac{1}{2}\right)$ 时,因 $f(c)<f\left(\dfrac{1}{2}\right)$,则

$$|f'(\xi_4)|=\frac{2\left(f\left(\dfrac{1}{2}\right)-f(c)\right)}{1-2c}>\frac{2\left(f\left(\dfrac{1}{2}\right)-2cf\left(\dfrac{1}{2}\right)\right)}{1-2c}=2f\left(\frac{1}{2}\right)$$

若 $f(x)$ 在 $\left[\dfrac{1}{2},1\right]$ 上不是线性函数,证明方法与上面类似, 不赘.

综上,所以不管 a 在区间 $(0,1)$ 中取何值,总存在 $\xi_k\in(0,1),k\in\{1,2,3,4\}$,使得 $|f'(\xi_k)|>2f(a)$.

例 2.31（全国 2019 年考研题）　设函数 $f(x)$ 在区间 $[0,1]$ 上具有二阶导数,且 $f(0)=0,f(1)=1,\displaystyle\int_0^1 f(x)\mathrm{d}x=1$,证明:

(1) 存在 $\xi \in (0,1)$，使得 $f'(\xi) = 0$；

(2) 存在 $\eta \in (0,1)$，使得 $f''(\eta) < -2$.

解析 （1）应用积分中值定理，必存在 $c \in (0,1)$ 使得

$$\int_0^1 f(x)\mathrm{d}x = f(c)(1-0) = f(c) \Rightarrow f(c) = 1$$

因 $f(x)$ 在 $[c,1]$ 上可导，$f(c) = f(1)$，应用罗尔定理，必存在 $\xi \in (c,1) \subset (0,1)$，使得 $f'(\xi) = 0$.

（2）作辅助函数 $F(x) = f(x) + x^2$，则

$$F'(x) = f'(x) + 2x, \quad F''(x) = f''(x) + 2$$

因 $F(x)$ 在区间 $[0,c]$ 上可导，$F(0) = 0$，$F(c) = 1 + c^2$，应用拉格朗日中值定理，必存在 $d \in (0,c)$ 使得

$$F'(d) = \frac{F(c) - F(0)}{c - 0} = \frac{1 + c^2}{c}$$

因 $F'(x)$ 在 $[d,\xi]$ 上可导，应用拉格朗日中值定理，必存在 $\eta \in (d,\xi) \subset (0,1)$ 使得

$$F''(\eta) = \frac{F'(\xi) - F'(d)}{\xi - d} = \frac{2\xi - \dfrac{1 + c^2}{c}}{\xi - d} = \frac{2\xi c - (1 + c^2)}{(\xi - d)c}$$

又由于 $F''(\eta) = f''(\eta) + 2$，且 $0 < d < c < \xi < 1$，应用 A-G 不等式得

$$f''(\eta) + 2 = \frac{2\xi c - (1 + c^2)}{(\xi - d)c} < \frac{c^2 + \xi^2 - 1 - c^2}{(\xi - d)c} = \frac{(\xi - 1)(\xi + 1)}{(\xi - d)c} < 0$$

于是 $f''(\eta) < -2$.

例 2.32（东南大学 2018 年） 设 n 为正整数，求极限

$$\lim_{n \to \infty} \frac{\sqrt{1} + \sqrt{2} + \cdots + \sqrt{n}}{\sqrt{1^2 + 2^2 + \cdots + n^2}}$$

解析 对函数 $f(x) = \sqrt{x^3}$ 在区间 $[n-1, n]$ 上应用拉格朗日中值定理得

$$\frac{3}{2}\sqrt{n-1} < \sqrt{n^3} - \sqrt{(n-1)^3} = \frac{3}{2}\sqrt{\xi} < \frac{3}{2}\sqrt{n} \quad (\xi \in (n-1, n))$$

在此式中分别取 n 为 $2, 3, \cdots, n$，并将各式相加得

$$\frac{3}{2}(\sqrt{1} + \sqrt{2} + \cdots + \sqrt{n-1}) < n\sqrt{n} - 1 < \frac{3}{2}(\sqrt{2} + \sqrt{3} + \cdots + \sqrt{n})$$

于是有

$$\lim_{n \to \infty} \frac{\sqrt{1} + \sqrt{2} + \cdots + \sqrt{n}}{\sqrt{1^2 + 2^2 + \cdots + n^2}} = \lim_{n \to \infty} \left(\frac{\sqrt{1} + \sqrt{2} + \cdots + \sqrt{n-1}}{\sqrt{1^2 + 2^2 + \cdots + n^2}} + \frac{\sqrt{n}}{\sqrt{1^2 + 2^2 + \cdots + n^2}} \right)$$

$$\leqslant \frac{2}{3} \lim_{n \to \infty} \frac{n\sqrt{n} - 1}{\sqrt{\dfrac{n(n+1)(2n+1)}{6}}} + 0$$

$$= \frac{2}{3}\sqrt{6}\lim_{n\to\infty}\frac{n\sqrt{n}-1}{\sqrt{2}\,n\sqrt{n}} = \frac{2}{3}\sqrt{3}$$

$$\lim_{n\to\infty}\frac{\sqrt{1}+\sqrt{2}+\cdots+\sqrt{n}}{\sqrt{1^2+2^2+\cdots+n^2}} = \lim_{n\to\infty}\left(\frac{\sqrt{1}}{\sqrt{1^2+2^2+\cdots+n^2}} + \frac{\sqrt{2}+\sqrt{3}+\cdots+\sqrt{n}}{\sqrt{1^2+2^2+\cdots+n^2}}\right)$$

$$\geqslant 0 + \frac{2}{3}\lim_{n\to\infty}\frac{n\sqrt{n}-1}{\sqrt{\dfrac{n(n+1)(2n+1)}{6}}}$$

$$= \frac{2}{3}\sqrt{6}\lim_{n\to\infty}\frac{n\sqrt{n}-1}{\sqrt{2}\,n\sqrt{n}} = \frac{2}{3}\sqrt{3}$$

应用夹逼准则,即得 $\lim\limits_{n\to\infty}\dfrac{\sqrt{1}+\sqrt{2}+\cdots+\sqrt{n}}{\sqrt{1^2+2^2+\cdots+n^2}} = \dfrac{2}{3}\sqrt{3}$.

注　本题还可应用等价无穷小替换与定积分的定义来求解,读者不妨一试.

例 2.33(东南大学 2005 年竞赛题)　设函数 $f(x)$ 在 $[0,1]$ 上连续,在 $(0,1)$ 内可导,且 $f(0)=0,f(1)=\dfrac{1}{2}$,试证:$\exists\,\xi,\eta\in(0,1)$ 且 $\xi\neq\eta$,使得

$$f'(\xi)+f'(\eta) = \xi+\eta$$

解析　作辅助函数 $F(x)=f(x)-\dfrac{1}{2}x^2$,则 $F(x)$ 在 $[0,1]$ 上连续,在 $(0,1)$ 内可导,且 $F(0)=0,F(1)=0$. $\forall c\in(0,1)$,分别在 $[0,c]$ 与 $[c,1]$ 上应用拉格朗日中值定理,必 $\exists\,\xi\in(0,c),\eta\in(c,1)$,使得

$$F(c)-F(0)=F'(\xi)(c-0),\quad F(1)-F(c)=F'(\eta)(1-c)$$

由此得

$$F'(\xi)=\frac{F(c)}{c},\quad F'(\eta)=\frac{F(c)}{c-1},\quad F'(\xi)+F'(\eta)=F(c)\frac{2c-1}{c(c-1)}$$

令 $2c-1=0$ 得 $c=\dfrac{1}{2}$,则 $\exists\,\xi\in\left(0,\dfrac{1}{2}\right),\eta\in\left(\dfrac{1}{2},1\right)(\xi\neq\eta)$,使 $F'(\xi)+F'(\eta)=0$.

由于 $F'(x)=f'(x)-x$,所以 $f'(\xi)-\xi+f'(\eta)-\eta=0$,移项即得

$$f'(\xi)+f'(\eta) = \xi+\eta$$

例 2.34(全国 2018 年决赛题)　设 $f(x)$ 在 $[0,1]$ 上连续,且 $\int_0^1 f(x)\mathrm{d}x\neq 0$,证明:在区间 $[0,1]$ 上存在三个不同的点 x_1,x_2,x_3,使得

$$\frac{\pi}{8}\int_0^1 f(x)\mathrm{d}x = \left[\frac{1}{1+x_1^2}\int_0^{x_1}f(x)\mathrm{d}x+f(x_1)\arctan x_1\right]x_3$$

$$= \left[\frac{1}{1+x_2^2}\int_0^{x_2}f(x)\mathrm{d}x+f(x_2)\arctan x_2\right](1-x_3)$$

解析　作辅助函数 $F(x)=\arctan x\cdot\int_0^x f(x)\mathrm{d}x$,则 $F(x)$ 在区间 $(0,1)$ 上可导,

且 $F(0)=0, F(1)=\dfrac{\pi}{4}\displaystyle\int_0^1 f(x)\mathrm{d}x \neq 0.$ 取 $\mu=\dfrac{1}{2}(F(0)+F(1))=\dfrac{\pi}{8}\displaystyle\int_0^1 f(x)\mathrm{d}x,$
应用连续函数的介值定理,必存在 $x_3 \in (0,1),$ 使得

$$F(x_3)=\mu=\dfrac{\pi}{8}\int_0^1 f(x)\mathrm{d}x$$

再在区间 $[0,x_3]$ 和 $[x_3,1]$ 上分别应用拉格朗日中值定理,则必存在 $x_1 \in (0,x_3),$ $x_2 \in (x_3,1),$ 使得

$$F(x_3)-F(0)=F'(x_1)(x_3-0), \quad F(1)-F(x_3)=F'(x_2)(1-x_3)$$

由于 $F(1)-F(x_3)=\dfrac{\pi}{8}\displaystyle\int_0^1 f(x)\mathrm{d}x, F'(x)=\dfrac{1}{1+x^2}\displaystyle\int_0^x f(x)\mathrm{d}x+f(x)\arctan x,$ 代入上式得

$$\dfrac{\pi}{8}\int_0^1 f(x)\mathrm{d}x=\left[\dfrac{1}{1+x_1^2}\int_0^{x_1} f(x)\mathrm{d}x+f(x_1)\arctan x_1\right]x_3$$

$$\dfrac{\pi}{8}\int_0^1 f(x)\mathrm{d}x=\left[\dfrac{1}{1+x_2^2}\int_0^{x_2} f(x)\mathrm{d}x+f(x_2)\arctan x_2\right](1-x_3)$$

其中 $0 < x_1 < x_3 < x_2 < 1,$ 因此原式得证.

例 2.35(全国 2013 年决赛题) 设函数 $f(x)$ 在区间 $[1,+\infty)$ 上连续可导,且

$$f'(x)=\dfrac{1}{1+f^2(x)}\left[\sqrt{\dfrac{1}{x}}-\sqrt{\ln\left(1+\dfrac{1}{x}\right)}\right]$$

证明: $\lim\limits_{x\to+\infty} f(x)$ 存在.

解析 当 $x \geqslant 1$ 时,对于函数 $\ln x,$ 在区间 $[x,x+1]$ 上应用拉格朗日中值定理,存在 $\xi \in (x,x+1),$ 使得

$$\ln(x+1)-\ln(x)=\dfrac{1}{\xi}, \quad x < \xi < x+1$$

由此可得 $\dfrac{1}{1+x} < \ln\left(1+\dfrac{1}{x}\right) < \dfrac{1}{x},$ 故 $\sqrt{\dfrac{1}{x}}-\sqrt{\ln\left(1+\dfrac{1}{x}\right)} > 0.$ 又 $\dfrac{1}{1+f^2(x)} > 0,$ 所以 $f'(x) > 0,$ 于是 $x \geqslant 1$ 时函数 $f(x)$ 单调增加. 又因为

$$f'(x) \leqslant \sqrt{\dfrac{1}{x}}-\sqrt{\ln\left(1+\dfrac{1}{x}\right)} \leqslant \sqrt{\dfrac{1}{x}}-\sqrt{\dfrac{1}{x+1}}$$

上式两边从 1 到 x 积分得

$$f(x)-f(1) \leqslant \int_1^x \left(\sqrt{\dfrac{1}{x}}-\sqrt{\dfrac{1}{x+1}}\right)\mathrm{d}x < \int_1^{+\infty}\left(\sqrt{\dfrac{1}{x}}-\sqrt{\dfrac{1}{x+1}}\right)\mathrm{d}x$$

$$=2(\sqrt{2}-1)$$

即

$$f(x) \leqslant 2(\sqrt{2}-1)+f(1)$$

所以函数 $f(x)$ 有上界. 综上, 应用单调有界准则即得 $\lim\limits_{x \to +\infty} f(x)$ 存在.

例 2.36(莫斯科钢铁与合金学院 1975 年竞赛题)   设 $f(x)$ 在 $(0, +\infty)$ 上连续可导, $\lim\limits_{x \to +\infty} f(x)$ 存在, $f(x)$ 的图形在 $(0, +\infty)$ 上是凸的, 求证: $\lim\limits_{x \to +\infty} f'(x) = 0$.

解析 设 $\lim\limits_{x \to +\infty} f(x) = A$, 令 $F(x) = f(x) - A$, 则

$$\lim_{x \to +\infty} F(x) = \lim_{x \to +\infty} f(x) - A = 0$$

由于 $f(x)$ 在 $(0, +\infty)$ 上是凸的 $\Leftrightarrow f'(x)$ 在 $(0, +\infty)$ 单调减少, 故 $F'(x) = f'(x)$ 在 $(0, +\infty)$ 上单调减少.

$\forall c > 0$, 若 $F'(c) < 0$, 在 $[c, x]$ 上应用拉格朗日中值定理, $\exists \xi \in (c, x)$ 使得

$$F(x) = F(c) + F'(\xi)(x - c) < F(c) + F'(c)(x - c)$$

令 $x \to +\infty$ 得 $\lim\limits_{x \to +\infty} F(x) = -\infty$, 此与 $F(+\infty) = 0$ 矛盾. 因此, $\forall x \in (0, +\infty)$, 有 $F'(x) \geqslant 0$. 于是, 当 $x \to +\infty$ 时 $F'(x)$ 单调减少且有下界, 应用单调有界准则, 当 $x \to +\infty$ 时 $F'(x)$ 的极限存在, 且 $\lim\limits_{x \to +\infty} F'(x) = B \geqslant 0$. 若 $B > 0$, 在区间 $[1, x]$ 上应用拉格朗日中值定理, $\exists \eta \in (1, x)$, 使得

$$F(x) = F(1) + F'(\eta)(x - 1) > F(1) + B(x - 1)$$

令 $x \to +\infty$ 得 $\lim\limits_{x \to +\infty} F(x) = +\infty$, 此与 $F(+\infty) = 0$ 矛盾. 所以 $B = 0$, 即

$$\lim_{x \to +\infty} f'(x) = \lim_{x \to +\infty} F'(x) = 0$$

例 2.37(精选题)   设函数 $f(x)$ 在区间 $(0, +\infty)$ 上可导.

(1) 若 $\lim\limits_{x \to +\infty} f'(x) = k > 0$, 求证: $\lim\limits_{x \to +\infty} f(x) = +\infty$;

(2) 若 $\lim\limits_{x \to +\infty} (f'(x) + f(x)) = l (l \in \mathbf{R})$, 求 $\lim\limits_{x \to +\infty} f'(x)$ 和 $\lim\limits_{x \to +\infty} f(x)$.

解析   (1) 因为 $f'(x) \to k (x \to +\infty)$, 所以 $\exists N > 0$, 当 $x > N$ 时, $f'(x) > \dfrac{k}{2} > 0$. 在 $[N, x](x > N)$ 上应用拉格朗日中值定理, $\exists \xi \in (N, x)$, 使得

$$f(x) = f(N) + f'(\xi)(x - N) > f(N) + \frac{k}{2}(x - N)$$

令 $x \to +\infty$, 得 $\lim\limits_{x \to +\infty} f(x) = +\infty$.

(2) 取 $k \in \mathbf{R}$, 使得 $k + l > 0$, 则

$$\lim_{x \to +\infty} (f'(x) + f(x) + k) = l + k > 0$$

$\Rightarrow \quad \lim\limits_{x \to +\infty} (\mathrm{e}^x (f(x) + k))' = \lim\limits_{x \to +\infty} \mathrm{e}^x (f'(x) + f(x) + k) = +\infty$

由 (1) 得

$$\lim_{x \to +\infty} (\mathrm{e}^x (f(x) + k)) = +\infty$$

$$\Rightarrow \quad \lim_{x \to +\infty}(f(x)+k) = \lim_{x \to +\infty}\frac{\mathrm{e}^x(f(x)+k)}{\mathrm{e}^x} = \lim_{x \to +\infty}\frac{\mathrm{e}^x(f'(x)+f(x)+k)}{\mathrm{e}^x}$$
$$= \lim_{x \to +\infty}(f'(x)+f(x)+k) = l+k$$
$$\Rightarrow \quad \lim_{x \to +\infty}f(x) = l, \quad \lim_{x \to +\infty}f'(x) = \lim_{x \to +\infty}(f'(x)+f(x)) - \lim_{x \to +\infty}f(x) = 0$$

例 2.38(东南大学 2014 年竞赛题) 已知函数 $f(x)$ 在 $(-\infty,+\infty)$ 上可微,且 $|f'(x)|<mf(x)(0<m<1)$,任取实数 a_0,定义 $a_n = \ln f(a_{n-1})(n=1,2,\cdots)$,证明:数列 $\{a_n\}$ 收敛.

解析 由题意得 $f(x)>0$,令 $F(x)=-x+\ln f(x)$,则

$$F'(x)=-1+\frac{f'(x)}{f(x)} \Rightarrow -m-1<F'(x)<m-1$$

当 $x>0$ 时,应用拉格朗日中值定理,必存在 $\xi \in (0,x)$,使得
$$F(x)=F(0)+F'(\xi)x<F(0)+(m-1)x$$
于是 $\lim\limits_{x \to +\infty}F(x) \leqslant \lim\limits_{x \to +\infty}(F(0)+(m-1)x)=-\infty$,故存在 $N_1>0$,使得 $F(N_1)<0$.

当 $x<0$ 时,应用拉格朗日中值定理,必存在 $\eta \in (x,0)$,使得
$$F(x)=F(0)+F'(\eta)x>F(0)+(m-1)x$$
于是 $\lim\limits_{x \to -\infty}F(x) \geqslant \lim\limits_{x \to -\infty}(F(0)+(m-1)x)=+\infty$,故存在 $N_2<0$,使得 $F(N_2)>0$.

又因 $F(x)$ 在区间 $[N_2,N_1]$ 上连续,应用零点定理,必存在 $A \in (N_2,N_1)$,使得 $F(A)=0$,即 $\ln f(A)=A$. 令 $g(x)=\ln f(x)$,则 $|g'(x)|=\left|\dfrac{f'(x)}{f(x)}\right|<m$,于是

$$|a_n-A|=|\ln f(a_{n-1})-\ln f(A)|=|g(a_{n-1})-g(A)|=|g'(c_1)(a_{n-1}-A)|$$
$$<m|a_{n-1}-A|<m^2|a_{n-2}-A|<\cdots<m^n|a_0-A|$$
$$\to 0 \quad (n \to \infty)$$

由夹逼准则得 $\lim\limits_{n \to \infty}a_n=A$,因此数列 $\{a_n\}$ 收敛.

例 2.39(全国 2019 年预赛题) 设 $f(x)$ 在 $[0,+\infty)$ 上可微,$f(0)=0$,且存在常数 $A>0$,使得 $|f'(x)| \leqslant A|f(x)|$ 在 $[0,+\infty)$ 上成立,试证明:在 $[0,+\infty)$ 上有 $f(x) \equiv 0$.

解析 记 $h=\dfrac{1}{2A}$,将区间 $[0,+\infty)$ 分为小区间 $[(i-1)h,ih](i=1,2,3,\cdots)$.

$i=1$ 时,由于 $|f(x)|$ 在 $[0,h]$ 上连续,应用最值定理,必 $\exists x_1 \in (0,h)$,使得
$$|f(x_1)|=\max\{|f(x)| \mid x \in [0,h]\}$$
在区间 $[0,x_1]$ 上应用拉格朗日中值定理,必 $\exists \xi_1 \in (0,x_1)$,使得

$$|f(x_1)|=|f(x_1)-f(0)|=|f'(\xi_1)x_1| \leqslant A|f(\xi_1)|h \leqslant \frac{1}{2}|f(x_1)|$$

由此可得 $|f(x_1)|=0$,$|f(x)| \leqslant |f(x_1)|=0(x \in [0,h])$,于是 $f(x)$ 在 $[0,h]$ 上恒等于 0.

归纳假设 $i=n$ 时 $f(x)$ 在 $[(n-1)h,nh](n \in \mathbf{N}^*)$ 上恒等于 0,则 $i=n+1$ 时,由于 $|f(x)|$ 在 $[nh,(n+1)h]$ 上连续,应用最值定理,必 $\exists x_{n+1} \in (nh,(n+1)h]$,

使得

$$|f(x_{n+1})| = \max\{|f(x)| \mid x \in [nh, (n+1)h]\}$$

在区间 $[nh, x_{n+1}]$ 上应用拉格朗日中值定理,必 $\exists \xi_{n+1} \in (nh, x_{n+1})$,使得

$$|f(x_{n+1})| = |f(x_{n+1}) - f(nh)| = |f'(\xi_{n+1})(x_{n+1} - nh)|$$

$$\leqslant A|f(\xi_{n+1})|h \leqslant \frac{1}{2}|f(x_{n+1})|$$

由此可得 $|f(x_{n+1})| = 0$,$|f(x)| \leqslant |f(x_{n+1})| = 0 (x \in [nh, (n+1)h])$,于是函数 $f(x)$ 在 $[nh, (n+1)h]$ 上恒等于 0.

应用归纳法,可知 $f(x)$ 在所有区间 $[(i-1)h, ih](i = 1, 2, 3, \cdots)$ 上恒等于 0,于是 $f(x)$ 在 $[0, +\infty)$ 上恒等于 0.

例 2.40(莫斯科大学 1975 年竞赛题)　设 $f(x)$ 在 $(-\infty, +\infty)$ 上有界,且二阶可导,求证:存在 $\xi \in \mathbf{R}$,使得 $f''(\xi) = 0$.

解析　(1) 若存在 $a, b \in (-\infty, +\infty)$,且 $a < b$,使得 $f'(a) = f'(b)$,令 $F(x) = f'(x)$,则函数 $F(x)$ 在 $[a, b]$ 上可导,且有 $F(a) = F(b)$,应用罗尔定理,必存在 $\xi \in (a, b)$,使得 $F'(\xi) = 0$,即 $f''(\xi) = 0$.

(2) 若 $\forall a, b \in (-\infty, +\infty)$,且 $a < b$,$f'(a) \neq f'(b)$,则 $f'(x)$ 在 $(-\infty, +\infty)$ 上单调增加或单调减少.不妨设 $f'(x)$ 在 $(-\infty, +\infty)$ 上单调增加.

$\forall c \in (-\infty, +\infty)$,① 若 $f'(c) \geqslant 0$,则 $f'(1+c) > 0$,当 $x > 1+c$ 时,在 $[1+c, x]$ 上应用拉格朗日中值定理,有

$$f(x) = f(1+c) + f'(\xi)(x-1-c)$$
$$> f(1+c) + f'(1+c)(x-1-c)$$

这里 $1+c < \xi < x$.令 $x \to +\infty$ 得 $\lim\limits_{x \to +\infty} f(x) = +\infty$,此与 $f(x)$ 在 $(-\infty, +\infty)$ 上有界矛盾.② 若 $f'(c) < 0$,当 $x < c$ 时,在 $[x, c]$ 上应用拉格朗日中值定理,有

$$f(x) = f(c) + f'(\eta)(x-c)$$
$$> f(c) + f'(c)(x-c)$$

这里 $x < \eta < c$.令 $x \to -\infty$ 得 $\lim\limits_{x \to -\infty} f(x) = +\infty$,此与 $f(x)$ 在 $(-\infty, +\infty)$ 上有界矛盾.此表明情况 (2) 不可能发生,只有第 (1) 种情况发生.

2.2.5　马克劳林公式与泰勒公式的应用(例 2.41—2.59)

例 2.41(全国 2010 年决赛题)　求极限 $\lim\limits_{n \to \infty} \sum\limits_{k=1}^{n-1} \left(1 + \dfrac{k}{n}\right) \sin \dfrac{k\pi}{n^2}$.

解析　应用 $\sin x$ 的马克劳林展式 $\sin x = x - \dfrac{1}{3!}x^3 + o(x^3)$ 得

$$S_n = \sum_{k=1}^{n-1} \left(1 + \frac{k}{n}\right) \sin \frac{k\pi}{n^2} = \sum_{k=1}^{n-1} \left(1 + \frac{k}{n}\right) \left[\frac{k\pi}{n^2} - \frac{1}{3!}\left(\frac{k\pi}{n^2}\right)^3 + o\left(\frac{k^3\pi^3}{n^6}\right)\right]$$

$$= \sum_{k=1}^{n-1} \left(\frac{k\pi}{n^2} + \frac{k^2\pi}{n^3} - \frac{k^3\pi^3}{6n^6} + o\left(\frac{k^3\pi^3}{n^6}\right)\right)$$

$$= \frac{\pi}{n^2} \sum_{k=1}^{n-1} k + \frac{\pi}{n^3} \sum_{k=1}^{n-1} k^2 - \frac{\pi^3}{6n^6} \sum_{k=1}^{n-1} k^3 + \frac{\pi^3}{n^6} o\left(\sum_{k=1}^{n-1} k^3 \right)$$

$$= \frac{\pi}{n^2} \cdot \frac{n(n-1)}{2} + \frac{\pi}{n^3} \cdot \frac{(n-1)n(2n-1)}{6} - \frac{\pi^3}{6n^6} \cdot \left(\frac{n(n-1)}{2} \right)^2$$

$$+ \frac{\pi^3}{n^6} o \left(\frac{n(n-1)}{2} \right)^2$$

再两边求极限,则

$$原式 = \lim_{n \to \infty} S_n = \frac{\pi}{2} + \frac{\pi}{3} - 0 + 0 = \frac{5}{6} \pi$$

例 2.42(全国 2016 年决赛题)   求极限$\lim\limits_{n \to \infty} n |\sin(\pi n! e)|$[①].

解析   应用函数 e^x 的马克劳林展开式,并取 $x = 1$,得

$$\pi n! e = \pi n! \left[1 + \frac{1}{1!} + \frac{1}{2!} + \frac{1}{3!} + \cdots + \frac{1}{n!} + \frac{1}{(n+1)!} + o\left(\frac{1}{(n+1)!} \right) \right]$$

$$= \pi \left(2 \cdot n! + \frac{n!}{2!} + \frac{n!}{3!} + \cdots + \frac{n!}{n!} \right) + \frac{\pi}{n+1} + o\left(\frac{1}{n+1} \right)$$

记 $f(n) = 2 \cdot n! + \frac{n!}{2!} + \frac{n!}{3!} + \cdots + \frac{n!}{n!}$, $k \in \mathbf{N}^*$,则

$$f(2k) = 2 \cdot (2k)! + \frac{(2k)!}{2!} + \frac{(2k)!}{3!} + \cdots + \frac{(2k)!}{(2k)!}$$

$$= 2 \cdot (2k)! + (2k)(2k-1)\cdots 3 + (2k)(2k-1)\cdots 4 + \cdots + (2k) + 1$$

$$f(2k+1) = 2 \cdot (2k+1)! + \frac{(2k+1)!}{2!} + \frac{(2k+1)!}{3!} + \cdots + \frac{(2k+1)!}{(2k+1)!}$$

$$= 2 \cdot (2k+1)! + (2k+1)(2k)\cdots 3 + (2k+1)(2k)\cdots 4 + \cdots + (2k+1)(2k) + (2k+1) + 1$$

由此可得:当n为偶数时,$f(n)$为奇数;当n为奇数时,$f(n)$为偶数. 再应用等价无穷小替换 $\sin\square \sim \square(\square \to 0)$,得

$$\lim_{n \to \infty} n |\sin(\pi n! e)| = \lim_{n \to \infty} n \left| \sin\left(\pi f(n) + \frac{\pi}{n+1} + o\left(\frac{1}{n+1} \right) \right) \right|$$

$$= \lim_{n \to \infty} \left| (-1)^{f(n)} \right| n \sin\left(\frac{\pi}{n+1} + o\left(\frac{1}{n} \right) \right)$$

$$= \lim_{n \to \infty} n \left(\frac{\pi}{n+1} + o\left(\frac{1}{n} \right) \right)$$

$$= \lim_{n \to \infty} \frac{n\pi}{n+1} + \lim_{n \to \infty} \frac{o(1/n)}{1/n} = \pi + 0 = \pi$$

---

①原题中没有绝对值符号,导致极限不存在.

例 2.43(莫斯科电子技术学院 1977 年竞赛题)　求 $\lim\limits_{x\to 0}\dfrac{\tan(\tan x)-\sin(\sin x)}{\tan x-\sin x}$.

解析　由于 $x\to 0$ 时,应用等价无穷小替换与马克劳林公式,有

$$\tan x-\sin x=\sin x\cdot\frac{1-\cos x}{\cos x}\sim\frac{1}{2}x^3$$

$$\tan x=x+\frac{1}{3}x^3+o(x^3)$$

$$\sin x=x-\frac{1}{6}x^3+o(x^3)$$

$$\begin{aligned}\tan(\tan x)&=\tan\left(x+\frac{1}{3}x^3+o(x^3)\right)\\&=\left(x+\frac{1}{3}x^3+o(x^3)\right)+\frac{1}{3}\left(x+\frac{1}{3}x^3+o(x^3)\right)^3+o(x^3)\\&=x+\frac{2}{3}x^3+o(x^3)\end{aligned}$$

$$\begin{aligned}\sin(\sin x)&=\sin\left(x-\frac{1}{6}x^3+o(x^3)\right)\\&=\left(x-\frac{1}{6}x^3+o(x^3)\right)-\frac{1}{6}\left(x-\frac{1}{6}x^3+o(x^3)\right)^3+o(x^3)\\&=x-\frac{1}{3}x^3+o(x^3)\end{aligned}$$

于是

$$原式=\lim_{x\to 0}\frac{x+\dfrac{2}{3}x^3+o(x^3)-x+\dfrac{1}{3}x^3-o(x^3)}{\dfrac{1}{2}x^3}=2$$

例 2.44(全国 2012 年决赛题)　求 $\lim\limits_{x\to+\infty}\left[\left(x^3+\dfrac{x}{2}-\tan\dfrac{1}{x}\right)\mathrm{e}^{\frac{1}{x}}-\sqrt{1+x^6}\right]$.

解析

$$\begin{aligned}原式&=\lim_{x\to+\infty}\left[\left(x^3+\frac{x}{2}\right)\mathrm{e}^{\frac{1}{x}}-\sqrt{1+x^6}-\tan\frac{1}{x}\cdot\mathrm{e}^{\frac{1}{x}}\right]\\&=\lim_{x\to+\infty}\left[\left(x^3+\frac{x}{2}\right)\mathrm{e}^{\frac{1}{x}}-\sqrt{1+x^6}\right]\\&\xlongequal{令\frac{1}{x}=t}\lim_{t\to 0^+}\frac{(2+t^2)\mathrm{e}^t-2\sqrt{1+t^6}}{2t^3}\quad(下式应用马克劳林公式)\\&=\lim_{t\to 0^+}\frac{(2+t^2)\left(1+t+\dfrac{1}{2!}t^2+\dfrac{1}{3!}t^3+o(t^3)\right)-2\left(1+\dfrac{1}{2}t^6+o(t^6)\right)}{2t^3}\\&=\lim_{t\to 0^+}\frac{2t+o(t)}{2t^3}=+\infty\end{aligned}$$

例 2.45(北京市 1999 年竞赛题)　设 $f(x)$ 具有连续的二阶导数,且

$$\lim_{x \to 0}\left(1 + x + \frac{f(x)}{x}\right)^{\frac{1}{x}} = e^3$$

试求 $f(0),f'(0),f''(0)$ 及 $\lim_{x \to 0}\left(1 + \frac{f(x)}{x}\right)^{\frac{1}{x}}$.

解析　由 $\lim_{x \to 0}\left(1 + x + \frac{f(x)}{x}\right)^{\frac{1}{x}} = e^3$,得 $\lim_{x \to 0}\dfrac{\ln\left(1 + x + \dfrac{f(x)}{x}\right)}{x} = 3$,故

$$\lim_{x \to 0}\ln\left(1 + x + \frac{f(x)}{x}\right) = 0 \Rightarrow \lim_{x \to 0}\frac{f(x)}{x} = 0$$

由此 $f(0) = \lim_{x \to 0}f(x) = 0,f'(0) = \lim_{x \to 0}\dfrac{f(x) - f(0)}{x} = \lim_{x \to 0}\dfrac{f(x)}{x} = 0$,且

$$3 = \lim_{x \to 0}\frac{\ln\left(1 + x + \dfrac{f(x)}{x}\right)}{x} = \lim_{x \to 0}\frac{x + \dfrac{f(x)}{x}}{x} = \lim_{x \to 0}\frac{f(x)}{x^2} + 1$$

故 $\lim_{x \to 0}\dfrac{f(x)}{x^2} = 2$.

应用马克劳林公式,$x \to 0$ 时,有

$$f(x) = f(0) + f'(0)x + \frac{f''(0)}{2}x^2 + o(x^2) = \frac{f''(0)}{2}x^2 + o(x^2)$$

$$\Rightarrow \lim_{x \to 0}\frac{f(x)}{x^2} = \lim_{x \to 0}\frac{\dfrac{1}{2}f''(0)x^2 + o(x^2)}{x^2} = \frac{1}{2}f''(0) = 2 \Rightarrow f''(0) = 4$$

而

$$\lim_{x \to 0}\left(1 + \frac{f(x)}{x}\right)^{\frac{1}{x}} = \lim_{x \to 0}\left(1 + \frac{f(x)}{x}\right)^{\frac{x}{f(x)} \cdot \frac{f(x)}{x^2}} = e^2$$

例 2.46(浙江省 2016 年竞赛题)　设函数 $f(x) = \dfrac{1}{(1 + x^2)^2}$,求 $f^{(n)}(0)$ 的值.

解析　由于 $\left(\dfrac{1}{1 + x^2}\right)' = -\dfrac{2x}{(1 + x^2)^2}$,所以 $f(x) = -\dfrac{1}{2x}\left(\dfrac{1}{1 + x^2}\right)'$. 再应用马克劳林展式,得

$$f(x) = -\frac{1}{2x}\left(\sum_{k=0}^{n+1}(-x^2)^k + o(x^{2n+2})\right)' = \sum_{k=1}^{n+1}(-1)^{k+1}kx^{2k-2} + o(x^{2n})$$

$$= \sum_{k=0}^{n}(-1)^k(k+1)x^{2k} + o(x^{2n})$$

将此展式中项 x^n 的系数记为 a_n,由马克劳林展式的系数公式知 $a_n = \dfrac{1}{n!}f^{(n)}(0)$,
所以

$$f^{(n)}(0) = n!a_n = \begin{cases} (-1)^k(k+1)(2k)!, & n = 2k; \\ 0, & n = 2k+1 \end{cases}$$

例 2.47(江苏省 2019 年竞赛题)　已知函数

$$f(x) = x^2 \int_1^x \frac{1}{t^3 - 3t^2 + 3t} \mathrm{d}t$$

求 $f^{(2019)}(1)$.

解析　记 $F(x) = \int_1^x \frac{1}{t^3 - 3t^2 + 3t} \mathrm{d}t$，则

$$F'(x) = \frac{1}{x^3 - 3x^2 + 3x}, \quad F''(x) = -\frac{3x^2 - 6x + 3}{(x^3 - 3x^2 + 3x)^2}$$

于是 $F(1) = 0, F'(1) = 1, F''(1) = 0$.

应用莱布尼茨公式对 $f(x) = x^2 F(x)$ 求 2019 阶导数，得

$$f^{(2019)}(x) = x^2 F^{(2019)}(x) + 2019(x^2)' F^{(2018)}(x) + \frac{2019 \cdot 2018}{2!}(x^2)'' F^{(2017)}(x)$$

$$= x^2 F^{(2019)}(x) + 2 \cdot 2019 x F^{(2018)}(x) + 2019 \cdot 2018 F^{(2017)}(x)$$

取 $x = 1$ 得

$$f^{(2019)}(1) = F^{(2019)}(1) + 2 \cdot 2019 F^{(2018)}(1) + 2019 \cdot 2018 F^{(2017)}(1)$$

再应用莱布尼茨公式对 $(x^3 - 3x^2 + 3x)F'(x) = 1$ 求 n 阶导数 $(n \geqslant 2)$，得

$$(x^3 - 3x^2 + 3x)F^{(n+1)}(x) + n(3x^2 - 6x + 3)F^{(n)}(x)$$

$$+ \frac{n(n-1)}{2!}(6x - 6)F^{(n-1)}(x) + \frac{n(n-1)(n-2)}{3!}6F^{(n-2)}(x) = 0$$

取 $x = 1$ 得

$$F^{(n+1)}(1) = -n(n-1)(n-2)F^{(n-2)}(1) \quad (n = 2, 3, \cdots)$$

由于 $F(1) = 0, F'(1) = 1, F''(1) = 0$，应用上面的递推公式得

$$F^{(2019)}(1) = F^{(673 \times 3 + 0)}(1) = C_1 F^{(0)}(1) = C_1 F(1) = 0 \quad (C_1 \text{ 为某非零常数})$$

$$F^{(2018)}(1) = F^{(672 \times 3 + 2)}(1) = C_2 F''(1) = 0 \quad (C_2 \text{ 为某非零常数})$$

$$F^{(2017)}(1) = F^{(672 \times 3 + 1)}(1) = (-1)^{672} 2016 \cdot 2015 \cdot 2014 \cdots 3 \cdot 2 \cdot 1 F'(1)$$

$$= 2016!$$

于是 $f^{(2019)}(1) = 2019 \cdot 2018 \cdot 2016! = \dfrac{2019!}{2017}$.

例 2.48(全国 2012 年预赛题)　设函数 $y = f(x)$ 的二阶导数连续，且 $f''(x) > 0$，$f(0) = 0, f'(0) = 0$，求 $\lim\limits_{x \to 0} \dfrac{x^3 f(u)}{f(x) \sin^3 u}$，其中 u 是曲线 $y = f(x)$ 在点 $P(x, f(x))$ 处的切线在 x 轴上的截距.

解析　由 $f''(x) > 0 \Rightarrow f'(x)$ 单调增加，又 $f'(0) = 0 \Rightarrow x \neq 0$ 时 $f'(x) \neq 0$.

曲线 $y = f(x)$ 在点 $P(x, f(x))$ 处的切线方程为 $Y - f(x) = f'(x)(X - x)$，

令 $Y=0$,解得 $u=X=x-\dfrac{f(x)}{f'(x)}(x\neq0)$. 应用洛必达法则,得

$$\lim_{x\to0}u=\lim_{x\to0}\Big(x-\frac{f(x)}{f'(x)}\Big)=-\lim_{x\to0}\frac{f(x)}{f'(x)}\xlongequal{\frac{0}{0}}-\lim_{x\to0}\frac{f'(x)}{f''(x)}=-\frac{f'(0)}{f''(0)}=0$$

又由 $f(x)$ 与 $f'(x)$ 的马克劳林展式

$$f(x)=f(0)+f'(0)x+\frac{f''(0)}{2!}x^2+o(x^2)=\frac{f''(0)}{2}x^2+o(x^2)$$

$$f'(x)=f'(0)+f''(0)x+o(x)=f''(0)x+o(x)$$

与等价无穷小替换 $\sin u\sim u(u\to0)$,推得

$$\lim_{x\to0}\frac{u}{x}=1-\lim_{x\to0}\frac{f(x)}{xf'(x)}=1-\lim_{x\to0}\frac{\frac{1}{2}f''(0)x^2+o(x^2)}{x(f''(0)x+o(x))}$$

$$=1-\lim_{x\to0}\frac{\frac{1}{2}f''(0)+\frac{o(x^2)}{x^2}}{f''(0)+\frac{o(x)}{x}}=1-\frac{1}{2}=\frac{1}{2}$$

所以

$$\lim_{x\to0}\frac{x^3f(u)}{f(x)\sin^3u}=\lim_{x\to0}\frac{x^3(f''(0)u^2+2o(u^2))}{u^3(f''(0)x^2+2o(x^2))}=\lim_{x\to0}\frac{x}{u}\cdot\frac{f''(0)+2\frac{o(u^2)}{u^2}}{f''(0)+2\frac{o(x^2)}{x^2}}=2$$

例 2.49(浙江省 2007 年竞赛题) 若 $f(x)$ 二阶可导,且

$$f(x)>0,\quad f''(x)f(x)-[f'(x)]^2>0,\quad x\in\mathbf{R}$$

(1) 证明:$f(x_1)f(x_2)\geqslant f^2\Big(\dfrac{x_1+x_2}{2}\Big),\forall x_1,x_2\in\mathbf{R}$;

(2) 若 $f(0)=1$,证明:$f(x)\geqslant\mathrm{e}^{f'(0)x},\forall x\in\mathbf{R}$.

解析 (1) 令 $F(x)=\ln f(x)$,则

$$F'(x)=\frac{f'(x)}{f(x)},\quad F''(x)=\frac{f''(x)f(x)-[f'(x)]^2}{[f(x)]^2}$$

故 $\forall x\in\mathbf{R},F''(x)>0$,于是 $\forall x_1,x_2\in\mathbf{R}$,有

$$\frac{1}{2}[F(x_1)+F(x_2)]\geqslant F\Big(\frac{x_1+x_2}{2}\Big)$$

即 $\dfrac{1}{2}\ln f(x_1)f(x_2)\geqslant\ln f\Big(\dfrac{x_1+x_2}{2}\Big)$,所以

$$f(x_1)f(x_2)\geqslant f^2\Big(\frac{x_1+x_2}{2}\Big),\quad\forall x_1,x_2\in\mathbf{R}$$

（2）由于 $F(0)=0,F'(0)=f'(0)$，应用马克劳林公式，有

$$F(x)=F(0)+F'(0)x+\frac{F''(\xi)}{2!}x^2 \geqslant f'(0)x$$

故得 $f(x) \geqslant \mathrm{e}^{f'(0)x}, \forall x \in \mathbf{R}.$

例 2.50（全国 2011 年决赛题）　设函数 $f(x)$ 在 $x=0$ 的某邻域内具有二阶连续导数，且 $f(0),f'(0),f''(0)$ 均不为 0，证明：存在惟一一组实数 k_1,k_2,k_3，使得

$$\lim_{h \to 0}\frac{k_1 f(h)+k_2 f(2h)+k_3 f(3h)-f(0)}{h^2}=0$$

解析　应用 $f(x)$ 的马克劳林公式

$$f(x)=f(0)+f'(0)x+\frac{f''(0)}{2!}x^2+o(x^2)$$

可得

$$f(h)=f(0)+f'(0)h+\frac{f''(0)}{2!}h^2+o(h^2)$$

$$f(2h)=f(0)+2f'(0)h+\frac{4f''(0)}{2!}h^2+o(h^2)$$

$$f(3h)=f(0)+3f'(0)h+\frac{9f''(0)}{2!}h^2+o(h^2)$$

则由

$$\lim_{h \to 0}\frac{k_1 f(h)+k_2 f(2h)+k_3 f(3h)-f(0)}{h^2}$$

$$=\lim_{h \to 0}\left[\frac{(k_1+k_2+k_3-1)f(0)+(k_1+2k_2+3k_3)f'(0)h}{h^2}\right.$$

$$\left.+\frac{\frac{1}{2}(k_1+4k_2+9k_3)f''(0)h^2+o(h^2)}{h^2}\right]$$

$$=0$$

可得方程组

$$\begin{cases}k_1+k_2+k_3=1,\\ k_1+2k_2+3k_3=0,\\ k_1+4k_2+9k_3=0\end{cases} \Rightarrow \begin{cases}k_1=3,\\ k_2=-3,\\ k_3=1\end{cases}$$

例 2.51（全国 2019 年决赛题）　设函数 $f(x)$ 在区间 $(-1,1)$ 内三阶连续可导，满足 $f(0)=0,f'(0)=1,f''(0)=0,f'''(0)=-1$，又设数列 $\{a_n\}$ 满足 $a_1 \in (0,1)$，$a_{n+1}=f(a_n)(n=1,2,\cdots)$ 严格单调递减，且 $\lim\limits_{n \to \infty}a_n=0$，计算 $\lim\limits_{n \to \infty}na_n^2$.

解析　函数 $f(x)$ 的马克劳林展式为

$$f(x)=f(0)+f'(0)x+\frac{1}{2!}f''(0)x^2+\frac{1}{3!}f'''(0)x^3+o(x^3)$$

$$= x - \frac{1}{6}x^3 + o(x^3)$$

所以 $a_{n+1} = f(a_n) = a_n - \frac{1}{6}a_n^3 + o(a_n^3)$，则

$$a_{n+1}^2 = \left(a_n - \frac{1}{6}a_n^3 + o(a_n^3)\right)^2 = a_n^2 - \frac{1}{3}a_n^4 + o(a_n^4)$$

由于 $\left\{\frac{1}{a_n^2}\right\}$ 单调递增，$\lim\limits_{n\to\infty}\frac{1}{a_n^2} = \infty$，应用施笃兹定理[1] 得

$$\lim_{n\to\infty} na_n^2 = \lim_{n\to\infty} \frac{n}{\frac{1}{a_n^2}} = \lim_{n\to\infty} \frac{(n+1)-n}{\frac{1}{a_{n+1}^2} - \frac{1}{a_n^2}} = \lim_{n\to\infty} \frac{a_n^2 a_{n+1}^2}{a_n^2 - a_{n+1}^2}$$

$$= \lim_{n\to\infty} \frac{a_n^4 + o(a_n^4)}{\frac{1}{3}a_n^4 + o(a_n^4)} = \lim_{n\to\infty} \frac{1 + \frac{o(a_n^4)}{a_n^4}}{\frac{1}{3} + \frac{o(a_n^4)}{a_n^4}} = 3$$

例 2.52（全国 2011 年预赛题）　设函数 $f(x)$ 在闭区间 $[-1,1]$ 上具有连续的三阶导数，且 $f(-1) = 0, f(1) = 1, f'(0) = 0$，求证：在开区间 $(-1,1)$ 内至少存在一点 x_0，使得 $f'''(x_0) = 3$.

解析　函数 $f(x)$ 的马克劳林展式为

$$f(x) = f(0) + f'(0)x + \frac{f''(0)}{2!}x^2 + \frac{f'''(\xi)}{3!}x^3$$

分别取 $x = -1$ 与 $x = 1$ 得

$$0 = f(-1) = f(0) + \frac{f''(0)}{2} - \frac{f'''(\xi_1)}{6}, \quad \xi_1 \in (-1,0)$$

$$1 = f(1) = f(0) + \frac{f''(0)}{2} + \frac{f'''(\xi_2)}{6}, \quad \xi_2 \in (0,1)$$

两式相减得 $f'''(\xi_1) + f'''(\xi_2) = 6$. 由于 $f'''(x)$ 在闭区间 $[\xi_1,\xi_2]$ 上连续，应用最值定理，必存在实数 m, M，使得 $m \leqslant f'''(x) \leqslant M(x \in [\xi_1,\xi_2])$. 又因为

$$m = \frac{m+m}{2} \leqslant \frac{f'''(\xi_1) + f'''(\xi_2)}{2} = 3 \leqslant \frac{M+M}{2} = M$$

应用介值定理，必存在 $x_0 \in [\xi_1,\xi_2] \subset (-1,1)$，使得 $f'''(x_0) = 3$.

例 2.53（北京市 1990 年竞赛题）　设 $f(x)$ 是一定义于长度等于 2[2] 的闭区间 I 上的实函数，满足 $|f(x)| \leqslant 1$，$|f''(x)| \leqslant 1$. 对于 $x \in I$，证明：$|f'(x)| \leqslant 2$，且有函数使得等式成立.

---

[1] 施笃兹(Stolz)定理：设数列 $\{y_n\}$ 单调递增，$\lim\limits_{n\to\infty} y_n = \infty$，且 $\lim\limits_{n\to\infty} \frac{x_{n+1} - x_n}{y_{n+1} - y_n} = A$，则 $\lim\limits_{n\to\infty} \frac{x_n}{y_n} = A$.

[2] 原题为不小于 2.

解析　假设闭区间 $I = [a, a+2]$，$\forall x \in I$，应用泰勒公式，有

$$f(a+2) = f(x) + f'(x)(a+2-x) + \frac{f''(\xi_1)}{2}(a+2-x)^2, \quad \xi_1 \in (x, a+2)$$

$$f(a) = f(x) + f'(x)(a-x) + \frac{f''(\xi_2)}{2}(a-x)^2, \quad \xi_2 \in (a, x)$$

两式相减，得

$$f(a+2) - f(a) = 2f'(x) + \frac{f''(\xi_1)}{2}(a+2-x)^2 - \frac{f''(\xi_2)}{2}(a-x)^2$$

于是

$$2|f'(x)| \leqslant |f(a+2)| + |f(a)| + \frac{1}{2}|f''(\xi_1)|(a+2-x)^2 + \frac{1}{2}|f''(\xi_2)|(a-x)^2$$

$$\leqslant 2 + \frac{1}{2}(a+2-x)^2 + \frac{1}{2}(a-x)^2 = 4 + (a-x)^2 + 2(a-x)$$

$$\leqslant 4 + (a-x)(a+2-x) \leqslant 4$$

故得 $|f'(x)| \leqslant 2, x \in I$.

考虑函数 $f(x) = \frac{1}{2}(x-a)^2 - 1, x \in I = [a, a+2]$，则 $|f(x)| \leqslant 1$，$f''(x) = 1$，且 $f'(x) = x - a$，故 $|f'(x)| \leqslant 2$，当 $x = a+2$ 时，$|f'(x)| = 2$.

例 2.54(北京邮电大学 1996 年竞赛题)　设函数 $f(x)$ 在 $(x_0 - \delta, x_0 + \delta)$ 上有 n 阶连续导数，且

$$f^{(k)}(x_0) = 0 \quad (k = 2, 3, \cdots, n-1) \quad \text{且} \quad f^{(n)}(x_0) \neq 0$$

当 $0 < |h| < \delta$ 时，有

$$f(x_0 + h) - f(x_0) = h f'(x_0 + \theta h), \quad 0 < \theta < 1 \qquad (*)$$

试证：$\lim\limits_{h \to 0} \theta = \dfrac{1}{\sqrt[n-1]{n}}$.

解析　运用泰勒公式，有

$$f(x_0 + h) = f(x_0) + f'(x_0)h + \frac{f''(x_0)}{2!}h^2 + \cdots + \frac{f^{(n-1)}(x_0)}{(n-1)!}h^{n-1} + \frac{f^{(n)}(\xi)}{n!}h^n$$

$$= f(x_0) + f'(x_0)h + \frac{f^{(n)}(\xi)}{n!}h^n, \quad \xi \text{ 介于 } x_0, x_0 + h \text{ 间}$$

类似有

$$f'(x_0 + \theta h) = f'(x_0) + \frac{f^{(n)}(\eta)}{(n-1)!}(\theta h)^{n-1}, \quad \eta \text{ 介于 } x_0, x_0 + \theta h \text{ 间}$$

将两式代入（＊）式并化简可得

$$f'(x_0)h + \frac{f^{(n)}(\xi)}{n!}h^n = h\left[f'(x_0) + \frac{f^{(n)}(\eta)}{(n-1)!}(\theta h)^{n-1}\right]$$

故 $\dfrac{f^{(n)}(\xi)}{n} = f^{(n)}(\eta) \cdot \theta^{n-1}$. 令 $h \to 0$, 则 $\xi \to x_0, \eta \to x_0$, 由 $f^{(n)}(x)$ 的连续性得

$$\frac{f^{(n)}(x_0)}{n} = f^{(n)}(x_0)\left(\lim_{h \to 0}\theta\right)^{n-1}$$

由于 $f^{(n)}(x_0) \neq 0$, 故 $\lim\limits_{h \to 0}\theta = \dfrac{1}{\sqrt[n-1]{n}}$.

例 2.55（全国 2014 年决赛题） 设 $f \in \mathscr{C}^{(4)}(-\infty, +\infty)$, 且

$$f(x+h) = f(x) + f'(x)h + \frac{1}{2}f''(x+\theta h)h^2 \qquad (＊)$$

其中 θ 是与 x, h 无关的常数, 证明: f 是不超过 3 次的多项式.

解析 若 $f(x)$ 是不超过 2 次的多项式, 因 $f''(x) \equiv$ 常数, 所以 $\forall \theta \in (0,1)$, （＊）式成立.

下面不妨设 $f(x)$ 不是不超过 2 次的多项式. 对函数 $f''(x)$ 应用泰勒公式, 在 x 与 $x+\theta h$ 之间必存在 ξ, 使得

$$f''(x+\theta h) = f''(x) + f'''(x)\theta h + \frac{1}{2}f^{(4)}(\xi)(\theta h)^2$$

其中 θ 为 0,1 之间的常数. 将上式代入（＊）式并化简得

$$\frac{1}{2}f^{(4)}(\xi)\theta^2 = \frac{2f(x+h) - 2f(x) - 2f'(x)h - f''(x)h^2 - f'''(x)\theta h^3}{h^4}$$

此式两边令 $h \to 0$, 并多次应用洛必达法则, 得

$$\begin{aligned}
\frac{1}{2}f^{(4)}(x)\theta^2 &\overset{\frac{0}{0}}{=\!=\!=} \lim_{h \to 0}\frac{2f'(x+h) - 2f'(x) - 2f''(x)h - 3f'''(x)\theta h^2}{4h^3}\\
&\overset{\frac{0}{0}}{=\!=\!=} \lim_{h \to 0}\frac{f''(x+h) - f''(x) - 3f'''(x)\theta h}{6h^2}\\
&\overset{\frac{0}{0}}{=\!=\!=} \lim_{h \to 0}\frac{f'''(x+h) - 3f'''(x)\theta}{12h} \quad \left(\text{此式右端极限存在} \Leftrightarrow \theta = \frac{1}{3}\right)\\
&\overset{\frac{0}{0}}{=\!=\!=} \frac{f^{(4)}(x)}{12}
\end{aligned}$$

由此可得 $f^{(4)}(x) \equiv 0$, 于是函数 $f(x)$ 是 3 次多项式, 且此时 $\theta = \dfrac{1}{3}$.

综上, 可得 $f(x)$ 是不超过 3 次的多项式.

例 2.56（全国 2012 年决赛题） 设 $f(x)$ 在 $(-\infty, +\infty)$ 上无穷次可微, 并且满足: 存在 $M > 0$, 使得

$$|f^{(k)}(x)| \leqslant M \quad (x \in (-\infty, +\infty), k = 1, 2, \cdots)$$

且满足 $f\left(\dfrac{1}{2^n}\right) = 0 (n = 1, 2, \cdots)$，求证：在 $(-\infty, +\infty)$ 上有 $f(x) \equiv 0$.

解析　首先，由 $f\left(\dfrac{1}{2^n}\right) = 0$ 得 $\lim\limits_{n \to \infty} f\left(\dfrac{1}{2^n}\right) = f(0) = 0$. 对函数 $f(x)$ 在 $\left[0, \dfrac{1}{2^n}\right]$ 应用拉格朗日中值定理，必存在 $\xi_1(n) \in \left(0, \dfrac{1}{2^n}\right)$，使得

$$0 = f\left(\dfrac{1}{2^n}\right) = f(0) + f'(\xi_1(n)) \dfrac{1}{2^n} = f'(\xi_1(n)) \dfrac{1}{2^n}$$

$$\Rightarrow \forall n \in \mathbf{N}^*, 有 f'(\xi_1(n)) = 0 \Rightarrow \lim\limits_{n \to \infty} f'(\xi_1(n)) = f'(0) = 0$$

应用马克劳林公式，必 $\exists \xi_2(n) \in \left(0, \dfrac{1}{2^n}\right)$，使得

$$0 = f\left(\dfrac{1}{2^n}\right) = f(0) + f'(0) \dfrac{1}{2^n} + \dfrac{1}{2!} f''(\xi_2(n)) \left(\dfrac{1}{2^n}\right)^2 = \dfrac{1}{2!} f''(\xi_2(n)) \left(\dfrac{1}{2^n}\right)^2$$

$$\Rightarrow \forall n \in \mathbf{N}^*, 有 f''(\xi_2(n)) = 0 \Rightarrow \lim\limits_{n \to \infty} f''(\xi_2(n)) = f''(0) = 0$$

依此类推，应用马克劳林公式可得，$\forall k \in \mathbf{N}^*$，有 $f^{(k)}(0) = 0$. $\forall x_0 \in \mathbf{R}$，不妨设 $x_0 \neq 0$，再应用马克劳林公式，在 0 与 x_0 之间必存在 ξ，使得

$$f(x_0) = f(0) + f'(0)x_0 + \cdots + \dfrac{1}{k!} f^{(k)}(0) x_0^k + \dfrac{1}{(k+1)!} f^{(k+1)}(\xi) x_0^{k+1}$$

$$= \dfrac{1}{(k+1)!} f^{(k+1)}(\xi) x_0^{k+1}$$

由于级数 $\sum\limits_{k=0}^{\infty} \dfrac{M}{(k+1)!} x_0^{k+1} = M(\mathrm{e}^{x_0} - 1)$，所以

$$\left| \dfrac{1}{(k+1)!} f^{(k+1)}(\xi) x_0^{k+1} \right| \leqslant \dfrac{M}{(k+1)!} x_0^{k+1} \to 0 \quad (k \to +\infty)$$

因此 $f(x_0) = 0$. 由 $x_0 \in \mathbf{R}$ 的任意性，即得 $\forall x \in \mathbf{R}$，有 $f(x) \equiv 0$.

例 2.57（莫斯科电子技术学院 1977 年竞赛题）　设函数 $f(x)$ 二阶可导，且 $f(0) = f(1) = 0$，$\min\limits_{x \in [0,1]} f(x) = -1$，求证：$\max\limits_{x \in [0,1]} f''(x) \geqslant 8$.

解析　因 $f \in \mathscr{C}[0,1]$，由最值定理，$f(x)$ 在 $[0,1]$ 上最小值存在，令

$$f(C) = \min\limits_{0 \leqslant x \leqslant 1} f(x) = -1$$

因 $f(x)$ 在 $x = C$ 处可导，所以 $f'(C) = 0$. 函数 $f(x)$ 在 $x = C$ 处的泰勒展式为

$$f(x) = f(C) + f'(C)(x - C) + \dfrac{1}{2!} f''(\xi)(x - C)^2 \tag{1}$$

这里 ξ 介于 C 与 x 之间,在(1) 式中分别令 $x = 0$ 与 $x = 1$,得

$$0 = f(0) = f(C) + \frac{1}{2}f''(\xi_1)C^2 = -1 + \frac{1}{2}f''(\xi_1)C^2 \qquad (2)$$

$$0 = f(1) = f(C) + \frac{1}{2}f''(\xi_2)(1-C)^2 = -1 + \frac{1}{2}f''(\xi_2)(1-C)^2 \qquad (3)$$

这里 $0 < \xi_1 < C, C < \xi_2 < 1$. 于是有

$$f''(\xi_1) = \frac{2}{C^2}, \quad f''(\xi_2) = \frac{2}{(1-C)^2}$$

(1) 当 $C = \frac{1}{2}$ 时,$f''(\xi_1) = f''(\xi_2) = 8$;

(2) 当 $0 < C < \frac{1}{2}$ 时,$f''(\xi_1) > \dfrac{2}{\left(\frac{1}{2}\right)^2} = 8$;

(3) 当 $\frac{1}{2} < C < 1$ 时,$f''(\xi_2) > \dfrac{2}{\left(1-\frac{1}{2}\right)^2} = 8.$

综上,可得 $\max\limits_{0 \leqslant x \leqslant 1} f''(x) \geqslant 8$.

例 2.58(江苏省 2006 年竞赛题)   某人由甲地开汽车出发,沿直线行驶,经过 2 h 到达乙地停止,一路通畅. 若开车的最大速度为 100 km/h,求证:该汽车在行驶途中加速度的变化率的最小值不大于 -200 km/h³.

解析   设 t 为时间,$v(t)$ 为速度,$a(t)$ 为加速度,则 $v(0) = 0$,$v(2) = 0$,设时刻 t_0 速度达最大值,则 $v(t_0) = 100$,$v'(t_0) = a(t_0) = 0$. 由泰勒公式,有

$$v(t) = v(t_0) + v'(t_0)(t-t_0) + \frac{1}{2!}a'(\xi)(t-t_0)^2$$

$$= 100 + \frac{1}{2}a'(\xi)(t-t_0)^2$$

其中 ξ 介于 t 与 t_0 之间. 分别令 $t = 0$ 与 $t = 2$,得

$$v(0) = 0 = 100 + \frac{1}{2}a'(\xi_1)t_0^2$$

$$v(2) = 0 = 100 + \frac{1}{2}a'(\xi_2)(2-t_0)^2$$

其中 $0 < \xi_1 < t_0 < \xi_2 < 2$.

(1) 若 $t_0 = 1$,则 $a'(\xi_1) = a'(\xi_2) = -200$;

(2) 若 $0 < t_0 < 1$,则 $a'(\xi_1) = -\dfrac{200}{t_0^2} < -200$;

(3) 若 $1 < t_0 < 2$,则 $a'(\xi_2) = -\dfrac{200}{(1-t_0)^2} < -200.$

于是

$$\min a'(t) \leqslant \min\{a'(\xi_1), a'(\xi_2)\} \leqslant -200$$

例 2.59（精选题） 设函数 $f(x)$ 在 $[a,b]$ 上二阶可导，$f'(a)=0$，$f'(b)=0$，求证：$\exists \xi \in (a,b)$，使得

$$|f''(\xi)| \geqslant 4\,\frac{|f(b)-f(a)|}{(b-a)^2}$$

解析 函数 $f(x)$ 在 $x=a$ 与 $x=b$ 处的泰勒展式分别为

$$f(x) = f(a) + f'(a)(x-a) + \frac{1}{2!}f''(\xi_1)(x-a)^2 \tag{1}$$

$$f(x) = f(b) + f'(b)(x-b) + \frac{1}{2!}f''(\eta_1)(x-b)^2 \tag{2}$$

这里 $\xi_1 \in (a,x)$，$\eta_1 \in (x,b)$.

在(1)式和(2)式中分别令 $x=\dfrac{a+b}{2}$ 得

$$\begin{aligned}
f\left(\frac{a+b}{2}\right) &= f(a) + \frac{1}{2}f''(\xi_1')\left(\frac{a+b}{2}-a\right)^2 \\
&= f(a) + \frac{1}{8}f''(\xi_1')(b-a)^2
\end{aligned} \tag{3}$$

$$\begin{aligned}
f\left(\frac{a+b}{2}\right) &= f(b) + \frac{1}{2}f''(\eta_1')\left(\frac{a+b}{2}-b\right)^2 \\
&= f(b) + \frac{1}{8}f''(\eta_1')(b-a)^2
\end{aligned} \tag{4}$$

这里 $\xi_1' \in \left(a, \dfrac{a+b}{2}\right)$，$\eta_1' \in \left(\dfrac{a+b}{2}, b\right)$. (3)式减(4)式得

$$f(b) - f(a) = \frac{1}{8}\left[f''(\xi_1') - f''(\eta_1')\right](b-a)^2$$

$$\begin{aligned}
|f(b) - f(a)| &= \frac{1}{8}\,|f''(\xi_1') - f''(\eta_1')|\,(b-a)^2 \\
&\leqslant \frac{1}{8}\left(|f''(\xi_1')| + |f''(\eta_1')|\right)(b-a)^2 \\
&\leqslant \frac{1}{4}\max\{|f''(\xi_1')|, |f''(\eta_1')|\}(b-a)^2 \\
&= \frac{1}{4}\,|f''(\xi)|\,(b-a)^2
\end{aligned}$$

这里 $\xi = \xi_1'$ 或 η_1'，且上式即为原式.

2.2.6 利用洛必达法则求极限(例 2.60—2.68)

例 2.60（江苏省 2019 年竞赛题） 求 $\lim\limits_{x\to 0}\dfrac{x^3 - (\arcsin x)^3}{x^5}$.

解析　应用极限四则运算法则、洛必达法则与等价无穷小替换 $\arcsin x \sim x(x \to 0)$，得

$$\text{原式} = \lim_{x \to 0} \frac{x - \arcsin x}{x^3} \cdot \left(\lim_{x \to 0} \frac{x^2}{x^2} + \lim_{x \to 0} \frac{x\arcsin x}{x^2} + \lim_{x \to 0} \frac{(\arcsin x)^2}{x^2} \right)$$

$$\overset{\frac{0}{0}}{=\!=} \lim_{x \to 0} \frac{1 - \dfrac{1}{\sqrt{1-x^2}}}{3x^2} \cdot (1 + 1 + 1) = \lim_{x \to 0} \frac{\sqrt{1-x^2} - 1}{x^2 \sqrt{1-x^2}}$$

$$= \lim_{x \to 0} \frac{-x^2}{x^2(\sqrt{1-x^2} + 1)} = \lim_{x \to 0} \frac{-1}{\sqrt{1-x^2} + 1} = -\frac{1}{2}$$

例 2.61（南京大学 1996 年竞赛题）　$\lim\limits_{x \to +\infty} (\sqrt[3]{x^3 + 2x^2 + 1} - x\mathrm{e}^{\frac{1}{x}}) = $ _____ .

解析　令 $x = \dfrac{1}{t}$，并运用洛必达法则，有

$$\text{原式} = \lim_{t \to 0^+} \frac{\sqrt[3]{1 + 2t + t^3} - \mathrm{e}^t}{t} \overset{\frac{0}{0}}{=\!=} \lim_{t \to 0^+} \frac{\dfrac{1}{3}(1 + 2t + t^3)^{-\frac{2}{3}}(2 + 3t^2) - \mathrm{e}^t}{1}$$

$$= \frac{1}{3} \cdot 1 \cdot 2 - 1 = -\frac{1}{3}$$

例 2.62（全国 2018 年预赛题）　求 $\lim\limits_{x \to 0} \dfrac{1 - \cos x \sqrt{\cos 2x} \sqrt[3]{\cos 3x}}{x^2}$.

解析　应用洛必达法则、四则运算法则与等价无穷小替换 $\sin\square \sim \square(\square \to 0)$，得

$$\text{原式} \overset{\frac{0}{0}}{=\!=} \lim_{x \to 0} \frac{\sin x \sqrt{\cos 2x} \sqrt[3]{\cos 3x}}{2x} + \lim_{x \to 0} \frac{\cos x \dfrac{\sin 2x}{\sqrt{\cos 2x}} \sqrt[3]{\cos 3x}}{2x}$$

$$+ \lim_{x \to 0} \frac{\cos x \sqrt{\cos 2x} \dfrac{\sin 3x}{\sqrt[3]{\cos^2 3x}}}{2x}$$

$$= \lim_{x \to 0} \frac{\sin x}{2x} + \lim_{x \to 0} \frac{\sin 2x}{2x} + \lim_{x \to 0} \frac{\sin 3x}{2x} = \frac{1}{2} + 1 + \frac{3}{2} = 3$$

例 2.63（江苏省 2016 年竞赛题）　求 $\lim\limits_{x \to 0} \dfrac{\tan(\tan x) - \tan(\tan(\tan x))}{\tan x \cdot \tan(\tan x) \cdot \tan(\tan(\tan x))}$.

解析　令 $\tan x = u$，则

$$\text{原式} = \lim_{u \to 0} \frac{\tan u - \tan(\tan u)}{u \cdot \tan u \cdot \tan(\tan u)}$$

应用洛必达法则与等价无穷小替换得

$$\text{原式} = \lim_{u \to 0} \frac{\tan u - \tan(\tan u)}{u^3} \overset{\frac{0}{0}}{=\!=} \lim_{u \to 0} \frac{\sec^2 u - \sec^2(\tan u) \cdot \sec^2 u}{3u^2}$$

$$= \lim_{u \to 0} \frac{1 - \sec^2(\tan u)}{3u^2} \cdot \lim_{u \to 0} \sec^2 u = \lim_{u \to 0} \frac{1 - \sec^2(\tan u)}{3u^2}$$

$$= \lim_{u \to 0} \frac{-\tan^2(\tan u)}{3u^2} = \lim_{u \to 0} \frac{-u^2}{3u^2} = -\frac{1}{3}$$

例 2.64(江苏省 2012 年竞赛题)　设 $f(x)$ 在 $x = 0$ 处三阶可导,且 $f'(0) = 0$,
$f''(0) = 3$,求 $\lim\limits_{x \to 0} \dfrac{f(e^x - 1) - f(x)}{x^3}$.

解析　应用洛必达法则、等价无穷小替换与三阶导数的定义得

$$原式 \overset{\frac{0}{0}}{=} \lim_{x \to 0} \frac{e^x f'(e^x - 1) - f'(x)}{3x^2} \overset{\frac{0}{0}}{=} \lim_{x \to 0} \frac{e^x f'(e^x - 1) + e^{2x} f''(e^x - 1) - f''(x)}{6x}$$

$$= \frac{1}{6} \left(\lim_{x \to 0} e^x \frac{f'(e^x - 1) - f'(0)}{e^x - 1} + \lim_{x \to 0} e^{2x} \frac{f''(e^x - 1) - f''(0)}{e^x - 1} \right.$$

$$\left. - \lim_{x \to 0} \frac{f''(x) - f''(0)}{x} + \lim_{x \to 0} \frac{3(e^{2x} - 1)}{x} \right)$$

$$= \frac{1}{6}(f''(0) + f'''(0) - f'''(0) + 6) = \frac{3}{2}$$

例 2.65(南京大学 1995 年竞赛题)　求 $\lim\limits_{x \to 0} \dfrac{2\ln(2 - \cos x) - 3\left[(1 + \sin^2 x)^{\frac{1}{3}} - 1\right]}{[x\ln(1 + x)]^2}$.

解析　应用等价无穷小替换 $\ln(1 + x) \sim x(x \to 0)$ 与洛必达法则得

$$原式 = \lim_{x \to 0} \frac{2\ln(2 - \cos x) - 3\left[(1 + \sin^2 x)^{\frac{1}{3}} - 1\right]}{x^4}$$

$$\overset{\frac{0}{0}}{=} \lim_{x \to 0} \frac{\dfrac{2\sin x}{2 - \cos x} - (1 + \sin^2 x)^{-\frac{2}{3}} 2\sin x \cos x}{4x^3}$$

$$= \lim_{x \to 0} \frac{(1 + \sin^2 x)^{\frac{2}{3}} - (2 - \cos x)\cos x}{(2 - \cos x)2x^2(1 + \sin^2 x)^{\frac{2}{3}}}$$

$$= \lim_{x \to 0} \frac{(1 + \sin^2 x)^{\frac{2}{3}} - (2 - \cos x)\cos x}{2x^2}$$

$$\overset{\frac{0}{0}}{=} \lim_{x \to 0} \frac{\dfrac{2}{3}(1 + \sin^2 x)^{-\frac{1}{3}} \sin 2x + 2\sin x - \sin 2x}{4x}$$

$$= \lim_{x \to 0} \frac{2}{3}(1 + \sin^2 x)^{-\frac{1}{3}} \frac{\sin 2x}{4x} + \lim_{x \to 0} \frac{2\sin x}{4x} - \lim_{x \to 0} \frac{\sin 2x}{4x}$$

$$= \frac{2}{3} \cdot \frac{1}{2} + \frac{1}{2} - \frac{1}{2} = \frac{1}{3}$$

例 2.66(浙江省 2006 年竞赛题)　求 $\lim\limits_{n \to \infty} n\left[\left(1 + \dfrac{x}{n}\right)^n - e^x \right]$.

解析　先考虑 $\lim\limits_{t\to+\infty} t\left[\left(1+\dfrac{x}{t}\right)^t - \mathrm{e}^x\right]$. 令 $r=\dfrac{1}{t}$，应用变量代换、等价无穷小替换 $\mathrm{e}^{\square}-1 \sim \square(\square\to 0)$ 与洛必达法则，有

$$\lim_{t\to+\infty} t\left[\left(1+\frac{x}{t}\right)^t - \mathrm{e}^x\right] = \lim_{r\to 0^+}\frac{(1+rx)^{\frac{1}{r}}-\mathrm{e}^x}{r} = \mathrm{e}^x \lim_{r\to 0^+}\frac{\mathrm{e}^{\frac{1}{r}\ln(1+rx)-x}-1}{r}$$

$$= \mathrm{e}^x \lim_{r\to 0^+}\frac{\ln(1+rx)-rx}{r^2} \stackrel{\frac{0}{0}}{=} \mathrm{e}^x \lim_{r\to 0^+}\frac{\dfrac{x}{1+rx}-x}{2r}$$

$$= x\mathrm{e}^x \lim_{r\to 0^+}\frac{-rx}{2r(1+rx)} = -\frac{x^2}{2}\mathrm{e}^x$$

故原式 $=-\dfrac{x^2}{2}\mathrm{e}^x$.

例 2.67（全国 2009 年预赛题）　求 $\lim\limits_{x\to 0}\left(\dfrac{\mathrm{e}^x+\mathrm{e}^{2x}+\cdots+\mathrm{e}^{nx}}{n}\right)^{\frac{\mathrm{e}}{x}}$，其中 n 是给定的正整数.

解析　利用洛必达法则，得

$$原式 = \exp\left[\mathrm{e}\cdot\lim_{x\to 0}\frac{\ln(\mathrm{e}^x+\mathrm{e}^{2x}+\cdots+\mathrm{e}^{nx})-\ln n}{x}\right]$$

$$\stackrel{\frac{0}{0}}{=} \exp\left(\mathrm{e}\cdot\lim_{x\to 0}\frac{\mathrm{e}^x+2\mathrm{e}^{2x}+\cdots+n\mathrm{e}^{nx}}{\mathrm{e}^x+\mathrm{e}^{2x}+\cdots+\mathrm{e}^{nx}}\right)$$

$$= \exp\left(\mathrm{e}\,\frac{n(n+1)}{2n}\right) = \mathrm{e}^{\frac{n+1}{2}\mathrm{e}}$$

例 2.68（莫斯科大学 1977 年竞赛题）　设函数 $f(x)$ 在区间 $(-1,1)$ 上任意阶可导，且 $f^{(n)}(0)\neq 0(n=1,2,3,\cdots)$，又设对 $0<|x|<1$ 和 $n\in\mathbf{N}$，有泰勒公式

$$f(x) = f(0)+f'(0)x+\cdots+\frac{f^{(n-1)}(0)}{(n-1)!}x^{n-1}+\frac{f^{(n)}(\theta x)}{n!}x^n$$

这里 $0<\theta<1$. 试求 $\lim\limits_{x\to 0}\theta$.

解析　由题给条件得

$$f^{(n)}(\theta x) = \frac{n!\left(f(x)-f(0)-f'(0)x-\cdots-\dfrac{f^{(n-1)}(0)}{(n-1)!}x^{n-1}\right)}{x^n}$$

于是

$$\frac{f^{(n)}(\theta x)-f^{(n)}(0)}{\theta x}\cdot\theta$$

$$= \frac{n!\left(f(x)-f(0)-f'(0)x-\cdots-\dfrac{f^{(n-1)}(0)}{(n-1)!}x^{n-1}\right)-f^{(n)}(0)x^n}{x^{n+1}} \qquad (*)$$

由于

$$\lim_{x \to 0} \frac{f^{(n)}(\theta x) - f^{(n)}(0)}{\theta x} = f^{(n+1)}(0) \neq 0$$

$$\lim_{x \to 0} \frac{n!\left(f(x) - f(0) - f'(0)x - \cdots - \frac{f^{(n-1)!}(0)}{(n-1)!}x^{n-1}\right) - f^{(n)}(0)x^n}{x^{n+1}}$$

$$\overset{\frac{0}{0}}{=\!=\!=} \lim_{x \to 0} \frac{n! f^{(n)}(x) - f^{(n)}(0)n!}{(n+1)! x} \quad (n \text{ 次应用洛必达法则})$$

$$= \frac{1}{n+1} f^{(n+1)}(0)$$

故(*)式两边求极限得

$$f^{(n+1)}(0) \cdot \lim_{x \to 0}\theta = f^{(n+1)}(0) \cdot \frac{1}{n+1}$$

于是 $\lim_{x \to 0}\theta = \dfrac{1}{n+1}$.

2.2.7　导数的应用(例 2.69—2.81)

例 2.69(江苏省 2019 年竞赛题)　若函数 $f(x)$ 对任意 $u \neq v$ 都有

$$\frac{f(u) - f(v)}{u - v} = af'(u) + bf'(v)$$

其中 a,b 为正常数,且 $a+b=1$,求 $f(x)$ 的表达式.

解析　不妨设所求的函数 $f(x)$ 具有三阶连续导数,对任意的实数 u,v 有

$$f(u) - f(v) = (af'(u) + bf'(v))(u - v)$$

此式对 $u = v$ 显然也成立. 在上式中固定 v,对 u 求两次导数得

$$f'(u) = af''(u)(u - v) + af'(u) + bf'(v)$$
$$f''(u) = af'''(u)(u - v) + 2af''(u) \Leftrightarrow (1 - 2a)f''(u) = af'''(u)(u - v) \quad (*)$$

(1) 当 $a \neq \dfrac{1}{2}$(即 $a \neq b$) 时,在(*)式中取 $u = v$ 得 $f''(v) = 0$. 由实数 v 的任意性得 $f''(x) = 0$,于是

$$f(x) = C_1 x + C_2, \quad \text{其中 } C_1, C_2 \text{ 为任意常数}$$

(2) 当 $a = \dfrac{1}{2}$(即 $a = b$) 时,(*)式化为 $f'''(u)(u - v) = 0$. 由实数 u 的任意性得 $f'''(u) = 0$,于是 $f(u) = C_1 u^2 + C_2 u + C_3$,即

$$f(x) = C_1 x^2 + C_2 x + C_3, \quad \text{其中 } C_1, C_2, C_3 \text{ 为任意常数}$$

例 2.70(江苏省 2016 年竞赛题)　设函数 $f(x)$ 在 $x = 2$ 处可微,且满足

$$2f(2 + x) + f(2 - x) = 3 + 2x + o(x) \tag{1}$$

这里 $o(x)$ 表示比 x 高阶的无穷小(当 $x \to 0$ 时),试求微分 $\mathrm{d}f(x)\big|_{x=2}$,并求曲线 $y = f(x)$ 在点 $(2, f(2))$ 处的切线方程.

解析 因为 $f(x)$ 在 $x = 2$ 处可微即可导,所以 $f(x)$ 在 $x = 2$ 处连续,又函数

$$\varphi(x) = 2 + x, \quad \psi(x) = 2 - x$$

在 $x = 0$ 处连续,在 (1) 式中令 $x \to 0$ 得 $2f(2) + f(2) = 3$,因此 $f(2) = 1$.

将 (1) 式化为

$$\frac{2(f(2+x) - f(2))}{x} - \frac{f(2-x) - f(2)}{-x} = 2 + \frac{o(x)}{x} \tag{2}$$

因 $f(x)$ 在 $x = 2$ 处可导,应用导数的定义得

$$\lim_{x \to 0} \frac{f(2+x) - f(2)}{x} = f'(2), \quad \lim_{x \to 0} \frac{f(2-x) - f(2)}{-x} = f'(2)$$

又 $\lim\limits_{x \to 0}\left(2 + \dfrac{o(x)}{x}\right) = 2$,故在 (2) 式两边求极限得 $f'(2) = 2$,即

$$\mathrm{d}f(x)\big|_{x=2} = f'(2)\mathrm{d}x = 2\mathrm{d}x$$

且曲线 $y = f(x)$ 在点 $(2, 1)$ 处的切线方程为

$$y - 1 = f'(2)(x - 2), \quad 即 \quad 2x - y = 3$$

例 2.71(江苏省 2017 年竞赛题) 已知命题:若函数 $f(x)$ 在区间 $[a, b]$ 上可导,$f'(a) > 0$,则存在 $c \in (a, b)$,使得 $f(x)$ 在区间 $[a, c]$ 上单调增加.判断该命题是否成立.若判断成立,给出证明;若判断不成立,举一反例,证明命题不成立.

解析 命题不成立.反例:$f(x) = \begin{cases} \dfrac{1}{2}x + x^2 \sin \dfrac{1}{x} & (0 < x \leqslant 1); \\ 0 & (x = 0). \end{cases}$

因为

$$f'_+(0) = \lim_{x \to 0^+} \frac{f(x) - f(0)}{x} = \lim_{x \to 0^+} \left(\frac{1}{2} + x\sin\frac{1}{x}\right) = \frac{1}{2} + 0 = \frac{1}{2} > 0$$

当 $0 < x \leqslant 1$ 时,$f'(x) = \dfrac{1}{2} + 2x\sin\dfrac{1}{x} - \cos\dfrac{1}{x}$,所以 $f(x)$ 在 $[0, 1]$ 上可导.

下面用反证法证明命题不成立.若存在 $c \in (0, 1)$,使得 $f(x)$ 在区间 $[0, c]$ 上单调增加,则 $x \in [0, c)$ 时 $f'(x) \geqslant 0$.由于 n 充分大时,$x_0 = \dfrac{1}{2n\pi} \in [0, c)$,但

$$f'(x_0) = f'\left(\frac{1}{2n\pi}\right) = \frac{1}{2} + \frac{1}{n\pi}\sin 2n\pi - \cos 2n\pi = -\frac{1}{2} < 0$$

此与 $\forall x \in [0, c), f'(x) \geqslant 0$ 矛盾,所以命题不成立.

例 2.72(浙江省 2008 年竞赛题) 证明:方程 $1 + x + \dfrac{x^2}{2!} + \cdots + \dfrac{x^n}{n!} = 0$ 当 n 为

奇数时有且仅有一个实根.

解析 令 $f_n(x) = 1 + x + \dfrac{x^2}{2!} + \cdots + \dfrac{x^n}{n!}$，则 $f_n(0) = 1$. 当 $x > 0$ 时，$f_n(x)$ 单调增加，故 $f_n(x) = 0$ 在 $[0, +\infty)$ 上没有实根. 令 $n = 2k+1$，则当 $x \to -\infty$ 时，$f_{2k+1}(x) \to -\infty$，因此 $f_{2k+1}(x) = 0$ 在 $(-\infty, 0)$ 上至少有一个实根.

假设存在 x_1, x_2 满足 $-\infty < x_1 < x_2 < 0$ 是方程 $f_{2k+1}(x) = 0$ 的相邻两根，则 $f_{2k+1}(x_1) = f_{2k+1}(x_2) = 0$. 因为

$$f'_{2k+1}(x) + \frac{x^{2k+1}}{(2k+1)!} = f_{2k+1}(x)$$

可得 $f'_{2k+1}(x_1) = -\dfrac{x_1^{2k+1}}{(2k+1)!} > 0$，$f'_{2k+1}(x_2) > 0$，所以 x_1, x_2 均是方程的单根. 又因为 $f'_{2k+1}(x)$ 在方程 $f_{2k+1}(x) = 0$ 的相邻两根处符号相反，而此与 $f'_{2k+1}(x_1) > 0$，$f'_{2k+1}(x_2) > 0$ 矛盾，所以方程 $f_{2k+1}(x) = 0$ 有且仅有一个实根.

例 2.73（莫斯科技术物理学院 1977 年竞赛题） 就参数 a 讨论方程 $e^x = ax^2$ 实根的个数.

解析 $a \leqslant 0$ 时，由于 $e^x > 0$，所以原方程无实根. 下面令 $a > 0$. 设 $f(x) = e^x x^{-2}$，则 $\lim\limits_{x \to 0} f(x) = +\infty$，$f(+\infty) = +\infty$，$f(-\infty) = 0$. 又

$$f'(x) = e^x x^{-3}(x-2)$$

所以

函数	$(-\infty, 0)$	$(0, 2)$	2	$(2, +\infty)$
$f'(x)$	$+$	$-$	0	$+$
$f(x)$	↑	↓		↑

于是当 $x \in (-\infty, 0)$ 时，$f(x)$ 从 0 单调增加到 $+\infty$；当 $x \in (0, 2)$ 时，$f(x)$ 从 $+\infty$ 单调减少到 $\dfrac{1}{4}e^2$；当 $x \in (2, +\infty)$ 时，$f(x)$ 从 $\dfrac{1}{4}e^2$ 单调增加到 $+\infty$.

因此得到：当 $a \leqslant 0$ 时，原方程无实根；当 $0 < a < \dfrac{1}{4}e^2$ 时，原方程有一个实根，位于区间 $(-\infty, 0)$ 中；当 $a = \dfrac{1}{4}e^2$ 时，原方程有两个实根，一个位于区间 $(-\infty, 0)$ 中，另一个为 $x = 2$；当 $a > \dfrac{1}{4}e^2$ 时，原方程有三个实根，分别位于区间 $(-\infty, 0)$，$(0, 2)$ 与 $(2, +\infty)$ 中.

例 2.74（北京市 2004 年竞赛题） 已知方程 $\log_a x = x^b$ 存在实根，常数 $a > 1$，$b > 0$，求 a 和 b 应满足的条件.

解析 令 $f(x) = \log_a x - x^b (0 < x < +\infty)$，则 $f(0^+) = -\infty$，$f(+\infty) = -\infty$，且

$$f'(x) = \frac{1}{x\ln a} - bx^{b-1} = \frac{1-bx^b\ln a}{x\ln a}$$

令 $f'(x)=0$，得驻点 $x_0 = (b\ln a)^{-\frac{1}{b}}$. 当 $0<x<x_0$ 时，$f'(x)>0$；当 $x_0<x$ 时，$f'(x)<0$. 所以 $0<x<x_0$ 时，$f(x)$ 单调增加；$x>x_0$ 时，$f(x)$ 单调减少. 所以 $f(x_0)$ 为极大值. 因为原方程有实根，故 $f(x_0)\geqslant 0$，即

$$-\frac{\ln(b\ln a)+1}{b\ln a} \geqslant 0 \Rightarrow \ln(b\ln a)\leqslant -1$$

由此可得 a,b 应满足 $b\ln a \leqslant \dfrac{1}{e}$.

例 2.75（全国 2018 年考研题） 已知数列 $\{x_n\}$，其中 $x_1>0, x_n e^{x_{n+1}} = e^{x_n}-1$，证明 $\{x_n\}$ 收敛，并求 $\lim\limits_{n\to\infty}x_n$.

解析 若 $x_n>0$，原式可化为 $x_{n+1} = \ln\dfrac{e^{x_n}-1}{x_n}$. 令 $f(x)=e^x-1-x(x>0)$，可得 $\lim\limits_{x\to 0}f(x)=0$，且当 $x>0$ 时，$f'(x)=e^x-1>0\Rightarrow f(x)$ 单调增加 $\Rightarrow f(x)>f(0)=0 \Rightarrow \dfrac{e^x-1}{x}>1$. 于是，由 $x_1>0 \Rightarrow \dfrac{e^{x_1}-1}{x_1}>1 \Rightarrow x_2 = \ln\dfrac{e^{x_1}-1}{x_1}>0$. 依此类推，可知 $\forall n\in \mathbf{N}^*$ 有 $x_n>0$.

下面证明 $\{x_n\}$ 单调递减. 因

$$x_{n+1}-x_n = \ln\frac{e^{x_n}-1}{x_n} - \ln e^{x_n} = \ln\frac{e^{x_n}-1}{x_n e^{x_n}}$$

令 $g(x)=e^x-1-xe^x$，则 $g(0)=0$，且当 $x>0$ 时，$g'(x)=e^x-e^x(x+1)=-xe^x<0 \Rightarrow g(x)$ 单调减少 $\Rightarrow g(x)<g(0)=0 \Rightarrow 0<\dfrac{e^x-1}{xe^x}<1$，则由 $x_n>0$ 得

$$0<\frac{e^{x_n}-1}{x_n e^{x_n}}<1 \Rightarrow x_{n+1}-x_n = \ln\frac{e^{x_n}-1}{x_n e^{x_n}}<0 \ (n=1,2,\cdots)$$

即数列 $\{x_n\}$ 单调递减，且 $x_n>0$，应用单调有界准则得数列 $\{x_n\}$ 收敛.

设 $\lim\limits_{n\to\infty}x_n = A$，在等式 $x_n e^{x_{n+1}} = e^{x_n}-1$ 两端令 $n\to\infty$ 得 $Ae^A = e^A-1$. 前面已证 $g(0)=0$，且 $g(x)$ 在 $x>0$ 时单调减少，在 $x<0$ 时因 $g'(x)=-xe^x>0 \Rightarrow g(x)$ 在 $x<0$ 时单调增加，所以 $g(x)$ 有惟一的零点 $x=0$. 即 $Ae^A = e^A-1$ 有惟一解 $A=0$，于是 $\lim\limits_{n\to\infty}x_n = 0$.

例 2.76（江苏省 2012 年竞赛题） 在下面两题中，分别指出满足条件的函数是否存在. 若存在，举一例，并证明满足条件；若不存在，请给出证明.

(1) 函数 $f(x)$ 在 $x=0$ 处可导，但在 $x=0$ 的某去心邻域内处处不可导；

(2) 函数 $f(x)$ 在 $(-\delta,\delta)$ 上一阶可导 $(\delta>0)$，$f(0)$ 为极值，且 $(0,f(0))$ 为曲线 $y=f(x)$ 的拐点.

解析 (1) 满足条件的的函数存在，例如

$$f(x) = \begin{cases} x^2, & x \text{ 为有理数}, \\ 0, & x \text{ 为无理数} \end{cases}$$

证明如下：因为 $0 \leqslant \left| \dfrac{f(x) - f(0)}{x} \right| \leqslant \left| \dfrac{x^2}{x} \right| = |x|$，所以由夹逼准则可得

$\lim\limits_{x \to 0} \left| \dfrac{f(x) - f(0)}{x} \right| = 0$，所以 $f'(0) = \lim\limits_{x \to 0} \dfrac{f(x) - f(0)}{x} = 0.$ $\forall\, a \neq 0$，若 a 为无理

数，则 $f(a) = 0$，当 x_n 取有理数趋向于 a 时

$$\lim_{x_n \to a} \frac{f(x_n) - f(a)}{x_n - a} = \lim_{x_n \to a} \frac{x_n^2}{x_n - a} = \infty$$

若 a 为有理数，则 $f(a) = a^2 \neq 0$，当 x_n 取无理数趋向于 a 时

$$\lim_{x_n \to a} \frac{f(x_n) - f(a)}{x_n - a} = \lim_{x_n \to a} \frac{0 - a^2}{x_n - a} = \infty$$

所以 $f(x)$ 在 $x = a$ 处不可导，于是 $f(x)$ 在 $x = 0$ 的任何去心邻域内处处不可导.

(2) 满足条件的函数不存在，证明如下(用反证法)：因为 $f(0)$ 是极值，所以 $f'(0) = 0$. 我们不妨设 $f(0)$ 为极小值，如果 $(0, f(0))$ 是拐点，则存在 $x = 0$ 的去心邻域 $U = \{x \mid 0 < |x| < \delta_1\} (\delta_1 \leqslant \delta)$，使得在 U 中 $x = 0$ 的左、右侧，$f'(x)$ 的单调性相反. 不妨设 $-\delta_1 < x < 0$ 时，$f'(x)$ 单调增加，$0 < x < \delta_1$ 时，$f'(x)$ 单调减少. 因 $f'(0) = 0$，于是 $\forall\, x \in U$，都有 $f'(x) < 0$. 因此 $0 < x < \delta_1$ 时，函数 $f(x)$ 单调减少，故 $f(0)$ 不可能是 $f(x)$ 的极小值. 此与 $f(0)$ 为极小值矛盾，所以满足题目条件的函数不存在.

例 2.77(浙江省 2009 年竞赛题) 设函数 f 满足 $f''(x) > 0$，$\int_0^1 f(x)\mathrm{d}x = 0$，证明：$\forall\, x \in [0, 1]$，$|f(x)| \leqslant \max\{f(0), f(1)\}$.

解析 记 $\max\{f(0), f(1)\} = d$. 由 $f''(x) > 0$，得 $y = f(x)$ 的图形是凹的，于是 $\forall\, x \in [0, 1]$，有

$$f(x) = f((1-x) \cdot 0 + x \cdot 1) \leqslant (1-x)f(0) + xf(1)$$
$$\leqslant d(1-x) + dx = d \tag{1}$$

又 $\forall\, x_0 \in (0, 1)$，考虑连接点 $(0, f(0))$，$(x_0, f(x_0))$，$(1, f(1))$ 的折线，有

$$y = g(x) = \begin{cases} f(0) + \dfrac{f(x_0) - f(0)}{x_0 - 0}(x - 0), & x \in [0, x_0]; \\ f(x_0) + \dfrac{f(1) - f(x_0)}{1 - x_0}(x - x_0), & x \in (x_0, 1] \end{cases}$$

由于 $y = f(x)$ 的图形是凹的，则 $f(x) \leqslant g(x)$，故

$$0 = \int_0^1 f(x)\mathrm{d}x \leqslant \int_0^1 g(x)\mathrm{d}x$$
$$= \frac{1}{2}(f(0) + f(x_0))x_0 + \frac{1}{2}(f(x_0) + f(1))(1 - x_0)$$
$$= \frac{1}{2}f(x_0) + \frac{1}{2}(f(0)x_0 + f(1)(1 - x_0))$$

即

$$-f(x_0) \leqslant f(0)x_0 + f(1)(1-x_0) \leqslant dx_0 + d(1-x_0) = d \qquad (2)$$

由 (1) 和 (2) 知 $\forall x \in [0,1]$，$|f(x)| \leqslant d$，即 $|f(x)| \leqslant \max\{f(0), f(1)\}$.

例 2.78（江苏省 1996 年竞赛题） 设 $f(x) = x^2(x-1)^2(x-3)^2$，试问曲线 $y = f(x)$ 有几个拐点，证明你的结论.

解析 令 $u(x) = x(x-1)(x-3)$，则 $f(x) = u^2$，得 $f'(x) = 2u(x)u'(x)$，其中 $u'(x) = 3x^2 - 8x + 3$. 令 $u'(x) = 0$，解得 $x = (4 \pm \sqrt{7})/3$，所以 $f'(x)$ 有 5 个零点：$x = 0, (4-\sqrt{7})/3, 1, (4+\sqrt{7})/3, 3$. 应用罗尔定理，在 $f'(x)$ 的相邻零点之间必有 $f''(x)$ 的零点，所以 $f''(x)$ 至少有 4 个零点，又由于 $f''(x)$ 是 4 次多项式，所以 $f''(x) = 0$ 最多有 4 个实根. 因此 $f''(x)$ 恰有 4 个零点，分别属于以下区间：

$$\left(0, \frac{4-\sqrt{7}}{3}\right), \quad \left(\frac{4-\sqrt{7}}{3}, 1\right), \quad \left(1, \frac{4+\sqrt{7}}{3}\right), \quad \left(\frac{4+\sqrt{7}}{3}, 3\right)$$

由于 $f(x)$ 是多项式，它的一阶导数、二阶导数都是连续的. $x = 0, 1, 3$ 显见是 $f(x)$ 的极小值点. 由连续函数的最值定理，$f(x)$ 在 $[0,1]$，$[1,3]$ 内分别有最大值，并且它的最大值点应是 $f'(x)$ 的零点，故 $x = \dfrac{4 \pm \sqrt{7}}{3}$ 是 $f(x)$ 的极大值点. 由于 $f(x)$

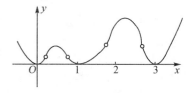

在极小值点 $x = 0, 1, 3$ 的附近是凹的，在极大值点 $x = \dfrac{4 \pm \sqrt{7}}{3}$ 的附近是凸的，所以 $f''(x)$ 的 4 个零点左、右两侧的凹凸性改变，故 $f(x)$ 恰有 4 个拐点. 由 $f(x)$ 的简图也可见此结论（如上图所示）.

例 2.79（莫斯科国民经济学院 1975 年竞赛题） 设 n 为大于 1 的奇数，求证：n 次实系数多项式最少有一个拐点.

解析 设 n 次多项式为

$$f(x) = a_0 + a_1 x + a_2 x^2 + \cdots + a_n x^n$$

这里 $n \geqslant 3$，且 n 为奇数，$a_n \neq 0$，则

$$f'(x) = a_1 + 2a_2 x + \cdots + na_n x^{n-1}$$

$$f''(x) = 2a_2 + 6a_3 x + \cdots + n(n-1)a_n x^{n-2}$$

因 n 为奇数，$n \geqslant 3$，故 $n-2$ 为奇数，$n-2 \geqslant 1$. 不妨设 $a_n > 0$，则 $f''(+\infty) = +\infty$，$f''(-\infty) = -\infty$，又 $f''(x)$ 为 $(-\infty, +\infty)$ 上的连续函数，故 $f''(x) = 0$ 至少有一个实根，记为 $x = c$；且实根 c 为奇数重根，记为 k 重 $(1 \leqslant k \leqslant n-2)$. 于是

$$f''(x) = n(n-1)a_n(x-c)^k g(x)$$

其中 $g(x)$ 为 x 的 $(n-2-k)$ 次多项式，且 $g(c) \neq 0$. 不妨设 $g(c) > 0$，则在 $x = c$

的左邻域内 $f''(x)<0$，在 $x=c$ 的右邻域内 $f''(x)>0$. 由此可得 $x=c$ 是 $f(x)$ 的一个拐点.

例 2.80（莫斯科建筑工程学院 1977 年竞赛题）　设 $y=f(x)$ 有渐近线，且 $f''(x)>0$，求证：函数 $y=f(x)$ 的图形从上方趋近于此渐近线.

解析　由题意，此渐近线为斜渐近线或水平渐近线. 设其方程为 $y=ax+b$，令 $F(x)=f(x)-ax-b$，则

$$\lim_{x\to+\infty}F(x)=0 \quad 或 \quad \lim_{x\to-\infty}F(x)=0$$

（1）当 $\lim\limits_{x\to+\infty}F(x)=0$ 时，因 $F''(x)=f''(x)>0$，故 $F'(x)$ 在 $[c,+\infty)(c\in\mathbf{R})$ 上单调增加，$\forall \alpha\in[c,+\infty)$，下面用反证法证明 $F'(\alpha)<0$. 如果 $F'(\alpha)\geqslant 0$，因为 $F'(x)$ 单调增加，所以 $\exists\beta>\alpha$，使得 $F'(\beta)>0$. $\forall x>\beta$，在区间 $[\beta,x]$ 上应用拉格朗日中值定理，必 $\exists\xi\in(\beta,x)$，使得

$$F(x)=F(\beta)+F'(\xi)(x-\beta)>F(\beta)+F'(\beta)(x-\beta)$$

于是 $\lim\limits_{x\to+\infty}F(x)=+\infty$，此与 $F(+\infty)=0$ 矛盾. 故 $\forall x\in[c,+\infty)$ 有 $F'(x)<0$，因此 $F(x)$ 在 $[c,+\infty)$ 上单调减少. 又由于 $F(+\infty)=0$，故 $\forall x\in[c,+\infty)$ 有 $F(x)>0$，此表明 $f(x)>ax+b$，即 $y=f(x)$ 的图形从上方趋近于渐近线.

（2）当 $\lim\limits_{x\to-\infty}F(x)=0$ 时，因 $F''(x)=f''(x)>0$，故 $F'(x)$ 在 $(-\infty,c](c\in\mathbf{R})$ 上单调增加，$\forall \alpha\in(-\infty,c]$，下面用反证法证明 $F'(\alpha)>0$. 如果 $F'(\alpha)\leqslant 0$，因为 $F'(x)$ 单调增加，所以 $\exists\beta<\alpha$，使得 $F'(\beta)<0$. $\forall x<\beta$，在区间 $[x,\beta]$ 上应用拉格朗日中值定理，必 $\exists\xi\in(x,\beta)$，使得

$$F(x)=F(\beta)+F'(\xi)(x-\beta)>F(\beta)+F'(\beta)(x-\beta)$$

于是 $\lim\limits_{x\to-\infty}F(x)=+\infty$，此与 $F(-\infty)=0$ 矛盾. 故 $\forall x\in(-\infty,c]$ 有 $F'(x)>0$，因此 $F(x)$ 在 $(-\infty,c]$ 上单调增加. 又由于 $F(-\infty)=0$，故 $\forall x\in(-\infty,c]$ 有 $F(x)>0$，此表明 $f(x)>ax+b$，即 $y=f(x)$ 的图形从上方趋近于渐近线.

例 2.81（莫斯科矿业学院 1977 年竞赛题）　两条宽分别为 a 与 b 的走廊相交成直角，试求一个梯子能够水平地通过这两条走廊的最大长度.

解析　以走廊 A 与走廊 B 的交点为坐标原点，走廊 A 的一边为 x 轴，走廊 B 的一边为 y 轴建立直角坐标系（如图）. 则走廊 A 的另一边的方程为 $y=a$，走廊 B 的另一边的方程为 $x=-b$.

过原点作直线 $y=kx(0<k<+\infty)$，设此直线与 $y=a$ 的交点为 P，与 $x=-b$ 的交点为 Q，则线段 PQ 的长度的最小值即为所求梯子的最大长度.

因为 P,Q 的坐标分别为 $P\left(\dfrac{a}{k},a\right)$，$Q(-b,-kb)$，所以 PQ 的长度 d 的平方为

$$l=d^2=\left(\frac{a}{k}+b\right)^2+(a+kb)^2$$

于是

$$\frac{\mathrm{d}l}{\mathrm{d}k} = -\frac{2a}{k^2}\left(\frac{a}{k}+b\right) + 2b(a+kb) = 2(a+kb)\left(b-\frac{a}{k^3}\right)$$

令 $\dfrac{\mathrm{d}l}{\mathrm{d}k}=0$,得 $k=\sqrt[3]{\dfrac{a}{b}}$(因 $a+kb>0$). 且 $0<k<\sqrt[3]{\dfrac{a}{b}}$ 时 $\dfrac{\mathrm{d}l}{\mathrm{d}k}<0$, $\sqrt[3]{\dfrac{a}{b}}<k<+\infty$ 时 $\dfrac{\mathrm{d}l}{\mathrm{d}k}>0$,所以 l 在 $k=\sqrt[3]{\dfrac{a}{b}}$ 时取极小值,而驻点 $k=\sqrt[3]{\dfrac{a}{b}}$ 是惟一的,所以 l 在 $k=\sqrt[3]{\dfrac{a}{b}}$ 时取最小值,其最小值为

$$\begin{aligned} l\left(\sqrt[3]{\frac{a}{b}}\right) &= (\sqrt[3]{a^2b}+\sqrt[3]{b^3})^2 + (\sqrt[3]{a^3}+\sqrt[3]{ab^2})^2 \\ &= \sqrt[3]{b^2}(\sqrt[3]{a^2}+\sqrt[3]{b^2})^2 + \sqrt[3]{a^2}(\sqrt[3]{a^2}+\sqrt[3]{b^2})^2 \\ &= (\sqrt[3]{a^2}+\sqrt[3]{b^2})^3 \end{aligned}$$

于是所求梯子的最大长度为

$$\mathrm{min}d = \sqrt{l\left(\sqrt[3]{\frac{a}{b}}\right)} = (\sqrt[3]{a^2}+\sqrt[3]{b^2})^{\frac{3}{2}}$$

2.2.8 不等式的证明(例 2.82—2.92)

例 2.82(江苏省 1991 年竞赛题) 设 $a_1,a_2,\cdots,a_n$ 为常数,且

$$\left|\sum_{k=1}^{n} a_k\sin kx\right| \leqslant |\sin x|, \qquad \left|\sum_{j=1}^{n} a_{n-j+1}\sin jx\right| \leqslant |\sin x|$$

试证明: $\left|\displaystyle\sum_{k=1}^{n} a_k\right| \leqslant \dfrac{2}{n+1}$.

解析 令 $f(x)=a_1\sin x+a_2\sin 2x+\cdots+a_n\sin nx$,则

$$\left|\frac{f(x)}{x}\right| \leqslant \left|\frac{\sin x}{x}\right| \Rightarrow \lim_{x\to 0}\left|\frac{f(x)}{x}\right| \leqslant \lim_{x\to 0}\left|\frac{\sin x}{x}\right|$$

因为

$$\lim_{x\to 0}\left|\frac{f(x)}{x}\right| = \left|\lim_{x\to 0}\frac{f(x)}{x}\right| = \left|\lim_{x\to 0}\frac{f(x)-f(0)}{x}\right| = |f'(0)|$$

$$= |a_1+2a_2+3a_3+\cdots+na_n|$$

$$\lim_{x\to 0}\left|\frac{\sin x}{x}\right| = \left|\lim_{x\to 0}\frac{\sin x}{x}\right| = 1$$

所以

$$|a_1 + 2a_2 + 3a_3 + \cdots + na_n| \leqslant 1$$

令 $g(x) = a_1 \sin nx + a_2 \sin(n-1)x + \cdots + a_n \sin x$,则

$$\left|\frac{g(x)}{x}\right| \leqslant \left|\frac{\sin x}{x}\right| \Rightarrow \lim_{x \to 0}\left|\frac{g(x)}{x}\right| \leqslant \lim_{x \to 0}\left|\frac{\sin x}{x}\right|$$

因为

$$\lim_{x \to 0}\left|\frac{g(x)}{x}\right| = \left|\lim_{x \to 0}\frac{g(x)}{x}\right| = \left|\lim_{x \to 0}\frac{g(x) - g(0)}{x}\right| = |g'(0)|$$

$$= |na_1 + (n-1)a_2 + \cdots + 2a_{n-1} + a_n|$$

$$\lim_{x \to 0}\left|\frac{\sin x}{x}\right| = \left|\lim_{x \to 0}\frac{\sin x}{x}\right| = 1$$

所以

$$|na_1 + (n-1)a_2 + \cdots + 2a_{n-1} + a_n| \leqslant 1$$

综上,有

$$|(1+n)(a_1 + a_2 + \cdots + a_n)|$$
$$= |(a_1 + na_1) + (2a_2 + (n-1)a_2) + \cdots + (na_n + a_n)|$$
$$\leqslant |a_1 + 2a_2 + \cdots + na_n| + |na_1 + (n-1)a_2 + \cdots + a_n|$$
$$\leqslant 1 + 1 = 2$$

于是 $\left|\sum_{k=1}^{n} a_k\right| \leqslant \dfrac{2}{1+n}$.

例 2.83(莫斯科钢铁与合金学院 1977 年竞赛题)   求证不等式:

$$\frac{e^b - e^a}{b - a} < \frac{e^b + e^a}{2} \quad (a \neq b)$$

解析   不妨设 $a < b$. 令

$$f(x) = (e^x + e^a)(x - a) - 2(e^x - e^a) \quad (x \geqslant a)$$

则 $f(a) = 0$. 对 $f(x)$ 求导,并应用拉格朗日中值定理,得

$$f'(x) = e^x(x - a) + (e^x + e^a) - 2e^x = e^x(x - a) - (e^x - e^a)$$
$$= e^x(x - a) - e^\xi(x - a) = (e^x - e^\xi)(x - a)$$

其中 $a < \xi < x$. 由于 $e^x > e^\xi$,所以 $f'(x) \geqslant 0 \Rightarrow x > a$ 时 $f(x)$ 单调增加 $\Rightarrow f(x) > f(a) = 0$. 取 $x = b > a$,即得

$$(e^b + e^a)(b - a) > 2(e^b - e^a)$$

此式等价于

$$\frac{e^b - e^a}{b - a} < \frac{e^b + e^a}{2}$$

例 2.84(浙江省 2007 年竞赛题) 证明：

$$\cos\sqrt{2}\,x \leqslant -x^2 + \sqrt{1 + x^4}\,, \quad x \in \left(0, \frac{\sqrt{2}}{4}\pi\right)$$

解析 令 $f(x) = \cos\sqrt{2}\,x \cdot (\sqrt{1 + x^4} + x^2)$，则

$$f'(x) = -\sqrt{2}\sin\sqrt{2}\,x \cdot (\sqrt{1 + x^4} + x^2) + 2x\cos\sqrt{2}\,x \cdot \left(\frac{x^2}{\sqrt{1 + x^4}} + 1\right)$$

$$= \frac{x^2 + \sqrt{1 + x^4}}{\sqrt{1 + x^4}}(2x\cos\sqrt{2}\,x - \sqrt{2}\sin\sqrt{2}\,x \cdot \sqrt{1 + x^4})$$

进一步假设 $g(x) = 2x\cos\sqrt{2}\,x - \sqrt{2}\sin\sqrt{2}\,x \cdot \sqrt{1 + x^4}$，则

$$g'(x) = 2\cos\sqrt{2}\,x \cdot (1 - \sqrt{1 + x^4}) - \sqrt{2}\sin\sqrt{2}\,x \cdot \left(2x + \frac{2x^3}{\sqrt{1 + x^4}}\right)$$

当 $x \in \left(0, \frac{\sqrt{2}}{4}\pi\right)$ 时 $g'(x) < 0$，且 $g(0) = 0$，故

$$g(x) < 0, \quad x \in \left(0, \frac{\sqrt{2}}{4}\pi\right)$$

由此，$f'(x) = \dfrac{x^2 + \sqrt{1 + x^4}}{\sqrt{1 + x^4}}g(x) < 0$. 结合 $f(0) = 1$，得

$$f(x) < 1, \quad x \in \left(0, \frac{\sqrt{2}}{4}\pi\right)$$

即原不等式成立.

例 2.85(全国 2017 年决赛题) 设 $0 < x < \dfrac{\pi}{2}$，证明：

$$\frac{4}{\pi^2} < \frac{1}{x^2} - \frac{1}{\tan^2 x} < \frac{2}{3}$$

解析 记 $f(x) = \dfrac{1}{x^2} - \dfrac{1}{\tan^2 x}\left(0 < x < \dfrac{\pi}{2}\right)$，则

$$f'(x) = -\frac{2}{x^3} + \frac{2\cos x}{\sin^3 x} = \frac{2\cos x \cdot \left(x^3 - \dfrac{\sin^3 x}{\cos x}\right)}{x^3 \sin^3 x}$$

令 $g(x) = \dfrac{\sin x}{\sqrt[3]{\cos x}} - x$，则 $g'(x) = \dfrac{2}{3}\cos^{\frac{2}{3}}x + \dfrac{1}{3}\cos^{-\frac{4}{3}}x - 1$. 应用 A - G 不等式有

$$\frac{1}{3}\left(\cos^{\frac{2}{3}}x+\cos^{\frac{2}{3}}x+\cos^{-\frac{4}{3}}x\right)>\sqrt[3]{\cos^{\frac{2}{3}}x\cdot\cos^{\frac{2}{3}}x\cdot\cos^{-\frac{4}{3}}x}=1$$

所以 $g'(x)>0\Rightarrow g(x)$ 单调增加 $\Rightarrow g(x)>g(0)=0\Rightarrow\dfrac{\sin x}{\sqrt[3]{\cos x}}>x>0\Rightarrow$

$\left(\dfrac{\sin x}{\sqrt[3]{\cos x}}\right)^3=\dfrac{\sin^3 x}{\cos x}>x^3\Rightarrow f'(x)<0\Rightarrow f(x)$ 单调减少. 又因为

$$\lim_{x\to 0}f(x)=\lim_{x\to 0}\left(\frac{1}{x^2}-\frac{1}{\tan^2 x}\right)=\lim_{x\to 0}\frac{(\tan x+x)(\tan x-x)}{x^4}$$

$$=\lim_{x\to 0}\frac{\tan x+x}{x}\cdot\frac{\tan x-x}{x^3}=2\lim_{x\to 0}\frac{\sin x-x\cos x}{x^3\cos x}$$

$$=2\lim_{x\to 0}\frac{x\sin x}{3x^2}=\frac{2}{3}$$

$$\lim_{x\to\frac{\pi}{2}}f(x)=\lim_{x\to\frac{\pi}{2}}\left(\frac{1}{x^2}-\frac{1}{\tan^2 x}\right)=\frac{4}{\pi^2}-0=\frac{4}{\pi^2}$$

故原不等式成立.

例 2.86（浙江省 2003 年竞赛题）　求使得不等式 $\mathrm{e}\leqslant\left(1+\dfrac{1}{n}\right)^{n+\beta}$ 对所有正整数 n 都成立的最小的数 β.

解析　原不等式等价于 $\beta\geqslant\dfrac{1}{\ln\left(1+\dfrac{1}{n}\right)}-n$. 令 $t=\dfrac{1}{n}$,则 $0<t\leqslant 1$. 令 $f(t)=$

$\dfrac{1}{\ln(1+t)}-\dfrac{1}{t}$,问题化为求 $f(t)$ 的最大值. 由于

$$f'(t)=\frac{-1}{(1+t)\ln^2(1+t)}+\frac{1}{t^2}=\frac{(1+t)\ln^2(1+t)-t^2}{(1+t)t^2\ln^2(1+t)}$$

上式中分母是大于零的,下面来判别分子的符号. 令

$$g(t)=(1+t)\ln^2(1+t)-t^2\quad(0<t\leqslant 1)$$

则 $g'(t)=\ln^2(1+t)+2\ln(1+t)-2t$, $g''(t)=\dfrac{2(\ln(1+t)-t)}{1+t}$. 再令 $h(t)=$

$\ln(1+t)-t$,因为 $h'(t)=\dfrac{1}{1+t}-1=\dfrac{-t}{1+t}<0$,所以 $h(t)$ 单调减少,即 $h(t)<$

$h(0)=0$,因此 $g''(t)<0$,推得 $g'(t)$ 单调减少,即 $g'(t)<g'(0)=0$,又推得 $g(t)$

单调减少,即 $g(t)<g(0)=0$,因此

$$f'(t)=\frac{g(t)}{(1+t)t^2\ln^2(1+t)}<0$$

故 $f(t)$ 单调减少,由此可得

$$\min\beta = \lim_{t \to 0^+} f(t) = \lim_{t \to 0^+} \left(\frac{1}{\ln(1+t)} - \frac{1}{t} \right) = \lim_{t \to 0^+} \frac{t - \ln(1+t)}{t\ln(1+t)}$$

$$= \lim_{t \to 0^+} \frac{t - \ln(1+t)}{t^2} = \lim_{t \to 0^+} \frac{1 - \dfrac{1}{1+t}}{2t} = \lim_{t \to 0^+} \frac{t}{2t(1+t)} = \frac{1}{2}$$

例 2.87(精选题)   设 $f(x)$ 在 $[0, +\infty)$ 上二阶可导,$f(0) = 1, f'(0) \leqslant 1$,$f''(x) < f(x)$,求证:$x > 0$ 时,$f(x) < e^x$.

解析   令 $F(x) = e^{-x} f(x)$,则

$$F'(x) = e^{-x}(f'(x) - f(x))$$

令 $G(x) = e^x(f'(x) - f(x))$,则

$$G'(x) = e^x(f''(x) - f(x)) < 0$$

$\Rightarrow G(x)$ 单调减少 $\Rightarrow$

$$G(x) < G(0) = f'(0) - f(0) \leqslant 0$$

$\Rightarrow f'(x) - f(x) < 0 \Rightarrow$

$$F'(x) = e^{-x}(f'(x) - f(x)) < 0$$

$\Rightarrow F(x)$ 单调减少 $\Rightarrow$

$$F(x) = e^{-x} f(x) < F(0) = 1$$

由此可得 $f(x) < e^x$.

例 2.88(南京大学 1995 年竞赛题)   设在 $[0,2]$ 上定义的函数 $f(x) \in \mathscr{C}^{(2)}$,且 $f(a) \geqslant f(a+b)$,$f''(x) \leqslant 0$,证明:对于 $0 < a < b < a+b < 2$,恒有

$$\frac{af(a) + bf(b)}{a+b} \geqslant f(a+b)$$

解析   分别在区间 $[a,b]$ 和 $[b,a+b]$ 上应用拉格朗日中值定理,$\exists \xi \in (a,b)$ 和 $\eta \in (b, a+b)$,使得

$$f(b) - f(a) = f'(\xi)(b - a)$$

$$f(a+b) - f(b) = f'(\eta)(a+b-b) = af'(\eta)$$

因为 $f''(x) \leqslant 0$,所以 $f'(x)$ 单调减少,故 $f'(\xi) \geqslant f'(\eta)$,即

$$\frac{f(b) - f(a)}{b - a} \geqslant \frac{f(a+b) - f(b)}{a}$$

$\Leftrightarrow \qquad a(f(b) - f(a)) \geqslant (f(a+b) - f(b))(b - a)$

$\Leftrightarrow \qquad bf(b) + af(a) \geqslant bf(a+b) + af(a+b) + 2a(f(a) - f(a+b))$

因为 $f(a) \geqslant f(a+b)$,故

$$bf(b) + af(a) \geqslant (a+b)f(a+b)$$

即

$$\frac{af(a)+bf(b)}{a+b} \geqslant f(a+b)$$

例 2.89(莫斯科国立师范学院 1977 年竞赛题)　求实数 α 的取值范围,使得不等式 $x \leqslant \frac{\alpha-1}{\alpha}y + \frac{1}{\alpha}x^{\alpha}y^{1-\alpha}$ 对一切正数 x 与 y 成立.

解析　当 $\alpha=1$ 时原式化为 $x \leqslant x$,故 $\alpha=1$ 满足条件.

当 $\alpha \neq 1$ 时,令

$$f(y) = \frac{\alpha-1}{\alpha}y + \frac{1}{\alpha}x^{\alpha}y^{1-\alpha} \quad (y>0)$$

上式中视 x 为正常数,则

$$f'(y) = \frac{\alpha-1}{\alpha}\left(1-\left(\frac{x}{y}\right)^{\alpha}\right), \quad f''(y) = \frac{\alpha-1}{y}\left(\frac{x}{y}\right)^{\alpha}$$

由 $f'(y)=0$ 解得驻点为 $y=x$,又

$$f''(x) = \frac{\alpha-1}{x}\begin{cases} <0, & \alpha<1; \\ >0, & \alpha>1 \end{cases}$$

则 $\alpha<1$ 时,$f(y)$ 在 $y=x$ 处取极大值 $f(x)=x$,即 $f(y) \leqslant x$,不合题意;$\alpha>1$ 时,$f(y)$ 在 $y=x$ 处取极小值 $f(x)=x$,即 $f(y) \geqslant x$,原不等式成立.

综上,可得实数 α 的取值范围是 $[1,+\infty)$.

例 2.90(北京市 1993 年竞赛题)　设 $y>x>0$,求证:$y^{x^y} > x^{y^x}$.

解析　分四种情况证明.

(1) 当 $0<x<y \leqslant 1$ 时,$\ln x < \ln y \leqslant 0$,则

$$y\ln x < y\ln y \leqslant x\ln y \Rightarrow 0 < x^y < y^x \Rightarrow y^x\ln x < y^x\ln y \leqslant x^y\ln y$$
$$\Rightarrow x^{y^x} < y^{x^y}$$

(2) 当 $0<x \leqslant 1<y$ 时,$\ln x \leqslant 0 < \ln y$,则

$$y^x\ln x \leqslant 0 < x^y\ln y \Rightarrow x^{y^x} < y^{x^y}$$

(3) 当 $1<x<y$ 且 $y^x \leqslant x^y$ 时,$0 < \ln x < \ln y$,则

$$y^x\ln x < y^x\ln y \leqslant x^y\ln y \Rightarrow x^{y^x} < y^{x^y}$$

(4) 当 $1<x<y$ 且 $x^y < y^x$ 时,$0 < \ln x < \ln y$,$y\ln x < x\ln y$,且

$$x^y\ln y - y^x\ln x = x^{y-1}x\ln y - y^x\ln x$$
$$> x^{y-1}y\ln x - y^x\ln x = (x^y y - y^x x)\frac{\ln x}{x}$$

$\forall x_0 > 1$,令 $f(y) = y\ln x_0 + \ln y - x_0\ln y - \ln x_0 (y \geqslant x_0)$,则 $f(x_0)=0$,且

$$f'(y) = \ln x_0 + \frac{1}{y} - \frac{x_0}{y}, \quad f''(y) = \frac{x_0 - 1}{y^2} > 0$$

于是 $f'(y)$ 单调增加, 有 $f'(y) > f'(x_0) = \ln x_0 + \frac{1}{x_0} - 1$. 令

$$g(x) = \ln x + \frac{1}{x} - 1 \quad (x > 1)$$

则 $g'(x) = \frac{x-1}{x^2} > 0$, 故 $g(x)$ 单调增加, $g(x_0) > g(1) = 0$, 得 $f'(y) > 0$, $f(y)$ 单调增加, 则 $f(y) > f(x_0) = 0$. 又由 $x_0 > 1$ 的任意性, 得

$$y \ln x + \ln y - x \ln y - \ln x > 0$$

即 $x^y y - y^x x > 0$, 又 $\frac{\ln x}{x} > 0$, 所以

$$x^y \ln y - y^x \ln x > 0 \Rightarrow y^{x^y} > x^{y^x}$$

例 2.91(精选题)   设函数 $f(x)$ 在 $[a, +\infty)$ 上二阶可导, $M_1 > 0$, $M_2 > 0$, 且 $|f(x)| \leqslant M_1$, $|f''(x)| \leqslant M_2$, 求证: $\forall x \in [a, +\infty)$, 有 $|f'(x)| \leqslant 2\sqrt{M_1 M_2}$.

解析 $\forall x_0 \in [a, +\infty)$, $f(x)$ 在 $x = x_0$ 处的一阶泰勒展式为

$$f(x) = f(x_0) + f'(x_0)(x - x_0) + \frac{1}{2!} f''(\xi)(x - x_0)^2$$

这里 ξ 介于 x 与 x_0 之间, 所以

$$f'(x_0) = \frac{1}{x - x_0}[f(x) - f(x_0)] - \frac{1}{2} f''(\xi)(x - x_0)$$

$$|f'(x_0)| \leqslant \frac{1}{|x - x_0|}(|f(x)| + |f(x_0)|) + \frac{1}{2}|f''(\xi)||x - x_0|$$

$$\leqslant \frac{2}{h} M_1 + \frac{1}{2} M_2 h$$

这里 $h = |x - x_0|$. 令 $g(h) = \frac{2}{h} M_1 + \frac{1}{2} M_2 h$, 则

$$g'(h) = -\frac{2}{h^2} M_1 + \frac{M_2}{2} = 0$$

的惟一解为 $h_0 = 2\sqrt{\frac{M_1}{M_2}}$, 又因 $g''(h_0) = \frac{4}{h_0^3} M_1 > 0$, 所以 $g(h)$ 的最小值为 $g(h_0) = 2\sqrt{M_1 M_2}$. 于是

$$|f'(x_0)| \leqslant \min\left\{\frac{2}{h} M_1 + \frac{1}{2} M_2 h\right\} = 2\sqrt{M_1 M_2}$$

由 $x_0 \in [a, +\infty)$ 的任意性即得 $\forall x \in [a, +\infty)$, 有 $|f'(x)| \leqslant 2\sqrt{M_1 M_2}$.

例 2.92(美国高校竞赛题)　设 $0 < x_i < \pi(i = 1, 2, \cdots, n)$，令 $x = \dfrac{1}{n}(x_1 + x_2 + \cdots + x_n)$，证明：$\displaystyle\prod_{i=1}^{n} \frac{\sin x_i}{x_i} \leqslant \left(\frac{\sin x}{x}\right)^n$。

解析　由于 $0 < x_i < \pi$，故 $0 < x < \pi$，$\sin x < x$。令 $f(x) = \ln\dfrac{\sin x}{x}$，则

$$f'(x) = \cot x - \frac{1}{x}, \quad f''(x) = -\frac{1}{\sin^2 x} + \frac{1}{x^2} < 0$$

故 $f(x)$ 的曲线是凸的，得

$$\frac{1}{n}\sum_{i=1}^{n} f(x_i) \leqslant f\left(\frac{1}{n}\sum_{i=1}^{n} x_i\right) = f(x)$$

即

$$\sum_{i=1}^{n} \ln\frac{\sin x_i}{x_i} = \ln\left(\prod_{i=1}^{n} \frac{\sin x_i}{x_i}\right) \leqslant \ln\left(\frac{\sin x}{x}\right)^n$$

由于 $\ln x$ 是单调增加的，故有 $\displaystyle\prod_{i=1}^{n} \frac{\sin x_i}{x_i} \leqslant \left(\frac{\sin x}{x}\right)^n$。

练 习 题 二

1. 已知命题：若函数 $f(x)$ 满足 $f(0) = 0$，且 $\lim\limits_{x \to 0}\dfrac{f(2x) - f(x)}{x} = a(a \in \mathbf{R})$，则 $f(x)$ 在 $x = 0$ 处可导，且 $f'(0) = a$。判断该命题是否成立。若成立，给出证明；若不成立，举一反例并作出说明。

2. 设 $f(x) = \begin{cases} \dfrac{|x^2 - 1|}{x - 1}, & x \neq 1, \\ 2, & x = 1, \end{cases}$ 则 $f(x)$ 在 $x = 1$ 处　　　　(　　)

　　A. 不连续　　　　　　　　　　　　B. 连续但不可导

　　C. 可导但导函数不连续　　　　　　D. 可导且导函数连续

3. 若曲线 $y = x^2 + ax + b$ 与 $2y = xy^3 - 1$ 在点 $(1, -1)$ 处相切，则常数 a, b 的值分别为　　　　　　　　　　　　　　　　　　　　(　　)

　　A. $a = 0, b = -2$　　　　　　　　B. $a = 1, b = -3$

　　C. $a = -3, b = 1$　　　　　　　　D. $a = -1, b = -1$

4. 设 $f(x) = \max\{3x, x^3\}$，$x \in (0, 2)$，求 $f'(x)$。

5. 设 $f(x) = \begin{cases} \ln(x^2 + a^2), & x > 1, \\ \sin(b(x - 1)), & x \leqslant 1, \end{cases}$ 为使 $f(x)$ 在区间 $(-\infty, +\infty)$ 上可导，求 a, b 的值。

6. 求函数 $f(x) = (x^2 + 3x + 2)|x^3 - x|$ 的不可导点。

7. 设函数 $f(1+x)=af(x)$，且 $f'(0)=b(ab\neq 0)$，求 $f'(1)$.

8. 设 $f(x)=\begin{cases} x\arctan\dfrac{1}{|x|}, & x\neq 0, \\ 0, & x=0, \end{cases}$ 求 $f'(x)$.

9. 求下列函数的导数：

(1) 已知 $f(x)=x\arcsin\left(x^2+\dfrac{1}{4}\right)$，求 $f'(0)$；

(2) 已知 $f(x)=\dfrac{1}{\tan^2 2x}$，求 $f'(x)$；

(3) 已知 $f(x)=(x+\sqrt{1+x^2})^x$，求 $f'(x)$；

(4) 已知 $\arctan y=xe^y$，求 y'；

(5) 已知 $\arctan\dfrac{x-y}{x+y}=\ln\sqrt{x^2+y^2}$，求 y'；

(6) 已知 $\begin{cases} x=\arcsin\dfrac{t}{\sqrt{1+t^2}}, \\ y=\arccos\dfrac{1}{\sqrt{1+t^2}}, \end{cases}$ 求 $\dfrac{dy}{dx}$；

(7) 已知 $f(x)=x\lim\limits_{t\to\infty}\left(1+\dfrac{2x}{t}\right)^t$，求 $f'(x)$.

10. 已知

$$g(x)=\begin{cases} (x-1)^2\cos\dfrac{1}{x-1}, & x\neq 1, \\ 0, & x=1 \end{cases}$$

且 $f(x)$ 在 $x=0$ 处可导，$F(x)=f(g(x))$，求 $F'(1)$.

11. 设函数

$$f(x)=(x-1)(x-2)^2(x-3)^3(x-4)^4$$

试求 $f''(2)$.

12. 设 $y=y(x)$ 由方程 $xe^{f(y)}=e^y\ln 29$ 确定，其中 f 具有二阶导数，且 $f'\neq 1$，求 $\dfrac{d^2y}{dx^2}$.

13. 设 $f(x)=x^2(2+|x|)$，求使得 $f^{(n)}(0)$ 存在的最高阶数 n.

14. 已知 $f(x)=x(2x+5)^2(3-x)^3$，求 $f^{(6)}(0)$.

15. 设 $f(x)=\arctan\dfrac{1-x}{1+x}$，求 $f^{(n)}(0)$.

16. 已知 $f(x)=\sin^2(3x)\cdot\cos(5x)$，求 $f^{(n)}(x)$.

17. 已知函数 $f(x)$ 满足：$\forall x,y\in(-\infty,+\infty)$，$f(x+y)=f(x)f(y)$，且 $f'(0)=1$，求 $f(x)$.

18. 求下列极限:

(1) $\lim\limits_{x\to 0} \dfrac{\tan x - x - \dfrac{1}{3}x^3}{x^5}$;

(2) $\lim\limits_{x\to 0} \dfrac{\sin^2 x - x^2\cos^2 x}{x(\mathrm{e}^{2x}-1)\ln(1+\tan^2 x)}$;

(3) $\lim\limits_{x\to 1}\left(\dfrac{x}{x-1} - \dfrac{1}{\ln x}\right)$;

(4) $\lim\limits_{x\to 1}\dfrac{x^x - x}{\ln x - x + 1}$;

(5) $\lim\limits_{x\to 0}\dfrac{\sin(\sin x) - \sin(\sin(\sin x))}{\sin x\cdot\sin(\sin x)\cdot\sin(\sin(\sin x))}$.

19. 已知函数 $f(x)$ 在 $x=0$ 处二阶可导,且 $f(0)=f'(0)=0, f''(0)=6$,求极限 $\lim\limits_{x\to 0}\dfrac{f(\sin^2 x)}{x^4}$.

20. 考察函数

$$f(x) = \begin{cases} \sqrt{1-4x-x^2}, & -4\leqslant x < 0, \\ x^3 - x^2 - 2x + 1, & 0\leqslant x\leqslant 1 \end{cases}$$

在闭区间 $[-4,1]$ 上是否满足拉格朗日中值定理的条件. 如果满足,求出该定理结论中 ξ 的值.

21. 设 $f''(x) < 0, f(0) = 0, 0 < a\leqslant b$,证明:$f(a+b) < f(a) + f(b)$.

22. 设 $f(x)$ 在 $[0,x]$ 上连续,在 $(0,x)$ 内可导,$f(0) = 0$,证明:$\exists \xi \in (0,x)$,使得

$$f(x) = (1+\xi)f'(\xi)\ln(1+x)$$

23. 设 $f(x)$ 在 $[0,2]$ 上连续,在 $(0,2)$ 内二阶可导,且 $f(0) = f(2) = 0, f(1) = 1$,证明:存在 $\xi \in (0,2)$,使得 $f''(\xi) = -2$.

24. 设 $f(x)$ 在 $[0,1]$ 上连续,在 $(0,1)$ 内可导,且有 $f(0) = 0, f(1) = 1$,如果 $a > 0, b > 0$,求证:$\exists \xi \in (0,1), \eta \in (0,1), \xi \neq \eta$,使得

$$\dfrac{a}{f'(\xi)} + \dfrac{b}{f'(\eta)} = a + b$$

25. 设 $f(x)$ 在 $[a,b]$ 上可导,$f'(x)\neq 0$,证明:$\exists \xi, \eta \in (a,b)$($\xi$ 与 η 不一定相等),使得

$$(b-a)\mathrm{e}^{\eta}f'(\xi) = (\mathrm{e}^b - \mathrm{e}^a)f'(\eta)$$

26. 设 $f(x)$ 在 $[a,b]$ 上二阶可导,$f(a) = f(b)$,且 $\forall x\in(a,b), |f''(x)|\leqslant M$,证明:$\forall x\in(a,b)$,有

$$|f'(x)|\leqslant \dfrac{M}{2}(b-a)$$

27. 已知函数 $f(x)$ 在区间 $[0,1]$ 上二阶可导,且 $f(0) = 0, f(1) = 1$,求证:存在 $\xi \in (0,1)$,使得 $\xi f''(\xi) + f'(\xi) = 1$.

28. 已知函数 $f(x)$ 的二阶导数 $f''(x)$ 在 $[2,4]$ 上连续,且 $f(3) = 0$,试证:在区

间 $(2,4)$ 上至少存在一点 ξ,使得 $f''(\xi) = 3\int_2^4 f(t)\mathrm{d}t$.

29. 求一个次数最低的多项式 $P(x)$,使得它在 $x=1$ 时取极大值 2,且 $(2,0)$ 是曲线 $y = P(x)$ 的拐点.

30. 设函数 $f(x)$ 在 $[0, +\infty)$ 上二阶可导,$f(0) > 0$,$f'(0) < 0$,且 $x > 0$ 时,$f''(x) < 0$,证明:$f(x)$ 在 $(0, +\infty)$ 上恰有一个零点.

31. 假设 k 为常数,方程 $kx^2 - \dfrac{1}{x} + 1 = 0$ 在区间 $(0, +\infty)$ 上恰有一根,求 k 的取值范围.

32. 已知数列 $\{a_n\}$,其中 $a_n = (\sqrt{n^2+1} - \sqrt{n^2-1})\sqrt{n}\ln n$,试求极限 $\lim\limits_{n \to \infty} a_n$,并证明:当 $n \geqslant 9$ 时,数列 $\{a_n\}$ 单调递减.

33. 证明下列不等式:

(1) $x\ln^2 x < (x-1)^2$ $(1 < x < 2)$;

(2) $\dfrac{x}{1+2x} < \ln\sqrt{1+2x} < x$ $(x > 0)$;

(3) $\dfrac{\ln x}{x-1} \leqslant \dfrac{1}{\sqrt{x}}$ $(x > 0$ 且 $x \neq 1)$.

34. 求下列曲线的渐近线:

(1) $y = \mathrm{e}^{\frac{1}{x}}\arctan\dfrac{x^2+x+1}{x-2}$;   (2) $y = |x+2|\mathrm{e}^{\frac{1}{x}}$.

专题 3 一元函数积分学

3.1 基本概念与内容提要

3.1.1 不定积分基本概念

1) 原函数与不定积分

如果函数 $f(x)$ 和 $F(x)$ 满足 $F'(x) = f(x)$,则称 $F(x)$ 为 $f(x)$ 的一个原函数. 如果 $F(x)$ 是 $f(x)$ 的一个原函数,则 $f(x)$ 的全体原函数为 $F(x)+C(C$ 为任意常数). $f(x)$ 的全体原函数 $F(x)+C$ 称为 $f(x)$ 的**不定积分**,记为

$$\int f(x)\mathrm{d}x = F(x)+C$$

2) 不定积分的性质

$$\int f'(x)\mathrm{d}x = f(x)+C, \qquad \int \mathrm{d}f(x) = f(x)+C$$

$$\left(\int f(x)\mathrm{d}x\right)' = f(x), \qquad \mathrm{d}\left(\int f(x)\mathrm{d}x\right) = f(x)\mathrm{d}x$$

3.1.2 基本积分公式

$$\int x^{\lambda}\mathrm{d}x = \frac{x^{\lambda+1}}{\lambda+1}+C \quad (\lambda \neq 1), \qquad \int \frac{1}{x}\mathrm{d}x = \ln|x|+C$$

$$\int a^{x}\mathrm{d}x = \frac{a^{x}}{\ln a}+C \quad (a>0, a \neq 1), \qquad \int \mathrm{e}^{x}\mathrm{d}x = \mathrm{e}^{x}+C$$

$$\int \sin x\mathrm{d}x = -\cos x+C, \qquad \int \cos x\mathrm{d}x = \sin x+C$$

$$\int \sec^2 x\mathrm{d}x = \tan x+C, \qquad \int \csc^2 x\mathrm{d}x = -\cot x+C$$

$$\int \sec x\tan x\mathrm{d}x = \sec x+C, \qquad \int \csc x\cot x\mathrm{d}x = -\csc x+C$$

$$\int \sec x\mathrm{d}x = \ln|\sec x+\tan x|+C, \qquad \int \csc x\mathrm{d}x = \ln|\csc x-\cot x|+C$$

$$\int \frac{1}{\sqrt{a^2-x^2}}\mathrm{d}x = \arcsin\frac{x}{a}+C \quad \left(\text{或}-\arccos\frac{x}{a}+C\right) \quad (a>0)$$

$$\int \frac{1}{a^2+x^2}\mathrm{d}x = \frac{1}{a}\arctan\frac{x}{a}+C \quad \left(\text{或} -\frac{1}{a}\mathrm{arccot}\frac{x}{a}+C\right) \quad (a>0)$$

$$\int \frac{1}{\sqrt{x^2\pm a^2}}\mathrm{d}x = \ln|x+\sqrt{x^2\pm a^2}|+C \quad (a>0)$$

$$\int \frac{1}{a^2-x^2}\mathrm{d}x = \frac{1}{2a}\ln\left|\frac{a+x}{a-x}\right|+C \quad (a>0)$$

3.1.3 不定积分的计算

1) 换元积分法

定理1(第一换元积分法) 设$\int f(x)\mathrm{d}x = F(x)+C,\varphi(x)$连续可导,则

$$\int f(\varphi(x))\varphi'(x)\mathrm{d}x = \int f(\varphi(x))\mathrm{d}\varphi(x) = F(\varphi(x))+C$$

定理2(第二换元积分法) 设$x=\varphi(t)$单调且连续可导,若

$$\int f(\varphi(t))\varphi'(t)\mathrm{d}t = F(t)+C$$

则

$$\int f(x)\mathrm{d}x = \int f(\varphi(t))\varphi'(t)\mathrm{d}t = F(\varphi^{-1}(x))+C$$

2) 分部积分法

定理3(分部积分法) 设$u(x),v(x)$皆连续可导,$u'(x)v(x)$与$u(x)v'(x)$中至少有一个有原函数,则

$$\int u(x)\mathrm{d}v(x) = u(x)v(x) - \int v(x)\mathrm{d}u(x)$$

当被积函数是三角函数(或反三角函数)、指数函数、对数函数、幂函数中两个乘积形式时,通常采用分部积分公式计算.

3) 简单的有理函数的积分

任一有理函数(又称有理分式,它是两个多项式的商)可分解为一个多项式(对于真分式此为零多项式)与若干个部分分式的和. 这些部分分式的形式为

$$\int \frac{1}{(x-a)^n}\mathrm{d}x \quad (n\in \mathbf{N}^*), \qquad \int \frac{Ax+B}{(x^2+px+q)^n}\mathrm{d}x \quad (p^2<4q, n\in \mathbf{N}^*)$$

这两种形式的部分分式都是可用第一换元积分法积分的.

4) 简单的无理函数的积分,选取适当的换元变换,采用第二换元积分法积分.

5) 三角函数有理式的积分

第一种方法是采用换元积分法或分部积分法;第二种方法是采用万能变换,如

令 $\tan \dfrac{x}{2} = t$，则 $\sin x = \dfrac{2t}{1+t^2}$，$\cos x = \dfrac{1-t^2}{1+t^2}$，$\tan x = \dfrac{2t}{1-t^2}$，$\mathrm{d}x = \dfrac{2}{1+t^2}\mathrm{d}t$，代入被积表达式，原积分可化为有理函数的积分.

3.1.4　定积分基本概念

1) 定积分的定义

将区间 $[a,b]$ 分割为 n 个小区间

$$a = x_0 < x_1 < x_2 < \cdots < x_{n-1} < x_n = b$$

记 $\Delta x_i = x_i - x_{i-1}$，$\lambda = \max\{\Delta x_i\}$，$\forall \xi_i \in [x_{i-1}, x_i]$，则 $f(x)$ 在区间 $[a,b]$ 上的**定积分**定义为

$$\int_a^b f(x)\mathrm{d}x = \lim_{\lambda \to 0} \sum_{i=1}^n f(\xi_i)\Delta x_i$$

这里右端的极限存在.

2) $f(x)$ 在 $[a,b]$ 上可积的必要条件是 $f(x)$ 在 $[a,b]$ 上有界. 当 $f(x)$ 在 $[a,b]$ 上连续时，$f(x)$ 在 $[a,b]$ 上可积；当 $f(x)$ 在 $[a,b]$ 上有界，且只有有限个间断点时，$f(x)$ 在 $[a,b]$ 上可积.

3) 定积分的主要性质

定理 1（保号性）　若函数 $f(x)$，$g(x)$ 在区间 $[a,b]$ 上可积，$\forall x \in [a,b]$ 有 $f(x) \leqslant g(x)$，则

$$\int_a^b f(x)\mathrm{d}x \leqslant \int_a^b g(x)\mathrm{d}x$$

定理 2（可加性）　当下列三个积分皆可积时，有

$$\int_a^b f(x)\mathrm{d}x = \int_a^c f(x)\mathrm{d}x + \int_c^b f(x)\mathrm{d}x$$

对于实数 a,b,c 的任意大小关系，上式皆成立.

3.1.5　定积分中值定理

定理 1（积分中值定理）　设 $f(x)$ 在 $[a,b]$ 上连续，则 $\exists \xi \in (a,b)$，使得

$$\int_a^b f(x)\mathrm{d}x = f(\xi)(b-a)$$

定理 2（推广积分中值定理）　设 $f(x)$，$g(x)$ 在 $[a,b]$ 上连续，$g(x) \geqslant$（或 $\leqslant$）0，则 $\exists \xi \in (a,b)$，使得

$$\int_a^b f(x)g(x)\mathrm{d}x = f(\xi)\int_a^b g(x)\mathrm{d}x$$

3.1.6 变限的定积分

定理 若 $f(x)$ 连续，$\varphi(x)$，$\psi(x)$ 可导，则

$$\frac{\mathrm{d}}{\mathrm{d}x}\left(\int_a^x f(t)\mathrm{d}t\right) = \frac{\mathrm{d}}{\mathrm{d}x}\left(\int_0^x f(x)\mathrm{d}x\right) = f(x)$$

$$\frac{\mathrm{d}}{\mathrm{d}x}\left(\int_a^{\varphi(x)} f(t)\mathrm{d}t\right) = \frac{\mathrm{d}}{\mathrm{d}x}\left(\int_0^{\varphi(x)} f(x)\mathrm{d}x\right) = f(\varphi(x))\varphi'(x)$$

$$\frac{\mathrm{d}}{\mathrm{d}x}\left(\int_{\psi(x)}^{\varphi(x)} f(t)\mathrm{d}t\right) = \frac{\mathrm{d}}{\mathrm{d}x}\left(\int_{\psi(x)}^{\varphi(x)} f(x)\mathrm{d}x\right) = f(\varphi(x))\varphi'(x) - f(\psi(x))\psi'(x)$$

3.1.7 定积分的计算

1) 定积分基本定理

定理 1(牛顿-莱布尼茨公式，简记为 N-L 公式) 若 $f(x)$ 在 $[a,b]$ 上连续，$F(x)$ 是 $f(x)$ 的一个原函数，则

$$\int_a^b f(x)\mathrm{d}x = F(x)\Big|_a^b = F(b) - F(a)$$

2) 换元积分法

定理 2(换元积分公式) 设 $f(x)$ 在 $[a,b]$ 上连续，$\varphi'(t)$ 在 $[\alpha,\beta]$(或 $[\beta,\alpha]$)上连续，且 $\varphi(\alpha) = a$，$\varphi(\beta) = b$，$\varphi'(x) \neq 0$，则

$$\int_a^b f(x)\mathrm{d}x = \int_\alpha^\beta f(\varphi(t))\varphi'(t)\mathrm{d}t$$

3) 分部积分法

定理 3(分部积分公式) 设函数 $u(x)$，$v(x)$ 在 $[a,b]$ 上连续可导，则

$$\int_a^b u(x)\mathrm{d}v(x) = u(x)v(x)\Big|_a^b - \int_a^b v(x)\mathrm{d}u(x)$$

3.1.8 奇偶函数与周期函数定积分的性质

1)(偶倍奇零性)设 $f(x)$ 在区间 $[-a,a]$ 上连续，则

$$\int_{-a}^a f(x)\mathrm{d}x = \begin{cases} 0, & f(x) \text{ 为奇函数；} \\ 2\int_0^a f(x)\mathrm{d}x, & f(x) \text{ 为偶函数} \end{cases}$$

2) 设 $f(x)$ 是周期为 T 的连续函数，则

$$\int_a^{a+T} f(x)\mathrm{d}x = \int_0^T f(x)\mathrm{d}x \quad (T > 0, a \in \mathbf{R})$$

$$\int_a^{a+nT} f(x)\mathrm{d}x = n\int_0^T f(x)\mathrm{d}x \quad (a \in \mathbf{R}, n \in \mathbf{N})$$

3.1.9   定积分在几何与物理上的应用

1) 平面图形的面积

(1) 若平面图形 D 是由上、下两条曲线 $y = f(x)$，$y = g(x)(g(x) \leqslant f(x))$ 与直线 $x = a$，$x = b(a < b)$ 围成的，则 D 的面积为

$$S = \int_a^b (f(x) - g(x)) \mathrm{d}x$$

(2) 若平面图形 D 是由左、右两条曲线 $x = \varphi(y)$，$x = \psi(y)(\varphi(y) \leqslant \psi(y))$ 与直线 $y = c$，$y = d(c < d)$ 围成的，则 D 的面积为

$$S = \int_c^d (\psi(y) - \varphi(y)) \mathrm{d}y$$

(3) 若平面图形 D 是极坐标下的两条曲线 $\rho = \rho_1(\theta)$，$\rho = \rho_2(\theta)(\rho_1(\theta) \leqslant \rho_2(\theta))$ 与射线 $\theta = \alpha$，$\theta = \beta(\alpha < \beta)$ 围成的，则 D 的面积为

$$S = \frac{1}{2} \int_\alpha^\beta (\rho_2^2(\theta) - \rho_1^2(\theta)) \mathrm{d}\theta$$

2) 特殊立体的体积

(1) 设立体 Ω 介于两平面 $x = a$，$x = b(a < b)$ 之间，$\forall x \in [a, b]$，过点 x 作平面垂直于 x 轴，该平面与立体 Ω 的截面的面积为可求的连续函数 $A(x)$，则立体 Ω 的体积为

$$V = \int_a^b A(x) \mathrm{d}x$$

(2) 平面图形 $D: \{(x, y) \mid g(x) \leqslant y \leqslant f(x), a \leqslant x \leqslant b\}$ 绕 x 轴旋转一周所得旋转体的体积为

$$V = \pi \int_a^b [f^2(x) - g^2(x)] \mathrm{d}x$$

(3) 平面图形 $D: \{(x, y) \mid g(x) \leqslant y \leqslant f(x), a < x < b, a \geqslant 0\}$ 绕 y 轴旋转一周所得旋转体的体积为

$$V = 2\pi \int_a^b x(f(x) - g(x)) \mathrm{d}x$$

(4) 已知函数 $f(x) \in \mathscr{C}^{(1)}[a, b]$，$D$ 是由曲线 $y = f(x)(a \leqslant x \leqslant b)$，直线 $y = kx + c(k \neq 0)$，$y = -\dfrac{1}{k}x + b_1$，$y = -\dfrac{1}{k}x + b_2$ 所围的平面区域 $(b_1 < b_2)$（如图），在弧段 $y = f(x)$ 上取点

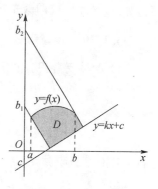

$$P(x, f(x)), \quad Q(x + \mathrm{d}x, f(x + \mathrm{d}x)) \quad (a < x < b)$$

则向量 $\overrightarrow{PQ}$ 在直线 $y = kx + c$ 上的投影长为

$$dl \approx \frac{|1+kf'(x)|}{\sqrt{1+k^2}}dx$$

若点 P 到直线 $y=kx+c$ 的距离为 $d(x)$,则区域 D 绕直线 $y=kx+c$ 旋转一周的旋转体的体积为

$$V = \pi \int_a^b d^2(x)dl = \pi \int_a^b d^2(x) \cdot \frac{|1+kf'(x)|}{\sqrt{1+k^2}}dx$$

3) 平面曲线的弧长

(1) 平面曲线 Γ 的方程 $y=f(x)(a \leqslant x \leqslant b)$,若 $f(x)$ 连续可导,则曲线 Γ 的弧长为

$$l = \int_a^b \sqrt{1+(f'(x))^2}\,dx$$

(2) 平面曲线 Γ 的参数方程为 $x=\varphi(t), y=\psi(t)(\alpha \leqslant t \leqslant \beta)$,$\varphi(t)$ 与 $\psi(t)$ 皆连续可导,则曲线 Γ 的弧长为

$$l = \int_\alpha^\beta \sqrt{(\varphi'(t))^2+(\psi'(t))^2}\,dt$$

(3) 平面曲线 Γ 的极坐标方程为 $\rho=\rho(\theta)$,$\alpha \leqslant \theta \leqslant \beta$,$\rho(\theta)$ 连续可导,则曲线 Γ 的弧长为

$$l = \int_\alpha^\beta \sqrt{(\rho(\theta))^2+(\rho'(\theta))^2}\,d\theta$$

4) 旋转曲面的面积

平面曲线 $y=f(x)(f(x) \geqslant 0, a \leqslant x \leqslant b)$ 绕 x 轴旋转一周所得旋转曲面的面积为

$$S = 2\pi \int_a^b f(x)\sqrt{1+(f'(x))^2}\,dx$$

5) 定积分在物理上可用于求变力在直线运动下所做的功、液体的压力以及引力等,这些应用可用微元法解决.

3.1.10 反常积分

1) 两类反常积分的定义

(1) 若 $f(x)$ 在任意有限区间 $[a,x]$ 上可积,则

$$\int_a^{+\infty} f(x)dx \xlongequal{\text{def}} \lim_{x \to +\infty} \int_a^x f(x)dx$$

若上式右端极限存在时,称反常积分 $\int_a^{+\infty} f(x)dx$ 收敛;否则称为发散.

(2) 若 $f(x)$ 在 $x=b$ 的左邻域内无界,则

$$\int_a^b f(x)\mathrm{d}x \xlongequal{\text{def}} \lim_{x \to b^-} \int_a^x f(x)\mathrm{d}x$$

若上式右端极限存在时,称反常积分$\int_a^b f(x)\mathrm{d}x$收敛;否则称为发散. 称 $x = b$ 为奇点(或瑕点).

(3) 三个基本结论:反常积分$\int_1^{+\infty} \dfrac{1}{x^p}\mathrm{d}x$,当且仅当 $p > 1$ 时收敛;反常积分 $\int_a^b \dfrac{1}{(b-x)^\lambda}\mathrm{d}x$,当且仅当 $\lambda < 1$ 时收敛;反常积分$\int_a^b \dfrac{1}{(x-a)^\lambda}\mathrm{d}x$,当且仅当 $\lambda < 1$ 时收敛.

2) 两类反常积分的计算

(1) 广义牛顿-莱布尼茨公式:若 $x = +\infty$ 是反常积分$\int_a^{+\infty} f(x)\mathrm{d}x$ 的惟一奇点,$F'(x) = f(x)$,$x \in [a, +\infty)$,则

$$\int_a^{+\infty} f(x)\mathrm{d}x = F(x)\Big|_a^{+\infty} = F(+\infty) - F(a)$$

若 $x = b$ 是反常积分$\int_a^b f(x)\mathrm{d}x$ 的惟一奇点,$F'(x) = f(x)$,$x \in [a, b)$,则

$$\int_a^b f(x)\mathrm{d}x = F(x)\Big|_a^{b^-} = F(b^-) - F(a)$$

若 $x = a$ 是反常积分$\int_a^b f(x)\mathrm{d}x$ 的惟一奇点,$F'(x) = f(x)$,$x \in (a, b]$,则

$$\int_a^b f(x)\mathrm{d}x = F(x)\Big|_{a^+}^b = F(b) - F(a^+)$$

(2) 广义换元积分法:若 $x = b(b$ 可为 $+\infty)$ 是反常积分$\int_a^b f(x)\mathrm{d}x$ 的惟一奇点,令 $x = \varphi(t)$,$\varphi(t)$ 连续可导,且 $a = \varphi(\alpha)$,$\lim\limits_{t \to \beta}\varphi(t) = b(\beta$ 可为 $+\infty)$,则

$$\int_a^b f(x)\mathrm{d}x = \int_\alpha^\beta f(\varphi(t))\varphi'(t)\mathrm{d}t$$

(3) 广义分部积分法:若 $x = b(b$ 可为 $+\infty)$ 是反常积分$\int_a^b u(x)\mathrm{d}v(x)$ 的惟一奇点,则

$$\int_a^b u(x)\mathrm{d}v(x) = u(x)v(x)\Big|_a^{b^-} - \int_a^b v(x)\mathrm{d}u(x)$$

3) 反常积分敛散性判别法

(1) 设 $x = b($ 或 $+\infty)$ 是反常积分$\int_a^{b(\text{或}+\infty)} f(x)\mathrm{d}x$ 的惟一奇点,则

$$\int_a^{b(或+\infty)} |f(x)| \, dx \text{ 收敛} \Rightarrow \int_a^{b(或+\infty)} f(x) \, dx \text{ 收敛}$$

(2)（比较判别法）设 $x = b$（或 $+\infty$）是反常积分

$$\int_a^{b(或+\infty)} f(x) \, dx \quad 与 \quad \int_a^{b(或+\infty)} g(x) \, dx$$

的惟一奇点，若 $0 \leqslant f(x) \leqslant g(x) (a \leqslant x < b)$，则有如下结论：

① 当 $\int_a^{b(或+\infty)} g(x) \, dx$ 收敛时，$\int_a^{b(或+\infty)} f(x) \, dx$ 收敛；

② 当 $\int_a^{b(或+\infty)} f(x) \, dx$ 发散时，$\int_a^{b(或+\infty)} g(x) \, dx$ 发散.

3.2 竞赛题与精选题解析

3.2.1 求不定积分(例 3.1—3.16)

例 3.1（江苏省 1998 年竞赛题） 求 $\int |\ln x| \, dx$.

解析 当 $x > 1$ 时，应用分部积分法，有

$$\int |\ln x| \, dx = \int \ln x \, dx = x \ln x - \int dx = x(\ln x - 1) + C$$

当 $0 < x < 1$ 时，应用分部积分法，有

$$\int |\ln x| \, dx = -\int \ln x \, dx = -x(\ln x - 1) + C_1$$

在两式中令 $x = 1$ 得 $-1 + C = 1 + C_1$，故 $C_1 = C - 2$. 于是

$$\int |\ln x| \, dx = \begin{cases} x(\ln x - 1) + C, & x \geqslant 1, \\ x(1 - \ln x) + C - 2, & 0 < x < 1 \end{cases}$$

例 3.2（北京市 1995 年竞赛题） 设 y 是由方程 $y^3(x+y) = x^3$ 所确定的隐函数，求 $\int \dfrac{1}{y^3} \, dx$.

解析 令 $x = ty$，代入原方程有 $(1+t)y^4 = t^3 y^3$，从而

$$y = \frac{t^3}{1+t}, x = \frac{t^4}{1+t} \Rightarrow dx = \frac{t^3(3t+4)}{(1+t)^2} \, dt$$

所以

$$\int \frac{1}{y^3} \, dx = \int \frac{(1+t)^3}{t^9} \cdot \frac{t^3(3t+4)}{(1+t)^2} \, dt = \int \left(\frac{3}{t^4} + \frac{7}{t^5} + \frac{4}{t^6} \right) dt$$

$$= -\left(\frac{1}{t^3} + \frac{7}{4} \cdot \frac{1}{t^4} + \frac{4}{5} \cdot \frac{1}{t^5} \right) + C$$

$$=-\left(\left(\frac{y}{x}\right)^3+\frac{7}{4}\left(\frac{y}{x}\right)^4+\frac{4}{5}\left(\frac{y}{x}\right)^5\right)+C$$

例 3.3(浙江省 2009 年竞赛题)　求 $\displaystyle\int\frac{\ln x}{\sqrt{1+x^2\,(\ln x-1)^2}}\mathrm{d}x$.

解析　因为 $(x\ln x-x)'=\ln x$,令 $x(\ln x-1)=t$,应用换元积分法,则

$$\int\frac{\ln x}{\sqrt{1+x^2\,(\ln x-1)^2}}\mathrm{d}x=\int\frac{1}{\sqrt{1+t^2}}\mathrm{d}t=\ln(t+\sqrt{1+t^2})+C$$
$$=\ln(x(\ln x-1)+\sqrt{1+x^2\,(\ln x-1)^2})+C$$

例 3.4(江苏省 2000 年竞赛题)　求 $\displaystyle\int\frac{x^5-x}{x^8+1}\mathrm{d}x$.

解析　令 $x^2=t$,则

$$\int\frac{x(x^4-1)}{x^8+1}\mathrm{d}x=\frac{1}{2}\int\frac{t^2-1}{t^4+1}\mathrm{d}t=\frac{1}{2}\int\frac{1-\dfrac{1}{t^2}}{t^2+\dfrac{1}{t^2}}\mathrm{d}t=\frac{1}{2}\int\frac{1}{\left(t+\dfrac{1}{t}\right)^2-2}\mathrm{d}\left(t+\frac{1}{t}\right)$$

$$=\frac{1}{4\sqrt{2}}\ln\left|\frac{\sqrt{2}-\left(t+\dfrac{1}{t}\right)}{\sqrt{2}+\left(t+\dfrac{1}{t}\right)}\right|+C=\frac{1}{4\sqrt{2}}\ln\left|\frac{\sqrt{2}\,x^2-x^4-1}{\sqrt{2}\,x^2+x^4+1}\right|+C$$

例 3.5(江苏省 2004 年竞赛题)　$\displaystyle\int\frac{\mathrm{e}^x(x-1)}{(x-\mathrm{e}^x)^2}\mathrm{d}x=$ _____.

解析　因为 $\left(\dfrac{\mathrm{e}^x}{x}\right)'=\dfrac{\mathrm{e}^x(x-1)}{x^2}$,所以

$$原式=\int\frac{\mathrm{e}^x(x-1)}{x^2(1-\mathrm{e}^x x^{-1})^2}\mathrm{d}x=\int\frac{1}{\left(\dfrac{\mathrm{e}^x}{x}-1\right)^2}\mathrm{d}\frac{\mathrm{e}^x}{x}=-\frac{1}{\dfrac{\mathrm{e}^x}{x}-1}+C$$

$$=\frac{x}{x-\mathrm{e}^x}+C$$

例 3.6(江苏省 2004 年竞赛题)　$\displaystyle\int\frac{x+\sin x\cos x}{(\cos x-x\sin x)^2}\mathrm{d}x=$ _____.

解析　因为 $(x\tan x)'=x\sec^2 x+\tan x$,所以

$$原式=\int\frac{x\sec^2 x+\tan x}{(1-x\tan x)^2}\mathrm{d}x=\int\frac{1}{(x\tan x-1)^2}\mathrm{d}(x\tan x)=\frac{-1}{x\tan x-1}+C$$

$$=\frac{1}{1-x\tan x}+C$$

例 3.7(浙江省 2016 年竞赛题)　求不定积分 $\displaystyle\int\frac{1-x^2\cos x}{(1+x\sin x)^2}\mathrm{d}x$.

解析　将被积函数拆分为两项,并对其中一项应用分部积分公式,得

原式 $= \int \dfrac{1 + x\sin x - x(\sin x + x\cos x)}{(1 + x\sin x)^2}\mathrm{d}x = \int \dfrac{1}{1 + x\sin x}\mathrm{d}x + \int x\mathrm{d}\dfrac{1}{1 + x\sin x}$

$\qquad = \int \dfrac{1}{1 + x\sin x}\mathrm{d}x + \dfrac{x}{1 + x\sin x} - \int \dfrac{1}{1 + x\sin x}\mathrm{d}x = \dfrac{x}{1 + x\sin x} + C$

例 3.8(全国 2013 年决赛题)　计算不定积分 $\int x\arctan x\ln(1 + x^2)\mathrm{d}x$.

解析　令 $x\ln(1 + x^2)\mathrm{d}x = \mathrm{d}v$,则

$$v = \int x\ln(1 + x^2)\mathrm{d}x = \dfrac{1}{2}\int \ln(1 + x^2)\mathrm{d}(1 + x^2)$$

$$= \dfrac{1}{2}\left((1 + x^2)\ln(1 + x^2) - \int \dfrac{1 + x^2}{1 + x^2}\mathrm{d}x^2\right)$$

$$= \dfrac{1}{2}((1 + x^2)\ln(1 + x^2) - x^2) + C$$

应用分部积分法,有

原式 $= \dfrac{1}{2}\int \arctan x\mathrm{d}((1 + x^2)\ln(1 + x^2) - x^2)$

$\quad = \dfrac{1}{2}((1 + x^2)\ln(1 + x^2) - x^2)\arctan x - \dfrac{1}{2}\int\left(\ln(1 + x^2) - \dfrac{x^2}{1 + x^2}\right)\mathrm{d}x$

$\quad = \dfrac{1}{2}((1 + x^2)\ln(1 + x^2) - x^2)\arctan x - \dfrac{1}{2}(x\ln(1 + x^2) - 3x + 3\arctan x) + C$

$\quad = \dfrac{1}{2}((1 + x^2)\ln(1 + x^2) - x^2 - 3)\arctan x - \dfrac{1}{2}(x\ln(1 + x^2) - 3x) + C$

注　本题先令 $x\arctan x\mathrm{d}x = \mathrm{d}v$,求出 v 后再对原式分部积分,也可计算.

例 3.9(解放军防化学院 1992 年竞赛题)　求 $\int \sqrt{\dfrac{\mathrm{e}^x - 1}{\mathrm{e}^x + 1}}\mathrm{d}x$.

解析　令 $\sqrt{\dfrac{\mathrm{e}^x - 1}{\mathrm{e}^x + 1}} = t$,有 $x = \ln(1 + t^2) - \ln(1 - t^2)$,则

$$原式 = \int t\mathrm{d}(\ln(1 + t^2) - \ln(1 - t^2))$$

$$= \int t\left(\dfrac{2t}{1 + t^2} + \dfrac{2t}{1 - t^2}\right)\mathrm{d}t = 2\int\left(\dfrac{1}{1 - t^2} - \dfrac{1}{1 + t^2}\right)\mathrm{d}t$$

$$= 2\left(\dfrac{1}{2}\ln\left|\dfrac{1 + t}{1 - t}\right| - \arctan t\right) + C$$

$$= \ln(\mathrm{e}^x + \sqrt{\mathrm{e}^{2x} - 1}) - 2\mathrm{antan}\sqrt{\dfrac{\mathrm{e}^x - 1}{\mathrm{e}^x + 1}} + C$$

例 3.10(全国 2017 年预赛题)　求不定积分 $\int \dfrac{\mathrm{e}^{-\sin x}\sin 2x}{(1 - \sin x)^2}\mathrm{d}x$.

解析 应用换元积分法与分部积分法,令 $\sin x = t$,则

$$原式 = 2\int \frac{e^{-t}}{(1-t)^2}dt = 2\int e^{-t}t\,d\frac{1}{1-t} = 2\frac{e^{-t}t}{1-t} - 2\int e^{-t}dt$$

$$= 2\frac{e^{-t}t}{1-t} + 2e^{-t} + C = \frac{2e^{-\sin x}}{1-\sin x} + C$$

例 3.11(江苏省 2002 年竞赛题) $\int \arcsin x \cdot \arccos x\,dx = \underline{\qquad}$.

解析 应用分部积分法,得

$$原式 = x\arcsin x \cdot \arccos x - \int x \cdot \left(\frac{\arccos x}{\sqrt{1-x^2}} - \frac{\arcsin x}{\sqrt{1-x^2}}\right)dx$$

$$= x\arcsin x \cdot \arccos x + \int (\arccos x - \arcsin x)\,d\sqrt{1-x^2}$$

$$= x\arcsin x \cdot \arccos x + (\arccos x - \arcsin x)\sqrt{1-x^2}$$

$$\quad - \int \sqrt{1-x^2}\left(\frac{-1}{\sqrt{1-x^2}} - \frac{1}{\sqrt{1-x^2}}\right)dx$$

$$= x\arcsin x \cdot \arccos x + (\arccos x - \arcsin x)\sqrt{1-x^2} + 2x + C$$

例 3.12(全国 2010 年决赛题) 已知函数 $f(x)$ 满足

$$f'(x) = \frac{1}{\sin^3 x + \cos^3 x}, \quad 其中 x \in \left(\frac{1}{4}, \frac{1}{2}\right)$$

求 $f(x)$.

解析 因为 $f(x) = \int \frac{1}{\sin^3 x + \cos^3 x}dx$,$x \in \left(\frac{1}{4}, \frac{1}{2}\right) \subset \left(0, \frac{\pi}{4}\right)$,又

$$\sin^3 x + \cos^3 x = (\sin x + \cos x)(1 - \sin x \cos x)$$

$$= \frac{1}{\sqrt{2}}\cos\left(\frac{\pi}{4} - x\right)\left(1 + 2\sin^2\left(\frac{\pi}{4} - x\right)\right)$$

作换元积分变换,令 $\frac{\pi}{4} - x = t \Rightarrow 0 < t < \frac{\pi}{4} \Rightarrow 0 < \sin t < \frac{\sqrt{2}}{2} < \cos t < 1$,则

$$f(x) = -\sqrt{2}\int \frac{1}{\cos t \cdot (1 + 2\sin^2 t)}dt = -\sqrt{2}\int \frac{1}{(1 - \sin^2 t) \cdot (1 + 2\sin^2 t)}d\sin t$$

$$\xrightarrow{\;令\,u = \sin t\;} -\sqrt{2}\int \frac{1}{(1 - u^2) \cdot (1 + 2u^2)}du = -\sqrt{2}\int \frac{2}{(2 - 2u^2) \cdot (1 + 2u^2)}du$$

$$= -\frac{\sqrt{2}}{3}\int \frac{1}{1 - u^2}du - \frac{2\sqrt{2}}{3}\int \frac{1}{1 + 2u^2}du = -\frac{\sqrt{2}}{6}\ln\frac{1+u}{1-u} - \frac{2}{3}\arctan(\sqrt{2}u) + C$$

$$= -\frac{\sqrt{2}}{6}\ln\frac{1 + \sin\left(\frac{\pi}{4} - x\right)}{1 - \sin\left(\frac{\pi}{4} - x\right)} - \frac{2}{3}\arctan\left(\sqrt{2}\sin\left(\frac{\pi}{4} - x\right)\right) + C$$

例 3.13(全国 2018 年预赛题)   求 $\displaystyle\int \frac{\ln\left(x+\sqrt{1+x^2}\right)}{(1+x^2)^{\frac{3}{2}}}\mathrm{d}x$.

解析   如图,令 $x=\tan t$(其中 $|t|<\pi/2$),应用换元积分法与分部积分法,得

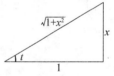

$$原式=\int \frac{\ln(\tan t+\sec t)}{\sec^3 t}\sec^2 t\,\mathrm{d}t=\int \ln(\tan t+\sec t)\,\mathrm{d}\sin t$$

$$=\sin t\ln(\tan t+\sec t)-\int \sin t\,\frac{1}{\tan t+\sec t}(\sec^2 t+\sec t\tan t)\,\mathrm{d}t$$

$$=\sin t\ln(\tan t+\sec t)-\int \frac{\sin t}{\cos t}\,\mathrm{d}t=\sin t\ln(\tan t+\sec t)+\ln|\cos t|+C$$

$$=\frac{x}{\sqrt{1+x^2}}\ln\left(x+\sqrt{1+x^2}\right)-\frac{1}{2}\ln(1+x^2)+C$$

例 3.14(江苏省 2006 年竞赛题)   求
$$\int \ln\left[(x+a)^{x+a}\cdot(x+b)^{x+b}\right]\frac{1}{(x+a)(x+b)}\,\mathrm{d}x$$

解析
$$原式=\int \left(\frac{\ln(x+a)}{x+b}+\frac{\ln(x+b)}{x+a}\right)\mathrm{d}x$$

$$=\int \ln(x+a)\,\mathrm{d}\ln(x+b)+\int \frac{\ln(x+b)}{x+a}\,\mathrm{d}x$$

$$=\ln(x+a)\ln(x+b)-\int \frac{\ln(x+b)}{x+a}\,\mathrm{d}x+\int \frac{\ln(x+b)}{x+a}\,\mathrm{d}x$$

$$=\ln(x+a)\ln(x+b)+C$$

例 3.15(南京大学 1996 年竞赛题)   已知 $f''(x)$ 连续,$f'(x)\neq 0$,求
$$\int \left[\frac{f(x)}{f'(x)}-\frac{f^2(x)f''(x)}{(f'(x))^3}\right]\mathrm{d}x$$

解析   对被积函数的第二项分部积分,有

$$\int \frac{f^2(x)f''(x)}{[f'(x)]^3}\,\mathrm{d}x=\int \frac{f^2(x)}{[f'(x)]^3}\,\mathrm{d}f'(x)=-\frac{1}{2}\int f^2(x)\,\mathrm{d}\frac{1}{[f'(x)]^2}$$

$$=-\frac{f^2(x)}{2[f'(x)]^2}+\int \frac{1}{2[f'(x)]^2}\,\mathrm{d}f^2(x)$$

$$=-\frac{f^2(x)}{2[f'(x)]^2}+\int \frac{f(x)}{f'(x)}\,\mathrm{d}x$$

于是

$$原式=\int \frac{f(x)}{f'(x)}\,\mathrm{d}x+\frac{f^2(x)}{2[f'(x)]^2}-\int \frac{f(x)}{f'(x)}\,\mathrm{d}x=\frac{f^2(x)}{2[f'(x)]^2}+C$$

例 3.16(江苏省 2018 年竞赛题)　已知

$$f(x) = \begin{cases} x\sin\dfrac{1}{x} - \dfrac{1}{2}\cos\dfrac{1}{x} & (-1 \leqslant x < 0 \text{ 或 } 0 < x \leqslant 1); \\ 0 & (x = 0) \end{cases}$$

(1) $f(x)$ 在区间 $[-1,1]$ 上是否连续? 如果有间断点,判断其类型.

(2) $f(x)$ 在区间 $[-1,1]$ 上是否存在原函数? 如果存在,写出一个原函数; 如果不存在,写出理由.

(3) $f(x)$ 在区间 $[-1,1]$ 上是否可积? 如果可积,求出 $\displaystyle\int_{-1}^{1} f(x)\mathrm{d}x$; 如果不可积,写出理由.

解析　(1) 由于 $\lim\limits_{x\to 0} x\sin\dfrac{1}{x} = 0$, $\lim\limits_{x\to 0}\dfrac{1}{2}\cos\dfrac{1}{x}$ 不存在,所以 $\lim\limits_{x\to 0} f(x)$ 不存在,因此 $f(x)$ 在 $x = 0$ 处不连续,且 $x = 0$ 是第二类振荡型间断点.

(2) 当 $x \neq 0$ 时,由于

$$\begin{aligned} F(x) &= \int\left(x\sin\frac{1}{x} - \frac{1}{2}\cos\frac{1}{x}\right)\mathrm{d}x = \frac{1}{2}\int\sin\frac{1}{x}\mathrm{d}x^2 - \frac{1}{2}\int\cos\frac{1}{x}\mathrm{d}x \\ &= \frac{1}{2}x^2\sin\frac{1}{x} - \frac{1}{2}\int x^2\mathrm{d}\sin\frac{1}{x} - \frac{1}{2}\int\cos\frac{1}{x}\mathrm{d}x \\ &= \frac{1}{2}x^2\sin\frac{1}{x} + \frac{1}{2}\int\cos\frac{1}{x}\mathrm{d}x - \frac{1}{2}\int\cos\frac{1}{x}\mathrm{d}x \\ &= \frac{1}{2}x^2\sin\frac{1}{x} + C \end{aligned}$$

取 $C = 0$,并令 $F(0) = 0$,则

$$F'(0) = \lim_{x\to 0}\frac{F(x) - F(0)}{x} = \lim_{x\to 0}\frac{1}{2}x\sin\frac{1}{x} = 0$$

所以 $f(x)$ 在区间 $[-1,1]$ 上存在原函数,一个原函数为

$$F(x) = \begin{cases} \dfrac{1}{2}x^2\sin\dfrac{1}{x} & (-1 \leqslant x < 0 \text{ 或 } 0 < x \leqslant 1); \\ 0 & (x = 0) \end{cases}$$

(3) 由于 $x = 0$ 是 $f(x)$ 在 $[-1,1]$ 上的惟一间断点,又 $f(x)$ 在 $[-1,1]$ 上有界,所以 $f(x)$ 在区间 $[-1,1]$ 上可积,且

$$\int_{-1}^{1} f(x)\mathrm{d}x = F(x)\Big|_{-1}^{1} = \frac{1}{2}\sin 1 - \frac{1}{2}\sin(-1) = \sin 1$$

3.2.2　利用定积分的定义与性质求极限(例 3.17—3.23)

例 3.17(全国 2016 年预赛题、北京市 1997 年竞赛题)　设函数 $f(x)$ 在 $[a,b]$ 上具有连续导数,证明:

$$\lim_{n\to\infty} n\left[\int_a^b f(x)\mathrm{d}x - \frac{b-a}{n}\sum_{k=1}^n f\left(a+\frac{k(b-a)}{n}\right)\right] = \frac{b-a}{2}[f(a)-f(b)]$$

解析　**方法 1**　将区间 $[a,b]$ 等分为 n 个小区间,记 $h=\dfrac{b-a}{n}$,$x_k = a+kh$($k=0,1,\cdots,n$),则

$$
\begin{aligned}
I &= \lim_{n\to\infty} n\left[\int_a^b f(x)\mathrm{d}x - \frac{b-a}{n}\sum_{k=1}^n f\left(a+\frac{k(b-a)}{n}\right)\right] \\
&= \lim_{n\to\infty} n\sum_{k=1}^n \int_{x_{k-1}}^{x_k} (f(x)-f(x_k))\mathrm{d}x
\end{aligned}
$$

对 $x\in[x_{k-1},x_k]$,在区间 $[x,x_k]$ 上应用拉格朗日中值定理,必 $\exists\,\xi_k(x)\in(x,x_k)$,使得

$$f(x)-f(x_k) = f'(\xi_k(x))(x-x_k) \quad (k=1,2,\cdots,n)$$

$$\Rightarrow \qquad I = -\lim_{n\to\infty} n\sum_{k=1}^n \int_{x_{k-1}}^{x_k} f'(\xi_k(x))(x_k-x)\mathrm{d}x$$

由于 $f'(x)$ 在区间 $[x_{k-1},x_k]$ 上连续,应用最值定理,$f'(x)$ 在 $[x_{k-1},x_k]$ 上必存在最大值 M_k 与最小值 m_k,即 $m_k\leqslant f'(x)\leqslant M_k$($k=1,2,\cdots,n$),于是

$$
\begin{aligned}
\int_{x_{k-1}}^{x_k} f'(\xi_k(x))(x_k-x)\mathrm{d}x &\leqslant M_k\int_{x_{k-1}}^{x_k}(x_k-x)\mathrm{d}x \\
&= -\frac{1}{2}M_k(x_k-x)^2\Big|_{x_{k-1}}^{x_k} = \frac{1}{2}M_k h^2
\end{aligned}
$$

$$
\begin{aligned}
\int_{x_{k-1}}^{x_k} f'(\xi_k(x))(x_k-x)\mathrm{d}x &\geqslant m_k\int_{x_{k-1}}^{x_k}(x_k-x)\mathrm{d}x \\
&= -\frac{1}{2}m_k(x_k-x)^2\Big|_{x_{k-1}}^{x_k} = \frac{1}{2}m_k h^2
\end{aligned}
$$

即

$$m_k \leqslant \frac{2}{h^2}\int_{x_{k-1}}^{x_k} f'(\xi_k(x))(x_k-x)\mathrm{d}x \leqslant M_k$$

再应用介值定理,必 $\exists\,\eta_k\in[x_{k-1},x_k]$($k=1,2,\cdots,n$),使得

$$\frac{2}{h^2}\int_{x_{k-1}}^{x_k} f'(\xi_k(x))(x_k-x)\mathrm{d}x = f'(\eta_k) \Leftrightarrow \int_{x_{k-1}}^{x_k} f'(\xi_k(x))(x_k-x)\mathrm{d}x = \frac{h^2}{2}f'(\eta_k)$$

即

$$I = -\lim_{n\to\infty} n\sum_{k=1}^n \frac{h^2}{2}f'(\eta_k) = -\frac{1}{2}(b-a)\lim_{n\to\infty}\sum_{k=1}^n f'(\eta_k)h$$

由于 $f'(x)$ 在 $[a,b]$ 上可积,应用定积分的定义,即得

$$I = -\frac{1}{2}(b-a)\lim_{n\to\infty}\sum_{k=1}^n f'(\eta_k)h = -\frac{1}{2}(b-a)\int_a^b f'(x)\mathrm{d}x$$

$$= \frac{1}{2}(b-a)(f(a)-f(b))$$

方法 2　将区间 $[a,b]$ 等分为 n 个小区间，记 $h = \frac{b-a}{n}$，$x_k = a+kh(k=0,1,$
$\cdots,n)$，则

$$I = \lim_{n\to\infty} n\left[\int_a^b f(x)\mathrm{d}x - \frac{b-a}{n}\sum_{k=1}^n f\left(a + \frac{k(b-a)}{n}\right)\right]$$

$$= \lim_{n\to\infty} n\sum_{k=1}^n \int_{x_{k-1}}^{x_k} (f(x)-f(x_k))\mathrm{d}x = \lim_{n\to\infty} n\sum_{k=1}^n \int_{x_{k-1}}^{x_k} \frac{f(x)-f(x_k)}{x-x_k}(x-x_k)\mathrm{d}x$$

由于 $\frac{f(x)-f(x_k)}{x-x_k}$ 在 $[x_{k-1},x_k)$ 上连续，$\lim_{x\to x_k}\frac{f(x)-f(x_k)}{x-x_k} = f'(x_k)$，$x-x_k \leqslant 0$，
应用推广积分中值定理，必 $\exists \xi_k \in (x_{k-1},x_k)$，使得

$$I = \lim_{n\to\infty} n\sum_{k=1}^n \int_{x_{k-1}}^{x_k} \frac{f(x)-f(x_k)}{x-x_k}(x-x_k)\mathrm{d}x$$

$$= \lim_{n\to\infty} n\sum_{k=1}^n \frac{f(\xi_k)-f(x_k)}{\xi_k-x_k}\int_{x_{k-1}}^{x_k} (x-x_k)\mathrm{d}x$$

在区间 $[\xi_k,x_k]$ 上应用拉格朗日中值定理，必 $\exists \eta_k \in (\xi_k,x_k) \subset (x_{k-1},x_k)$，使得

$$f(\xi_k)-f(x_k) = f'(\eta_k)(\xi_k-x_k) \quad (k=1,2,\cdots,n)$$

则

$$I = \lim_{n\to\infty} n\sum_{k=1}^n f'(\eta_k)\int_{x_{k-1}}^{x_k}(x-x_k)\mathrm{d}x = \lim_{n\to\infty} \frac{n}{2}\sum_{k=1}^n f'(\eta_k)(x-x_k)^2\Big|_{x_{k-1}}^{x_k}$$

$$= -\lim_{n\to\infty} \frac{n}{2}\sum_{k=1}^n f'(\eta_k)h^2 = -\lim_{n\to\infty} \frac{b-a}{2}\sum_{k=1}^n f'(\eta_k)h$$

由于 $f'(x)$ 在 $[a,b]$ 上可积，应用定积分的定义，即得

$$I = -\frac{1}{2}(b-a)\lim_{n\to\infty}\sum_{k=1}^n f'(\eta_k)h = -\frac{1}{2}(b-a)\int_a^b f'(x)\mathrm{d}x$$

$$= \frac{1}{2}(b-a)(f(a)-f(b))$$

例 3.18（东南大学 2012 年竞赛题）　已知函数 $f(x)$ 在区间 $[a,b]$ 上有二阶连
续导数，记 $B_n = \int_a^b f(x)\mathrm{d}x - \frac{b-a}{n}\sum_{i=1}^n f\left(a + (2i-1)\frac{b-a}{2n}\right)$，试证：

$$\lim_{n\to\infty} n^2 B_n = \frac{(b-a)^2}{24}(f'(b)-f'(a))$$

解析　将 $[a,b]$ 进行 n 等分，$h = \frac{b-a}{n}$，$x_0 = a$，$x_1 = a+h$，$\cdots$，$x_i = a+ih$，$\cdots$，

$x_n = a + nh = b$,则

$$B_n = \sum_{i=1}^{n} \int_{x_{i-1}}^{x_i} \left(f(x) - f\left(a + \left(i - \frac{1}{2}\right)h\right) \right) \mathrm{d}x$$

在$[x_{i-1}, x_i]$上应用$f(x)$在$a + \left(i - \frac{1}{2}\right)h$处的泰勒公式,则在$x$与$a + \left(i - \frac{1}{2}\right)h$之间必存在$\xi_i$,使得

$$f(x) = f\left(a + \left(i - \frac{1}{2}\right)h\right) + f'\left(a + \left(i - \frac{1}{2}\right)h\right)\left(x - a - \left(i - \frac{1}{2}\right)h\right)$$
$$+ \frac{1}{2}f''(\xi_i)\left(x - a - \left(i - \frac{1}{2}\right)h\right)^2$$

于是有

$$B_n = \sum_{i=1}^{n} \int_{x_{i-1}}^{x_i} \left[f'\left(a + \left(i - \frac{1}{2}\right)h\right)\left(x - a - \left(i - \frac{1}{2}\right)h\right) \right.$$
$$\left. + \frac{1}{2}f''(\xi_i)\left(x - a - \left(i - \frac{1}{2}\right)h\right)^2 \right]\mathrm{d}x$$
$$= \frac{1}{2}\sum_{i=1}^{n} \int_{x_{i-1}}^{x_i} f''(\xi_i)\left(x - a - \left(i - \frac{1}{2}\right)h\right)^2 \mathrm{d}x$$

因$f''(x)$在$[x_{i-1}, x_i]$上连续,应用最值定理,$f''(x)$在$[x_{i-1}, x_i]$上必存在最大值M_i与最小值$m_i (i = 1, 2, \cdots, n)$,于是

$$\int_{x_{i-1}}^{x_i} f''(\xi_i)\left(x - a - \left(i - \frac{1}{2}\right)h\right)^2 \mathrm{d}x \leqslant M_i \int_{x_{i-1}}^{x_i} \left(x - a - \left(i - \frac{1}{2}\right)h\right)^2 \mathrm{d}x = \frac{M_i}{12}h^3$$

$$\int_{x_{i-1}}^{x_i} f''(\xi_i)\left(x - a - \left(i - \frac{1}{2}\right)h\right)^2 \mathrm{d}x \geqslant m_i \int_{x_{i-1}}^{x_i} \left(x - a - \left(i - \frac{1}{2}\right)h\right)^2 \mathrm{d}x = \frac{m_i}{12}h^3$$

则

$$m_i \leqslant \frac{12}{h^3} \int_{x_{i-1}}^{x_i} f''(\xi_i)\left(x - a - \left(i - \frac{1}{2}\right)h\right)^2 \mathrm{d}x \leqslant M_i$$

再应用介值定理,必存在$\eta_i \in [x_{i-1}, x_i] (i = 1, 2, \cdots, n)$,使得

$$\frac{12}{h^3} \int_{x_{i-1}}^{x_i} f''(\xi_i)\left(x - a - \left(i - \frac{1}{2}\right)h\right)^2 \mathrm{d}x = f''(\eta_i)$$

由于$f''(x)$在$[a, b]$上可积,应用定积分的定义,即得

$$\lim_{n \to \infty} n^2 B_n = \frac{1}{2} \lim_{n \to \infty} n^2 \sum_{i=1}^{n} \frac{1}{12} f''(\eta_i)h^3 = \frac{(b-a)^2}{24} \lim_{n \to \infty} \sum_{i=1}^{n} f''(\eta_i) \frac{b-a}{n}$$
$$= \frac{(b-a)^2}{24} \int_a^b f''(x) \mathrm{d}x = \frac{(b-a)^2}{24}(f'(b) - f'(a))$$

例 3.19（浙江省 2007 年竞赛题）　设

$$u_n = 1 + \frac{1}{2} - \frac{2}{3} + \frac{1}{4} + \frac{1}{5} - \frac{2}{6} + \cdots + \frac{1}{3n-2} + \frac{1}{3n-1} - \frac{2}{3n}$$

$$v_n = \frac{1}{n+1} + \frac{1}{n+2} + \cdots + \frac{1}{3n}$$

求：(1) $\dfrac{u_{10}}{v_{10}}$；(2) $\lim\limits_{n\to\infty} u_n$.

解析　$u_n = \sum\limits_{i=1}^{n}\left(\dfrac{1}{3i-2} + \dfrac{1}{3i-1} - \dfrac{2}{3i}\right) = \sum\limits_{i=1}^{n}\left(\dfrac{1}{3i-2} + \dfrac{1}{3i-1} + \dfrac{1}{3i} - \dfrac{3}{3i}\right)$

$$= \sum\limits_{i=1}^{n}\left(\dfrac{1}{3i-2} + \dfrac{1}{3i-1} + \dfrac{1}{3i}\right) - \sum\limits_{i=1}^{n}\dfrac{1}{i} = \sum\limits_{i=1}^{2n}\dfrac{1}{i+n}$$

(1) 由于 $v_n = \sum\limits_{i=1}^{2n}\dfrac{1}{n+i}$，所以 $\dfrac{u_{10}}{v_{10}} = 1.$

(2) 由于 $u_n = \sum\limits_{i=1}^{2n}\dfrac{1}{i+n} = \sum\limits_{i=1}^{2n}\dfrac{1}{1+\dfrac{i}{n}} \cdot \dfrac{1}{n}$，将区间 $[0,2]$ 等分为 $2n$ 个小区间，

应用定积分的定义得

$$\lim\limits_{n\to\infty} u_n = \int_0^2 \frac{1}{1+x}\mathrm{d}x = \ln 3$$

例 3.20（江苏省 1996 年竞赛题）　设

$$f(x) = \begin{cases} \lim\limits_{n\to\infty}\dfrac{1}{n}\left(1 + \cos\dfrac{x}{n} + \cos\dfrac{2x}{n} + \cdots + \cos\dfrac{n-1}{n}x\right), & x > 0, \\[2mm] \lim\limits_{n\to\infty}\left[1 + \dfrac{1}{n!}\left(\int_0^1 \sqrt{x^5+x^3+1}\,\mathrm{d}x\right)^n\right], & x = 0, \\[2mm] f(-x), & x < 0 \end{cases}$$

(1) 讨论 $f(x)$ 在 $x = 0$ 的可导性；

(2) 求函数 $f(x)$ 在 $[-\pi, \pi]$ 上的最大值.

解析　(1) 当 $x > 0$ 时,将区间 $[0,x]$ 等分为 n 个小区间,则

$$f(x) = \frac{1}{x}\lim\limits_{n\to\infty}\left[\left(\sum\limits_{k=0}^{n-1}\cos\frac{k}{n}x\right)\cdot\frac{x}{n}\right] = \frac{1}{x}\int_0^x \cos x\,\mathrm{d}x$$

$$= \frac{1}{x}\sin x\Big|_0^x = \frac{\sin x}{x}$$

当 $x = 0$ 时

$$f(0) = 1 + \lim\limits_{n\to\infty}\frac{1}{n!}\left(\int_0^1 \sqrt{x^5+x^3+1}\,\mathrm{d}x\right)^n$$

记 $\int_0^1 \sqrt{x^5 + x^3 + 1}\,\mathrm{d}x = a$，显然 $1 < a < \sqrt{3}$，所以 $\dfrac{1}{n!} < \dfrac{a^n}{n!} < \dfrac{(\sqrt{3})^n}{n!}$．因 $\lim\limits_{n\to\infty} \dfrac{1}{n!} = 0$，又 $n > 3$ 时

$$0 < \frac{(\sqrt{3})^n}{n!} = \frac{\sqrt{3}}{1} \cdot \frac{\sqrt{3}}{2} \cdot \frac{\sqrt{3}}{3} \cdot \cdots \cdot \frac{\sqrt{3}}{n-1} \cdot \frac{\sqrt{3}}{n} < \frac{\sqrt{3}}{1} \cdot 1 \cdot 1 \cdot \cdots \cdot 1 \cdot \frac{\sqrt{3}}{n}$$

$$= \frac{3}{n} \to 0 \quad (n \to \infty)$$

应用夹逼准则得 $\lim\limits_{n\to\infty} \dfrac{(\sqrt{3})^n}{n!} = 0$，再应用夹逼准则得 $\lim\limits_{n\to\infty} \dfrac{a^n}{n!} = 0$，即

$$\lim_{n\to\infty} \frac{1}{n!}\left(\int_0^1 \sqrt{x^5 + x^3 + 1}\,\mathrm{d}x\right)^n = 0$$

所以 $f(0) = 1$．当 $x < 0$ 时 $f(x) = f(-x) = \dfrac{\sin(-x)}{-x} = \dfrac{\sin x}{x}$．故

$$f'(0) = \lim_{x\to 0} \frac{f(x) - f(0)}{x} = \lim_{x\to 0} \frac{\dfrac{\sin x}{x} - 1}{x} = \lim_{x\to 0} \frac{\sin x - x}{x^2}$$

$$= \lim_{x\to 0} \frac{\cos x - 1}{2x} = \lim_{x\to 0} \frac{-\sin x}{2} = 0$$

(2) $0 < x \leqslant \pi$ 时，$f'(x) = \dfrac{x\cos x - \sin x}{x^2}$，令 $g(x) = x\cos x - \sin x$，则 $g'(x) = -x\sin x \leqslant 0$，且仅当 $x = \pi$ 时 $g'(x) = 0$，所以 $g(x)$ 单调减少，$g(x) < g(0) = 0$，所以 $f'(x) < 0$，$f(x)$ 单调减少．而 $f(x)$ 为偶函数，故 $-\pi \leqslant x < 0$ 时 $f(x)$ 单调增加．因此，$f(x)$ 在 $[-\pi, \pi]$ 上的最大值为 $f(0) = 1$．

例 3.21（全国 2012 年决赛题）　证明：$\lim\limits_{n\to\infty} \int_0^1 \dfrac{n}{n^2 x^2 + 1} \mathrm{e}^{x^2}\,\mathrm{d}x = \dfrac{\pi}{2}$．

解析　对函数 $f(x) = \mathrm{e}^{x^2}$ 在区间 $[0, x]$（$0 \leqslant x \leqslant 1$）上应用拉格朗日中值定理，必 $\exists \xi \in (0, x)$，使得 $f(x) - f(0) = f'(\xi)x$，即

$$\mathrm{e}^{x^2} - 1 = 2\xi \mathrm{e}^{\xi^2} x \Rightarrow 1 \leqslant \mathrm{e}^{x^2} = 1 + 2\xi \mathrm{e}^{\xi^2} x \leqslant 1 + 2\mathrm{e}x$$

于是

$$\frac{n}{n^2 x^2 + 1} \leqslant \frac{n}{n^2 x^2 + 1} \mathrm{e}^{x^2} \leqslant \frac{n}{n^2 x^2 + 1} + \frac{2\mathrm{e}nx}{n^2 x^2 + 1}$$

应用定积分的保号性，有

$$\int_0^1 \frac{n}{n^2 x^2 + 1} \mathrm{e}^{x^2}\,\mathrm{d}x \geqslant \int_0^1 \frac{n}{n^2 x^2 + 1}\,\mathrm{d}x = \arctan nx \Big|_0^1 = \arctan n$$

$$\int_0^1 \frac{n}{n^2x^2+1}\,\mathrm{e}^{x^2}\,\mathrm{d}x \leqslant \int_0^1 \left(\frac{n}{n^2x^2+1} + \frac{2\mathrm{e}nx}{n^2x^2+1}\right)\mathrm{d}x$$

$$= \arctan nx \Big|_0^1 + \frac{\mathrm{e}}{n}\ln(1+n^2x^2)\Big|_0^1$$

$$= \arctan n + \frac{\mathrm{e}}{n}\ln(1+n^2)$$

由于

$$\lim_{n\to\infty}\arctan n = \frac{\pi}{2}, \quad \lim_{n\to\infty}\left(\arctan n + \frac{\mathrm{e}}{n}\ln(1+n^2)\right) = \frac{\pi}{2} + 0 = \frac{\pi}{2}$$

再应用夹逼准则,得 $\lim\limits_{n\to\infty}\int_0^1 \dfrac{n}{n^2x^2+1}\mathrm{e}^{x^2}\,\mathrm{d}x = \dfrac{\pi}{2}$

例 3.22(全国 2019 年考研题)　设 $a_n = \displaystyle\int_0^1 x^n\sqrt{1-x^2}\,\mathrm{d}x (n=0,1,2,\cdots)$.

(1) 证明:数列 $\{a_n\}$ 单调递减,且 $a_n = \dfrac{n-1}{n+2}a_{n-2}(n=2,3,\cdots)$;

(2) 求 $\lim\limits_{n\to\infty}\dfrac{a_n}{a_{n-1}}$.

解析　(1) 因 $0\leqslant x\leqslant 1$ 时 $x^n\sqrt{1-x^2}\geqslant x^{n+1}\sqrt{1-x^2}$,由定积分的保号性得

$$a_n = \int_0^1 x^n\sqrt{1-x^2}\,\mathrm{d}x \geqslant \int_0^1 x^{n+1}\sqrt{1-x^2}\,\mathrm{d}x = a_{n+1} > 0$$

所以数列 $\{a_n\}$ 单调递减.

令 $x=\sin t$,作换元积分变换得

$$a_n = \int_0^{\frac{\pi}{2}} \sin^n t\,\cos^2 t\,\mathrm{d}t = \int_0^{\frac{\pi}{2}} \sin^n t(1-\sin^2 t)\,\mathrm{d}t = \int_0^{\frac{\pi}{2}} \sin^n t\,\mathrm{d}t - \int_0^{\frac{\pi}{2}} \sin^{n+2} t\,\mathrm{d}t$$

记 $I_n = \displaystyle\int_0^{\frac{\pi}{2}} \sin^n t\,\mathrm{d}t$,则 $a_n = I_n - I_{n+2}$. 由于

$$I_{n+2} = \int_0^{\frac{\pi}{2}} \sin^{n+2} t\,\mathrm{d}t = -\int_0^{\frac{\pi}{2}} \sin^{n+1} t\,\mathrm{d}\cos t$$

$$= -\sin^{n+1} t\cos t\Big|_0^{\pi/2} + (n+1)\int_0^{\frac{\pi}{2}} \cos^2 t\,\sin^n t\,\mathrm{d}t$$

$$= 0 + (n+1)\int_0^{\frac{\pi}{2}} (1-\sin^2 t)\,\sin^n t\,\mathrm{d}t = (n+1)I_n - (n+1)I_{n+2}$$

移项解得 $I_{n+2} = \dfrac{n+1}{n+2}I_n \Rightarrow I_n = \dfrac{n-1}{n}I_{n-2} \Rightarrow I_{n-2} = \dfrac{n}{n-1}I_n$. 因此有

$$a_n = I_n - I_{n+2} = I_n - \frac{n+1}{n+2}I_n = \frac{1}{n+2}I_n$$

$$a_{n-2} = I_{n-2} - I_n = \frac{n}{n-1}I_n - I_n = \frac{1}{n-1}I_n$$

两式相除得 $\dfrac{a_n}{a_{n-2}} = \dfrac{n-1}{n+2}$，即 $a_n = \dfrac{n-1}{n+2}a_{n-2}(n=2,3,\cdots)$.

(2) 由(1)知 $a_n = \dfrac{n-1}{n+2}a_{n-2}$，且数列 $\{a_n\}$ 单调递减，所以

$$a_n = \frac{n-1}{n+2}a_{n-2} \geqslant \frac{n-1}{n+2}a_{n-1} \Leftrightarrow \frac{n-1}{n+2} \leqslant \frac{a_n}{a_{n-1}} \leqslant 1$$

由于 $\lim\limits_{n\to\infty}\dfrac{n-1}{n+2} = 1$，应用夹逼准则即得 $\lim\limits_{n\to\infty}\dfrac{a_n}{a_{n-1}} = 1$.

例 3.23(江苏省 2019 年竞赛题) 设 $f(t) = t|\sin t|$.

求：(1) $\displaystyle\int_0^{2\pi} f(t)\mathrm{d}t$；(2) $\lim\limits_{x\to+\infty}\dfrac{\displaystyle\int_0^x f(t)\mathrm{d}t}{x^2}$.

解析 (1) 由于

$$\int t\sin t\mathrm{d}t = -\int t\mathrm{d}\cos t = -t\cos t + \int \cos t\mathrm{d}t = \sin t - t\cos t + C$$

应用定积分的可加性与 N-L 公式，得

$$\int_0^{2\pi} f(t)\mathrm{d}t = \int_0^{2\pi} t|\sin t|\,\mathrm{d}t = \int_0^\pi t\sin t\mathrm{d}t - \int_\pi^{2\pi} t\sin t\mathrm{d}t$$
$$= (\sin t - t\cos t)\Big|_0^\pi - (\sin t - t\cos t)\Big|_\pi^{2\pi} = 4\pi$$

(2) 任取正整数 N，应用定积分的可加性与 N-L 公式得

$$\int_0^{N\pi} f(t)\mathrm{d}t = \int_0^{N\pi} t|\sin t|\,\mathrm{d}t = \sum_{k=1}^N \int_{(k-1)\pi}^{k\pi} t|\sin t|\,\mathrm{d}t$$
$$= \sum_{k=1}^N (-1)^{k-1}\int_{(k-1)\pi}^{k\pi} t\sin t\mathrm{d}t$$
$$= \sum_{k=1}^N (-1)^{k-1}(\sin t - t\cos t)\Big|_{(k-1)\pi}^{k\pi}$$
$$= \sum_{k=1}^N (-1)^{k-1}\big[-(-1)^k k\pi + (-1)^{k-1}(k-1)\pi\big]$$
$$= \sum_{k=1}^N (2k-1)\pi = N^2\pi$$

设 $n\pi \leqslant x < (n+1)\pi(n=0,1,2,\cdots)$，分别取 $N=n$ 与 $N=n+1$，由上式得

$$\int_0^{n\pi} t|\sin t|\mathrm{d}t = n^2\pi, \qquad \int_0^{(n+1)\pi} t|\sin t|\mathrm{d}t = (n+1)^2\pi$$

$$\Rightarrow \quad \frac{n^2\pi}{(n+1)^2\pi^2} = \frac{\int_0^{n\pi} t|\sin t|\,\mathrm{d}t}{(n+1)^2\pi^2} \leqslant \frac{\int_0^x t|\sin t|\,\mathrm{d}t}{x^2} \leqslant \frac{\int_0^{(n+1)\pi} t|\sin t|\,\mathrm{d}t}{n^2\pi^2} = \frac{(n+1)^2\pi}{n^2\pi^2}$$

又 $\lim\limits_{n\to\infty}\dfrac{n^2\pi}{(n+1)^2\pi^2}=\lim\limits_{n\to\infty}\dfrac{(n+1)^2\pi}{n^2\pi^2}=\dfrac{1}{\pi}$，应用夹逼准则，即得 $\lim\limits_{x\to+\infty}\dfrac{\int_0^x f(t)\,\mathrm{d}t}{x^2}=\dfrac{1}{\pi}$.

3.2.3　应用积分中值定理解题（例 3.24—3.26）

例 3.24（浙江省 2019 年竞赛题）　设 $f(x)$ 有界、可积，求 $\lim\limits_{n\to\infty}\int_0^1 f(x)\sin^n x\,\mathrm{d}x$.

解析　因为 $f(x)$ 有界，所以存在 $M>0$ 使得 $|f(x)|<M$. 任给 $\varepsilon>0$（不妨设 $\varepsilon<2M$），则 $0<1-\dfrac{\varepsilon}{2M}<1$，应用定积分的可加性得

$$\int_0^1 f(x)\sin^n x\,\mathrm{d}x = \int_0^{1-\frac{\varepsilon}{2M}} f(x)\sin^n x\,\mathrm{d}x + \int_{1-\frac{\varepsilon}{2M}}^1 f(x)\sin^n x\,\mathrm{d}x$$

上式右端第一项记为 J_1，第二项记为 J_2. 对于积分 J_1 与 J_2，由定积分的保号性得

$$|J_1| \leqslant \int_0^{1-\frac{\varepsilon}{2M}} |f(x)|\,\sin^n x\,\mathrm{d}x < M\int_0^{1-\frac{\varepsilon}{2M}} \sin^n\left(1-\frac{\varepsilon}{2M}\right)\mathrm{d}x < M\sin^n\left(1-\frac{\varepsilon}{2M}\right)$$

$$|J_2| \leqslant \int_{1-\frac{\varepsilon}{2M}}^1 |f(x)|\,\sin^n x\,\mathrm{d}x < M\int_{1-\frac{\varepsilon}{2M}}^1 1^n\,\mathrm{d}x = M\frac{\varepsilon}{2M} = \frac{\varepsilon}{2}$$

因 $\lim\limits_{n\to\infty}M\sin^n\left(1-\dfrac{\varepsilon}{2M}\right)=0$，故存在 $N\in\mathbf{N}^*$，当 $n>N$ 时，$M\sin^n\left(1-\dfrac{\varepsilon}{2M}\right)<\dfrac{\varepsilon}{2}$. 于是，任给 $\varepsilon>0$（不妨设 $\varepsilon<2M$），总存在 $N\in\mathbf{N}^*$，当 $n>N$ 时，恒有

$$\left|\int_0^1 f(x)\sin^n x\,\mathrm{d}x\right| \leqslant |J_1|+|J_2| < \frac{\varepsilon}{2}+\frac{\varepsilon}{2} = \varepsilon$$

再由极限的定义，即得 $\lim\limits_{n\to\infty}\int_0^1 f(x)\sin^n x\,\mathrm{d}x = 0$.

例 3.25（东南大学 2017 年竞赛题）　设函数 $f(x),g(x)$ 皆连续，且 $g(x)$ 以 1 为周期，证明：

$$\lim_{n\to\infty}\int_0^1 f(x)g(nx)\,\mathrm{d}x = \left(\int_0^1 f(x)\,\mathrm{d}x\right)\left(\int_0^1 g(x)\,\mathrm{d}x\right)$$

解析　因为 $g(x)$ 在闭区间 $[0,1]$ 上连续，应用最值定理，存在 $m\in\mathbf{R}$，使得 $g(x)\geqslant m(x\in[0,1])$. 将区间 $[0,1]$ 进行 n 等分，$x_0=0,x_1=\dfrac{1}{n},\cdots,x_i=\dfrac{i}{n},\cdots$，$x_n=\dfrac{n}{n}$，应用定积分的可加性与推广积分中值定理，必 $\exists\,\xi_i\in(x_{i-1},x_i)$，使得

$$I_n = \int_0^1 f(x)(g(nx)-m)\,\mathrm{d}x = \sum_{i=1}^n \int_{x_{i-1}}^{x_i} f(x)(g(nx)-m)\,\mathrm{d}x$$

$$= \sum_{i=1}^{n} f(\xi_i) \int_{x_{i-1}}^{x_i} (g(nx) - m) \mathrm{d}x$$

令 $nx = u$ 作定积分换元,并运用周期函数积分的性质(函数 $g(u) - m$ 仍以 1 为周期),得

$$I_n = \sum_{i=1}^{n} f(\xi_i) \frac{1}{n} \int_{i-1}^{i} (g(u) - m) \mathrm{d}u = \sum_{i=1}^{n} f(\xi_i) \frac{1}{n} \cdot \left(\int_0^1 (g(u) - m) \mathrm{d}u \right)$$

应用定积分的定义即得

$$\lim_{n \to \infty} \int_0^1 f(x)(g(nx) - m) \mathrm{d}x = \left(\int_0^1 f(x) \mathrm{d}x \right) \cdot \left(\int_0^1 (g(x) - m) \mathrm{d}x \right)$$

上式两边减去相同项 $m \int_0^1 f(x) \mathrm{d}x$,即得

$$\lim_{n \to \infty} \int_0^1 f(x) g(nx) \mathrm{d}x = \left(\int_0^1 f(x) \mathrm{d}x \right) \cdot \left(\int_0^1 g(x) \mathrm{d}x \right)$$

例 3. 26(北京市 1993 年竞赛题) 设函数 $f(x)$ 在 $[a,b]$ 上连续且非负,M 是 $f(x)$ 在 $[a,b]$ 上的最大值,求证: $\lim\limits_{n \to \infty} \sqrt[n]{\int_a^b [f(x)]^n \mathrm{d}x} = M$.

解析 设 $f(\xi) = M = \max\limits_{a \leqslant x \leqslant b} f(x), \xi \in [a,b]$.

(1) 若 $\xi \in (a,b)$,则存在 $N \in \mathbf{N}$,当 $n > N$ 时,$\left[\xi - \dfrac{1}{n}, \xi + \dfrac{1}{n} \right] \subset [a,b]$. 应用积分中值定理,存在 $\xi_n \in \left[\xi - \dfrac{1}{n}, \xi + \dfrac{1}{n} \right]$,使

$$\left(\frac{2}{n} \right)^{1/n} f(\xi_n) = \sqrt[n]{\int_{\xi - \frac{1}{n}}^{\xi + \frac{1}{n}} [f(x)]^n \mathrm{d}x} \leqslant \sqrt[n]{\int_a^b [f(x)]^n \mathrm{d}x} \leqslant M(b-a)^{\frac{1}{n}}$$

由于 $f(x)$ 连续,$\lim\limits_{n \to \infty} \xi_n = \xi$ 及

$$\lim_{n \to \infty} \left(\frac{2}{n} \right)^{\frac{1}{n}} = 1, \quad \lim_{n \to \infty} (b-a)^{\frac{1}{n}} = 1$$

运用夹逼准则得 $\lim\limits_{n \to \infty} \sqrt[n]{\int_a^b [f(x)]^n \mathrm{d}x} = M$.

(2) 当 $\xi = a$ 或 $\xi = b$ 时证明是类似的,这里从略.

3. 2. 4 变限的定积分的应用(例 3. 27—3. 34)

例 3. 27(全国 2020 年考研题) $x \to 0^+$ 时,下列无穷小量中最高阶的是(   )

A. $\displaystyle\int_0^x (\mathrm{e}^{t^2} - 1) \mathrm{d}t$ 　　　　　　B. $\displaystyle\int_0^x \ln(1 + \sqrt{t^3}) \mathrm{d}t$

C. $\displaystyle\int_0^{\sin x} \sin(t^2) \mathrm{d}t$ 　　　　　　D. $\displaystyle\int_0^{1-\cos x} \sqrt{\sin t^3} \mathrm{d}t$

解析　先证一个命题:在 $x=0$ 的某邻域中,若函数 $F(x)$ 可导,$x\to 0$ 时 $F(x)$ 是无穷小量,且 $F'(x)$ 是 k 阶无穷小量,$F'(x)\sim Ax^k(A\neq 0)$,则 $x\to 0$ 时 $F(x)$ 是 $k+1$ 阶无穷小量,且 $F(x)\sim\dfrac{A}{k+1}x^{k+1}(A\neq 0)$. 证明如下:

因为 $F'(x)\sim Ax^k(A\neq 0)$,所以 $\lim\limits_{x\to 0}\dfrac{F'(x)}{x^k}=A(A\neq 0)$. 应用洛必达法则,得

$$\lim_{x\to 0}\frac{F(x)}{x^{k+1}}\xlongequal{\frac{0}{0}}\lim_{x\to 0}\frac{F'(x)}{(k+1)x^k}=\frac{A}{k+1}\quad\left(\frac{A}{k+1}\neq 0\right)$$

此式表明 $x\to 0$ 时 $F(x)$ 是 $k+1$ 阶无穷小量,且 $F(x)\sim\dfrac{A}{k+1}x^{k+1}(A\neq 0)$.

再将题中的 4 个函数顺次记为 $F_i(x)(i=1,2,3,4)$,应用变上限积分的求导公式得:

$F_1'(x)=\mathrm{e}^{x^2}-1\sim x^2(x\to 0^+)\Rightarrow F_1'(x)$ 是 2 阶无穷小,故 $F_1(x)$ 是 3 阶无穷小;

$F_2'(x)=\ln(1+\sqrt{x^3})\sim\sqrt{x^3}(x\to 0^+)\Rightarrow F_2'(x)$ 是 $\dfrac{3}{2}$ 阶无穷小,故 $F_2(x)$ 是 $\dfrac{5}{2}$ 阶无穷小;

$F_3'(x)=\cos x\cdot\sin(\sin^2 x)\sim x^2(x\to 0^+)\Rightarrow F_3'(x)$ 是 2 阶无穷小,故 $F_3(x)$ 是 3 阶无穷小;

$F_4'(x)=\sin x\cdot\sqrt{\sin(1-\cos x)^3}\sim\dfrac{\sqrt{2}}{4}x^4(x\to 0^+)\Rightarrow F_4'(x)$ 是 4 阶无穷小,故 $F_4(x)$ 是 5 阶无穷小.

综上,选 D.

例 3.28(全国 2009 年预赛题)　设 $f(x)$ 是连续函数,又

$$g(x)=\int_0^1 f(xt)\mathrm{d}t,\quad 且\quad \lim_{x\to 0}\frac{f(x)}{x}=A\quad(A 为常数)$$

求 $g'(x)$,并讨论 $g'(x)$ 在 $x=0$ 处的连续性.

解析　首先由 $\lim\limits_{x\to 0}\dfrac{f(x)}{x}=A$ 可得 $f(0)=0$,$f'(0)=\lim\limits_{x\to 0}\dfrac{f(x)-f(0)}{x}=A$.

当 $x\neq 0$ 时,令 $xt=u$,则

$$g(x)=\frac{1}{x}\int_0^x f(u)\mathrm{d}u$$

求导数得

$$g'(x)=\frac{f(x)x-\displaystyle\int_0^x f(u)\mathrm{d}u}{x^2}=\frac{f(x)}{x}-\frac{\displaystyle\int_0^x f(u)\mathrm{d}u}{x^2}$$

当 $x = 0$ 时,利用导数的定义与洛必达法则,可得

$$g'(0) = \lim_{x \to 0}\frac{g(x) - g(0)}{x} = \lim_{x \to 0}\frac{\frac{1}{x}\int_0^x f(u)\,du - \int_0^1 f(0)\,dt}{x}$$

$$= \lim_{x \to 0}\frac{\int_0^x f(u)\,du}{x^2} \overset{\frac{0}{0}}{=} \lim_{x \to 0}\frac{f(x)}{2x} = \frac{A}{2}$$

由于

$$\lim_{x \to 0}g'(x) = \lim_{x \to 0}\frac{f(x)}{x} - \lim_{x \to 0}\frac{\int_0^x f(u)\,du}{x^2}$$

$$\overset{\frac{0}{0}}{=} A - \lim_{x \to 0}\frac{f(x)}{2x} = A - \frac{A}{2} = \frac{A}{2} = g'(0)$$

所以 $g'(x)$ 在 $x = 0$ 处连续.

例 3.29(江苏省 2000 年竞赛题) 设

$$f(x) = x, \quad g(x) = \begin{cases} \sin x, & 0 \leqslant x \leqslant \dfrac{\pi}{2}, \\ 0, & x > \dfrac{\pi}{2} \end{cases}$$

求 $F(x) = \displaystyle\int_0^x f(t)g(x-t)\,dt$.

解析 先用变量代换化简定积分,即令 $x - t = u$,则

$$F(x) = -\int_x^0 f(x-u)g(u)\,du = \int_0^x f(x-u)g(u)\,du = \int_0^x (x-u)g(u)\,du$$

$$= \begin{cases} \displaystyle\int_0^x (x-u)\sin u\,du, & 0 \leqslant x \leqslant \dfrac{\pi}{2}, \\ \displaystyle\int_0^{\frac{\pi}{2}} (x-u)\sin u\,du, & x > \dfrac{\pi}{2} \end{cases}$$

$$= \begin{cases} (-x\cos u + (u\cos u - \sin u))\Big|_0^x = x - \sin x, & 0 \leqslant x \leqslant \dfrac{\pi}{2}, \\ (-x\cos u + (u\cos u - \sin u))\Big|_0^{\frac{\pi}{2}} = x - 1, & x > \dfrac{\pi}{2} \end{cases}$$

例 3.30(浙江省 2017 年竞赛题) 设 $f(x)$ 连续,且 $f(x+2) - f(x) = \sin x$,$\displaystyle\int_0^2 f(x)\,dx = 0$,求定积分 $\displaystyle\int_1^3 f(x)\,dx$.

解析 作辅助函数 $F(x) = \displaystyle\int_x^{x+2} f(t)\,dt$,因 $f(x)$ 连续,则 $F(x)$ 连续可导,且

$$F'(x) = f(x+2) - f(x) = \sin x$$

于是 $F(x) = C - \cos x$. 又 $F(0) = \int_0^2 f(t)\mathrm{d}t = 0$, 所以 $C = 1$, 得 $F(x) = 1 - \cos x$, 因此

$$\int_1^3 f(x)\mathrm{d}x = F(1) = 1 - \cos 1$$

例 3.31(浙江省 2002 年竞赛题)　设 $f(x)$ 连续, 且当 $x > -1$ 时有

$$f(x)\left(\int_0^x f(t)\mathrm{d}t + 1\right) = \frac{x\mathrm{e}^x}{2(1+x)^2}$$

求 $f(x)$.

解析　令 $y(x) = \int_0^x f(t)\mathrm{d}t + 1$, 则 $y(0) = 1$, 且 $y'(x) = f(x)$, 于是有

$$2y'(x)y(x) = \frac{x\mathrm{e}^x}{(1+x)^2}$$

两边积分得

$$\int 2y'(x)y(x)\mathrm{d}x = \int 2y(x)\mathrm{d}y(x) = y^2(x)$$

$$= \int \frac{x\mathrm{e}^x}{(1+x)^2}\mathrm{d}x = -\int x\mathrm{e}^x\mathrm{d}\frac{1}{1+x}$$

$$= -\frac{x\mathrm{e}^x}{1+x} + \int \frac{1}{1+x}\mathrm{e}^x(1+x)\mathrm{d}x = \frac{\mathrm{e}^x}{1+x} + C$$

由 $y(0) = 1$ 得 $C = 0$, 所以 $y(x) = \sqrt{\dfrac{\mathrm{e}^x}{1+x}}$, 即 $\int_0^x f(t)\mathrm{d}t + 1 = \sqrt{\dfrac{\mathrm{e}^x}{1+x}}$, 故

$$f(x) = \left(\sqrt{\frac{\mathrm{e}^x}{1+x}}\right)' = \frac{\sqrt{\mathrm{e}^x} \cdot x}{2(1+x)^{\frac{3}{2}}}$$

例 3.32(莫斯科大学 1977 年竞赛题)　设 $f(x)$ 在 $[a,b]$ 上连续, 且

$$\int_a^b f(x)\mathrm{d}x = \int_a^b xf(x)\mathrm{d}x = \int_a^b x^2 f(x)\mathrm{d}x = 0$$

求证: $f(x)$ 在 (a,b) 内至少有 3 个零点.

解析　因 $f(x)$ 在 $[a,b]$ 上连续, 令 $F(x) = \int_a^x f(t)\mathrm{d}t$, 则 $F(a) = F(b) = 0$, 且 $F'(x) = f(x)$, 应用积分中值定理, $\exists c \in (a,b)$, 使得

$$\int_a^b xf(x)\mathrm{d}x = xF(x)\bigg|_a^b - \int_a^b F(x)\mathrm{d}x = -F(c)(b-a) = 0$$

所以 $F(c) = 0$. 对函数 $F(x)$ 在 $[a,c]$ 与 $[c,b]$ 上分别应用罗尔定理, $\exists c_1 \in (a,c)$ 和 $c_2 \in (c,b)$, 使得

$$F'(c_1) = f(c_1) = 0, \quad F'(c_2) = f(c_2) = 0$$

即 $f(x)$ 在 (a,b) 内至少有两个零点.

假设 $f(x)$ 在 (a,b) 内恰有两个零点 $c_1, c_2 (a < c_1 < c_2 < b)$，则 $f(x)$ 取值的符号有下列六种情况：

情况	函数	(a,c_1)	c_1	(c_1,c_2)	c_2	(c_2,b)
1		$+$	0	$-$	0	$+$
2		$+$	0	$+$	0	$-$
3	$f(x)$	$+$	0	$-$	0	$-$
4		$-$	0	$+$	0	$-$
5		$-$	0	$-$	0	$+$
6		$-$	0	$+$	0	$+$

下面证明这六种情况皆不可能发生. 情况 1:取多项式 $p(x) = (x - c_1)(x - c_2)$;情况 2:取多项式 $p(x) = c_2 - x$;情况 3:取多项式 $p(x) = c_1 - x$;情况 4:取多项式 $p(x) = (x - c_1)(c_2 - x)$;情况 5:取多项式 $p(x) = x - c_2$;情况 6:取多项式 $p(x) = x - c_1$. 这里多项式为一次或二次多项式,由题意得

$$\int_a^b p(x) f(x) \mathrm{d}x = 0$$

另一方面,由于这些多项式在区间 (a,c_1), (c_1,c_2), (c_2,b) 内的取值符号与 $f(x)$ 在这些区间上的取值符号完全相同,于是在 (a,c_1), (c_1,c_2), (c_2,b) 内 $p(x)f(x)$ 皆取正值,且 $p(x)f(x)$ 在 $[a,b]$ 上连续,所以

$$\int_a^b p(x) f(x) \mathrm{d}x > 0$$

从而导出了矛盾. 所以 $f(x)$ 在 (a,b) 内至少有 3 个零点.

例 3.33(莫斯科全苏 1976 年竞赛题) 设函数 $f(x)$ 单调增加,$\forall T > 0, f(x)$ 在 $[0,T]$ 上可积,且 $\lim\limits_{x \to +\infty} \dfrac{1}{x} \int_0^x f(t) \mathrm{d}t = A$,求证: $\lim\limits_{x \to +\infty} f(x) = A$.

解析 由于函数 $f(x)$ 单调增加,当 $x > 0$ 时,应用定积分的保号性,有

$$\int_x^{2x} f(t) \mathrm{d}t \geqslant \int_x^{2x} f(x) \mathrm{d}t = x f(x), \quad \int_{\frac{x}{2}}^x f(t) \mathrm{d}t \leqslant \int_{\frac{x}{2}}^x f(x) \mathrm{d}t = \frac{x}{2} f(x)$$

所以

$$\frac{2}{x} \int_{\frac{x}{2}}^x f(t) \mathrm{d}t \leqslant f(x) \leqslant \frac{1}{x} \int_x^{2x} f(t) \mathrm{d}t \quad (x > 0)$$

又因为

$$\lim_{x \to +\infty} \frac{2}{x} \int_{\frac{x}{2}}^{x} f(t)\,dt = 2\lim_{x \to +\infty} \frac{1}{x} \int_{0}^{x} f(t)\,dt - \lim_{x/2 \to +\infty} \frac{1}{x/2} \int_{0}^{\frac{x}{2}} f(t)\,dt$$

$$= 2A - A = A$$

$$\lim_{x \to +\infty} \frac{1}{x} \int_{x}^{2x} f(t)\,dt = 2\lim_{2x \to +\infty} \frac{1}{2x} \int_{0}^{2x} f(t)\,dt - \lim_{x \to +\infty} \frac{1}{x} \int_{0}^{x} f(t)\,dt$$

$$= 2A - A = A$$

应用夹逼准则即得 $\lim\limits_{x \to +\infty} f(x) = A$.

例 3.34(北京市 1992 年竞赛题)　设 $f''(x)$ 连续,且 $f''(x) > 0$, $f(0) = f'(0)$ $= 0$,试求极限 $\lim\limits_{x \to 0^{+}} \dfrac{\displaystyle\int_{0}^{u(x)} f(t)\,dt}{\displaystyle\int_{0}^{x} f(t)\,dt}$,其中 $u(x)$ 是曲线 $y = f(x)$ 在点 $(x, f(x))$ 处的切线在 x 轴上的截距.

解析　曲线 $y = f(x)$ 在点 $(x, f(x))$ 处切线为

$$Y - f(x) = f'(x)(X - x)$$

令 $Y = 0$,得 $X = x - \dfrac{f(x)}{f'(x)}$,即 $u(x) = x - \dfrac{f(x)}{f'(x)}$, $u'(x) = \dfrac{f(x)f''(x)}{[f'(x)]^2}$.

应用 $f(x)$ 与 $f'(x)$ 的马克劳林公式,有

$$f(x) = f(0) + f'(0)x + \frac{1}{2}f''(0)x^2 + o(x^2) = \frac{1}{2}f''(0)x^2 + o(x^2)$$

$$f'(x) = f'(0) + f''(0)x + o(x) = f''(0)x + o(x)$$

因此 $u(x) = x - \dfrac{\dfrac{1}{2}f''(0)x^2 + o(x^2)}{f''(0)x + o(x)}$,且当 $x \to 0$ 时,有

$$\frac{u(x)}{\dfrac{x}{2}} = 2 - \frac{f''(0)x + o(x)}{f''(0)x + o(x)} \to 1$$

故 $u(x) = \dfrac{x}{2} + o(x)$,且 $\lim\limits_{x \to 0^{+}} u(x) = 0$.

因此

$$\lim_{x \to 0^{+}} \frac{\displaystyle\int_{0}^{u(x)} f(t)\,dt}{\displaystyle\int_{0}^{x} f(t)\,dt} = \lim_{x \to 0^{+}} \frac{f(u(x)) \cdot u'(x)}{f(x)} = \lim_{x \to 0^{+}} \frac{f(u(x))}{[f'(x)]^2} \cdot f''(x)$$

$$= \lim_{x \to 0^{+}} \frac{\dfrac{1}{2}f''(0)u^2(x) + o(u^2(x))}{[f'(0)x + o(x)]^2} \cdot f''(0)$$

$$= \lim_{x \to 0^+} \frac{\frac{1}{2}f''(0) \cdot \left(\frac{x}{2}\right)^2 + o(x^2)}{[f''(0)x + o(x)]^2} \cdot f''(0) = \frac{1}{8}$$

3.2.5 定积分的计算(例 3.35—3.54)

例 3.35(江苏省 1998 年竞赛题)   设连续函数 $f(x)$ 满足

$$f(x) = x + x^2 \int_0^1 f(x)\mathrm{d}x + x^3 \int_0^2 f(x)\mathrm{d}x$$

求 $f(x)$.

解析   设 $A = \int_0^1 f(x)\mathrm{d}x, B = \int_0^2 f(x)\mathrm{d}x$,则 $f(x) = x + Ax^2 + Bx^3$,故

$$A = \int_0^1 (x + Ax^2 + Bx^3)\mathrm{d}x = \frac{1}{2} + \frac{1}{3}A + \frac{1}{4}B$$

$$B = \int_0^2 (x + Ax^2 + Bx^3)\mathrm{d}x = 2 + \frac{8}{3}A + 4B$$

由上述两式解出 $A = \frac{3}{8}, B = -1$,于是 $f(x) = x + \frac{3}{8}x^2 - x^3$.

例 3.36(东南大学 2019 年竞赛题)   计算定积分 $\int_3^9 \frac{\sqrt{x-3}}{\sqrt{x-3} + \sqrt{9-x}}\mathrm{d}x$.

解析   记原式为 I. 分别令 $x = 6 + t$ 与 $x = 6 - t$,应用换元积分法得

$$I = \int_{-3}^3 \frac{\sqrt{3+t}}{\sqrt{3+t} + \sqrt{3-t}}\mathrm{d}t, \quad I = \int_{-3}^3 \frac{\sqrt{3-t}}{\sqrt{3-t} + \sqrt{3+t}}\mathrm{d}t$$

于是

$$I = \frac{1}{2}\left[\int_{-3}^3 \frac{\sqrt{3+t}}{\sqrt{3+t} + \sqrt{3-t}}\mathrm{d}t + \int_{-3}^3 \frac{\sqrt{3-t}}{\sqrt{3-t} + \sqrt{3+t}}\mathrm{d}t\right]$$

$$= \frac{1}{2}\int_{-3}^3 1\mathrm{d}x = 3$$

例 3.37(江苏省 2017 年竞赛题)   设 $[x]$ 表示实数 x 的整数部分,试求定积分

$$\int_{1/6}^6 \frac{1}{x} \cdot \left[\frac{1}{\sqrt{x}}\right]\mathrm{d}x$$

解析   作换元变换,令 $\frac{1}{\sqrt{x}} = t$,则

$$原式 = 2\int_{1/\sqrt{6}}^{\sqrt{6}} \frac{[t]}{t}\mathrm{d}t = 2\int_1^{\sqrt{6}} \frac{[t]}{t}\mathrm{d}t = 2\int_1^2 \frac{1}{t}\mathrm{d}t + 2\int_2^{\sqrt{6}} \frac{2}{t}\mathrm{d}t$$

$$= 2\ln 2 + 2\ln 6 - 4\ln 2 = 2\ln 3$$

例 3. 38(全国 2013 年预赛题)   计算定积分 $I = \int_{-\pi}^{\pi} \dfrac{x\sin x \cdot \arctan \mathrm{e}^x}{1 + \cos^2 x} \mathrm{d}x$.

解析   应用定积分的可加性,得

$$I = \int_{-\pi}^{0} \frac{x\sin x \cdot \arctan \mathrm{e}^x}{1 + \cos^2 x} \mathrm{d}x + \int_{0}^{\pi} \frac{x\sin x \cdot \arctan \mathrm{e}^x}{1 + \cos^2 x} \mathrm{d}x$$

在上式的第一个积分中作换元积分变换,令 $x = -t$,得

$$I = \int_{0}^{\pi} \frac{t\sin t \cdot \arctan \mathrm{e}^{-t}}{1 + \cos^2 t} \mathrm{d}t + \int_{0}^{\pi} \frac{x\sin x \cdot \arctan \mathrm{e}^x}{1 + \cos^2 x} \mathrm{d}x$$

$$= \int_{0}^{\pi} \left(\arctan \frac{1}{\mathrm{e}^x} + \arctan \mathrm{e}^x \right) \frac{x\sin x}{1 + \cos^2 x} \mathrm{d}x$$

令 $f(x) = \arctan \dfrac{1}{\mathrm{e}^x} + \arctan \mathrm{e}^x$,由于

$$f'(x) = \frac{-\mathrm{e}^{-x}}{1 + \mathrm{e}^{-2x}} + \frac{\mathrm{e}^x}{1 + \mathrm{e}^{2x}} = \frac{-\mathrm{e}^x}{1 + \mathrm{e}^{2x}} + \frac{\mathrm{e}^x}{1 + \mathrm{e}^{2x}} \equiv 0$$

所以 $f(x) = C$,再取 $x = 0$ 得 $C = f(0) = 2\arctan 1 = \dfrac{\pi}{2}$,因此 $f(x) = \dfrac{\pi}{2}$,从而

$I = \dfrac{\pi}{2} \int_{0}^{\pi} \dfrac{x\sin x}{1 + \cos^2 x} \mathrm{d}x$. 作换元积分变换,令 $x = \pi - t$,得

$$I = \frac{\pi}{2} \int_{0}^{\pi} \frac{(\pi - t)\sin t}{1 + \cos^2 t} \mathrm{d}t = \frac{\pi^2}{2} \int_{0}^{\pi} \frac{\sin t}{1 + \cos^2 t} \mathrm{d}t - I$$

所以

$$I = \frac{\pi^2}{4} \int_{0}^{\pi} \frac{\sin t}{1 + \cos^2 t} \mathrm{d}t = -\frac{\pi^2}{4} \arctan(\cos x) \Big|_{0}^{\pi} = \frac{\pi^3}{8}$$

例 3. 39(全国 2016 年考研题)   已知函数 $f(x)$ 在 $\left[0, \dfrac{3\pi}{2}\right]$ 上连续,在 $\left(0, \dfrac{3\pi}{2}\right)$ 内是函数 $\dfrac{\cos x}{2x - 3\pi}$ 的一个原函数,且 $f(0) = 0$.

(1) 求 $f(x)$ 在区间 $\left[0, \dfrac{3\pi}{2}\right]$ 上的平均值;

(2) 证明:$f(x)$ 在区间 $\left(0, \dfrac{3\pi}{2}\right)$ 内存在惟一零点.

解析   (1) 由于 $\dfrac{\cos x}{2x - 3\pi}$ 在区间 $\left[0, \dfrac{3\pi}{2}\right)$ 上连续, 又

$$\lim_{x \to (\frac{3}{2}\pi)^-} \frac{\cos x}{2x - 3\pi} \xlongequal{\frac{0}{0}} \lim_{x \to (\frac{3}{2}\pi)^-} \frac{-\sin x}{2} = \frac{1}{2}$$

所以 $\dfrac{\cos x}{2x - 3\pi}$ 在 $\left[0, \dfrac{3\pi}{2}\right]$ 上可积,且

$$f(x) = \int_0^x \frac{\cos x}{2x - 3\pi} dx \quad \left(0 \leqslant x \leqslant \frac{3}{2}\pi\right), \quad f'(x) = \frac{\cos x}{2x - 3\pi} \quad \left(0 \leqslant x < \frac{3}{2}\pi\right)$$

再应用分部积分法计算 $f(x)$ 在区间 $\left[0, \frac{3\pi}{2}\right]$ 上的平均值, 得

$$\overline{f(x)} = \frac{2}{3\pi} \int_0^{3\pi/2} f(x) dx = \frac{2}{3\pi} \left(x f(x) \Big|_0^{3\pi/2} - \int_0^{3\pi/2} x f'(x) dx \right)$$

$$= f\left(\frac{3\pi}{2}\right) - \frac{2}{3\pi} \int_0^{3\pi/2} x \frac{\cos x}{2x - 3\pi} dx$$

$$= f\left(\frac{3\pi}{2}\right) - \frac{1}{3\pi} \int_0^{3\pi/2} \frac{2x - 3\pi + 3\pi}{2x - 3\pi} \cos x \, dx$$

$$= f\left(\frac{3\pi}{2}\right) - \frac{1}{3\pi} \int_0^{3\pi/2} \cos x \, dx - f\left(\frac{3\pi}{2}\right) = \frac{1}{3\pi}$$

(2) 当 $x \in \left(0, \frac{\pi}{2}\right)$ 时, 因 $\frac{\cos x}{2x - 3\pi} < 0$, 所以 $f(x) = \int_0^x \frac{\cos x}{2x - 3\pi} dx < 0$, 特别

有 $f\left(\frac{\pi}{2}\right) < 0$. 又 $f\left(\frac{3\pi}{2}\right) = \frac{3\pi}{2} \overline{f(x)} = \frac{3\pi}{2} \frac{1}{3\pi} = \frac{1}{2} > 0$, $f(x)$ 在 $\left[\frac{\pi}{2}, \frac{3\pi}{2}\right]$ 上连续,

应用零点定理可知 $f(x)$ 在区间 $\left(\frac{\pi}{2}, \frac{3\pi}{2}\right)$ 内至少有一个零点. 因为 $f(x)$ 在 $\left(0, \frac{\pi}{2}\right]$

上没有零点, 且 $f'(x) > 0 \left(\frac{\pi}{2} < x < \frac{3\pi}{2}\right)$, 所以 $f(x)$ 在 $\left[\frac{\pi}{2}, \frac{3\pi}{2}\right]$ 上单调增加, 于

是 $f(x)$ 在区间 $\left(0, \frac{3\pi}{2}\right)$ 内有惟一零点.

例 3.40(江苏省 2006 年竞赛题)　求 $\int_0^1 \frac{\arctan x}{(1+x)^2} dx$.

解析　原式 $= -\int_0^1 \arctan x \, d \frac{1}{1+x} = -\frac{\arctan x}{1+x} \Big|_0^1 + \int_0^1 \frac{1}{(1+x)(1+x^2)} dx$

$$= -\frac{\pi}{8} + \int_0^1 \frac{1}{(1+x)(1+x^2)} dx$$

令 $\frac{1}{(1+x)(1+x^2)} = \frac{A}{1+x} + \frac{Bx + C}{1+x^2}$, 可解得 $A = \frac{1}{2}, B = -\frac{1}{2}, C = \frac{1}{2}$, 则

$$\int_0^1 \frac{1}{(1+x)(1+x^2)} dx = \left(\frac{1}{2} \ln(1+x) - \frac{1}{4} \ln(1+x^2) + \frac{1}{2} \arctan x \right) \Big|_0^1$$

$$= \frac{1}{2} \ln 2 - \frac{1}{4} \ln 2 + \frac{\pi}{8}$$

故原式 $= \frac{1}{4} \ln 2$.

例 3.41(江苏省 2016 年竞赛题)　设 $f(x) = \int_0^x \frac{\ln(1+t)}{1+t^2} dt$, 试求 $\int_0^1 x f(x) dx$.

解析　根据题意,可得 $f'(x) = \dfrac{\ln(1+x)}{1+x^2}$,再应用分部积分法,有

$$
\begin{aligned}
\int_0^1 x f(x)\mathrm{d}x &= \frac{1}{2}\int_0^1 f(x)\mathrm{d}x^2 = \frac{1}{2}x^2 f(x)\Big|_0^1 - \frac{1}{2}\int_0^1 x^2 f'(x)\mathrm{d}x \\
&= \frac{1}{2}f(1) - \frac{1}{2}\int_0^1 x^2 \cdot \frac{\ln(1+x)}{1+x^2}\mathrm{d}x \\
&= \frac{1}{2}f(1) - \frac{1}{2}\int_0^1 \ln(1+x)\mathrm{d}x + \frac{1}{2}\int_0^1 \frac{\ln(1+x)}{1+x^2}\mathrm{d}x \\
&= f(1) - \frac{1}{2}\int_0^1 \ln(1+x)\mathrm{d}x \\
&= f(1) - \frac{1}{2}\left(x\ln(1+x)\Big|_0^1 - \int_0^1 \frac{x}{1+x}\mathrm{d}x\right) \\
&= f(1) - \frac{1}{2}\left(\ln 2 - 1 + \ln(1+x)\Big|_0^1\right) = f(1) - \ln 2 + \frac{1}{2}
\end{aligned}
$$

下面来求 $f(1)$. 令 $\dfrac{1+t}{2} = \dfrac{1}{1+x}$,则 $\mathrm{d}t = -\dfrac{2}{(1+x)^2}\mathrm{d}x$, $\dfrac{1}{1+t^2} = \dfrac{(1+x)^2}{2(1+x^2)}$,得

$$
\begin{aligned}
f(1) &= \int_0^1 \frac{\ln(1+t)}{1+t^2}\mathrm{d}t = \int_0^1 \frac{\ln 2 + \ln\dfrac{1+t}{2}}{1+t^2}\mathrm{d}t = \ln 2 \cdot \int_0^1 \frac{1}{1+t^2}\mathrm{d}t - \int_0^1 \frac{\ln(1+x)}{1+x^2}\mathrm{d}x \\
&= \ln 2 \cdot \arctan t \Big|_0^1 - f(1) = \frac{\pi}{4}\ln 2 - f(1)
\end{aligned}
$$

于是 $f(1) = \dfrac{\pi}{8}\ln 2$,故

$$
原式 = \frac{\pi}{8}\ln 2 - \ln 2 + \frac{1}{2}
$$

例 3.42(江苏省 2002 年竞赛题)　求 $\displaystyle\int_0^{\frac{\pi}{2}} \mathrm{e}^x \frac{1+\sin x}{1+\cos x}\mathrm{d}x$.

解析　原式 $= \displaystyle\int_0^{\frac{\pi}{2}} \mathrm{e}^x \frac{\left(\sin\dfrac{x}{2} + \cos\dfrac{x}{2}\right)^2}{2\cos^2\dfrac{x}{2}}\mathrm{d}x = \frac{1}{2}\int_0^{\frac{\pi}{2}} \mathrm{e}^x\left(1 + \tan\dfrac{x}{2}\right)^2\mathrm{d}x$

$$
\begin{aligned}
&= \frac{1}{2}\int_0^{\frac{\pi}{2}} \mathrm{e}^x \sec^2\frac{x}{2}\mathrm{d}x + \int_0^{\frac{\pi}{2}} \mathrm{e}^x \tan\frac{x}{2}\mathrm{d}x \\
&= \int_0^{\frac{\pi}{2}} \mathrm{e}^x \mathrm{d}\tan\frac{x}{2} + \int_0^{\frac{\pi}{2}} \mathrm{e}^x \tan\frac{x}{2}\mathrm{d}x \\
&= \mathrm{e}^x \tan\frac{x}{2}\Big|_0^{\frac{\pi}{2}} - \int_0^{\frac{\pi}{2}} \mathrm{e}^x \tan\frac{x}{2}\mathrm{d}x + \int_0^{\frac{\pi}{2}} \mathrm{e}^x \tan\frac{x}{2}\mathrm{d}x = \mathrm{e}^{\frac{\pi}{2}}
\end{aligned}
$$

例 3. 43(精选题)   求 $\displaystyle\int_0^{\frac{\pi}{2}} \frac{1}{1+(\tan x)^\lambda}\mathrm{d}x\ (\lambda\in\mathbf{R})$.

解析   记 $f(x)=\dfrac{1}{1+(\tan x)^\lambda}$,则 $f(x)$ 在区间 $\left(0,\dfrac{\pi}{2}\right)$ 上连续. 当 $\lambda=0$ 时,

$f(x)=\dfrac{1}{2}$;当 $\lambda>0$ 时,$f(0^+)=1,f\left(\dfrac{\pi}{2}^-\right)=0$;当 $\lambda<0$ 时,$f(0^+)=0,f\left(\dfrac{\pi}{2}^-\right)=1$.

所以原定积分为常义积分,记为 I.

首先考察积分 $\displaystyle\int_0^{\frac{\pi}{2}}\frac{1}{1+(\cot x)^\lambda}\mathrm{d}x$. 作换元积分变换,令 $x=\dfrac{\pi}{2}-t$,得

$$\int_0^{\frac{\pi}{2}}\frac{1}{1+(\cot x)^\lambda}\mathrm{d}x=-\int_{\frac{\pi}{2}}^0\frac{1}{1+(\tan t)^\lambda}\mathrm{d}t=\int_0^{\frac{\pi}{2}}\frac{1}{1+(\tan x)^\lambda}\mathrm{d}x=I$$

所以

$$\begin{aligned}
I&=\frac{1}{2}\left(\int_0^{\frac{\pi}{2}}\frac{1}{1+(\tan x)^\lambda}\mathrm{d}x+\int_0^{\frac{\pi}{2}}\frac{1}{1+(\cot x)^\lambda}\mathrm{d}x\right)\\
&=\frac{1}{2}\int_0^{\frac{\pi}{2}}\left(\frac{1}{1+(\tan x)^\lambda}+\frac{1}{1+(\cot x)^\lambda}\right)\mathrm{d}x\\
&=\frac{1}{2}\int_0^{\frac{\pi}{2}}\left(\frac{1}{1+(\tan x)^\lambda}+\frac{(\tan x)^\lambda}{1+(\tan x)^\lambda}\right)\mathrm{d}x=\frac{1}{2}\int_0^{\frac{\pi}{2}}1\mathrm{d}x=\frac{\pi}{4}
\end{aligned}$$

例 3. 44(江苏省 2016 年竞赛题)   求定积分 $\displaystyle\int_0^\pi\frac{x\sin^2 x}{1+\cos^2 x}\mathrm{d}x$.

解析   根据题意,有

$$原式=\int_0^{\pi/2}\frac{x\sin^2 x}{1+\cos^2 x}\mathrm{d}x+\int_{\pi/2}^\pi\frac{x\sin^2 x}{1+\cos^2 x}\mathrm{d}x$$

在第二项中令 $x=\pi-t$,则

$$\begin{aligned}
\int_{\pi/2}^\pi\frac{x\sin^2 x}{1+\cos^2 x}\mathrm{d}x&=\int_0^{\pi/2}\frac{(\pi-t)\sin^2 t}{1+\cos^2 t}\mathrm{d}t=\pi\int_0^{\pi/2}\frac{\sin^2 t}{1+\cos^2 t}\mathrm{d}t-\int_0^{\pi/2}\frac{t\sin^2 t}{1+\cos^2 t}\mathrm{d}t\\
&=\pi\int_0^{\pi/2}\frac{\sin^2 x}{1+\cos^2 x}\mathrm{d}x-\int_0^{\pi/2}\frac{x\sin^2 x}{1+\cos^2 x}\mathrm{d}x
\end{aligned}$$

于是

$$\begin{aligned}
原式&=\pi\int_0^{\pi/2}\frac{\sin^2 x}{1+\cos^2 x}\mathrm{d}x=\pi\int_0^{\pi/2}\frac{-1-\cos^2 x+2}{1+\cos^2 x}\mathrm{d}x\\
&=-\frac{\pi^2}{2}+2\pi\int_0^{\pi/2}\frac{1}{\sin^2 x+2\cos^2 x}\mathrm{d}x\\
&=-\frac{\pi^2}{2}+2\pi\int_0^{\pi/2}\frac{1}{2+\tan^2 x}\mathrm{d}\tan x\quad(令\ \tan x=u)\\
&=-\frac{\pi^2}{2}+2\pi\int_0^{+\infty}\frac{1}{2+u^2}\mathrm{d}u
\end{aligned}$$

$$= -\frac{\pi^2}{2} + \sqrt{2}\,\pi\arctan\frac{u}{\sqrt{2}}\,\Big|_0^{+\infty} = \frac{\sqrt{2}-1}{2}\pi^2$$

例 3.45（北京市 2000 年、浙江省 2002 年竞赛题）　求积分

$$\int_{\frac{1}{2}}^2 \left(1 + x - \frac{1}{x}\right)\mathrm{e}^{x+\frac{1}{x}}\mathrm{d}x$$

解析　应用定积分分部积分公式,有

$$原式 = \int_{\frac{1}{2}}^2 \mathrm{e}^{x+\frac{1}{x}}\mathrm{d}x + \int_{\frac{1}{2}}^2 x\left(1 - \frac{1}{x^2}\right)\mathrm{e}^{x+\frac{1}{x}}\mathrm{d}x$$

$$= \int_{\frac{1}{2}}^2 \mathrm{e}^{x+\frac{1}{x}}\mathrm{d}x + \int_{\frac{1}{2}}^2 x\mathrm{d}\mathrm{e}^{x+\frac{1}{x}}$$

$$= \int_{\frac{1}{2}}^2 \mathrm{e}^{x+\frac{1}{x}}\mathrm{d}x + x\mathrm{e}^{x+\frac{1}{x}}\,\Big|_{\frac{1}{2}}^2 - \int_{\frac{1}{2}}^2 \mathrm{e}^{x+\frac{1}{x}}\mathrm{d}x = \frac{3}{2}\mathrm{e}^{\frac{5}{2}}$$

例 3.46（全国 2014 年预赛题）　求 $I = \displaystyle\int_{\mathrm{e}^{-2n\pi}}^1 \left|\frac{\mathrm{d}}{\mathrm{d}x}\cos\left(\ln\frac{1}{x}\right)\right|\mathrm{d}x, n \in \mathbf{N}.$

解析　由于 $\dfrac{\mathrm{d}}{\mathrm{d}x}\cos\left(\ln\dfrac{1}{x}\right) = \dfrac{\mathrm{d}}{\mathrm{d}x}\cos(\ln x) = -\dfrac{1}{x}\sin(\ln x)$,应用定积分换元法和周期函数的定积分性质,有

$$I = \int_{\mathrm{e}^{-2n\pi}}^1 |\sin(\ln x)|\,\mathrm{d}\ln x = \int_{-2n\pi}^0 |\sin u|\,\mathrm{d}u$$

$$= 2n\int_0^\pi \sin u\,\mathrm{d}u = -2n\cos u\,\Big|_0^\pi = 4n$$

例 3.47（江苏省 2000 年竞赛题）　设可微函数 $f(x)$ 在 $x > 0$ 上有定义,其反函数为 $g(x)$ 且满足 $\displaystyle\int_1^{f(x)} g(t)\mathrm{d}t = \frac{1}{3}(x^{\frac{3}{2}} - 8)$,试求 $f(x)$.

解析　因为 $g(x) = f^{-1}(x)$,所以原式两边对 x 求导得

$$f'(x)f^{-1}(f(x)) = \frac{1}{2}\sqrt{x} \Leftrightarrow xf'(x) = \frac{1}{2}\sqrt{x} \Leftrightarrow f'(x) = \frac{1}{2\sqrt{x}}\ (x > 0)$$

对最后一式两边积分得 $f(x) = \sqrt{x} + C$.再在原式中令 $f(x) = 1$ 得 $x\sqrt{x} - 8 = 0$,解得 $x = 4$,即 $f(4) = 1$. 由此可得 $C = -1$,于是所求函数为 $f(x) = \sqrt{x} - 1$.

例 3.48（南京大学 1995 年竞赛题）

(1) 证明:$\displaystyle\int_0^{\frac{\pi}{4}} \ln\sin\left(x + \frac{\pi}{4}\right)\mathrm{d}x = \int_0^{\frac{\pi}{4}} \ln\cos x\,\mathrm{d}x$;

(2) 计算:$\displaystyle\int_0^{\frac{\pi}{4}} \ln(1 + \tan x)\mathrm{d}x$.

解析 （1）令 $x = \dfrac{\pi}{4} - t$，则

$$\int_0^{\frac{\pi}{4}} \ln\sin\left(x + \frac{\pi}{4}\right)\mathrm{d}x = -\int_{\frac{\pi}{4}}^0 \ln\sin\left(\frac{\pi}{2} - t\right)\mathrm{d}t = \int_0^{\frac{\pi}{4}} \ln\cos t\,\mathrm{d}t = \int_0^{\frac{\pi}{4}} \ln\cos x\,\mathrm{d}x$$

（2）原式 $= \displaystyle\int_0^{\frac{\pi}{4}} \ln\frac{\sin x + \cos x}{\cos x}\mathrm{d}x = \int_0^{\frac{\pi}{4}} \ln\left[\sqrt{2}\sin\left(x + \frac{\pi}{4}\right)\right]\mathrm{d}x - \int_0^{\frac{\pi}{4}} \ln\cos x\,\mathrm{d}x$

$$= \frac{1}{2}\cdot\frac{\pi}{4}\ln 2 + \int_0^{\frac{\pi}{4}} \ln\sin\left(x + \frac{\pi}{4}\right)\mathrm{d}x - \int_0^{\frac{\pi}{4}} \ln\cos x\,\mathrm{d}x = \frac{1}{8}\pi\ln 2$$

例 3.49（精选题） 设 $F(a) = \displaystyle\int_0^\pi \ln(1 - 2a\cos x + a^2)\mathrm{d}x$，求 $F(-a)$，$F(a^2)$.

解析 作定积分的换元变换，令 $x = \pi - t$，则

$$F(-a) = \int_0^\pi \ln(1 + 2a\cos x + a^2)\mathrm{d}x = -\int_\pi^0 \ln(1 - 2a\cos t + a^2)\mathrm{d}t$$

$$= \int_0^\pi \ln(1 - 2a\cos x + a^2)\mathrm{d}x = F(a)$$

$$F(a^2) = \int_0^\pi \ln(1 - 2a^2\cos x + a^4)\mathrm{d}x \tag{1}$$

由于 $F(-a) = F(a)$，所以

$$2F(a) = F(a) + F(-a) = \int_0^\pi \left[\ln(1 - 2a\cos x + a^2) + \ln(1 + 2a\cos x + a^2)\right]\mathrm{d}x$$

$$= \int_0^\pi \ln\left[(1 + a^2)^2 - 4a^2\cos^2 x\right]\mathrm{d}x = \int_0^\pi \ln(1 - 2a^2\cos 2x + a^4)\mathrm{d}x$$

$$= \frac{1}{2}\int_0^{2\pi} \ln(1 - 2a^2\cos t + a^4)\mathrm{d}t \quad (\text{令 } 2x = t)$$

$$= \frac{1}{2}\left[\int_0^\pi \ln(1 - 2a^2\cos t + a^4)\mathrm{d}t + \int_\pi^{2\pi} \ln(1 - 2a^2\cos t + a^4)\mathrm{d}t\right]$$

$$= \frac{1}{2}\left[\int_0^\pi \ln(1 - 2a^2\cos t + a^4)\mathrm{d}t + \int_0^\pi \ln(1 - 2a^2\cos u + a^4)\mathrm{d}u\right]$$

（第 2 项中令 $t = 2\pi - u$）

$$= \frac{1}{2}\left[\int_0^\pi \ln(1 - 2a^2\cos x + a^4)\mathrm{d}x + \int_0^\pi \ln(1 - 2a^2\cos x + a^4)\mathrm{d}x\right]$$

$$= \int_0^\pi \ln(1 - 2a^2\cos x + a^4)\mathrm{d}x \tag{2}$$

比较（1）与（2）式即得 $F(a^2) = 2F(a)$.

例 3.50（浙江省 2016 年竞赛题） 记 $y_n(x) = \cos(n\arccos x)(n = 0,1,2,\cdots)$.

（1）证明：当 $n \neq m$ 时，$\displaystyle\int_{-1}^1 \frac{y_n(x)y_m(x)}{\sqrt{1 - x^2}}\mathrm{d}x = 0$；

(2) 求 $c_n(n=0,1,2,\cdots)$，使得 $\exp(\arccos x)=\sum\limits_{n=0}^{\infty}c_ny_n(x)$.

解析　(1) 当 $n\neq m$ 时，作换元积分变换，令 $x=\cos t$，并应用三角函数的积化和差公式，得

$$\int_{-1}^{1}\frac{y_n(x)y_m(x)}{\sqrt{1-x^2}}\mathrm{d}x=\int_0^{\pi}\cos(nt)\cos(mt)\mathrm{d}t$$
$$=\frac{1}{2}\int_0^{\pi}\big[\cos((n+m)t)+\cos((n-m)t)\big]\mathrm{d}t$$
$$=\frac{1}{2}\Big[\frac{1}{n+m}\sin((n+m)t)+\frac{1}{n-m}\sin((n-m)t)\Big]\Big|_0^{\pi}=0$$

(2) 将原式改写为 $\exp(\arccos x)=\sum\limits_{k=0}^{\infty}c_ky_k(x)$，再两边乘以 $\dfrac{y_n(x)}{\sqrt{1-x^2}}$ 并在区间 $[-1,1]$ 上积分，应用上面(1)的结论得

$$\int_{-1}^{1}\frac{y_n(x)\exp(\arccos x)}{\sqrt{1-x^2}}\mathrm{d}x=\sum\limits_{k=0}^{\infty}c_k\int_{-1}^{1}\frac{y_k(x)y_n(x)}{\sqrt{1-x^2}}\mathrm{d}x=c_n\int_{-1}^{1}\frac{y_n^2(x)}{\sqrt{1-x^2}}\mathrm{d}x$$

当 $n=0$ 时 $y_0(x)=1$，对下式分子作换元积分变换，令 $x=\cos t$，得

$$c_0=\frac{\displaystyle\int_{-1}^{1}\frac{\exp(\arccos x)}{\sqrt{1-x^2}}\mathrm{d}x}{\displaystyle\int_{-1}^{1}\frac{1}{\sqrt{1-x^2}}\mathrm{d}x}=\frac{\displaystyle\int_0^{\pi}\mathrm{e}^t\mathrm{d}t}{\arcsin x\Big|_{-1}^{1}}=\frac{\mathrm{e}^{\pi}-1}{\pi}$$

当 $n=1,2,\cdots$ 时，对下式分子与分母都作换元积分变换，令 $x=\cos t$，得

$$c_n=\frac{\displaystyle\int_{-1}^{1}\frac{\cos(n\arccos x)\exp(\arccos x)}{\sqrt{1-x^2}}\mathrm{d}x}{\displaystyle\int_{-1}^{1}\frac{\cos^2(n\arccos x)}{\sqrt{1-x^2}}\mathrm{d}x}=\frac{\displaystyle\int_0^{\pi}\cos(nt)\mathrm{e}^t\mathrm{d}t}{\displaystyle\int_0^{\pi}\cos^2(nt)\mathrm{d}t}$$

$$=\frac{\dfrac{\mathrm{e}^t}{1+n^2}(\cos nt+n\sin nt)\Big|_0^{\pi}}{\Big(\dfrac{t}{2}+\dfrac{\sin 2nt}{4n}\Big)\Big|_0^{\pi}}=\frac{\dfrac{(-1)^n\mathrm{e}^{\pi}-1}{1+n^2}}{\dfrac{\pi}{2}}=\frac{2((-1)^n\mathrm{e}^{\pi}-1)}{(1+n^2)\pi}$$

例 3.51（江苏省 2017 年竞赛题）　设 n 为正整数，$I_n=\displaystyle\int_0^{\pi/2}\frac{\sin 2nx}{\sin x}\mathrm{d}x$.

(1) 求 $I_n-I_{n-1}(n\geqslant 2)$；

(2) 试求定积分 $I_3=\displaystyle\int_0^{\pi/2}\frac{\sin 6x}{\sin x}\mathrm{d}x$.

解析　(1) 应用三角函数的和差化积公式得

$$I_n-I_{n-1}=\int_0^{\pi/2}\frac{\sin 2nx-\sin 2(n-1)x}{\sin x}\mathrm{d}x$$

$$= 2\int_0^{\pi/2} \frac{\cos(2n-1)x \cdot \sin x}{\sin x} \mathrm{d}x = 2\int_0^{\pi/2} \cos(2n-1)x \mathrm{d}x$$

$$= \frac{2}{2n-1} \sin(2n-1)x \Big|_0^{\pi/2} = \frac{2 \cdot (-1)^{n-1}}{2n-1}$$

（2）由第（1）问得

$$I_n = I_{n-1} + \frac{2 \cdot (-1)^{n-1}}{2(n-1)+1}$$

因为 $I_1 = \int_0^{\pi/2} \frac{\sin 2x}{\sin x} \mathrm{d}x = 2\int_0^{\pi/2} \cos x \mathrm{d}x = 2\sin x \Big|_0^{\pi/2} = 2$，所以

$$I_3 = I_2 + \frac{2 \cdot (-1)^2}{2 \cdot 2 + 1} = I_2 + \frac{2}{5} = I_1 + \frac{2 \cdot (-1)^1}{2 \cdot 1 + 1} + \frac{2}{5}$$

$$= I_1 - \frac{2}{3} + \frac{2}{5} = 2 - \frac{2}{3} + \frac{2}{5} = \frac{26}{15}$$

例 3.52（东南大学 2016 年竞赛题）　设 n 为正整数，证明：

$$I_n = \int_0^{\frac{\pi}{2}} \cos^n x \sin nx \, \mathrm{d}x = \frac{1}{2^{n+1}} \left(\frac{2^1}{1} + \frac{2^2}{2} + \frac{2^3}{3} + \cdots + \frac{2^n}{n} \right)$$

解析　对 I_n 分部积分得

$$I_n = -\frac{1}{n} \left(\cos^n x \cdot \cos nx \Big|_0^{\pi/2} + n\int_0^{\frac{\pi}{2}} \cos^{n-1} x \cdot \sin x \cdot \cos nx \, \mathrm{d}x \right)$$

$$= \frac{1}{n} - \int_0^{\frac{\pi}{2}} \cos^{n-1} x \cdot \sin x \cdot \cos nx \, \mathrm{d}x$$

上式与原式相加得

$$2I_n = \frac{1}{n} + \int_0^{\frac{\pi}{2}} \cos^{n-1} x \cdot (\sin nx \cdot \cos x - \cos nx \cdot \sin x) \mathrm{d}x$$

$$= \frac{1}{n} + \int_0^{\frac{\pi}{2}} \cos^{n-1} x \cdot \sin(n-1)x \, \mathrm{d}x = \frac{1}{n} + I_{n-1}$$

由于 $I_1 = \int_0^{\frac{\pi}{2}} \cos x \sin x \mathrm{d}x = \frac{1}{2} \sin^2 x \Big|_0^{\pi/2} = \frac{1}{2}$，于是有

$$2^n I_n = \frac{2^{n-1}}{n} + 2^{n-1} I_{n-1} = \frac{2^{n-1}}{n} + \frac{2^{n-2}}{n-1} + 2^{n-2} I_{n-2}$$

$$= \frac{2^{n-1}}{n} + \frac{2^{n-2}}{n-1} + \cdots + \frac{2^1}{2} + 2^1 I_1 = \frac{2^{n-1}}{n} + \frac{2^{n-2}}{n-1} + \cdots + \frac{2^1}{2} + \frac{2^0}{1}$$

$$I_n = \frac{1}{2^{n+1}} \left(\frac{2^n}{n} + \frac{2^{n-1}}{n-1} + \cdots + \frac{2^2}{2} + \frac{2^1}{1} \right) = \frac{1}{2^{n+1}} \left(\frac{2^1}{1} + \frac{2^2}{2} + \cdots + \frac{2^{n-1}}{n-1} + \frac{2^n}{n} \right)$$

例 3.53（东南大学 2018 年竞赛题）　设 $I_n = \int_0^{\frac{\pi}{2}} \frac{\sin^2 nt}{\sin t} \mathrm{d}t$，其中 n 为正整数，证

明：极限 $\lim\limits_{n\to\infty}(2I_n-\ln n)$ 存在.

解析　应用三角函数的和差化积公式得

$$
\begin{aligned}
I_n-I_{n-1} &= \int_0^{\frac{\pi}{2}} \frac{\sin^2 nt-\sin^2(n-1)t}{\sin t}\mathrm{d}t\\
&= \int_0^{\frac{\pi}{2}} \frac{(\sin nt+\sin(n-1)t)(\sin nt-\sin(n-1)t)}{\sin t}\mathrm{d}t\\
&= \int_0^{\frac{\pi}{2}} \frac{4\sin\dfrac{2n-1}{2}t\cdot\cos\dfrac{t}{2}\cdot\cos\dfrac{2n-1}{2}t\cdot\sin\dfrac{t}{2}}{\sin t}\mathrm{d}t\\
&= \int_0^{\frac{\pi}{2}} \sin(2n-1)t\mathrm{d}t = \frac{1}{2n-1}
\end{aligned}
$$

且 $I_1=\displaystyle\int_0^{\frac{\pi}{2}}\sin t\mathrm{d}t=1$，所以

$$
\begin{aligned}
I_n &= I_{n-1}+\frac{1}{2n-1} = I_{n-2}+\frac{1}{2n-3}+\frac{1}{2n-1}\\
&= \cdots = 1+\frac{1}{3}+\frac{1}{5}+\cdots+\frac{1}{2n-1}
\end{aligned}
$$

记 $x_n=2I_n-\ln n$，则

$$
x_{n+1}-x_n = 2(I_{n+1}-I_n)+\ln\frac{n}{n+1} = \frac{2}{2n+1}+\ln\frac{n}{n+1}
$$

令 $f(x)=\dfrac{2}{2x+1}+\ln\dfrac{x}{x+1}(x\geqslant 1)$，由于

$$
f'(x) = -\frac{4}{(2x+1)^2}+\frac{1}{x(x+1)} = \frac{1}{x(x+1)(2x+1)^2} > 0
$$

所以 $f(x)$ 在 $[1,+\infty)$ 上单调增加，又 $\lim\limits_{x\to+\infty}f(x)=\lim\limits_{x\to+\infty}\left(\dfrac{2}{2x+1}+\ln\dfrac{x}{x+1}\right)=0$，
因此 $f(x)<0$，故 $x_{n+1}-x_n=f(n)<0$，这表明数列 $\{x_n\}$ 单调递减.

对函数 $g(x)=\ln x$ 在区间 $[2n-1,2n+1]$ 上应用拉格朗日中值定理，得

$$
\ln(2n+1)-\ln(2n-1) = \frac{2}{\xi} < \frac{2}{2n-1} \quad (\xi\in(2n-1,2n+1))
$$

在此式中分别取 n 为 $1,2,\cdots,n$，并将各式相加得

$$
2\left(1+\frac{1}{3}+\frac{1}{5}+\cdots+\frac{1}{2n-1}\right)-\ln(2n+1) = 2I_n-\ln(2n+1) > 0
$$

因此

$$x_n = 2I_n - \ln n > 2I_n - \ln(2n+1) > 0$$

这表明数列 $\{x_n\}$ 有下界.

综上,应用单调有界准则得数列 $\{x_n\}$ 收敛,即 $\lim\limits_{n\to\infty}(2I_n - \ln n)$ 存在.

例 3.54(全国 2010 年决赛题) 设 $n > 1$ 为整数,且

$$F(x) = \int_0^x e^{-t}\left(1 + \frac{t}{1!} + \frac{t^2}{2!} + \cdots + \frac{t^n}{n!}\right)dt$$

证明:$F(x) = \dfrac{n}{2}$ 在 $\left(\dfrac{n}{2}, n\right)$ 内至少有一个根.

解析 因为 $t > 0$ 时,$1 + \dfrac{t}{1!} + \cdots + \dfrac{t^n}{n!} < e^t$,所以 $e^{-t}\left(1 + \dfrac{t}{1!} + \cdots + \dfrac{t^n}{n!}\right) < 1$.
于是

$$F\left(\frac{n}{2}\right) = \int_0^{\frac{n}{2}} e^{-t}\left(1 + \frac{t}{1!} + \frac{t^2}{2!} + \cdots + \frac{t^n}{n!}\right)dt < \int_0^{\frac{n}{2}} 1 dt = \frac{n}{2}$$

下面证明 $F(n) > \dfrac{n}{2}$.

记 $a_0 = 1, a_k = \dfrac{n^k}{k!}\,(k = 1, 2, \cdots, n)$,逐次分部积分得

$$
\begin{aligned}
F(n) &= \int_0^n e^{-t}\left(1 + \frac{t}{1!} + \frac{t^2}{2!} + \cdots + \frac{t^n}{n!}\right)dt \\
&= [1 - e^{-n}(a_0 + a_1 + \cdots + a_{n-1} + a_n)] \\
&\quad + \int_0^n e^{-t}\left(1 + \frac{t}{1!} + \frac{t^2}{2!} + \cdots + \frac{t^{n-1}}{(n-1)!}\right)dt \\
&= [1 - e^{-n}(a_0 + a_1 + \cdots + a_{n-1} + a_n)] + [1 - e^{-n}(a_0 + a_1 + \cdots + a_{n-1})] \\
&\quad + \cdots + [1 - e^{-n}(a_0 + a_1)] + (1 - e^{-n}a_0) \\
&= n + 1 - e^{-n}[(a_0 + a_1 + \cdots + a_{n-1} + a_n) + (a_0 + a_1 + \cdots + a_{n-1}) \\
&\quad + \cdots + (a_0 + a_1) + a_0]
\end{aligned}
$$

我们令 $M = (a_0 + a_1 + \cdots + a_n) + (a_0 + a_1 + \cdots + a_{n-1}) + \cdots + (a_0 + a_1) + a_0$,
则 $F(n) = n + 1 - M e^{-n}$. 由于数列 $\{a_k\}$ 单调递增,所以

$$a_0 < (a_0 + 0 + \cdots + 0 + a_n)/2$$
$$a_0 + a_1 < (a_0 + a_1 + 0 + \cdots + 0 + a_{n-1} + a_n)/2$$
$$\vdots$$
$$a_0 + a_1 + a_2 + \cdots + a_{n-2} + a_{n-1} < (a_0 + 2a_1 + 2a_2 + \cdots + 2a_{n-2} + 2a_{n-1} + a_n)/2$$
$$a_0 + a_1 + a_2 + \cdots + a_{n-2} + a_{n-1} + a_n = (2a_0 + 2a_1 + 2a_2 + \cdots + 2a_{n-2} + 2a_{n-1} + 2a_n)/2$$

以上 $(n+1)$ 个不等式相加得 $M < (n+2)(a_0 + a_1 + \cdots + a_{n-1} + a_n)/2$,所以

$$
\begin{aligned}
F(n) &= n + 1 - M e^{-n} \\
&> n + 1 - (n+2)(a_0 + a_1 + a_2 + \cdots + a_{n-1} + a_n)e^{-n}/2
\end{aligned}
$$

$$= n+1-\frac{n+2}{2}\mathrm{e}^{-n}\left(1+\frac{n}{1!}+\frac{n^2}{2!}+\cdots+\frac{n^n}{n!}\right)$$

$$> n+1-\frac{n+2}{2}=\frac{n}{2}$$

综上,因为 $F(x)$ 在区间 $\left[\frac{n}{2},n\right]$ 上连续,应用介值定理,必存在 $\xi\in\left(\frac{n}{2},n\right)$,使得 $F(\xi)=\frac{n}{2}$,即方程 $F(x)=\frac{n}{2}$ 在 $\left(\frac{n}{2},n\right)$ 内至少有一个根.

3.2.6　定积分在几何与物理上的应用(例 3.55—3.65)

例 3.55(全国 2017 年决赛题)　求 $\sum\limits_{n=1}^{100}n^{-\frac{1}{2}}$ 的整数部分.

解析　记 $\sigma=\sum\limits_{n=1}^{100}n^{-\frac{1}{2}}$. 由图(a)可知:曲线 $y=\dfrac{1}{\sqrt{x}}$ 与 $x=1,x=100,y=0$ 所围曲边梯形的面积大于它下方的 99 个长条矩形的面积之和 $\sum\limits_{n=2}^{100}\left(\dfrac{1}{\sqrt{n}}\cdot 1\right)$,于是

$$\sigma=1+\sum_{n=2}^{100}\left(\frac{1}{\sqrt{n}}\cdot 1\right)<1+\int_1^{100}\frac{1}{\sqrt{x}}\mathrm{d}x=1+2\sqrt{x}\,\Big|_1^{100}$$

$$=1+18=19$$

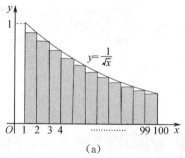

(a)

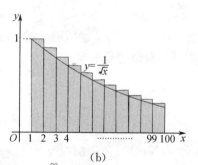

(b)

由图(b)可知:图中 99 个长条矩形的面积之和 $\sum\limits_{n=1}^{99}\left(\dfrac{1}{\sqrt{n}}\cdot 1\right)$ 大于它下方的曲线 $y=\dfrac{1}{\sqrt{x}}$ 与 $x=1,x=100,y=0$ 所围曲边梯形的面积,于是

$$\sigma=\sum_{n=1}^{99}\left(\frac{1}{\sqrt{n}}\cdot 1\right)+\frac{1}{10}>\int_1^{100}\frac{1}{\sqrt{x}}\mathrm{d}x+\frac{1}{10}=2\sqrt{x}\,\Big|_1^{100}+\frac{1}{10}=18.1$$

因此 $18.1<\sigma=\sum\limits_{n=1}^{100}n^{-\frac{1}{2}}<19$,所以 $[\sigma]=\left[\sum\limits_{n=1}^{100}n^{-\frac{1}{2}}\right]=18$.

例 3.56(江苏省 2000 年竞赛题)　过抛物线 $y=x^2$ 上一点 (a,a^2) 作切线,问 a 为何值时所作切线与抛物线 $y=-x^2+4x-1$ 所围成的图形面积最小?

解析 由题意可得抛物线 $y = x^2$ 在 (a, a^2) 处的切线方程为 $y - a^2 = 2a(x - a)$，即 $y = 2ax - a^2$. 令 $\begin{cases} y = 2ax - a^2, \\ y = -x^2 + 4x - 1 \end{cases} \Rightarrow x^2 + 2(a-2)x + 1 - a^2 = 0$，设此方程的两个解为 $x_1, x_2 (x_1 < x_2)$，则

$$x_1 \cdot x_2 = 1 - a^2, \quad x_1 + x_2 = 2(2-a)$$
$$x_2 - x_1 = 2\sqrt{2a^2 - 4a + 3}$$

设抛物线 $y = -x^2 + 4x - 1$ 下方、切线上方图形的面积为 S，则

$$S = \int_{x_1}^{x_2} (-x^2 + 4x - 1 - 2ax + a^2) \mathrm{d}x$$
$$= (x_2 - x_1) \left[-\frac{1}{3}((x_1 + x_2)^2 - x_1 x_2) + (2-a)(x_1 + x_2) + a^2 - 1 \right]$$
$$= (x_2 - x_1) \frac{2}{3}(2a^2 - 4a + 3) = \frac{4}{3}(2a^2 - 4a + 3)^{\frac{3}{2}}$$
$$S' = 2(2a^2 - 4a + 3)^{\frac{1}{2}}(4a - 4)$$

令 $S' = 0$，解得惟一驻点 $a = 1$，且 $a < 1$ 时 $S' < 0$，$a > 1$ 时 $S' > 0$，所以 $a = 1$ 为极小值点，即最小值点. 于是 $a = 1$ 时切线与抛物线所围面积最小.

例 3.57(北京市 1994 年竞赛题) 设

$$f(x) = \int_{-1}^{x} t|t| \mathrm{d}t$$

求曲线 $y = f(x)$ 与 x 轴所围成封闭图形的面积.

解析 根据题意可知

$$f(x) = \begin{cases} \int_{-1}^{x} (-t^2) \mathrm{d}t = -\frac{1}{3}(x^3 + 1), & x \leqslant 0; \\ \int_{-1}^{0} (-t^2) \mathrm{d}t + \int_{0}^{x} t^2 \mathrm{d}t = \frac{1}{3}(x^3 - 1), & x > 0 \end{cases}$$

故 $f(x)$ 为偶函数. 所以曲线 $y = f(x)$ 与 x 轴所围成封闭图形(如上图)的面积为

$$S = 2\int_0^1 \left[0 - \left(-\frac{1}{3} + \frac{1}{3}x^3 \right) \right] \mathrm{d}x = 2\left(\frac{1}{3}x - \frac{1}{12}x^4 \right)\Big|_0^1 = \frac{1}{2}$$

例 3.58(江苏省 2006 年竞赛题) 已知曲线 Γ 的极坐标方程

$$\rho = 1 + \cos\theta \quad \left(0 \leqslant \theta \leqslant \frac{\pi}{2} \right)$$

求该曲线在 $\theta = \frac{\pi}{4}$ 所对应的点处的切线 L 的直角坐标方程，并求曲线 Γ、切线 L 与 x 轴所围图形的面积.

解析 曲线的参数方程为

$$x = \rho\cos\theta = (1 + \cos\theta)\cos\theta, \quad y = \rho\sin\theta = (1 + \cos\theta)\sin\theta$$

$$\frac{\mathrm{d}y}{\mathrm{d}x} = \frac{y'}{x'} = \frac{\cos\theta + \cos2\theta}{-\sin\theta - \sin2\theta}, \quad \frac{\mathrm{d}y}{\mathrm{d}x}\Big|_{\theta=\frac{\pi}{4}} = 1 - \sqrt{2}$$

又 $\theta = \dfrac{\pi}{4}$ 时,$x = \dfrac{1+\sqrt{2}}{2}$,$y = \dfrac{1+\sqrt{2}}{2}$,故切线 L 的方程为

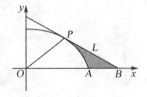

$$y - \frac{1+\sqrt{2}}{2} = (1-\sqrt{2})\left(x - \frac{1+\sqrt{2}}{2}\right)$$

即 $y = (1-\sqrt{2})x + 1 + \dfrac{\sqrt{2}}{2}$.令 $y=0$,得 $x = 2 + \dfrac{3}{2}\sqrt{2}$. 如图所示,三角形 OPB 的面积为

$$S_1 = \frac{1}{2}\left(2 + \frac{3}{2}\sqrt{2}\right) \cdot \frac{1+\sqrt{2}}{2} = \frac{10+7\sqrt{2}}{8}$$

曲边三角形 OPA 的面积为

$$S_2 = \frac{1}{2}\int_0^{\frac{\pi}{4}} \rho^2 \mathrm{d}\theta = \frac{1}{2}\int_0^{\frac{\pi}{4}} (1+\cos\theta)^2 \mathrm{d}\theta = \frac{1}{2}\int_0^{\frac{\pi}{4}}\left(\frac{3}{2} + 2\cos\theta + \frac{1}{2}\cos2\theta\right)\mathrm{d}\theta$$

$$= \frac{1}{2}\left(\frac{3}{2}\theta + 2\sin\theta + \frac{1}{4}\sin2\theta\right)\Big|_0^{\frac{\pi}{4}} = \frac{3}{16}\pi + \frac{\sqrt{2}}{2} + \frac{1}{8}$$

于是所求图形的面积为 $S = S_1 - S_2 = \dfrac{9}{8} + \dfrac{3}{8}\sqrt{2} - \dfrac{3}{16}\pi$.

例 3.59(莫斯科电气学院 1977 年竞赛题)　点 A 位于半径为 a 的圆周内部,且离圆心的距离为 $b(0 \leqslant b < a)$,从点 A 向圆周上所有点的切线作垂线,求所有垂足所围成的图形的面积.

解析　设圆周方程为 $x^2 + y^2 = a^2$,点 A 位于 $(b, 0)$,在圆周上任取点 $P(x_0, y_0)$,过点 P 作圆的切线 L,则 L 的方程为 $x_0 x + y_0 y = a^2$,这里 (x, y) 为 L 上点的流动坐标.过点 A 作 L 的垂线 AQ,则直线 AQ 的参数方程为

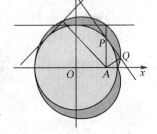

$$x = b + x_0 t, \quad y = y_0 t$$

将其代入 L 的方程,解得垂足 Q 所对应的参数为 $t = 1 - \dfrac{b}{a^2}x_0$,于是垂足 Q 的坐标 (x, y) 为

$$x = b + x_0\left(1 - \frac{b}{a^2}x_0\right), \qquad y = y_0\left(1 - \frac{b}{a^2}x_0\right)$$

令 $x_0 = a\cos t$,$y_0 = a\sin t$,代入上式得垂足 Q 的坐标 (x, y) 为

$$x = b + \left(1 - \frac{b}{a}\cos t\right)a\cos t = b + a\cos t - b\cos^2 t$$

$$y = \left(1 - \frac{b}{a}\cos t\right)a\sin t = a\sin t - b\sin t\cos t$$

垂足 Q 的轨迹显见对称于 x 轴，它与 x 轴的交点为 $(-a,0)$ 与 $(a,0)$。于是所求图形的面积为

$$S = 2\int_{-a}^{a} y\,\mathrm{d}x = 2\int_{\pi}^{0}(a\sin t - b\sin t\cos t)\mathrm{d}(b + a\cos t - b\cos^2 t)$$

$$= 2\int_{0}^{\pi}\sin^2 t \cdot (a^2 - 3ab\cos t + 2b^2\cos^2 t)\mathrm{d}t$$

$$= a^2\left(t - \frac{1}{2}\sin 2t\right)\Big|_{0}^{\pi} - 2ab\sin^3 t\Big|_{0}^{\pi} + \frac{b^2}{2}\left(t - \frac{1}{4}\sin 4t\right)\Big|_{0}^{\pi}$$

$$= a^2\pi + \frac{b^2}{2}\pi = \left(a^2 + \frac{b^2}{2}\right)\pi$$

例 3.60（精选题） 设 D 是由 $y = 2x - x^2$ 与 x 轴所围的平面图形，直线 $y = kx$ 将 D 分成如右图所示两部分，若 D_1 与 D_2 的面积分别为 S_1 与 S_2，$S_1 : S_2 = 1 : 7$，求平面图形 D_1 的周长及 D_1 绕 y 轴旋转一周的旋转体的体积。

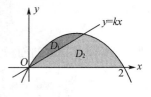

解析 曲线 $y = 2x - x^2$ 与直线 $y = kx$ 的交点为 $O(0,0)$，$A(2-k, k(2-k))$ $(0 < k < 2)$，于是

$$S_1 = \int_{0}^{2-k}(2x - x^2 - kx)\mathrm{d}x = \frac{1}{6}(2-k)^3$$

$$S_1 + S_2 = \int_{0}^{2}(2x - x^2)\mathrm{d}x = \frac{4}{3}$$

由 $S_1 : S_2 = 1 : 7$，所以 $S_2 = 7S_1$，即 $8S_1 = \frac{4}{3}$，故 $S_1 = \frac{1}{6}$。由此解得 $k = 1$，于是点 A 的坐标为 $(1,1)$。

区域 D_1 的周长为

$$l = \sqrt{2} + \int_{0}^{1}\sqrt{1 + (y')^2}\,\mathrm{d}x = \sqrt{2} + \int_{0}^{1}\sqrt{1 + 4(1-x)^2}\,\mathrm{d}x$$

$$= \sqrt{2} + \frac{1}{2}\int_{0}^{2}\sqrt{1 + t^2}\,\mathrm{d}t \quad (\text{设 } t = 2(1-x))$$

因为

$$I = \int_{0}^{2}\sqrt{1 + t^2}\,\mathrm{d}t = t\sqrt{1 + t^2}\Big|_{0}^{2} - \int_{0}^{2}\frac{t^2}{\sqrt{1 + t^2}}\,\mathrm{d}t$$

$$= 2\sqrt{5} - \int_{0}^{2}\sqrt{1 + t^2}\,\mathrm{d}t + \int_{0}^{2}\frac{1}{\sqrt{1 + t^2}}\,\mathrm{d}t$$

$$= 2\sqrt{5} - I + \ln(t + \sqrt{1 + t^2})\Big|_{0}^{2} = 2\sqrt{5} - I + \ln(2 + \sqrt{5})$$

所以 $I = \sqrt{5} + \frac{1}{2}\ln(2 + \sqrt{5})$，于是

$$l = \sqrt{2} + \frac{1}{2}\sqrt{5} + \frac{1}{4}\ln(2 + \sqrt{5})$$

区域 D_1 绕 y 轴旋转一周的立体的体积为

$$V = \frac{1}{3}(\pi \cdot 1^2) \cdot 1 - \pi\int_0^1 x^2 \mathrm{d}y = \frac{\pi}{3} - \pi\int_0^1 (1 - \sqrt{1-y})^2 \mathrm{d}y$$

$$= \frac{\pi}{3} - \pi\int_0^1 [1 - 2\sqrt{1-y} + 1 - y]\mathrm{d}y$$

$$= \frac{\pi}{3} - \pi\left(2y + \frac{4}{3}(1-y)^{\frac{3}{2}} - \frac{1}{2}y^2\right)\Big|_0^1 = \frac{\pi}{6}$$

例 3.61(东南大学 2017 年竞赛题)　已知直线 $L: x + y = 1$,曲线 $S: \sqrt{x} + \sqrt{y} = 1$,求由 L 与 S 所围平面图形 D 绕直线 L 旋转一周所得旋转体的体积.

解析　如图所示,在曲线 S 上任取二点

$$P(x, (1-\sqrt{x})^2) \quad \text{和} \quad Q(x + \mathrm{d}x, (1 - \sqrt{x + \mathrm{d}x})^2) \quad (0 < x < 1)$$

在直线 L 上取向量 $\boldsymbol{l} = (1, -1)$,则向量

$$\overrightarrow{PQ} = (\mathrm{d}x, \mathrm{d}x + 2(\sqrt{x} - \sqrt{x + \mathrm{d}x}))$$

在向量 $\boldsymbol{l}$ 上射影为

$$\mathrm{Prj}_l \overrightarrow{PQ} = \frac{2(\sqrt{x + \mathrm{d}x} - \sqrt{x})}{\sqrt{2}}$$

$$= \frac{\sqrt{2}}{\sqrt{x + \mathrm{d}x} + \sqrt{x}}\mathrm{d}x$$

$$= \frac{1}{\sqrt{2x}}\mathrm{d}x + o(\mathrm{d}x) \approx \frac{1}{\sqrt{2x}}\mathrm{d}x$$

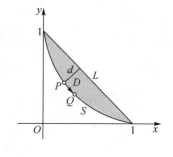

因为点 P 到直线 L 的距离为

$$d(x) = \frac{\left|x + (1 - \sqrt{x})^2 - 1\right|}{\sqrt{2}} = \sqrt{2}\,|x - \sqrt{x}|$$

取体积微元 $\mathrm{d}V = \pi d^2(x)\dfrac{1}{\sqrt{2x}}\mathrm{d}x$,于是所求旋转体的体积为

$$V = \pi\int_0^1 d^2(x)\frac{1}{\sqrt{2x}}\mathrm{d}x = \sqrt{2}\pi\int_0^1 (x^{\frac{3}{2}} + \sqrt{x} - 2x)\mathrm{d}x$$

$$= \sqrt{2}\pi\left(\frac{2}{5} + \frac{2}{3} - 1\right) = \frac{\sqrt{2}}{15}\pi$$

例 3.62(江苏省 2004 年竞赛题)　设 $D: y^2 - x^2 \leqslant 4$,$y \geqslant x$,$x + y \geqslant 2$,$x + y \leqslant 4$. 在 D 的边界 $y = x$ 上任取点 P,设 P 到原点的距离为 t,作 PQ 垂直于 $y = x$,

交 D 的边界 $y^2 - x^2 = 4$ 于 Q.

(1) 试将 P, Q 的距离 $|PQ|$ 表示为 t 的函数；

(2) 求 D 绕 $y = x$ 旋转一周的旋转体体积.

解析 (1) 作坐标系的旋转变换，将 x 轴逆时针旋

转 $\dfrac{\pi}{4}$ 成为 t 轴，因此 y 轴逆时针旋转 $\dfrac{\pi}{4}$ 成为 u 轴. 也即

令 $\begin{cases} y + x = \sqrt{2}\,t, \\ y - x = \sqrt{2}\,u, \end{cases}$ 则区域 D（如图所示）化为

$$\{(t,u) \mid \sqrt{2} \leqslant t \leqslant 2\sqrt{2}, 0 \leqslant u \leqslant 2/t\}$$

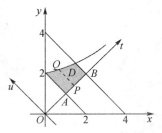

在新坐标系 tOu 下，曲线 $y^2 - x^2 = 4$ 化为 $tu = 2$. 设点 P 的坐标为 $P(t, 0)$，则 Q 的坐标为 $Q(t, 2/t)$，因此得 $|PQ| = 2/t$.

(2) 在新坐标系 tOu 下，由于点 A, B 的坐标为 $A(\sqrt{2}, 0)$，$B(2\sqrt{2}, 0)$，因此所求旋转体的体积为

$$V = \pi \int_{\sqrt{2}}^{2\sqrt{2}} |PQ|^2 \, \mathrm{d}t = \pi \int_{\sqrt{2}}^{2\sqrt{2}} \frac{4}{t^2} \, \mathrm{d}t = -\frac{4\pi}{t} \Big|_{\sqrt{2}}^{2\sqrt{2}} = \sqrt{2}\,\pi$$

例 3.63（全国 2016 年考研题） 设 D 是由曲线 $y = \sqrt{1-x^2} \ (0 \leqslant x \leqslant 1)$ 与

曲线 $\begin{cases} x = \cos^3 t, \\ y = \sin^3 t \end{cases} \left(0 \leqslant t \leqslant \dfrac{\pi}{2}\right)$ 围成的平面区域，求 D 绕 x 轴旋转一周所得旋转体的体积和表面积.

解析 记圆的方程为 $y = y_1(x)$，星形线的方程为 $y = y_2(x) \ (0 \leqslant x \leqslant 1)$，则 D 绕 x 轴旋转一周所得的旋转体的体积为

$$V = \pi \int_0^1 y_1^2(x) \, \mathrm{d}x - \pi \int_0^1 y_2^2(x) \, \mathrm{d}x = \pi \int_0^1 (1-x^2) \, \mathrm{d}x - \pi \int_{\pi/2}^0 \sin^6 t \, \mathrm{d}\cos^3 t$$

$$= \frac{2}{3}\pi - 3\pi \int_0^{\pi/2} (\sin^7 t - \sin^9 t) \, \mathrm{d}t$$

再应用公式 $I_{2n+1} = \displaystyle\int_0^{\pi/2} \sin^{2n+1} t \, \mathrm{d}t = \frac{(2n)!!}{(2n+1)!!}$，即得旋转体的体积为

$$V = \frac{2}{3}\pi - 3\pi(I_7 - I_9) = \frac{2}{3}\pi - 3\pi\left(\frac{6!!}{7!!} - \frac{8!!}{9!!}\right) = \frac{2}{3}\pi - \frac{16}{105}\pi = \frac{18}{35}\pi$$

旋转体的表面积为

$$S = 2\pi \int_0^1 y_1(x) \sqrt{1 + (y_1'(x))^2} \, \mathrm{d}x + 2\pi \int_0^1 y_2(x) \sqrt{1 + (y_2'(x))^2} \, \mathrm{d}x$$

$$= 2\pi \int_0^1 \sqrt{1-x^2} \cdot \frac{1}{\sqrt{1-x^2}} \, \mathrm{d}x + 2\pi \int_0^{\pi/2} y(t) \sqrt{(x'(t))^2 + (y'(t))^2} \, \mathrm{d}t$$

$$= 2\pi + 6\pi \int_0^{\pi/2} \sin^4 t \cos t \, \mathrm{d}t = 2\pi + 6\pi \frac{1}{5} \sin^5 t \Big|_0^{\pi/2} = \frac{16}{5}\pi$$

例 3.64（全国 2017 年决赛题）　求曲线 $L_1 : y = \dfrac{1}{3}x^3 + 2x\ (0 \leqslant x \leqslant 1)$ 绕直线 $y = \dfrac{4}{3}x$ 旋转一周生成的旋转曲面的面积.

解析　令 $f(x) = \dfrac{1}{3}x^3 + 2x - \dfrac{4}{3}x = \dfrac{1}{3}x^3 + \dfrac{2}{3}x$，则

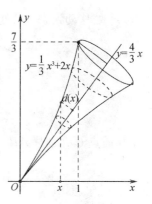

$$f'(x) = x^2 + \frac{2}{3} > 0 \quad (0 < x \leqslant 1)$$

故 $f(x)$ 在 $(0,1]$ 上单调增加，$f(x) > f(0) = 0$，即曲线 L_1 在直线 $y = \dfrac{4}{3}x$ 的上方. 又 $y''(x) = 2x > 0(0 < x \leqslant 1)$，所以曲线 L_1 在 $[0,1]$ 上是凹的（如右图所示）.

曲线 L_1 上的点 (x,y) 到直线 $y = \dfrac{4}{3}x$ 的距离为

$$d(x) = \frac{3y - 4x}{\sqrt{3^2 + (-4)^2}} = \frac{x(x^2 + 2)}{5}$$

弧长微元为

$$\mathrm{d}s = \sqrt{1 + (y')^2}\,\mathrm{d}x = \sqrt{1 + (x^2 + 2)^2}\,\mathrm{d}x$$

则旋转曲面的面积为

$$
\begin{aligned}
S &= 2\pi \int_0^1 d(x)\sqrt{1 + (y')^2}\,\mathrm{d}x \\
&= \frac{\pi}{5} \int_0^1 2x(x^2 + 2)\sqrt{1 + (x^2 + 2)^2}\,\mathrm{d}x \\
&\quad (\diamondsuit\ x^2 + 2 = \tan t,\ \tan\alpha = 2,\ \tan\beta = 3) \\
&= \frac{\pi}{5} \int_\alpha^\beta \tan t \cdot \sec^3 t\,\mathrm{d}t = \frac{\pi}{5} \int_\alpha^\beta \sec^2 t\,\mathrm{d}\sec t = \frac{\pi}{15}\sec^3 t \Big|_\alpha^\beta
\end{aligned}
$$

由于 $\tan\alpha = 2,\tan\beta = 3$，可得 $\sec\alpha = \sqrt{5}$，$\sec\beta = \sqrt{10}$，故所求曲面的面积为

$$S = \frac{\pi}{15}(\sec^3\beta - \sec^3\alpha) = \frac{\sqrt{5}}{3}(2\sqrt{2} - 1)\pi$$

例 3.65（江苏省 1994 年竞赛题）　设均匀细杆 AB 质量为 M，长度为 l，质量为 m 的质点 C 位于 AB 的延长线上，当质点 C 从距 B 点 r_1 处移到距 B 点 r_2 处（$r_1 > r_2$），求引力所做的功.

解析　如下图所示，细杆位于 x 轴上区间 $[0,l]$，质点 C 从 x 轴上坐标 $l + r_1$ 处移动到坐标为 $l + r_2$ 处. 在细杆上取点 $x,x + \mathrm{d}x$，将细杆段 $[x,x + \mathrm{d}x]$ 视为质点 D，

质量为 $\dfrac{M}{l}\mathrm{d}x$，位于 x 处. 设质点 C 的坐标为 u，则质点 C 在质点 D 的引力作用下从 $l+r_1$ 处移动到 $l+r_2$ 处所做的功为

$$\mathrm{d}W=-\int_{l+r_1}^{l+r_2}k\frac{\dfrac{M}{l}\mathrm{d}x\cdot m}{(u-x)^2}\mathrm{d}u=\frac{k}{l}mM\left(\frac{1}{u-x}\right)\Big|_{l+r_1}^{l+r_2}\mathrm{d}x$$

$$=\frac{k}{l}mM\left(\frac{1}{l+r_2-x}-\frac{1}{l+r_1-x}\right)\mathrm{d}x$$

于是质点 C 在细杆 AB 的引力作用下所做的功为

$$W=\int_0^l\mathrm{d}W=\int_0^l\frac{k}{l}mM\left(\frac{1}{l+r_2-x}-\frac{1}{l+r_1-x}\right)\mathrm{d}x$$

$$=\frac{k}{l}mM\ln\frac{l+r_1-x}{l+r_2-x}\Big|_0^l=\frac{k}{l}mM\ln\frac{r_1r_2+lr_1}{r_1r_2+lr_2}$$

3.2.7 积分不等式的证明(例 3.66—3.86)

例 3.66(全国 2018 年预赛题) 设函数 $f(x)$ 连续，$f(x)>0$，证明：

$$\int_0^1\ln f(x)\mathrm{d}x\leqslant\ln\int_0^1 f(x)\mathrm{d}x$$

解析 由于 $f(x)\in\mathscr{C}[0,1]$，又 $f(x)>0(x\in[0,1])$，所以 $f(x)$ 与 $\ln f(x)$ 在 $[0,1]$ 上皆连续. 将 $[0,1]$ 等分为 n 个小区间，$\forall\xi_k\in\left[\dfrac{k-1}{n},\dfrac{k}{n}\right](k=1,2,\cdots,n)$，应用定积分的定义，得

$$\int_0^1\ln f(x)\mathrm{d}x=\lim_{n\to\infty}\sum_{k=1}^n(\ln f(\xi_k))\frac{1}{n},\quad \int_0^1 f(x)\mathrm{d}x=\lim_{n\to\infty}\sum_{k=1}^n f(\xi_k)\frac{1}{n}$$

再应用 A–G 不等式与 $\ln x$ 的单调性，得

$$\sum_{k=1}^n(\ln f(\xi_k))\frac{1}{n}=\frac{1}{n}\ln(f(\xi_1)f(\xi_2)\cdots f(\xi_n))$$

$$=\ln(f(\xi_1)f(\xi_2)\cdots f(\xi_n))^{\frac{1}{n}}\leqslant\ln\left[\sum_{k=1}^n f(\xi_k)\frac{1}{n}\right]$$

于是

$$\int_0^1\ln f(x)\mathrm{d}x=\lim_{n\to\infty}\sum_{k=1}^n(\ln f(\xi_k))\frac{1}{n}\leqslant\ln\left[\lim_{n\to\infty}\sum_{k=1}^n f(\xi_k)\frac{1}{n}\right]=\ln\left(\int_0^1 f(x)\mathrm{d}x\right)$$

例 3.67(东南大学 2006 年竞赛题) 设函数 $f(x)$ 在 $[0,1]$ 上具有二阶连续导

数,证明:$\forall \xi \in \left(0, \dfrac{1}{3}\right), \eta \in \left(\dfrac{2}{3}, 1\right)$,有

$$|f'(x)| \leqslant 3|f(\xi) - f(\eta)| + \int_0^1 |f''(x)| \mathrm{d}x \quad (x \in [0,1])$$

解析　因函数 $f(x)$ 在 $[\xi, \eta]$ 上可导,应用拉格朗日中值定理,必 $\exists \alpha \in (\xi, \eta)$,使得 $f(\xi) - f(\eta) = f'(\alpha)(\xi - \eta)$. $\forall x \in [0,1]$,由于 $f''(x)$ 在 $[0,1]$ 上连续,则有

$$\int_\alpha^x f''(x)\mathrm{d}x = f'(x) - f'(\alpha) = f'(x) - \frac{f(\xi) - f(\eta)}{\xi - \eta} \quad \left(\frac{1}{3} < \eta - \xi < 1\right)$$

$$\Leftrightarrow \quad f'(x) = \frac{f(\xi) - f(\eta)}{\xi - \eta} + \int_\alpha^x f''(x)\mathrm{d}x \quad \left(x \in [0,1], \frac{1}{3} < \eta - \xi < 1\right)$$

上式两边取绝对值,应用不等式的性质,可知 $\forall x \in [0,1]$ 有

$$|f'(x)| \leqslant \left|\frac{f(\xi) - f(\eta)}{\xi - \eta}\right| + \left|\int_\alpha^x f''(x)\mathrm{d}x\right| \leqslant 3|f(\xi) - f(\eta)| + \int_0^1 |f''(x)|\mathrm{d}x$$

例 3.68（东南大学 2017 年竞赛题）　设 $f(x)$ 在区间 $[a,b]$ 上连续可微[①],且满足 $|f(x)| \leqslant \pi, f'(x) \geqslant m > 0 (a \leqslant x \leqslant b)$,证明:$\left|\int_a^b \sin f(x)\mathrm{d}x\right| \leqslant \dfrac{2}{m}$.

解析　因 $f(x)$ 在区间 $[a,b]$ 上连续可微,$f'(x) > 0$,所以 $f(x)$ 在区间 $[a,b]$ 上单调增加,其反函数 $f^{-1}(y)$ 存在,且 $f^{-1}(y)$ 在 $[f(a), f(b)]$ 上也连续可微,并有

$$0 < (f^{-1}(y))' = \frac{1}{f'(x)} \leqslant \frac{1}{m}$$

作换元积分变换,令 $f(x) = y \Leftrightarrow x = f^{-1}(y)$,可得

$$\int_a^b \sin f(x)\mathrm{d}x = \int_{f(a)}^{f(b)} \sin y \cdot (f^{-1}(y))' \mathrm{d}y$$

(1) 当 $-\pi \leqslant f(a) < 0 < f(b) \leqslant \pi$ 时,有

$$\int_a^b \sin f(x)\mathrm{d}x = -\int_{f(a)}^0 (-\sin y) \cdot (f^{-1}(y))'\mathrm{d}y + \int_0^{f(b)} (\sin y) \cdot (f^{-1}(y))'\mathrm{d}y$$

记 $I_1 = \int_{f(a)}^0 (-\sin y)(f^{-1}(y))'\mathrm{d}y, I_2 = \int_0^{f(b)} (\sin y)(f^{-1}(y))'\mathrm{d}y$,则

$$\int_a^b \sin f(x)\mathrm{d}x = I_2 - I_1$$

$$0 < I_1 \leqslant \frac{1}{m}\int_{-\pi}^0 (-\sin y)\mathrm{d}y = \frac{2}{m}, \quad 0 < I_2 \leqslant \frac{1}{m}\int_0^\pi \sin y \mathrm{d}y = \frac{2}{m}$$

$$\left|\int_a^b \sin f(x)\mathrm{d}x\right| = |I_2 - I_1| = \begin{cases} I_2 - I_1 < I_2 \leqslant \dfrac{2}{m}, & I_1 \leqslant I_2; \\[2mm] I_1 - I_2 < I_1 \leqslant \dfrac{2}{m}, & I_2 < I_1 \end{cases}$$

---

①原题只要求 $f(x)$ 在区间 $[a,b]$ 上可微,但解析中应用第二换元积分公式时须要求 $f^{-1}(x)$ 连续可微,故题目中也应要求 $f(x)$ 连续可微.

(2) 当 $-\pi \leqslant f(a) < f(b) \leqslant 0$ 时，$\left|\int_a^b \sin f(x)\mathrm{d}x\right| \leqslant I_1 \leqslant \dfrac{2}{m}$.

(3) 当 $0 \leqslant f(a) < f(b) \leqslant \pi$ 时，$\left|\int_a^b \sin f(x)\mathrm{d}x\right| \leqslant I_2 \leqslant \dfrac{2}{m}$.

综上，可得 $\left|\int_a^b \sin f(x)\mathrm{d}x\right| \leqslant \dfrac{2}{m}$.

例 3.69（浙江省 2011 年竞赛题） 设 $f:[0,1]\to[-a,b]$ 连续，且 $\int_0^1 f^2(x)\mathrm{d}x = ab$，证明：$0 \leqslant \dfrac{1}{b-a}\int_0^1 f(x)\mathrm{d}x \leqslant \dfrac{1}{4}\left(\dfrac{a+b}{a-b}\right)^2$.

解析 由 $-a \leqslant f(x) \leqslant b$，可得 $-\dfrac{a+b}{2} \leqslant f(x) - \dfrac{b-a}{2} \leqslant \dfrac{a+b}{2}$，于是

$$0 \leqslant \left(f(x) - \dfrac{b-a}{2}\right)^2 \leqslant \left(\dfrac{a+b}{2}\right)^2$$

所以 $0 \leqslant \int_0^1 \left(f(x)-\dfrac{b-a}{2}\right)^2\mathrm{d}x \leqslant \left(\dfrac{a+b}{2}\right)^2$，展开得

$$0 \leqslant \int_0^1 f^2(x)\mathrm{d}x - (b-a)\int_0^1 f(x)\mathrm{d}x + \dfrac{(b-a)^2}{4} \leqslant \dfrac{(b+a)^2}{4}$$

将 $\int_0^1 f^2(x)\mathrm{d}x = ab$ 代入得

$$0 \leqslant -(b-a)\int_0^1 f(x)\mathrm{d}x + \dfrac{(b+a)^2}{4} \leqslant \dfrac{(b+a)^2}{4}$$

移项得 $0 \leqslant (b-a)\int_0^1 f(x)\mathrm{d}x \leqslant \dfrac{(b+a)^2}{4}$，所以

$$0 \leqslant \dfrac{1}{b-a}\int_0^1 f(x)\mathrm{d}x \leqslant \dfrac{1}{4}\left(\dfrac{a+b}{a-b}\right)^2$$

例 3.70（全国 2014 年决赛题） 已知 $f(x)$ 是闭区间 $[0,1]$ 上的连续函数，且满足 $\int_0^1 f(x)\mathrm{d}x = 1$，求函数 $f(x)$，使得 $I = \int_0^1 (1+x^2)f^2(x)\mathrm{d}x$ 取得最小值.

解析 应用柯西-施瓦茨不等式，有

$$1^2 = \left(\int_0^1 f(x)\mathrm{d}x\right)^2 = \left(\int_0^1 \sqrt{1+x^2}\,f(x)\cdot\dfrac{1}{\sqrt{1+x^2}}\mathrm{d}x\right)^2$$
$$\leqslant \int_0^1 (1+x^2)f^2(x)\mathrm{d}x\cdot\int_0^1 \dfrac{1}{1+x^2}\mathrm{d}x$$
$$= \int_0^1 (1+x^2)f^2(x)\mathrm{d}x\cdot\arctan x\Big|_0^1 = \dfrac{\pi}{4}\int_0^1 (1+x^2)f^2(x)\mathrm{d}x$$

由此可得 $\int_0^1 (1+x^2)f^2(x)\mathrm{d}x \geqslant \dfrac{4}{\pi}$，即 $\int_0^1 (1+x^2)f^2(x)\mathrm{d}x$ 的最小值为 $\dfrac{4}{\pi}$. 因此，只

要函数 $f(x)$ 满足

$$\int_0^1 \frac{4}{\pi} f(x)\mathrm{d}x = \int_0^1 (1+x^2) f^2(x)\mathrm{d}x = \frac{4}{\pi}$$

故所求函数为 $f(x) = \dfrac{4}{\pi(1+x^2)}$.

例 3.71(江苏省 2017 年竞赛题) 已知函数 $f(x)$ 在区间 $[a,b]$ 上连续并单调增加,求证:

$$\int_a^b \left(\frac{b-x}{b-a}\right)^n f(x)\mathrm{d}x \leqslant \frac{1}{n+1}\int_a^b f(x)\mathrm{d}x \quad (n \in \mathbf{N})$$

解析 **方法 1** 原式等价于

$$(n+1)\int_a^b (b-x)^n f(x)\mathrm{d}x \leqslant (b-a)^n \int_a^b f(x)\mathrm{d}x$$

令

$$F(x) = (b-x)^n \int_x^b f(t)\mathrm{d}t - (n+1)\int_x^b (b-t)^n f(t)\mathrm{d}t$$

应用变限定积分的导数公式得

$$F'(x) = -n(b-x)^{n-1}\int_x^b f(t)\mathrm{d}t - (b-x)^n f(x) + (n+1)(b-x)^n f(x)$$
$$= -n(b-x)^{n-1}\int_x^b f(t)\mathrm{d}t + n(b-x)^n f(x)$$

对于上式中的定积分应用积分中值定理,则存在 $\xi \in (x,b)$,使得

$$\int_x^b f(t)\mathrm{d}t = f(\xi)(b-x)$$

于是

$$F'(x) = -n(b-x)^n f(\xi) + n(b-x)^n f(x)$$
$$= n(b-x)^n [f(x) - f(\xi)] \leqslant 0$$

因此 $F(x)$ 在 $[a,b]$ 上单调减少,由此可得

$$F(a) = (b-a)^n \int_a^b f(t)\mathrm{d}t - (n+1)\int_a^b (b-t)^n f(t)\mathrm{d}t$$
$$= (b-a)^n \int_a^b f(x)\mathrm{d}x - (n+1)\int_a^b (b-x)^n f(x)\mathrm{d}x$$
$$\geqslant F(b) = 0$$

此式等价于原式成立.

方法2 作积分变换, 令 $\dfrac{b-x}{b-a}=t$, 则 $x=b-(b-a)t$, 并应用函数 $f(x)$ 的单调增加性, 有

$$\int_a^b \left(\frac{b-x}{b-a}\right)^n f(x)\,\mathrm{d}x = (b-a)\int_0^1 t^n f(b-(b-a)t)\,\mathrm{d}t$$

$$\leqslant (b-a)\int_0^1 t^n f(b-(b-a)t^{n+1})\,\mathrm{d}t$$

$$= \frac{-1}{n+1}\int_0^1 f(b-(b-a)t^{n+1})\,\mathrm{d}(b-(b-a)t^{n+1})$$

令 $b-(b-a)t^{n+1}=u$, 上式右端化简得

$$\int_a^b \left(\frac{b-x}{b-a}\right)^n f(x)\,\mathrm{d}x \leqslant \frac{1}{n+1}\int_a^b f(u)\,\mathrm{d}u = \frac{1}{n+1}\int_a^b f(x)\,\mathrm{d}x$$

例 3.72(南京大学 1996 年竞赛题) 已知函数 $y=f(x)$ 在区间 $[0,+\infty)$ 上连续且单调增加, $f(0)=0$, f^{-1} 是 f 的反函数, 证明: 对任意 $a>0$, $b>0$, 恒有

$$\int_0^a f(x)\,\mathrm{d}x + \int_0^b f^{-1}(y)\,\mathrm{d}y \geqslant ab$$

解析 因为 $f(x)$ 连续、单调增加, $f(0)=0$, 所以 $f^{-1}(x)$ 也连续、单调增加, 且 $f^{-1}(0)=0$. 记 $D_1=\int_0^a f(x)\,\mathrm{d}x$, $D_2=\int_0^b f^{-1}(y)\,\mathrm{d}y$, 下面分三种情况证明.

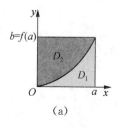 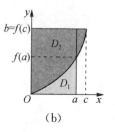 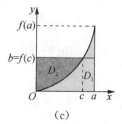

(a)   (b)   (c)

(1) 如图(a), 若 $b=f(a)$. 令 $x=f^{-1}(y)$, 作换元积分变换并分部积分得

$$D_2 = \int_0^{f(a)} f^{-1}(y)\,\mathrm{d}y = \int_0^a x\,\mathrm{d}f(x) = xf(x)\Big|_0^a - \int_0^a f(x)\,\mathrm{d}x = ab - D_1$$

$$\Rightarrow \qquad D_1+D_2 = \int_0^a f(x)\,\mathrm{d}x + \int_0^b f^{-1}(y)\,\mathrm{d}y = ab$$

(2) 如图(b), 若 $b>f(a)$. 设 $b=f(c)(c>a)$, 令 $x=f^{-1}(y)$, 作换元积分变换并分部积分得

$$D_2 = \int_0^{f(c)} f^{-1}(y)\,\mathrm{d}y = \int_0^c x\,\mathrm{d}f(x) = xf(x)\Big|_0^c - \int_0^c f(x)\,\mathrm{d}x$$

$$= cf(c) - D_1 - \int_a^c f(x)\,\mathrm{d}x = cb - D_1 - f(\xi)(c-a) \quad (a<\xi<c)$$

因 $c-a>0, f(c)-f(\xi)>0$,上式移项得

$$D_1+D_2=cb-f(\xi)(c-a)=ab+(c-a)b-f(\xi)(c-a)$$
$$=ab+(c-a)f(c)-f(\xi)(c-a)$$
$$=ab+(c-a)(f(c)-f(\xi))>ab$$

(3) 如图(c),若 $b<f(a)$. 设 $b=f(c)(0<c<a)$,令 $x=f^{-1}(y)$,作换元积分变换并分部积分得

$$D_2=\int_0^{f(c)}f^{-1}(y)\mathrm{d}y=\int_0^c x\mathrm{d}f(x)=xf(x)\Big|_0^c-\int_0^c f(x)\mathrm{d}x$$
$$=cf(c)-D_1+\int_c^a f(x)\mathrm{d}x=cb-D_1+f(\eta)(a-c)\quad(c<\eta<a)$$

因 $a-c>0, f(\eta)-f(c)>0$,上式移项得

$$D_1+D_2=cb+f(\eta)(a-c)=ab-(a-c)b+f(\eta)(a-c)$$
$$=ab-(a-c)f(c)+f(\eta)(a-c)$$
$$=ab+(a-c)(f(\eta)-f(c))>ab$$

综上,得证.

例 3.73(全国 2015 年预赛题)　已知 $f(x)$ 在 $[0,1]$ 上连续,$\int_0^1 f(x)\mathrm{d}x=0$,$\int_0^1 xf(x)\mathrm{d}x=1$,求证:

(1) $\exists\,\xi\in[0,1]$,使得 $|f(\xi)|>4$;

(2) $\exists\,\eta\in[0,1]$,使得 $|f(\eta)|=4$.

解析　(1)(反证法)设 $\forall\,x\in[0,1]$,有 $|f(x)|\leqslant 4$. 由于

$$\int_0^1\left(x-\frac{1}{2}\right)f(x)\mathrm{d}x=\int_0^1 xf(x)\mathrm{d}x-\frac{1}{2}\int_0^1 f(x)\mathrm{d}x=1$$

$$\int_0^1\left(x-\frac{1}{2}\right)f(x)\mathrm{d}x\leqslant\int_0^1\left|x-\frac{1}{2}\right||f(x)|\ \mathrm{d}x\leqslant 4\int_0^1\left|x-\frac{1}{2}\right|\mathrm{d}x$$

又

$$\int_0^1\left|x-\frac{1}{2}\right|\mathrm{d}x=\int_0^{\frac{1}{2}}\left(\frac{1}{2}-x\right)\mathrm{d}x+\int_{\frac{1}{2}}^1\left(x-\frac{1}{2}\right)\mathrm{d}x$$
$$=\left(\frac{1}{2}x-\frac{1}{2}x^2\right)\Big|_0^{\frac{1}{2}}+\left(\frac{x^2}{2}-\frac{1}{2}x\right)\Big|_{\frac{1}{2}}^1=\frac{1}{8}+\frac{1}{8}=\frac{1}{4}$$

所以

$$\int_0^1\left|x-\frac{1}{2}\right||f(x)|\ \mathrm{d}x=1$$

$$\int_0^1(4-|f(x)|)\left|x-\frac{1}{2}\right|\mathrm{d}x=0$$

于是 $|f(x)|\equiv4(0\leqslant x\leqslant1)$，从而可得 $\int_0^1f(x)\mathrm{d}x=4$ 或 $\int_0^1f(x)\mathrm{d}x=-4$. 而此与条件 $\int_0^1f(x)\mathrm{d}x=0$ 矛盾，故 $\exists\xi\in[0,1]$，使得 $|f(\xi)|>4$.

(2) 因为 $f\in\mathscr{C}[0,1]$，故 $|f(x)|\in\mathscr{C}[0,1]$. 应用积分中值定理，$\exists\lambda\in(0,1)$，使得

$$\int_0^1f(x)\mathrm{d}x=f(\lambda)=0$$

于是 $|f(\lambda)|=0$. 对连续函数 $|f(x)|$，因为 $|f(\lambda)|=0$，$|f(\xi)|>4$，由介值定理可知，$\exists\eta\in[0,1]$，使得 $|f(\eta)|=4$.

例 3.74（莫斯科铁路运输工程学院 1975 年竞赛题） 设函数 $f(x)$ 在 $[0,2]$ 上可导，$f(0)=f(2)=1$，$|f'(x)|\leqslant1$，求证：$1<\int_0^2f(x)\mathrm{d}x<3$.

解析 当 $0\leqslant x\leqslant1$ 时，应用拉格朗日中值定理，有

$$f(x)=f(0)+f'(\xi)x=1+f'(\xi)x \quad (0<\xi<x)$$

则 $1-x\leqslant f(x)\leqslant1+x$. 当 $1\leqslant x\leqslant2$ 时，应用拉格朗日中值定理，有

$$f(x)=f(2)+f'(\eta)(x-2)=1+f'(\eta)(x-2) \quad (x<\eta<2)$$

则 $x-1\leqslant f(x)\leqslant3-x$. 于是

$$\int_0^2f(x)\mathrm{d}x=\int_0^1f(x)\mathrm{d}x+\int_1^2f(x)\mathrm{d}x<\int_0^1(1+x)\mathrm{d}x+\int_1^2(3-x)\mathrm{d}x$$
$$=\frac{3}{2}+\frac{3}{2}=3$$

上式中取不等号"$<$"，是因为不可能出现

$$f(x)=\begin{cases}1+x, & 0\leqslant x\leqslant1,\\3-x, & 1\leqslant x\leqslant2\end{cases}$$

的情况（此时 $f(x)$ 在 $x=1$ 处不可导）. 同样，有

$$\int_0^2f(x)\mathrm{d}x=\int_0^1f(x)\mathrm{d}x+\int_1^2f(x)\mathrm{d}x>\int_0^1(1-x)\mathrm{d}x+\int_1^2(x-1)\mathrm{d}x$$
$$=\frac{1}{2}+\frac{1}{2}=1$$

上式中取不等号"$>$"，是因为不可能出现

$$f(x)=\begin{cases}1-x, & 0\leqslant x\leqslant1,\\x-1, & 1\leqslant x\leqslant2\end{cases}$$

的情况（此时 $f(x)$ 在 $x=1$ 处不可导）.

例 3.75（莫斯科大学 1977 年竞赛题） 设函数 $f(x)$ 在 $[0,1]$ 上连续可导，求证：

$$\int_0^1 |f(x)|\,\mathrm{d}x \leqslant \max\left\{\int_0^1 |f'(x)|\,\mathrm{d}x,\ \left|\int_0^1 f(x)\,\mathrm{d}x\right|\right\}$$

解析　(1) 若 $f(x)$ 在 $(0,1)$ 上满足 $f(x) > 0$ 或 $f(x) < 0$，则

$$\int_0^1 |f(x)|\,\mathrm{d}x = \left|\int_0^1 f(x)\,\mathrm{d}x\right|$$

(2) 若上述(1)不成立，应用零点定理知 $\exists c \in (0,1)$，使得 $f(c) = 0$，且

$$\int_c^x f'(x)\,\mathrm{d}x = f(x) - f(c) = f(x)$$

这里 $x \in [0,1]$. 于是

$$|f(x)| = \left|\int_c^x f'(x)\,\mathrm{d}x\right| \leqslant \left|\int_c^x |f'(x)|\,\mathrm{d}x\right| \leqslant \int_0^1 |f'(x)|\,\mathrm{d}x$$

上式两边从 0 到 1 积分得

$$\int_0^1 |f(x)|\,\mathrm{d}x \leqslant \int_0^1 |f'(x)|\,\mathrm{d}x$$

由(1)与(2)即得

$$\int_0^1 |f(x)|\,\mathrm{d}x \leqslant \max\left\{\int_0^1 |f'(x)|\,\mathrm{d}x,\ \left|\int_0^1 f(x)\,\mathrm{d}x\right|\right\}$$

例 3.76（江苏省 2008 年竞赛题）　设 $f(x)$ 在 $[a,b]$ 上具有连续的导数，求证：

$$\max_{a \leqslant x \leqslant b} |f(x)| \leqslant \frac{1}{b-a}\left|\int_a^b f(x)\,\mathrm{d}x\right| + \int_a^b |f'(x)|\,\mathrm{d}x$$

解析　**方法 1**　应用积分中值定理，$\exists \xi \in (a,b)$，使得

$$\int_a^b f(x)\,\mathrm{d}x = f(\xi)(b-a)$$

因为 $\displaystyle\int_\xi^x f'(x)\,\mathrm{d}x = f(x) - f(\xi)$，所以 $\forall x \in [a,b]$，有

$$|f(x)| \leqslant |f(\xi)| + \left|\int_\xi^x f'(x)\,\mathrm{d}x\right| \leqslant |f(\xi)| + \int_a^b |f'(x)|\,\mathrm{d}x$$

$$= \frac{1}{b-a}\left|\int_a^b f(x)\,\mathrm{d}x\right| + \int_a^b |f'(x)|\,\mathrm{d}x$$

于是

$$\max_{a \leqslant x \leqslant b} |f(x)| \leqslant \frac{1}{b-a}\left|\int_a^b f(x)\,\mathrm{d}x\right| + \int_a^b |f'(x)|\,\mathrm{d}x$$

方法 2　由 $f(x)$ 在 $[a,b]$ 上连续，可得 $|f(x)|$ 在 $[a,b]$ 上连续，根据最值定理，$\exists x_0 \in [a,b]$，使得 $|f(x_0)| = \max\limits_{a \leqslant x \leqslant b} |f(x)|$. 因为

$$\int_{x_0}^x f'(x)\,\mathrm{d}x = f(x) - f(x_0), \quad x \in [a,b]$$

$$f(x_0) = f(x) - \int_{x_0}^{x} f'(x) \mathrm{d}x$$

$$\int_a^b f(x_0) \mathrm{d}x = f(x_0)(b-a) = \int_a^b f(x) \mathrm{d}x - \int_a^b \left(\int_{x_0}^{x} f'(x) \mathrm{d}x \right) \mathrm{d}x$$

$$|f(x_0)| \, (b-a) \leqslant \left| \int_a^b f(x) \mathrm{d}x \right| + \left| \int_a^b \left(\int_{x_0}^{x} f'(x) \mathrm{d}x \right) \mathrm{d}x \right|$$

$$\leqslant \left| \int_a^b f(x) \mathrm{d}x \right| + \int_a^b \left(\int_a^b |f'(x)| \, \mathrm{d}x \right) \mathrm{d}x$$

$$= \left| \int_a^b f(x) \mathrm{d}x \right| + \int_a^b |f'(x)| \, \mathrm{d}x \cdot (b-a)$$

于是

$$\max_{a \leqslant x \leqslant b} |f(x)| = |f(x_0)| \leqslant \frac{1}{b-a} \left| \int_a^b f(x) \mathrm{d}x \right| + \int_a^b |f'(x)| \mathrm{d}x$$

例 3.77(莫斯科大学 1977 年竞赛题) 设函数 $f(x)$ 在区间 $[a,b]$ 上连续可导,且 $f(a) = f(b) = 0$,求证:

$$\int_a^b |f(x)| \, \mathrm{d}x \leqslant \frac{(b-a)^2}{4} \max_{a \leqslant x \leqslant b} |f'(x)|$$

解析 因 $|f'(x)|$ 在 $[a,b]$ 上连续,应用最值定理,有

$$\max_{a \leqslant x \leqslant b} |f'(x)| = M$$

存在. $\forall x \in (a,b)$,则有

$$f(x) = f(a) + f'(\xi)(x-a) = f'(\xi)(x-a)$$
$$f(x) = f(b) + f'(\eta)(x-b) = f'(\eta)(x-b)$$

这里 $a < \xi < x$, $x < \eta < b$. 于是有

$$|f(x)| \leqslant M(x-a), \quad |f(x)| \leqslant M(b-x)$$

$\forall x_0 \in (a,b)$,则

$$\int_a^b |f(x)| \mathrm{d}x = \int_a^{x_0} |f(x)| \mathrm{d}x + \int_{x_0}^b |f(x)| \mathrm{d}x$$

$$\leqslant M \int_a^{x_0} (x-a) \mathrm{d}x + M \int_{x_0}^b (b-x) \mathrm{d}x$$

$$= M \left[x_0^2 - (a+b)x_0 + \frac{1}{2}(a^2 + b^2) \right] \qquad (*)$$

令 $u = x_0^2 - (a+b)x_0 + \frac{1}{2}(a^2 + b^2)$,则 $u' = 2x_0 - (a+b)$. 由 $u' = 0$ 得驻点 $x_0 = \frac{1}{2}(a+b)$,又 $u'' = 2 > 0$,所以 $u\left(\frac{a+b}{2}\right) = \frac{1}{4}(b-a)^2$ 为 u 的最小值.

由于($*$)式对 (a,b) 中的任意 x_0 皆成立,取 $x_0 = \frac{1}{2}(a+b)$,即得

$$\int_a^b |f(x)| \mathrm{d}x \leqslant \frac{1}{4}(b-a)^2 M = \frac{1}{4}(b-a)^2 \max_{a \leqslant x \leqslant b} |f'(x)|$$

例 3.78(全国 2018 年考研题)　设 $f(x)$ 二阶可导, $f''(x) > 0$, $\int_0^1 f(x)\mathrm{d}x = 0$,求证: $f\left(\frac{1}{2}\right) < 0$.

解析　应用 $f(x)$ 在 $x = \frac{1}{2}$ 处的泰勒公式,在 $\frac{1}{2}$ 与 x 之间存在 ξ,使得

$$f(x) = f\left(\frac{1}{2}\right) + f'\left(\frac{1}{2}\right)\left(x - \frac{1}{2}\right) + \frac{1}{2}f''(\xi)\left(x - \frac{1}{2}\right)^2$$
$$\geqslant f\left(\frac{1}{2}\right) + f'\left(\frac{1}{2}\right)\left(x - \frac{1}{2}\right)$$

由于 $f(x)$ 在 $[0,1]$ 上连续,且上式仅当 $x = \frac{1}{2}$ 时取等号,应用定积分的保号性得

$$\int_0^1 f(x)\mathrm{d}x > \int_0^1 \left[f\left(\frac{1}{2}\right) + f'\left(\frac{1}{2}\right)\left(x - \frac{1}{2}\right)\right]\mathrm{d}x$$
$$= f\left(\frac{1}{2}\right) + f'\left(\frac{1}{2}\right)\int_0^1 \left(x - \frac{1}{2}\right)\mathrm{d}x = f\left(\frac{1}{2}\right)$$

由于 $\int_0^1 f(x)\mathrm{d}x = 0$,所以 $f\left(\frac{1}{2}\right) < 0$.

例 3.79(东南大学 2018 年竞赛题)　设函数 $f : [0,1] \to \mathbf{R}$ 有连续的导数,且 $\int_0^1 f(x)\mathrm{d}x = 0$,证明: $\forall a \in [0,1]$,有

$$\left|\int_0^a f(x)\mathrm{d}x\right| \leqslant \frac{1}{8} \max_{0 \leqslant x \leqslant 1} |f'(x)|$$

解析　不妨设 $f(x)$ 不恒为 0,令 $F(x) = \int_0^x f(x)\mathrm{d}x$,则 $F(0) = F(1) = 0$,且 $F'(x) = f(x)$, $F''(x) = f'(x)$.因 $|F(x)|$ 在闭区间 $[0,1]$ 上连续,应用最值定理,设 $|F(x)|$ 在 $x = x_0$ 处取最大值,则 $F'(x_0) = 0$,应用泰勒公式得

$$F(x) = F(x_0) + F'(x_0)(x - x_0) + \frac{1}{2}F''(x_0 + \theta(x - x_0))(x - x_0)^2$$

$$= F(x_0) + \frac{1}{2}F''(x_0 + \theta(x - x_0))(x - x_0)^2 \quad (0 < \theta < 1)$$

在上式中分别取 $x = 0, 1$ 得

$$0 = F(0) = F(x_0) + \frac{1}{2}F''(\xi)x_0^2 \quad (0 < \xi < x_0)$$

$$0 = F(1) = F(x_0) + \frac{1}{2}F''(\eta)\,(1-x_0)^2 \quad (x_0 < \eta < 1)$$

由于 $|F''(x)| = |f'(x)|$ 在闭区间 $[0,1]$ 上连续,应用最值定理,存在 $M > 0$,使得

$$M = \max_{0 \leqslant x \leqslant 1} |F''(x)| = \max_{0 \leqslant x \leqslant 1} |f'(x)|$$

所以有

$$|F(x_0)| = \frac{1}{2}|F''(\xi)|\,x_0^2 \leqslant \frac{M}{2}x_0^2$$

且

$$|F(x_0)| = \frac{1}{2}|F''(\eta)|\,(1-x_0)^2 \leqslant \frac{M}{2}(1-x_0)^2$$

当 $0 < x_0 \leqslant \frac{1}{2}$ 时,有

$$|F(x_0)| \leqslant \frac{M}{2}x_0^2 \leqslant \frac{M}{2}\left(\frac{1}{2}\right)^2 = \frac{1}{8}M = \frac{1}{8}\max_{0 \leqslant x \leqslant 1}|f'(x)|$$

当 $\frac{1}{2} \leqslant x_0 < 1$ 时,有

$$|F(x_0)| \leqslant \frac{M}{2}(1-x_0)^2 \leqslant \frac{M}{2}\left(1-\frac{1}{2}\right)^2 = \frac{1}{8}M = \frac{1}{8}\max_{0 \leqslant x \leqslant 1}|f'(x)|$$

所以,$\forall a \in [0,1]$,有

$$\left|\int_0^a f(x)\mathrm{d}x\right| \leqslant |F(x_0)| \leqslant \frac{1}{8}\max_{0 \leqslant x \leqslant 1}|f'(x)|$$

例 3.80(北京市 1990 年竞赛题) 设函数 $f(x)$ 在区间 $[a,b]$ 上连续,且对于 $t \in [0,1]$ 及 $x_1,x_2 \in [a,b]$ 满足

$$f(tx_1 + (1-t)x_2) \leqslant tf(x_1) + (1-t)f(x_2)$$

证明:

$$f\left(\frac{a+b}{2}\right) \leqslant \frac{1}{b-a}\int_a^b f(x)\mathrm{d}x \leqslant \frac{1}{2}(f(a)+f(b))$$

解析 令 $x = a + t(b-a)$,则有

$$\int_a^b f(x)\mathrm{d}x = \int_0^1 f(a+t(b-a)) \cdot (b-a)\mathrm{d}t$$

$$\leqslant (b-a)\int_0^1 [(1-t)f(a)+tf(b)]\mathrm{d}t$$

$$= \frac{b-a}{2}(f(a)+f(b))$$

所以 $\dfrac{1}{b-a}\displaystyle\int_a^b f(x)\mathrm{d}x \leqslant \dfrac{1}{2}(f(a)+f(b))$,右边不等式得证.

又令 $x=a+b-u$,有

$$
\begin{aligned}
\int_a^b f(x)\mathrm{d}x &= \int_a^{\frac{a+b}{2}} f(x)\mathrm{d}x + \int_{\frac{a+b}{2}}^b f(x)\mathrm{d}x \\
&= \int_{\frac{a+b}{2}}^b f(a+b-u)\mathrm{d}u + \int_{\frac{a+b}{2}}^b f(x)\mathrm{d}x \\
&= 2\int_{\frac{a+b}{2}}^b \left(\frac{1}{2}f(a+b-x)+\frac{1}{2}f(x)\right)\mathrm{d}x \\
&\geqslant 2\int_{\frac{a+b}{2}}^b f\left(\frac{1}{2}(a+b-x)+\frac{1}{2}x\right)\mathrm{d}x \\
&= 2\int_{\frac{a+b}{2}}^b f\left(\frac{a+b}{2}\right)\mathrm{d}x = f\left(\frac{a+b}{2}\right)(b-a)
\end{aligned}
$$

所以 $\dfrac{1}{b-a}\displaystyle\int_a^b f(x)\mathrm{d}x \geqslant f\left(\dfrac{a+b}{2}\right)$,左边不等式得证.

例 3.81(东南大学 2019 年竞赛题) 设 $f(x)$ 和 $g(x)$ 在区间 $[0,1]$ 上连续,并且两函数同时单调增加或同时单调减少,证明:

$$
\int_0^1 f(x)g(x)\mathrm{d}x \geqslant \int_0^1 f(x)\mathrm{d}x \cdot \int_0^1 g(x)\mathrm{d}x
$$

解析 应用积分中值定理,必存在 $\xi \in (0,1)$ 使得 $\displaystyle\int_0^1 g(x)\mathrm{d}x = g(\xi)$. 因为

$$
(f(x)-f(\xi))(g(x)-g(\xi)) \geqslant 0
$$

所以

$$
f(x)g(x) \geqslant f(\xi)g(x)+g(\xi)f(x)-f(\xi)g(\xi)
$$

再应用定积分的保号性,上式两边在 $[0,1]$ 上积分,得

$$
\begin{aligned}
\int_0^1 f(x)g(x)\mathrm{d}x &\geqslant f(\xi)\int_0^1 g(x)\mathrm{d}x + g(\xi)\int_0^1 f(x)\mathrm{d}x - \int_0^1 f(\xi)g(\xi)\mathrm{d}x \\
&= f(\xi)g(\xi)+g(\xi)\int_0^1 f(x)\mathrm{d}x - f(\xi)g(\xi) \\
&= g(\xi)\int_0^1 f(x)\mathrm{d}x = \int_0^1 f(x)\mathrm{d}x \cdot \int_0^1 g(x)\mathrm{d}x
\end{aligned}
$$

例 3.82(全国 2018 年预赛题) 已知 $f(x)$ 在 $[0,1]$ 上连续,且 $1 \leqslant f(x) \leqslant 3$,证明:$1 \leqslant \displaystyle\int_0^1 f(x)\mathrm{d}x \cdot \int_0^1 \dfrac{1}{f(x)}\mathrm{d}x \leqslant \dfrac{4}{3}$.

解析 先证左边不等式. 应用柯西-施瓦茨不等式,有

$$
1 = \left(\int_0^1 \sqrt{f(x)}\,\frac{1}{\sqrt{f(x)}}\mathrm{d}x\right)^2 \leqslant \int_0^1 f(x)\mathrm{d}x \cdot \int_0^1 \frac{1}{f(x)}\mathrm{d}x
$$

再证右边不等式. 由于 $1 \leqslant f(x) \leqslant 3$, 所以

$$(f(x)-1)(3-f(x)) \geqslant 0 \Leftrightarrow f(x)+\frac{3}{f(x)} \leqslant 4$$

应用定积分的保号性, 得

$$\int_0^1 f(x)\mathrm{d}x+\int_0^1 \frac{3}{f(x)}\mathrm{d}x=\int_0^1 \left(f(x)+\frac{3}{f(x)}\right)\mathrm{d}x \leqslant \int_0^1 4\mathrm{d}x=4$$

再由 A - G 不等式得

$$\sqrt{\int_0^1 f(x)\mathrm{d}x \cdot \int_0^1 \frac{3}{f(x)}\mathrm{d}x} \leqslant \frac{1}{2}\left(\int_0^1 f(x)\mathrm{d}x+\int_0^1 \frac{3}{f(x)}\mathrm{d}x\right) \leqslant \frac{4}{2}=2$$

所以

$$\int_0^1 f(x)\mathrm{d}x \cdot \int_0^1 \frac{3}{f(x)}\mathrm{d}x \leqslant 4 \Rightarrow \int_0^1 f(x)\mathrm{d}x \cdot \int_0^1 \frac{1}{f(x)}\mathrm{d}x \leqslant \frac{4}{3}$$

例 3.83(北京市 1996 年竞赛题、全国 2016 年预赛题) 设 $f(x)$ 是区间 $[0,1]$ 上的连续可微函数, 且当 $x \in (0,1)$ 时, $0 < f'(x) < 1$, $f(0)=0$, 证明:

$$\int_0^1 f^2(x)\mathrm{d}x > \left(\int_0^1 f(x)\mathrm{d}x\right)^2 > \int_0^1 f^3(x)\mathrm{d}x$$

解析 利用柯西-施瓦茨不等式有

$$\begin{aligned}
\left(\int_0^1 f(x)\mathrm{d}x\right)^2 &= \left(\int_0^1 f(x) \cdot 1\mathrm{d}x\right)^2 \\
&< \int_0^1 f^2(x)\mathrm{d}x \cdot \int_0^1 1^2\mathrm{d}x \quad (\text{因 } f(x) \not\equiv 1) \\
&= \int_0^1 f^2(x)\mathrm{d}x
\end{aligned}$$

从而左边不等式成立.

构造

$$F(x)=\left(\int_0^x f(t)\mathrm{d}t\right)^2-\int_0^x f^3(t)\mathrm{d}t$$

则 $F(0)=0$, 且

$$\begin{aligned}
F'(x) &= 2\int_0^x f(t)\mathrm{d}t \cdot f(x)-f^3(x) \\
&= f(x)\left[2\int_0^x f(t)\mathrm{d}t-f^2(x)\right]
\end{aligned}$$

记 $G(x)=2\int_0^x f(t)\mathrm{d}t-f^2(x)$, 则 $G(0)=0$, 且

$$G'(x)=2f(x)-2f(x)f'(x)=2f(x)(1-f'(x))$$

因为 $0 < f'(x) < 1, f(0) = 0 \Rightarrow f(x)$ 单调增加 $\Rightarrow f(x) > f(0) = 0$, 于是 $G'(x) > 0 \Rightarrow G(x)$ 单调增加 $\Rightarrow G(x) > G(0) = 0 \Rightarrow F'(x) > 0$, 从而 $F(x)$ 单调增加 $\Rightarrow F(1) > F(0) = 0$, 即

$$\left(\int_0^1 f(x) \mathrm{d}x \right)^2 > \int_0^1 f^3(x) \mathrm{d}x$$

从而右边不等式得证.

例 3.84(精选题) 设 $f(x)$ 二阶可导, $f''(x) \geqslant 0, g(x)$ 为连续函数, 若 $a > 0$, 求证:

$$\frac{1}{a} \int_0^a f(g(x)) \mathrm{d}x \geqslant f\left(\frac{1}{a} \int_0^a g(x) \mathrm{d}x \right)$$

解析 $f(x)$ 在 $x = x_0$ 处的一阶泰勒展式为

$$f(x) = f(x_0) + f'(x_0)(x - x_0) + \frac{1}{2!} f''(\xi)(x - x_0)^2$$
$$\geqslant f(x_0) + f'(x_0)(x - x_0)$$

这里 ξ 介于 x 与 x_0 之间. 令 $x = g(t), x_0 = \frac{1}{a} \int_0^a g(x) \mathrm{d}x$, 则

$$f(g(t)) \geqslant f\left(\frac{1}{a} \int_0^a g(x) \mathrm{d}x \right) + f'\left(\frac{1}{a} \int_0^a g(x) \mathrm{d}x \right) \left(g(t) - \frac{1}{a} \int_0^a g(x) \mathrm{d}x \right)$$

应用定积分的保号性, 此式两边从 0 到 a 积分得

$$\int_0^a f(g(t)) \mathrm{d}t \geqslant a f\left(\frac{1}{a} \int_0^a g(x) \mathrm{d}x \right) + f'\left(\frac{1}{a} \int_0^a g(x) \mathrm{d}x \right) \left(\int_0^a g(t) \mathrm{d}t - \int_0^a g(x) \mathrm{d}x \right)$$
$$= a f\left(\frac{1}{a} \int_0^a g(x) \mathrm{d}x \right)$$

$\Leftrightarrow$
$$\frac{1}{a} \int_0^a f(g(x)) \mathrm{d}x \geqslant f\left(\frac{1}{a} \int_0^a g(x) \mathrm{d}x \right)$$

例 3.85(精选题) 已知 $f(x)$ 在 $[0,1]$ 上二阶连续可导, $f(0) = 0, f(1) = 0$, 且 $\forall x \in (0,1)$ 有 $f(x) \neq 0$, 求证: $\int_0^1 \left| \frac{f''(x)}{f(x)} \right| \mathrm{d}x > 4$.

解析 由于 $f(x)$ 在 $(0,1)$ 上连续, 且 $f(x) \neq 0$, 所以 $f(x)$ 在 $(0,1)$ 上不变号, 不妨设 $\forall x \in (0,1)$ 有 $f(x) > 0$. 应用最值定理, $f(x)$ 在 $[0,1]$ 上有最大值, 设

$$\max_{0 \leqslant x \leqslant 1} f(x) = f(x_0), \quad x_0 \in (0,1)$$

则

$$\int_0^1 \left| \frac{f''(x)}{f(x)} \right| \mathrm{d}x > \frac{1}{f(x_0)} \int_0^1 |f''(x)| \, \mathrm{d}x \tag{$*$}$$

在$[0,x_0]$与$[x_0,1]$上分别应用拉格朗日中值定理,则$\exists \alpha \in (0,x_0)$和$\beta \in (x_0,1)$,使得

$$f(x_0)-f(0)=f'(\alpha)x_0, \quad f(1)-f(x_0)=f'(\beta)(1-x_0)$$

即

$$f'(\alpha)=\frac{f(x_0)}{x_0}, \quad f'(\beta)=\frac{f(x_0)}{x_0-1}$$

于是

$$\int_0^1 |f''(x)|\,\mathrm{d}x \geqslant \left|\int_\alpha^\beta f''(x)\mathrm{d}x\right| = |f'(\beta)-f'(\alpha)| = \left|\frac{f(x_0)}{x_0-1}-\frac{f(x_0)}{x_0}\right|$$

$$= \frac{f(x_0)}{x_0(1-x_0)} = \frac{f(x_0)}{\frac{1}{4}-\left(\frac{1}{2}-x_0\right)^2} \geqslant 4f(x_0)$$

代入($*$)式即得$\int_0^1 \left|\frac{f''(x)}{f(x)}\right|\mathrm{d}x > 4$.

例 3.86(北京市 1993 年竞赛题)　求证:$\frac{5}{2}\pi < \int_0^{2\pi} \mathrm{e}^{\sin x}\mathrm{d}x < 2\pi\mathrm{e}^{\frac{1}{4}}$.

解析　运用e^u的马克劳林级数,有

$$\mathrm{e}^{\sin x} = 1 + \sin x + \frac{1}{2!}\sin^2 x + \cdots + \frac{1}{n!}\sin^n x + \cdots$$

由于$n=2k+1(k=0,1,2,\cdots)$时,有

$$\int_0^{2\pi} \sin^{2k+1}x\mathrm{d}x = 0$$

当$n=2k(k=1,2,\cdots)$时,有

$$\int_0^{2\pi} \sin^{2k}x\mathrm{d}x = 4\int_0^{\frac{\pi}{2}} \sin^{2k}x\mathrm{d}x = 4 \cdot \frac{(2k-1)!!}{(2k)!!} \cdot \frac{\pi}{2}$$

因此,由逐项积分有

$$\int_0^{2\pi} \mathrm{e}^{\sin x}\mathrm{d}x = 2\pi + \sum_{k=1}^\infty \frac{1}{(2k)!}\int_0^{2\pi} \sin^{2k}x\mathrm{d}x = 2\pi\left(1+\sum_{k=1}^\infty \frac{(2k-1)!!}{(2k)!(2k)!!}\right)$$

$$= 2\pi\left(1+\sum_{k=1}^\infty \frac{1}{(k!)^2}\cdot\frac{1}{4^k}\right)$$

从而有

$$\int_0^{2\pi} \mathrm{e}^{\sin x}\mathrm{d}x > 2\pi\left(1+\frac{1}{4}\right) = \frac{5}{2}\pi$$

$$\int_0^{2\pi} e^{\sin x} \mathrm{d}x < 2\pi \left(1 + \sum_{n=1}^{\infty} \frac{1}{n!} \cdot \frac{1}{4^n}\right) = 2\pi e^{\frac{1}{4}}$$

得证.

3.2.8　积分等式的证明(例 3.87—3.91)

例 3.87(江苏省 2020 年竞赛题)　设 $f(x)$ 在 $[a,b]$ 上可导,且 $f'(x) \neq 0$.

(1) 证明:至少存在一点 $\xi \in (a,b)$,使得

$$\int_a^b f(x)\mathrm{d}x = f(b)(\xi - a) + f(a)(b - \xi)$$

(2) 对(1) 中的 ξ,求 $\lim\limits_{b \to a^+} \dfrac{\xi - a}{b - a}$.

解析　(1) 首先用反证法证明:$\forall x \in [a,b]$,有 $f'(x) > 0$(或 < 0). 否则,$\exists x_1, x_2 \in [a,b]$,使得 $f'(x_1) > 0, f'(x_2) < 0$. 不妨设 $x_1 < x_2$,于是在点 x_1 的右邻域中存在点 $x_1'(< x_2)$,使得 $f(x_1) < f(x_1')$,在点 $x = x_2$ 的左邻域中存在点 $x_2'(> x_1)$,使得 $f(x_2') > f(x_2)$,因此 $\exists x_0 \in (x_1, x_2)$,使得

$$|f(x_0)| = \max\{f(x) \mid x \in [x_1, x_2]\}$$

因为 $f(x)$ 在点 x_0 处可导,应用费马定理可得 $f'(x_0) = 0$,此与条件矛盾. 不妨设 $\forall x \in [a,b], f'(x) > 0$,则 $f(x)$ 在 $[a,b]$ 上单调增加,记

$$F(x) = \int_a^b f(x)\mathrm{d}x - f(b)(x - a) - f(a)(b - x)$$

由于 $f(a) < f(x) < f(b)(x \in (a,b))$,应用定积分的保号性,得

$$F(a) = \int_a^b f(x)\mathrm{d}x - f(a)(b - a) = \int_a^b (f(x) - f(a))\mathrm{d}x > 0$$

$$F(b) = \int_a^b f(x)\mathrm{d}x - f(b)(b - a) = \int_a^b (f(x) - f(b))\mathrm{d}x < 0$$

又 $F(x) \in \mathscr{C}([a,b])$,应用零点定理,必 $\exists \xi \in (a,b)$,使得 $F(\xi) = 0$,即原式成立.

(2) 由(1) 得

$$\frac{\xi - a}{b - a} = \left[\frac{\int_a^b f(x)\mathrm{d}x + af(b) - bf(a)}{f(b) - f(a)} - a\right] \cdot \frac{1}{b - a}$$

$$= \left(\frac{f(b) - f(a)}{b - a}\right)^{-1} \cdot \frac{\int_a^b f(x)\mathrm{d}x - f(a)(b - a)}{(b - a)^2}$$

令 $b \to a^+$,上式两端求极限,应用右导数的定义与洛必达法则,得

$$\lim_{b \to a^+} \frac{\xi - a}{b - a} = \lim_{x \to a^+} \left(\frac{f(x) - f(a)}{x - a}\right)^{-1} \cdot \frac{\int_a^x f(t)\mathrm{d}t - f(a)(x - a)}{(x - a)^2}$$

$$= \frac{1}{f'_+(a)} \cdot \lim_{x \to a^+} \frac{f(x) - f(a)}{2(x - a)} = \frac{f'_+(a)}{2f'_+(a)} = \frac{1}{2}$$

例 3.88(浙江省 2005 年竞赛题)　设 $f(x)$ 在 $[-1,1]$ 上 2 阶导数连续,求证:

存在 $\zeta \in (-1,1)$,使得

$$\int_{-1}^{1} xf(x)\mathrm{d}x = \frac{1}{3}\left[2f'(\zeta) + \zeta f''(\zeta)\right] \tag{1}$$

解析 令 $F(x) = xf(x)$,则 $F(x)$ 在 $[-1,1]$ 上 2 阶导数连续,且 $F(0) = 0$, $F'(0) = f(0)$, $F''(x) = 2f'(x) + xf''(x)$,于是要证明(1)式,等价于证明存在 $\zeta \in (-1,1)$,使得

$$\int_{-1}^{1} F(x)\mathrm{d}x = \frac{1}{3}F''(\zeta) \tag{2}$$

应用马克劳林公式,存在 $\eta(x)$ 使得

$$F(x) = F(0) + F'(0)x + \frac{1}{2!}F''(\eta(x))x^2 = f(0)x + \frac{1}{2}F''(\eta(x))x^2$$

其中 $\eta(x)$ 介于 0 与 x 之间. 于是

$$\int_{-1}^{1} F(x)\mathrm{d}x = \int_{-1}^{1} f(0)x\mathrm{d}x + \frac{1}{2}\int_{-1}^{1} F''(\eta(x))x^2\mathrm{d}x = \frac{1}{2}\int_{-1}^{1} F''(\eta(x))x^2\mathrm{d}x \tag{3}$$

应用最值定理,记 $m = \min\limits_{[-1,1]} F''(x)$,$M = \max\limits_{[-1,1]} F''(x)$,则 $m \leqslant F''(\eta(x)) \leqslant M$,即

$$\frac{1}{2}mx^2 \leqslant \frac{1}{2}F''(\eta(x))x^2 \leqslant \frac{1}{2}Mx^2$$

$$\frac{1}{2}\int_{-1}^{1} mx^2\mathrm{d}x < \frac{1}{2}\int_{-1}^{1} F''(\eta(x))x^2\mathrm{d}x < \frac{1}{2}\int_{-1}^{1} Mx^2\mathrm{d}x$$

即 $m < \frac{3}{2}\int_{-1}^{1} F''(\eta(x))x^2\mathrm{d}x < M$. 应用介值定理,$\exists \zeta \in (-1,1)$,使得

$$F''(\zeta) = \frac{3}{2}\int_{-1}^{1} F''(\eta(x))x^2\mathrm{d}x$$

即 $\frac{1}{2}\int_{-1}^{1} F''(\eta(x))x^2\mathrm{d}x = \frac{1}{3}F''(\zeta)$,代入(3)式得 $\int_{-1}^{1} F(x)\mathrm{d}x = \frac{1}{3}F''(\zeta)$,即(2)式成立.

例 3.89(精选题) 已知函数 $f(x)$ 在闭区间 $[a,b]$ 上具有连续的 2 阶导数,且 $f'(a) = f'(b) = 0$,求证:$\exists \xi \in (a,b)$,使得

$$\int_{a}^{b} f(x)\mathrm{d}x = (b-a)\frac{f(a)+f(b)}{2} + \frac{1}{6}(b-a)^3 f''(\xi)$$

解析 令 $F(x) = \int_{a}^{x} f(t)\mathrm{d}t$,则 $F'(x) = f(x)$,$F''(x) = f'(x)$,$F'''(x) = f''(x)$,且 $F(a) = 0$,$F''(a) = F''(b) = 0$. 函数 $F(x)$ 在 $x = a$ 处的 2 阶泰勒展式为

$$F(x) = F(a) + F'(a)(x-a) + \frac{1}{2!}F''(a)(x-a)^2 + \frac{1}{3!}F'''(\xi_1)(x-a)^3$$

$$= f(a)(x-a) + \frac{1}{6}f''(\xi_1)(x-a)^3$$

这里 ξ_1 介于 a 与 x 之间. 令 $x=b$ 得

$$\int_a^b f(x)\mathrm{d}x = f(a)(b-a) + \frac{1}{6}f''(\xi_2)(b-a)^3 \tag{1}$$

这里 $a<\xi_2<b$. 函数 $F(x)$ 在 $x=b$ 处的 2 阶泰勒展式为

$$F(x) = F(b) + F'(b)(x-b) + \frac{1}{2!}F''(b)(x-b)^2 + \frac{1}{3!}F'''(\eta_1)(x-b)^3$$

$$= \int_a^b f(x)\mathrm{d}x + f(b)(x-b) + \frac{1}{6}f''(\eta_1)(x-b)^3$$

这里 η_1 介于 x 与 b 之间. 令 $x=a$ 得

$$0 = \int_a^b f(x)\mathrm{d}x - f(b)(b-a) - \frac{1}{6}f''(\eta_2)(b-a)^3 \tag{2}$$

这里 $a<\eta_2<b$. 将(1) 式减(2) 式,得

$$\int_a^b f(x)\mathrm{d}x = \frac{1}{2}[f(a)+f(b)](b-a) + \frac{1}{12}[f''(\xi_2)+f''(\eta_2)](b-a)^3 \tag{3}$$

若 $f''(\xi_2)=f''(\eta_2)$,则 $\xi=\xi_2$ 或 $\xi=\eta_2$,代入(3) 式即得原式;若 $f''(\xi_2)\neq f''(\eta_2)$,由于 $f''(x)$ 在$[a,b]$上连续,由最值定理,$f''(x)$ 在$[a,b]$上有最大值M与最小值m,则

$$m < \frac{1}{2}[f''(\xi_2)+f''(\eta_2)] < M$$

再应用介值定理,$\exists \xi \in (a,b)$,使得

$$f''(\xi) = \frac{1}{2}[f''(\xi_2)+f''(\eta_2)]$$

于是有

$$\int_a^b f(x)\mathrm{d}x = \frac{1}{2}[f(a)+f(b)](b-a) + \frac{1}{6}f''(\xi)(b-a)^3$$

例 3.90(精选题)　设函数 $f(x)$ 在闭区间$[a,b]$上具有连续的 2 阶导数,求证:$\exists \xi \in (a,b)$,使得

$$\int_a^b f(x)\mathrm{d}x = (b-a)f\left(\frac{a+b}{2}\right) + \frac{1}{24}(b-a)^3 f''(\xi)$$

解析　令 $F(x) = \int_a^x f(t)\mathrm{d}t$, 则 $F'(x)=f(x), F''(x)=f'(x), F'''(x)=f''(x)$,且 $F(a)=0$. $F(x)$ 在 $x=\dfrac{a+b}{2}$ 处的 2 阶泰勒展式为

$$F(x) = F\left(\frac{a+b}{2}\right) + F'\left(\frac{a+b}{2}\right)\left(x - \frac{a+b}{2}\right) + \frac{1}{2!}F''\left(\frac{a+b}{2}\right)\left(x - \frac{a+b}{2}\right)^2$$
$$+ \frac{1}{3!}F'''(\xi_1)\left(x - \frac{a+b}{2}\right)^3$$
$$= F\left(\frac{a+b}{2}\right) + f\left(\frac{a+b}{2}\right)\left(x - \frac{a+b}{2}\right) + \frac{1}{2}f'\left(\frac{a+b}{2}\right)\left(x - \frac{a+b}{2}\right)^2$$
$$+ \frac{1}{6}f''(\xi_1)\left(x - \frac{a+b}{2}\right)^3 \tag{1}$$

这里 ξ_1 介于 x 与 $\frac{a+b}{2}$ 之间. 在(1) 式中令 $x = a$, 得

$$0 = F\left(\frac{a+b}{2}\right) - f\left(\frac{a+b}{2}\right)\frac{b-a}{2} + \frac{1}{2}f'\left(\frac{a+b}{2}\right)\frac{(b-a)^2}{4} - \frac{1}{6}f''(\xi_2)\frac{(b-a)^3}{8} \tag{2}$$

这里 $a < \xi_2 < \frac{a+b}{2}$. 在(1) 式中令 $x = b$, 得

$$\int_a^b f(x)\mathrm{d}x = F\left(\frac{a+b}{2}\right) + f\left(\frac{a+b}{2}\right)\frac{b-a}{2} + \frac{1}{2}f'\left(\frac{a+b}{2}\right)\frac{(b-a)^2}{4}$$
$$+ \frac{1}{6}f''(\xi_3)\frac{(b-a)^3}{8} \tag{3}$$

这里 $\frac{a+b}{2} < \xi_3 < b$. (3) 式减去(2) 式, 得

$$\int_a^b f(x)\mathrm{d}x = (b-a)f\left(\frac{a+b}{2}\right) + \frac{1}{24}(b-a)^3\frac{1}{2}[f''(\xi_2) + f''(\xi_3)]$$

由于 $f''(x)$ 在 $[a,b]$ 上连续, 由最值定理可知 $f''(x)$ 在 $[\xi_2, \xi_3]$ 上有最大值 M 与最小值 m, 则

$$m \leqslant \frac{1}{2}[f''(\xi_2) + f''(\xi_3)] \leqslant M$$

再应用介值定理, $\exists \xi \in (\xi_2, \xi_3) \subset (a,b)$, 使得

$$f''(\xi) = \frac{1}{2}[f''(\xi_2) + f''(\xi_3)]$$

于是有

$$\int_a^b f(x)\mathrm{d}x = (b-a)f\left(\frac{a+b}{2}\right) + \frac{1}{24}(b-a)^3 f''(\xi)$$

例 3.91(东南大学 2015 年竞赛题) 设 $f(x)$ 在 $[a,b]$ 上连续, 且 $f(x)$ 非负并单调增加, 若存在 $x_n \in [a,b]$, 使得

$$(f(x_n))^n = \frac{1}{b-a} \int_a^b (f(x))^n \mathrm{d}x$$

试求 $\lim\limits_{n\to\infty} x_n$.

解析　作积分换元变换,令 $x = a + (b-a)t$,则

$$(f(x_n))^n = \frac{1}{b-a} \int_a^b (f(x))^n \mathrm{d}x = \int_0^1 (f(a+(b-a)t))^n \mathrm{d}t$$

函数 $f(a+(b-a)t)$ 在 $[0,1]$ 上连续、非负且单调增加, $\forall \varepsilon \in (0,1)$,则有

$$(f(x_n))^n = \int_0^1 (f(a+(b-a)t))^n \mathrm{d}t \geqslant \int_{1-\frac{\varepsilon}{2}}^1 (f(a+(b-a)t))^n \mathrm{d}t$$

$$\geqslant \left[f\left(a + (b-a)\left(1-\frac{\varepsilon}{2}\right)\right)\right]^n \frac{\varepsilon}{2}$$

记 $q = \dfrac{f(a+(b-a)(1-\varepsilon))}{f\left(a+(b-a)\left(1-\frac{\varepsilon}{2}\right)\right)}$,则 $0 < q < 1$, $\lim\limits_{n\to\infty} q^n = 0$,所以 $\exists N \in \mathbf{N}^*$($\varepsilon$ 越小,

N 越大),当 $n > N$ 时 $0 < q^n < \dfrac{\varepsilon}{2}$. 于是 $n > N$ 时

$$(f(x_n))^n \geqslant \left[f\left(a + (b-a)\left(1-\frac{\varepsilon}{2}\right)\right)\right]^n \frac{\varepsilon}{2} > \left[f(a+(b-a)(1-\varepsilon))\right]^n$$

由于 $f(x)$ 单调增加,因此当 $n > N$ 时有

$$a + (b-a)(1-\varepsilon) < x_n \leqslant b$$

又由 $\varepsilon > 0$ 的任意性,即得 $\lim\limits_{n\to\infty} x_n = b$.

3.2.9　反常积分(例 3.92—3.98)

例 3.92(莫斯科钢铁与合金学院 1977 年竞赛题)　求证:

$$\int_0^1 \frac{\cos x}{\sqrt{1-x^2}} \mathrm{d}x > \int_0^1 \frac{\sin x}{\sqrt{1-x^2}} \mathrm{d}x$$

解析　由于

$$\left| \frac{\cos x}{\sqrt{1-x^2}} \right| \leqslant \frac{1}{\sqrt{1-x^2}}, \quad \left| \frac{\sin x}{\sqrt{1-x^2}} \right| \leqslant \frac{1}{\sqrt{1-x^2}}$$

$$\int_0^1 \frac{1}{\sqrt{1-x^2}} \mathrm{d}x = \arcsin x \Big|_0^{1^-} = \frac{\pi}{2}$$

所以原不等式两端的反常积分皆收敛.

令 $x = \sin t$,则

$$\int_0^1 \frac{\cos x}{\sqrt{1-x^2}}\mathrm{d}x = \int_0^{\frac{\pi}{2}} \cos(\sin t)\mathrm{d}t$$

令 $x = \cos t$, 则

$$\int_0^1 \frac{\sin x}{\sqrt{1-x^2}}\mathrm{d}x = \int_0^{\frac{\pi}{2}} \sin(\cos t)\mathrm{d}t$$

$$\cos(\sin t) - \sin(\cos t) = \sin\left(\frac{\pi}{2} - \sin t\right) - \sin(\cos t)$$

令 $f(t) = \frac{\pi}{2} - \sin t - \cos t\left(t \in \left(0, \frac{\pi}{2}\right)\right)$, 则由 $f'(t) = -\cos t + \sin t = 0 \Rightarrow t = \frac{\pi}{4}$,

又 $f''(t) = \sin t + \cos t > 0$, 则 $f\left(\frac{\pi}{4}\right) = \frac{\pi}{2} - \sqrt{2}\,(>0)$ 为极小值, 因此 $f(t) > 0$,

得 $\frac{\pi}{2} - \sin t > \cos t \Rightarrow \sin\left(\frac{\pi}{2} - \sin t\right) > \sin(\cos t)$, 所以 $\cos(\sin t) > \sin(\cos t)$, 故

$$\int_0^{\frac{\pi}{2}} \cos(\sin t)\mathrm{d}t > \int_0^{\frac{\pi}{2}} \sin(\cos t)\mathrm{d}t$$

即

$$\int_0^1 \frac{\cos x}{\sqrt{1-x^2}}\mathrm{d}x > \int_0^1 \frac{\sin x}{\sqrt{1-x^2}}\mathrm{d}x$$

例 3.93(江苏省 2012 年竞赛题) 过点 $(0,0)$ 作曲线 $\Gamma: y = \mathrm{e}^{-x}$ 的切线 L, 设 D 是以曲线 Γ、切线 L 及 x 轴为边界的无界区域(如图所示).

(1) 求切线 L 的方程;

(2) 求区域 D 的面积;

(3) 求区域 D 绕 x 轴旋转一周所得旋转体的体积.

解析 (1) 设切点为 (a, e^{-a}), 则

$$L: y - \mathrm{e}^{-a} = -\mathrm{e}^{-a}(x - a)$$

用 $(0,0)$ 代入, 得 $a = -1$, 于是切线 L 的方程为

$$y = -\mathrm{e}x$$

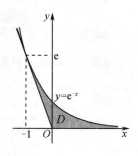

(2) 因切点为 $(-1, \mathrm{e})$, 故区域 D 的面积为

$$S = \int_{-1}^{+\infty} \mathrm{e}^{-x}\mathrm{d}x - \frac{1}{2}\mathrm{e} = -\mathrm{e}^{-x}\Big|_{-1}^{+\infty} - \frac{1}{2}\mathrm{e} = \frac{1}{2}\mathrm{e}$$

(3) 旋转体的体积为

$$V = \pi\int_{-1}^{+\infty} \mathrm{e}^{-2x}\mathrm{d}x - \frac{1}{3}\pi\mathrm{e}^2 = -\frac{\pi}{2}\mathrm{e}^{-2x}\Big|_{-1}^{+\infty} - \frac{1}{3}\pi\mathrm{e}^2$$

$$= \frac{1}{2}\pi\mathrm{e}^2 - \frac{1}{3}\pi\mathrm{e}^2 = \frac{1}{6}\pi\mathrm{e}^2.$$

例 3.94(全国 2019 年考研题) 求曲线 $y = \mathrm{e}^{-x}\sin x\,(x \geqslant 0)$ 与 x 轴之间图形

的面积.

解析　无界图形的面积用反常积分表示为

$$S = \int_0^{+\infty} \mathrm{e}^{-x} |\sin x| \mathrm{d}x = \lim_{n \to \infty} \sum_{k=0}^{n} (-1)^k \int_{k\pi}^{(k+1)\pi} \mathrm{e}^{-x} \sin x \mathrm{d}x$$

又由于 $\int \mathrm{e}^{-x} \sin x \mathrm{d}x = -\dfrac{1}{2} \mathrm{e}^{-x} (\sin x + \cos x) + C$, 所以

$$\begin{aligned}
S &= -\frac{1}{2} \lim_{n \to \infty} \sum_{k=0}^{n} (-1)^k \mathrm{e}^{-x} (\sin x + \cos x) \Big|_{k\pi}^{(k+1)\pi} \\
&= -\frac{1}{2} \lim_{n \to \infty} \sum_{k=0}^{n} (-1)^k \big[\mathrm{e}^{-(k+1)\pi} (-1)^{k+1} - \mathrm{e}^{-k\pi} (-1)^k \big] \\
&= \frac{1}{2} \lim_{n \to \infty} \sum_{k=0}^{n} (\mathrm{e}^{-(k+1)\pi} + \mathrm{e}^{-k\pi}) = \frac{1}{2} (\mathrm{e}^{-\pi} + 1) \sum_{k=0}^{\infty} \mathrm{e}^{-k\pi} \\
&= \frac{1}{2} (\mathrm{e}^{-\pi} + 1) \frac{1}{1 - \mathrm{e}^{-\pi}} = \frac{\mathrm{e}^{\pi} + 1}{2(\mathrm{e}^{\pi} - 1)}
\end{aligned}$$

例 3.95(江苏省 2006 年竞赛题)　设 $f(x)$ 在 $(-\infty, +\infty)$ 上是导数连续的有界函数, $|f(x) - f'(x)| \leqslant 1$, 求证: $|f(x)| \leqslant 1$, $x \in (-\infty, +\infty)$.

解析　**方法 1**　$\forall x \in \mathbf{R}$, 有

$$\big[\mathrm{e}^{-x} f(x) \big]' = \mathrm{e}^{-x} \big[f'(x) - f(x) \big]$$

$$\Rightarrow \quad \int_x^{+\infty} \mathrm{e}^{-x} \big[f'(x) - f(x) \big] \mathrm{d}x = \int_x^{+\infty} \big[\mathrm{e}^{-x} f(x) \big]' \mathrm{d}x$$

$$= \mathrm{e}^{-x} f(x) \Big|_x^{+\infty} = -\mathrm{e}^{-x} f(x)$$

$$\Rightarrow \quad \mathrm{e}^{-x} |f(x)| \leqslant \int_x^{+\infty} \mathrm{e}^{-x} |f'(x) - f(x)| \mathrm{d}x \leqslant \int_x^{+\infty} \mathrm{e}^{-x} \mathrm{d}x = \mathrm{e}^{-x}$$

即 $|f(x)| \leqslant 1$.

方法 2　令 $F(x) = \mathrm{e}^{-x} \big[f(x) + 1 \big]$, 由题意 $-1 \leqslant f'(x) - f(x) \leqslant 1$, 所以

$$F'(x) = \mathrm{e}^{-x} \big[f'(x) - f(x) - 1 \big] \leqslant 0$$

因而 $F(x)$ 单调减少, 故

$$F(x) \geqslant \lim_{x \to +\infty} F(x) = \lim_{x \to +\infty} \frac{f(x) + 1}{\mathrm{e}^x} = 0$$

而 $\mathrm{e}^{-x} > 0$, 故 $f(x) + 1 \geqslant 0$, 即 $f(x) \geqslant -1$.

令 $G(x) = \mathrm{e}^{-x} \big[f(x) - 1 \big]$, 由题意 $-1 \leqslant f'(x) - f(x) \leqslant 1$, 所以

$$G'(x) = \mathrm{e}^{-x} \big[f'(x) - f(x) + 1 \big] \geqslant 0$$

因而 $G(x)$ 单调增加, 故

$$G(x) \leqslant \lim_{x \to +\infty} G(x) = \lim_{x \to +\infty} \frac{f(x) - 1}{\mathrm{e}^x} = 0$$

而 $e^{-x} > 0$, 故 $f(x) - 1 \leqslant 0$, 即 $f(x) \leqslant 1$.

综上, 即得 $|f(x)| \leqslant 1$.

例 3.96(全国 2018 年决赛题) 求极限 $\lim\limits_{n \to \infty}(\sqrt[n+1]{(n+1)!} - \sqrt[n]{n!})$.

解析 将原式变形, 得

$$\text{原式} = \lim_{n \to \infty} n\left[\frac{\sqrt[n+1]{(n+1)!}}{\sqrt[n]{n!}} - 1\right] \cdot \frac{\sqrt[n]{n!}}{n}$$

下面先求极限 $\lim\limits_{n \to \infty} \dfrac{\sqrt[n]{n!}}{n}$. 由于 $\int_0^1 \ln x \, \mathrm{d}x = x \ln x \Big|_{0^+}^1 - \int_0^1 \mathrm{d}x = 0 - 1 = -1$, 所以反常积分 $\int_0^1 \ln x \, \mathrm{d}x$ 收敛. 将区间 $[0,1]$ 等分为 n 个小区间 $\left[\dfrac{i-1}{n}, \dfrac{i}{n}\right](i = 1, 2, \cdots, n)$, 并取 $\ln x$ 在其右端点的函数值, 得

$$\lim_{n \to \infty} \frac{\sqrt[n]{n!}}{n} = \lim_{n \to \infty}\left(\frac{n!}{n^n}\right)^{\frac{1}{n}} = \exp\left(\lim_{n \to \infty} \frac{1}{n} \sum_{i=1}^n \ln \frac{i}{n}\right) = \exp\left(\int_0^1 \ln x \, \mathrm{d}x\right) = \frac{1}{e}$$

$$\text{原式} = \frac{1}{e} \lim_{n \to \infty} n\left[\left(\left(\frac{(n+1)!}{n!}\right)^n \frac{1}{n!}\right)^{\frac{1}{n(n+1)}} - 1\right]$$

$$= \frac{1}{e} \lim_{n \to \infty} n\left[\left(\frac{(n+1)!}{(n+1)^{n+1}}\right)^{\frac{-1}{n(n+1)}} - 1\right]$$

$$= \frac{1}{e} \lim_{n \to \infty} n\left[\exp\left(\frac{-1}{n(n+1)} \sum_{i=1}^{n+1} \ln \frac{i}{n+1}\right) - 1\right]$$

由于 $\lim\limits_{n \to \infty}\left(\dfrac{1}{n+1} \sum\limits_{i=1}^{n+1} \ln \dfrac{i}{n+1}\right) = \lim\limits_{n \to \infty}\left(\dfrac{1}{n} \sum\limits_{i=1}^n \ln \dfrac{i}{n}\right) = \int_0^1 \ln x \, \mathrm{d}x = -1$, 所以

$$\lim_{n \to \infty}\left(\frac{-1}{n(n+1)} \sum_{i=1}^{n+1} \ln \frac{i}{n+1}\right) = \lim_{n \to \infty}\left(\frac{-1}{n}\right) \cdot \lim_{n \to \infty}\left(\frac{1}{n+1} \sum_{i=1}^{n+1} \ln \frac{i}{n+1}\right) = 0 \cdot (-1) = 0$$

又因为 $\square \to 0$ 时, $\exp\square - 1 = e^\square - 1 \sim \square$, 应用等价无穷小替换法则, 得

$$\text{原式} = \frac{1}{e} \lim_{n \to \infty} n\left(\frac{-1}{n(n+1)} \sum_{i=1}^{n+1} \ln \frac{i}{n+1}\right)$$

$$= \frac{-1}{e} \lim_{n \to \infty}\left(\frac{1}{n+1} \sum_{i=1}^{n+1} \ln \frac{i}{n+1}\right) = \frac{-1}{e} \cdot (-1) = \frac{1}{e}$$

例 3.97(全国 2009 年预赛题) 求 $x \to 1^-$ 时与 $\sum\limits_{n=0}^{\infty} x^{n^2}$ 等价的无穷大量.

解析 当 $0 < x < 1$ 时, 考察 $\int_0^{+\infty} x^{t^2} \, \mathrm{d}t$, 由于

$$\int_0^{+\infty} x^{t^2} \, \mathrm{d}t = \sum_{n=0}^{\infty} \int_n^{n+1} x^{t^2} \, \mathrm{d}t < \sum_{n=0}^{\infty} \int_n^{n+1} x^{n^2} \, \mathrm{d}t = \sum_{n=0}^{\infty} x^{n^2}$$

$$\int_0^{+\infty} x^{t^2} \, \mathrm{d}t = \sum_{n=0}^{\infty} \int_n^{n+1} x^{t^2} \, \mathrm{d}t$$

$$> \sum_{n=0}^{\infty} \int_n^{n+1} x^{(n+1)^2} \, \mathrm{d}t = \sum_{n=0}^{\infty} x^{(n+1)^2} = \sum_{n=1}^{\infty} x^{n^2} = \sum_{n=0}^{\infty} x^{n^2} - 1$$

所以

$$\int_0^{+\infty} x^{t^2}\,\mathrm{d}t < \sum_{n=0}^{\infty} x^{n^2} < 1 + \int_0^{+\infty} x^{t^2}\,\mathrm{d}t \tag{$*$}$$

应用积分公式 $\displaystyle\int_0^{+\infty} \mathrm{e}^{-u^2}\,\mathrm{d}u = \frac{\sqrt{\pi}}{2}$,可得

$$\int_0^{+\infty} x^{t^2}\,\mathrm{d}t = \int_0^{+\infty} \exp(-(t\sqrt{-\ln x})^2)\,\mathrm{d}t \quad (\text{记 } t\sqrt{-\ln x} = u)$$

$$= \frac{1}{\sqrt{-\ln x}} \int_0^{+\infty} \mathrm{e}^{-u^2}\,\mathrm{d}u = \frac{1}{\sqrt{-\ln x}}\,\frac{\sqrt{\pi}}{2}$$

由于 $x \to 1^-$ 时, $-\ln x = -\ln(1+x-1) \sim -(x-1) = 1-x$,所以 $x \to 1^-$ 时

$$\int_0^{+\infty} x^{t^2}\,\mathrm{d}t = \frac{1}{\sqrt{-\ln x}}\,\frac{\sqrt{\pi}}{2} \sim \frac{1}{2}\sqrt{\frac{\pi}{1-x}}$$

由($*$)式即得:当 $x \to 1^-$ 时,与 $\displaystyle\sum_{n=0}^{\infty} x^{n^2}$ 等价的无穷大量为 $\dfrac{1}{2}\sqrt{\dfrac{\pi}{1-x}}$.

例 3.98(精选题)　(1) 根据 e^x 的两种形式余项的马克劳林展开式

$$\mathrm{e}^x = \left(1 + x + \frac{x^2}{2!} + \frac{x^3}{3!} + \cdots + \frac{x^n}{n!}\right) + \frac{\mathrm{e}^\xi}{(n+1)!}x^{n+1} \tag{1}$$

$$= \left(1 + x + \frac{x^2}{2!} + \frac{x^3}{3!} + \cdots + \frac{x^n}{n!}\right) + \frac{1}{n!}\int_0^x \mathrm{e}^t(x-t)^n\,\mathrm{d}t \tag{2}$$

证明:

$$1 + x + \frac{x^2}{2!} + \frac{x^3}{3!} + \cdots + \frac{x^n}{n!} > \frac{1}{2}\mathrm{e}^x \quad (0 \leqslant x \leqslant n) \tag{3}$$

(2) 求证:$\exists \xi \in (50,100)$,使得

$$\int_0^\xi \mathrm{e}^{-x}\left(1 + x + \frac{x^2}{2!} + \frac{x^3}{3!} + \cdots + \frac{x^{100}}{100!}\right)\mathrm{d}x = 50$$

解析　应用(2)式,有

$$(3)\text{式} \Leftrightarrow \frac{1}{n!}\int_0^x \mathrm{e}^t(x-t)^n\,\mathrm{d}t < \frac{1}{2}\mathrm{e}^x \tag{4}$$

应用 $n! = \Gamma(n+1) = \displaystyle\int_0^{+\infty} \mathrm{e}^{-t}t^n\,\mathrm{d}t$,有

$$(4)\text{式} \Leftrightarrow 2\int_0^x \mathrm{e}^{t-x}(x-t)^n\,\mathrm{d}t < \int_0^{+\infty} \mathrm{e}^{-t}t^n\,\mathrm{d}t$$

$$\Leftrightarrow 2\int_0^x \mathrm{e}^{-u}u^n\,\mathrm{d}u < \int_0^{+\infty} \mathrm{e}^{-t}t^n\,\mathrm{d}t \quad (\text{令 } u = x - t) \tag{5}$$

$$\Leftrightarrow \int_0^x \mathrm{e}^{-t}t^n\,\mathrm{d}t < \int_x^{+\infty} \mathrm{e}^{-t}t^n\,\mathrm{d}t \quad (0 \leqslant x \leqslant n)$$

下面证明：$\int_0^x \mathrm{e}^{-t}t^n\mathrm{d}t < \int_x^{2x}\mathrm{e}^{-t}t^n\mathrm{d}t$. 当此式成立时,(5)式自然成立. 令 $2x-t=u$,则

$$\int_x^{2x}\mathrm{e}^{-t}t^n\mathrm{d}t = \int_0^x \mathrm{e}^{u-2x}(2x-u)^n\mathrm{d}u = \int_0^x \mathrm{e}^{-(2x-t)}(2x-t)^n\mathrm{d}t$$

记 $f(t)=\mathrm{e}^{-t}t^n$,则只需证明 $f(t)<f(2x-t)(0<t<x\leqslant n)$,即

$$2(t-x)+n\ln(2x-t)>n\ln t \tag{6}$$

令

$$g(t)=2(t-x)+n\ln(2x-t)-n\ln t \quad (0<t<x\leqslant n)$$

则 $g(x)=0,g'(t)=2-\dfrac{2nx}{t(2x-t)}$,因为 $nx\geqslant x^2>2tx-t^2$,所以 $g'(t)<0$,从而 $g(t)$ 单调减少,因此 $g(t)>g(x)=0$,得(6)式成立.

(2) 令

$$f(t)=\int_0^t \mathrm{e}^{-x}\Big(1+x+\frac{x^2}{2!}+\frac{x^3}{3!}+\cdots+\frac{x^{100}}{100!}\Big)\mathrm{d}x$$

则 $f(t)\in\mathscr{C}[50,100]$,且

$$f(50)=\int_0^{50}\mathrm{e}^{-x}\Big(1+x+\frac{x^2}{2!}+\frac{x^3}{3!}+\cdots+\frac{x^{100}}{100!}\Big)\mathrm{d}x$$

$$<\int_0^{50}\mathrm{e}^{-x}\cdot\mathrm{e}^x\mathrm{d}x=50$$

$$f(100)=\int_0^{100}\mathrm{e}^{-x}\Big(1+x+\frac{x^2}{2!}+\frac{x^3}{3!}+\cdots+\frac{x^{100}}{100!}\Big)\mathrm{d}x$$

$$>\int_0^{100}\mathrm{e}^{-x}\cdot\frac{1}{2}\mathrm{e}^x\mathrm{d}x=50$$

应用介值定理,$\exists\xi\in(50,100)$,使得 $f(\xi)=50$.

练 习 题 三

1. 设 $f'(\ln x)=x^3,f(0)=1$,求 $f(x)$.
2. 设 $f'(\sin^2 x)=3\cos^2 x-2\tan^2 x$,求 $f(x)$.
3. 设定义于 **R** 的函数 $f(x)$ 满足

$$f'(\ln x)=\begin{cases}1, & x\in(0,1],\\ x, & x\in(1,+\infty)\end{cases}$$

又 $f(0)=1$,求 $f(x)$.

4. 设 $f(x)$ 的一个原函数为 $\dfrac{\sin x}{x}$,求 $\int xf'(x)\mathrm{d}x$.

5. 求下列不定积分：

(1) $\displaystyle\int \frac{1}{(2+x)\sqrt{1+x}}\mathrm{d}x$;

(2) $\displaystyle\int \frac{\ln\Big(1-\dfrac{1}{x}\Big)}{x(x-1)}\mathrm{d}x$;

(3) $\int \left[\dfrac{1}{\ln x} + \ln(\ln x) \right] \mathrm{d}x$；

(4) $\int \dfrac{x \mathrm{e}^x}{\sqrt{\mathrm{e}^x - 2}} \mathrm{d}x$；

(5) $\int \tan^4 x \mathrm{d}x$；

(6) $\int \dfrac{\tan x}{\sqrt{\cos x}} \mathrm{d}x$；

(7) $\int \dfrac{x \arctan x}{(1 + x^2)^{\frac{3}{2}}} \mathrm{d}x$；

(8) $\int \dfrac{\sqrt{x}}{\sqrt{1 - x\sqrt{x}}} \mathrm{d}x$；

(9) $\int \dfrac{\sin x \cos x}{\sin x + \cos x} \mathrm{d}x$；

(10) $\int \dfrac{1 + x}{x(1 + x \mathrm{e}^x)} \mathrm{d}x$；

(11) $\int \dfrac{\ln x - 1}{\ln^2 x} \mathrm{d}x$；

(12) $\int \max\{x, x^2, x^3\} \mathrm{d}x$．

6. 设 $f(x)$ 在 $\left[0, \dfrac{\pi}{2}\right]$ 上连续，满足 $f(x) = x^2 \sin x + \displaystyle\int_0^{\frac{\pi}{2}} f(x) \mathrm{d}x$，求 $f(x)$．

7. 求下列极限：

(1) $\displaystyle\lim_{n \to \infty} \dfrac{1^k + 2^k + \cdots + n^k}{n^{k+1}}$ $(k > 0)$；

(2) $\displaystyle\lim_{n \to \infty} \dfrac{1}{n} \sqrt[n]{n(n+1) \cdots (2n-1)}$；

(3) $\displaystyle\lim_{n \to \infty} \left[\dfrac{\sin \dfrac{\pi}{n}}{n+1} + \dfrac{\sin \dfrac{2\pi}{n}}{n + \dfrac{1}{2}} + \cdots + \dfrac{\sin \dfrac{n\pi}{n}}{n + \dfrac{1}{n}} \right]$；

(4) $\displaystyle\lim_{n \to \infty} \dfrac{1}{n^4} \ln[f(1)f(2) \cdots f(n)]$，其中 $f(x) = a^{x^3}$；

(5) $\displaystyle\lim_{n \to \infty} \left(\dfrac{2^{\frac{1}{n}}}{n+1} + \dfrac{2^{\frac{2}{n}}}{n + \dfrac{1}{2}} + \cdots + \dfrac{2^{\frac{n}{n}}}{n + \dfrac{1}{n}} \right)$．

8. 已知函数

$$f(x) = \begin{cases} \displaystyle\lim_{n \to \infty} \left(1 + \dfrac{2nx + x^2}{2n^2}\right)^{-n}, & x \neq 0, \\[3mm] \displaystyle\lim_{n \to \infty} 2\left[\dfrac{n}{(n+1)^2} + \dfrac{n}{(n+2)^2} + \cdots + \dfrac{n}{(n+n)^2} \right], & x = 0 \end{cases}$$

求 $f'(0)$．

9. 设 $f(x)$ 在 $[a, b]$ 上连续，且 $\displaystyle\int_0^1 f(x) \mathrm{d}x = 0$，证明：存在 $\xi \in (a, b)$，使得

$$f(\xi) + f(1 - \xi) = 0$$

10. 已知 $A_n = \dfrac{n}{n^2 + 1^2} + \dfrac{n}{n^2 + 2^2} + \cdots + \dfrac{n}{n^2 + n^2}$，求 $\displaystyle\lim_{n \to \infty} n\left(\dfrac{\pi}{4} - A_n \right)$．

11. 求下列定积分：

(1) $\displaystyle\int_a^b |x| \mathrm{d}x$ $(a < b)$；

(2) $\displaystyle\int_{-3}^3 \max\{x, x^2, x^3\} \mathrm{d}x$；

(3) $\displaystyle\int_0^\pi \sqrt{\sin x - \sin^3 x}\,\mathrm{d}x$;　　　(4) $\displaystyle\int_0^{\frac{\pi}{4}} \ln(1+\tan x)\,\mathrm{d}x$;

(5) $\displaystyle\int_1^{\mathrm{e}} \cos(\ln x)\,\mathrm{d}x$;　　　(6) $\displaystyle\int_{-\frac{\pi}{2}}^{\frac{\pi}{2}} \frac{\mathrm{e}^x}{1+\mathrm{e}^x}\sin^4 x\,\mathrm{d}x$;

(7) $\displaystyle\int_0^\pi \frac{x\sin x}{1+\sin^2 x}\,\mathrm{d}x$;　　　(8) $\displaystyle\int_0^{\pi/2} \frac{1}{(\sin x + \cos x)^4}\,\mathrm{d}x$.

12. 设 $f(x) = \begin{cases} \dfrac{1}{1+x}, & x \geqslant 0, \\[2mm] \dfrac{1}{1+\mathrm{e}^x}, & x < 0, \end{cases}$ 求 $\displaystyle\int_0^2 f(x-1)\,\mathrm{d}x$.

13. 已知函数 $f(x) = x - [x]$，其中 $[x]$ 表示不超过 x 的最大整数，试求极限
$$\lim_{x \to +\infty} \frac{1}{x}\int_0^x f(x)\,\mathrm{d}x$$

14. 求极限 $\displaystyle\lim_{x \to +\infty} \sqrt{x} \int_x^{x+1} \frac{\mathrm{d}t}{\sqrt{t+\sin t + x}}$.

15. 设函数 $f(x)$ 连续，且 $f(0) \neq 0$，求 $\displaystyle\lim_{x \to 0} \frac{\displaystyle\int_0^x (x-t)f(t)\,\mathrm{d}t}{x\displaystyle\int_0^x f(x-t)\,\mathrm{d}t}$.

16. 设函数 $y = y(x)$ 由方程 $x = \displaystyle\int_1^{y-x} \sin^2\left(\frac{\pi}{4}t\right)\mathrm{d}t$ 所确定，求 $\left.\dfrac{\mathrm{d}y}{\mathrm{d}x}\right|_{x=0}$.

17. 设函数 $f(x)$ 在区间 $[a,b]$ 上连续，证明：
$$2\int_a^b f(x)\left(\int_x^b f(t)\,\mathrm{d}t\right)\mathrm{d}x = \left(\int_a^b f(x)\,\mathrm{d}x\right)^2$$

18. 设 $f(x)$ 在 $[a,b]$ 上有连续的 2 阶导数，且有 $f(a) = f(b) = 0$，证明：
$$\int_a^b f(x)\,\mathrm{d}x = \frac{1}{2}\int_a^b (x-a)(x-b)f''(x)\,\mathrm{d}x$$

19. 已知函数 $f(x)$ 在区间 $[0,1]$ 上有连续的 2 阶导数，且有 $f'(0) = f'(1)$，证明：$\exists \xi \in (0,1)$，使得
$$\int_0^1 f(x)\,\mathrm{d}x = \frac{1}{2}[f(0) + f(1)] + \frac{1}{6}f''(\xi)$$

20. 已知函数 $f(x)$ 在区间 $[a,b]$ 上有连续的 2 阶导数，且有 $f'(a) = f'(b)$，证明：$\exists \xi \in (a,b)$，使得
$$\int_a^b f(x)\,\mathrm{d}x = \frac{1}{2}[f(a) + f(b)](b-a) + \frac{1}{24}f''(\xi)(b-a)^3$$

21. 设 $f(x)$ 在 $[a,b]$ 上有连续的 2 阶导数，证明：$\exists \xi \in (a,b)$，使得
$$\int_a^b f(x)\,\mathrm{d}x = \frac{1}{2}[f(a) + f(b)](b-a) - \frac{1}{12}f''(\xi)(b-a)^3$$

22. 已知函数 $f(x)$ 在区间 $[0,1]$ 上连续,且积分 $I=\int_0^1 f(x)\mathrm{d}x \neq 0$,证明:在 $[0,1]$ 上存在不同的两点 x_1,x_2,使得

$$\frac{1}{f(x_1)}+\frac{1}{f(x_2)}=\frac{2}{I}$$

23. 证明: $\ln(1+\sqrt{2})<\int_0^1 \frac{1}{\sqrt[4]{1+x^4}}\mathrm{d}x<1.$

24. 设函数 $f(x)$ 在 $[a,b]$ 上可导, $f'(x)$ 在 $[a,b]$ 上可积,且 $f(a)=f(b)=0$,求证: $\forall x \in [a,b]$,有 $|f(x)| \leqslant \frac{1}{2}\int_a^b |f'(x)|\mathrm{d}x.$

25. 设 $f(a)=0,f(x)$ 在 $[a,b]$ 上的导数连续,求证:

$$\frac{1}{(b-a)^2}\int_a^b |f(x)|\mathrm{d}x \leqslant \frac{1}{2}\max_{x\in[a,b]}|f'(x)|,\quad x \in [a,b]$$

26. 已知函数 $f(x)$ 在区间 $[a,b]$ 上连续并单调增加,求证:

$$\int_a^b \left(\frac{x-a}{b-a}\right)^n f(x)\mathrm{d}x \geqslant \frac{1}{n+1}\int_a^b f(x)\mathrm{d}x \quad (n \in \mathbf{N})$$

27. 设 $f(x)$ 在 $[a,b](a>0)$ 上连续,且 $f(x) \geqslant 0$,若对于 $[a,b]$ 上任何一点都有 $f(x) \leqslant \int_a^x f(t)\mathrm{d}t$,求证: $\forall x \in [a,b],f(x) \equiv 0.$

28. 已知直线 $L:y=x$,曲线 $\Gamma:y=\sqrt{x}$,求由 L 与 Γ 所围平面图形 D 绕直线 L 旋转一周所得旋转体的体积.

29. 已知直线 $L:y=x$,曲线 $\Gamma:y=\frac{1}{4}x(10-x)$,求由 L 与 Γ 所围平面图形 D 绕直线 L 旋转一周所得旋转体的体积.

30. 已知直线 $L:y=1-x$,曲线 $\Gamma:y=1-x^2$,,求由 L 与 Γ 所围平面图形 D 绕直线 L 旋转一周所得旋转体的体积.

31. 设 $D:y \leqslant -\frac{1}{4}x(x-10),y \leqslant -x+6,y \geqslant x$,求区域 D 绕直线 $y=x$ 旋转一周的旋转体的体积.

32. 求下列反常积分:

(1) $\int_0^2 \sqrt{\frac{x}{2-x}}\mathrm{d}x;$

(2) $\int_0^{+\infty} x^7 e^{-x^2}\mathrm{d}x;$

(3) $\int_0^{+\infty} \frac{1}{(1+x^2)(1+x^a)}\mathrm{d}x\ (a \neq 0).$

专题 4　　多元函数微分学

4.1　基本概念与内容提要

4.1.1　二元函数的极限与连续性

1) 二元函数极限的定义

设二元函数 $f(x,y)$ 在区间 (a,b) 的某去心邻域内有定义,若 $\forall \varepsilon > 0, \exists \delta > 0$,当 $0 < \sqrt{(x-a)^2 + (y-b)^2} < \delta$ 时恒有

$$|f(x,y) - A| < \varepsilon$$

则称

$$\lim_{\substack{x \to a \\ y \to b}} f(x,y) = A$$

2) 在二元函数极限的定义中,动点 (x,y) 在 (a,b) 的邻近以任意路径趋向于点 (a,b) 时,函数值 $f(x,y)$ 与固定常数 A 需任意地接近. 这些任意路径是不可能一一取到的. 若取两条不同的路径让 $(x,y) \to (a,b)$,而 $f(x,y)$ 取不同的极限,则可推知:$(x,y) \to (a,b)$ 时 $f(x,y)$ 的极限不存在.

通常求二元函数极限的方法如下:(1) 利用定义求极限;(2) 在 $(x,y) \to (0,0)$ 时化为极坐标求极限,即 $(x,y) \to (0,0) \Leftrightarrow \rho \to 0$;(3) 化为一元函数的极限;(4) 利用无穷小量乘以有界变量仍为无穷小量;(5) 利用夹逼准则求极限.

3) 二元函数的连续性:若

$$\lim_{\substack{x \to a \\ y \to b}} f(x,y) = f(a,b)$$

则称 $f(x,y)$ 在 (a,b) 内**连续**.

定理　　多元初等函数在其有定义的区域上连续.

4) 有界闭域上的连续函数的性质:若 $f(x,y)$ 在有界闭域 D 上连续,则 $f(x,y)$ 在 D 上为有界函数,$f(x,y)$ 在 D 上取到最大值与最小值.

4.1.2　偏导数与全微分

1) 偏导数的定义

$$\left. \frac{\partial f}{\partial x} \right|_{(a,b)} = f_x'(a,b) \overset{\text{def}}{=} \lim_{\square \to 0} \frac{f(a+\square, b) - f(a,b)}{\square} = \lim_{x \to a} \frac{f(x,b) - f(a,b)}{x-a}$$

$$\left.\frac{\partial f}{\partial y}\right|_{(a,b)} = f_y'(a,b) \overset{\text{def}}{=} \lim_{\square \to 0} \frac{f(a,b+\square) - f(a,b)}{\square} = \lim_{y \to b} \frac{f(a,y) - f(a,b)}{y - b}$$

这两式右端的极限存在,称 f 在 (a,b) **处可偏导**.

$$\left.\frac{\partial f}{\partial x}\right|_{(0,0)} = f_x'(0,0) \overset{\text{def}}{=} \lim_{\square \to 0} \frac{f(\square,0) - f(0,0)}{\square} = \lim_{x \to 0} \frac{f(x,0) - f(0,0)}{x}$$

$$\left.\frac{\partial f}{\partial y}\right|_{(0,0)} = f_y'(0,0) \overset{\text{def}}{=} \lim_{\square \to 0} \frac{f(0,\square) - f(0,0)}{\square} = \lim_{y \to 0} \frac{f(0,y) - f(0,0)}{y}$$

这两式右端的极限存在,称 f 在 **(0,0)** **处可偏导**.

2) $f(x,y)$ 在 (a,b) 处可偏导时,$f(x,y)$ 在 (a,b) 处不一定连续.

3) 偏导数的几何意义

当 f 在 (a,b) 处对 x 可偏导时,$f_x'(a,b)$ 表示曲线 $\begin{cases} z = f(x,y), \\ y = b \end{cases}$ 在 (a,b) 的切线对 x 轴的斜率;

当 f 在 (a,b) 处对 y 可偏导时,$f_y'(a,b)$ 表示曲线 $\begin{cases} z = f(x,y), \\ x = a \end{cases}$ 在 (a,b) 的切线对 y 轴的斜率.

4) 全微分的定义:若 $f(x,y)$ 在 (a,b) 的全增量 $\Delta f(x,y)$ 可写为

$$\Delta f(x,y) = f(a+\Delta x, b+\Delta y) - f(a,b) = A\Delta x + B\Delta y + o(\rho) \tag{1}$$

这里 $\rho = \sqrt{(\Delta x)^2 + (\Delta y)^2}$,则称 $f(x,y)$ **在 (a,b) 处可微**.

当 $f(x,y)$ 在 (a,b) 处可微时,$f(x,y)$ 在 (a,b) 处必可偏导,且 (1) 式中

$$A = f_x'(a,b), \quad B = f_y'(a,b)$$

当 $f(x,y)$ 在 (a,b) 处可微时,$f(x,y)$ 在 (a,b) 处必连续.

当 $f_x'(x,y), f_y'(x,y)$ 在 (a,b) 处连续时,$f(x,y)$ 在 (a,b) 处必可微(此时称 f 在 (a,b) 处连续可微).

当 $f(x,y)$ 在 (a,b) 处可微时,称

$$\left.\mathrm{d}f(x,y)\right|_{(a,b)} \overset{\text{def}}{=} f_x'(a,b)\mathrm{d}x + f_y'(a,b)\mathrm{d}y \tag{2}$$

为 $f(x,y)$ 在 **(a,b)** **处的全微分**;当 $f(x,y)$ 在 (x,y) 处可微时,称

$$\mathrm{d}f(x,y) \overset{\text{def}}{=} f_x'(x,y)\mathrm{d}x + f_y'(x,y)\mathrm{d}y \tag{3}$$

为 $f(x,y)$ 的**全微分**. 称

$$\mathrm{d}_x f(x,y) \overset{\text{def}}{=} f_x'(x,y)\mathrm{d}x \quad \text{与} \quad \mathrm{d}_y f(x,y) \overset{\text{def}}{=} f_y'(x,y)\mathrm{d}y$$

分别为 $f(x,y)$ 关于 x,y 的偏微分.

由于多元初等函数的偏导数仍是多元初等函数,所以多元初等函数在其可偏导处必偏导数连续,因而必可微,其全微分公式(2)与(3)可直接使用.

4.1.3 多元复合函数与隐函数的偏导数

1) 多元复合函数的链锁法则

定理 1 设 $z = f(u,v)$ 在 (u,v) 处可微，$u = \varphi(x,y)$，$v = \psi(x,y)$ 在 (x,y) 处可偏导，则 $z(x,y) = f(\varphi(x,y),\psi(x,y))$ 在 (x,y) 处可偏导，且有

$$\frac{\partial}{\partial x}z(x,y) = \frac{\partial f}{\partial u}\varphi_x'(x,y) + \frac{\partial f}{\partial v}\psi_x'(x,y) \overset{\text{or}}{=} f_1' \cdot \varphi_x' + f_2' \cdot \psi_x'$$

$$\frac{\partial}{\partial y}z(x,y) = \frac{\partial f}{\partial u}\varphi_y'(x,y) + \frac{\partial f}{\partial v}\psi_y'(x,y) \overset{\text{or}}{=} f_1' \cdot \varphi_y' + f_2' \cdot \psi_y'$$

由于多元复合函数的情况很多，下面再列举几个求偏导数的链锁法则，其可偏导的条件略去.

(1) 若 $z = z(x,y) = f(x,y,u,v)$，$u = \varphi(x,y)$，$v = \psi(x,y)$，则

$$\frac{\partial}{\partial x}z(x,y) = f_x' + f_u' \cdot \varphi_x' + f_v' \cdot \psi_x' \overset{\text{or}}{=} f_1' + f_3' \cdot \varphi_x' + f_4' \cdot \psi_x'$$

$$\frac{\partial}{\partial y}z(x,y) = f_y' + f_u' \cdot \varphi_y' + f_v' \cdot \psi_y' \overset{\text{or}}{=} f_2' + f_3' \cdot \varphi_y' + f_4' \cdot \psi_y'$$

(2) 若 $z = z(x) = f(x,u,v)$，$u = \varphi(x)$，$v = \psi(x)$，则

$$\frac{\mathrm{d}}{\mathrm{d}x}z(x) = f_x' + f_u' \cdot \varphi' + f_v' \cdot \psi' \overset{\text{or}}{=} f_1' + f_2' \cdot \varphi' + f_3' \cdot \psi'$$

这里左端的导数称为**全导数**.

2) 隐函数的偏导数

定理 2(隐函数存在定理 I) 假设 $F(x,y)$ 在 (a,b) 的某邻域内连续可微，且 $F(a,b) = 0$，$F_y'(a,b) \neq 0$，则存在 $x = a$ 的邻域 U 和惟一函数 $y = f(x)(x \in U)$，使得

$$b = f(a), \quad \forall x \in U, \quad F(x,f(x)) = 0$$

这里 $f(x)$ 在 $x = a$ 处可导，且

$$f'(a) = -\frac{F_x'(a,b)}{F_y'(a,b)}$$

定理 3(隐函数存在定理 II) 假设 $F(x,y,z)$ 在 (a,b,c) 的某邻域内连续可微，且 $F(a,b,c) = 0$，$F_z'(a,b,c) \neq 0$，则存在 (a,b) 的邻域 U 和惟一的函数 $z = f(x,y)((x,y) \in U)$，使得

$$c = f(a,b), \quad \forall (x,y) \in U, \quad F(x,y,f(x,y)) = 0$$

这里 $f(x,y)$ 在 (a,b) 处可偏导，且

$$f_x'(a,b) = -\frac{F_x'(a,b,c)}{F_z'(a,b,c)}, \quad f_y'(a,b) = -\frac{F_y'(a,b,c)}{F_z'(a,b,c)}$$

4.1.4　方向导数

1) 方向导数的定义:设 l 是空间的常向量,P_0 是定点,动点 P 使得 $\overrightarrow{P_0P}$ 与 l 方向相同,则

$$\frac{\partial f}{\partial l}\bigg|_{P_0} \overset{\text{def}}{=} \lim_{P \to P_0} \frac{f(P) - f(P_0)}{|P_0P|}$$

2) 设 $f(x,y,z)$ 在点 (a,b,c) 处可微,则函数 $f(x,y,z)$ 在点 (a,b,c) 处沿任一方向 l 的方向导数存在,且若 $l^0 = (\cos\alpha, \cos\beta, \cos\gamma)$,则有计算公式

$$\frac{\partial f}{\partial l}\bigg|_{(a,b,c)} = \frac{\partial f}{\partial x}\bigg|_{(a,b,c)} \cos\alpha + \frac{\partial f}{\partial y}\bigg|_{(a,b,c)} \cos\beta + \frac{\partial f}{\partial z}\bigg|_{(a,b,c)} \cos\gamma$$

3) 设 $f(x,y,z)$ 在点 (a,b,c) 处可微,则函数 $f(x,y,z)$ 在点 (a,b,c) 处沿梯度

$$\mathbf{grad}f\bigg|_{(a,b,c)} = (f'_x(a,b,c), f'_y(a,b,c), f'_z(a,b,c))$$

的方向导数取最大值,且其值为梯度的模,即

$$\max_l \left\{ \frac{\partial f}{\partial l}\bigg|_{(a,b,c)} \right\} = \left| \mathbf{grad}f\bigg|_{(a,b,c)} \right|$$

$$= \sqrt{(f'_x(a,b,c))^2 + (f'_y(a,b,c))^2 + (f'_z(a,b,c))^2}$$

4.1.5　高阶偏导数

1) 函数 $f(x,y)$ 的偏导数 $f'_x(x,y)$,$f'_y(x,y)$ 一般还是 x,y 的函数,若 $f'_x(x,y)$,$f'_y(x,y)$ 可偏导时,有四个二阶偏导数:

$$\frac{\partial^2 f}{\partial x^2} = f''_{xx}(x,y), \quad \frac{\partial^2 f}{\partial x \partial y} = f''_{xy}(x,y)$$

$$\frac{\partial^2 f}{\partial y \partial x} = f''_{yx}(x,y), \quad \frac{\partial^2 f}{\partial y^2} = f''_{yy}(x,y)$$

对二阶偏导数继续求偏导数,即得三阶及三阶以上的偏导数. 二阶及二阶以上偏导数统称**高阶偏导数**.

2) 两个混合二阶偏导数 $f''_{xy}(x,y)$ 和 $f''_{yx}(x,y)$ 不一定相等,但当 $f''_{xy}(x,y)$ 与 $f''_{yx}(x,y)$ 在 (x,y) 处连续时它们一定相等,即 $f''_{xy}(x,y) = f''_{yx}(x,y)$.

3) 由于多元初等函数的两个二阶混合偏导数仍是多元初等函数,所以多元初等函数在其二阶可偏导处两个二阶混合偏导数必连续,因此一定相等.

4.1.6　二元函数的极值

1) 可偏导的二元函数 $f(x,y)$ 在 (a,b) 取极值的必要条件是

$$f'_x(a,b) = 0, \quad f'_y(a,b) = 0$$

称点 (a,b) 为 $f(x,y)$ 的**驻点**.

2) 二元函数取极值的充分条件

若 $f(x,y)$ 在 (a,b) 处二阶偏导函数连续, (a,b) 是 $f(x,y)$ 的驻点,令

$$A = f''_{xx}(a,b), \quad B = f''_{xy}(a,b), \quad C = f''_{yy}(a,b)$$

(1) 当 $\Delta = B^2 - AC < 0, A > 0$ 时, $f(a,b)$ 为极小值;

(2) 当 $\Delta = B^2 - AC < 0, A < 0$ 时, $f(a,b)$ 为极大值;

(3) 当 $\Delta = B^2 - AC > 0$ 时, $f(a,b)$ 不是 f 的极值.

4.1.7 条件极值

1) 求函数 $z = f(x,y)$ 满足约束方程 $\varphi(x,y) = 0$ 的极值,称为**条件极值**. 解决此问题有两种方法,一是由 $\varphi(x,y) = 0$ 解出 $y = y(x)$(或 $x = x(y)$)代入函数 $f(x,y)$ 得到一元函数 $z(x) = f(x,y(x))$,利用一元函数求极值的方法解决;二是利用拉格朗日乘数法,其步骤如下.

(1) 作拉格朗日函数:令

$$F(x,y,\lambda) = f(x,y) + \lambda\varphi(x,y)$$

(2) 求拉格朗日函数的驻点:由方程组

$$\begin{cases} F'_x = f'_x(x,y) + \lambda\varphi'_x(x,y) = 0, \\ F'_y = f'_y(x,y) + \lambda\varphi'_y(x,y) = 0, \\ F'_\lambda = \varphi(x,y) = 0 \end{cases}$$

解得驻点 (a,b,λ_0).

(3) 如果原问题存在条件极大值(或条件极小值),而上述求得的拉格朗日函数 F 的驻点是惟一的,则 $f(a,b)$ 即为所求的条件极大值(或条件极小值);如果原问题既有条件极大值又有条件极小值,而上述求得的拉格朗日函数的驻点有两个,即 $(a_1,b_1,\lambda_1), (a_2,b_2,\lambda_2)$,则 $\max\{f(a_1,b_1),f(a_2,b_2)\}$ 即为所求的条件极大值,而 $\min\{f(a_1,b_1),f(a_2,b_2)\}$ 即为所求的条件极小值.

2) 求函数 $u = f(x,y,z)$ 满足约束方程 $\varphi(x,y,z) = 0$ 的极值,称为**条件极值**. 解决此问题最好直接利用拉格朗日乘数法,其步骤如下:

(1) 作拉格朗日函数:令

$$F(x,y,z,\lambda) = f(x,y,z) + \lambda\varphi(x,y,z)$$

(2) 求拉格朗日函数的驻点:由方程组

$$\begin{cases} F'_x = f'_x(x,y,z) + \lambda\varphi'_x(x,y,z) = 0, \\ F'_y = f'_y(x,y,z) + \lambda\varphi'_y(x,y,z) = 0, \\ F'_z = f'_z(x,y,z) + \lambda\varphi'_z(x,y,z) = 0, \\ F'_\lambda = \varphi(x,y,z) = 0 \end{cases}$$

解得驻点 (a,b,c,λ_0).

(3) 对于函数值 $f(a,b,c)$ 进行与上述 $f(a,b)$ 完全相同的说明.

3) 求函数 $u=f(x,y,z)$ 满足两个约束方程 $\varphi(x,y,z)=0$ 与 $\psi(x,y,z)=0$ 的极值,称为**条件极值**. 解决此问题有两种方法,一是由方程组 $\begin{cases} \varphi(x,y,z)=0, \\ \psi(x,y,z)=0 \end{cases}$ 解出 $y=y(x),z=z(x)$,代入函数 $f(x,y,z)$ 得到一元函数 $u(x)=f(x,y(x),z(x))$,利用一元函数求极值的方法解决;二是利用拉格朗日乘数法,其步骤如下:

(1) 作拉格朗日函数:令

$$F(x,y,z,\lambda,\mu)=f(x,y,z)+\lambda\varphi(x,y,z)+\mu\psi(x,y,z)$$

(2) 求拉格朗日函数的驻点:由方程组

$$\begin{cases} F'_x=f'_x(x,y,z)+\lambda\varphi'_x(x,y,z)+\mu\psi'_x(x,y,z)=0, \\ F'_y=f'_y(x,y,z)+\lambda\varphi'_y(x,y,z)+\mu\psi'_y(x,y,z)=0, \\ F'_z=f'_z(x,y,z)+\lambda\varphi'_z(x,y,z)+\mu\psi'_z(x,y,z)=0, \\ F'_\lambda=\varphi(x,y,z)=0, \\ F'_\mu=\psi(x,y,z)=0 \end{cases}$$

解得驻点 (a,b,c,λ_0,μ_0).

(3) 对于函数值 $f(a,b,c)$ 进行与上述 $f(a,b)$ 完全相同的说明.

4.1.8 多元函数的最值

设函数 f(二元函数或三元函数) 在有界闭域 G 上连续,应用最值定理,f 在 G 上存在最大值与最小值. 由于使函数 f 取得最值的点只可能是 f 在 G 的内部的驻点、或在 G 的边界上拉格朗日函数的驻点、或是 G 的边界上的端点,求出函数 f 在上述所有点的函数值,比较它们的大小,其中最大者为函数 f 在 G 上的最大值,其中最小者为函数 f 在 G 上的最小值(对上述这些点的函数值,无须逐一讨论取极大还是取极小或者不是极值).

4.2 竞赛题与精选题解析

4.2.1 求二元函数的极限(例 4.1—4.2)

例 4.1(江苏省 2018 年竞赛题) 求极限 $\lim\limits_{\substack{x\to\infty \\ y\to\infty}}\dfrac{x^2+xy+y^2}{x^4+y^4}\sin(x^4+y^4)$.

解析 由于

$$0\leqslant\left|\frac{x^2+xy+y^2}{x^4+y^4}\sin(x^4+y^4)\right|\leqslant\frac{|x^2+xy+y^2|}{x^4+y^4}$$

$$\leqslant \frac{2(x^2 + y^2)}{2x^2 y^2} = \frac{1}{y^2} + \frac{1}{x^2}$$

且 $\lim\limits_{\substack{x \to \infty \\ y \to \infty}} \left(\frac{1}{y^2} + \frac{1}{x^2} \right) = 0$，应用夹逼准则即得 $\lim\limits_{\substack{x \to \infty \\ y \to \infty}} \dfrac{x^2 + xy + y^2}{x^4 + y^4} \sin(x^4 + y^4) = 0.$

例 4.2(精选题)　设 $f(x,y) = \dfrac{x^2 y}{x^4 + y^2}.$

(1) 当 (x,y) 沿过原点的任一直线趋向于 $(0,0)$ 时，求 $f(x,y)$ 的极限；

(2) 求证：$(x,y) \to (0,0)$ 时 $f(x,y)$ 的极限不存在.

解析　(1) 沿着 y 轴，$y \to 0$ 时

$$\lim_{\substack{x=0 \\ y \to 0}} f(x,y) = \lim_{y \to 0} \frac{0}{y^2} = 0$$

沿着 $y = kx (k \neq 0)$，$(x,y) \to (0,0)$ 时

$$\lim_{\substack{y = kx \\ x \to 0}} f(x,y) = \lim_{x \to 0} \frac{kx^3}{x^4 + k^2 x^2} = \lim_{x \to 0} \frac{kx}{x^2 + k^2} = 0$$

沿着 x 轴，$x \to 0$ 时

$$\lim_{\substack{y = 0 \\ x \to 0}} f(x,y) = \lim_{x \to 0} \frac{0}{x^4} = 0$$

所以 (x,y) 沿着过原点的任意直线趋向于 $(0,0)$ 时 $f(x,y) \to 0$.

(2) 沿着抛物线 $y = x^2$，$(x,y) \to (0,0)$ 时

$$\lim_{\substack{y = x^2 \\ x \to 0}} f(x,y) = \lim_{x \to 0} \frac{x^4}{2x^4} = \frac{1}{2} \neq 0$$

所以 $(x,y) \to (0,0)$ 时 $f(x,y)$ 的极限不存在.

4.2.2　二元函数的连续性、可偏导性与可微性(例 4.3—4.5)

例 4.3(江苏省 2002 年竞赛题)　设

$$f(x,\ y) = \begin{cases} y\arctan \dfrac{1}{\sqrt{x^2 + y^2}}, & (x,y) \neq (0,0), \\ 0, & (x,y) = (0,0) \end{cases}$$

试讨论 $f(x,y)$ 在点 $(0,0)$ 的连续性、可偏导性与可微性.

解析　因 $\arctan \dfrac{1}{\sqrt{x^2 + y^2}}$ 有界，所以

$$\lim_{\substack{x \to 0 \\ y \to 0}} f(x,y) = \lim_{\substack{x \to 0 \\ y \to 0}} y\arctan \frac{1}{\sqrt{x^2 + y^2}} = 0 = f(0,0)$$

故 $f(x,y)$ 在 $(0,0)$ 处连续. 因为

$$f'_x(0,0) = \lim_{x\to 0} \frac{f(x,0)-f(0,0)}{x} = \lim_{x\to 0}\frac{0}{x} = 0$$

$$f'_y(0,0) = \lim_{y\to 0} \frac{f(0,y)-f(0,0)}{y} = \lim_{y\to 0}\arctan\frac{1}{|y|} = \frac{\pi}{2}$$

所以 $f(x,y)$ 在 $(0,0)$ 处可偏导.

下面考虑可微性. 令

$$\Delta f(0,0) = f(x,y) - f(0,0) = f'_x(0,0)x + f'_y(0,0)y + \omega$$

则 $\rho = \sqrt{x^2+y^2} \to 0^+$ 时

$$\frac{\omega}{\rho} = \frac{y}{\sqrt{x^2+y^2}}\left(\arctan\frac{1}{\rho} - \frac{\pi}{2}\right) \to 0 \quad \left(因\left|\frac{y}{\sqrt{x^2+y^2}}\right| \leqslant 1\right)$$

所以 $\omega = o(\rho)$, 故 $f(x,y)$ 在 $(0,0)$ 处可微.

例 4.4(江苏省 2006 年竞赛题)　设

$$f(x,y) = \begin{cases} \dfrac{x-y}{x^2+y^2}\tan(x^2+y^2), & (x,y) \neq (0,0), \\ 0, & (x,y) = (0,0) \end{cases}$$

证明 $f(x,y)$ 在 $(0,0)$ 处可微, 并求 $\mathrm{d}f(x,y)\big|_{(0,0)}$.

解析　根据题意可得

$$f'_x(0,0) = \lim_{x\to 0}\frac{f(x,0)-f(0,0)}{x} = \lim_{x\to 0}\frac{x\tan x^2}{x^3} = 1$$

$$f'_y(0,0) = \lim_{y\to 0}\frac{f(0,y)-f(0,0)}{y} = \lim_{y\to 0}\frac{-y\tan y^2}{y^3} = -1$$

令

$$f(x,y) = f(0,0) + f'_x(0,0)x + f'_y(0,0)y + \omega$$
$$= x - y + \omega$$

因 $|\cos\theta - \sin\theta| \leqslant \sqrt{2}$, $\tan\rho^2 \sim \rho^2(\rho\to 0^+)$, 故

$$\lim_{\substack{x\to 0\\y\to 0}}\frac{\omega}{\sqrt{x^2+y^2}} = \lim_{\rho\to 0^+}\frac{\rho(\cos\theta-\sin\theta)\left(\dfrac{\tan\rho^2}{\rho^2}-1\right)}{\rho} = 0$$

所以 f 在 $(0,0)$ 处可微, 且 $\mathrm{d}f(x,y)\big|_{(0,0)} = \mathrm{d}x - \mathrm{d}y$.

例 4.5(江苏省 2000 年竞赛题)　设 $z = uv$, $x = \mathrm{e}^u\cos v$, $y = \mathrm{e}^u\sin v$, 求 $\dfrac{\partial z}{\partial x}$ 和 $\dfrac{\partial z}{\partial y}$.

解析　由 $x = \mathrm{e}^u\cos v$, $y = \mathrm{e}^u\sin v$ 解得

$$u = \frac{1}{2}\ln(x^2 + y^2), \quad v = \arctan\frac{y}{x}$$

于是 $z = uv = \frac{1}{2}\ln(x^2 + y^2)\arctan\frac{y}{x}$,因此

$$\frac{\partial z}{\partial x} = \frac{x}{x^2 + y^2}\arctan\frac{y}{x} + \frac{1}{2}\ln(x^2 + y^2) \cdot \frac{-y}{x^2 + y^2}$$

$$\frac{\partial z}{\partial y} = \frac{y}{x^2 + y^2}\arctan\frac{y}{x} + \frac{1}{2}\ln(x^2 + y^2)\frac{x}{x^2 + y^2}$$

4.2.3 求多元复合函数与隐函数的偏导数(例 4.6—4.16)

例 4.6(江苏省 2004 年竞赛题) 设 $f(x,y)$ 可微,$f(1,2) = 2$,$f'_x(1,2) = 3$,$f'_y(1,2) = 4$,$\varphi(x) = f(x, f(x, 2x))$,则 $\varphi'(1) = $ _____.

解析 应用多元复合函数的链锁法则,有

$$\varphi'(x) = f'_1 + f'_2 \cdot (f'_1 + 2f'_2)$$

因 $f(1, f(1,2)) = f(1,2), f'_1(1,2) = f'_x(1,2) = 3, f'_2(1,2) = f'_y(1,2) = 4$,故

$$\varphi'(1) = f'_1(1,2) + f'_2(1,2) \cdot [f'_1(1,2) + 2f'_2(1,2)]$$
$$= 3 + 4 \cdot (3 + 8) = 47$$

例 4.7(江苏省 2012 年竞赛题) 已知函数 $\varphi(x), \psi(x), f(x,y)$ 皆可微,设 $z = f(\varphi(x + y), \psi(xy))$,则 $\dfrac{\partial z}{\partial x} - \dfrac{\partial z}{\partial y} = $ _____.

解析 应用多元复合函数的链锁法则,有

$$\frac{\partial z}{\partial x} = f'_1(\varphi(x+y), \psi(xy)) \cdot \varphi'(x+y) + yf'_2(\varphi(x+y), \psi(xy)) \cdot \psi'(xy)$$

$$\frac{\partial z}{\partial y} = f'_1(\varphi(x+y), \psi(xy)) \cdot \varphi'(x+y) + xf'_2(\varphi(x+y), \psi(xy)) \cdot \psi'(xy)$$

所以

$$\frac{\partial z}{\partial x} - \frac{\partial z}{\partial y} = (y - x)f'_2(\varphi(x+y), \psi(xy)) \cdot \psi'(xy)$$

例 4.8(江苏省 2016 年竞赛题) 设 $F(u,v)$ 具有连续的偏导数,且 $F'_u \cdot F'_v > 0$,函数 $y = f(x)$ 由 $F\left(\ln x - \ln y, \dfrac{x}{y} - \dfrac{y}{x}\right) = 0$ 确定,求全导数 $f'(x)$.

解析 方法 1 应用隐函数求导公式与复合函数求导公式得

$$f'(x) = -\frac{F'_x}{F'_y} = -\frac{(1/x) \cdot F'_u + (1/y + y/x^2)F'_v}{(-1/y) \cdot F'_u + (-1/x - x/y^2)F'_v}$$

$$= \frac{xy^2(xyF'_u + (x^2 + y^2)F'_v)}{x^2y(xyF'_u + (x^2 + y^2)F'_v)} = \frac{y}{x} \quad (\text{因 } xyF'_u + (x^2 + y^2)F'_v \neq 0)$$

方法 2　应用复合函数求导公式，原式两边对 x 求导数得

$$F'_u \cdot \left(\frac{1}{x} - \frac{1}{y}y'\right) + F'_v \cdot \left(\frac{1}{y} - \frac{x}{y^2}y' + \frac{y}{x^2} - \frac{1}{x}y'\right) = 0$$

化简得 $\left(\frac{1}{x} - \frac{1}{y}y'\right)\left(F'_u + \frac{x^2+y^2}{xy}F'_v\right) = 0$，因为 $F'_u + \frac{x^2+y^2}{xy}F'_v \neq 0$，所以 $y' = \frac{y}{x}$.

例 4.9（江苏省 2018 年竞赛题）　已知函数 $F(u,v,w)$ 可微，且 $F'_u(0,0,0)=1$，$F'_v(0,0,0)=2$，$F'_w(0,0,0)=3$，函数 $z=f(x,y)$ 由 $F(2x-y+3z, 4x^2-y^2+z^2, xyz)=0$ 确定，且满足 $f(1,2)=0$，试求 $f'_x(1,2)$.

解析　应用隐函数求偏导数法则与复合函数求偏导数法则得

$$f'_x(x,y) = -\frac{F'_x}{F'_z} = -\frac{2F'_u + 8xF'_v + yzF'_w}{3F'_u + 2zF'_v + xyF'_w}$$

由于 $(x,y,z) = (1,2,0)$ 时，$(u,v,w) = (0,0,0)$，所以

$$f'_x(1,2) = -\frac{2F'_u + 8xF'_v + yzF'_w}{3F'_u + 2zF'_v + xyF'_w}\bigg|_{(x,y,z)=(1,2,0)} = -\frac{2+16+0}{3+0+6} = -2$$

例 4.10（南京大学 1996 年竞赛题）　设 $y=f(x,t)$，而 t 是由方程 $G(x,y,t)=0$ 所确定的 x,y 的函数，其中 f,G 可微，求 $\dfrac{\mathrm{d}y}{\mathrm{d}x}$.

解析　令 $F(x,y,t) = f(x,t) - y = 0$，则由

$$\begin{cases} F(x,y,t) = 0, \\ G(x,y,t) = 0 \end{cases} \qquad (\ast)$$

确定 $y=y(x)$，$t=t(x)$. 方程式（$\ast$）两边对 x 求导得

$$\begin{cases} F'_x + F'_y\dfrac{\mathrm{d}y}{\mathrm{d}x} + F'_t\dfrac{\mathrm{d}t}{\mathrm{d}x} = f'_x - \dfrac{\mathrm{d}y}{\mathrm{d}x} + f'_t\dfrac{\mathrm{d}t}{\mathrm{d}x} = 0, \\ G'_x + G'_y\dfrac{\mathrm{d}y}{\mathrm{d}x} + G'_t\dfrac{\mathrm{d}t}{\mathrm{d}x} = 0 \end{cases}$$

由此可解得 $\dfrac{\mathrm{d}y}{\mathrm{d}x} = \dfrac{G'_t f'_x - G'_x f'_t}{G'_y f'_t + G'_t}$.

例 4.11（江苏省 2000 年竞赛题）　假设 $u=u(x,y)$ 由方程 $u=f(x,y,z,t)$，$g(y,z,t)=0$ 和 $h(z,t)=0$ 确定（f,g,h 均为可微函数），求 $\dfrac{\partial u}{\partial x}$ 和 $\dfrac{\partial u}{\partial y}$.

解析　首先由 $\begin{cases} g(y,z,t) = 0, \\ h(z,t) = 0 \end{cases}$ 确定 $z=z(y)$，$t=t(y)$. 方程组对 y 求导数得

$$\begin{cases} g'_y + g'_z \cdot z'(y) + g'_t \cdot t'(y) = 0, \\ h'_z \cdot z'(y) + h'_t \cdot t'(y) = 0 \end{cases}$$

由此解得

$$z'(y) = \frac{-g'_y \cdot h'_t}{g'_z \cdot h'_t - g'_t \cdot h'_z}, \qquad t'(y) = \frac{g'_y \cdot h'_z}{g'_z \cdot h'_t - g'_t \cdot h'_z}$$

应用复合函数求偏导数法则得

$$\frac{\partial u}{\partial x} = f'_x + f'_z \cdot 0 + f'_t \cdot 0 = f'_x$$

$$\frac{\partial u}{\partial y} = f'_y + f'_z \cdot z'(y) + f'_t \cdot t'(y)$$

$$= f'_y + \frac{-f'_z \cdot g'_y \cdot h'_t + f'_t \cdot g'_y \cdot h'_z}{g'_z \cdot h'_t - g'_t \cdot h'_z}$$

例 4.12(全国 2017 年决赛题)　已知函数 $f(x,y)$ 可微，并且满足 $\dfrac{\partial f}{\partial x} = f(x,y)$，

$f\left(0, \dfrac{\pi}{2}\right) = 1$，若 $\lim\limits_{n \to \infty} \left[\dfrac{f\left(0, y + \dfrac{1}{n}\right)}{f(0,y)}\right]^n = e^{\cot y}$，求函数 $f(x,y)$.

解析　记 $g(y) = f(0,y)$，$h = \dfrac{1}{n}$，应用偏导数的定义，得

$$\lim_{n \to \infty} \left(\frac{f(0, y+h)}{f(0,y)}\right)^n = \exp\left(\lim_{h \to 0} \frac{\ln g(y+h) - \ln g(y)}{h}\right)$$

$$= \exp\left(\ln g(y)\right)' = \exp\left(\frac{g'(y)}{g(y)}\right) = \exp(\cot y)$$

所以

$$\frac{g'(y)}{g(y)} = \cot y \Rightarrow \ln g(y) = \ln \sin y + \ln C \Rightarrow g(y) = C \sin y$$

又因为 $g\left(\dfrac{\pi}{2}\right) = f\left(0, \dfrac{\pi}{2}\right) = 1$，所以 $C = 1$，于是 $g(y) = f(0,y) = \sin y$.

$\forall y = y_0$（y_0 为常数），由 $\dfrac{\partial f}{\partial x} = f(x,y)$ 得

$$\frac{\mathrm{d}f(x, y_0)}{\mathrm{d}x} = f(x, y_0) \Rightarrow \frac{\mathrm{d}f(x, y_0)}{f(x, y_0)} = \mathrm{d}x$$

两边积分得

$$\ln f(x, y_0) = x + \ln \varphi(y_0) \Rightarrow f(x, y_0) = \varphi(y_0) e^x$$

再由 y_0 的任意性，可得 $f(x,y) = \varphi(y) e^x$，令 $x = 0$ 得 $\varphi(y) = \sin y$，所以

$$f(x,y) = e^x \sin y$$

例 4.13(江苏省 2012 年竞赛题)　设函数 $f(x,y)$ 在平面区域 D 上可微，线段 PQ 位于 D 内，已知点 P, Q 的坐标分别为 $P(a,b), Q(x,y)$，求证：在线段 PQ 上存在点 $M(\xi, \eta)$，使得

$$f(x,y) = f(a,b) + f'_x(\xi, \eta)(x-a) + f'_y(\xi, \eta)(y-b)$$

解析　令 $F(t) = f(a + t(x-a), b + t(y-b))$，则 $F(t)$ 在 $[0,1]$ 上连续，在 $(0,1)$ 内可导，应用拉格朗日中值定理，必 $\exists \theta \in (0,1)$，使得

$$F(1) - F(0) = F'(\theta)(1 - 0) = F'(\theta) \qquad (*)$$

因为

$$F'(t) = f'_x(a + t(x - a), b + t(y - b))(x - a)$$
$$+ f'_y(a + t(x - a), b + t(y - b))(y - b)$$

令 $\xi = a + \theta(x - a), \eta = b + \theta(y - b)$，点 $M(\xi, \eta)$ 显然位于线段 PQ 上，则

$$F'(\theta) = f'_x(\xi, \eta)(x - a) + f'_y(\xi, \eta)(y - b)$$

又 $F(0) = f(a, b), F(1) = f(x, y)$，代入 ($*$) 式得

$$f(x, y) = f(a, b) + f'_x(\xi, \eta)(x - a) + f'_y(\xi, \eta)(y - b)$$

例 4.14（北京市 2000 年竞赛题）　已知函数 $u = f(x, y, z)$，且 f 是可微函数，如果 $\dfrac{f'_x}{x} = \dfrac{f'_y}{y} = \dfrac{f'_z}{z}$，证明：$u$ 仅为 r 的函数，已知 $r = \sqrt{x^2 + y^2 + z^2}$.

解析　令 $x = r\cos\theta \cdot \sin\varphi, y = r\sin\theta \cdot \sin\varphi, z = r\cos\varphi$，则有

$$u = f(r\cos\theta \cdot \sin\varphi, r\sin\theta \cdot \sin\varphi, r\cos\varphi)$$

则

$$\frac{\partial u}{\partial \theta} = -r\sin\theta \cdot \sin\varphi \cdot f'_x + r\cos\theta \cdot \sin\varphi \cdot f'_y$$

$$\frac{\partial u}{\partial \varphi} = r\cos\theta \cdot \cos\varphi \cdot f'_x + r\sin\theta \cdot \cos\varphi \cdot f'_y - r\sin\varphi \cdot f'_z$$

由 $\dfrac{f'_x}{x} = \dfrac{f'_y}{y} = \dfrac{f'_z}{z}$ 得

$$\frac{f'_x}{r\cos\theta \cdot \sin\varphi} = \frac{f'_y}{r\sin\theta \cdot \sin\varphi} = \frac{f'_z}{r\cos\varphi} = \lambda$$

代入 $\dfrac{\partial u}{\partial \theta}, \dfrac{\partial u}{\partial \varphi}$ 有 $\dfrac{\partial u}{\partial \theta} \equiv 0, \dfrac{\partial u}{\partial \varphi} \equiv 0$，从而得证 u 仅为 r 的函数.

例 4.15（浙江省 2002 年竞赛题）　设二元函数 $f(x, y)$ 有一阶连续的偏导数，且 $f(0, 1) = f(1, 0)$，证明：单位圆周上至少存在两点满足方程

$$y \frac{\partial}{\partial x} f(x, y) - x \frac{\partial}{\partial y} f(x, y) = 0$$

解析　令 $g(t) = f(\cos t, \sin t)$，则 $g(t)$ 一阶连续可导，且

$$g(0) = f(1, 0), \quad g\left(\frac{\pi}{2}\right) = f(0, 1), \quad g(2\pi) = f(1, 0)$$

所以 $g(0) = g\left(\dfrac{\pi}{2}\right) = g(2\pi)$. 分别在区间 $\left[0, \dfrac{\pi}{2}\right]$ 与 $\left[\dfrac{\pi}{2}, 2\pi\right]$ 上应用罗尔定理，存在

$\xi_1 \in \left(0, \dfrac{\pi}{2}\right), \xi_2 \in \left(\dfrac{\pi}{2}, 2\pi\right)$，使得

$$g'(\xi_1) = 0, \quad g'(\xi_2) = 0$$

记 $(x_1, y_1) = (\cos\xi_1, \sin\xi_1), (x_2, y_2) = (\cos\xi_2, \sin\xi_2)$，由于

$$g'(t) = -\sin t \frac{\partial}{\partial x} f(\cos t, \sin t) + \cos t \frac{\partial}{\partial y} f(\cos t, \sin t)$$

所以

$$-\sin\xi_i \cdot \left.\frac{\partial f}{\partial x}\right|_{(\cos\xi_i, \sin\xi_i)} + \cos\xi_i \cdot \left.\frac{\partial f}{\partial y}\right|_{(\cos\xi_i, \sin\xi_i)} = 0$$

即

$$y_i \left.\frac{\partial f}{\partial x}\right|_{(x_i, y_i)} - x_i \left.\frac{\partial f}{\partial y}\right|_{(x_i, y_i)} = 0 \quad (i = 1, 2)$$

例 4.16（北京市 1995 年竞赛题） 已知 $z = z(x, y)$ 满足 $x^2 \cdot \dfrac{\partial z}{\partial x} + y^2 \cdot \dfrac{\partial z}{\partial y} = z^2$，设 $u = x, v = \dfrac{1}{y} - \dfrac{1}{x}, \psi = \dfrac{1}{z} - \dfrac{1}{x}$，对函数 $\psi = \psi(u, v)$，求证：$\dfrac{\partial \psi}{\partial u} = 0$.

解析 由 $u = x, v = \dfrac{1}{y} - \dfrac{1}{x}$，有 $x = u, y = \dfrac{u}{uv+1}$，且 $\psi = \dfrac{1}{z} - \dfrac{1}{u}$，于是

$$\frac{\partial \psi}{\partial u} = \left(-\frac{1}{z^2}\right)\frac{\partial z}{\partial u} + \frac{1}{u^2} = \left(-\frac{1}{z^2}\right)\left(\frac{\partial z}{\partial x}\frac{\partial x}{\partial u} + \frac{\partial z}{\partial y}\frac{\partial y}{\partial u}\right) + \frac{1}{u^2}$$

$$= \left(-\frac{1}{z^2}\right)\left(\frac{\partial z}{\partial x} + \frac{\partial z}{\partial y}\frac{1}{(uv+1)^2}\right) + \frac{1}{u^2} = \left(-\frac{1}{z^2}\right)\left(\frac{\partial z}{\partial x} + \frac{\partial z}{\partial y}\frac{y^2}{u^2}\right) + \frac{1}{u^2}$$

$$= \left(-\frac{1}{u^2 z^2}\right)\left(u^2 \frac{\partial z}{\partial x} + y^2 \frac{\partial z}{\partial y}\right) + \frac{1}{u^2} = -\frac{1}{u^2} + \frac{1}{u^2} = 0$$

4.2.4 方向导数（例 4.17—4.19）

例 4.17（全国 2019 年考研题） 已知 a, b 为实数，函数 $z = 2 + ax^2 + by^2$ 在点 $(3, 4)$ 的方向导数中沿方向 $l = -3i - 4j$ 的方向导数最大，且最大值为 10.

（1）求 a, b 的值；

（2）求曲面 $z = 2 + ax^2 + by^2 (z \geqslant 0)$ 的面积.

解析 （1）函数 $z = 2 + ax^2 + by^2$ 在点 $(3, 4)$ 的梯度为

$$\mathbf{grad}z \Big|_{(3,4)} = (z'_x, z'_y)\Big|_{(3,4)} = (6a, 8b)$$

因沿梯度的方向导数取最大值，其值等于梯度的模，所以有

$$\left.\frac{\partial z}{\partial \boldsymbol{l}}\right|_{(3,4)} = \left|\mathbf{grad}z\right|_{(3,4)}\Big| = 10 \Rightarrow \left(\frac{6a}{10}, \frac{8b}{10}\right) = \boldsymbol{l}^0 = \left(-\frac{3}{5}, -\frac{4}{5}\right)$$

于是 $a = -1, b = -1$.

(2) 曲面 $z = 2 - x^2 - y^2 (z \geqslant 0)$ 是由 yOz 平面上的曲线 $y = \sqrt{2-z}(0 \leqslant z \leqslant 2)$ 绕 z 轴旋转而成,于是所求曲面的面积为

$$S = 2\pi \int_0^2 y\sqrt{1 + (y'(z))^2}\,\mathrm{d}z = 2\pi \int_0^2 \sqrt{2-z}\sqrt{1 + \left(\frac{-1}{2\sqrt{2-z}}\right)^2}\,\mathrm{d}z$$

$$= \pi \int_0^2 \sqrt{9-4z}\,\mathrm{d}z = -\frac{\pi}{4} \cdot \frac{2}{3}\,(9-4z)^{\frac{3}{2}}\Big|_0^2 = \frac{13}{3}\pi$$

例 4.18(江苏省 1996 年竞赛题) 求函数 $u = xy^2z^3$ 在点 $(1,2,-1)$ 处沿曲面 $x^2 + y^2 = 5$ 的外法向的方向导数.

解析 已知 $F = x^2 + y^2 - 5, \boldsymbol{n} = 2(x,y,0)$,点 $P(1,2,-1)$,故曲面在点 P 的外法向的方向余弦为 $\cos\alpha = \frac{1}{\sqrt{5}}, \cos\beta = \frac{2}{\sqrt{5}}, \cos\gamma = 0$. 又因

$$(u'_x, u'_y, u'_z)\big|_P = (y^2z^3, 2xyz^3, 3xy^2z^2)\big|_P = (-4,-4,12)$$

于是

$$\left.\frac{\partial u}{\partial \boldsymbol{n}}\right|_P = u'_x(P)\cos\alpha + u'_y(P)\cos\beta + u'_z(P)\cos\gamma$$

$$= -\frac{4}{\sqrt{5}} - \frac{8}{\sqrt{5}} + 0 = -\frac{12}{5}\sqrt{5}$$

例 4.19(全国 2015 年决赛题) 已知 $\boldsymbol{l}_j(j = 1,2,\cdots,n)$ 是平面上点 P_0 处的 $n(n \geqslant 2)$ 个方向向量,相邻两个向量之间的夹角为 $\frac{2\pi}{n}$,若函数 $f(x,y)$ 在点 P_0 有连续的偏导数,证明:$\sum\limits_{j=1}^n \frac{\partial f(P_0)}{\partial \boldsymbol{l}_j} = 0$.

解析 记 $\beta = \frac{2\pi}{n}$,且

$$\boldsymbol{l}_j^0 = (\cos(\alpha + j\beta), \sin(\alpha + j\beta)) \quad (\alpha \in [0,2\pi), j = 1,2,\cdots,n)$$

则

$$\sum_{j=1}^n \frac{\partial f(P_0)}{\partial \boldsymbol{l}_j} = \sum_{j=1}^n \left(\frac{\partial f(P_0)}{\partial x}\cos(\alpha + j\beta) + \frac{\partial f(P_0)}{\partial y}\sin(\alpha + j\beta)\right)$$

$$= \frac{\partial f(P_0)}{\partial x}\left(\cos\alpha \sum_{j=1}^n \cos j\beta - \sin\alpha \sum_{j=1}^n \sin j\beta\right)$$

$$+ \frac{\partial f(P_0)}{\partial y}\left(\sin\alpha \sum_{j=1}^n \cos j\beta + \cos\alpha \sum_{j=1}^n \sin j\beta\right)$$

由于

$$\sum_{j=1}^{n} \cos j\beta = \frac{1}{2\sin\frac{\beta}{2}} \sum_{j=1}^{n} 2\cos j\beta \cdot \sin\frac{\beta}{2} = \frac{1}{2\sin\frac{\beta}{2}} \sum_{j=1}^{n} \left(\sin\left(j+\frac{1}{2}\right)\beta - \sin\left(j-\frac{1}{2}\right)\beta \right)$$

$$= \frac{1}{2\sin\frac{\beta}{2}} \left(\sin\left(n+\frac{1}{2}\right)\frac{2\pi}{n} - \sin\frac{\pi}{n} \right) = \frac{1}{2\sin\frac{\beta}{2}} \left(\sin\frac{\pi}{n} - \sin\frac{\pi}{n} \right) = 0$$

$$\sum_{j=1}^{n} \sin j\beta = \frac{1}{2\sin\frac{\beta}{2}} \sum_{j=1}^{n} 2\sin j\beta \cdot \sin\frac{\beta}{2} = \frac{1}{2\sin\frac{\beta}{2}} \sum_{j=1}^{n} \left(\cos\left(j-\frac{1}{2}\right)\beta - \cos\left(j+\frac{1}{2}\right)\beta \right)$$

$$= \frac{1}{2\sin\frac{\beta}{2}} \left(\cos\frac{\pi}{n} - \cos\left(n+\frac{1}{2}\right)\frac{2\pi}{n} \right) = \frac{1}{2\sin\frac{\beta}{2}} \left(\cos\frac{\pi}{n} - \cos\frac{\pi}{n} \right) = 0$$

所以

$$\sum_{j=1}^{n} \frac{\partial f(P_0)}{\partial \boldsymbol{l}_j} = \frac{\partial f(P_0)}{\partial x} \cdot 0 + \frac{\partial f(P_0)}{\partial y} \cdot 0 = 0$$

4.2.5 求高阶偏导数(例 4.20—4.27)

例 4.20(北京市 1990 年竞赛题) 设函数 $u = f(\ln\sqrt{x^2+y^2})$ 满足

$$\frac{\partial^2 u}{\partial x^2} + \frac{\partial^2 u}{\partial y^2} = (x^2+y^2)^{\frac{3}{2}}$$

试求函数 f 的表达式.

解析 令 $t = \frac{1}{2}\ln(x^2+y^2)$,则

$$\frac{\partial u}{\partial x} = f'(t) \cdot \frac{x}{x^2+y^2}, \quad \frac{\partial u}{\partial y} = f'(t) \frac{y}{x^2+y^2}$$

$$\frac{\partial^2 u}{\partial x^2} = f''(t) \cdot \frac{x^2}{(x^2+y^2)^2} + f'(t) \cdot \frac{y^2-x^2}{(x^2+y^2)^2}$$

同理可得 $\dfrac{\partial^2 u}{\partial y^2} = f''(t) \dfrac{y^2}{(x^2+y^2)^2} + f'(t) \dfrac{x^2-y^2}{(x^2+y^2)^2}$,代入原方程得

$$\frac{\partial^2 u}{\partial x^2} + \frac{\partial^2 u}{\partial y^2} = f''(t) \cdot \frac{1}{x^2+y^2} = (x^2+y^2)^{\frac{3}{2}}$$

即得 $f''(t) = (x^2+y^2)^{\frac{5}{2}} = e^{5t}$,积分两次得

$$f(t) = \frac{1}{25}e^{5t} + C_1 t + C_2$$

例 4.21(江苏省 1998 年竞赛题) 已知函数 $f(x,y)$ 的二阶偏导数皆连续,且

$$f''_{xx}(x,y) = f''_{yy}(x,y), \quad f(x,2x) = x^2, \quad f'_x(x,2x) = x$$

试求 $f''_{xx}(x,2x)$ 与 $f''_{xy}(x,2x)$.

解析　在等式 $f(x,2x) = x^2$ 两边对 x 求全导数得

$$f'_x(x,2x) + 2f'_y(x,2x) = 2x$$

由条件化简上式可得 $2f'_y(x,2x) = x$, 此式两边再对 x 求全导数得

$$2f''_{xy}(x,2x) + 4f''_{yy}(x,2x) = 1 \Rightarrow 4f''_{xx}(x,2x) + 2f''_{xy}(x,2x) = 1$$

在 $f'_x(x,2x) = x$ 两边对 x 求全导数得

$$f''_{xx}(x,2x) + 2f''_{xy}(x,2x) = 1$$

将上两式联立, 解得 $f''_{xx}(x,2x) = 0$, $f''_{xy}(x,2x) = \dfrac{1}{2}$.

例 4.22(江苏省 2008 年竞赛题)　设函数 $u(x,y)$ 具有连续的二阶偏导数, 算子 A 定义为 $A(u) = x\dfrac{\partial u}{\partial x} + y\dfrac{\partial u}{\partial y}$. (1) 求 $A(u - A(u))$; (2) 利用结论(1), 以 $\xi = \dfrac{y}{x}$, $\eta = x - y$ 为新的自变量, 改变方程 $x^2\dfrac{\partial^2 u}{\partial x^2} + 2xy\dfrac{\partial^2 u}{\partial x\partial y} + y^2\dfrac{\partial^2 u}{\partial y^2} = 0$ 的形式.

解析　(1) $A(u - A(u)) = A\left(u - x\dfrac{\partial u}{\partial x} - y\dfrac{\partial u}{\partial y}\right)$

$$= x\dfrac{\partial}{\partial x}\left(u - x\dfrac{\partial u}{\partial x} - y\dfrac{\partial u}{\partial y}\right) + y\dfrac{\partial}{\partial y}\left(u - x\dfrac{\partial u}{\partial x} - y\dfrac{\partial u}{\partial y}\right)$$

$$= x\left(-x\dfrac{\partial^2 u}{\partial x^2} - y\dfrac{\partial^2 u}{\partial x\partial y}\right) + y\left(-x\dfrac{\partial^2 u}{\partial x\partial y} - y\dfrac{\partial^2 u}{\partial y^2}\right)$$

$$= -\left(x^2\dfrac{\partial^2 u}{\partial x^2} + 2xy\dfrac{\partial^2 u}{\partial x\partial y} + y^2\dfrac{\partial^2 u}{\partial y^2}\right)$$

(2) 由 $x^2\dfrac{\partial^2 u}{\partial x^2} + 2xy\dfrac{\partial^2 u}{\partial x\partial y} + y^2\dfrac{\partial^2 u}{\partial y^2} = 0 \Leftrightarrow A(u - A(u)) = 0$, 又

$$A(u) = x\dfrac{\partial u}{\partial x} + y\dfrac{\partial u}{\partial y} = x\left[\dfrac{\partial u}{\partial \xi}\left(-\dfrac{y}{x^2}\right) + \dfrac{\partial u}{\partial \eta}\right] + y\left(\dfrac{\partial u}{\partial \xi}\dfrac{1}{x} - \dfrac{\partial u}{\partial \eta}\right)$$

$$= (x - y)\dfrac{\partial u}{\partial \eta} = \eta\dfrac{\partial u}{\partial \eta}$$

$$A(u - A(u)) = A\left(u - \eta\dfrac{\partial u}{\partial \eta}\right) = \eta\dfrac{\partial}{\partial \eta}\left(u - \eta\dfrac{\partial u}{\partial \eta}\right)$$

$$= \eta\left(\dfrac{\partial u}{\partial \eta} - \dfrac{\partial u}{\partial \eta} - \eta\dfrac{\partial^2 u}{\partial \eta^2}\right) = -\eta^2\dfrac{\partial^2 u}{\partial \eta^2}$$

于是原方程化为 $\dfrac{\partial^2 u}{\partial \eta^2} = 0$.

例 4.23(精选题)　设函数 $u = u(x,y)$ 有连续的二阶偏导数, 且满足方程

$$\mathrm{div}(\mathbf{grad}u) - 2\dfrac{\partial^2 u}{\partial y^2} = 0$$

(1) 用变量代换 $\xi = x - y, \eta = x + y$ 将上述方程化为以 ξ, η 为自变量的方程；

(2) 已知 $u(x, 2x) = x, u'_x(x, 2x) = x^2$，求 $u(x, y)$.

解析 (1) $\mathrm{div}(\mathbf{grad}u) = \mathrm{div}(u'_x, u'_y) = u''_{xx} + u''_{yy}$，于是原方程化为

$$\frac{\partial^2 u}{\partial x^2} + \frac{\partial^2 u}{\partial y^2} - 2\frac{\partial^2 u}{\partial y^2} = \frac{\partial^2 u}{\partial x^2} - \frac{\partial^2 u}{\partial y^2} = 0 \tag{1}$$

由于

$$\frac{\partial u}{\partial x} = \frac{\partial u}{\partial \xi}\frac{\partial \xi}{\partial x} + \frac{\partial u}{\partial \eta}\frac{\partial \eta}{\partial x} = \frac{\partial u}{\partial \xi} + \frac{\partial u}{\partial \eta}$$

$$\frac{\partial u}{\partial y} = \frac{\partial u}{\partial \xi}\frac{\partial \xi}{\partial y} + \frac{\partial u}{\partial \eta}\frac{\partial \eta}{\partial y} = -\frac{\partial u}{\partial \xi} + \frac{\partial u}{\partial \eta}$$

$$\frac{\partial^2 u}{\partial x^2} = \frac{\partial^2 u}{\partial \xi^2}\frac{\partial \xi}{\partial x} + \frac{\partial^2 u}{\partial \xi\partial \eta}\frac{\partial \eta}{\partial x} + \frac{\partial^2 u}{\partial \eta\partial \xi}\frac{\partial \xi}{\partial x} + \frac{\partial^2 u}{\partial \eta^2}\frac{\partial \eta}{\partial x} = \frac{\partial^2 u}{\partial \xi^2} + 2\frac{\partial^2 u}{\partial \xi\partial \eta} + \frac{\partial^2 u}{\partial \eta^2} \tag{2}$$

$$\frac{\partial^2 u}{\partial y^2} = -\frac{\partial^2 u}{\partial \xi^2}\frac{\partial \xi}{\partial y} - \frac{\partial^2 u}{\partial \xi\partial \eta}\frac{\partial \eta}{\partial y} + \frac{\partial^2 u}{\partial \eta\partial \xi}\frac{\partial \xi}{\partial y} + \frac{\partial^2 u}{\partial \eta^2}\frac{\partial \eta}{\partial y} = \frac{\partial^2 u}{\partial \xi^2} - 2\frac{\partial^2 u}{\partial \xi\partial \eta} + \frac{\partial^2 u}{\partial \eta^2} \tag{3}$$

将 (2) 式与 (3) 式代入 (1) 式，得 $\dfrac{\partial^2 u}{\partial \xi\partial \eta} = 0$.

(2) 将方程 $\dfrac{\partial^2 u}{\partial \xi\partial \eta} = 0$ 两边对 η 积分得

$$\frac{\partial u}{\partial \xi} = \varphi(\xi) \quad (\varphi(\xi) \text{ 为 } \xi \text{ 的任意可微函数})$$

此式两边对 ξ 积分得

$$u = \int \varphi(\xi)\mathrm{d}\xi + g(\eta) = f(\xi) + g(\eta)$$

这里 f, g 为任意可微函数. 于是

$$u(x, y) = f(x - y) + g(x + y) \tag{4}$$

由条件 $u(x, 2x) = x$ 得

$$f(-x) + g(3x) = x \tag{5}$$

又 (4) 式两边对 x 求偏导得

$$u'_x = f'(x - y) + g'(x + y)$$

由条件 $u'_x(x, 2x) = x^2$ 得

$$u'_x(x, 2x) = f'(-x) + g'(3x) = x^2 \tag{6}$$

(6) 式两边对 x 积分得

$$-3f(-x) + g(3x) = x^3 + C \tag{7}$$

联立(5) 式与(7) 式解得

$$f(-x) = \frac{1}{4}(x - x^3) - \frac{1}{4}C, \quad g(3x) = \frac{1}{4}(3x + x^3) + \frac{1}{4}C$$

由此可得

$$f(x) = \frac{1}{4}(x^3 - x) - \frac{1}{4}C, \quad g(x) = \frac{1}{4}x + \frac{1}{108}x^3 + \frac{1}{4}C$$

于是由(4) 式可得所求函数为

$$\begin{aligned}
u(x,y) &= \frac{1}{4}\left[(x-y)^3 - (x-y)\right] - \frac{1}{4}C + \frac{1}{4}(x+y) + \frac{1}{108}(x+y)^3 + \frac{1}{4}C \\
&= \frac{1}{4}(x-y)^3 + \frac{1}{108}(x+y)^3 + \frac{1}{2}y
\end{aligned}$$

例 4.24(北京市 2002 年竞赛题)　设函数 $z = f(x,y)$ 具有二阶连续偏导数，且 $\frac{\partial f}{\partial y} \neq 0$,证明：对任意常数 C, $f(x,y) = C$ 为一直线的充要条件是

$$(f'_y)^2 f''_{xx} - 2f'_x f'_y f''_{xy} + f''_{yy}(f'_x)^2 = 0$$

解析　先证必要性. 若 $f(x,y) = C$ 为一直线,则 $\frac{\partial f}{\partial x}, \frac{\partial f}{\partial y}$ 均为常数,故 $f''_{xx} = f''_{xy} = f''_{yy} = 0$,从而等式成立.

再证充分性. 设由 $f(x,y) = C$ 确定隐函数 $y = y(x)$,于是 $f(x,y(x)) \equiv 0$. 两边对 x 求导得 $f'_x + f'_y \frac{\mathrm{d}y}{\mathrm{d}x} = 0$,两边再对 x 求导得

$$f''_{xx} + f''_{xy}\frac{\mathrm{d}y}{\mathrm{d}x} + \left(f''_{yx} + f''_{yy}\frac{\mathrm{d}y}{\mathrm{d}x}\right)\frac{\mathrm{d}y}{\mathrm{d}x} + f'_y \frac{\mathrm{d}^2 y}{\mathrm{d}x^2} = 0$$

因为 $\frac{\mathrm{d}y}{\mathrm{d}x} = -\frac{f'_x}{f'_y}$,代入上式得

$$f''_{xx} - \frac{2f'_x f''_{xy}}{f'_y} + \frac{f''_{yy}(f'_x)^2}{(f'_y)^2} + f'_y \frac{\mathrm{d}^2 y}{\mathrm{d}x^2} = 0$$

由条件得

$$f'_y \frac{\mathrm{d}^2 y}{\mathrm{d}x^2} = 0, \quad 即 \quad \frac{\mathrm{d}^2 y}{\mathrm{d}x^2} = 0$$

积分得 $y = C_1 x + C_2 (C_1, C_2$ 为常数),从而 $f(x,y) = 0$ 为一直线.

例 4.25(全国 2011 年预赛题)　设 $z = z(x,y)$ 是由方程

$$F\left(z + \frac{1}{x}, z - \frac{1}{y}\right) = 0$$

确定的隐函数,且具有连续的二阶偏导数,求证：

$$x^2 \frac{\partial z}{\partial x} - y^2 \frac{\partial z}{\partial y} = 1, \quad x^3 \frac{\partial^2 z}{\partial x^2} + xy(x-y)\frac{\partial^2 z}{\partial x \partial y} - y^3 \frac{\partial^2 z}{\partial y^2} + 2 = 0$$

解析 记 $f(x,y,z) = F\left(z + \dfrac{1}{x}, z - \dfrac{1}{y}\right)$，应用隐函数求偏导数法则有

$$\frac{\partial z}{\partial x} = -\frac{f'_x}{f'_z} = -\frac{1}{F'_1 + F'_2}\left(-\frac{1}{x^2}F'_1\right), \quad \frac{\partial z}{\partial y} = -\frac{f'_y}{f'_z} = -\frac{1}{F'_1 + F'_2}\left(\frac{1}{y^2}F'_2\right)$$

于是

$$x^2 \frac{\partial z}{\partial x} - y^2 \frac{\partial z}{\partial y} = \frac{F'_1}{F'_1 + F'_2} + \frac{F'_2}{F'_1 + F'_2} = 1$$

此式两端分别对 x, y 求偏导数得

$$2x\frac{\partial z}{\partial x} + x^2\frac{\partial^2 z}{\partial x^2} - y^2\frac{\partial^2 z}{\partial x \partial y} = 0 \tag{1}$$

$$x^2\frac{\partial^2 z}{\partial x \partial y} - 2y\frac{\partial z}{\partial y} - y^2\frac{\partial^2 z}{\partial y^2} = 0 \tag{2}$$

(1) 式乘 x 加上 (2) 式乘 y 得

$$2x^2\frac{\partial z}{\partial x} + x^3\frac{\partial^2 z}{\partial x^2} - xy^2\frac{\partial^2 z}{\partial x \partial y} + x^2 y\frac{\partial^2 z}{\partial x \partial y} - 2y^2\frac{\partial z}{\partial y} - y^3\frac{\partial^2 z}{\partial y^2}$$

$$= x^3\frac{\partial^2 z}{\partial x^2} + xy(x-y)\frac{\partial^2 z}{\partial x \partial y} - y^3\frac{\partial^2 z}{\partial y^2} + 2\left(x^2\frac{\partial z}{\partial x} - y^2\frac{\partial z}{\partial y}\right)$$

$$= x^3\frac{\partial^2 z}{\partial x^2} + xy(x-y)\frac{\partial^2 z}{\partial x \partial y} - y^3\frac{\partial^2 z}{\partial y^2} + 2 = 0$$

例 4.26(南京大学 1995 年竞赛题) 若 $u = \dfrac{x+y}{x-y}$，求 $\dfrac{\partial^{m+n} u}{\partial x^m \partial y^n}\Big|_{(2,1)}$.

解析 因 $u = 1 + \dfrac{2y}{x-y}$，所以

$$\frac{\partial^m u}{\partial x^m} = (-1)^m \frac{m!\,2y}{(x-y)^{m+1}} = -2 \cdot m! \frac{y - x + x}{(y-x)^{m+1}}$$

$$= -2 \cdot m! \cdot \left[\frac{1}{(y-x)^m} + \frac{x}{(y-x)^{m+1}}\right]$$

由于

$$\frac{\partial^{m+1} u}{\partial x^m \partial y} = -2 \cdot m! \cdot \left[\frac{-m}{(y-x)^{m+1}} + \frac{-(m+1)x}{(y-x)^{m+2}}\right]$$

$$\frac{\partial^{m+2} u}{\partial x^m \partial y^2} = -2 \cdot m! \cdot \left[(-1)^2 \frac{m(m+1)}{(y-x)^{m+2}} + (-1)^2 \frac{(m+1)(m+2)x}{(y-x)^{m+3}}\right]$$

$$\vdots$$

$$\frac{\partial^{m+n}u}{\partial x^m \partial y^n} = -2\left[(-1)^n \frac{m \cdot (m+n-1)!}{(y-x)^{m+n}} + (-1)^n \frac{(m+n)! x}{(y-x)^{m+n+1}}\right]$$

所以

$$\frac{\partial^{m+n}u}{\partial x^m \partial y^n}\bigg|_{(2,1)} = -2\left[(-1)^n \frac{m \cdot (m+n-1)!}{(-1)^{m+n}} + (-1)^n \frac{2 \cdot (m+n)!}{(-1)^{m+n+1}}\right]$$

$$= 2(-1)^m (m+n-1)!(2m+2n-m)$$

$$= 2(-1)^m (m+n-1)!(m+2n)$$

例 4.27(清华大学 1985 年竞赛题)　求

$$\int_0^x \left(1 + (x-t) + \frac{(x-t)^2}{2!} + \cdots + \frac{(x-t)^{n-1}}{(n-1)!}\right) e^{nt} dt$$

对 x 的 n 阶导数.

解析　令 $f_k(x) = \int_0^x \frac{(x-t)^k}{k!} e^{nt} dt$,则

$$\int_0^x \left(1 + (x-t) + \frac{(x-t)^2}{2!} + \cdots + \frac{(x-t)^{n-1}}{(n-1)!}\right) e^{nt} dt = f_0(x) + f_1(x) + \cdots + f_{n-1}(x)$$

应用莱布尼茨公式①得 $f_k'(x) = \int_0^x \frac{(x-t)^{k-1}}{(k-1)!} e^{nt} dt = f_{k-1}(x)$,于是

$$f_k''(x) = f_{k-1}'(x) = f_{k-2}(x), \quad \cdots, \quad f_k^{(k)}(x) = f_0(x) \quad (k=1,2,\cdots,n-1)$$

由于 $f_0'(x) = \left(\int_0^x e^{nt} dt\right)' = e^{nx}, f_0''(x) = n e^{nx}, \cdots, f_0^{(n)}(x) = n^{n-1} e^{nx}$,所以

$$\frac{d^n}{dx^n}\left(\int_0^x \left(1 + (x-t) + \frac{(x-t)^2}{2!} + \cdots + \frac{(x-t)^{n-1}}{(n-1)!}\right) e^{nt} dt\right)$$

$$= f_0^{(n)}(x) + f_1^{(n)}(x) + \cdots + f_{n-1}^{(n)}(x)$$

$$= f_0^{(n)}(x) + (f_1'(x))^{(n-1)} + (f_2''(x))^{(n-2)} + \cdots + (f_{n-1}^{(n-1)}(x))'$$

$$= f_0^{(n)}(x) + f_0^{(n-1)}(x) + f_0^{(n-2)}(x) + \cdots + f_0'(x)$$

$$= (n^{n-1} + n^{n-2} + \cdots + n + 1) e^{nx}$$

4.2.6　求二元函数的极值(例 4.28—4.31)

例 4.28(江苏省 2017 年竞赛题)　求函数 $f(x,y) = 3(x-2y)^2 + x^3 - 8y^3$ 的极值,并证明 $f(0,0) = 0$ 不是 $f(x,y)$ 的极值.

解析　由 $\begin{cases} f_x' = 6(x-2y) + 3x^2 = 0, \\ f_y' = -12(x-2y) - 24y^2 = 0 \end{cases}$ 解得驻点 $P_1(-4,2), P_2(0,0)$. 又

---

①莱布尼茨公式:设 $\varphi(x)$ 可导,$f_x'(x,t)$ 连续,则有

$$\frac{d}{dx}\left(\int_a^{\varphi(x)} f(x,t) dt\right) = \varphi'(x) f(x,\varphi(x)) + \int_a^{\varphi(x)} f_x'(x,t) dt$$

$$A = \frac{\partial^2 f}{\partial x^2} = 6x + 6, \quad B = \frac{\partial^2 f}{\partial x \partial y} = -12, \quad C = \frac{\partial^2 f}{\partial y^2} = -48y + 24$$

在 P_1 处，$A = -18, B = -12, C = -72, \Delta = B^2 - AC = -1152 < 0$，且 $A < 0$，所以 $f(-4,2) = 64$ 为极大值；在 P_2 处，$A = 6, B = -12, C = 24, \Delta = B^2 - AC = 0$，所以使用 Δ 不能证明 $f(0,0)$ 不是极值.

下面用极值的定义来判断. 任取 $(0,0)$ 的去心邻域

$$U_\delta^\circ = \{(x,y) \mid 0 < \sqrt{x^2 + y^2} < \delta\}$$

(1) 在 $y = 0$ 上，取 $(x_n, y_n) = \left(\dfrac{1}{n}, 0\right) (n \in \mathbf{N}^*)$，则当 n 充分大时，显然有 $(x_n, y_n) \in U_\delta^\circ$，且

$$f(x_n, y_n) = f\left(\frac{1}{n}, 0\right) = \frac{1}{n^2}\left(3 + \frac{1}{n}\right) > 0$$

(2) 在 $x = ky (0 < k < 2)$ 上，有 $f(ky, y) = (k^3 - 8)y^2\left(y - \dfrac{3(2-k)}{4 + 2k + k^2}\right)$，故取 $y = \dfrac{4(2-k)}{4 + 2k + k^2}(> 0)$ 时 $f(ky, y) = (k^3 - 8)y^2\dfrac{2-k}{4 + 2k + k^2} < 0$，即取

$$(x_k, y_k) = \left(\frac{4k(2-k)}{4 + 2k + k^2}, \frac{4(2-k)}{4 + 2k + k^2}\right)$$

时有

$$f(x_k, y_k) = f\left(\frac{4k(2-k)}{4 + 2k + k^2}, \frac{4(2-k)}{4 + 2k + k^2}\right)$$
$$= (k^3 - 8)\frac{16(2-k)^3}{(4 + 2k + k^2)^3} = -\frac{16(2-k)^4}{(4 + 2k + k^2)^2} < 0$$

又因为

$$\lim_{k \to 2^-}(x_k, y_k) = \lim_{k \to 2^-}\left(\frac{4k(2-k)}{4 + 2k + k^2}, \frac{4(2-k)}{4 + 2k + k^2}\right) = (0,0)$$

所以当 k 小于 2 且充分接近 2 时，$(x_k, y_k) \in U_\delta^\circ$.

由上述 (1) 和 (2) 可得，在 $P_2(0,0)$ 的任意小邻域 U_δ° 内，既存在点 (x_n, y_n)，使得 $f(x_n, y_n) > 0$，也存在点 (x_k, y_k)，使得 $f(x_k, y_k) < 0$，故 $f(0,0) = 0$ 不是极值.

例 4.29(全国 2017 年预赛题) 已知二元函数 $f(x,y)$ 在平面上有连续的二阶偏导数，对任何角度 α，定义一元函数 $g_\alpha(t) = f(t\cos\alpha, t\sin\alpha)$，如果对任何 α 都有

$$\frac{\mathrm{d}g_\alpha(0)}{\mathrm{d}t} = 0 \quad 且 \quad \frac{\mathrm{d}^2 g_\alpha(0)}{\mathrm{d}t^2} > 0$$

证明：$f(0,0)$ 是 $f(x,y)$ 的极小值.

解析 由于

$$\frac{\mathrm{d}g_a(0)}{\mathrm{d}t} = f_x'(t\cos\alpha, t\sin\alpha)\cos\alpha + f_y'(t\cos\alpha, t\sin\alpha)\sin\alpha \Big|_{t=0}$$

$$= f_x'(0,0)\cos\alpha + f_y'(0,0)\sin\alpha = 0$$

分别取 $\alpha = 0, \dfrac{\pi}{2}$，得 $f_x'(0,0) = f_y'(0,0) = 0$，所以 $(0,0)$ 是函数 $f(x,y)$ 的驻点．

记 $A = f_{xx}''(0,0), B = f_{xy}''(0,0), C = f_{yy}''(0,0)$，由于

$$\frac{\mathrm{d}^2 g_a(t)}{\mathrm{d}t^2} = f_{xx}''(t\cos\alpha, t\sin\alpha)\cos^2\alpha + 2f_{xy}''(t\cos\alpha, t\sin\alpha)\cos\alpha\sin\alpha$$

$$+ f_{yy}''(t\cos\alpha, t\sin\alpha)\sin^2\alpha$$

$$\frac{\mathrm{d}^2 g_a(0)}{\mathrm{d}t^2} = f_{xx}''(0,0)\cos^2\alpha + 2f_{xy}''(0,0)\cos\alpha\sin\alpha + f_{yy}''(0,0)\sin^2\alpha$$

$$= A\cos^2\alpha + 2B\cos\alpha\sin\alpha + C\sin^2\alpha > 0$$

分别取 $\alpha = 0, \dfrac{\pi}{2}$，得 $A > 0, C > 0$．当 $\alpha \neq k\pi$ 时，$\forall u = \dfrac{\cos\alpha}{\sin\alpha}$，有

$$A\cos^2\alpha + 2B\cos\alpha\sin\alpha + C\sin^2\alpha = \sin^2\alpha \cdot (Au^2 + 2Bu + C) > 0$$

所以有 $B^2 - AC < 0$，因此 $f(0,0)$ 是 $f(x,y)$ 的极小值．

例 4.30（北京市 1993 年竞赛题）　求使函数

$$f(x,y) = \frac{1}{y^2}\exp\left\{-\frac{1}{2y^2}\big[(x-a)^2 + (y-b)^2\big]\right\} \quad (y \neq 0, b > 0)$$

达到最大值的 (x_0, y_0) 以及相应的 $f(x_0, y_0)$．

解析　方法 1　记 $g(x,y) = \ln f(x,y)$，则

$$g(x,y) = -2\ln|y| - \frac{1}{2y^2}\big[(x-a)^2 + (y-b)^2\big]$$

且 $g(x,y)$ 与 $f(x,y)$ 有相同的极大值点．由于

$$\frac{\partial g(x,y)}{\partial x} = -\frac{1}{y^2}(x-a)$$

$$\frac{\partial g(x,y)}{\partial y} = -\frac{2}{y} + \frac{1}{y^3}\big[(x-a)^2 + (y-b)^2\big] - \frac{1}{y^2}(y-b)$$

令 $\dfrac{\partial g(x,y)}{\partial x} = 0, \dfrac{\partial g(x,y)}{\partial y} = 0$，解得驻点 $(x_1, y_1) = \left(a, \dfrac{b}{2}\right), (x_2, y_2) = (a, -b)$．

当 $y > 0$ 时，因为

$$A_1 = \frac{\partial^2 g}{\partial x^2}\Big|_{(a, \frac{b}{2})} = -\frac{4}{b^2} < 0$$

$$B_1 = \frac{\partial^2 g}{\partial x\partial y}\Big|_{(a, \frac{b}{2})} = 0, \quad C_1 = \frac{\partial^2 g}{\partial y^2}\Big|_{(a, \frac{b}{2})} = -\frac{24}{b^2}$$

因 $\Delta = B_1^2 - A_1 C_1 = -\dfrac{96}{b^4} < 0$，故 $f(x,y)$ 在 $\left(a, \dfrac{b}{2}\right)$ 点达到极大值，有 $f\left(a, \dfrac{b}{2}\right) =$

$\dfrac{4}{b^2\sqrt{\mathrm{e}}}$. 在半平面 $y>0$ 上，$f(x,y)$ 可微，且驻点惟一，故 $f\left(a,\dfrac{b}{2}\right)=\dfrac{4}{b^2\sqrt{\mathrm{e}}}$ 是 $f(x,y)$ 在 $y>0$ 上的最大值.

当 $y<0$ 时，因为

$$A_2=\frac{\partial^2 g}{\partial x^2}\bigg|_{(a,-b)}=-\frac{1}{b^2}<0$$

$$B_2=\frac{\partial^2 g}{\partial x\partial y}\bigg|_{(a,-b)}=0,\quad C_2=\frac{\partial^2 g}{\partial y^2}\bigg|_{(a,-b)}=-\frac{3}{b^2}$$

因 $\Delta=B_2^2-A_2C_2=-\dfrac{3}{b^4}<0$，同理可得 $f(a,-b)=\dfrac{1}{b^2\mathrm{e}^2}$ 是 $f(x,y)$ 在 $y<0$ 上的最大值.

综上，由于 $f\left(a,\dfrac{b}{2}\right)=\dfrac{4}{b^2\sqrt{\mathrm{e}}}>f(a,-b)=\dfrac{1}{b^2\mathrm{e}^2}$，因此 $f\left(a,\dfrac{b}{2}\right)=\dfrac{4}{b^2\sqrt{\mathrm{e}}}$ 是函数 $f(x,y)$ 的最大值.

方法 2　驻点 $(x_1,y_1)=\left(a,\dfrac{b}{2}\right)$，$(x_2,y_2)=(a,-b)$ 的求法同方法 1.

当 $y\neq 0$ 时，$f(x,y)$ 可微. $\forall c\in\mathbf{R}$，当 $(x,y)\to(c,0)$ 时，由于

$$|f(x,y)|\leqslant\frac{1}{y^2}\exp\left\{-\frac{1}{2y^2}(y-b)^2\right\}=\frac{1}{y^2}\exp\left\{-\frac{1}{2}\left(1-\frac{b}{y}\right)^2\right\}=t^2\mathrm{e}^{-\frac{(bt-1)^2}{2}}$$

其中 $t=\dfrac{1}{y}$，且 $y\to 0$ 时，$t\to\infty$. 令 $h(t)=t^2\mathrm{e}^{-\frac{(bt-1)^2}{2}}$，应用洛必达法则，有

$$\lim_{t\to\infty}h(t)=\lim_{t\to\infty}\frac{t^2}{\mathrm{e}^{\frac{1}{2}(bt-1)^2}}\overset{\frac{0}{0}}{=}\lim_{t\to\infty}\frac{2t}{b(bt-1)\mathrm{e}^{\frac{1}{2}(bt-1)^2}}$$

$$\overset{\frac{0}{0}}{=}\lim_{t\to\infty}\frac{2}{(b^2(bt-1)^2+b^2)\mathrm{e}^{\frac{1}{2}(bt-1)^2}}=0$$

所以 $\lim\limits_{(x,y)\to(c,0)}f(x,y)=0$，又显然 $\lim\limits_{\rho\to+\infty}f(x,y)=0\,(\rho=\sqrt{x^2+y^2})$，于是

$$\max f(x,y)=\max\left\{f\left(a,\frac{b}{2}\right),f(a,-b),0\right\}=\max\left\{\frac{4}{b^2\sqrt{\mathrm{e}}},\frac{1}{b^2\mathrm{e}^2},0\right\}=\frac{4}{b^2\sqrt{\mathrm{e}}}$$

例 4.31（江苏省 2010 年竞赛题）　如图，$ABCD$ 是等腰梯形，$BC\parallel AD$，$AB+BC+CD=8$，求 AB，BC，AD 的长，使该梯形绕 AD 旋转一周所得旋转体的体积最大.

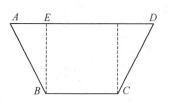

解析　令 $BC=x$，$AD=y\,(0<x<y<8)$，则 $AB=\dfrac{8-x}{2}$. 设 $BE\perp AD$，则

$$AE=\frac{y-x}{2},\quad BE=\sqrt{AB^2-AE^2}=\sqrt{\left(\frac{8-x}{2}\right)^2-\left(\frac{y-x}{2}\right)^2}$$

$$V = \frac{2}{3}\pi BE^2 \cdot AE + \pi BE^2 x = \pi BE^2 \left(\frac{2}{3}AE + x \right)$$

$$= \pi \left[\left(\frac{8-x}{2} \right)^2 - \left(\frac{y-x}{2} \right)^2 \right] \left(\frac{2x+y}{3} \right)$$

$$= \frac{\pi}{12}(8 - 2x + y)(8 - y)(2x + y)$$

由

$$\begin{cases} \dfrac{\partial V}{\partial x} = \dfrac{2\pi}{3}(8-y)(2-x) = 0, \\[3mm] \dfrac{\partial V}{\partial y} = \dfrac{\pi}{12}\big[(8-y)(2x+y) - (8-2x+y)(2x+y) + (8-2x+y)(8-y)\big] = 0 \end{cases}$$

解得惟一驻点 $P(2,4)$，由于

$$A = \frac{\partial^2 V}{\partial x^2}\Big|_P = -\frac{2\pi}{3}(8-y)\Big|_P = -\frac{8\pi}{3}, \quad B = \frac{\partial^2 V}{\partial x \partial y}\Big|_P = \frac{2\pi}{3}(x-2)\Big|_P = 0$$

$$C = \frac{\partial^2 V}{\partial y^2}\Big|_P = -\frac{\pi}{2}y\Big|_P = -2\pi$$

又因为 $\Delta = B^2 - AC = -\dfrac{16}{3}\pi^2 < 0$，且 $A < 0$，所以 $x = 2, y = 4$ 时 V 取最大值.
于是 $AB = 3, BC = 2, AD = 4$ 为所求的值.

4.2.7　求条件极值(例 4.32—4.35)

例 4.32(江苏省 1994 年竞赛题)　求椭球面 $x^2 + 2y^2 + 4z^2 = 1$ 与平面 $x + y + z - \sqrt{7} = 0$ 之间的最短距离.

解析　设椭球面上的点 $P(x,y,z)$ 到平面的距离为 d，则

$$f(x,y,z) = d^2 = \frac{(x+y+z-\sqrt{7})^2}{3}$$

应用拉格朗日乘数法，令

$$F(x,y,z,\lambda) = \frac{(x+y+z-\sqrt{7})^2}{3} + \lambda(x^2 + 2y^2 + 4z^2 - 1)$$

由方程组

$$\begin{cases} F'_x = \dfrac{2(x+y+z-\sqrt{7})}{3} + 2\lambda x = 0, \\[3mm] F'_y = \dfrac{2(x+y+z-\sqrt{7})}{3} + 4\lambda y = 0, \\[3mm] F'_z = \dfrac{2(x+y+z-\sqrt{7})}{3} + 8\lambda z = 0, \\[3mm] F'_\lambda = x^2 + 2y^2 + 4z^2 - 1 = 0 \end{cases}$$

解得驻点 $\left(\dfrac{2}{7}\sqrt{7}, \dfrac{1}{7}\sqrt{7}, \dfrac{1}{14}\sqrt{7} \right)$，$\left(-\dfrac{2}{7}\sqrt{7}, -\dfrac{1}{7}\sqrt{7}, -\dfrac{1}{14}\sqrt{7} \right)$. 这两点到平面的

距离 d 分别是 $\frac{1}{6}\sqrt{21}$,$\frac{1}{2}\sqrt{21}$,故最小距离为 $\frac{1}{6}\sqrt{21}$.

例 4.33(江苏省 1994 年竞赛题) 已知 a,b 满足

$$\int_a^b |x|\,\mathrm{d}x = \frac{1}{2} \quad (a \leqslant 0 \leqslant b)$$

求曲线 $y = x^2 + ax$ 与直线 $y = bx$ 所围区域的面积的最大值与最小值.

解析 因为

$$\int_a^b |x|\,\mathrm{d}x = \int_a^0 (-x)\mathrm{d}x + \int_0^b x\mathrm{d}x = \frac{1}{2}(a^2 + b^2) = \frac{1}{2}$$

故 $a^2 + b^2 = 1$. 曲线 $y = x^2 + ax$ 与直线 $y = bx$ 所围图形的面积为

$$S = \int_0^{b-a} (bx - x^2 - ax)\mathrm{d}x = \frac{1}{6}(b-a)^3$$

应用拉格朗日乘数法,令

$$F(a,b,\lambda) = \frac{1}{6}(b-a)^3 + \lambda(a^2 + b^2 - 1)$$

由方程组

$$\begin{cases} F_a' = \dfrac{-1}{2}(b-a)^2 + 2\lambda a = 0, \\ F_b' = \dfrac{1}{2}(b-a)^2 + 2\lambda b = 0, \\ F_\lambda' = a^2 + b^2 - 1 = 0 \end{cases}$$

解得驻点 $\left(-\frac{\sqrt{2}}{2}, \frac{\sqrt{2}}{2}\right)$,此时 $S = \frac{1}{3}\sqrt{2}$. 又 $a = 0$ 时 $b = 1$,此时 $S = \frac{1}{6}$;$a = -1$ 时 $b = 0$,此时 $S = \frac{1}{6}$. 所以所求面积的最大值为 $\frac{\sqrt{2}}{3}$,最小值为 $\frac{1}{6}$.

例 4.34(江苏省 2018 年竞赛题) 已知曲面 $x^2 + 2y^2 + 4z^2 = 8$ 与平面 $x + 2y + 2z = 0$ 的交线 Γ 是椭圆,Γ 在 xOy 平面上的投影 Γ_1 也是椭圆.

(1) 试求椭圆 Γ_1 的四个顶点 A_1, A_2, A_3, A_4 的坐标(A_i 位于第 i 象限,$i = 1, 2, 3, 4$);

(2) 判断椭圆 Γ 的四个顶点在 xOy 平面上的投影是否是 A_1, A_2, A_3, A_4,写出理由.

解析 (1) 椭圆 Γ 在 xOy 平面上的投影为 Γ_1:$\begin{cases} x^2 + 3y^2 + 2xy = 4, \\ z = 0. \end{cases}$ 因为 Γ_1 关于坐标原点 O 中心对称,故椭圆 Γ_1 的中心是 $O(0,0)$,为了求椭圆 Γ_1 的四个顶点的坐标,只要求椭圆 Γ_1 上的点 $P(x,y)$ 到坐标原点 O 的距离平方 $|OP|^2 = x^2 + y^2$ 的最大值与最小值.

取拉格朗日函数 $F = x^2 + y^2 + \lambda(x^2 + 3y^2 + 2xy - 4)$,由

$$\begin{cases} F'_x = 2x + 2\lambda(x+y) = 0, \\ F'_y = 2y + 2\lambda(3y+x) = 0, \\ x^2 + 3y^2 + 2xy = 4 \end{cases}$$

解得 $y = \pm 1$. 当 $y = 1$ 时解得可疑的条件极值点为 $A_1(-1+\sqrt{2}, 1)$, $A_2(-1-\sqrt{2}, 1)$, 当 $y = -1$ 时解得可疑的条件极值点为 $A_3(1-\sqrt{2}, -1)$, $A_4(1+\sqrt{2}, -1)$, 由于椭圆 Γ_1 的四个顶点存在, 则上述 A_1, A_2, A_3, A_4 的坐标即为所求四个顶点的坐标.

(2) 椭圆 Γ 的四个顶点在 xOy 平面上的投影不是 A_1, A_2, A_3, A_4. (反证) 假设椭圆 Γ 的四个顶点 B_1, B_2, B_3, B_4 在 xOy 平面上的投影是 A_1, A_2, A_3, A_4, 则 B_1, B_2, B_3, B_4 的坐标分别为

$$B_1\left(-1+\sqrt{2}, 1, \frac{-1-\sqrt{2}}{2}\right), \quad B_2\left(-1-\sqrt{2}, 1, \frac{-1+\sqrt{2}}{2}\right)$$

$$B_3\left(1-\sqrt{2}, -1, \frac{1+\sqrt{2}}{2}\right), \quad B_4\left(1+\sqrt{2}, -1, \frac{1-\sqrt{2}}{2}\right)$$

由于椭圆 Γ 的中心是 $(0,0,0)$, 所以椭圆 Γ 的短半轴和长半轴分别为

$$|OB_1| = |OB_3| = \frac{1}{2}\sqrt{19 - \sqrt{72}}, \quad |OB_2| = |OB_4| = \frac{1}{2}\sqrt{19 + \sqrt{72}}$$

由此得椭圆 Γ 所围图形的面积为 $S' = \pi \frac{1}{4}\sqrt{19^2 - 72} = \frac{17}{4}\pi$. 这是不对的. 因为

$$|OA_1| = |OA_3| = \sqrt{4 - 2\sqrt{2}}, \quad |OA_2| = |OA_4| = \sqrt{4 + 2\sqrt{2}}$$

所以椭圆 Γ_1 的长半轴 $a = \sqrt{4 + 2\sqrt{2}}$, 短半轴 $b = \sqrt{4 - 2\sqrt{2}}$, 于是椭圆 Γ_1 所围图形的面积为 $S_1 = \pi ab = 2\sqrt{2}\pi$. 由于平面 $x + 2y + 2z = 0$ 的法向量的方向余弦中 $\cos\gamma = \frac{2}{3}$, 所以椭圆 Γ 所围图形的面积应为 $S = \frac{S_1}{\cos\gamma} = 3\sqrt{2}\pi$, 导出矛盾.

例 4.35(全国 2011 年决赛题) 设

$$\Sigma_1: \frac{x^2}{a^2} + \frac{y^2}{b^2} + \frac{z^2}{c^2} = 1 \ (0 < c < b < a), \quad \Sigma_2: z^2 = x^2 + y^2$$

Γ 为 Σ_1 与 Σ_2 的交线, 求椭球面 Σ_1 在 Γ 上各点的切平面到原点的距离的最大值与最小值.

解析 在 Γ 上任取点 $P(x_0, y_0, z_0)$, 椭球面 Σ_1 在点 P 处的切平面 Π 的方程为

$$\frac{x_0}{a^2}x + \frac{y_0}{b^2}y + \frac{z_0}{c^2}z = 1$$

记原点 $O(0,0,0)$ 到平面 Π 的距离为 d, 则 $d = \dfrac{1}{\sqrt{\dfrac{x_0^2}{a^4} + \dfrac{y_0^2}{b^4} + \dfrac{z_0^2}{c^4}}}$, $(x_0, y_0, z_0) \in \Gamma$. 下面用拉格朗日乘数法求距离 d 的函数 $\left(\dfrac{1}{d}\right)^2$ 的最大值与最小值.

令

$$F = \frac{x^2}{a^4} + \frac{y^2}{b^4} + \frac{z^2}{c^4} + \lambda\left(\frac{x^2}{a^2} + \frac{y^2}{b^2} + \frac{z^2}{c^2} - 1\right) + \mu(x^2 + y^2 - z^2)$$

因曲线 Γ 分别关于 $x = 0, y = 0, z = 0$ 对称,不妨设 $x \geqslant 0, y \geqslant 0, z > 0$. 由方程组

$$\begin{cases} F'_x = \dfrac{2x}{a^4} + \lambda\left(\dfrac{2x}{a^2}\right) + 2\mu x = 0, \\[2mm] F'_y = \dfrac{2y}{b^4} + \lambda\left(\dfrac{2y}{b^2}\right) + 2\mu y = 0, \\[2mm] F'_z = \dfrac{2z}{c^4} + \lambda\left(\dfrac{2z}{c^2}\right) - 2\mu z = 0, \\[2mm] F'_\lambda = \dfrac{x^2}{a^2} + \dfrac{y^2}{b^2} + \dfrac{z^2}{c^2} - 1 = 0, \\[2mm] F'_\mu = x^2 + y^2 - z^2 = 0 \end{cases}$$

解得驻点为 $P_1\left(0, \dfrac{bc}{\sqrt{b^2 + c^2}}, \dfrac{bc}{\sqrt{b^2 + c^2}}\right), P_2\left(\dfrac{ac}{\sqrt{a^2 + c^2}}, 0, \dfrac{ac}{\sqrt{a^2 + c^2}}\right)$,与此对应有

$$\left(\frac{1}{d}\right)^2\bigg|_{P_1} = \left(\frac{x^2}{a^4} + \frac{y^2}{b^4} + \frac{z^2}{c^4}\right)\bigg|_{P_1} = \frac{b^4 + c^4}{b^2 c^2 (b^2 + c^2)}$$

$$\left(\frac{1}{d}\right)^2\bigg|_{P_2} = \left(\frac{x^2}{a^4} + \frac{y^2}{b^4} + \frac{z^2}{c^4}\right)\bigg|_{P_2} = \frac{a^4 + c^4}{a^2 c^2 (a^2 + c^2)}$$

则

$$d\bigg|_{P_1} = bc\sqrt{\frac{b^2 + c^2}{b^4 + c^4}}, \quad d\bigg|_{P_2} = ac\sqrt{\frac{a^2 + c^2}{a^4 + c^4}}$$

故所求距离 d 的最大值与最小值分别为

$$\max\left\{ac\sqrt{\frac{a^2 + c^2}{a^4 + c^4}}, bc\sqrt{\frac{b^2 + c^2}{b^4 + c^4}}\right\}, \quad \min\left\{ac\sqrt{\frac{a^2 + c^2}{a^4 + c^4}}, bc\sqrt{\frac{b^2 + c^2}{b^4 + c^4}}\right\}$$

4.2.8 求多元函数在空间区域上的最值(例 4.36—4.38)

例 4.36(莫斯科自动化学院 1975 年竞赛题) 求函数 $z = x^2 + y^2 - xy$ 在区域 $D: |x| + |y| \leqslant 1$ 上的最大值与最小值.

解析 首先在 D 的内部:$|x| + |y| < 1$,由

$$z'_x = 2x - y = 0, \quad z'_y = 2y - x = 0$$

解得驻点 $P_1(0, 0)$.

在边界 $x + y = 1 (0 < x < 1)$ 上,令

$$F = x^2 + y^2 - xy + \lambda(x + y - 1)$$

由 $F'_x = 2x - y + \lambda = 0, F'_y = 2y - x + \lambda = 0, F'_\lambda = x + y - 1 = 0$,解得拉格朗

日函数 F 的驻点 $P_2\left(\dfrac{1}{2},\dfrac{1}{2}\right)$.

同上,在边界 $y-x=1(-1<x<0)$ 上,可求得相应的拉格朗日函数的驻点 $P_3\left(-\dfrac{1}{2},\dfrac{1}{2}\right)$. 由于曲面 $z=x^2+y^2-xy$ 关于平面 $y=-x$ 对称,所以在边界 $-x-y=1(-1<x<0)$ 上,有驻点 $P_4\left(-\dfrac{1}{2},-\dfrac{1}{2}\right)$;在边界 $x-y=1(0<x<1)$ 上,有驻点 $P_5\left(\dfrac{1}{2},-\dfrac{1}{2}\right)$. 又记四个边界线段的交点分别为 $P_6(1,0),P_7(0,1)$, $P_8(-1,0),P_9(0,-1)$.

函数 $z(x,y)$ 的最大值与最小值只能在上述 9 个点 $P_i(i=1,2,\cdots,9)$ 中取得,于是有

$$\max z=\max\{z(P_i)\mid i=1,2,\cdots,9\}=\max\left\{0,\dfrac{1}{4},\dfrac{3}{4},\dfrac{1}{4},\dfrac{3}{4},1,1,1,1\right\}$$
$$=1$$
$$\min z=\min\{z(P_i)\mid i=1,2,\cdots,9\}=\min\left\{0,\dfrac{1}{4},\dfrac{3}{4},\dfrac{1}{4},\dfrac{3}{4},1,1,1,1\right\}$$
$$=0$$

例 4.37(江苏省 2006 年竞赛题)　求函数 $f(x,y)=x^2+\sqrt{2}\,xy+2y^2$ 在区域 $x^2+2y^2\leqslant 4$ 上的最大值与最小值.

解析　在 $x^2+2y^2<4$ 内,由 $f_x'=2x+\sqrt{2}\,y=0$,$f_y'=\sqrt{2}\,x+4y=0$ 得惟一驻点 $P_1(0,0)$. 在 $x^2+2y^2=4$ 上,令

$$F=x^2+\sqrt{2}\,xy+2y^2+\lambda(x^2+2y^2-4)$$

由

$$\begin{cases} F_x'=2x+\sqrt{2}\,y+2\lambda x=(2+2\lambda)x+\sqrt{2}\,y=0, & (1)\\ F_y'=\sqrt{2}\,x+4y+4\lambda y=\sqrt{2}\,x+(4+4\lambda)y=0, & (2)\\ F_\lambda'=x^2+2y^2-4=0 & (3) \end{cases}$$

将 $4(1+\lambda)$ 乘以 (1) 式减去 $\sqrt{2}$ 乘以 (2) 式,可得 $(8\lambda^2+16\lambda+6)x=0$. 若 $8\lambda^2+16\lambda+6\neq 0$,则 $x=0$,由 (1) 和 (2) 式得 $y=0$,与 (3) 式矛盾. 所以 $8\lambda^2+16\lambda+6=0$,解得 $\lambda=-\dfrac{1}{2},-\dfrac{3}{2}$.

当 $\lambda=-\dfrac{1}{2}$ 时,解得驻点 $P_2(\sqrt{2},-1),P_3(-\sqrt{2},1)$;

当 $\lambda=-\dfrac{3}{2}$ 时,解得驻点 $P_4(\sqrt{2},1),P_5(-\sqrt{2},-1)$.

又 $f(P_1)=0,f(P_2)=2,f(P_3)=2,f(P_4)=6,f(P_5)=6$,故

$$f_{\min}=0,\quad f_{\max}=6$$

例 4.38(江苏省 2019 年竞赛题) 证明：当 $x \geqslant 0, y \geqslant 0$ 时，

$$\mathrm{e}^{x+y-2} \geqslant \frac{1}{12}(x^2 + 3y^2)$$

解析 原不等式等价于 $(x^2 + 3y^2)\mathrm{e}^{-(x+y)} \leqslant 12\mathrm{e}^{-2}(x \geqslant 0, y \geqslant 0)$. 令

$$f(x,y) = (x^2 + 3y^2)\mathrm{e}^{-(x+y)} \quad (x > 0, y > 0)$$

由

$$\begin{cases} f_x'(x,y) = (2x - x^2 - 3y^2)\mathrm{e}^{-(x+y)} = 0, \\ f_y'(x,y) = (6y - x^2 - 3y^2)\mathrm{e}^{-(x+y)} = 0 \end{cases}$$

解得驻点为 $\left(\dfrac{3}{2}, \dfrac{1}{2}\right)$.

下面考虑边界上的函数值：记 $\varphi(x) = f(x,0) = x^2\mathrm{e}^{-x}(x \geqslant 0)$，由

$$\varphi'(x) = (2x - x^2)\mathrm{e}^{-x} = 0 \Rightarrow x = 0, 2$$

记 $\psi(y) = f(0,y) = 3y^2\mathrm{e}^{-y}(y \geqslant 0)$，由

$$\psi'(y) = 3(2y - y^2)\mathrm{e}^{-y} = 0 \Rightarrow y = 0, 2$$

故 $f(x,y)$ 在边界 $y = 0(x \geqslant 0)$ 与 $x = 0(y \geqslant 0)$ 上可疑的最大值点为

$$(0,0), \quad (2,0), \quad (0,2)$$

又

$$\lim_{\substack{x=a \\ y \to +\infty}} f(x,y) = \lim_{y \to +\infty}(a^2 + 3y^2)\mathrm{e}^{-(a+y)} = 0 \quad (a > 0)$$

$$\lim_{\substack{y=b \\ x \to +\infty}} f(x,y) = \lim_{x \to +\infty}(x^2 + 3b^2)\mathrm{e}^{-(x+b)} = 0 \quad (b > 0)$$

所以函数 $f(x,y)$ 在 $x \geqslant 0, y \geqslant 0$ 上的最大值为

$$\max_{x \geqslant 0, y \geqslant 0} f(x,y) = \max\left\{ f\left(\frac{3}{2}, \frac{1}{2}\right), f(0,0), f(2,0), f(0,2), 0 \right\}$$
$$= \max\{3\mathrm{e}^{-2}, 0, 4\mathrm{e}^{-2}, 12\mathrm{e}^{-2}, 0\} = 12\mathrm{e}^{-2}$$

于是 $f(x,y) = (x^2 + 3y^2)\mathrm{e}^{-(x+y)} \leqslant 12\mathrm{e}^{-2}$，其中 $x \geqslant 0, y \geqslant 0$.

练 习 题 四

1. 求下列极限：

(1) $\displaystyle\lim_{\substack{x \to +\infty \\ y \to +\infty}} \left(\frac{xy}{x^2 + y^2}\right)^{xy}$；

(2) $\displaystyle\lim_{\substack{x \to 3 \\ y \to \infty}} \left(\frac{1+y}{y}\right)^{\frac{x^2}{x+y}}$；

(3) $\displaystyle\lim_{\substack{x \to 0 \\ y \to 0}} (x^2 + y^2)^{xy}$；

(4) $\displaystyle\lim_{\substack{x \to 0 \\ y \to 0}} \frac{xy(x+y)}{x^2 + y^2}$；

(5) $\displaystyle\lim_{\substack{x \to 0 \\ y \to 2}} \frac{\sqrt{xy+1}-1}{xy^2}$；

(6) $\displaystyle\lim_{\substack{x \to 0 \\ y \to 0}} \frac{\sqrt{xy+1}-1}{x-y}$.

2. 已知 $f(x,y) = \mathrm{e}^{\sqrt{x^2+y^4}}$，则 　　　　　　　　　　　　　　　（　　）

A. $f_x'(0,0), f_y'(0,0)$ 都存在　　　　　B. $f_x'(0,0)$ 不存在，$f_y'(0,0)$ 存在

C. $f_x'(0,0)$ 存在，$f_y'(0,0)$ 不存在　　D. $f_x'(0,0), f_y'(0,0)$ 都不存在

3. 函数 $f(x,y)$ 在 (a,b) 处连续是函数 $f(x,y)$ 在 (a,b) 处可偏导的　（　　）

A. 充分条件　　　B. 必要条件　　C. 充要条件　　D. 无关条件

4. 函数 $f(x,y)$ 在 (a,b) 处可偏导是函数 $f(x,y)$ 在 (a,b) 处连续的　（　　）

A. 充分条件　　　B. 必要条件　　C. 充要条件　　D. 无关条件

5. 函数 $f(x,y)$ 在 (a,b) 处可微是函数 $f(x,y)$ 在 (a,b) 处连续的　　（　　）

A. 充分条件　　　B. 必要条件　　C. 充要条件　　D. 无关条件

6. 函数 $f(x,y)$ 在 (a,b) 处可微是函数 $f(x,y)$ 在 (a,b) 处可偏导的　（　　）

A. 充分条件　　　B. 必要条件　　C. 充要条件　　D. 无关条件

7. 函数 $f(x,y)$ 在 (a,b) 处可微是函数 $f(x,y)$ 在 (a,b) 处具有连续偏导数的

　　　　　　　　　　　　　　　　　　　　　　　　　　　　　（　　）

A. 充分条件　　　B. 必要条件　　C. 充要条件　　D. 无关条件

8. 试讨论函数

$$f(x,y) = \begin{cases} \dfrac{y(x-y)}{x+y}, & (x,y) \neq (0,0), \\ 0, & (x,y) = (0,0) \end{cases}$$

在 $(0,0)$ 处的连续性、可偏导性、可微性.

9. 试讨论函数

$$f(x,y) = \begin{cases} xy\sin\dfrac{1}{x^2+y^2}, & (x,y) \neq (0,0), \\ 0, & (x,y) = (0,0) \end{cases}$$

在 $(0,0)$ 处连续性、可偏导性、可微性.

10. 求下列函数的偏导数或全微分：

(1) 已知 $f(x,y) = x^2 + (\ln y)\arcsin\sqrt{\dfrac{x}{x^2+y^2}}$，求 $f_x'(2,1), f_y'(2,1)$；

(2) 已知 $z = (1+xy)^y$，求 $\dfrac{\partial z}{\partial x}, \dfrac{\partial z}{\partial y}$；

(3) 已知 $z = x^3 f\left(\dfrac{y}{x^2}\right)$，且 f 可导，求 $\dfrac{\partial z}{\partial x}, \dfrac{\partial z}{\partial y}$；

(4) 已知 $z = \arctan\dfrac{x+y}{x-y}$，求 $\mathrm{d}z$；

(5) 已知 $u = \arcsin\dfrac{x}{y} + z^2$，求 $\mathrm{d}u$；

(6) 已知 $z = f(xy, x^2+y^2)$，其中 $y = \varphi(x), f, \varphi$ 可微，求 $\dfrac{\mathrm{d}z}{\mathrm{d}x}$；

(7) 已知 $z = x^2 y, y = \cos^2 x$，求 $\dfrac{\partial z}{\partial x}, \dfrac{\mathrm{d}z}{\mathrm{d}x}$；

(8) 已知 $z = \dfrac{\ln \sqrt{1+x^2}}{\ln(xy)}$，求 $\dfrac{\partial^2 z}{\partial x \partial y}$；

(9) 已知 $z = f(x + \varphi(y))$，且 f, φ 具有二阶连续导数，求 $\dfrac{\partial^2 z}{\partial x^2}, \dfrac{\partial^2 z}{\partial y^2}$；

(10) 已知 $z = \dfrac{1}{x} f(xy) + yf(x+y)$，且 f 具有二阶连续导数，求 $\dfrac{\partial^2 z}{\partial x \partial y}$；

(11) 已知 $z = f(x, y)$，其中 $x = \varphi(y)$，且 f 具有二阶连续偏导数，φ 具有二阶连续导数，求 $\dfrac{\mathrm{d}^2 z}{\mathrm{d} x^2}$；

(12) 设 f 连续可导，$z(x, y) = \displaystyle\int_0^y \mathrm{e}^y f(x - t) \mathrm{d}t$，求 $\dfrac{\partial^2 z}{\partial x \partial y}$.

11. 设 $z(x, y) = xyf\left(\dfrac{x+y}{xy}\right)$，且 f 可微，证明 $z(x, y)$ 满足形如 $x^2 \dfrac{\partial z}{\partial x} - y^2 \dfrac{\partial z}{\partial y} = g(x, y)z$ 的方程，并求函数 $g(x, y)$.

12. 设 $z = z(x, y)$ 由方程 $x - z = y\mathrm{e}^z$ 确定，求 $\dfrac{\partial z}{\partial x}, \dfrac{\partial^2 z}{\partial x^2}$.

13. 设 $x^2 + y^2 + z^2 = yf\left(\dfrac{z}{y}\right)$，且 f 可微，求 $\mathrm{d}z$.

14. 设 $u = f(x^2, y^2, z^2)$，其中 $y = \mathrm{e}^x$，且 $\varphi(y, z) = 0$，f, φ 皆可微，求 $\dfrac{\mathrm{d}u}{\mathrm{d}x}$.

15. 求函数 $f(x, y) = \mathrm{e}^{-x}(ax + b - y^2)$ 中常数 a, b 满足什么条件时，$f(-1, 0)$ 为其极大值.

16. 求二元函数 $f(x, y) = x^2(2 + y^2) + y\ln y$ 的极值.

17. 设 $z = z(x, y)$ 是由 $x^2 - 6xy + 10y^2 - 2yz - z^2 + 18 = 0$ 确定的函数，求 $z = z(x, y)$ 的极值点和极值.

18. 求曲线 $\begin{cases} z = \sqrt{x}, \\ y = 0 \end{cases}$ 与 $\begin{cases} x + 2y - 3 = 0, \\ z = 0 \end{cases}$ 的距离.

19. 在平面 $\dfrac{x}{a} + \dfrac{y}{b} + \dfrac{z}{c} = 1$ 上求一点，使它到原点的距离最小.

20. 已知曲面 $\Sigma : \sqrt{x} + 2\sqrt{y} + 3\sqrt{z} = 3$.

(1) 求该曲面上点 $P(a, b, c)(abc > 0)$ 处的切平面方程；

(2) 问 a, b, c 为何值时，上述切平面与三个坐标平面所围四面体的体积最大？

21. 已知曲面 $4x^2 + 4y^2 - z^2 = 1$ 与平面 $x + y - z = 0$ 的交线在 xOy 平面上的投影为一椭圆，求此椭圆的面积.

22. 设函数 $f(x, y) = 2(y - x^2)^2 - y^2 - \dfrac{1}{7}x^7$.

(1) 求 $f(x, y)$ 的极值，并证明函数 $f(x, y)$ 在点 $(0, 0)$ 处不取极值；

(2) 当点 (x, y) 在过原点的任一直线上变化时，求证函数 $f(x, y)$ 在点 $(0, 0)$ 处取极小值.

专题 5　二重积分与三重积分

5.1　基本概念与内容提要

5.1.1　二重积分基本概念

1) 二重积分的定义：设 $f(x,y)$ 在平面的有界闭域 D 上定义，任意地将 D 分割为 n 个小区域 $D_i(i=1,2,\cdots,n)$，若 D_i 的面积为 $\Delta\sigma_i$，D_i 的直径为 d_i，$\lambda=\max\limits_{1\leqslant i\leqslant n}\{d_i\}$，$\forall(x_i,y_i)\in D_i$，则二重积分定义为

$$\iint\limits_{D}f(x,y)\mathrm{d}\sigma=\iint\limits_{D}f(x,y)\mathrm{d}x\mathrm{d}y\xlongequal{\text{def}}\lim_{\lambda\to0}\sum_{i=1}^{n}f(x_i,y_i)\Delta\sigma_i$$

这里右端的极限存在，且与分割 D 的方式无关，与点 (x_i,y_i) 的取法无关.

2) 当 $f(x,y)$ 在闭域 D 上连续时，$f(x,y)$ 在 D 上可积.

3) 二重积分的主要性质

定理 1（保号性）　设 $f(x,y)$ 与 $g(x,y)$ 在 D 上可积，$\forall(x,y)\in D$，若

$$f(x,y)\leqslant g(x,y)$$

则

$$\iint\limits_{D}f(x,y)\mathrm{d}x\mathrm{d}y\leqslant\iint\limits_{D}g(x,y)\mathrm{d}x\mathrm{d}y$$

定理 2（可加性）　设 $f(x,y)$ 在 D 上可积，用光滑曲线将 D 分为两个区域 $D_1\bigcup D_2$，则

$$\iint\limits_{D}f(x,y)\mathrm{d}x\mathrm{d}y=\iint\limits_{D_1}f(x,y)\mathrm{d}x\mathrm{d}y+\iint\limits_{D_2}f(x,y)\mathrm{d}x\mathrm{d}y$$

定理 3（二重积分中值定理）　设 $f(x,y)$ 在有界闭域 D 上连续，则 $\exists(\xi,\eta)\in D$，使得

$$\iint\limits_{D}f(x,y)\mathrm{d}x\mathrm{d}y=f(\xi,\eta)S$$

这里 S 为闭域 D 的面积.

定理 4（偶倍奇零性）

(1) 若有界闭域 D 关于 $x=0$ 对称，$f(x,y)$ 在 D 上可积，则

$$\iint\limits_{D} f(x,y)\mathrm{d}x\mathrm{d}y = \begin{cases} 0, & \text{若 } f(-x,y) = -f(x,y), \\ 2\iint\limits_{D_1} f(x,y)\mathrm{d}x\mathrm{d}y, & \text{若 } f(-x,y) = f(x,y) \end{cases}$$

这里 D_1 是 D 的子域,是 D 中 $x \geqslant 0$ 的部分.

(2) 若有界闭域 D 关于 $y = 0$ 对称, $f(x,y)$ 在 D 上可积,则

$$\iint\limits_{D} f(x,y)\mathrm{d}x\mathrm{d}y = \begin{cases} 0, & \text{若 } f(x,-y) = -f(x,y), \\ 2\iint\limits_{D_2} f(x,y)\mathrm{d}x\mathrm{d}y, & \text{若 } f(x,-y) = f(x,y) \end{cases}$$

这里 D_2 是 D 的子域,是 D 中 $y \geqslant 0$ 的部分.

5.1.2 二重积分的计算

1) 在直角坐标下将二重积分化为两种次序的累次积分

当区域 D 可表示为

$$D = \{(x,y) \mid \varphi_1(x) \leqslant y \leqslant \varphi_2(x), a \leqslant x \leqslant b\}$$

时,二重积分化为先对 y 后对 x 的累次积分,即

$$\iint\limits_{D} f(x,y)\mathrm{d}x\mathrm{d}y = \int_a^b \mathrm{d}x \int_{\varphi_1(x)}^{\varphi_2(x)} f(x,y)\mathrm{d}y$$

当区域 D 可表示为

$$D = \{(x,y) \mid \psi_1(y) \leqslant x \leqslant \psi_2(y), c \leqslant y \leqslant d\}$$

时,二重积分化为先对 x 后对 y 的累次积分,即

$$\iint\limits_{D} f(x,y)\mathrm{d}x\mathrm{d}y = \int_c^d \mathrm{d}y \int_{\psi_1(y)}^{\psi_2(y)} f(x,y)\mathrm{d}x$$

2) 二重积分的换元积分法

设 $x = \varphi(u,v), y = \psi(u,v), (u,v) \in D'$,且函数 φ, ψ 连续可微,若雅可比行列式 $J = \dfrac{\partial(\varphi,\psi)}{\partial(u,v)} \neq 0$,则有

$$\iint\limits_{D} f(x,y)\mathrm{d}x\mathrm{d}y = \iint\limits_{D'} f(\varphi(u,v),\psi(u,v)) \mid J \mid \mathrm{d}u\mathrm{d}v$$

(1) 用平移变换计算二重积分

令 $x = \mu + k, y = \sigma + h$,这里 μ, σ 为新的积分变量, k, h 为常数,则

$$\iint\limits_{D} f(x,y)\mathrm{d}x\mathrm{d}y = \iint\limits_{D'} f(\mu + k, \sigma + h)\mathrm{d}\mu\mathrm{d}\sigma$$

这里 D' 是区域 D 在上述变换下 (μ,σ) 在 μ-σ 平面上的对应区域.

（2）用极坐标变换计算二重积分

令 $x = \rho\cos\theta, y = \rho\sin\theta$，这里 θ, ρ 为新的积分变量，则

$$\iint\limits_{D} f(x,y)\mathrm{d}x\mathrm{d}y = \iint\limits_{D'} f(\rho\cos\theta, \rho\sin\theta)\rho\mathrm{d}\rho\mathrm{d}\theta$$

这里 D' 是区域 D 在上述变换下 (θ, ρ) 在 $\theta - \rho$ 平面上的对应区域，其中 $\rho \geqslant 0$，$0 \leqslant \theta \leqslant 2\pi$.

5.1.3　交换二次积分的次序

对于给定的先对 y 后对 x 的二次积分，可由四个积分上下限决定积分区域 D，再将区域 D 上的二重积分化为先对 x 后对 y 的二次积分；对应的，对于给定的先对 x 后对 y 的二次积分，也可化为先对 y 后对 x 的二次积分. 极坐标下的二次积分也可作类似的积分次序的交换.

5.1.4　三重积分基本概念

1）三重积分的定义：设 $f(x,y,z)$ 在空间的有界闭域 Ω 上定义，任意地将 Ω 分割为 n 个小区域 $\Omega_i(i = 1, 2, \cdots, n)$，$\Omega_i$ 的体积为 Δv_i，Ω_i 的直径为 d_i，$\lambda = \max\limits_{1 \leqslant i \leqslant n}\{d_i\}$，$\forall (x_i, y_i, z_i) \in \Omega_i$，则三重积分定义为

$$\iiint\limits_{\Omega} f(x,y,z)\mathrm{d}V = \iiint\limits_{\Omega} f(x,y,z)\mathrm{d}x\mathrm{d}y\mathrm{d}z \xlongequal{\text{def}} \lim_{\lambda \to 0}\sum_{i=1}^{n} f(x_i, y_i, z_i)\Delta v_i$$

这里右端的极限存在，且与分割 Ω 的方式无关，与点 (x_i, y_i, z_i) 的取法无关.

2）当 $f(x,y,z)$ 在闭域 Ω 上连续时，$f(x,y,z)$ 在 Ω 上可积.

3）三重积分的主要性质：三重积分与二重积分一样，保号性、可加性、积分中值定理皆成立，在这里不一一赘述.

定理（偶倍奇零性）

（1）若有界闭域 Ω 关于 $x = 0$ 对称，$f(x,y,z)$ 在 Ω 上可积，则

$$\iiint\limits_{\Omega} f(x,y,z)\mathrm{d}x\mathrm{d}y\mathrm{d}z = \begin{cases} 0, & \text{若 } f(-x,y,z) = -f(x,y,z), \\ 2\iiint\limits_{\Omega_1} f(x,y,z)\mathrm{d}V, & \text{若 } f(-x,y,z) = f(x,y,z) \end{cases}$$

这里 Ω_1 是 Ω 的子域，是 Ω 中 $x \geqslant 0$ 的部分.

（2）若有界闭域 Ω 关于 $y = 0$ 对称，$f(x,y,z)$ 在 Ω 上可积，则

$$\iiint\limits_{\Omega} f(x,y,z)\mathrm{d}x\mathrm{d}y\mathrm{d}z = \begin{cases} 0, & \text{若 } f(x,-y,z) = -f(x,y,z), \\ 2\iiint\limits_{\Omega_2} f(x,y,z)\mathrm{d}V, & \text{若 } f(x,-y,z) = f(x,y,z) \end{cases}$$

这里 Ω_2 是 Ω 的子域，是 Ω 中 $y \geqslant 0$ 的部分.

(3) 若有界闭域 Ω 关于 $z = 0$ 对称，$f(x,y,z)$ 在 Ω 上可积，则

$$\iiint_\Omega f(x,y,z)\mathrm{d}x\mathrm{d}y\mathrm{d}z = \begin{cases} 0, & \text{若 } f(x,y,-z) = -f(x,y,z), \\ 2\iiint_{\Omega_3} f(x,y,z)\mathrm{d}V, & \text{若 } f(x,y,-z) = f(x,y,z) \end{cases}$$

这里 Ω_3 是 Ω 的子域，是 Ω 中 $z \geqslant 0$ 的部分.

5.1.5 三重积分的计算

1) 先一后二法：在直角坐标下，将三重积分化为先计算一个定积分再计算一个二重积分.

设闭域 Ω 在 xOy 平面上的投影为有界闭域 D，$\forall (x,y) \in D$，若区域 Ω 中的点 (x,y,z) 满足 $\varphi_1(x,y) \leqslant z \leqslant \varphi_2(x,y)$，则

$$\iiint_\Omega f(x,y,z)\mathrm{d}x\mathrm{d}y\mathrm{d}z = \iint_D \mathrm{d}x\mathrm{d}y \int_{\varphi_1(x,y)}^{\varphi_2(x,y)} f(x,y,z)\mathrm{d}z$$

类似的，有先对 y 计算一个定积分再计算一个二重积分的公式，或先对 x 计算一个定积分再计算一个二重积分的公式.

2) 先二后一法：在直角坐标下，将三重积分化为先计算一个二重积分再计算一个定积分.

设闭域 Ω 在 z 轴上的投影为闭区间 $[c,d]$，$\forall z \in [c,d]$，过点 $(0,0,z)$ 作平面 Π 垂直于 z 轴，若平面 Π 与闭域 Ω 的截面为有界闭域 $D(z)$，则

$$\iiint_\Omega f(x,y,z)\mathrm{d}x\mathrm{d}y\mathrm{d}z = \int_c^d \mathrm{d}z \iint_{D(z)} f(x,y,z)\mathrm{d}x\mathrm{d}y$$

类似的，有先对 y,z 计算一个二重积分后对 x 计算一个定积分的公式，或先对 z,x 计算一个二重积分后对 y 计算一个定积分的公式.

3) 三重积分的换元积分法

设 $x = \varphi(u,v,w)$，$y = \psi(u,v,w)$，$z = \omega(u,v,w)$，$(u,v,w) \in \Omega'$，且函数 φ, ψ，ω 连续可微，若雅可比行列式 $J = \dfrac{\partial(\varphi,\psi,\omega)}{\partial(u,v,w)} \neq 0$，则有

$$\iiint_\Omega f(x,y,z)\mathrm{d}x\mathrm{d}y\mathrm{d}z = \iiint_{\Omega'} f(\varphi(u,v,w),\psi(u,v,w),\omega(u,v,w))|J|\mathrm{d}u\mathrm{d}v\mathrm{d}w$$

(1) 利用柱面坐标计算三重积分

令 $x = \rho\cos\theta$，$y = \rho\sin\theta$，$z = z$，这里 θ, ρ, z 为新的积分变量，则

$$\iiint_\Omega f(x,y,z)\mathrm{d}x\mathrm{d}y\mathrm{d}z = \iiint_\Omega f(\rho\cos\theta,\rho\sin\theta,z)\rho\mathrm{d}\rho\mathrm{d}\theta\mathrm{d}z$$

这里 Ω' 是区域 Ω 在上述变换下 (θ,ρ,z) 在 $\theta\rho z$ 空间对应的闭域，其中 $\rho \geqslant 0$，$0 \leqslant \theta \leqslant 2\pi$，$-\infty < z < +\infty$.

（2）利用球面坐标计算三重积分

令 $x = r\sin\varphi\cos\theta, y = r\sin\varphi\sin\theta, z = r\cos\varphi$，这里 r,φ,θ 是新的积分变量，则

$$\iiint\limits_{\Omega} f(x,y,z)\mathrm{d}V = \iiint\limits_{\Omega'} f(r\sin\varphi\cos\theta, r\sin\varphi\sin\theta, r\cos\varphi)r^2\sin\varphi\mathrm{d}r\mathrm{d}\varphi\mathrm{d}\theta$$

这里 Ω' 是区域 Ω 在上述变换下 (r,φ,θ) 在 $r\varphi\theta$ 空间对应的闭域，其中 $r \geqslant 0, 0 \leqslant \varphi \leqslant \pi, 0 \leqslant \theta \leqslant 2\pi$.

5.1.6　重积分的应用

1）平面图形的面积

设 D 为 xOy 平面上的有界闭域，则 D 的面积为

$$S = \iint\limits_{D}\mathrm{d}x\mathrm{d}y = \iint\limits_{D}\rho\mathrm{d}\rho\mathrm{d}\theta$$

2）空间曲面的面积

设 Σ 为一空间曲面，Σ 在 xOy 平面上的投影为有界闭域 D，Σ 的点与 D 的点一一对应，设 Σ 的方程为 $z = f(x,y)$，则曲面 Σ 的面积为

$$S = \iint\limits_{D} \sqrt{1 + (f_x'(x,y))^2 + (f_y'(x,y))^2}\,\mathrm{d}x\mathrm{d}y$$

与此公式对应的，还有化为 yOz 平面上的有界闭域上的二重积分的计算公式，以及化为 zOx 平面上的有界闭域上的二重积分的计算公式.

3）立体的体积

设 Ω 为空间的立体区域，Ω 为有界闭域，则 Ω 的体积为

$$V = \iiint\limits_{\Omega}\mathrm{d}x\mathrm{d}y\mathrm{d}z = \iiint\limits_{\Omega}\rho\mathrm{d}\rho\mathrm{d}\theta\mathrm{d}z = \iiint\limits_{\Omega}r^2\sin\varphi\mathrm{d}r\mathrm{d}\theta\mathrm{d}\varphi$$

这里三项分别是直角坐标下、柱面坐标下、球面坐标下的三重积分.

4）物理上的应用

二重积分可用于求平面薄片的质量，三重积分可用于求空间立体的质量、立体的质心（重心）等.

5.1.7　反常重积分

与反常积分类似，重积分也可推广为两类反常重积分. 下面以无界区域上的反常二重积分为例给出结论，对于无界函数的反常二重积分以及两种形式的反常三重积分有类似结论.

定理　设 D 是 xOy 平面上的无界区域，$D(t)$ 是 D 的有界闭子域，函数 $f(x,y)$ 在 $D(t)$ 上可积，且 $f(x,y) \geqslant 0$. 当 $t \rightarrow +\infty$ 时 $D(t)$ 以某种方式扩大，使得 D 中任一点能够包含于 $D(t)$ 内，若

$$\lim_{t \to +\infty} \iint_{D(t)} f(x,y)\,\mathrm{d}x\mathrm{d}y = A \quad (A \in \mathbf{R})$$

则无界区域 D 上的反常二重积分 $\iint_D f(x,y)\,\mathrm{d}x\mathrm{d}y$ 收敛,且 $\iint_D f(x,y)\,\mathrm{d}x\mathrm{d}y = A$.

5.2　竞赛题与精选题解析

5.2.1　二重积分与二次积分的计算(例 5.1—5.14)

例 5.1(江苏省 2018 年竞赛题)　试求二次积分

$$\int_{-1}^{1}\mathrm{d}x\int_{x}^{2-|x|}(\mathrm{e}^{|y|}+\sin(x^3y^3))\mathrm{d}y$$

解析　区域 D 如图所示,则

$$\text{原式} = \iint_D (\mathrm{e}^{|y|}+\sin(x^3y^3))\mathrm{d}x\mathrm{d}y$$

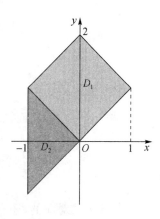

用直线 $y=-x$ 将区域 D 分为 D_1,D_2,则区域 D_1 关于 $x=0$ 对称,$\mathrm{e}^{|y|}$ 关于 x 为偶函数,$\sin(x^3y^3)$ 关于 x 为奇函数;区域 D_2 关于 $y=0$ 对称,$\mathrm{e}^{|y|}$ 关于 y 为偶函数,$\sin(x^3y^3)$ 关于 y 是奇函数. 应用二重积分的偶倍奇零性得

$$\text{原式} = \iint_{D_1}\mathrm{e}^{|y|}\mathrm{d}x\mathrm{d}y + \iint_{D_2}\mathrm{e}^{|y|}\mathrm{d}x\mathrm{d}y + \iint_{D_1}\sin(x^3y^3)\mathrm{d}x\mathrm{d}y + \iint_{D_2}\sin(x^3y^3)\mathrm{d}x\mathrm{d}y$$

$$= 2\iint_{D_1(x\leqslant 0)}\mathrm{e}^{|y|}\mathrm{d}x\mathrm{d}y + 2\iint_{D_2(y\geqslant 0)}\mathrm{e}^{|y|}\mathrm{d}x\mathrm{d}y + 0 + 0$$

$$(\text{记 } D'=D_1(x\leqslant 0)\bigcup D_2(y\geqslant 0))$$

$$= 2\iint_{D'}\mathrm{e}^{y}\mathrm{d}x\mathrm{d}y = 2\int_{-1}^{0}\mathrm{d}x\int_{0}^{2+x}\mathrm{e}^{y}\mathrm{d}y$$

$$= 2\int_{-1}^{0}(\mathrm{e}^{2+x}-1)\mathrm{d}x = 2(\mathrm{e}^{2+x}-x)\Big|_{-1}^{0} = 2(\mathrm{e}^2-\mathrm{e}-1)$$

例 5.2(江苏省 2019 年竞赛题)　计算二重积分 $\iint_D \dfrac{1-x^3y^2}{(y+2\sqrt{1-x^2})^2}\mathrm{d}x\mathrm{d}y$,其中 D:$x^2+y^2\leqslant 1$,$-y\leqslant x\leqslant y$.

解析　因为区域 D 关于 $x=0$ 对称,且 $\dfrac{1}{(y+2\sqrt{1-x^2})^2}$ 关于 x 为偶函数,

$\dfrac{x^3y^2}{(y+2\sqrt{1-x^2})^2}$ 关于 x 为奇函数,应用二重积分的偶倍奇零性将原式化简,再化为二次积分计算,得

$$原式 = 2\iint\limits_{D(x\geqslant 0)}\frac{1}{(y+2\sqrt{1-x^2})^2}\mathrm{d}x\mathrm{d}y + 0$$

$$= 2\int_0^{\frac{\sqrt{2}}{2}}\mathrm{d}x\int_x^{\sqrt{1-x^2}}\frac{1}{(y+2\sqrt{1-x^2})^2}\mathrm{d}y$$

$$= -2\int_0^{\frac{\sqrt{2}}{2}}\frac{1}{y+2\sqrt{1-x^2}}\Big|_x^{\sqrt{1-x^2}}\mathrm{d}x$$

$$= 2\int_0^{\frac{\sqrt{2}}{2}}\frac{1}{x+2\sqrt{1-x^2}}\mathrm{d}x - \frac{2}{3}\int_0^{\frac{\sqrt{2}}{2}}\frac{1}{\sqrt{1-x^2}}\mathrm{d}x.$$

上式中,第二个积分 $\displaystyle\int_0^{\frac{\sqrt{2}}{2}}\frac{1}{\sqrt{1-x^2}}\mathrm{d}x = \arcsin x\Big|_0^{\frac{\sqrt{2}}{2}} = \frac{\pi}{4}$,对第一个积分作换元变换,

令 $x = \sin t$ 得

$$\int_0^{\frac{\sqrt{2}}{2}}\frac{1}{x+2\sqrt{1-x^2}}\mathrm{d}x = \int_0^{\frac{\pi}{4}}\frac{\cos t}{\sin t+2\cos t}\mathrm{d}t = \frac{1}{5}\int_0^{\frac{\pi}{4}}\frac{(\sin t+2\cos t)'+2(\sin t+2\cos t)}{\sin t+2\cos t}\mathrm{d}t$$

$$= \frac{1}{5}\Big[\ln(\sin t+2\cos t)+2t\Big]\Big|_0^{\pi/4} = \frac{1}{5}\ln 3 - \frac{3}{10}\ln 2 + \frac{\pi}{10}$$

于是

$$原式 = 2\Big(\frac{1}{5}\ln 3 - \frac{3}{10}\ln 2 + \frac{\pi}{10}\Big) - \frac{2}{3}\cdot\frac{\pi}{4} = \frac{2}{5}\ln 3 - \frac{3}{5}\ln 2 + \frac{\pi}{30}$$

例 5.3(浙江省 2011 年竞赛题)　计算 $\displaystyle\iint\limits_{\sqrt{x}+\sqrt{y}\leqslant 1}\sqrt[3]{\sqrt{x}+\sqrt{y}}\,\mathrm{d}x\mathrm{d}y$.

解析　化为先对 y 后对 x 的二次积分计算,有

$$原式 = \int_0^1\mathrm{d}x\int_0^{(1-\sqrt{x})^2}\sqrt[3]{\sqrt{x}+\sqrt{y}}\,\mathrm{d}y \quad (\diamondsuit\ t=\sqrt{y})$$

$$= 2\int_0^1\mathrm{d}x\int_0^{1-\sqrt{x}}\sqrt[3]{\sqrt{x}+t}\cdot t\,\mathrm{d}t \quad (\diamondsuit\ u=\sqrt{x}+t)$$

$$= 2\int_0^1\mathrm{d}x\int_{\sqrt{x}}^1\sqrt[3]{u}(u-\sqrt{x})\mathrm{d}u = 2\int_0^1\Big(\frac{3}{7}u^{\frac{7}{3}}-\frac{3}{4}\sqrt{x}u^{\frac{4}{3}}\Big)\Big|_{\sqrt{x}}^1\mathrm{d}x$$

$$= 2\int_0^1\Big(\frac{3}{7}-\frac{3}{4}\sqrt{x}+\frac{9}{28}x^{\frac{7}{6}}\Big)\mathrm{d}x = \frac{2}{13}$$

例 5.4(全国 2018 年考研题)　设 D 是曲线 $\begin{cases}x=t-\sin t,\\y=1-\cos t\end{cases}(0\leqslant t\leqslant 2\pi)$ 与 x 轴

所围区域,计算二重积分$\iint\limits_{D}(x+2y)\mathrm{d}x\mathrm{d}y$.

解析 设曲线$\begin{cases}x=t-\sin t,\\ y=1-\cos t\end{cases}(0\leqslant t\leqslant 2\pi)$的直角坐标方程为$y=y(x)$,那么$t=0$对应于点$(0,0)$,$t=2\pi$对应于点$(2\pi,0)$,且$0<t<2\pi$时对应的点位于第一象限.于是

$$原式=\int_{0}^{2\pi}\mathrm{d}x\int_{0}^{y(x)}(x+2y)\mathrm{d}y=\int_{0}^{2\pi}\big[xy(x)+y^2(x)\big]\mathrm{d}x$$

作换元积分变换,令$x=t-\sin t$,则$y(x)=1-\cos t(0\leqslant t\leqslant 2\pi)$,代入上式得

$$原式=\int_{0}^{2\pi}\big[(t-\sin t)(1-\cos t)+(1-\cos t)^2\big](1-\cos t)\mathrm{d}t \quad (令\ t=u+\pi)$$
$$=\int_{-\pi}^{\pi}\big[(\pi+u+\sin u)(1+\cos u)^2+(1+\cos u)^3\big]\mathrm{d}u$$

因$(u+\sin u)(1+\cos u)^2$为奇函数,$\pi(1+\cos u)^2+(1+\cos u)^3$为偶函数,应用定积分的偶倍奇零性得

$$原式=2\int_{0}^{\pi}\big[\pi(1+\cos u)^2+(1+\cos u)^3\big]\mathrm{d}u$$
$$=2\int_{0}^{\pi}\Big[\pi\Big(\frac{3}{2}+2\cos u+\frac{1}{2}\cos 2u\Big)+\Big(\frac{5}{2}+3\cos u+\frac{3\cos 2u}{2}+\cos^3 u\Big)\Big]\mathrm{d}u$$
$$=2\pi\Big(\frac{3}{2}\pi+0+0\Big)+2\Big[\frac{5}{2}\pi+0+0+\Big(\sin u-\frac{1}{3}\sin^3 u\Big)\Big|_{0}^{\pi}\Big]$$
$$=3\pi^2+5\pi$$

例 5.5(江苏省2017年竞赛题) 设$f(x)=\begin{cases}x, & 0\leqslant x\leqslant 2,\\ 0, & x<0\ 或\ x>2,\end{cases}$ 求二重积分

$$\iint\limits_{D}\frac{f(x+y)}{f(\sqrt{x^2+y^2})}\mathrm{d}x\mathrm{d}y,\quad 其中\ D=\{(x,y)\,|\,x^2+y^2\leqslant 4\}$$

解析 根据题意可得

$$f(x+y)=\begin{cases}x+y, & 0\leqslant x+y\leqslant 2,\\ 0, & 其他\end{cases}$$
$$f(\sqrt{x^2+y^2})=\begin{cases}\sqrt{x^2+y^2}, & x^2+y^2\leqslant 4,\\ 0, & x^2+y^2>4\end{cases}$$

设$D'=\{(x,y)\,|\,0\leqslant x+y\leqslant 2,\,x^2+y^2\leqslant 4\}$,则

原式$=\iint\limits_{D'}\dfrac{x+y}{\sqrt{x^2+y^2}}\mathrm{d}x\mathrm{d}y$.用坐标轴将区域$D'$分为$D_1$,$D_2$,$D_3$(如图).用极坐标计算得

$$\iint\limits_{D_1} \frac{x+y}{\sqrt{x^2+y^2}} \mathrm{d}x\mathrm{d}y = \int_{-\pi/4}^{0} \mathrm{d}\theta \int_{0}^{2} \rho(\cos\theta + \sin\theta)\mathrm{d}\rho$$

$$= 2(\sin\theta - \cos\theta)\Big|_{-\pi/4}^{0} = 2(\sqrt{2}-1)$$

$$\iint\limits_{D_2} \frac{x+y}{\sqrt{x^2+y^2}} \mathrm{d}x\mathrm{d}y = \int_{0}^{\pi/2} \mathrm{d}\theta \int_{0}^{\frac{2}{\cos\theta+\sin\theta}} \rho(\cos\theta + \sin\theta)\mathrm{d}\rho$$

$$= 2\int_{0}^{\pi/2} \frac{1}{\cos\theta + \sin\theta} \mathrm{d}\theta = \sqrt{2}\int_{0}^{\pi/2} \sec\left(\theta - \frac{\pi}{4}\right)\mathrm{d}\theta$$

$$= \sqrt{2}\ln\left|\sec\left(\theta - \frac{\pi}{4}\right) + \tan\left(\theta - \frac{\pi}{4}\right)\right|\Big|_{0}^{\pi/2} = 2\sqrt{2}\ln(1+\sqrt{2})$$

$$\iint\limits_{D_3} \frac{x+y}{\sqrt{x^2+y^2}} \mathrm{d}x\mathrm{d}y = \int_{\pi/2}^{3\pi/4} \mathrm{d}\theta \int_{0}^{2} \rho(\cos\theta + \sin\theta)\mathrm{d}\rho = 2(\sin\theta - \cos\theta)\Big|_{\pi/2}^{3\pi/4}$$

$$= 2(\sqrt{2}-1)$$

于是

$$原式 = \iint\limits_{D_1} \frac{x+y}{\sqrt{x^2+y^2}} \mathrm{d}x\mathrm{d}y + \iint\limits_{D_2} \frac{x+y}{\sqrt{x^2+y^2}} \mathrm{d}x\mathrm{d}y + \iint\limits_{D_3} \frac{x+y}{\sqrt{x^2+y^2}} \mathrm{d}x\mathrm{d}y$$

$$= 2(\sqrt{2}-1) + 2\sqrt{2}\ln(1+\sqrt{2}) + 2(\sqrt{2}-1)$$

$$= 4(\sqrt{2}-1) + 2\sqrt{2}\ln(1+\sqrt{2})$$

例 5.6(江苏省 2019 年竞赛题)　设函数 $f(x,y)$ 有连续偏导数,且在单位圆周上的值为 0,记 $D = \{(x,y) \mid 0 < t^2 \leqslant x^2 + y^2 \leqslant 1\}$,证明:

$$\lim_{t\to 0^+} \iint\limits_{D} \frac{xf_x'(x,y) + yf_y'(x,y)}{x^2+y^2} \mathrm{d}x\mathrm{d}y = -2\pi f(0,0)$$

解析　由于

$$\frac{\partial}{\partial\rho} f(\rho\cos\theta, \rho\sin\theta) = \left(\cos\theta \frac{\partial f}{\partial x} + \sin\theta \frac{\partial f}{\partial y}\right)\Big|_{\substack{x=\rho\cos\theta \\ y=\rho\sin\theta}}$$

采用极坐标变换计算二重积分,并应用积分中值定理,必存在 $\alpha \in (0, 2\pi)$ 使得

$$\iint\limits_{D} \frac{xf_x'(x,y) + yf_y'(x,y)}{x^2+y^2} \mathrm{d}x\mathrm{d}y$$

$$= \iint\limits_{D} \left(\cos\theta \frac{\partial f}{\partial x} + \sin\theta \frac{\partial f}{\partial y}\right)\Big|_{\substack{x=\rho\cos\theta \\ y=\rho\sin\theta}} \mathrm{d}\rho\mathrm{d}\theta$$

$$= \int_{0}^{2\pi} \mathrm{d}\theta \int_{t}^{1} \frac{\partial}{\partial\rho} f(\rho\cos\theta, \rho\sin\theta)\mathrm{d}\rho = \int_{0}^{2\pi} f(\rho\cos\theta, \rho\sin\theta)\Big|_{t}^{1} \mathrm{d}\theta$$

$$= -\int_{0}^{2\pi} f(t\cos\theta, t\sin\theta)\mathrm{d}\theta = -2\pi f(t\cos\alpha, t\sin\alpha)$$

上式两端令 $t \to 0^+$ 取极限即得

$$\lim_{t \to 0^+} \iint_D \frac{x f'_x(x,y) + y f'_y(x,y)}{x^2 + y^2} \mathrm{d}x \mathrm{d}y = -2\pi \lim_{t \to 0^+} f(t\cos\alpha, t\sin\alpha) = -2\pi f(0,0)$$

例 5.7（天津市 2003 年竞赛题）　计算

$$I = \int_0^{a\sin\varphi} \mathrm{e}^{-y^2} \mathrm{d}y \int_{\sqrt{a^2-y^2}}^{\sqrt{b^2-y^2}} \mathrm{e}^{-x^2} \mathrm{d}x + \int_{a\sin\varphi}^{b\sin\varphi} \mathrm{e}^{-y^2} \mathrm{d}y \int_{y\cot\varphi}^{\sqrt{b^2-y^2}} \mathrm{e}^{-x^2} \mathrm{d}x$$

其中 $0 < a < b, 0 < \varphi < \dfrac{\pi}{2}$，且 a, b, φ 均为常数.

解析　原式中两项分别表示函数 $\mathrm{e}^{-(x^2+y^2)}$ 在图中 D_1 与 D_2 区域上的两次积分，$D = D_1 + D_2$，化为极坐标计算，有

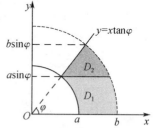

$$\text{原式} = \iint_D \mathrm{e}^{-(x^2+y^2)} \mathrm{d}x \mathrm{d}y = \iint_D \mathrm{e}^{-\rho^2} \rho \mathrm{d}\rho \mathrm{d}\theta$$

$$= \int_0^\varphi \mathrm{d}\theta \int_a^b \rho \mathrm{e}^{-\rho^2} \mathrm{d}\rho = \frac{\mathrm{e}^{-a^2} - \mathrm{e}^{-b^2}}{2} \varphi$$

例 5.8（精选题）　设 $D: x^2 + y^2 \leqslant 1, f(x,y)$ 在 D 上连续.

(1) 求证：$\displaystyle\iint_D f(x,y)\mathrm{d}x\mathrm{d}y = \iint_D f(y,x)\mathrm{d}x\mathrm{d}y$;

(2) 求 $\displaystyle\iint_D (\sin^2 x + \cos^2 y)\mathrm{d}x\mathrm{d}y$.

解析　(1) 作标准的极坐标变换 $x = \rho\cos\theta, y = \rho\sin\theta$，可得面积微元为 $\mathrm{d}x\mathrm{d}y = |J|\mathrm{d}\rho\mathrm{d}\theta = \rho\mathrm{d}\rho\mathrm{d}\theta$，所以

$$\iint_D f(x,y)\mathrm{d}x\mathrm{d}y = \int_0^{2\pi} \mathrm{d}\theta \int_0^1 f(\rho\cos\theta, \rho\sin\theta)\rho\mathrm{d}\rho$$

再作非标准的极坐标变换 $x = \rho\sin\theta, y = \rho\cos\theta$，可得面积微元为 $\mathrm{d}x\mathrm{d}y = |J|\mathrm{d}\rho\mathrm{d}\theta = \rho\mathrm{d}\rho\mathrm{d}\theta$，所以

$$\iint_D f(y,x)\mathrm{d}x\mathrm{d}y = \iint_{D'} f(\rho\cos\theta, \rho\sin\theta)|J|\mathrm{d}\rho\mathrm{d}\theta = \int_0^{2\pi}\mathrm{d}\theta\int_0^1 f(\rho\cos\theta, \rho\sin\theta)\rho\mathrm{d}\rho$$

于是有 $\displaystyle\iint_D f(x,y)\mathrm{d}x\mathrm{d}y = \iint_D f(y,x)\mathrm{d}x\mathrm{d}y$.

(2) 利用 (1) 的结论得

$$\iint_D (\sin^2 x + \cos^2 y)\mathrm{d}x\mathrm{d}y = \iint_D (\sin^2 y + \cos^2 x)\mathrm{d}x\mathrm{d}y$$

于是

$$\text{原式} = \frac{1}{2}\iint\limits_{D}(\sin^2 x + \cos^2 y + \sin^2 y + \cos^2 x)\mathrm{d}x\mathrm{d}y$$

$$= \frac{1}{2}\iint\limits_{D}(1+1)\mathrm{d}x\mathrm{d}y = \pi$$

例 5.9（江苏省 2006 年竞赛题）　设 D 为 $y = x, x = \dfrac{\pi}{2}, y = 0$ 所围的平面图形，求 $\iint\limits_{D}|\cos(x+y)|\,\mathrm{d}x\mathrm{d}y$.

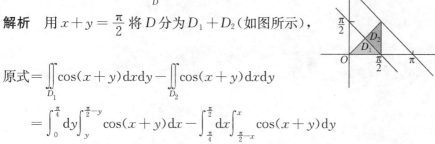

解析　用 $x + y = \dfrac{\pi}{2}$ 将 D 分为 $D_1 + D_2$（如图所示），则

$$\text{原式} = \iint\limits_{D_1}\cos(x+y)\mathrm{d}x\mathrm{d}y - \iint\limits_{D_2}\cos(x+y)\mathrm{d}x\mathrm{d}y$$

$$= \int_0^{\frac{\pi}{4}}\mathrm{d}y\int_y^{\frac{\pi}{2}-y}\cos(x+y)\mathrm{d}x - \int_{\frac{\pi}{4}}^{\frac{\pi}{2}}\mathrm{d}x\int_{\frac{\pi}{2}-x}^{x}\cos(x+y)\mathrm{d}y$$

$$= \int_0^{\frac{\pi}{4}}[1 - \sin(2y)]\mathrm{d}y - \int_{\frac{\pi}{4}}^{\frac{\pi}{2}}[\sin(2x) - 1]\mathrm{d}x$$

$$= \frac{\pi}{4} - \frac{1}{2} - \frac{1}{2} + \frac{\pi}{4} = \frac{\pi}{2} - 1$$

例 5.10（江苏省 2016 年竞赛题）　设
$$D = \{(x,y) \mid 0 \leqslant y \leqslant 1 - x,\ 0 \leqslant x \leqslant 1\}$$
试求二重积分 $\iint\limits_{D}|x^2 + y^2 - x|\,\mathrm{d}x\mathrm{d}y$.

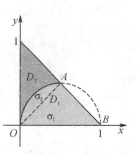

解析　在 D 内作圆 $x^2 + y^2 = x$ 使其分为 D_1 与 D_2（如右图所示），圆 $x^2 + y^2 = x$ 与直线 $y = 1 - x$ 的交点分别为 $A\left(\dfrac{1}{2}, \dfrac{1}{2}\right)$, $B(1,0)$，于是

$$\text{原式} = -\iint\limits_{D_1}(x^2 + y^2 - x)\mathrm{d}x\mathrm{d}y + \iint\limits_{D_2}(x^2 + y^2 - x)\mathrm{d}x\mathrm{d}y$$

$$= -2\iint\limits_{D_1}(x^2 + y^2 - x)\mathrm{d}x\mathrm{d}y + \iint\limits_{D}(x^2 + y^2 - x)\mathrm{d}x\mathrm{d}y$$

再用线段 OA 将 D_1 分为 σ_1 与 σ_2（如图），则

$$\iint\limits_{\sigma_1}(x^2 + y^2 - x)\mathrm{d}x\mathrm{d}y = \int_0^{1/2}\mathrm{d}y\int_y^{1-y}(x^2 + y^2 - x)\mathrm{d}x$$

$$= \int_0^{1/2}\left(-\frac{1}{6} + 2y^2 - \frac{8}{3}y^3\right)\mathrm{d}y = -\frac{1}{24}$$

$$\iint_{\sigma_2}(x^2+y^2-x)\mathrm{d}x\mathrm{d}y=\int_{\pi/4}^{\pi/2}\mathrm{d}\theta\int_0^{\cos\theta}(\rho^2-\rho\cos\theta)\rho\mathrm{d}\rho=-\frac{1}{12}\int_{\pi/4}^{\pi/2}\cos^4\theta\mathrm{d}\theta$$

$$=-\frac{1}{12}\left(\frac{3}{8}\theta+\frac{1}{4}\sin2\theta+\frac{1}{32}\sin4\theta\right)\Big|_{\pi/4}^{\pi/2}=-\frac{\pi}{128}+\frac{1}{48}$$

$$\iint_D(x^2+y^2-x)\mathrm{d}x\mathrm{d}y=\int_0^1\mathrm{d}x\int_0^{1-x}(x^2+y^2-x)\mathrm{d}y$$

$$=\int_0^1\left(\frac{1}{3}-2x+3x^2-\frac{4}{3}x^3\right)\mathrm{d}x=0$$

于是

$$原式=-2\left(\iint_{\sigma_1}(x^2+y^2-x)\mathrm{d}x\mathrm{d}y+\iint_{\sigma_2}(x^2+y^2-x)\mathrm{d}x\mathrm{d}y\right)+\iint_D(x^2+y^2-x)\mathrm{d}x\mathrm{d}y$$

$$=-2\cdot\left(-\frac{1}{24}-\frac{\pi}{128}+\frac{1}{48}\right)+0=\frac{1}{24}+\frac{\pi}{64}$$

例 5.11(全国 2013 年决赛题)　求二重积分

$$I=\iint_{x^2+y^2\leqslant1}|x^2+y^2-x-y|\,\mathrm{d}x\mathrm{d}y$$

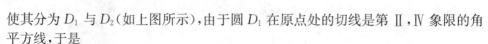

解析　在圆 $D:x^2+y^2\leqslant1$ 内作圆 $x^2+y^2-x-y=0$,即

$$\left(x-\frac{1}{2}\right)^2+\left(y-\frac{1}{2}\right)^2=\left(\frac{\sqrt{2}}{2}\right)^2$$

使其分为 D_1 与 D_2(如上图所示),由于圆 D_1 在原点处的切线是第 Ⅱ,Ⅳ 象限的角平方线,于是

$$I=-\iint_{D_1}(x^2+y^2-x-y)\mathrm{d}x\mathrm{d}y+\iint_{D_2}(x^2+y^2-x-y)\mathrm{d}x\mathrm{d}y$$

$$=-2\iint_{D_1}(x^2+y^2-x-y)\mathrm{d}x\mathrm{d}y+\iint_D(x^2+y^2-x-y)\mathrm{d}x\mathrm{d}y$$

$$=-2\int_{-\frac{\pi}{4}}^0\mathrm{d}\theta\int_0^{\cos\theta+\sin\theta}(\rho^2-\rho(\cos\theta+\sin\theta))\rho\mathrm{d}\rho-2\int_0^{\frac{\pi}{2}}\mathrm{d}\theta\int_0^1(\rho^2-\rho(\cos\theta+\sin\theta))\rho\mathrm{d}\rho$$

$$-2\int_{\frac{\pi}{2}}^{\frac{3\pi}{4}}\mathrm{d}\theta\int_0^{\cos\theta+\sin\theta}(\rho^2-\rho(\cos\theta+\sin\theta))\rho\mathrm{d}\rho+\int_0^{2\pi}\mathrm{d}\theta\int_0^1\rho^3\mathrm{d}\rho-0$$

$$=\frac{1}{6}\int_{-\frac{\pi}{4}}^0(\cos\theta+\sin\theta)^4\mathrm{d}\theta-\frac{\pi}{4}+\frac{4}{3}+\frac{1}{6}\int_{\frac{\pi}{2}}^{\frac{3\pi}{4}}(\cos\theta+\sin\theta)^4\mathrm{d}\theta+\frac{\pi}{2}$$

$$\xlongequal{令\theta+\frac{\pi}{4}=t}\frac{2}{3}\int_0^{\frac{\pi}{4}}\sin^4t\mathrm{d}t+\frac{2}{3}\int_{\frac{3\pi}{4}}^{\pi}\sin^4t\mathrm{d}t+\frac{\pi}{4}+\frac{4}{3}$$

$$= \frac{\pi}{16} - \frac{1}{6} + \frac{\pi}{16} - \frac{1}{6} + \frac{\pi}{4} + \frac{4}{3} = 1 + \frac{3}{8}\pi$$

例 5.12（全国 2009 年预赛题）　计算 $\displaystyle\iint\limits_{D} \frac{(x+y)\ln\left(1+\dfrac{y}{x}\right)}{\sqrt{1-x-y}}\mathrm{d}x\mathrm{d}y$，其中区域 D 为直线 $x+y=1$ 与两坐标轴所围的三角形区域.

解析　运用极坐标计算，记 $\varphi(\theta) = \cos\theta + \sin\theta$，则

$$
\begin{aligned}
\text{原式} &= \int_0^{\frac{\pi}{2}} \mathrm{d}\theta \int_0^{\frac{1}{\varphi(\theta)}} \frac{\varphi(\theta)\ln(1+\tan\theta)}{\sqrt{1-\rho\varphi(\theta)}}\rho^2\mathrm{d}\rho \quad (\text{令}\ \sqrt{1-\rho\varphi(\theta)}=t) \\
&= 2\int_0^{\frac{\pi}{2}} \mathrm{d}\theta \int_0^1 \frac{\ln(1+\tan\theta)}{\varphi^2(\theta)}(1-t^2)^2\mathrm{d}t \\
&= \frac{16}{15}\int_0^{\frac{\pi}{2}} \frac{\ln(1+\tan\theta)}{(1+\tan\theta)^2}\mathrm{d}(1+\tan\theta) \quad (\text{令}\ 1+\tan\theta=u) \\
&= \frac{16}{15}\int_1^{+\infty} \frac{\ln u}{u^2}\mathrm{d}u = -\frac{16}{15}\int_1^{+\infty} \ln u\,\mathrm{d}\frac{1}{u} \\
&= -\frac{16}{15}\left(\frac{\ln u}{u}\Big|_1^{+\infty} - \int_1^{+\infty} \frac{1}{u^2}\mathrm{d}u \right) = -\frac{16}{15}\frac{1}{u}\Big|_1^{+\infty} = \frac{16}{15}
\end{aligned}
$$

例 5.13（江苏省 2002 年竞赛题）　设 $f(u)$ 在 $u=0$ 可导，$f(0)=0$，D：$x^2+y^2 \leqslant 2tx$，$y \geqslant 0$，求 $\displaystyle\lim_{t\to 0^+} \frac{1}{t^4}\iint\limits_{D} f(\sqrt{x^2+y^2})y\mathrm{d}x\mathrm{d}y$.

解析　首先采用极坐标计算二重积分，有

$$
\iint\limits_{D} f(\sqrt{x^2+y^2})y\mathrm{d}x\mathrm{d}y = \int_0^{2t} \mathrm{d}\rho \int_0^{\arccos\frac{\rho}{2t}} f(\rho)\rho^2\sin\theta\mathrm{d}\theta = \int_0^{2t} \rho^2 f(\rho)(-\cos\theta)\Big|_0^{\arccos\frac{\rho}{2t}}\mathrm{d}\rho
$$

$$
= \int_0^{2t} \rho^2 f(\rho)\left(1-\frac{\rho}{2t}\right)\mathrm{d}\rho
$$

于是

$$
\begin{aligned}
\text{原式} &= \lim_{t\to 0^+} \frac{t\displaystyle\int_0^{2t}\rho^2 f(\rho)\mathrm{d}\rho - \frac{1}{2}\int_0^{2t}\rho^3 f(\rho)\mathrm{d}\rho}{t^5} \overset{\frac{0}{0}}{=\!=} \lim_{t\to 0^+} \frac{\displaystyle\int_0^{2t}\rho^2 f(\rho)\mathrm{d}\rho}{5t^4} \\
&\overset{\frac{0}{0}}{=\!=} \lim_{t\to 0^+} \frac{2(2t)^2 f(2t)}{20t^3} = \frac{4}{5}\lim_{t\to 0^+} \frac{f(2t)-f(0)}{2t} = \frac{4}{5}f'(0)
\end{aligned}
$$

例 5.14（北京市 1996 年竞赛题）　设 $f(x)$ 为连续偶函数，试证明：

$$
\iint\limits_{D} f(x-y)\mathrm{d}x\mathrm{d}y = 2\int_0^{2a}(2a-u)f(u)\mathrm{d}u
$$

其中 D 为正方形 $|x|\leqslant a$，$|y|\leqslant a(a>0)$.

解析　运用二重积分的换元积分法，令 $u=x-y$，$v=x+y$，则 $x=\dfrac{1}{2}(u+v)$，

$y = \frac{1}{2}(v-u)$，得雅可比行列式 $J = \frac{1}{2}$，从而面积微元为

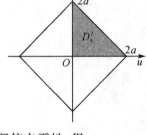

$\mathrm{d}x\mathrm{d}y = |J| \, \mathrm{d}u\mathrm{d}v = \frac{1}{2}\mathrm{d}u\mathrm{d}v$，故

$$\iint\limits_{D} f(x-y)\mathrm{d}x\mathrm{d}y = \frac{1}{2}\iint\limits_{D'} f(u)\mathrm{d}u\mathrm{d}v$$

其中 D'：$|u+v| \leqslant 2a$，$|u-v| \leqslant 2a$（见右图）. 由于区域 D' 关于 $u=0$ 对称且 $f(u)$ 关于 u 为偶函数，区域 D' 关于 $v=0$ 对称且 $f(u)$ 关于 v 为偶函数，应用二重积分的偶倍奇零性，得

$$\iint\limits_{D'} f(u)\mathrm{d}u\mathrm{d}v = 4\iint\limits_{D_1'} f(u)\mathrm{d}u\mathrm{d}v$$

于是

$$\iint\limits_{D} f(x-y)\mathrm{d}x\mathrm{d}y = 2\iint\limits_{D_1'} f(u)\mathrm{d}u\mathrm{d}v = 2\int_0^{2a}\mathrm{d}u\int_0^{2a-u} f(u)\mathrm{d}v$$

$$= 2\int_0^{2a}(2a-u)f(u)\mathrm{d}u$$

5.2.2　交换二次积分的次序（例 5.15—5.19）

例 5.15（北京市 1992 年竞赛题）　求反常积分 $\int_0^1 \frac{x^b - x^a}{\ln x}\mathrm{d}x$，其中 $a,b > 0$.

解析　由于 $f(x) = \frac{x^b - x^a}{\ln x}$ 在 $(0,1)$ 上连续，在 $(0,1)$ 的两个端点，有

$$\lim_{x\to 0^+} \frac{x^b - x^a}{\ln x} = \lim_{x\to 0^+}(x^b - x^a)\frac{1}{\ln x} = 0 \cdot 0 = 0$$

$$\lim_{x\to 1^-} \frac{x^b - x^a}{\ln x} = \lim_{x\to 1^-} \frac{x^a(\mathrm{e}^{(b-a)\ln x} - 1)}{\ln x} = \lim_{x\to 1^-} \frac{(b-a)\ln x}{\ln x} = b - a$$

所以原式是常义定积分. 下面将原式化为二次积分并交换积分次序，得

$$\int_0^1 \frac{x^b - x^a}{\ln x}\mathrm{d}x = \int_0^1 \mathrm{d}x\int_a^b x^y\mathrm{d}y = \int_a^b \mathrm{d}y\int_0^1 x^y\mathrm{d}x$$

$$= \int_a^b \frac{1}{y+1}\mathrm{d}y = \ln\frac{b+1}{a+1}$$

例 5.16（精选题）　设 $f(x)$ 连续可导，$a > 0$，求 $\int_0^a \mathrm{d}x\int_0^x \frac{f'(y)}{\sqrt{(a-x)(x-y)}}\mathrm{d}y$.

解析　交换二次积分的次序，有

$$原式 = \int_0^a \mathrm{d}y\int_y^a \frac{f'(y)}{\sqrt{\left(\frac{a-y}{2}\right)^2 - \left(x - \frac{a+y}{2}\right)^2}}\mathrm{d}x$$

$$= \int_0^a \mathrm{d}y \int_{-\frac{\pi}{2}}^{\frac{\pi}{2}} f'(y)\mathrm{d}t \quad \left(\diamond\ x - \frac{a+y}{2} = \frac{a-y}{2}\sin t\right)$$

$$= \pi \int_0^a f'(y)\mathrm{d}y = \pi[f(a) - f(0)]$$

例 5.17(北京市 1994 年竞赛题)　设 $f(x,y)$ 是定义在区域 $0 \leqslant x \leqslant 1, 0 \leqslant y \leqslant 1$ 上的二元函数，$f(0,0) = 0$，且在点 $(0,0)$ 处 $f(x,y)$ 可微，求极限

$$\lim_{x \to 0^+} \frac{\int_0^{x^2}\mathrm{d}t\int_x^{\sqrt{t}} f(t,u)\mathrm{d}u}{1 - \mathrm{e}^{-\frac{x^4}{4}}}$$

解析　交换积分次序，有

$$\int_0^{x^2}\mathrm{d}t\int_x^{\sqrt{t}} f(t,u)\mathrm{d}u = -\int_0^x \left(\int_0^{u^2} f(t,u)\mathrm{d}t\right)\mathrm{d}u$$

应用洛必达法则与积分中值定理，则

$$\text{原式} = \lim_{x \to 0^+} \frac{-\int_0^x \left(\int_0^{u^2} f(t,u)\mathrm{d}t\right)\mathrm{d}u}{\frac{x^4}{4}} \overset{\frac{0}{0}}{=\!=\!=} \lim_{x \to 0^+} \frac{-\int_0^{x^2} f(t,x)\mathrm{d}t}{x^3}$$

$$= -\lim_{x \to 0^+} \frac{f(\xi(x),x) \cdot x^2}{x^3} = -\lim_{x \to 0^+} \frac{f(\xi(x),x)}{x} \quad (0 < \xi(x) < x^2)$$

由于 $f(x,y)$ 在 $(0,0)$ 处可微，$f(0,0) = 0$，及 $\xi(x) = o(x)$，所以

$$f(\xi(x),x) = f(0,0) + f_x'(0,0)\xi(x) + f_y'(0,0)x + o(\sqrt{\xi^2(x) + x^2})$$
$$= f_y'(0,0)x + o(x)$$

因此

$$\text{原式} = -\lim_{x \to 0^+} \frac{f_y'(0,0)x + o(x)}{x} = -f_y'(0,0)$$

例 5.18(全国 2017 年预赛题)　设函数 $f(x) > 0$ 且在实轴上连续，若对任意实数 t 有 $\int_{-\infty}^{+\infty} \mathrm{e}^{-|t-x|} f(x)\mathrm{d}x \leqslant 1$，求证：$\forall a,b(a < b)$，有 $\int_a^b f(x)\mathrm{d}x \leqslant \dfrac{b-a+2}{2}$.

解析　$\forall a,b(a < b)$，有

$$\int_a^b \mathrm{e}^{-|t-x|} f(x)\mathrm{d}x \leqslant \int_{-\infty}^{+\infty} \mathrm{e}^{-|t-x|} f(x)\mathrm{d}x \leqslant 1$$

上式两端对 t 从 a 到 b 积分得

$$\int_a^b \mathrm{d}t \int_a^b \mathrm{e}^{-|t-x|} f(x)\mathrm{d}x \leqslant \int_a^b 1\mathrm{d}t = b - a$$

上式左端交换积分次序得

$$\int_a^b \mathrm{d}t \int_a^b \mathrm{e}^{-|t-x|} f(x)\mathrm{d}x = \int_a^b f(x)\mathrm{d}x \int_a^b \mathrm{e}^{-|t-x|}\mathrm{d}t = \int_a^b f(x)\mathrm{d}x \Big(\mathrm{e}^{-x}\int_a^x \mathrm{e}^t \mathrm{d}t + \mathrm{e}^x \int_x^b \mathrm{e}^{-t}\mathrm{d}t \Big)$$

$$= \int_a^b (2 - \mathrm{e}^{-(x-a)} - \mathrm{e}^{-(b-x)})f(x)\mathrm{d}x$$

$$= 2\int_a^b f(x)\mathrm{d}x - \int_a^b (\mathrm{e}^{-(x-a)} + \mathrm{e}^{-(b-x)})f(x)\mathrm{d}x$$

$$= 2\int_a^b f(x)\mathrm{d}x - \int_a^b (\mathrm{e}^{-|x-a|} + \mathrm{e}^{-|b-x|})f(x)\mathrm{d}x \leqslant b - a$$

于是

$$\int_a^b f(x)\mathrm{d}x \leqslant \frac{b-a}{2} + \frac{1}{2}\int_a^b (\mathrm{e}^{-|a-x|} + \mathrm{e}^{-|b-x|})f(x)\mathrm{d}x \leqslant \frac{b-a+2}{2}$$

例 5.19(精选题) 设 $x \geqslant 0$，$f_0(x) > 0$，若 $f_n(x) = \int_0^x f_{n-1}(t)\mathrm{d}t (n = 1, 2, 3, \cdots)$，求证：

$$f_n(x) = \frac{1}{(n-1)!}\int_0^x (x-t)^{n-1} f_0(t)\mathrm{d}t \qquad (*)_n$$

解析 用数学归纳法证明. 当 $n = 1$ 时

$$f_1(x) = \int_0^x f_0(t)\mathrm{d}t = \frac{1}{(1-1)!}\int_0^x (x-t)^{1-1} f_0(t)\mathrm{d}t$$

所以 $(*)_1$ 成立. 假设 $(*)_k$ 成立，即

$$f_k(x) = \frac{1}{(k-1)!}\int_0^x (x-t)^{k-1} f_0(t)\mathrm{d}t = \frac{1}{(k-1)!}\int_0^x (x-u)^{k-1} f_0(u)\mathrm{d}u$$

则

$$f_{k+1}(x) = \int_0^x f_k(t)\mathrm{d}t = \int_0^x \Big[\frac{1}{(k-1)!}\int_0^t (t-u)^{k-1} f_0(u)\mathrm{d}u \Big]\mathrm{d}t$$

$$= \frac{1}{(k-1)!}\int_0^x \mathrm{d}t \int_0^t (t-u)^{k-1} f_0(u)\mathrm{d}u \quad \text{（交换积分次序）}$$

$$= \frac{1}{(k-1)!}\int_0^x \mathrm{d}u \int_u^x (t-u)^{k-1} f_0(u)\mathrm{d}t$$

$$= \frac{1}{(k-1)!}\int_0^x \Big[\frac{1}{k}(t-u)^k \Big|_u^x f_0(u) \Big]\mathrm{d}u$$

$$= \frac{1}{k!}\int_0^x (x-u)^k f_0(u)\mathrm{d}u = \frac{1}{k!}\int_0^x (x-t)^k f_0(t)\mathrm{d}t$$

所以 $(*)_{k+1}$ 成立，因此 $(*)_n$ 对任意正整数 n 成立.

5.2.3　三重积分的计算(例 5.20—5.25)

例 5.20(江苏省 2006 年竞赛题)　曲线 $\begin{cases} x^2 = 2z, \\ y = 0 \end{cases}$ 绕 z 轴旋转一周生成的曲面与 $z = 1, z = 2$ 所围成的立体区域记为 Ω.

(1) 求 $\iiint\limits_{\Omega} (x^2 + y^2 + z^2) \mathrm{d}x\mathrm{d}y\mathrm{d}z$;

(2) 求 $\iiint\limits_{\Omega} \dfrac{1}{x^2 + y^2 + z^2} \mathrm{d}x\mathrm{d}y\mathrm{d}z$.

解析　曲面方程为 $x^2 + y^2 = 2z$,记 $D(z): x^2 + y^2 \leqslant (\sqrt{2z})^2$.

(1) 采用柱坐标变换,后对 z 积分,得

$$原式 = \int_1^2 \mathrm{d}z \iint\limits_{D(z)} (x^2 + y^2 + z^2)\mathrm{d}x\mathrm{d}y = \int_1^2 \mathrm{d}z \int_0^{2\pi} \mathrm{d}\theta \int_0^{\sqrt{2z}} (\rho^2 + z^2)\rho\mathrm{d}\rho$$

$$= 2\pi \int_1^2 (z^2 + z^3)\mathrm{d}z = \frac{73}{6}\pi$$

(2) 原式 $= \int_1^2 \mathrm{d}z \iint\limits_{D(z)} \dfrac{1}{x^2 + y^2 + z^2}\mathrm{d}x\mathrm{d}y = \int_1^2 \mathrm{d}z \int_0^{2\pi} \mathrm{d}\theta \int_0^{\sqrt{2z}} \dfrac{\rho}{\rho^2 + z^2}\mathrm{d}\rho$

$$= 2\pi \int_1^2 \frac{1}{2}\ln(\rho^2 + z^2)\Big|_0^{\sqrt{2z}} \mathrm{d}z = \pi \int_1^2 \ln\left(1 + \frac{2}{z}\right)\mathrm{d}z$$

$$= \pi z\ln\left(1 + \frac{2}{z}\right)\Big|_1^2 + \pi\int_1^2 \frac{2}{2+z}\mathrm{d}z = \pi\ln\frac{4}{3} + 2\pi\ln\frac{4}{3} = 3\pi\ln\frac{4}{3}$$

例 5.21(全国 2018 年预赛题)　计算三重积分 $\iiint\limits_{G} (x^2 + y^2)\mathrm{d}V$,其中 G 是由

$$x^2 + y^2 + (z-2)^2 \geqslant 4, \quad x^2 + y^2 + (z-1)^2 \leqslant 9, \quad z \geqslant 0$$

所围成的空心立体.

解析　如图,记

$$\Omega: x^2 + y^2 + (z-1)^2 \leqslant 9$$
$$\Omega_1: x^2 + y^2 + (z-2)^2 \leqslant 4$$
$$\Omega_2: x^2 + y^2 + (z-1)^2 \leqslant 9 \quad (z \leqslant 0)$$

则 $G = \Omega - \Omega_1 - \Omega_2$.

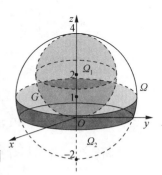

在区域 Ω 上作球坐标变换,令

$$x = r\sin\varphi\cos\theta, \quad y = r\sin\varphi\sin\theta, \quad z = 1 + r\cos\varphi$$

这里 $|J| = r^2\sin\varphi, 0 \leqslant \theta \leqslant 2\pi, 0 \leqslant \varphi \leqslant \pi, 0 \leqslant r \leqslant 3$,则

$$\iiint\limits_{\Omega} (x^2 + y^2)\mathrm{d}V = \int_0^{2\pi}\mathrm{d}\theta \int_0^\pi \sin^3\varphi\mathrm{d}\varphi \int_0^3 r^4\mathrm{d}r$$

$$= 2\pi\left(\frac{1}{3}\cos^3\varphi - \cos\varphi\right)\Big|_0^\pi \cdot \frac{1}{5}r^5\Big|_0^3 = \frac{648}{5}\pi$$

在区域 Ω_1 上也采用球坐标变换，球面方程 $x^2+y^2+(z-2)^2=4$ 化为 $r=4\cos\varphi$，于是

$$\iiint_{\Omega_1}(x^2+y^2)\mathrm{d}V$$

$$=\int_0^{2\pi}\mathrm{d}\theta\int_0^{\pi/2}\mathrm{d}\varphi\int_0^{4\cos\varphi}r^4\sin^3\varphi\mathrm{d}r$$

$$=2\pi\frac{4^5}{5}\int_0^{\pi/2}\cos^5\varphi\sin^3\varphi\mathrm{d}\varphi=2\pi\frac{4^5}{5}\int_0^{\pi/2}(\cos^7\varphi-\cos^5\varphi)\mathrm{d}\cos\varphi$$

$$=2\pi\frac{4^5}{5}\left(\frac{1}{8}\cos^8\varphi-\frac{1}{6}\cos^6\varphi\right)\Big|_0^{\pi/2}=2\pi\frac{4^5}{5}\cdot\frac{1}{24}=\frac{256}{15}\pi$$

在区域 Ω_2 上采用柱坐标变换，Ω_2 在 xOy 平面上的投影为 $D:x^2+y^2\leqslant 8$，先对 z 积分，得

$$\iiint_{\Omega_2}(x^2+y^2)\mathrm{d}V$$

$$=\int_0^{2\pi}\mathrm{d}\theta\int_0^{2\sqrt{2}}\mathrm{d}\rho\int_{1-\sqrt{9-\rho^2}}^0\rho^3\mathrm{d}z=2\pi\int_0^{2\sqrt{2}}\rho^3\left(\sqrt{9-\rho^2}-1\right)\mathrm{d}\rho$$

$$=2\pi\int_0^{2\sqrt{2}}\rho^3\sqrt{9-\rho^2}\,\mathrm{d}\rho-32\pi\quad(\text{令 }\rho=3\sin t)$$

$$=2\times3^5\pi\int_0^{t_0}\sin^3 t\cos^2 t\mathrm{d}t-32\pi\quad\left(\text{其中 }t_0=\arcsin\frac{2\sqrt{2}}{3}\right)$$

$$=2\times3^5\pi\left(\frac{1}{5}\cos^5 t-\frac{1}{3}\cos^3 t\right)\Big|_0^{t_0}-32\pi$$

$$=\frac{136}{5}\pi\quad\left(\text{其中 }\cos t_0=\frac{1}{3}\right)$$

于是

$$原式=\iiint_{\Omega}(x^2+y^2)\mathrm{d}V-\iiint_{\Omega_1}(x^2+y^2)\mathrm{d}V-\iiint_{\Omega_2}(x^2+y^2)\mathrm{d}V$$

$$=\frac{648}{5}\pi-\frac{256}{15}\pi-\frac{136}{5}\pi=\frac{256}{3}\pi$$

例 5.22(江苏省 2002 年竞赛题) 已知函数 $f(u)$ 在 $u=0$ 可导，且 $f(0)=0$，若 $\Omega:x^2+y^2+z^2\leqslant 2tz$，求 $\lim\limits_{t\to 0^+}\dfrac{1}{t^5}\iiint_{\Omega}f(x^2+y^2+z^2)\mathrm{d}V$.

解析 先用球坐标计算三重积分，有

$$\iiint_{\Omega}f(x^2+y^2+z^2)\mathrm{d}V=\int_0^{2\pi}\mathrm{d}\theta\int_0^{2t}\mathrm{d}r\int_0^{\arccos\frac{r}{2t}}f(r^2)r^2\sin\varphi\mathrm{d}\varphi$$

$$=2\pi\int_0^{2t}r^2 f(r^2)(-\cos\varphi)\Big|_0^{\arccos\frac{r}{2t}}\mathrm{d}r$$

$$= 2\pi \int_0^{2t} r^2 f(r^2) \cdot \left(1 - \frac{r}{2t}\right) \mathrm{d}r$$

于是

$$原式 = 2\pi \lim_{t \to 0^+} \frac{t\int_0^{2t} r^2 f(r^2)\mathrm{d}r - \frac{1}{2}\int_0^{2t} r^3 f(r^2)\mathrm{d}r}{t^6}$$

$$\overset{\frac{0}{0}}{=\!=} 2\pi \lim_{t \to 0^+} \frac{\int_0^{2t} r^2 f(r^2)\mathrm{d}r}{6t^5} \overset{\frac{0}{0}}{=\!=} 2\pi \lim_{t \to 0^+} \frac{2(2t)^2 f(4t^2)}{30t^4}$$

$$= \frac{32}{15}\pi \lim_{t \to 0^+} \frac{f(4t^2) - f(0)}{4t^2} = \frac{32}{15}\pi f'(0)$$

例 5.23(全国 2019 年决赛题)　计算三重积分 $\iiint\limits_{\Omega} \dfrac{\mathrm{d}x\mathrm{d}y\mathrm{d}z}{(1 + x^2 + y^2 + z^2)^2}$,其中 Ω:

$0 \leqslant x \leqslant 1, 0 \leqslant y \leqslant 1, 0 \leqslant z \leqslant 1$.

解析　**方法 1**　采用柱坐标变换,Ω 的平行于 xOy 平面的截面为 $D: 0 \leqslant x \leqslant 1, 0 \leqslant y \leqslant 1$,后对 z 积分,得

$$原式 = \int_0^1 \mathrm{d}z \left(\int_0^{\pi/4} \mathrm{d}\theta \int_0^{\sec\theta} \frac{1}{(1 + z^2 + \rho^2)^2}\rho\mathrm{d}\rho + \int_{\pi/4}^{\pi/2} \mathrm{d}\theta \int_0^{\csc\theta} \frac{1}{(1 + z^2 + \rho^2)^2}\rho\mathrm{d}\rho\right)$$

$$= \frac{1}{2}\int_0^1 \mathrm{d}z \left(\int_0^{\pi/4} \frac{-1}{1 + z^2 + \rho^2}\bigg|_0^{\sec\theta} \mathrm{d}\theta + \int_{\pi/4}^{\pi/2} \frac{-1}{1 + z^2 + \rho^2}\bigg|_0^{\csc\theta} \mathrm{d}\theta\right)$$

$$= \frac{1}{2}\int_0^1 \mathrm{d}z \int_0^{\pi/2} \frac{1}{1 + z^2}\mathrm{d}\theta$$

$$- \frac{1}{2}\left(\int_0^1 \mathrm{d}z \int_0^{\pi/4} \frac{1}{1 + z^2 + \sec^2\theta}\mathrm{d}\theta + \int_0^1 \mathrm{d}z \int_{\pi/4}^{\pi/2} \frac{1}{1 + z^2 + \csc^2\theta}\mathrm{d}\theta\right)$$

在上式的第三个二次积分中令 $\theta = \dfrac{\pi}{2} - t$,作换元积分变换得

$$原式 = \frac{\pi}{4}\arctan z \bigg|_0^1$$

$$- \frac{1}{2}\left(\int_0^1 \mathrm{d}z \int_0^{\pi/4} \frac{1}{1 + z^2 + \sec^2\theta}\mathrm{d}\theta + \int_0^1 \mathrm{d}z \int_0^{\pi/4} \frac{1}{1 + z^2 + \sec^2 t}\mathrm{d}t\right)$$

$$= \frac{\pi^2}{16} - \int_0^1 \mathrm{d}z \int_0^{\pi/4} \frac{1}{1 + z^2 + \sec^2\theta}\mathrm{d}\theta = \frac{\pi^2}{16} - \int_0^{\pi/4} \mathrm{d}\theta \int_0^1 \frac{1}{1 + z^2 + \sec^2\theta}\mathrm{d}z$$

$$= \frac{\pi^2}{16} - \int_0^{\pi/4} \mathrm{d}\theta \int_0^{\pi/4} \frac{\sec^2 u}{\sec^2 u + \sec^2\theta}\mathrm{d}u \quad (其中\ z = \tan u)$$

再记上式中的二次积分为 I,先互换积分变量 θ, u,再交换二次积分的次序得

$$I = \int_0^{\pi/4} \mathrm{d}u \int_0^{\pi/4} \frac{\sec^2\theta}{\sec^2\theta + \sec^2 u}\mathrm{d}\theta = \int_0^{\pi/4} \mathrm{d}\theta \int_0^{\pi/4} \frac{\sec^2\theta}{\sec^2\theta + \sec^2 u}\mathrm{d}u$$

因此

$$I = \frac{1}{2} \left(\int_0^{\pi/4} \mathrm{d}\theta \int_0^{\pi/4} \frac{\sec^2 u}{\sec^2 u + \sec^2 \theta} \mathrm{d}u + \int_0^{\pi/4} \mathrm{d}\theta \int_0^{\pi/4} \frac{\sec^2 \theta}{\sec^2 \theta + \sec^2 u} \mathrm{d}u \right)$$

$$= \frac{1}{2} \int_0^{\pi/4} \mathrm{d}\theta \int_0^{\pi/4} \left(\frac{\sec^2 u}{\sec^2 u + \sec^2 \theta} + \frac{\sec^2 \theta}{\sec^2 \theta + \sec^2 u} \right) \mathrm{d}u$$

$$= \frac{1}{2} \int_0^{\pi/4} \mathrm{d}\theta \int_0^{\pi/4} \mathrm{d}u = \frac{\pi^2}{32}$$

故

$$原式 = \frac{\pi^2}{16} - I = \frac{\pi^2}{16} - \frac{\pi^2}{32} = \frac{\pi^2}{32}$$

方法 2 采用柱坐标变换，Ω 的平行于 xOy 平面的截面为 $D: 0 \leqslant x \leqslant 1, 0 \leqslant y \leqslant 1$，后对 z 积分. 由于 $\dfrac{1}{(1+x^2+y^2+z^2)^2}$ 对 x, y 具有轮换性，截面 D 关于直线 $y = x$ 对称，则

$$原式 = 2 \int_0^1 \mathrm{d}z \iint_{D(y \leqslant x)} \frac{1}{(1+x^2+y^2+z^2)^2} \mathrm{d}x\mathrm{d}y$$

$$= 2 \int_0^1 \mathrm{d}z \int_0^{\pi/4} \mathrm{d}\theta \int_0^{\sec\theta} \frac{1}{(1+z^2+\rho^2)^2} \rho \mathrm{d}\rho$$

$$= \int_0^1 \mathrm{d}z \int_0^{\pi/4} \frac{-1}{1+z^2+\rho^2} \bigg|_0^{\sec\theta} \mathrm{d}\theta$$

$$= \int_0^1 \mathrm{d}z \int_0^{\pi/4} \frac{1}{1+z^2} \mathrm{d}\theta - \int_0^1 \mathrm{d}z \int_0^{\pi/4} \frac{1}{1+z^2+\sec^2\theta} \mathrm{d}\theta$$

$$= \frac{\pi}{4} \arctan z \bigg|_0^1 - \int_0^{\pi/4} \mathrm{d}\theta \int_0^1 \frac{1}{1+z^2+\sec^2\theta} \mathrm{d}z \quad (令 \ z = \tan u)$$

$$= \frac{\pi^2}{16} - \int_0^{\pi/4} \mathrm{d}\theta \int_0^{\pi/4} \frac{\sec^2 u}{\sec^2 u + \sec^2 \theta} \mathrm{d}u$$

余下解法同方法 1，从略.

例 5.24（北京市 1997 年竞赛题） 已知 $f(x)$ 在 $[0,1]$ 上连续，且 $\int_0^1 f(x)\mathrm{d}x = m$，试求 $\int_0^1 \int_x^1 \int_x^y f(x)f(y)f(z)\mathrm{d}x\mathrm{d}y\mathrm{d}z$.

解析 令 $F(u) = \int_0^u f(t)\mathrm{d}t$，则 $F(0) = 0, F(1) = m, F'(u) = f(u)$. 由于

$$\int_x^y f(z)\mathrm{d}z = F(u) \bigg|_x^y = F(y) - F(x)$$

$$\int_x^1 f(y)[F(y) - F(x)]\mathrm{d}y$$

$$= \int_x^1 [F(y) - F(x)]\mathrm{d}F(y) = \int_x^1 F(y)\mathrm{d}F(y) - \int_x^1 F(x)\mathrm{d}F(y)$$

$$= \frac{1}{2}F^2(y) \bigg|_x^1 - F(x)F(y) \bigg|_x^1 = \frac{1}{2}m^2 + \frac{1}{2}F^2(x) - mF(x)$$

于是

$$原式 = \int_0^1 f(x) \left[\frac{1}{2}m^2 + \frac{1}{2}F^2(x) - mF(x) \right] \mathrm{d}x$$

$$= \int_0^1 \left[\frac{1}{2}m^2 + \frac{1}{2}F^2(x) - mF(x) \right] \mathrm{d}F(x)$$

$$= \left[\frac{1}{2}m^2 F(x) + \frac{1}{6}F^3(x) - \frac{1}{2}mF^2(x) \right] \Big|_0^1$$

$$= \frac{1}{2}m^3 + \frac{1}{6}m^3 - \frac{1}{2}m^3 = \frac{1}{6}m^3$$

例 5.25（全国 2016 年预赛题）   某物体所在的空间区域为

$$\Omega : x^2 + y^2 + 2z^2 \leqslant x + y + 2z$$

密度函数为 $x^2 + y^2 + z^2$，求质量 $M = \iiint\limits_{\Omega} (x^2 + y^2 + z^2) \mathrm{d}x \mathrm{d}y \mathrm{d}z$.

解析   作平移变换，令 $x - \frac{1}{2} = u, y - \frac{1}{2} = v, z - \frac{1}{2} = w, \Omega$ 化为 $\Omega_1 : u^2 + v^2 + 2w^2 \leqslant 1$，体积微元 $\mathrm{d}V = \mathrm{d}x\mathrm{d}y\mathrm{d}z = \mathrm{d}u\mathrm{d}v\mathrm{d}w$，并应用三重积分的偶倍奇零性，得

$$M = \iiint\limits_{\Omega_1} \left(\frac{1}{4} + u + u^2 + \frac{1}{4} + v + v^2 + \frac{1}{4} + w + w^2 \right) \mathrm{d}u\mathrm{d}v\mathrm{d}w$$

$$= \frac{3}{4}V(\Omega_1) + 0 + \iiint\limits_{\Omega_1} (u^2 + v^2 + w^2) \mathrm{d}u\mathrm{d}v\mathrm{d}w$$

$$= \frac{\sqrt{2}}{2}\pi + \iiint\limits_{\Omega_1} (u^2 + v^2 + w^2) \mathrm{d}u\mathrm{d}v\mathrm{d}w$$

再作广义球坐标变换，令

$$u = r\sin\varphi\cos\theta, \ v = r\sin\varphi\sin\theta, \ w = \frac{1}{\sqrt{2}}r\cos\varphi \Rightarrow |J| = \frac{1}{\sqrt{2}}r^2\sin\varphi$$

则

$$\iiint\limits_{\Omega_1} (u^2 + v^2 + w^2) \mathrm{d}u\mathrm{d}v\mathrm{d}w = \frac{1}{\sqrt{2}} \int_0^{2\pi} \mathrm{d}\theta \int_0^{\pi} \mathrm{d}\varphi \int_0^1 \left(r^2\sin^2\varphi + \frac{1}{2}r^2\cos^2\varphi \right) r^2\sin\varphi \mathrm{d}r$$

$$= \frac{\sqrt{2}}{5}\pi \int_0^{\pi} \left(\sin^2\varphi + \frac{1}{2}\cos^2\varphi \right) \sin\varphi \mathrm{d}\varphi$$

$$= \frac{\sqrt{2}}{5}\pi \left(\frac{1}{6}\cos^3\varphi - \cos\varphi \right) \Big|_0^{\pi} = \frac{\sqrt{2}}{3}\pi$$

于是 $M = \dfrac{\sqrt{2}}{2}\pi + \dfrac{\sqrt{2}}{3}\pi = \dfrac{5\sqrt{2}}{6}\pi$.

5.2.4 与重积分有关的不等式的证明(例 5.26—5.31)

例 5.26(清华大学 1985 年竞赛题) 已知函数 $f(x)$ 在 $[0,1]$ 上连续且单调减，

又 $f(x) > 0$，证明 $\dfrac{\int_0^1 xf^2(x)\mathrm{d}x}{\int_0^1 xf(x)\mathrm{d}x} \leqslant \dfrac{\int_0^1 f^2(x)\mathrm{d}x}{\int_0^1 f(x)\mathrm{d}x}$，并给予物理解释.

解析 由于 $f(x) > 0$，$f(y) > 0$，$[f(x) - f(y)](x - y) \leqslant 0$，所以

$$f(x)f(y)[f(x) - f(y)](x - y) \leqslant 0$$

$$\Leftrightarrow \quad f(x)f(y)[xf(x) + yf(y)] \leqslant f(x)f(y)[xf(y) + yf(x)]$$

$$\Leftrightarrow \quad xf^2(x)f(y) + yf^2(y)f(x) \leqslant xf(x)f^2(y) + yf(y)f^2(x)$$

应用二重积分的保号性，取 $D:\{(x,y) \mid 0 \leqslant x \leqslant 1, 0 \leqslant y \leqslant 1\}$，则

$$\iint\limits_D [xf^2(x)f(y) + yf^2(y)f(x)]\mathrm{d}x\mathrm{d}y \leqslant \iint\limits_D [xf(x)f^2(y) + yf(y)f^2(x)]\mathrm{d}x\mathrm{d}y$$

由于

$$\iint\limits_D [xf^2(x)f(y) + yf^2(y)f(x)]\mathrm{d}x\mathrm{d}y$$

$$= \int_0^1 xf^2(x)\mathrm{d}x \cdot \int_0^1 f(y)\mathrm{d}y + \int_0^1 yf^2(y)\mathrm{d}y \cdot \int_0^1 f(x)\mathrm{d}x$$

$$= 2\int_0^1 xf^2(x)\mathrm{d}x \cdot \int_0^1 f(x)\mathrm{d}x$$

$$\iint\limits_D [xf(x)f^2(y) + yf(y)f^2(x)]\mathrm{d}x\mathrm{d}y$$

$$= \int_0^1 xf(x)\mathrm{d}x \cdot \int_0^1 f^2(y)\mathrm{d}y + \int_0^1 yf(y)\mathrm{d}y \cdot \int_0^1 f^2(x)\mathrm{d}x$$

$$= 2\int_0^1 xf(x)\mathrm{d}x \cdot \int_0^1 f^2(x)\mathrm{d}x$$

故有

$$\int_0^1 xf^2(x)\mathrm{d}x \cdot \int_0^1 f(x)\mathrm{d}x \leqslant \int_0^1 xf(x)\mathrm{d}x \cdot \int_0^1 f^2(x)\mathrm{d}x$$

$$\Leftrightarrow \quad \frac{\int_0^1 xf^2(x)\mathrm{d}x}{\int_0^1 xf(x)\mathrm{d}x} \leqslant \frac{\int_0^1 f^2(x)\mathrm{d}x}{\int_0^1 f(x)\mathrm{d}x}$$

物理解释：两根长为 1 的直杆放在 x 轴的区间 $[0,1]$ 上，第一根直杆的线密度函数为 $f^2(x)$，其重心坐标为 x_1，第二根直杆的线密度函数为 $f(x)$，其重心坐标为

x_2,则 $x_1 \leqslant x_2$,这里

$$x_1 = \frac{\int_0^1 x f^2(x)\,\mathrm{d}x}{\int_0^1 f^2(x)\,\mathrm{d}x}, \qquad x_2 = \frac{\int_0^1 x f(x)\,\mathrm{d}x}{\int_0^1 f(x)\,\mathrm{d}x}$$

例 5.27(莫斯科化工机械学院 1977 年竞赛题)　求证不等式

$$\frac{\pi}{2}\left(1 - \mathrm{e}^{-\frac{x^2}{2}}\right) < \left(\int_0^x \mathrm{e}^{-\frac{1}{2}t^2}\,\mathrm{d}t\right)^2 < \frac{\pi}{2}\left(1 - \mathrm{e}^{-x^2}\right) \quad (x > 0)$$

解析　取 $D = \{(u,\ v) \mid 0 \leqslant u \leqslant x,\ 0 \leqslant v \leqslant x\}$,则

$$\iint\limits_D \mathrm{e}^{-\frac{1}{2}(u^2+v^2)}\,\mathrm{d}u\mathrm{d}v = \int_0^x \mathrm{e}^{-\frac{1}{2}u^2}\,\mathrm{d}u \cdot \int_0^x \mathrm{e}^{-\frac{1}{2}v^2}\,\mathrm{d}v = \left(\int_0^x \mathrm{e}^{-\frac{1}{2}t^2}\,\mathrm{d}t\right)^2 \tag{1}$$

取 $D_1 = \{(u,v) \mid u^2+v^2 \leqslant x^2, u \geqslant 0, v \geqslant 0\}$,$D_2 = \{(u,v) \mid u^2+v^2 \leqslant 2x^2, u \geqslant 0, v \geqslant 0\}$,则 D_1 为 D 的真子集,D 为 D_2 的真子集,而 $\mathrm{e}^{-\frac{1}{2}(u^2+v^2)} > 0$,所以

$$\iint\limits_D \mathrm{e}^{-\frac{1}{2}(u^2+v^2)}\,\mathrm{d}u\mathrm{d}v > \iint\limits_{D_1} \mathrm{e}^{-\frac{1}{2}(u^2+v^2)}\,\mathrm{d}u\mathrm{d}v = \int_0^{\frac{\pi}{2}}\mathrm{d}\theta \int_0^x \mathrm{e}^{-\frac{1}{2}\rho^2}\rho\mathrm{d}\rho$$

$$= \frac{\pi}{2} \cdot (-\mathrm{e}^{-\frac{1}{2}\rho^2}) \Big|_0^x = \frac{\pi}{2}(1 - \mathrm{e}^{-\frac{1}{2}x^2}) \tag{2}$$

$$\iint\limits_D \mathrm{e}^{-\frac{1}{2}(u^2+v^2)}\,\mathrm{d}u\mathrm{d}v < \iint\limits_{D_2} \mathrm{e}^{-\frac{1}{2}(u^2+v^2)}\,\mathrm{d}u\mathrm{d}v = \int_0^{\frac{\pi}{2}}\mathrm{d}\theta \int_0^{\sqrt{2}x} \mathrm{e}^{-\frac{1}{2}\rho^2}\rho\mathrm{d}\rho$$

$$= \frac{\pi}{2}(-\mathrm{e}^{-\frac{1}{2}\rho^2}) \Big|_0^{\sqrt{2}x} = \frac{\pi}{2}(1 - \mathrm{e}^{-x^2}) \tag{3}$$

综合(1),(2),(3)式即得原不等式成立.

例 5.28(广东省 1991 年竞赛题)　设 D 域是 $x^2 + y^2 \leqslant 1$,试证明不等式

$$\frac{61}{165}\pi \leqslant \iint\limits_D \sin\sqrt{(x^2+y^2)^3}\,\mathrm{d}x\mathrm{d}y \leqslant \frac{2}{5}\pi$$

解析　运用极坐标变换,有

$$\iint\limits_D \sin\sqrt{(x^2+y^2)^3}\,\mathrm{d}x\mathrm{d}y = \int_0^{2\pi}\mathrm{d}\theta \int_0^1 \rho\sin(\rho^3)\mathrm{d}\rho = 2\pi\int_0^1 \rho\sin(\rho^3)\mathrm{d}\rho$$

下面先证明:$x \geqslant 0$ 时,有 $\sin x \leqslant x$,$\sin x \geqslant x - \dfrac{x^3}{6}$. 令 $f(x) = x - \sin x$,则 $f'(x) = 1 - \cos x \geqslant 0$,于是 $f(x)$ 单调增加,$f(x) \geqslant f(0) = 0$,即 $\sin x \leqslant x$. 再令 $g(x) = \sin x - x + \dfrac{x^3}{6}$,则 $g'(x) = \cos x - 1 + \dfrac{x^2}{2}$,$g''(x) = -\sin x + x \geqslant 0$,于是 $g'(x)$ 单调增加,$g'(x) \geqslant g'(0) = 0$,$g(x)$ 单调增加,$g(x) \geqslant g(0) = 0$,即 $\sin x \geqslant x - \dfrac{x^3}{6}$. 取 $x = \rho^3(\rho \geqslant 0)$,得 $\sin(\rho^3) \leqslant \rho^3$,$\sin(\rho^3) \geqslant \rho^3 - \dfrac{\rho^9}{6}$.

设原二重积分的值为 I,于是

$$I \leqslant 2\pi \int_0^1 \rho \cdot \rho^3 \mathrm{d}\rho = \frac{2}{5}\pi, \quad I \geqslant 2\pi \int_0^1 \rho\left(\rho^3 - \frac{\rho^9}{6}\right)\mathrm{d}\rho = \frac{61}{165}\pi$$

即 $\dfrac{61}{165}\pi \leqslant \iint\limits_D \sin\sqrt{(x^2+y^2)^3}\,\mathrm{d}x\mathrm{d}y \leqslant \dfrac{2}{5}\pi$.

例 5.29(全国 2014 年决赛题)   设 $I = \iint\limits_D f(x,y)\mathrm{d}x\mathrm{d}y$,其中

$$D = \{(x,y)\,|\,0 \leqslant x \leqslant 1, 0 \leqslant y \leqslant 1\}$$

函数 $f(x,y)$ 在 D 上有连续的二阶偏导数.若对任何 x,y 有 $f(0,y)=f(x,0)=0$,且 $\dfrac{\partial^2 f}{\partial x \partial y} \leqslant A$,证明:$I \leqslant \dfrac{A}{4}$.

解析   将二重积分化为二次积分,再分部积分,得

$$I = \int_0^1 \mathrm{d}x \int_0^1 f(x,y)\mathrm{d}y = \int_0^1 \mathrm{d}x \int_0^1 f(x,y)\mathrm{d}(y-1)$$

$$= \int_0^1 \mathrm{d}x \left((y-1)f(x,y) \Big|_{y=0}^{y=1} - \int_0^1 (y-1)\,f_y'(x,y)\mathrm{d}y \right)$$

$$= \int_0^1 \mathrm{d}x \left(0 - (-f(x,0)) - \int_0^1 (y-1)\,f_y'(x,y)\mathrm{d}y \right)$$

$$= -\int_0^1 \mathrm{d}x \int_0^1 (y-1)\,f_y'(x,y)\mathrm{d}y \quad (下面交换积分次序,再分部积分)$$

$$= -\int_0^1 \mathrm{d}y \int_0^1 (y-1)f_y'(x,y)\mathrm{d}x = -\int_0^1 \mathrm{d}y \int_0^1 (y-1)f_y'(x,y)\mathrm{d}(x-1)$$

$$= -\int_0^1 \mathrm{d}y \left((x-1)(y-1)f_y'(x,y) \Big|_{x=0}^{x=1} - \int_0^1 (x-1)(y-1)f_{xy}''(x,y)\mathrm{d}x \right)$$

$$= -\int_0^1 \mathrm{d}y \left(0 - (-(y-1)f_y'(0,y)) - \int_0^1 (x-1)(y-1)f_{xy}''(x,y)\mathrm{d}x \right)$$

$$= \int_0^1 \mathrm{d}y \int_0^1 (x-1)(y-1)\,f_{xy}''(x,y)\mathrm{d}x = \iint\limits_D (x-1)(y-1)\,f_{xy}''(x,y)\mathrm{d}x\mathrm{d}y$$

$$\leqslant A\iint\limits_D (x-1)(y-1)\mathrm{d}x\mathrm{d}y = A\,\frac{1}{2}(x-1)^2 \Big|_0^1 \cdot \frac{1}{2}(y-1)^2 \Big|_0^1 = \frac{A}{4}$$

例 5.30(广东省 1991 年竞赛题)   设二元函数 $f(x,y)$ 在区域 $D=\{0 \leqslant x \leqslant 1,$ $0 \leqslant y \leqslant 1\}$ 上具有连续的四阶偏导数,并且 $f(x,y)$ 在区域 D 的边界上恒为 0,又已知 $\left| \dfrac{\partial^4 f}{\partial x^2 \partial y^2} \right| \leqslant 3$,试证明:$\left| \iint\limits_D f(x,y)\mathrm{d}x\mathrm{d}y \right| \leqslant \dfrac{1}{48}$.

$\left(提示:考虑二重积分 \iint\limits_D xy(1-x)(1-y)\dfrac{\partial^4 f}{\partial x^2 \partial y^2}\mathrm{d}\sigma\right)$

解析   由于 $f(x,0) \equiv 0, f(x,1) \equiv 0$,所以

$$\frac{\partial f}{\partial x}\bigg|_{y=0}=(f(x,0))'=0'=0,\quad \frac{\partial^2 f}{\partial x^2}\bigg|_{y=0}=(f(x,0))''=0''=0$$

$$\frac{\partial f}{\partial x}\bigg|_{y=1}=(f(x,1))'=0'=0,\quad \frac{\partial^2 f}{\partial x^2}\bigg|_{y=1}=(f(x,1))''=0''=0$$

再考察题给的二重积分,逐次应用分部积分法,得

$$\iint\limits_{D}xy(1-x)(1-y)\frac{\partial^4 f}{\partial x^2\partial y^2}\mathrm{d}x\mathrm{d}y$$

$$=\int_0^1 x(1-x)\mathrm{d}x\int_0^1 y(1-y)\mathrm{d}_y\left(\frac{\partial^3 f}{\partial x^2\partial y}\right)$$

$$=\int_0^1 x(1-x)\left(y(1-y)\frac{\partial^3 f}{\partial x^2\partial y}\bigg|_{y=0}^{y=1}-\int_0^1(1-2y)\frac{\partial^3 f}{\partial x^2\partial y}\mathrm{d}y\right)\mathrm{d}x$$

$$=-\int_0^1 x(1-x)\mathrm{d}x\int_0^1(1-2y)\mathrm{d}_y\left(\frac{\partial^2 f}{\partial x^2}\right)$$

$$=-\int_0^1 x(1-x)\left((1-2y)\frac{\partial^2 f}{\partial x^2}\bigg|_{y=0}^{y=1}+2\int_0^1\frac{\partial^2 f}{\partial x^2}\mathrm{d}y\right)\mathrm{d}x$$

$$=-2\int_0^1\mathrm{d}y\int_0^1 x(1-x)\mathrm{d}_x\left(\frac{\partial f}{\partial x}\right)$$

$$=-2\int_0^1\left(x(1-x)\frac{\partial f}{\partial x}\bigg|_{x=0}^{x=1}-\int_0^1(1-2x)\frac{\partial f}{\partial x}\mathrm{d}x\right)\mathrm{d}y$$

$$=2\int_0^1\mathrm{d}y\int_0^1(1-2x)\mathrm{d}_x f=2\int_0^1\left((1-2x)f(x,y)\bigg|_{x=0}^{x=1}+2\int_0^1 f(x,y)\mathrm{d}x\right)\mathrm{d}y$$

$$=4\int_0^1\mathrm{d}y\int_0^1 f(x,y)\mathrm{d}x=4\iint\limits_{D}f(x,y)\mathrm{d}x\mathrm{d}y\quad(\text{因 }f(0,y)\equiv0,f(1,y)\equiv0)$$

因此

$$\left|\iint\limits_{D}f(x,y)\mathrm{d}x\mathrm{d}y\right|\leqslant\frac{1}{4}\iint\limits_{D}xy(1-x)(1-y)\left|\frac{\partial^4 f}{\partial x^2\partial y^2}\right|\mathrm{d}x\mathrm{d}y$$

$$\leqslant\frac{3}{4}\iint\limits_{D}xy(1-x)(1-y)\mathrm{d}x\mathrm{d}y$$

$$=\frac{3}{4}\int_0^1 x(1-x)\mathrm{d}x\cdot\int_0^1 y(1-y)\mathrm{d}y$$

$$=\frac{3}{4}\left(\frac{1}{2}x^2-\frac{1}{3}x^3\right)\bigg|_0^1\cdot\left(\frac{1}{2}y^2-\frac{1}{3}y^3\right)\bigg|_0^1=\frac{1}{48}$$

例 5.31(全国 2015 年预赛题)　设 $f(x,y)$ 在 $x^2+y^2\leqslant1$ 上有连续的二阶偏导数,$f(0,0)=0,f'_x(0,0)=f'_y(0,0)=0$,$(f''_{xx})^2+2(f''_{xy})^2+(f''_{yy})^2\leqslant M$,证明:

$$\left|\iint\limits_{x^2+y^2\leqslant1}f(x,y)\mathrm{d}x\mathrm{d}y\right|\leqslant\frac{\pi\sqrt{M}}{4}$$

解析　函数 $f(x,y)$ 的一阶马克劳林展开式为

$$f(x,y) = f(0,0) + xf'_x(0,0) + yf'_y(0,0) + \frac{1}{2}\big[x^2 f''_{xx}(\theta x,\theta y)$$
$$+ 2xy f''_{xy}(\theta x,\theta y) + y^2 f''_{yy}(\theta x,\theta y)\big]$$
$$= \frac{1}{2}\big[x^2 f''_{xx}(\theta x,\theta y) + 2xy f''_{xy}(\theta x,\theta y) + y^2 f''_{yy}(\theta x,\theta y)\big]$$

应用柯西-施瓦茨不等式得

$$\big[x^2 f''_{xx}(\theta x,\theta y) + 2xy f''_{xy}(\theta x,\theta y) + y^2 f''_{yy}(\theta x,\theta y)\big]^2$$
$$= \big[x^2 \cdot f''_{xx}(\theta x,\theta y) + \sqrt{2}\,xy \cdot \sqrt{2}\,f''_{xy}(\theta x,\theta y) + y^2 \cdot f''_{yy}(\theta x,\theta y)\big]^2$$
$$\leqslant (x^4 + 2x^2 y^2 + y^4) \cdot \big[(f''_{xx}(\theta x,\theta y))^2 + 2(f''_{xy}(\theta x,\theta y))^2 + (f''_{yy}(\theta x,\theta y))^2\big]$$

于是

$$|f(x,\ y)| \leqslant \frac{1}{2}(x^2 + y^2) \cdot \sqrt{(f''_{xx}(\theta x,\theta y))^2 + 2(f''_{xy}(\theta x,\theta y))^2 + (f''_{yy}(\theta x,\theta y))^2}$$
$$\leqslant \frac{1}{2}\sqrt{M}(x^2 + y^2)$$

所以

$$\left| \iint\limits_{x^2+y^2\leqslant 1} f(x,y)\mathrm{d}x\mathrm{d}y \right| \leqslant \iint\limits_{x^2+y^2\leqslant 1} |f(x,y)|\,\mathrm{d}x\mathrm{d}y \leqslant \frac{1}{2}\sqrt{M} \iint\limits_{x^2+y^2\leqslant 1} (x^2+y^2)\mathrm{d}x\mathrm{d}y$$
$$= \frac{1}{2}\sqrt{M}\int_0^{2\pi}\mathrm{d}\theta\int_0^1 \rho^3\mathrm{d}\rho = \frac{\pi\sqrt{M}}{4}$$

5.2.5 重积分的应用题(例 5.32—5.35)

例 5.32(江苏省 2000 年竞赛题) 已知两个球的半径分别是 a 和 $b(a>b)$,且小球球心在大球球面上,试求小球在大球内的那一部分的体积.

解析 方法 1 用二重积分计算. 如图,设大球面的方程为

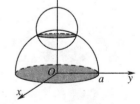

$$x^2 + y^2 + z^2 = a^2$$

小球面的方程为

$$x^2 + y^2 + (z-a)^2 = b^2$$

两球面的交线在 xOy 平面上的投影所围的区域 D 为 $x^2 + y^2 \leqslant \left(\dfrac{b}{2a}\sqrt{4a^2-b^2}\right)^2$,则所求立体的体积为$\left(\text{记 } k = \dfrac{b}{2a}\sqrt{4a^2-b^2}\right)$

$$V = \iint\limits_{D}\big[\sqrt{a^2-x^2-y^2} - (a - \sqrt{b^2-x^2-y^2})\big]\mathrm{d}x\mathrm{d}y$$

$$= \int_0^{2\pi} d\theta \int_0^k (\sqrt{a^2 - \rho^2} + \sqrt{b^2 - \rho^2}) \rho d\rho - \iint\limits_D a \, dx dy$$

$$= 2\pi \left(-\frac{1}{3}(a^2 - \rho^2)^{\frac{3}{2}} - \frac{1}{3}(b^2 - \rho^2)^{\frac{3}{2}} \right) \Big|_0^k - a\pi k^2$$

$$= \frac{2}{3}\pi \left[a^3 - (a^2 - k^2)^{\frac{3}{2}} + b^3 - (b^2 - k^2)^{\frac{3}{2}} \right] - a\pi k^2$$

$$= \frac{2}{3}\pi \left(\frac{3}{2}ab^2 - \frac{3b^4}{4a} + b^3 \right) - \pi \left(ab^2 - \frac{b^4}{4a} \right) = \pi b^3 \left(\frac{2}{3} - \frac{b}{4a} \right)$$

方法 2　用定积分计算. 如图,设大圆的方程为 $x^2 + y^2 = a^2$,小圆的方程为 $x^2 + (y-a)^2 = b^2$. 两圆方程联立解得交点的纵坐标为 $y_0 = a - \dfrac{b^2}{2a}$. 所求立体为两圆公共区域绕 y 轴旋转一周的旋转体,其体积为

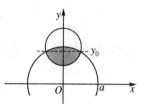

$$V = \pi \int_{a-b}^{y_0} x_1^2 dy + \pi \int_{y_0}^a x_2^2 dy$$

这里 $x_1^2 = b^2 - (y-a)^2$,$x_2^2 = a^2 - y^2$. 于是

$$V = \pi \int_{a-b}^{y_0} [b^2 - (y-a)^2] dy + \pi \int_{y_0}^a (a^2 - y^2) dy$$

$$= \pi b^2 (y_0 - a + b) - \frac{\pi}{3}(y-a)^3 \Big|_{a-b}^{y_0} + \pi a^2 (a - y_0) - \frac{\pi}{3} y^3 \Big|_{y_0}^a$$

$$= \pi \Big[b^2 y_0 - ab^2 + b^3 - \frac{1}{3}(y_0^3 - 3y_0^2 a + 3y_0 a^2 - a^3) - \frac{1}{3}b^3 $$
$$+ a^3 - a^2 y_0 - \frac{a^3}{3} + \frac{y_0^3}{3} \Big]$$

$$= \pi \left(a^3 + \frac{2}{3}b^3 - ab^2 - \frac{4a^4 - 4a^2 b^2 + b^4}{4a} \right) = \pi b^3 \left(\frac{2}{3} - \frac{b}{4a} \right)$$

例 5.33(江苏省 1991 年竞赛题)　求由曲面 $x^2 + y^2 = cz$,$x^2 - y^2 = \pm a^2$,$xy = \pm b^2$ 和 $z = 0$ 围成区域的体积(其中 a,b,c 为正实数).

解析　题中 6 个曲面关于 yOz 平面对称,关于 zOx 平面也对称,yOz 平面与 zOx 平面将该区域分为 4 块等体积区域,将第一卦限的一块投影到 xOy 平面上得区域 D. 其中,区域 $OABO$ 记为 D_1,$\angle AOB = \alpha$;区域 $OBCO$ 记为 D_2,$\angle AOC$ 记为 β(如图所示). $\overset{\frown}{AB}$,$\overset{\frown}{BC}$,$\overset{\frown}{CE}$ 的极坐标分别为

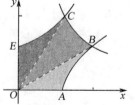

$$\rho_1^2 = \frac{a^2}{\cos 2\theta}, \qquad \rho_2^2 = \frac{2b^2}{\sin 2\theta}, \qquad \rho_3^2 = \frac{-a^2}{\cos 2\theta}$$

因此立体区域的体积为

$$V = 4\iint_D \frac{1}{c}(x^2+y^2)\mathrm{d}x\mathrm{d}y = 4\int_0^{\frac{\pi}{2}}\mathrm{d}\theta\int_0^{\rho(\theta)}\frac{1}{c}\rho^3\mathrm{d}\rho$$

$$= \frac{4}{c}\int_0^{\alpha}\mathrm{d}\theta\int_0^{\rho_1(\theta)}\rho^3\mathrm{d}\rho + \frac{4}{c}\int_{\alpha}^{\beta}\mathrm{d}\theta\int_0^{\rho_2(\theta)}\rho^3\mathrm{d}\rho + \frac{4}{c}\int_{\beta}^{\frac{\pi}{2}}\mathrm{d}\theta\int_0^{\rho_3(\theta)}\rho^3\mathrm{d}\rho$$

$$= \frac{1}{c}\int_0^{\alpha}\frac{a^4}{\cos^2 2\theta}\mathrm{d}\theta + \frac{1}{c}\int_{\alpha}^{\beta}\frac{4b^4}{\sin^2 2\theta}\mathrm{d}\theta + \frac{1}{c}\int_{\beta}^{\frac{\pi}{2}}\frac{a^4}{\cos^2 2\theta}\mathrm{d}\theta$$

$$= \frac{a^4}{2c}\tan 2\alpha - \frac{2b^4}{c}\cot 2\theta\Big|_{\alpha}^{\beta} + \frac{a^4}{2c}\tan 2\theta\Big|_{\beta}^{\frac{\pi}{2}}$$

由于 $\rho_1(\alpha) = \rho_2(\alpha)$，$\rho_2(\beta) = \rho_3(\beta)$，所以 $\tan 2\alpha = \frac{2b^2}{a^2}$，$\tan 2\beta = -\frac{2b^2}{a^2}$，于是

$$V = \frac{a^2 b^2}{c} - \frac{2b^4}{c}\left(-\frac{a^2}{2b^2} - \frac{a^2}{2b^2}\right) + \frac{a^4}{2c}\left(0 + \frac{2b^2}{a^2}\right) = \frac{4}{c}a^2 b^2$$

例 5.34（全国 2019 年考研题） 设 Ω 是由锥面 $x^2 + (y-2)^2 = (1-z)^2$（$0 \leqslant z \leqslant 1$）与平面 $z = 0$ 围成的锥体，求 Ω 的形心坐标.

解析 设 Ω 的形心坐标为 $(\bar{x}, \bar{y}, \bar{z})$. 由于锥体关于平面 $x = 0$ 对称，又关于平面 $y = 2$ 对称（见右图），所以 $\bar{x} = 0$，$\bar{y} = 2$. 下面求 $\bar{z}$.

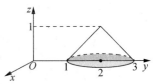

锥体的体积为 $V = \frac{1}{3}\pi$，又平面 $Z = z$ 与锥体的截面是圆域 $D(z): x^2 + (y-2)^2 \leqslant (1-z)^2$，采用先二后一法计算三重积分，得

$$\bar{z} = \frac{1}{V}\iiint_{\Omega} z\mathrm{d}x\mathrm{d}y\mathrm{d}z = \frac{3}{\pi}\int_0^1 \mathrm{d}z\iint_{D(z)} z\mathrm{d}x\mathrm{d}y = \frac{3}{\pi}\int_0^1 z\pi(1-z)^2\mathrm{d}z$$

$$= 3\left(\frac{1}{2} - \frac{2}{3} + \frac{1}{4}\right) = \frac{1}{4}$$

于是锥体的形心为 $\left(0, 2, \frac{1}{4}\right)$.

例 5.35（陕西省 1999 年竞赛题） 给定面密度为 1 的平面薄板 $D: x^2 \leqslant y \leqslant 1$，求该薄板关于过 D 的重心和点 $(1,1)$ 的直线的转动惯量.

解析 设重心的坐标为 $(\bar{x}, \bar{y})$，由于 D 关于 $\bar{x} = 0$ 对称，可知 $\bar{x} = 0$，且

$$\bar{y} = \frac{\iint_D y\mathrm{d}\sigma}{\iint_D \mathrm{d}\sigma} = \frac{\int_{-1}^1 \mathrm{d}x\int_{x^2}^1 y\mathrm{d}y}{\int_{-1}^1 \mathrm{d}x\int_{x^2}^1 \mathrm{d}y} = \frac{\int_0^1 (1-x^4)\mathrm{d}x}{2\int_0^1 (1-x^2)\mathrm{d}x} = \frac{3}{5}$$

于是 D 的重心为 $\left(0, \frac{3}{5}\right)$.

过重心与点 $(1,1)$ 的直线 L 的方程为 $2x - 5y + 3 = 0$. 由于 D 上任一点 (x,y)

到直线 L 的距离为 $d = \dfrac{|2x - 5y + 3|}{\sqrt{29}}$，故所求转动惯量为

$$I = \frac{1}{29} \iint\limits_D (2x - 5y + 3)^2 \mathrm{d}\sigma$$

$$= \frac{1}{29} \iint\limits_D (4x^2 + 25y^2 + 9 - 20xy + 12x - 30y)\mathrm{d}x\mathrm{d}y$$

因区域 D 关于 $x = 0$ 对称（见右图），$4x^2 + 9 + 25y^2 - 30y$ 关于 x 为偶函数，$-20xy + 12x$ 关于 x 为奇函数，应用二重积分的偶倍奇零性，得

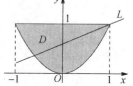

$$I = \frac{2}{29} \int_0^1 \mathrm{d}x \int_{x^2}^1 (4x^2 + 9 + 25y^2 - 30y)\mathrm{d}y$$

$$= \frac{2}{29} \int_0^1 \left[(4x^2 + 9)(1 - x^2) + \frac{25}{3}(1 - x^6) - 15(1 - x^4) \right]\mathrm{d}x$$

$$= \frac{2}{29} \int_0^1 \left(\frac{7}{3} - 5x^2 + 11x^4 - \frac{25}{3}x^6 \right)\mathrm{d}x$$

$$= \frac{2}{29} \left(\frac{7}{3} - \frac{5}{3} + \frac{11}{5} - \frac{25}{21} \right) = \frac{352}{3045}$$

即所求转动惯量为 $\dfrac{352}{3045}$.

5.2.6　反常重积分的计算（例 5.36—5.38）

例 5.36（全国 2015 年预赛题）　设区间 $(0, +\infty)$ 上的函数定义为

$$u(x) = \int_0^{+\infty} \mathrm{e}^{-xt^2} \mathrm{d}t$$

求 $u(x)$ 的初等函数表达式.

解析　考察无穷区域 $D: 0 \leqslant u < +\infty, 0 \leqslant v < +\infty$ 上的反常二重积分

$$F(x) = \iint\limits_D \exp(-x(u^2 + v^2))\mathrm{d}u\mathrm{d}v \quad (x > 0)$$

分别取 $D_1(t): u^2 + v^2 \leqslant t^2, u \geqslant 0, v \geqslant 0$；$D_2(t): 0 \leqslant u \leqslant t, 0 \leqslant v \leqslant t$. 在 $D_1(t)$ 上用极坐标计算，在 $D_2(t)$ 上用直角坐标计算，得

$$F(x) = \lim_{t \to +\infty} \iint\limits_{D_1} \exp(-x(u^2 + v^2))\mathrm{d}u\mathrm{d}v = \lim_{t \to +\infty} \int_0^{\frac{\pi}{2}} \mathrm{d}\theta \int_0^t \exp(-x\rho^2)\rho\mathrm{d}\rho$$

$$= \frac{\pi}{2} \lim_{t \to +\infty} \left(-\frac{1}{2x} \right) \exp(-x\rho^2) \Big|_0^t = \frac{\pi}{4x} \lim_{t \to +\infty} (1 - \exp(-xt^2)) = \frac{\pi}{4x}$$

$$F(x) = \lim_{t \to +\infty} \iint\limits_{D_2} \exp(-x(u^2 + v^2))\mathrm{d}u\mathrm{d}v$$

$$= \lim_{t \to +\infty} \int_0^t \exp(-xu^2)\mathrm{d}u \cdot \int_0^t \exp(-xv^2)\mathrm{d}v$$

$$= \int_0^{+\infty} \exp(-xu^2)\mathrm{d}u \cdot \int_0^{+\infty} \exp(-xv^2)\mathrm{d}v$$

$$= \left(\int_0^{+\infty} \exp(-xt^2)\mathrm{d}t\right)^2 = (u(x))^2$$

因此 $(u(x))^2 = \dfrac{\pi}{4x}$. 由于 $u(x) > 0$, 所以 $u(x) = \dfrac{\sqrt{\pi}}{2\sqrt{x}}$ $(x > 0)$.

例 5.37(浙江省 2010 年竞赛题) 计算 $\displaystyle\iint\limits_{\mathbf{R}^2} \mathrm{e}^{-\frac{x^2-2\rho xy+y^2}{2(1-\rho^2)}} \mathrm{d}x\mathrm{d}y$, 其中 $0 \leqslant \rho < 1$.

解析 运用换元积分法, 令 $x = t+s, y = t-s$, 可得雅可比行列式 $J = -2$, 则面积微元为 $\mathrm{d}x\mathrm{d}y = |J|\,\mathrm{d}t\mathrm{d}s = 2\mathrm{d}t\mathrm{d}s$, 于是

$$\text{原式} = 2\iint\limits_{\mathbf{R}^2} \mathrm{e}^{-\frac{(1-\rho)t^2+(1+\rho)s^2}{1-\rho^2}} \mathrm{d}t\mathrm{d}s$$

再运用换元积分法, 令 $t = \sqrt{1+\rho}u, s = \sqrt{1-\rho}v$, 则 $\mathrm{d}t\mathrm{d}s = \sqrt{1-\rho^2}\,\mathrm{d}u\mathrm{d}v$, 并采用极坐标计算, 有

$$\text{原式} = 2\sqrt{1-\rho^2}\iint\limits_{\mathbf{R}^2} \mathrm{e}^{-(u^2+v^2)}\mathrm{d}u\mathrm{d}v = 2\sqrt{1-\rho^2}\lim_{a\to+\infty}\int_0^{2\pi}\mathrm{d}\theta\int_0^a \mathrm{e}^{-r^2}r\mathrm{d}r$$

$$= 4\pi\sqrt{1-\rho^2}\left(-\frac{1}{2}\right)\mathrm{e}^{-r^2}\Big|_0^{+\infty} = 2\pi\sqrt{1-\rho^2}$$

例 5.38(莫斯科食品工业学院 1977 年竞赛题) 将地球看作为半径为 R 的球体, 假设大气层的质量分布密度服从规律 $p(h) = R\mathrm{e}^{-kh}$, 这里 h 为质点距离地球表面的高度, k 为正常数, 试求地球大气层的质量.

解析 以地球中心为坐标原点建立空间直角坐标系, 设 $\Omega(t): R^2 \leqslant x^2 + y^2 + z^2 \leqslant t^2$, 采用球坐标计算, 大气层的质量为

$$m = \lim_{t\to+\infty}\iiint\limits_{\Omega(t)} R\mathrm{e}^{-k\left(\sqrt{x^2+y^2+z^2}-R\right)}\mathrm{d}x\mathrm{d}y\mathrm{d}z$$

$$= \lim_{t\to+\infty}\int_0^{2\pi}\mathrm{d}\theta\int_0^\pi\mathrm{d}\varphi\int_R^t R\mathrm{e}^{-k(r-R)}r^2\sin\varphi\mathrm{d}r = 2\pi\cdot 2R\int_R^{+\infty}\mathrm{e}^{-k(r-R)}r^2\mathrm{d}r$$

$$= 4\pi R\left(-\frac{1}{k}\right)\left[r^2\mathrm{e}^{-k(r-R)}\Big|_R^{+\infty} - 2\int_R^{+\infty} r\mathrm{e}^{-k(r-R)}\mathrm{d}r\right]$$

$$= \frac{4}{k}\pi R^3 - \frac{8\pi R}{k^2}\left[r\mathrm{e}^{-k(r-R)}\Big|_R^{+\infty} - \int_R^{+\infty}\mathrm{e}^{-k(r-R)}\mathrm{d}r\right]$$

$$= \frac{4}{k}\pi R^3 + \frac{8\pi R^2}{k^2} + \frac{8\pi R}{k^3} = \frac{4}{k}\pi R\left(R^2 + \frac{2R}{k} + \frac{2}{k^2}\right)$$

练 习 题 五

1. 交换下列二次积分的次序：

(1) $\int_1^2 dx \int_{\frac{1}{x}}^2 f(x,y)dy$;

(2) $\int_{-2}^1 dx \int_{x^2+2x}^{x+2} f(x,y)dy$;

(3) $\int_{-\sqrt{2}}^{\sqrt{2}} dx \int_{x^2}^{4-x^2} f(x,y)dy$;

(4) $\int_{-\frac{\pi}{4}}^{\frac{\pi}{2}} dx \int_0^{2\cos x} f(x,y)dy$.

2. 将 $\int_{-\frac{\pi}{4}}^{\frac{\pi}{2}} d\theta \int_0^{2\cos\theta} f(\rho\cos\theta,\rho\sin\theta)\rho d\rho$ 化为直角坐标下的两种次序二次积分.

3. 求 $\lim\limits_{t\to 0^+} \dfrac{1}{t^2} \int_0^t dx \int_0^{t-x} e^{x^2+y^2} dy$.

4. 计算下列二重积分：

(1) $\iint\limits_D |y-x^2|\max\{x,y\}dxdy, D: 0\leqslant x\leqslant 1, 0\leqslant y\leqslant 1$;

(2) $\iint\limits_D |x^2+y^2-2|dxdy, D: x^2+y^2\leqslant 3$;

(3) $\iint\limits_D |x^2+y^2-1|dxdy, D: 0\leqslant y\leqslant 1+x, -1\leqslant x\leqslant 1$;

(4) $\iint\limits_D |x^2+y^2-x|dxdy, D: 0\leqslant y\leqslant x, 0\leqslant x\leqslant 1$;

(5) $\iint\limits_D (x+y)^2 dxdy, D: x^2+y^2\leqslant 2ay, x^2+y^2\geqslant ay(a>0)$;

(6) $\iint\limits_D e^{\frac{x}{y}}dxdy, D$ 为 $y^2=x, x=0, y=1$ 所围区域;

(7) $\iint\limits_D ydxdy, D: x^2+y^2\leqslant 4a^2, \rho\geqslant a(1+\cos\theta), y\geqslant 0(a>0)$;

(8) $\iint\limits_D (x+y)^3(x-y)^2 dxdy, D$ 为 $x+y=1, x+y=3, x-y=1, x-y=$ -1 所围区域;

(9) $\iint\limits_D (x+y^2)e^{-(x^2+y^2-4)}dxdy, D: 1\leqslant x^2+y^2\leqslant 4$;

(10) $\iint\limits_D \sqrt{\sqrt{x}+\sqrt[3]{y}}dxdy, D$ 为 $\sqrt{x}+\sqrt[3]{y}=1, x=0, y=0$ 所围区域;

(11) $\iint\limits_D (x+y)^2 dxdy, D: (x^2+y^2)^2\leqslant 2(x^2-y^2)$;

(12) $\iint\limits_D |\sin(x-y)|dxdy, D: x\geqslant 0, y\geqslant 0, x+y\leqslant \dfrac{\pi}{2}$.

5. 计算下列二次积分：

(1) $\int_0^1 \mathrm{d}x \int_0^{x^2} \dfrac{y\mathrm{e}^y}{1-\sqrt{y}}\mathrm{d}y$；

(2) $\int_0^1 \mathrm{d}x \int_1^{x^2} x\mathrm{e}^{-y^2}\,\mathrm{d}y$.

6. 设 $f(x)$ 是 $[0,1]$ 上的连续函数，证明：$\int_0^1 \mathrm{e}^{f(x)}\mathrm{d}x \int_0^1 \mathrm{e}^{-f(y)}\mathrm{d}y \geqslant 1$.

7. 设 $f(x,y)$ 具有二阶连续偏导数，且 $f(1,y)=0,f(x,1)=0,\displaystyle\iint_D f(x,y)\mathrm{d}x\mathrm{d}y = a$，其中 $D=\{(x,y) \mid 0\leqslant x\leqslant 1, 0\leqslant y\leqslant 1\}$，求二重积分 $I=\displaystyle\iint_D xyf_{xy}''(xy)\mathrm{d}x\mathrm{d}y$.

8. 求 $\displaystyle\int_0^1 \mathrm{d}x \int_{-\sqrt{1-x^2}}^{\sqrt{1-x^2}} \left(\dfrac{1-x^2-y^2}{1+x^2+y^2}\right)^{\frac{1}{2}}\mathrm{d}y$.

9. 计算下列三重积分：

(1) $\displaystyle\iiint_\Omega (x^2+y^2+z^2)\mathrm{d}x\mathrm{d}y\mathrm{d}z, \Omega : x^2+y^2+z^2\leqslant 2z, 1\leqslant z\leqslant 2$；

(2) $\displaystyle\iiint_\Omega \exp(x^2+y^2)\mathrm{d}x\mathrm{d}y\mathrm{d}z, \Omega : x^2+y^2\leqslant z, z\leqslant 1$；

(3) $\displaystyle\iiint_\Omega [(1+x)^2+y^2]\mathrm{d}x\mathrm{d}y\mathrm{d}z, \Omega : x^2+y^2+z^2\leqslant z$；

(4) $\displaystyle\iiint_\Omega \dfrac{\ln(1+\sqrt{x^2+y^2})}{x^2+y^2}\mathrm{d}x\mathrm{d}y\mathrm{d}z, \Omega : z^2\leqslant x^2+y^2\leqslant z$；

(5) $\displaystyle\iiint_\Omega x\exp\left(\dfrac{x^2+y^2+z^2}{a^2}\right)\mathrm{d}x\mathrm{d}y\mathrm{d}z, \Omega : x^2+y^2+z^2\leqslant a^2, x\geqslant 0, y\geqslant 0, z\geqslant 0$；

(6) $\displaystyle\iiint_\Omega \dfrac{\cos\sqrt{x^2+y^2+z^2}}{\sqrt{x^2+y^2+z^2}}\mathrm{d}x\mathrm{d}y\mathrm{d}z, \Omega : \pi^2\leqslant x^2+y^2+z^2\leqslant 4\pi^2$.

10. 设 $f(x)$ 为连续的奇函数，并且是周期为1的周期函数，又 $\displaystyle\int_0^1 xf(x)\mathrm{d}x = 1$，如果 $F(x)=\displaystyle\int_0^x \mathrm{d}v \int_0^v \mathrm{d}u \int_0^u f(t)\mathrm{d}t$，试将 $F(x)$ 表示为定积分形式，并求 $F'(1)$.

11. 求 $\displaystyle\iiint_\Omega (x+y)^2\mathrm{d}x\mathrm{d}y\mathrm{d}z$，这里 Ω 是由 $\begin{cases} y^2=2z \\ x=0 \end{cases}$ 绕 z 轴旋转一周所生成的曲面与平面 $z=2, z=8$ 所围成的区域.

12. 求圆柱面 $x^2+y^2=ay(a>0)$ 介于 $z=\sqrt{x^2+y^2}$ 与 xOy 平面之间部分曲面的面积.

13. 设半径为 R 的球面 Σ 的球心在定球面 $x^2+y^2+z^2=a^2(a>0)$ 上，问当 R 为何值时，球面 Σ 在定球内部的面积最大？

14. 求由曲面 $z=x^2+y^2$ 和 $z=2-\sqrt{x^2+y^2}$ 所围成的区域的体积 V 和表面积 S.

专题 6　　曲线积分与曲面积分

6.1　　基本概念与内容提要

6.1.1　　曲线积分基本概念与计算

1) 空间曲线的弧长

设曲线 Γ 的参数方程为

$$x = \varphi(t), \quad y = \psi(t), \quad z = \omega(t)$$

其中 $t \in [\alpha, \beta]$,曲线 Γ 上的点与 $[\alpha, \beta]$ 上的点一一对应,函数 φ, ψ, ω 连续可导,则曲线 Γ 的弧长为

$$s = \int_{\alpha}^{\beta} \sqrt{(\varphi'(t))^2 + (\psi'(t))^2 + (\omega'(t))^2} \, \mathrm{d}t$$

2) 第一型曲线积分的定义与性质

设 $\overset{\frown}{AB}$ 是可求长的连续曲线,函数 $f(x,y,z)$ 在 $\overset{\frown}{AB}$ 上定义,将 $\overset{\frown}{AB}$ 任意分割为 n 个小弧段 $\Gamma_i(i=1,2,\cdots,n)$,Γ_i 的弧长记为 Δs_i,Γ_i 的直径为 d_i,$\lambda = \max\limits_{1 \leqslant i \leqslant n}\{d_i\}$,在 Γ_i 上任取点 (x_i, y_i, z_i),则函数 f 沿曲线 $\overset{\frown}{AB}$ 的第一型曲线积分定义为

$$\int_{\overset{\frown}{AB}} f(x,y,z)\mathrm{d}s \xlongequal{\text{def}} \lim_{\lambda \to 0} \sum_{i=1}^{n} f(x_i, y_i, z_i)\Delta s_i$$

这里右端的极限存在,且与分割 $\overset{\frown}{AB}$ 的方式无关,与点 (x_i, y_i, z_i) 的取法无关.

当 f 在 $\overset{\frown}{AB}$ 上连续时,f 在 $\overset{\frown}{AB}$ 上的第一型曲线积分存在,即可积.

定理(偶倍奇零性)

(1) 若曲线 $\overset{\frown}{AB}$ 上的点关于 $x = 0$ 对称,f 在 $\overset{\frown}{AB}$ 上可积,则

$$\int_{\overset{\frown}{AB}} f(x,y,z)\mathrm{d}s = \begin{cases} 0, & \text{若 } f(-x,y,z) = -f(x,y,z), \\ 2\displaystyle\int_{\Gamma_1} f(x,y,z)\mathrm{d}s, & \text{若 } f(-x,y,z) = f(x,y,z) \end{cases}$$

这里 Γ_1 是曲线 $\overset{\frown}{AB}$ 的 $x \geqslant 0$ 的部分曲线.

(2) 若曲线 $\overset{\frown}{AB}$ 上的点关于 $y = 0$ 对称,f 在 $\overset{\frown}{AB}$ 上可积,则

$$\int_{\widehat{AB}} f(x,y,z)\mathrm{d}s = \begin{cases} 0, & \text{若 } f(x,-y,z)=-f(x,y,z), \\ 2\int_{\Gamma_2} f(x,y,z)\mathrm{d}s, & \text{若 } f(x,-y,z)=f(x,y,z) \end{cases}$$

这里 Γ_2 是曲线 $\widehat{AB}$ 的 $y \geqslant 0$ 的部分曲线.

(3) 若曲线 $\widehat{AB}$ 上的点关于 $z=0$ 对称,f 在 $\widehat{AB}$ 上可积,则

$$\int_{\widehat{AB}} f(x,y,z)\mathrm{d}s = \begin{cases} 0, & \text{若 } f(x,y,-z)=-f(x,y,z), \\ 2\int_{\Gamma_3} f(x,y,z)\mathrm{d}s, & \text{若 } f(x,y,-z)=f(x,y,z) \end{cases}$$

3) 第一型曲线积分的计算

设 $\widehat{AB}$ 为空间的连续曲线,其参数方程为

$$x = \varphi(t), \quad y = \psi(t), \quad z = \omega(t)$$

其中 $t \in [\alpha,\beta]$,$\widehat{AB}$ 上的点与 $[\alpha,\beta]$ 上的点一一对应,函数 φ,ψ,ω 连续可导,函数 $f(x,y,z)$ 在 $\widehat{AB}$ 上连续,则

$$\int_{\widehat{AB}} f(x,y,z)\mathrm{d}s = \int_{\alpha}^{\beta} f(\varphi(t),\psi(t),\omega(t))\sqrt{(\varphi'(t))^2 + (\psi'(t))^2 + (\omega'(t))^2}\,\mathrm{d}t$$

4) 第二型曲线积分的定义

设 $\widehat{AB}$ 为空间的光滑曲线,$\widehat{AB}$ 的顺向的单位切向量为 $(\cos\alpha,\cos\beta,\cos\gamma)$,函数 $P(x,y,z),Q(x,y,z),R(x,y,z)$ 在 $\widehat{AB}$ 上定义,将 $\widehat{AB}$ 任意地分割为 n 个小弧段 $\Gamma_i(i=1,2,\cdots,n)$,Γ_i 的弧长记为 Δs_i,Γ_i 的直径为 d_i,令 $\lambda = \max\limits_{1 \leqslant i \leqslant n}\{d_i\}$,在 Γ_i 上任取点 $M_i(x_i,y_i,z_i)$,记

$$(\cos\alpha,\cos\beta,\cos\gamma)\Big|_{M_i} = (\cos\alpha_i,\cos\beta_i,\cos\gamma_i)$$

$$\Delta x_i = \Delta s_i \cdot \cos\alpha_i, \quad \Delta y_i = \Delta s_i \cdot \cos\beta_i, \quad \Delta z_i = \Delta s_i \cdot \cos\gamma_i$$

则函数 P,Q,R 沿 $\widehat{AB}$ 从 A 到 B 的第二型曲线积分定义为

$$\int_{\widehat{AB}} P(x,y,z)\mathrm{d}x + Q(x,y,z)\mathrm{d}y + R(x,y,z)\mathrm{d}z \xlongequal{\mathrm{def}}$$

$$\lim_{\lambda\to0}\sum_{i=1}^{n} P(x_i,y_i,z_i)\Delta x_i + \lim_{\lambda\to0}\sum_{i=1}^{n} Q(x_i,y_i,z_i)\Delta y_i + \lim_{\lambda\to0}\sum_{i=1}^{n} R(x_i,y_i,z_i)\Delta z_i$$

式中三个极限皆存在,且与分割 $\widehat{AB}$ 的方式无关,与点 (x_i,y_i,z_i) 的取法无关.

当函数 P,Q,R 皆在 $\widehat{AB}$ 上连续时,对应的第二型曲线积分存在,即可积.

5) 第二型曲线积分的计算

设曲线 $\widehat{AB}$ 的方程为

$$x = \varphi(t), \quad y = \psi(t), \quad z = \omega(t)$$

其中 $t \in [\alpha, \beta]$，$\overset{\frown}{AB}$ 的点与 $[\alpha, \beta]$ 的点一一对应，函数 φ, ψ, ω 在 $[\alpha, \beta]$ 上连续可导，函数 P, Q, R 在 $\overset{\frown}{AB}$ 上连续，则

$$\int_{\overset{\frown}{AB}} P(x,y,z)\mathrm{d}x + Q(x,y,z)\mathrm{d}y + R(x,y,z)\mathrm{d}z$$

$$= \begin{cases} \int_\alpha^\beta [P(\varphi(t),\psi(t),\omega(t))\varphi'(t) + Q(\varphi(t),\psi(t),\omega(t))\psi'(t) \\ \qquad + R(\varphi(t),\psi(t),\omega(t))\omega'(t)]\mathrm{d}t, \\ \int_\beta^\alpha [P(\varphi(t),\psi(t),\omega(t))\varphi'(t) + Q(\varphi(t),\psi(t),\omega(t))\psi'(t) \\ \qquad + R(\varphi(t),\psi(t),\omega(t))\omega'(t)]\mathrm{d}t \end{cases}$$

其中，第一式为 t 增大时，对应的点在曲线 $\overset{\frown}{AB}$ 上从 A 到 B；第二式为 t 增大时，对应的点在曲线 $\overset{\frown}{AB}$ 上从 B 到 A.

第二型曲线积分在物理上表示一质点在力 $\boldsymbol{F} = (P, Q, R)$ 作用下，沿曲线 $\overset{\frown}{AB}$ 从 A 到 B 所做的功.

6.1.2　格林公式

1）设 D 为 xOy 平面上的有界闭域，D 的边界曲线 Γ 逐段光滑，取正向 Γ^+，函数 P, Q 在 D 上连续可微，则有格林公式

$$\int_{\Gamma^+} P(x,y)\mathrm{d}x + Q(x,y)\mathrm{d}y = \iint_D \left(\frac{\partial Q}{\partial x} - \frac{\partial P}{\partial y}\right)\mathrm{d}x\mathrm{d}y$$

2）平面的曲线积分与路线无关的充要条件

定理　设 G 是 xy 平面上的单连通域，函数 P, Q 在 G 上连续可微，则下列四个陈述相互等价：

(1) $\forall (x,y) \in G, \dfrac{\partial Q}{\partial x} = \dfrac{\partial P}{\partial y}$；

(2) $\forall A, B \in G$，曲线积分 $\int_A^B P\mathrm{d}x + Q\mathrm{d}y$ 与路线无关；

(3) $\forall \Gamma \subset G, \Gamma$ 为封闭曲线，$\oint_\Gamma P\mathrm{d}x + Q\mathrm{d}y = 0$；

(4) 存在可微函数 $u(x,y)$，使得 $\mathrm{d}u = P\mathrm{d}x + Q\mathrm{d}y$，且

$$u(x,y) = \int_{x_0}^x P(x,y_0)\mathrm{d}x + \int_{y_0}^y Q(x,y)\mathrm{d}y + C$$

或

$$u(x,y) = \int_{x_0}^x P(x,y)\mathrm{d}x + \int_{y_0}^y Q(x_0,y)\mathrm{d}y + C$$

这里$(x_0,y_0),(x,y)\in G$.

6.1.3　曲面积分基本概念与计算

1) 第一型曲面积分的定义与性质

设Σ为空间的有界曲面,函数$f(x,y,z)$在Σ上定义,将Σ任意地分割为n个小曲面$\Sigma_i(i=1,2,\cdots,n)$,Σ_i的面积为ΔS_i,Σ_i的直径为d_i,$\lambda=\max\limits_{1\leqslant i\leqslant n}\{d_i\}$,在$\Sigma_i$上任取点$(x_i,y_i,z_i)$,则函数$f$沿$\Sigma$的第一型曲面积分定义为

$$\iint\limits_{\Sigma}f(x,y,z)\mathrm{d}S\xlongequal{\mathrm{def}}\lim_{\lambda\to 0}\sum_{i=1}^{n}f(x_i,y_i,z_i)\Delta S_i$$

这里右端的极限存在,且与分割Σ的方式无关,与点(x_i,y_i,z_i)的取法无关.

当$f(x,y,z)$在Σ上连续时,f在Σ上的第一型曲面积分存在,即可积.

定理(偶倍奇零性)

(1) 若曲面Σ的点关于$x=0$对称,f在Σ上可积,则

$$\iint\limits_{\Sigma}f(x,y,z)\mathrm{d}S=\begin{cases}0, & 若 f(-x,y,z)=-f(x,y,z),\\ 2\iint\limits_{\Sigma_1}f(x,y,z)\mathrm{d}S, & 若 f(-x,y,z)=f(x,y,z)\end{cases}$$

这里Σ_1是Σ的$x\geqslant 0$的部分曲面.

(2) 若曲面Σ的点关于$y=0$对称,f在Σ上可积,则

$$\iint\limits_{\Sigma}f(x,y,z)\mathrm{d}S=\begin{cases}0, & 若 f(x,-y,z)=-f(x,y,z),\\ 2\iint\limits_{\Sigma_2}f(x,y,z)\mathrm{d}S, & 若 f(x,-y,z)=f(x,y,z)\end{cases}$$

这里Σ_2是Σ的$y\geqslant 0$的部分曲面.

(3) 若曲面Σ的点关于$z=0$对称,f在Σ上可积,则

$$\iint\limits_{\Sigma}f(x,y,z)\mathrm{d}S=\begin{cases}0, & 若 f(x,y,-z)=-f(x,y,z),\\ 2\iint\limits_{\Sigma_3}f(x,y,z)\mathrm{d}S, & 若 f(x,y,-z)=f(x,y,z)\end{cases}$$

这里Σ_3是Σ的$z\geqslant 0$的部分曲面.

2) 第一型曲面积分的计算

假设曲面$\Sigma\subset\mathbf{R}^3$为有界的光滑曲面,其参数方程为
$$\boldsymbol{r}=(x,y,z)=(x(u,v),y(u,v),z(u,v)),\quad (u,v)\in D$$
$D\subset\mathbf{R}^2$为有界闭域,Σ与D的点一一对应,其中函数$x,y,z\in\mathscr{C}^{(1)}(D)$.令
$$E=\boldsymbol{r}'_u\cdot\boldsymbol{r}'_u,\quad F=\boldsymbol{r}'_u\cdot\boldsymbol{r}'_v,\quad G=\boldsymbol{r}'_v\cdot\boldsymbol{r}'_v$$
若函数$f\in\mathscr{C}(\Sigma)$,则函数$f(x,y,z)$沿曲面Σ的第一型曲面积分存在,且有
$$\iint\limits_{\Sigma}f(x,y,z)\mathrm{d}S=\iint\limits_{D}f(x(u,v),y(u,v),z(u,v))\sqrt{EG-F^2}\,\mathrm{d}u\mathrm{d}v$$

特别,取参数 u,v 为 x,y,或 y,z,或 z,x:

(1) 若曲面 Σ 的方程为 $z = z(x,y),(x,y) \in D,D$ 为 xOy 平面上的有界闭域,函数 $z(x,y)$ 在 D 上连续可微,函数 $f(x,y,z)$ 在 Σ 上连续,则

$$\iint\limits_{\Sigma} f(x,y,z)\mathrm{d}S = \iint\limits_{D} f(x,y,z(x,y))\sqrt{1+(z_x')^2+(z_y')^2}\,\mathrm{d}x\mathrm{d}y$$

(2) 若曲面 Σ 的方程为 $x = x(y,z),(y,z) \in D_1,D_1$ 为 yOz 平面上的有界闭域,函数 $x(y,z)$ 在 D_1 上连续可微,函数 $f(x,y,z)$ 在 Σ 上连续,则

$$\iint\limits_{\Sigma} f(x,y,z)\mathrm{d}S = \iint\limits_{D_1} f(x(y,z),y,z)\sqrt{1+(x_y')^2+(x_z')^2}\,\mathrm{d}y\mathrm{d}z$$

(3) 若曲面 Σ 的方程为 $y = y(z,x),(z,x) \in D_2,D_2$ 为 zOx 平面上的有界闭域,函数 $y(z,x)$ 在 D_2 上连续可微,函数 $f(x,y,z)$ 在 Σ 上连续,则

$$\iint\limits_{\Sigma} f(x,y,z)\mathrm{d}S = \iint\limits_{D_2} f(x,y(z,x),z)\sqrt{1+(y_z')^2+(y_x')^2}\,\mathrm{d}z\mathrm{d}x$$

3) 第二型曲面积分的定义

设 Σ 为光滑的双侧曲面,Σ 某侧的单位法向量为 $(\cos\alpha,\cos\beta,\cos\gamma)$,将函数 $P(x,y,z),Q(x,y,z),R(x,y,z)$ 在曲面 Σ 上定义,并将曲面 Σ 任意地分割为 n 个小曲面 $\Sigma_i(i=1,2,\cdots,n)$,Σ_i 的面积为 ΔS_i,Σ_i 的直径为 d_i,$\lambda = \max\limits_{1 \leqslant i \leqslant n}\{d_i\}$,在 Σ_i 上任取点 $M_i(x_i,y_i,z_i)$,记

$$(\cos\alpha,\cos\beta,\cos\gamma)\Big|_{M_i} = (\cos\alpha_i,\cos\beta_i,\cos\gamma_i)$$

$$\Delta y_i\Delta z_i = \Delta S_i\cos\alpha_i,\quad \Delta z_i\Delta x_i = \Delta S_i\cos\beta_i,\quad \Delta x_i\Delta y_i = \Delta S_i\cos\gamma_i$$

则函数 P,Q,R 沿 Σ 的某侧的第二型曲面积分定义为

$$\iint\limits_{\Sigma某侧} P(x,y,z)\mathrm{d}y\mathrm{d}z + Q(x,y,z)\mathrm{d}z\mathrm{d}x + R(x,y,z)\mathrm{d}x\mathrm{d}y$$

$$= \lim_{\lambda \to 0}\sum_{i=1}^{n} P(x_i,y_i,z_i)\Delta y_i\Delta z_i + \lim_{\lambda \to 0}\sum_{i=1}^{n} Q(x_i,y_i,z_i)\Delta z_i\Delta x_i$$

$$+ \lim_{\lambda \to 0}\sum_{i=1}^{n} R(x_i,y_i,z_i)\Delta x_i\Delta y_i$$

式中三个极限皆存在,且与分割 Σ 的方式无关,与点 (x_i,y_i,z_i) 的取法无关.

当函数 P,Q,R 皆在 Σ 上连续时,对应的第二型曲面积分存在,即可积.

4) 第二型曲面积分的计算

(1) 若曲面 Σ 的方程为 $z = z(x,y),(x,y) \in D_1,D_1$ 为 xOy 平面上的有界闭域,$z(x,y)$ 在 D 上连续可微,则

$$\iint\limits_{\Sigma某侧} P(x,y,z)\mathrm{d}y\mathrm{d}z + Q(x,y,z)\mathrm{d}z\mathrm{d}x + R(x,y,z)\mathrm{d}x\mathrm{d}y$$

$$=\pm\iint\limits_{D_1}\left[P(x,y,z(x,y))\left(-\frac{\partial z}{\partial x}\right) + Q(x,y,z(x,y))\left(-\frac{\partial z}{\partial y}\right) + R(x,y,z(x,y))\right]\mathrm{d}x\mathrm{d}y$$

这里 ± 号选取的方法是上侧取正,下侧取负(设 z 轴正向向上).

(2) 若曲面 Σ 的方程为 $x = x(y,z)$,$(y,z) \in D_2$,D_2 为 yOz 平面上的有界闭域,$x(y,z)$ 在 D_2 上连续可微,则

$$\iint\limits_{\Sigma某侧} P(x,y,z)\mathrm{d}y\mathrm{d}z + Q(x,y,z)\mathrm{d}z\mathrm{d}x + R(x,y,z)\mathrm{d}x\mathrm{d}y$$

$$=\pm\iint\limits_{D_2}\left[P(x(y,z),y,z) + Q(x(y,z),y,z)\left(-\frac{\partial x}{\partial y}\right) + R(x(y,z),y,z)\left(-\frac{\partial x}{\partial z}\right)\right]\mathrm{d}y\mathrm{d}z$$

这里 ± 号选取的方法是前侧取正,后侧取负(设 x 轴正向向前).

(3) 若曲面 Σ 的方程为 $y = y(z,x)$,$(z,x) \in D_3$,D_3 为 zOx 平面上的有界闭域,$y(z,x)$ 在 D_3 上连续可微,则

$$\iint\limits_{\Sigma某侧} P(x,y,z)\mathrm{d}y\mathrm{d}z + Q(x,y,z)\mathrm{d}z\mathrm{d}x + R(x,y,z)\mathrm{d}x\mathrm{d}y$$

$$=\pm\iint\limits_{D_3}\left[P(x,y(z,x),z)\left(-\frac{\partial y}{\partial x}\right) + Q(x,y(z,x),z) + R(x,y(z,x),z)\left(-\frac{\partial y}{\partial z}\right)\right]\mathrm{d}z\mathrm{d}x$$

这里 ± 号选取的方法是右侧取正,左侧取负(设 y 轴正向向右).

6.1.4 斯托克斯公式

1) 设 Σ 是逐段光滑的单闭曲线 Γ 所包围的非封闭光滑双侧曲面,取某定侧 Σ^+,按右手规则确定 Γ 的正向 Γ^+,Ω 是空间的立体区域,使得 $\Sigma \subset \Omega$,函数 $P(x,y,z)$,$Q(x,y,z)$,$R(x,y,z)$ 在 Ω 上连续可微,则有斯托克斯公式

$$\oint_{\Gamma^+} P(x,y,z)\mathrm{d}x + Q(x,y,z)\mathrm{d}y + R(x,y,z)\mathrm{d}z$$

$$=\iint\limits_{\Sigma^+}\left(\frac{\partial R}{\partial y} - \frac{\partial Q}{\partial z}\right)\mathrm{d}y\mathrm{d}z + \left(\frac{\partial P}{\partial z} - \frac{\partial R}{\partial x}\right)\mathrm{d}z\mathrm{d}x + \left(\frac{\partial Q}{\partial x} - \frac{\partial P}{\partial y}\right)\mathrm{d}x\mathrm{d}y$$

2) 空间曲线积分与路线无关的充要条件

定理 设 G 是空间的面单连通区域,函数 P,Q,R 在 G 上连续可微,则下列四条陈述相互等价:

(1) $\forall (x,y,z) \in \Omega, \dfrac{\partial R}{\partial y} = \dfrac{\partial Q}{\partial z}, \dfrac{\partial P}{\partial z} = \dfrac{\partial R}{\partial x}, \dfrac{\partial Q}{\partial x} = \dfrac{\partial P}{\partial y}$;

(2) $\forall A,B \in \Omega, \displaystyle\int_A^B P\mathrm{d}x + Q\mathrm{d}y + R\mathrm{d}z$ 与路线无关;

(3) $\forall \Gamma \subset \Omega, \Gamma$ 为封闭曲线, $\oint_{\Gamma} P \mathrm{d}x + Q \mathrm{d}y + R \mathrm{d}z = 0$;

(4) 存在可微函数 $u(x,y,z)$,使得 $\mathrm{d}u = P\mathrm{d}x + Q\mathrm{d}y + R\mathrm{d}z$,且

$$u(x,y,z) = \int_{x_0}^{x} P(x,y_0,z_0)\mathrm{d}x + \int_{y_0}^{y} Q(x,y,z_0)\mathrm{d}y + \int_{z_0}^{z} R(x,y,z)\mathrm{d}z + C$$

或

$$u(x,y,z) = \int_{x_0}^{x} P(x,y,z)\mathrm{d}x + \int_{y_0}^{y} Q(x_0,y,z)\mathrm{d}y + \int_{z_0}^{z} R(x_0,y_0,z)\mathrm{d}z + C$$

这里 $(x_0,y_0,z_0),(x,y,z) \in G.$

6.1.5 高斯公式

1) 设 Ω 是空间的有界闭域,其边界是逐片光滑的封闭曲面 Σ,取外侧,函数 $P(x,y,z),Q(x,y,z),R(x,y,z)$ 在 Ω 上连续可微,则有高斯公式

$$\iint_{\Sigma} P(x,y,z)\mathrm{d}y\mathrm{d}z + Q(x,y,z)\mathrm{d}z\mathrm{d}x + R(x,y,z)\mathrm{d}x\mathrm{d}y$$

$$= \iiint_{\Omega} \left(\frac{\partial P}{\partial x} + \frac{\partial Q}{\partial y} + \frac{\partial R}{\partial z} \right) \mathrm{d}x\mathrm{d}y\mathrm{d}z$$

2) 曲面积分与曲面无关的充要条件

定理 设 Ω 为空间的体单连通域,函数 $P(x,y,z),Q(x,y,z),R(x,y,z)$ 在 Ω 上连续可微,曲面 $\Sigma \subset \Omega$,则下列三条陈述相互等价:

(1) $\forall (x,y,z) \in \Omega, \dfrac{\partial P}{\partial x} + \dfrac{\partial Q}{\partial y} + \dfrac{\partial R}{\partial z} = 0$;

(2) $\iint_{\Sigma_1} P\mathrm{d}y\mathrm{d}z + Q\mathrm{d}z\mathrm{d}x + R\mathrm{d}x\mathrm{d}y$ 与曲面无关,这里 Σ_1 是与 Σ 具有相同边界曲线 Γ^+ 的任意曲面,且其侧服从右旋法则, $\Sigma_1 \subset \Omega$;

(3) $\forall \Sigma_2 \subset \Omega, \Sigma_2$ 为封闭曲面,取外侧(或内侧),有

$$\iint_{\Sigma_2} P(x,y,z)\mathrm{d}y\mathrm{d}z + Q(x,y,z)\mathrm{d}z\mathrm{d}x + R(x,y,z)\mathrm{d}x\mathrm{d}y = 0$$

6.1.6 梯度、散度与旋度

已知函数 $f(x,y,z),g(x,y,z)$ 可偏导, $\boldsymbol{A} = (P,Q,R)$,且函数 P,Q,R 可偏导, $\lambda,\mu \in \mathbf{R}.$

(1) 梯度: $\mathbf{grad}f = \nabla f \xlongequal{\mathrm{def}} (f'_x, f'_y, f'_z)$. 主要性质有

$$\mathbf{grad}(\lambda f + \mu g) = \lambda \mathbf{grad}f + \mu \mathbf{grad}g$$

$$\mathbf{grad}(fg) = f\mathbf{grad}g + g\mathbf{grad}f$$

$$\mathbf{grad}\left(\frac{f}{g}\right) = \frac{1}{g^2}(g\,\mathbf{grad}f - f\,\mathbf{grad}g)$$

(2) 散度：$\mathrm{div}A = \nabla \cdot A \overset{\mathrm{def}}{=\!=\!=} P'_x + Q'_y + R'_z$. 主要性质有

$$\mathrm{div}(\lambda A + \mu B) = \lambda\mathrm{div}A + \mu\mathrm{div}B$$

$$\mathrm{div}(fA) = \mathbf{grad}f \cdot A + f\mathrm{div}A$$

高斯公式：$\iint\limits_{\Sigma} A \cdot \overrightarrow{\mathrm{d}S} = \iiint\limits_{\Omega} \mathrm{div}A\,\mathrm{d}V$，其中 $\overrightarrow{\mathrm{d}S} = (\mathrm{d}y\mathrm{d}z, \mathrm{d}z\mathrm{d}x, \mathrm{d}x\mathrm{d}y)$.

(3) 旋度：$\mathrm{rot}A = \nabla \times A \overset{\mathrm{def}}{=\!=\!=} \left(\dfrac{\partial R}{\partial y} - \dfrac{\partial Q}{\partial z}, \dfrac{\partial P}{\partial z} - \dfrac{\partial R}{\partial x}, \dfrac{\partial Q}{\partial x} - \dfrac{\partial P}{\partial y}\right)$. 主要性质有

$$\mathbf{rot}(\lambda A + \mu B) = \lambda\mathbf{rot}A + \mu\mathbf{rot}B$$

$$\mathbf{rot}(fA) = \mathbf{grad}f \times A + f\mathbf{rot}A$$

$$\mathbf{rot}(\mathbf{grad}f) \equiv \mathbf{0}, \quad \mathrm{div}(\mathbf{rot}A) = 0$$

斯托克斯公式：$\displaystyle\int_{\Gamma} A \cdot \overrightarrow{\mathrm{d}r} = \iint\limits_{\Sigma}\mathbf{rot}A \cdot \overrightarrow{\mathrm{d}S}$，其中 $\overrightarrow{\mathrm{d}r} = (\mathrm{d}x, \mathrm{d}y, \mathrm{d}z)$.

6.2 竞赛题与精选题解析

6.2.1 曲线积分的计算(例 6.1—6.4)

例 6.1(全国 2009 年预赛题) 设平面区域 $D = \{(x,y) \mid 0 \leqslant x \leqslant \pi, 0 \leqslant y \leqslant \pi\}$，$L$ 为 D 的正向边界，试证：

(1) $\displaystyle\oint_L x\mathrm{e}^{\sin y}\mathrm{d}y - y\mathrm{e}^{-\sin x}\mathrm{d}x = \oint_L x\mathrm{e}^{-\sin y}\mathrm{d}y - y\mathrm{e}^{\sin x}\mathrm{d}x$；

(2) $\displaystyle\oint_L x\mathrm{e}^{\sin y}\mathrm{d}y - y\mathrm{e}^{-\sin x}\mathrm{d}x \geqslant \frac{5}{2}\pi^2$.

解析 (1) 设正方形曲线 L 的 4 个顶点按逆时针排分别为 O, A, B, C，则

$$\oint_L x\mathrm{e}^{\sin y}\mathrm{d}y - y\mathrm{e}^{-\sin x}\mathrm{d}x$$

$$= \int_{\overline{OA}} + \int_{\overline{AB}} + \int_{\overline{BC}} + \int_{\overline{CO}} = 0 + \int_0^{\pi}\pi\mathrm{e}^{\sin y}\mathrm{d}y + \int_{\pi}^0 -\pi\mathrm{e}^{-\sin x}\mathrm{d}x + 0$$

$$= \pi\int_0^{\pi}(\mathrm{e}^{\sin x} + \mathrm{e}^{-\sin x})\mathrm{d}x$$

$$\oint_L x\mathrm{e}^{-\sin y}\mathrm{d}y - y\mathrm{e}^{\sin x}\mathrm{d}x$$

$$= \int_{\overline{OA}} + \int_{\overline{AB}} + \int_{\overline{BC}} + \int_{\overline{CO}} = 0 + \int_0^{\pi}\pi\mathrm{e}^{-\sin y}\mathrm{d}y + \int_{\pi}^0 -\pi\mathrm{e}^{\sin x}\mathrm{d}x + 0$$

$$= \pi\int_0^{\pi}(\mathrm{e}^{-\sin x} + \mathrm{e}^{\sin x})\mathrm{d}x$$

两式右端相等,所以(1)得证.

(2) 由于 $e^x = \sum_{n=0}^{\infty} \dfrac{1}{n!}x^n$,$e^{-x} = \sum_{n=0}^{\infty} \dfrac{(-1)^n}{n!}x^n$,所以

$$e^x + e^{-x} = \sum_{n=0}^{\infty} \frac{2}{(2n)!}x^{2n} \geqslant 2 + x^2 \Rightarrow e^{\sin x} + e^{-\sin x} \geqslant 2 + \sin^2 x = \frac{5}{2} - \frac{1}{2}\cos 2x$$

由第(1)问以及积分的保号性得

$$\oint_L x e^{\sin y}\mathrm{d}y - y e^{-\sin x}\mathrm{d}x = \pi \int_0^\pi (e^{\sin x} + e^{-\sin x})\mathrm{d}x$$

$$\geqslant \pi \int_0^\pi \left(\frac{5}{2} - \frac{1}{2}\cos 2x\right)\mathrm{d}x = \frac{5}{2}\pi^2$$

例 6.2(江苏省 2012 年竞赛题)　已知 Γ 为 $x^2 + y^2 + z^2 = 6y$ 与 $x^2 + y^2 = 4y(z \geqslant 0)$ 的交线,从 z 轴正向看上去为逆时针方向,计算曲线积分

$$\oint_\Gamma (x^2 + y^2 - z^2)\mathrm{d}x + (y^2 + z^2 - x^2)\mathrm{d}y + (z^2 + x^2 - y^2)\mathrm{d}z$$

解析　记曲线 Γ 的 $x \geqslant 0$ 的部分与 $x \leqslant 0$ 的部分分别为 Γ_1 与 Γ_2,其参数方程分别为

$$\Gamma_1 : x = \sqrt{4t - t^2}, y = t, z = \sqrt{2t}, t \text{ 从 } 0 \text{ 变到 } 4$$

$$\Gamma_2 : x = -\sqrt{4t - t^2}, y = t, z = \sqrt{2t}, t \text{ 从 } 4 \text{ 变到 } 0$$

分别在 Γ_1 和 Γ_2 上积分,有

$$\oint_{\Gamma_1} (x^2 + y^2 - z^2)\mathrm{d}x + (y^2 + z^2 - x^2)\mathrm{d}y + (z^2 + x^2 - y^2)\mathrm{d}z$$

$$= \int_0^4 \left[\left(\frac{2t(2-t)}{\sqrt{4t - t^2}} + 2(t^2 - t) + \sqrt{2}\,\frac{3t - t^2}{\sqrt{t}}\right)\right]\mathrm{d}t$$

$$\oint_{\Gamma_2} (x^2 + y^2 - z^2)\mathrm{d}x + (y^2 + z^2 - x^2)\mathrm{d}y + (z^2 + x^2 - y^2)\mathrm{d}z$$

$$= \int_4^0 \left[\left(\frac{-2t(2-t)}{\sqrt{4t - t^2}} + 2(t^2 - t) + \sqrt{2}\,\frac{3t - t^2}{\sqrt{t}}\right)\right]\mathrm{d}t$$

$$= \int_0^4 \left[\left(\frac{2t(2-t)}{\sqrt{4t - t^2}} - 2(t^2 - t) - \sqrt{2}\,\frac{3t - t^2}{\sqrt{t}}\right)\right]\mathrm{d}t$$

两式相加,则

$$原式 = 4\int_0^4 \frac{t(2-t)}{\sqrt{4t - t^2}}\mathrm{d}t \xrightarrow{\text{令 } t - 2 = u} 4\int_{-2}^2 \frac{-(2+u)u}{\sqrt{4 - u^2}}\mathrm{d}u$$

$$= -8\int_0^2 \frac{u^2}{\sqrt{4 - u^2}}\mathrm{d}u \xrightarrow{\text{令 } u = 2\sin t} -8\int_0^{\frac{\pi}{2}} 4\sin^2 t\,\mathrm{d}t = -8\pi$$

例 6.3(精选题) 已知 $L = \overgroup{AB}$ 是 xOy 平面上的逐段光滑的有向曲线,函数 $P(x,y),Q(x,y)$ 在 L 上连续;$\varGamma = \overgroup{A'B'}$ 是 uOv 平面上的逐段光滑的有向曲线,函数 $x = \varphi(u,v), y = \psi(u,v)$ 在 $\varGamma$ 上有连续偏导数,使得 $\varGamma$ 与 L 上的点一一对应(且方向一致). 证明曲线积分的换元积分公式①:

$$\int_L P(x,y)\mathrm{d}x + Q(x,y)\mathrm{d}y = \int_\varGamma P(x,y)\Big|_{\substack{x=\varphi(u,v)\\y=\psi(u,v)}} (\varphi'_u(u,v)\mathrm{d}u + \varphi'_v(u,v)\mathrm{d}v)$$
$$+ Q(x,y)\Big|_{\substack{x=\varphi(u,v)\\y=\psi(u,v)}} (\psi'_u(u,v)\mathrm{d}u + \psi'_v(u,v)\mathrm{d}v)$$

解析 不妨设曲线 L 与 $\varGamma$ 皆是光滑的. 又设曲线 $\varGamma$ 的参数方程为 $u = u(t)$, $v = v(t)$,t 从 α 单调变到 β 时对应的点在 $\varGamma$ 上从 A' 移动到 B',且函数 $u(t),v(t)$ 连续可导,则原式右端化为

$$右端 = \int_\alpha^\beta P(x,y)\Big|_{\substack{x=\varphi(u(t),v(t))\\y=\psi(u(t),v(t))}} (\varphi'_u(u(t),v(t))u'(t) + \varphi'_v(u(t),v(t))v'(t))\mathrm{d}t$$
$$+ Q(x,y)\Big|_{\substack{x=\varphi(u(t),v(t))\\y=\psi(u(t),v(t))}} (\psi'_u(u(t),v(t))u'(t) + \psi'_v(u(t),v(t))v'(t))\mathrm{d}t$$

由于曲线 L 的参数方程可写为 $x = \varphi(u(t),v(t)), y = \psi(u(t),v(t))$,$t$ 从 α 单调变到 β 时对应的点在 L 上从 A 移动到 B,则原式左端化为

$$左端 = \int_\alpha^\beta P(x,y)\Big|_{\substack{x=\varphi(u(t),v(t))\\y=\psi(u(t),v(t))}} \cdot \frac{\mathrm{d}\varphi(u(t),v(t))}{\mathrm{d}t}\mathrm{d}t$$
$$+ Q(x,y)\Big|_{\substack{x=\varphi(u(t),v(t))\\y=\psi(u(t),v(t))}} \cdot \frac{\mathrm{d}\psi(u(t),v(t))}{\mathrm{d}t}\mathrm{d}t$$
$$= \int_\alpha^\beta P(x,y)\Big|_{\substack{x=\varphi(u(t),v(t))\\y=\psi(u(t),v(t))}} (\varphi'_u(u(t),v(t))u'(t) + \varphi'_v(u(t),v(t))v'(t))\mathrm{d}t$$
$$+ Q(x,y)\Big|_{\substack{x=\varphi(u(t),v(t))\\y=\psi(u(t),v(t))}} (\psi'_u(u(t),v(t))u'(t) + \psi'_v(u(t),v(t))v'(t))\mathrm{d}t$$

因此原式的两端相等,即得原式成立.

例 6.4(精选题) 已知 L 是区域 $D: \dfrac{x}{2} \leqslant y \leqslant 2x, 1 \leqslant xy \leqslant 2$ 的正向边界曲线,求 $\displaystyle\int_L \mathrm{e}^{x^2 y^2} \left(\left(y - \dfrac{1}{x}\right)\mathrm{d}x + \left(x + \dfrac{1}{y}\right)\mathrm{d}y\right)$.

解析 区域 D 与曲线 L 如图(a)所示,作变换 $x = \sqrt{\dfrac{u}{v}}, y = \sqrt{uv}$,则区域 D 化为区域 $D': 1 \leqslant u \leqslant 2, \dfrac{1}{2} \leqslant v \leqslant 2$,$\varGamma$ 是 D' 的正向边界曲线(如图(b)所示). 应用换元积分公式,得

---

①此公式为本书编者首创.

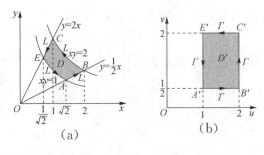

（a）　　　　　　　（b）

$$原式=\int_L e^{x^2y^2}\left((y\mathrm{d}x+x\mathrm{d}y)+\frac{x}{y}\cdot\frac{x\mathrm{d}y-y\mathrm{d}x}{x^2}\right)$$

$$=\int_{A'B'+B'C'+C'E'+E'A'}e^{u^2}\left(\mathrm{d}u+\frac{1}{v}\mathrm{d}v\right)$$

$$=\int_1^2 e^{u^2}\mathrm{d}u+e^4\int_{\frac{1}{2}}^2\frac{1}{v}\mathrm{d}v+\int_2^1 e^{u^2}\mathrm{d}u+e\int_2^{\frac{1}{2}}\frac{1}{v}\mathrm{d}v$$

$$=(e^4-e)\int_{\frac{1}{2}}^2\frac{1}{v}\mathrm{d}v=2e(e^3-1)\ln 2$$

6.2.2　应用格林公式解题(例 6.5—6.16)

例 6.5（江苏省 1998 年竞赛题）　若 $\varphi(y)$ 的导数连续，$\varphi(0)=0$，曲线 $\overset{\frown}{AB}$ 的极坐标方程为 $\rho=a(1-\cos\theta)$，其中 $a>0$，$0\leqslant\theta\leqslant\pi$，$A$ 与 B 分别对应于 $\theta=0$ 与 $\theta=\pi$，求

$$\int_{\overset{\frown}{AB}}[\varphi(y)e^x-\pi y]\mathrm{d}x+[\varphi'(y)e^x-\pi]\mathrm{d}y$$

解析　设曲线 $\overset{\frown}{AB}$ 与线段 $\overline{BA}$ 所围区域为 D（如右图所示），又设

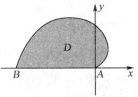

$$P=\varphi(y)e^x-\pi y,\quad Q=\varphi'(y)e^x-\pi$$

应用格林公式,有

$$\oint_{\overset{\frown}{AB}+\overline{BA}}P\mathrm{d}x+Q\mathrm{d}y=\iint_D(Q'_x-P'_y)\mathrm{d}x\mathrm{d}y=\iint_D\pi\mathrm{d}x\mathrm{d}y$$

$$=\frac{\pi}{2}\int_0^\pi\rho^2\mathrm{d}\theta=\frac{a^2\pi}{2}\int_0^\pi(1-\cos\theta)^2\mathrm{d}\theta$$

$$=\frac{a^2\pi}{2}\int_0^\pi\left(\frac{3}{2}-2\cos\theta+\frac{1}{2}\cos 2\theta\right)\mathrm{d}\theta=\frac{3}{4}a^2\pi^2$$

由于 $\int_{\overline{BA}}P\mathrm{d}x+Q\mathrm{d}y=\int_{-2a}^0 P(x,0)\mathrm{d}x=\int_{-2a}^0\varphi(0)e^x\mathrm{d}x=0$，于是

$$\int_{\overset{\frown}{AB}}P\mathrm{d}x+Q\mathrm{d}y=\frac{3}{4}a^2\pi^2$$

例 6.6(全国 2012 年决赛题) 已知连续可微函数 $z = z(x,y)$ 由方程
$$F(xz - y, x - yz) = 0 \quad (其中 F(u,v) 有连续的偏导数)$$

惟一确定,若 L 为正向单位圆周,试求 $I = \oint_L (xz^2 + 2yz)\mathrm{d}y - (2xz + yz^2)\mathrm{d}x.$

解析 记 $f(x,y,z) = F(xz - y, x - yz)$,应用隐函数方程求偏导数公式有

$$\frac{\partial z}{\partial x} = -\frac{f'_x}{f'_z} = -\frac{zF'_u + F'_v}{xF'_u - yF'_v}, \quad \frac{\partial z}{\partial y} = -\frac{-F'_u - zF'_v}{xF'_u - yF'_v}$$

记 $P = -(2xz + yz^2), Q = xz^2 + 2yz$,单位圆包围的区域记为 D,应用格林公式有

$$
\begin{aligned}
I &= \iint_D (Q'_x - P'_y)\mathrm{d}x\mathrm{d}y \\
&= \iint_D \left[\left(z^2 + 2xz\frac{\partial z}{\partial x} + 2y\frac{\partial z}{\partial x} \right) + \left(2x\frac{\partial z}{\partial y} + z^2 + 2yz\frac{\partial z}{\partial y} \right) \right]\mathrm{d}x\mathrm{d}y \\
&= \iint_D \left(2z^2 - 2xz\frac{zF'_u + F'_v}{xF'_u - yF'_v} - 2y\frac{zF'_u + F'_v}{xF'_u - yF'_v} + 2x\frac{F'_u + zF'_v}{xF'_u - yF'_v} \right. \\
&\qquad \left. + 2yz\frac{F'_u + zF'_v}{xF'_u - yF'_v} \right)\mathrm{d}x\mathrm{d}y \\
&= \iint_D (2z^2 + 2 - 2z^2)\mathrm{d}x\mathrm{d}y = 2\iint_D \mathrm{d}x\mathrm{d}y = 2\pi
\end{aligned}
$$

例 6.7(江苏省 2008 年竞赛题) 设 Γ 为 $x^2 + y^2 = 2x(y \geqslant 0)$ 上从 $O(0,0)$ 到 $A(2,0)$ 的一段弧,连续函数 $f(x)$ 满足

$$f(x) = x^2 + \int_\Gamma y[f(x) + \mathrm{e}^x]\mathrm{d}x + (\mathrm{e}^x - xy^2)\mathrm{d}y$$

求 $f(x)$.

解析 设 $\int_\Gamma y[f(x) + \mathrm{e}^x]\mathrm{d}x + (\mathrm{e}^x - xy^2)\mathrm{d}y = a$,则 $f(x) = x^2 + a$,记 Γ 与 $\overline{AO}$ 包围的区域为 D,应用格林公式,有

$$
\begin{aligned}
a &= \int_{\Gamma + \overline{AO}} y[f(x) + \mathrm{e}^x]\mathrm{d}x + (\mathrm{e}^x - xy^2)\mathrm{d}y - \int_{\overline{AO}} y[f(x) + \mathrm{e}^x]\mathrm{d}x + (\mathrm{e}^x - xy^2)\mathrm{d}y \\
&= -\iint_D (\mathrm{e}^x - y^2 - x^2 - a - \mathrm{e}^x)\mathrm{d}x\mathrm{d}y - 0 \\
&= \iint_D (x^2 + y^2)\mathrm{d}x\mathrm{d}y + a\iint_D \mathrm{d}x\mathrm{d}y = \int_0^{\frac{\pi}{2}} \mathrm{d}\theta \int_0^{2\cos\theta} \rho^3\mathrm{d}\rho + \frac{\pi}{2}a \\
&= \int_0^{\frac{\pi}{2}} 4\cos^4\theta\mathrm{d}\theta + \frac{\pi}{2}a = \frac{3}{4}\pi + \frac{\pi}{2}a
\end{aligned}
$$

解得 $a = \dfrac{3\pi}{2(2 - \pi)}$,于是 $f(x) = x^2 + \dfrac{3\pi}{2(2 - \pi)}.$

例 6.8(北京市 1996 年竞赛题) 设函数 $f(x,y)$ 在区域 $D: x^2 + y^2 \leqslant 1$ 上有

二阶连续偏导数,且 $\dfrac{\partial^2 f}{\partial x^2}+\dfrac{\partial^2 f}{\partial y^2}=\mathrm{e}^{-(x^2+y^2)}$,证明:$\displaystyle\iint_D\left(x\dfrac{\partial f}{\partial x}+y\dfrac{\partial f}{\partial y}\right)\mathrm{d}x\mathrm{d}y=\dfrac{\pi}{2\mathrm{e}}$.

解析 运用极坐标变换,有

$$\iint_D\left(x\dfrac{\partial f}{\partial x}+y\dfrac{\partial f}{\partial y}\right)\mathrm{d}x\mathrm{d}y=\int_0^1\rho\mathrm{d}\rho\int_0^{2\pi}(\rho\cos\theta f_x'+\rho\sin\theta f_y')\mathrm{d}\theta$$

其中 $\displaystyle\int_0^{2\pi}(\rho\cos\theta f_x'+\rho\sin\theta f_y')\mathrm{d}\theta$ 可看作沿半径为 $\rho(0\leqslant\rho\leqslant1)$ 的圆周 L 的逆向的曲线积分. 因 $x=\rho\cos\theta,y=\rho\sin\theta$,所以 $\mathrm{d}x=-\rho\sin\theta\mathrm{d}\theta,\mathrm{d}y=\rho\cos\theta\mathrm{d}\theta$. 记 D_1 是半径为 ρ 的圆域,应用格林公式,上述积分化为

$$\int_0^1\rho\oint_L[-f_y'\mathrm{d}x+f_x'\mathrm{d}y]\mathrm{d}\rho$$
$$=\int_0^1\rho\left[\iint_{D_1}(f_{xx}''+f_{yy}'')\mathrm{d}x\mathrm{d}y\right]\mathrm{d}\rho=\int_0^1\rho\left(\int_0^{2\pi}\mathrm{d}\theta\int_0^\rho\mathrm{e}^{-t^2}t\mathrm{d}t\right)\mathrm{d}\rho$$
$$=\pi\int_0^1(1-\mathrm{e}^{-\rho^2})\rho\mathrm{d}\rho=\dfrac{\pi}{2\mathrm{e}}$$

例 6.9(江苏省 2019 年竞赛题) 已知函数 $f(x,y)$ 有连续偏导数,且在单位圆周 $L:x^2+y^2=1$ 上的值为 0,L 围成的闭区域记为 D,k 为任意常数.

(1)利用格林公式计算

$$\iint_D[(x-ky)f_x'(x,y)+(kx+y)f_y'(x,y)+2f(x,y)]\mathrm{d}x\mathrm{d}y$$

(2)若 $f(x,y)$ 在 D 上任意点处沿任意方向的方向导数的值都不超过常数 M,证明:$\left|\displaystyle\iint_D f(x,y)\mathrm{d}x\mathrm{d}y\right|\leqslant\dfrac{1}{3}\pi M$.

解析 (1)选取函数 $P(x,y),Q(x,y)$,使得 $Q_x'-P_y'$ 等于原式的被积函数. 因
$$((x-ky)f(x,y))_x'-(-(kx+y)f(x,y))_y'=(x-ky)f_x'+(kx+y)f_y'+2f$$
故 $Q=(x-ky)f(x,y),P=-(kx+y)f(x,y)$,且 $Q\big|_{(x,y)\in L}=0,P\big|_{(x,y)\in L}=0$,
应用格林公式,得

$$\text{原式}=\iint_D(Q_x'-P_y')\mathrm{d}x\mathrm{d}y=\oint_{L^+}P\mathrm{d}x+Q\mathrm{d}y=0$$

(2)在(1)中取 $k=0$,得

$$\iint_D f(x,y)\mathrm{d}x\mathrm{d}y=-\dfrac{1}{2}\iint_D[xf_x'(x,y)+yf_y'(x,y)]\mathrm{d}x\mathrm{d}y$$

$\forall$ 点 $P(x,y)\in D$,由于 $f(x,y)$ 在点 P 处沿梯度 $\mathbf{grad}f=(f_x'(x,y),f_y'(x,y))$ 的方向导数取最大值,其值为梯度的模,所以 $|(f_x'(x,y),f_y'(x,y))|\leqslant M$,于是

$$\left|\iint_D f(x,y)\mathrm{d}x\mathrm{d}y\right|=\dfrac{1}{2}\left|\iint_D(x,y)\cdot(f_x'(x,y),f_y'(x,y))\mathrm{d}x\mathrm{d}y\right|$$

$$\leqslant \frac{1}{2}\iint\limits_{D}|\,(x,y)\,|\cdot|\,(f'_x(x,y),f'_y(x,y))\,|\,\mathrm{d}x\mathrm{d}y$$

$$\leqslant \frac{1}{2}M\iint\limits_{D}\sqrt{x^2+y^2}\,\mathrm{d}x\mathrm{d}y$$

$$=\frac{1}{2}M\int_0^{2\pi}\mathrm{d}\theta\int_0^1\rho^2\,\mathrm{d}\rho=\frac{1}{3}\pi M$$

例 6.10(江苏省 2020 年竞赛题) 计算曲线积分 $\displaystyle\int_L \frac{y\mathrm{d}x-(x-y^2)\mathrm{d}y}{x^2+y^2}$,其中 L 是 $y=-\cos\pi x$ 上从点 $(-1,1)$ 到点 $(1,1)$ 的一段曲线.

解析 记 $I_1=\displaystyle\int_L \frac{y\mathrm{d}x-x\mathrm{d}y}{x^2+y^2}, I_2=\int_L\frac{y^2\mathrm{d}y}{x^2+y^2}$.

先计算 I_1,设 $P=\dfrac{y}{x^2+y^2}, Q=\dfrac{-x}{x^2+y^2}$,取 Γ 为圆 $x^2+y^2=2(y\leqslant 1)$ 上从点 $B(1,1)$ 到点 $A(-1,1)$ 的一段曲线,L 与 Γ 所围成的区域记为 D(如右图所示),可得 $Q'_x=P'_y=\dfrac{x^2-y^2}{(x^2+y^2)^2}, P,Q\in\mathscr{C}^{(1)}(D)$,且

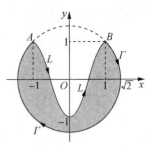

$$I_1=\oint_{L+\Gamma}P\mathrm{d}x+Q\mathrm{d}y-\int_\Gamma P\mathrm{d}x+Q\mathrm{d}y$$

上式中,沿封闭曲线 $L+\Gamma$ 上的积分应用格林公式计算,沿曲线 Γ 上的积分用参数方程 $x=\sqrt{2}\cos\theta, y=\sqrt{2}\sin\theta\left(\theta 从 \dfrac{\pi}{4} 变到 -\dfrac{5}{4}\pi\right)$ 化为定积分计算,得

$$I_1=-\iint\limits_D(Q'_x-P'_y)\mathrm{d}x\mathrm{d}y+\frac{1}{2}\int_{\frac{\pi}{4}}^{-\frac{5}{4}\pi}2(\sin^2\theta+\cos^2\theta)\mathrm{d}\theta=0-\frac{3}{2}\pi=-\frac{3}{2}\pi$$

再计算 I_2,将 L 的参数方程 $x=x, y=-\cos\pi x(x 从 -1 变到 1)$ 代入化为定积分,并应用偶倍奇零性,得

$$I_2=\int_L\frac{y^2\mathrm{d}y}{x^2+y^2}=\pi\int_{-1}^1\frac{\cos^2\pi x}{x^2+\cos^2\pi x}\sin\pi x\mathrm{d}x=0$$

综上,原式 $=I_1+I_2=-\dfrac{3}{2}\pi+0=-\dfrac{3}{2}\pi$.

例 6.11(东南大学 2015 年竞赛题) 设 $C:x^2+y^2=1$,取逆时针方向,计算曲线积分

$$I=\oint_C\frac{\mathrm{e}^y}{x^2+y^2}[(x\sin x+y\cos x)\mathrm{d}x+(y\sin x-x\cos x)\mathrm{d}y]$$

解析 记 $P=\dfrac{\mathrm{e}^y}{x^2+y^2}(x\sin x+y\cos x), Q=\dfrac{\mathrm{e}^y}{x^2+y^2}(y\sin x-x\cos x)$,则

$$Q'_x=P'_y=\frac{\mathrm{e}^y}{(x^2+y^2)^2}[(x^2+y^2)(y\cos x+x\sin x)+(x^2-y^2)\cos x-2xy\sin x]$$

记 $C_\varepsilon:x^2+y^2=\varepsilon^2(0<\varepsilon<1)$,取顺时针方向,并将 C 与 C_ε 所围的区域记为 D, C_ε

所围的区域记为 D_ε,两次应用格林公式,得

$$I = \oint_{C+C_\varepsilon} P\mathrm{d}x + Q\mathrm{d}y - \oint_{C_\varepsilon} P\mathrm{d}x + Q\mathrm{d}y$$

$$= \iint_D 0\mathrm{d}x\mathrm{d}y + \frac{1}{\varepsilon^2}\oint_{C_\varepsilon} \mathrm{e}^y\left[(x\sin x + y\cos x)\mathrm{d}x + (y\sin x - x\cos x)\mathrm{d}y\right]$$

$$= \frac{1}{\varepsilon^2}\iint_{D_\varepsilon}\left[(\mathrm{e}^y(y\sin x - x\cos x))'_x - (\mathrm{e}^y(x\sin x + y\cos x))'_y\right]\mathrm{d}x\mathrm{d}y$$

$$= -\frac{2}{\varepsilon^2}\iint_{D_\varepsilon}\mathrm{e}^y\cos x\mathrm{d}x\mathrm{d}y \quad (\text{应用积分中值定理,存在}(\xi,\eta)\in D_\varepsilon)$$

$$= -\frac{2}{\varepsilon^2}\mathrm{e}^\eta\cos\xi\iint_{D_\varepsilon}1\mathrm{d}x\mathrm{d}y = -2\pi\mathrm{e}^\eta\cos\xi$$

在上式中令 $\varepsilon \to 0^+$,则 $(\xi,\eta) \to (0,0)$,可得 $I = \lim\limits_{\varepsilon\to 0^+}(-2\pi\mathrm{e}^\eta\cos\xi) = -2\pi$.

例 6.12(江苏省 2017 年竞赛题)　设 Γ 为圆 $x^2 + y^2 = 4$,将对弧长的曲线积分

$$\int_\Gamma \frac{x^2 + y(y-1)}{x^2 + (y-1)^2}\mathrm{d}s$$

化为对坐标的曲线积分,并求该曲线积分的值.

解析　设圆 Γ 的参数方程为 $x = 2\cos t$, $y = 2\sin t$,则圆 Γ 的切向量为

$$(x'(t), y'(t)) = (-2\sin t, 2\cos t) = (-y, x)$$

于是圆 Γ 正向 Γ^+ 切向量的方向余弦为 $(\cos\alpha, \cos\beta) = \left(-\frac{y}{2}, \frac{x}{2}\right)$,则

$$\text{原式} = 2\int_{\Gamma^+} \frac{x\cdot\cos\beta - (y-1)\cdot\cos\alpha}{x^2 + (y-1)^2}\mathrm{d}s = 2\int_{\Gamma^+} \frac{x\mathrm{d}y - (y-1)\mathrm{d}x}{x^2 + (y-1)^2}$$

记 $P = \dfrac{-(y-1)}{x^2 + (y-1)^2}$, $Q = \dfrac{x}{x^2 + (y-1)^2}$,在曲线 Γ^+ 的内部取小圆

$$\Gamma_\varepsilon : x^2 + (y-1)^2 = \varepsilon^2 \quad (\text{逆时针方向}, 0 < \varepsilon < 1)$$

设 Γ, Γ_ε 所围区域为 D(如右图所示),则 $P, Q \in \mathscr{C}^{(1)}(D)$,且 $Q'_x \equiv P'_y = \dfrac{(y-1)^2 - x^2}{[x^2 + (y-1)^2]^2}$. 在 D 上应用格林公式得

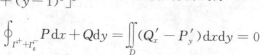

$$\oint_{\Gamma^+ + \Gamma_\varepsilon^-} P\mathrm{d}x + Q\mathrm{d}y = \iint_D (Q'_x - P'_y)\mathrm{d}x\mathrm{d}y = 0$$

则

$$原式 = 2\!\int_{\Gamma^+} P\mathrm{d}x + Q\mathrm{d}y = 2\!\int_{\Gamma_\varepsilon} P\mathrm{d}x + Q\mathrm{d}y$$

$$= \frac{2}{\varepsilon^2}\!\int_{\Gamma_\varepsilon} x\mathrm{d}y - (y-1)\mathrm{d}x$$

设 Γ_ε 所包围的区域为 D_ε，上式右端在 Γ_ε 上应用格林公式得

$$原式 = \frac{2}{\varepsilon^2}\!\iint_{D_\varepsilon} 2\mathrm{d}x\mathrm{d}y = \frac{4}{\varepsilon^2} \cdot \pi\varepsilon^2 = 4\pi$$

例 6.13(精选题) 已知 $P(x,y) = \dfrac{axy^2}{(x^2+y^2)^2}$，$Q(x,y) = \dfrac{-4yx^\lambda}{(x^2+y^2)^2}$.

(1) 求常数 a 和 λ，使得 $\displaystyle\int_L P\mathrm{d}x + Q\mathrm{d}y$ 在区域 $D = \{(x,y)\mid x^2+y^2>0\}$ 上与路径无关；

(2) 求 $P\mathrm{d}x + Q\mathrm{d}y$ 在 D 中的原函数.

解析 (1) 根据题意，可知 $P,Q \in \mathscr{C}^{(1)}(D)$. 由于曲线积分与路径无关的充要条件是 $P'_y = Q'_x$，而

$$P'_y = \frac{2axy(x^2-y^2)}{(x^2+y^2)^3}，\quad Q'_x = \frac{-4x^{\lambda-1}y[\lambda(x^2+y^2)-4x^2]}{(x^2+y^2)^3}$$

所以 $\lambda - 1 = 1, 4\lambda = 2a$，即 $\lambda = 2, a = 4$，此时

$$P = \frac{4xy^2}{(x^2+y^2)^2}，\quad Q = \frac{-4x^2y}{(x^2+y^2)^2}$$

(2) 令 $P\mathrm{d}x + Q\mathrm{d}y = \mathrm{d}u$，则 $u'_x = P, u'_y = Q$，于是

$$u(x,y) = \int P(x,y)\mathrm{d}x + \varphi(y) = \int \frac{4xy^2}{(x^2+y^2)^2}\mathrm{d}x + \varphi(y)$$

$$= -\frac{2y^2}{x^2+y^2} + \varphi(y)$$

代入 $u'_y = Q$ 得

$$-2\frac{2y(x^2+y^2)-y^2 2y}{(x^2+y^2)^2} + \varphi'(y) = \frac{-4x^2y}{(x^2+y^2)^2}$$

即 $\varphi'(y) = 0$. 取 $\varphi(y) = C$，得所求的原函数为 $u = -\dfrac{2y^2}{x^2+y^2} + C$.

例 6.14(江苏省 2004 年竞赛题) 设 $f(x)$ 连续可导，$f(1) = 1$，G 为不包含原点的单连通域，任取 $M, N \in G$，在 G 内曲线积分 $\displaystyle\int_M^N \frac{1}{2x^2+f(y)}(y\mathrm{d}x - x\mathrm{d}y)$ 与路径无关.

(1) 求 $f(x)$；

(2) 求 $\displaystyle\int_\Gamma \frac{1}{2x^2+f(y)}(y\mathrm{d}x - x\mathrm{d}y)$，其中 Γ 为 $x^{\frac{2}{3}} + y^{\frac{2}{3}} = a^{\frac{2}{3}}$，取正向.

解析 记 $P(x,y) = \dfrac{y}{2x^2+f(y)}$，$Q(x,y) = \dfrac{-x}{2x^2+f(y)}$，因为在 G 内曲线积

分 $\displaystyle\int_M^N P\mathrm{d}x + Q\mathrm{d}y$ 与路径无关，所以 $\forall (x,y) \in G$，有 $\dfrac{\partial Q}{\partial x} = \dfrac{\partial P}{\partial y}$，即

$$\frac{2x^2 - f(y)}{(2x^2+f(y))^2} = \frac{2x^2+f(y) - yf'(y)}{(2x^2+f(y))^2}$$

由此推得 $yf'(y) = 2f(y)$，又 $f(1)=1$，解此变量可分离的微分方程得 $f(y) = y^2$. 于是 $f(x) = x^2$.

取小椭圆 $\Gamma_\varepsilon : 2x^2 + y^2 = \varepsilon^2$，取正向，$\varepsilon$ 为充分小的正数，使得 Γ_ε 位于 Γ 的内部.
设 Γ 与 Γ_ε 所包围的区域为 D. 在 D 上，P 和 Q 的一阶偏导数连续，且 $Q_x' = P_y'$，应用格林公式得

$$\int_{\Gamma + \Gamma_\varepsilon^-} P\mathrm{d}x + Q\mathrm{d}y = \iint_D (Q_x' - P_y')\mathrm{d}x\mathrm{d}y = 0$$

这里 Γ_ε^- 为负向（即顺时针方向），于是

$$\text{原式} = \int_\Gamma P\mathrm{d}x + Q\mathrm{d}y = -\int_{\Gamma_\varepsilon^-} P\mathrm{d}x + Q\mathrm{d}y = \int_{\Gamma_\varepsilon} P\mathrm{d}x + Q\mathrm{d}y$$

$$= \int_0^{2\pi} \frac{1}{\sqrt{2}}\left(\frac{-\varepsilon^2\sin^2\theta - \varepsilon^2\cos^2\theta}{\varepsilon^2}\right)\mathrm{d}\theta = -\sqrt{2}\,\pi$$

例 6.15（全国 2018 年决赛题） 设 $f(x,y)$ 在区域 $D = \{(x,y) \mid x^2+y^2 \leqslant a^2\}$ 上具有一阶连续偏导数，且满足

$$f(x,y)\Big|_{x^2+y^2=a^2} = a^2, \qquad \max_{(x,y)\in D}\left[\left(\frac{\partial f}{\partial x}\right)^2 + \left(\frac{\partial f}{\partial y}\right)^2\right] = a^2 \quad (a>0)$$

证明：$\left|\displaystyle\iint_D f(x,y)\mathrm{d}x\mathrm{d}y\right| \leqslant \dfrac{4}{3}\pi a^4$.

解析 区域 D 的边界曲线记为 Γ，取正向. 在格林公式

$$\oint_\Gamma P\mathrm{d}x + Q\mathrm{d}y = \iint_D \left(\frac{\partial Q}{\partial x} - \frac{\partial P}{\partial y}\right)\mathrm{d}x\mathrm{d}y \tag{1}$$

中取 $P = -yf(x,y)$，$Q = 0$，得

$$\iint_D f(x,y)\mathrm{d}x\mathrm{d}y = -\oint_\Gamma yf(x,y)\mathrm{d}x - \iint_D y\frac{\partial f}{\partial y}\mathrm{d}x\mathrm{d}y \tag{2}$$

又在（1）式中取 $P = 0$，$Q = xf(x,y)$，得

$$\iint_D f(x,y)\mathrm{d}x\mathrm{d}y = \oint_\Gamma xf(x,y)\mathrm{d}y - \iint_D x\frac{\partial f}{\partial x}\mathrm{d}x\mathrm{d}y \tag{3}$$

将（2）式与（3）式相加得

$$\iint_D f(x,y)\mathrm{d}x\mathrm{d}y = \frac{1}{2}\oint_\Gamma -yf(x,y)\mathrm{d}x + xf(x,y)\mathrm{d}y - \frac{1}{2}\iint_D \left(x\frac{\partial f}{\partial x} + y\frac{\partial f}{\partial y}\right)\mathrm{d}x\mathrm{d}y$$

对上式取绝对值,并对右端第一项应用格林公式,对第二项应用柯西-施瓦茨不等式,得

$$\left|\iint\limits_D f(x,y)\mathrm{d}x\mathrm{d}y\right| \leqslant \frac{a^2}{2}\left|\oint_\Gamma -y\mathrm{d}x + x\mathrm{d}y\right| + \frac{1}{2}\iint\limits_D\left|x\frac{\partial f}{\partial x} + y\frac{\partial f}{\partial y}\right|\mathrm{d}x\mathrm{d}y$$

$$\leqslant \frac{a^2}{2}\iint\limits_D 2\mathrm{d}x\mathrm{d}y + \frac{1}{2}\iint\limits_D\sqrt{x^2+y^2}\sqrt{\left(\frac{\partial f}{\partial x}\right)^2 + \left(\frac{\partial f}{\partial y}\right)^2}\,\mathrm{d}x\mathrm{d}y$$

$$\leqslant \pi a^4 + \frac{a}{2}\int_0^{2\pi}\mathrm{d}\theta\int_0^a\rho^2\mathrm{d}\rho = \frac{4}{3}\pi a^4$$

例 6.16(莫斯科电气学院 1976 年竞赛题) 设 $P(x,y)$,$Q(x,y)$ 在全平面上具有连续的一阶偏导数,沿着平面上的任意半圆周 $L:y = y_0 + \sqrt{R^2-(x-x_0)^2}$,曲线积分 $\int_L P(x,y)\mathrm{d}x + Q(x,y)\mathrm{d}y = 0$,其中 x_0,y_0 为任意实数,R 为任意正实数,求证:(1) $P(x,y)\equiv 0$;(2) $\dfrac{\partial Q}{\partial x}\equiv 0$.

解析 (1) 如右图所示,$\forall\,(x_0,y_0)\in\mathbf{R}^2$,以及 $\forall\,R>0$,以 (x_0,y_0) 为圆心,以 R 为半径作上半圆周 L,并取逆时针方向,起点为 $B(x_0+R,y_0)$,终点为 $A(x_0-R,y_0)$,则

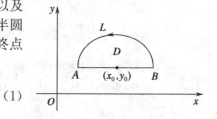

$$\int_{L+\overline{AB}} P\mathrm{d}x + Q\mathrm{d}y = \iint\limits_D(Q'_x - P'_y)\mathrm{d}x\mathrm{d}y \qquad (1)$$

对(1)式右端应用积分中值定理,$\exists\,(\xi,\eta)\in D$,有

$$\iint\limits_D(Q'_x - P'_y)\mathrm{d}x\mathrm{d}y = (Q'_x - P'_y)\Big|_{(\xi,\eta)}\cdot\frac{\pi}{2}R^2 \qquad (2)$$

对(1)式左端有

$$\int_{L+\overline{AB}} P\mathrm{d}x + Q\mathrm{d}y = \int_L P\mathrm{d}x + Q\mathrm{d}y + \int_{\overline{AB}} P\mathrm{d}x + Q\mathrm{d}y$$

$$= 0 + \int_{x_0-R}^{x_0+R} P(x,y_0)\mathrm{d}x$$

对此式右端应用定积分中值定理,$\exists\,c\in(x_0-R,x_0+R)$,有

$$\int_{x_0-R}^{x_0+R} P(x,y_0)\mathrm{d}x = P(c,y_0)\cdot 2R \qquad (3)$$

将(2)式与(3)式代入(1)式得

$$2P(c,y_0) = \frac{1}{2}\pi R\cdot(Q'_x - P'_y)\Big|_{(\xi,\eta)}$$

令 $R\to 0$,此时 $c\to x_0$,$(\xi,\eta)\to(x_0,y_0)$,得 $P(x_0,y_0)=0$,由 $(x_0,y_0)\in\mathbf{R}^2$ 的任意

性,即得 $P(x,y) \equiv 0$.

(2) 用反证法来证明. 假设 $\exists (a,b) \in \mathbf{R}^2$,使得 $Q'_x(a,b) > 0$(或 < 0). 由于 $Q \in \mathscr{C}^{(1)}(\mathbf{R}^2)$,所以 $\exists (a,b)$ 的邻域 U,使得 $Q'_x\big|_{(x,y) \in U} > 0$(或 < 0),在邻域 U 内取上半圆周 L,则

$$\int_{L+\overline{AB}} P\mathrm{d}x + Q\mathrm{d}y = \int_{\overline{AB}} Q\mathrm{d}y = 0 = \iint_D Q'_x \mathrm{d}x\mathrm{d}y > 0 \quad (\text{或} < 0)$$

此为矛盾式,故有 $\dfrac{\partial Q}{\partial x} \equiv 0$.

6.2.3   曲面积分的计算(例 6.17—6.22)

例 6.17(北京市 1992 年竞赛题)   计算曲面积分

$$I = \iint_S \frac{2\mathrm{d}y\mathrm{d}z}{x\cos^2 x} + \frac{\mathrm{d}z\mathrm{d}x}{\cos^2 y} - \frac{\mathrm{d}x\mathrm{d}y}{z\cos^2 z}$$

其中 S 是球面 $x^2 + y^2 + z^2 = 1$ 的外侧.

解析   首先由 $\dfrac{\mathrm{d}y\mathrm{d}z}{x} = \dfrac{\mathrm{d}z\mathrm{d}x}{y} = \dfrac{\mathrm{d}x\mathrm{d}y}{z} = \mathrm{d}S$ 将原式化为第一型曲面积分,得

$$I = \iint_S \left(\frac{2}{\cos^2 x} + \frac{y}{\cos^2 y} - \frac{1}{\cos^2 z} \right) \mathrm{d}S$$

由于曲面 S 关于三个坐标平面对称,$\dfrac{2}{\cos^2 x}$ 关于 x 为偶函数,$\dfrac{y}{\cos^2 y}$ 关于 y 为奇函数,$\dfrac{1}{\cos^2 z}$ 关于 z 为偶函数,应用第一型曲面积分的偶倍奇零性,得

$$I = 4 \iint_{S(x \geqslant 0)} \frac{1}{\cos^2 x} \mathrm{d}S + 0 - 2 \iint_{S(z \geqslant 0)} \frac{1}{\cos^2 z} \mathrm{d}S$$

其中,$S(x \geqslant 0)$ 的方程是 $x = \sqrt{1-y^2-z^2}$,$D_{yz} : y^2 + z^2 \leqslant 1$;$S(z \geqslant 0)$ 的方程是 $z = \sqrt{1-x^2-y^2}$,$D_{xy} : x^2 + y^2 \leqslant 1$. 由于曲面 $S(x \geqslant 0)$ 与 $S(z \geqslant 0)$ 的方程关于 x,z 具有轮换性,所以

$$\iint_{S(x \geqslant 0)} \frac{1}{\cos^2 x} \mathrm{d}S = \iint_{S(z \geqslant 0)} \frac{1}{\cos^2 z} \mathrm{d}S \Rightarrow I = 2 \iint_{S(z \geqslant 0)} \frac{1}{\cos^2 z} \mathrm{d}S$$

将曲面积分化为区域 D_{xy} 上的二重积分,并在区域 D_{xy} 上用极坐标计算,有

$$\mathrm{d}S = \sqrt{1 + (z'_x)^2 + (z'_y)^2} \, \mathrm{d}x\mathrm{d}y = \frac{1}{\sqrt{1-x^2-y^2}} \mathrm{d}x\mathrm{d}y$$

$$I = 2 \iint_{D_{xy}} \frac{\sec^2 \sqrt{1-x^2-y^2}}{\sqrt{1-x^2-y^2}} \mathrm{d}x\mathrm{d}y = 2 \int_0^{2\pi} \mathrm{d}\theta \int_0^1 \frac{\sec^2 \sqrt{1-\rho^2}}{\sqrt{1-\rho^2}} \rho \mathrm{d}\rho$$

$$=-4\pi\int_0^1\sec^2\sqrt{1-\rho^2}\,\mathrm{d}\,\sqrt{1-\rho^2}\ =-4\pi\tan\sqrt{1-\rho^2}\,\Big|_0^1\ =4\pi\tan1$$

例 6.18(*南京大学 1996 年竞赛题*) 设 S 表示球面 $x^2+y^2+z^2=1$ 的外侧位于 $x^2+y^2-x\leqslant0,z\geqslant0$ 的部分,试计算 $I=\iint\limits_S x^2\mathrm{d}y\mathrm{d}z+y^2\mathrm{d}z\mathrm{d}x+z^2\mathrm{d}x\mathrm{d}y.$

解析 曲面 S 在 xOy 平面上的投影为

$$D=\{(x,y)\mid x^2+y^2\leqslant x\}$$

由于 $F=x^2+y^2+z^2-1,\boldsymbol{n}=(F'_x,F'_y,F'_z)=2(x,y,z),$故

$$\frac{\mathrm{d}y\mathrm{d}z}{x}=\frac{\mathrm{d}z\mathrm{d}x}{y}=\frac{\mathrm{d}x\mathrm{d}y}{z}$$

于是

$$原式=\iint\limits_D\left(\frac{x^3}{z}+\frac{y^3}{z}+z^2\right)\Big|_{z=\sqrt{1-x^2-y^2}}\,\mathrm{d}x\mathrm{d}y$$

$$=\iint\limits_D\left(\frac{x^3}{\sqrt{1-x^2-y^2}}+1-x^2-y^2\right)\mathrm{d}x\mathrm{d}y$$

$$\left(因为\frac{y^3}{z}关于\,y\,为奇函数,D\,关于\,y=0\,对称,故\iint\limits_D\frac{y^3}{z}\mathrm{d}x\mathrm{d}y=0\right)$$

$$=2\int_0^1\mathrm{d}\rho\int_0^{\arccos\rho}\frac{\rho^4}{\sqrt{1-\rho^2}}\cos^3\theta\mathrm{d}\theta+\frac{\pi}{4}-2\int_0^{\frac{\pi}{2}}\mathrm{d}\theta\int_0^{\cos\theta}\rho^3\mathrm{d}\rho$$

$$=2\int_0^1\frac{\rho^4}{\sqrt{1-\rho^2}}\left(\sin\theta-\frac{1}{3}\sin^3\theta\right)\Big|_0^{\arccos\rho}\mathrm{d}\rho+\frac{\pi}{4}-\frac{1}{2}\int_0^{\frac{\pi}{2}}\cos^4\theta\mathrm{d}\theta$$

$$=2\int_0^1\frac{\rho^4}{\sqrt{1-\rho^2}}\left(\sqrt{1-\rho^2}-\frac{1}{3}(1-\rho^2)^{\frac{3}{2}}\right)\mathrm{d}\rho+\frac{\pi}{4}$$

$$-\frac{1}{2}\left(\frac{3}{8}\theta+\frac{1}{4}\sin2\theta+\frac{1}{32}\sin4\theta\right)\Big|_0^{\frac{\pi}{2}}$$

$$=2\int_0^1\left(\frac{2}{3}\rho^4+\frac{1}{3}\rho^6\right)\mathrm{d}\rho+\frac{\pi}{4}-\frac{3}{32}\pi=\frac{38}{105}+\frac{5}{32}\pi$$

例 6.19(*精选题*) 计算曲面积分

$$\iint\limits_\Sigma yz(y-z)\mathrm{d}y\mathrm{d}z+zx(z-x)\mathrm{d}z\mathrm{d}x+xy(x-y)\mathrm{d}x\mathrm{d}y$$

其中 Σ 是上半球面 $z=\sqrt{4Rx-x^2-y^2}(R\geqslant1)$ 在柱面 $\left(x-\dfrac{3}{2}\right)^2+y^2=1$ 之内部分的上侧.

解析 记 $F(x,y,z)=x^2+y^2+z^2-4Rx=0(z\geqslant0),$则曲面 Σ 的法向量为

$n = (x - 2R, y, z)$，于是

$$\frac{\mathrm{d}y\mathrm{d}z}{x - 2R} = \frac{\mathrm{d}z\mathrm{d}x}{y} = \frac{\mathrm{d}x\mathrm{d}y}{z}$$

$$原式 = \iint\limits_{\Sigma} \left[yz(y - z) \frac{1}{z}(x - 2R) + zx(z - x)\frac{y}{z} + xy(x - y) \right] \mathrm{d}x\mathrm{d}y$$

$$= 2R \iint\limits_{\Sigma} y(z - y) \mathrm{d}x\mathrm{d}y$$

记曲面 Σ 在 xOy 平面上的投影区域为 $D : \left(x - \frac{3}{2} \right)^2 + y^2 \leqslant 1$，由偶倍奇零性，则

$$原式 = 2R \iint\limits_{D} y(\sqrt{4Rx - x^2 - y^2} - y) \mathrm{d}x\mathrm{d}y$$

$$= 2R \iint\limits_{D} y \sqrt{4Rx - x^2 - y^2} \mathrm{d}x\mathrm{d}y - 2R \iint\limits_{D} y^2 \mathrm{d}x\mathrm{d}y$$

$$= 0 - 2R \iint\limits_{D} y^2 \mathrm{d}x\mathrm{d}y$$

再令 $x = \frac{3}{2} + \rho\cos\theta, y = \rho\sin\theta (0 \leqslant \rho \leqslant 1, 0 \leqslant \theta \leqslant 2\pi)$，则

$$原式 = -2R \int_0^{2\pi} \mathrm{d}\theta \int_0^1 \rho^3 \sin^2\theta \mathrm{d}\rho = -2R \int_0^{2\pi} \frac{1 - \cos2\theta}{2} \mathrm{d}\theta \cdot \int_0^1 \rho^3 \mathrm{d}\rho$$

$$= -2R \left(\pi \cdot \frac{1}{4} \right) = -\frac{1}{2}\pi R$$

例 6.20（江苏省 2019 年竞赛题）　设 Σ 是椭球面 $x^2 + y^2 + z^2 - yz = 1$ 位于平面 $y - 2z = 0$ 上方的部分，计算曲面积分 $\iint\limits_{\Sigma} \dfrac{(x + 1)^2 (y - 2z)}{\sqrt{5 - x^2 - 3yz}} \mathrm{d}S$.

解析　曲面 Σ 的方程记为 $z = z(x, y)$，设 $F(x, y, z) = x^2 + y^2 + z^2 - yz - 1 = 0$，则有

$$\frac{\partial z}{\partial x} = -\frac{F_x'}{F_z'} = -\frac{2x}{2z - y}, \qquad \frac{\partial z}{\partial y} = -\frac{F_y'}{F_z'} = -\frac{2y - z}{2z - y}$$

$$\sqrt{1 + \left(\frac{\partial z}{\partial x} \right)^2 + \left(\frac{\partial z}{\partial y} \right)^2} = \frac{\sqrt{5 - x^2 - 3yz}}{2z - y}$$

再由 $\begin{cases} x^2 + y^2 + z^2 - yz = 1, \\ y - 2z = 0 \end{cases}$ 消去 z 得 $x^2 + \dfrac{3}{4}y^2 = 1$，所以曲面 Σ 在 xOy 平面上的投影为椭圆 $D : x^2 + \dfrac{3}{4}y^2 \leqslant 1$. 将曲面积分化为区域 D 上的二重积分得

$$\text{原式} = \iint\limits_{D} \frac{(x+1)^2(y-2z)}{\sqrt{5-x^2-3yz}}\sqrt{1+\left(\frac{\partial z}{\partial x}\right)^2+\left(\frac{\partial z}{\partial y}\right)^2}\,\mathrm{d}x\mathrm{d}y = -\iint\limits_{D}(x+1)^2\,\mathrm{d}x\mathrm{d}y$$

$$= -\iint\limits_{D}x^2\,\mathrm{d}x\mathrm{d}y - 2\iint\limits_{D}x\,\mathrm{d}x\mathrm{d}y - \iint\limits_{D}\mathrm{d}x\mathrm{d}y$$

对上式的第一个二重积分,令 $x = \rho\cos t, y = \frac{2}{3}\sqrt{3}\rho\sin t$,则 $\mathrm{d}x\mathrm{d}y = \frac{2}{3}\sqrt{3}\rho\mathrm{d}\rho\mathrm{d}\theta$,应用广义极坐标变换,得

$$\iint\limits_{D}x^2\,\mathrm{d}x\mathrm{d}y = \frac{2}{3}\sqrt{3}\int_0^{2\pi}\cos^2\theta\mathrm{d}\theta \cdot \int_0^1\rho^3\mathrm{d}\rho = \frac{1}{12}\sqrt{3}\left(\theta+\frac{1}{2}\sin2\theta\right)\Big|_0^{2\pi} = \frac{1}{6}\sqrt{3}\pi$$

又由于 D 关于直线 $x = 0$ 对称,函数 x 是奇函数,应用二重积分的偶倍奇零性,可得 $\iint\limits_{D}x\mathrm{d}x\mathrm{d}y = 0$,而 $\iint\limits_{D}\mathrm{d}x\mathrm{d}y = \sigma(D) = \frac{2}{3}\sqrt{3}\pi$,于是

$$\text{原式} = -\frac{1}{6}\sqrt{3}\pi - 0 - \frac{2}{3}\sqrt{3}\pi = -\frac{5}{6}\sqrt{3}\pi$$

例 6.21(全国 2011 年预赛题) 设函数 $f(x)$ 连续,Σ 是球面 $x^2+y^2+z^2 = 1$,且 a,b,c 为常数,求证:

$$\iint\limits_{\Sigma}f(ax+by+cz)\mathrm{d}S = 2\pi\int_{-1}^{1}f(\sqrt{a^2+b^2+c^2}\,u)\mathrm{d}u$$

解析 当 $a = b = c = 0$ 时,原式两边皆等于 $4\pi f(0)$,所以原式成立.

当 a,b,c 不全为 0 时,坐标原点不变,作坐标系旋转,令 $u = \dfrac{ax+by+cz}{\sqrt{a^2+b^2+c^2}}$,在坐标平面 $u = 0$(即 $ax+by+cz = 0$)上任意作互相垂直的 v 轴与 w 轴,$v(x,y,z)$ 与 $w(x,y,z)$ 的表达式省略,只要 $J = \dfrac{\partial(u,v,w)}{\partial(x,y,z)} = 1$,得新坐标系 $O\text{-}uvw$,则球面 Σ 化为球面 $\Sigma': u^2+v^2+w^2 = 1$,曲面微元记为 $\mathrm{d}S'$,则

$$I = \iint\limits_{\Sigma}f(ax+by+cz)\mathrm{d}S = \iint\limits_{\Sigma'}f(\sqrt{a^2+b^2+c^2}\,u)\mathrm{d}S'$$

因球面 Σ' 关于 $w = 0$ 对称,$f(\sqrt{a^2+b^2+c^2}\,u)$ 关于 w 为偶函数,球面 $\Sigma'(w\geqslant0)$ 的方程为 $w = \sqrt{1-u^2-v^2}$,它在 uOv 平面上的投影为 $D': u^2+v^2 \leqslant 1$,于是

$$I = 2\iint\limits_{\Sigma'(w\geqslant0)}f(\sqrt{a^2+b^2+c^2}\,u)\mathrm{d}S'$$

$$= 2\iint\limits_{D'}f(\sqrt{a^2+b^2+c^2}\,u)\sqrt{1+\left(\frac{\partial w}{\partial u}\right)^2+\left(\frac{\partial w}{\partial v}\right)^2}\,\mathrm{d}u\mathrm{d}v$$

$$= 2\iint\limits_{D'}f(\sqrt{a^2+b^2+c^2}\,u)\frac{1}{\sqrt{1-u^2-v^2}}\mathrm{d}u\mathrm{d}v$$

$$= 2\int_{-1}^{1} \mathrm{d}u \int_{-\sqrt{1-u^2}}^{\sqrt{1-u^2}} f(\sqrt{a^2+b^2+c^2}\,u)\frac{1}{\sqrt{1-u^2-v^2}}\mathrm{d}v$$

$$= 2\int_{-1}^{1}\left[f(\sqrt{a^2+b^2+c^2}\,u)\arcsin\frac{v}{\sqrt{1-u^2}}\Big|_{v=-\sqrt{1-u^2}}^{v=\sqrt{1-u^2}} \right]\mathrm{d}u$$

$$= 2\pi\int_{-1}^{1} f(\sqrt{a^2+b^2+c^2}\,u)\mathrm{d}u$$

例 6.22　（全国 2019 年预赛题）计算积分

$$I = \int_{0}^{2\pi}\mathrm{d}\varphi\int_{0}^{\pi}\mathrm{e}^{\sin\theta(\cos\varphi-\sin\varphi)}\sin\theta\mathrm{d}\theta$$

解析　如图所示,考察球面 $\Sigma:x^2+y^2+z^2=1$,取其参数方程

$$\begin{cases} x = \sin\theta\cos\varphi, \\ y = \sin\theta\sin\varphi, \\ z = \cos\theta \end{cases} \quad (\theta\in[0,\pi],\varphi\in[0,2\pi])$$

记 $\boldsymbol{r}=\overrightarrow{OP}=(\sin\theta\cos\varphi,\sin\theta\sin\varphi,\cos\theta)$,则

$$\boldsymbol{r}_\theta' = (\cos\theta\cos\varphi,\cos\theta\sin\varphi,-\sin\theta),\quad \boldsymbol{r}_\varphi' = (-\sin\theta\sin\varphi,\sin\theta\cos\varphi,0)$$

$$E = \boldsymbol{r}_\theta'\cdot\boldsymbol{r}_\theta' = 1,\quad F = \boldsymbol{r}_\theta'\cdot\boldsymbol{r}_\varphi' = 0,\quad G = \boldsymbol{r}_\varphi'\cdot\boldsymbol{r}_\varphi' = \sin^2\theta$$

$$\mathrm{d}S = \sqrt{EG-F^2}\,\mathrm{d}\theta\mathrm{d}\varphi = \sin\theta\mathrm{d}\theta\mathrm{d}\varphi$$

原式可化为第一型曲面积分 $I = \iint\limits_{\Sigma}\mathrm{e}^{x-y}\mathrm{d}S$,应用偶倍奇零性得 $I = 2\iint\limits_{\Sigma(z\geqslant0)}\mathrm{e}^{x-y}\mathrm{d}S$.再改用 x,y 为参数,因 $z=\sqrt{1-x^2-y^2}$,则

$$\mathrm{d}S = \sqrt{1+(z_x')^2+(z_y')^2}\,\mathrm{d}x\mathrm{d}y = \frac{1}{\sqrt{1-x^2-y^2}}\mathrm{d}x\mathrm{d}y$$

$$I = 2\iint\limits_{D}\mathrm{e}^{x-y}\frac{1}{\sqrt{1-x^2-y^2}}\mathrm{d}x\mathrm{d}y \quad (D:x^2+y^2\leqslant1)$$

将此二重积分作换元变换,令 $x=\frac{1}{\sqrt{2}}(u+v),y=\frac{1}{\sqrt{2}}(-u+v)$,则 $J=\frac{\partial(x,y)}{\partial(u,v)}=1$, $\mathrm{d}x\mathrm{d}y=|J|\mathrm{d}u\mathrm{d}v=\mathrm{d}u\mathrm{d}v,D$ 化为 $D':u^2+v^2\leqslant1$,于是

$$I = 2\iint\limits_{D'}\mathrm{e}^{\sqrt{2}u}\frac{1}{\sqrt{1-u^2-v^2}}\mathrm{d}u\mathrm{d}v$$

应用偶倍奇零性化简再化为二次积分计算,得

$$I = 4\int_{-1}^{1}\mathrm{d}u\int_{0}^{\sqrt{1-u^2}}\mathrm{e}^{\sqrt{2}u}\frac{1}{\sqrt{1-u^2-v^2}}\mathrm{d}v = 4\int_{-1}^{1}\mathrm{e}^{\sqrt{2}u}\arcsin\frac{v}{\sqrt{1-u^2}}\Big|_{0}^{(\sqrt{1-u^2})^-}\mathrm{d}u$$

$$= 2\pi\int_{-1}^{1}\mathrm{e}^{\sqrt{2}u}\mathrm{d}u = \sqrt{2}\pi\mathrm{e}^{\sqrt{2}u}\Big|_{-1}^{1} = \sqrt{2}(\mathrm{e}^{\sqrt{2}}-\mathrm{e}^{-\sqrt{2}})\pi$$

6.2.4　应用斯托克斯公式解题(例 6.23—6.25)

例 6.23(北京市 1991 年竞赛题、全国 2019 年决赛题)　已知曲线 L 是空间区

域 $0 \leqslant x \leqslant 1, 0 \leqslant y \leqslant 1, 0 \leqslant z \leqslant 1$ 的表面与平面 $x+y+z=\dfrac{3}{2}$ 的交线，从 z 轴

正向看去为逆时针方向，求 $\oint_L (z^2-y^2)\mathrm{d}x + (x^2-z^2)\mathrm{d}y + (y^2-x^2)\mathrm{d}z$.

解析 记

$$P = z^2 - y^2, \quad Q = x^2 - z^2, \quad R = y^2 - x^2.$$

设 L 所围的平面区域为 Σ，取上侧，Σ 在 xOy 平面上的投

影为 D（参见右图），则 D 的面积为 $\sigma(D) = \dfrac{3}{4}$. 由于 Σ 的

法向量为 $\boldsymbol{n} = (1,1,1)$，故有 $\mathrm{d}y\mathrm{d}z = \mathrm{d}z\mathrm{d}x = \mathrm{d}x\mathrm{d}y$，应用

斯托克斯公式，得

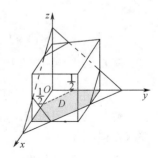

$$\begin{aligned}
\text{原式} &= \iint_\Sigma \left(\frac{\partial R}{\partial y} - \frac{\partial Q}{\partial z}\right)\mathrm{d}y\mathrm{d}z + \left(\frac{\partial P}{\partial z} - \frac{\partial R}{\partial x}\right)\mathrm{d}z\mathrm{d}x + \left(\frac{\partial Q}{\partial x} - \frac{\partial P}{\partial y}\right)\mathrm{d}x\mathrm{d}y \\
&= 2\iint_\Sigma (y+z)\mathrm{d}y\mathrm{d}z + (z+x)\mathrm{d}z\mathrm{d}x + (x+y)\mathrm{d}x\mathrm{d}y \\
&= 4\iint_\Sigma (x+y+z)\mathrm{d}x\mathrm{d}y = 6\iint_\Sigma \mathrm{d}x\mathrm{d}y = 6\iint_D \mathrm{d}x\mathrm{d}y = 6\sigma(D) = \frac{9}{2}
\end{aligned}$$

例 6.24（全国 2017 年预赛题） 设曲线 Γ 为

$$\begin{cases} x^2+y^2+z^2=1, \\ x+z=1, \\ x\geqslant 0, y\geqslant 0, z\geqslant 0 \end{cases}$$

上从 $A(1,0,0)$ 到 $B(0,0,1)$ 的一段，求曲线积分 $\displaystyle\int_\Gamma y\mathrm{d}x + z\mathrm{d}y + x\mathrm{d}z$.

解析 记 Γ 与 $\overline{BA}$ 所围的平面区域为 Σ，法向量朝上，应用斯托克斯公式得

$$\begin{aligned}
I &\stackrel{\text{def}}{=} \int_\Gamma y\mathrm{d}x + z\mathrm{d}y + x\mathrm{d}z + \int_{\overline{BA}} y\mathrm{d}x + z\mathrm{d}y + x\mathrm{d}z \\
&= \iint_\Sigma \left(\frac{\partial x}{\partial y} - \frac{\partial z}{\partial z}\right)\mathrm{d}y\mathrm{d}z + \left(\frac{\partial y}{\partial z} - \frac{\partial x}{\partial x}\right)\mathrm{d}z\mathrm{d}x + \left(\frac{\partial z}{\partial x} - \frac{\partial y}{\partial y}\right)\mathrm{d}x\mathrm{d}y \\
&= -\iint_\Sigma \mathrm{d}y\mathrm{d}z + \mathrm{d}z\mathrm{d}x + \mathrm{d}x\mathrm{d}y
\end{aligned}$$

由于 $\dfrac{\mathrm{d}y\mathrm{d}z}{1/\sqrt{2}} = \dfrac{\mathrm{d}z\mathrm{d}x}{0} = \dfrac{\mathrm{d}x\mathrm{d}y}{1/\sqrt{2}} = \mathrm{d}S$，半圆 Σ 的直径长为 $|BA| = \sqrt{2}$，所以

$$I = -\iint_\Sigma \left(\frac{1}{\sqrt{2}} + 0 + \frac{1}{\sqrt{2}}\right)\mathrm{d}S = -\sqrt{2}\,\frac{1}{2}\pi\left(\frac{1}{\sqrt{2}}\right)^2 = -\frac{\sqrt{2}}{4}\pi$$

又因为 $\overline{BA}$ 的方程为 $x=x, y=0, z=1-x$，且 x 从 0 变到 1，所以

$$\int_{\overline{BA}} y\,\mathrm{d}x + z\,\mathrm{d}y + x\,\mathrm{d}z = -\int_0^1 x\,\mathrm{d}x = -\frac{1}{2}$$

故

$$原式 = I - \int_{\overline{BA}} y\,\mathrm{d}x + z\,\mathrm{d}y + x\,\mathrm{d}z = -\frac{\sqrt{2}}{4}\pi + \frac{1}{2}$$

例 6.25(浙江省 2009 年竞赛题)　设 $R(x,y,z) = \int_0^{x^2+y^2} f(z-t)\,\mathrm{d}t$,其中 f 的导函数连续,曲面 S 为 $z = x^2 + y^2$ 被平面 $y + z = 1$ 所截的下面部分,取内侧,L 为 S 的正向边界,求

$$\oint_L 2xzf(z-x^2-y^2)\,\mathrm{d}x + [x^3 + 2yzf(z-x^2-y^2)]\,\mathrm{d}y + R(x,y,z)\,\mathrm{d}z$$

解析　曲面 S 与曲线 L 如图所示.在 L 上 $z = x^2 + y^2$,所以

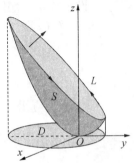

$$R(x,y,z)\Big|_L = \int_0^z f(z-t)\,\mathrm{d}t \xrightarrow{\;令\,z-t=u\;} -\int_z^0 f(u)\,\mathrm{d}u = \int_0^z f(t)\,\mathrm{d}t$$

记 $H(z) = \int_0^z f(t)\,\mathrm{d}t$,代入原式化简,有

$$原式 = \oint_L 2xzf(0)\,\mathrm{d}x + [x^3 + 2yzf(0)]\,\mathrm{d}y + H(z)\,\mathrm{d}z$$

$$= \oint_L f(0)(x^2+y^2)(2x\mathrm{d}x + 2y\mathrm{d}y) + x^3\mathrm{d}y + H(z)\,\mathrm{d}z$$

$$= f(0)\oint_L (x^2+y^2)\,\mathrm{d}(x^2+y^2) + \oint_L x^3\,\mathrm{d}y + H(z)\,\mathrm{d}z$$

$$= \frac{1}{2}f(0)\,(x^2+y^2)^2\Big|_A^A + \oint_L x^3\,\mathrm{d}y + H(z)\,\mathrm{d}z = \oint_L x^3\,\mathrm{d}y + H(z)\,\mathrm{d}z$$

这里 A 为曲线 L 上任一点.记 $P = 0, Q = x^3, R = H(z)$,应用斯托克斯公式,得

$$原式 = \iint_S \left(\frac{\partial R}{\partial y} - \frac{\partial Q}{\partial z}\right)\mathrm{d}y\mathrm{d}z + \left(\frac{\partial P}{\partial z} - \frac{\partial R}{\partial x}\right)\mathrm{d}z\mathrm{d}x + \left(\frac{\partial Q}{\partial x} - \frac{\partial P}{\partial y}\right)\mathrm{d}x\mathrm{d}y$$

$$= \iint_S 3x^2\,\mathrm{d}x\mathrm{d}y$$

曲面 S 在 xOy 平面上的投影为 $D: x^2 + \left(y + \dfrac{1}{2}\right)^2 \leqslant \dfrac{5}{4}$. 作平移加极坐标变换：

$$x = \rho\cos\theta, \quad y = -\frac{1}{2} + \rho\sin\theta \quad \left(0 \leqslant \rho \leqslant \frac{\sqrt{5}}{2}, 0 \leqslant \theta \leqslant 2\pi\right)$$

则 $\mathrm{d}x\mathrm{d}y = \rho\mathrm{d}\rho\mathrm{d}\theta$, 所以

$$原式 = 3\iint\limits_{D} x^2\mathrm{d}x\mathrm{d}y = 3\int_0^{2\pi}\mathrm{d}\theta\int_0^{\sqrt{5}/2}\rho^3\cos^2\theta\mathrm{d}\rho = 3\int_0^{2\pi}\frac{1+\cos2\theta}{2}\mathrm{d}\theta \cdot \int_0^{\sqrt{5}/2}\rho^3\mathrm{d}\rho$$

$$= \frac{3}{2}\left(\theta + \frac{1}{2}\sin2\theta\right)\Big|_0^{2\pi} \cdot \frac{1}{4}\rho^4\Big|_0^{\sqrt{5}/2} = \frac{75}{64}\pi$$

6. 2. 5　应用高斯公式解题(例 6. 26—6. 35)

例 6. 26(全国 2014 年决赛题)　设函数 $f(x)$ 连续可导, 且
$$P = Q = R = f((x^2 + y^2)z)$$
又已知有向曲面 Σ_t 是圆柱体 $x^2 + y^2 \leqslant t^2, 0 \leqslant z \leqslant 1$ 的表面, 方向朝外, 记第二型的曲面积分 $I_t = \iint\limits_{\Sigma_t} P\mathrm{d}y\mathrm{d}z + Q\mathrm{d}z\mathrm{d}x + R\mathrm{d}x\mathrm{d}y$, 求极限 $\lim\limits_{t\to0^+}\dfrac{I_t}{t^4}$.

解析　记曲面 Σ_t 所围的立体区域为 Ω, 应用高斯公式, 得

$$I_t = \iiint\limits_{\Omega}(P_x' + Q_y' + R_z')\mathrm{d}V = \iiint\limits_{\Omega}(2xz + 2yz + x^2 + y^2)f'((x^2 + y^2)z)\mathrm{d}V$$

因为区域 Ω 分别关于 $x = 0$ 与 $y = 0$ 对称, 而 $2xzf'((x^2 + y^2)z)$ 关于 x 为奇函数, $2yzf'((x^2 + y^2)z)$ 关于 y 为奇函数, 应用三重积分的偶倍奇零性化简上式, 并用柱坐标计算, 得

$$I_t = \iiint\limits_{\Omega}(x^2 + y^2)f'((x^2 + y^2)z)\mathrm{d}V$$

$$= \int_0^{2\pi}\mathrm{d}\theta\int_0^t\mathrm{d}\rho\int_0^1\rho^3 f'(\rho^2 z)\mathrm{d}z \quad (令\ \rho^2 z = u)$$

$$= 2\pi\int_0^t\rho\mathrm{d}\rho\int_0^{\rho^2}f'(u)\mathrm{d}u = 2\pi\int_0^t\rho f(u)\Big|_0^{\rho^2}\mathrm{d}\rho = 2\pi\int_0^t\rho(f(\rho^2) - f(0))\mathrm{d}\rho$$

再应用洛必达法则与导数的定义, 可得

$$\lim_{t\to0^+}\frac{I_t}{t^4} = 2\pi\lim_{t\to0^+}\frac{\int_0^t\rho(f(\rho^2) - f(0))\mathrm{d}\rho}{t^4} \xlongequal{\frac{0}{0}} \frac{\pi}{2}\lim_{t^2\to0}\frac{f(t^2) - f(0)}{t^2} = \frac{\pi}{2}f'(0)$$

例 6. 27(江苏省 2016 年竞赛题)　设 Σ 为球面 $x^2 + y^2 + z^2 = 2z$, 试求曲面积分

$$\iint\limits_{\Sigma}(x^4 + y^4 + z^4 - x^3 - y^3 - z^3 + x^2 + y^2 + z^2 - x - y - z)\mathrm{d}S$$

解析　因曲面 Σ 关于平面 $x=0$ 对称，又关于平面 $y=0$ 对称，则应用曲面积分的奇偶、对称性化简原式得

$$原式 = \iint\limits_{\Sigma}(x^4+y^4+z^4-z^3+x^2+y^2+z^2-z)\mathrm{d}S$$

由于 $\boldsymbol{n}^0 = (x,y,z-1)$（外侧），$\dfrac{\mathrm{d}y\mathrm{d}z}{x}=\dfrac{\mathrm{d}z\mathrm{d}x}{y}=\dfrac{\mathrm{d}x\mathrm{d}y}{z-1}=\mathrm{d}S$，将原式化为第二型曲面积分，再应用高斯公式计算（其中 $\Omega:x^2+y^2+z^2\leqslant 2z$），则

$$\begin{aligned}
原式 &= \iint\limits_{\Sigma}\big[(x^3+x)x+(y^3+y)y+(z^3+z)(z-1)\big]\mathrm{d}S\\
&= \iint\limits_{\Sigma}(x^3+x)\mathrm{d}y\mathrm{d}z+(y^3+y)\mathrm{d}z\mathrm{d}x+(z^3+z)\mathrm{d}x\mathrm{d}y\\
&= 3\iiint\limits_{\Omega}(x^2+y^2+z^2+1)\mathrm{d}x\mathrm{d}y\mathrm{d}z\\
&= 3\int_0^{2\pi}\mathrm{d}\theta\int_0^{\pi/2}\mathrm{d}\varphi\int_0^{2\cos\varphi}r^4\sin\varphi\mathrm{d}r+3\times\frac{4}{3}\pi\times 1^3\\
&= -\pi\frac{32}{5}\cos^6x\Big|_0^{\pi/2}+4\pi=\frac{32}{5}\pi+4\pi=\frac{52}{5}\pi
\end{aligned}$$

例 6.28（江苏省 2018 年竞赛题）　设 $\Sigma:x^2+y^2+z^2=4(z\geqslant 0)$，取上侧，试求曲面积分 $\displaystyle\iint\limits_{\Sigma}\dfrac{x\mathrm{d}y\mathrm{d}z+y\mathrm{d}z\mathrm{d}x+z\mathrm{d}x\mathrm{d}y}{\sqrt{x^2+(y-1)^2+z^2}}$.

解析　**方法 1**　在曲面 Σ 上，有 $\sqrt{x^2+(y-1)^2+z^2}=\sqrt{5-2y}$，记

$$P=\frac{x}{\sqrt{5-2y}},\quad Q=\frac{y}{\sqrt{5-2y}},\quad R=\frac{z}{\sqrt{5-2y}}$$

设 $\Sigma_1:z=0(x^2+y^2\leqslant 4)$，取下侧，则

$$\begin{aligned}
原式 &= \oiint\limits_{\Sigma+\Sigma_1}P\mathrm{d}y\mathrm{d}z+Q\mathrm{d}z\mathrm{d}x+R\mathrm{d}x\mathrm{d}y-\iint\limits_{\Sigma_1}P\mathrm{d}y\mathrm{d}z+Q\mathrm{d}z\mathrm{d}x+R\mathrm{d}x\mathrm{d}y\\
&= \oiint\limits_{\Sigma+\Sigma_1}P\mathrm{d}y\mathrm{d}z+Q\mathrm{d}z\mathrm{d}x+R\mathrm{d}x\mathrm{d}y
\end{aligned}$$

记 Σ 与 Σ_1 所围的区域为 Ω，在 $\Sigma+\Sigma_1$ 上应用高斯公式，则

$$原式 = \iiint\limits_{\Omega}(P_x'+Q_y'+R_z')\mathrm{d}V=5\iiint\limits_{\Omega}\frac{3-y}{(5-2y)^{\frac{3}{2}}}\mathrm{d}V$$

$$= 5\int_{-2}^{2}\frac{3-y}{(5-2y)^{\frac{3}{2}}}\frac{\pi}{2}(4-y^2)\mathrm{d}y\quad（令 5-2y=t^2，其中 t>0）$$

$$= \frac{5}{16}\pi\int_1^3\Big(-\frac{9}{t^2}+1+9t^2-t^4\Big)\mathrm{d}t=\frac{5}{16}\pi\Big(\frac{9}{t}+t+3t^3-\frac{1}{5}t^5\Big)\Big|_1^3=8\pi$$

方法 2 采用统一投影法,由于 $\dfrac{\mathrm{d}y\mathrm{d}z}{x}=\dfrac{\mathrm{d}z\mathrm{d}x}{y}=\dfrac{\mathrm{d}x\mathrm{d}y}{z}$,所以

$$
\begin{aligned}
原式 &= \iint\limits_{\Sigma} \frac{x^2+y^2+z^2}{z\sqrt{5-2y}}\mathrm{d}x\mathrm{d}y \\
&= 4\iint\limits_{D} \frac{1}{\sqrt{5-2y}}\,\frac{1}{\sqrt{4-x^2-y^2}}\mathrm{d}x\mathrm{d}y \quad (D:x^2+y^2\leqslant 4) \\
&= 8\int_{-2}^{2}\mathrm{d}y\int_{0}^{\sqrt{4-y^2}} \frac{1}{\sqrt{5-2y}}\,\frac{1}{\sqrt{(\sqrt{4-y^2})^2-x^2}}\mathrm{d}x \\
&= 8\int_{-2}^{2} \frac{1}{\sqrt{5-2y}}\cdot\arcsin\frac{x}{\sqrt{4-y^2}}\Big|_{0}^{\sqrt{4-y^2}}\,\mathrm{d}y \\
&= 4\pi\int_{-2}^{2}\frac{1}{\sqrt{5-2y}}\mathrm{d}y = 4\pi(-1)\sqrt{5-2y}\,\Big|_{-2}^{2} = 8\pi
\end{aligned}
$$

例 6.29(全国 2013 年预赛题) 设 Σ 是光滑的封闭曲面且方向朝外,给定第二型曲面积分

$$
I = \iint\limits_{\Sigma}(x^3-x)\mathrm{d}y\mathrm{d}z+(2y^3-y)\mathrm{d}z\mathrm{d}x+(3z^3-z)\mathrm{d}x\mathrm{d}y
$$

试确定曲面 Σ,使得积分 I 的值最小,并求该最小值.

解析 设 Σ 包围的区域为 Ω,$P=x^3-x$,$Q=2y^3-y$,$R=3z^3-z$,应用高斯公式,得

$$
I = \iiint\limits_{\Omega}(P'_x+Q'_y+R'_z)\mathrm{d}V = 3\iiint\limits_{\Omega}(x^2+2y^2+3z^2-1)\mathrm{d}V
$$

由于被积函数 $x^2+2y^2+3z^2-1$ 取负值的最大区域是 $x^2+2y^2+3z^2<1$,所以当曲面 Σ 为椭球面 $x^2+2y^2+3z^2=1$ 时 I 取最小值.

为求 I 的最小值,应用广义球面坐标变换,令

$$
x = r\sin\varphi\cos\theta, \quad y = \frac{1}{\sqrt{2}}r\sin\varphi\sin\theta, \quad z = \frac{1}{\sqrt{3}}r\cos\varphi
$$

则 $\mathrm{d}V=\dfrac{1}{\sqrt{6}}r^2\sin\varphi\mathrm{d}r\mathrm{d}\varphi\mathrm{d}\theta$,区域 Ω 化为 $\Omega':0\leqslant\theta\leqslant 2\pi,0\leqslant\varphi\leqslant\pi,0\leqslant r\leqslant 1$,于是

$$
I_{\min} = \frac{3}{\sqrt{6}}\int_{0}^{2\pi}\mathrm{d}\theta\cdot\int_{0}^{\pi}\sin\varphi\mathrm{d}\varphi\cdot\int_{0}^{1}(r^2-1)r^2\mathrm{d}r = -\frac{4}{15}\sqrt{6}\pi
$$

例 6.30(浙江省 2016 年竞赛题) 设曲面 S 为

$$
\frac{(x-1)^2}{9}+\frac{(y-2)^2}{16}+z^2=1 \quad (z\geqslant 0)
$$

方向取外侧,计算 $\displaystyle\iint\limits_{S}\frac{x\mathrm{d}y\mathrm{d}z+y\mathrm{d}z\mathrm{d}x+z\mathrm{d}x\mathrm{d}y}{\sqrt{(x^2+y^2+z^2)^3}}$.

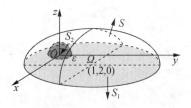

解析　记

$$P=\frac{x}{r^3},\quad Q=\frac{y}{r^3},\quad R=\frac{z}{r^3}$$

其中 $r=\sqrt{x^2+y^2+z^2}$,则

$$P'_x+Q'_y+R'_z=\frac{r^2-3x^2}{r^5}+\frac{r^2-3y^2}{r^5}+\frac{r^2-3z^2}{r^5}=0$$

如图,记 S_1 为 xOy 平面上的区域 $\begin{cases}\dfrac{(x-1)^2}{9}+\dfrac{(y-2)^2}{16}\leqslant 1,\\ x^2+y^2\geqslant\varepsilon^2,\end{cases}$ 方向向下,又记 S_2 为

半球面 $x^2+y^2+z^2=\varepsilon^2(z\geqslant 0)$,方向取内侧,且这里 $\varepsilon>0$ 充分小,使得曲面 S_2 与 S 不相交.设封闭曲面 $S+S_1+S_2$ 所围的区域为 Ω ,则在 Ω 上 P,Q,R 的一阶偏导数连续,应用高斯公式得

$$\iint\limits_{S+S_1+S_2}\frac{x\mathrm{d}y\mathrm{d}z+y\mathrm{d}z\mathrm{d}x+z\mathrm{d}x\mathrm{d}y}{\sqrt{(x^2+y^2+z^2)^3}}=\iiint\limits_{\Omega}(P'_x+Q'_y+R'_z)\mathrm{d}V=0$$

显然 $\displaystyle\iint\limits_{S_1}\frac{x\mathrm{d}y\mathrm{d}z+y\mathrm{d}z\mathrm{d}x+z\mathrm{d}x\mathrm{d}y}{\sqrt{(x^2+y^2+z^2)^3}}=0$,在曲面 S_2 上 $\dfrac{\mathrm{d}y\mathrm{d}z}{-x}=\dfrac{\mathrm{d}z\mathrm{d}x}{-y}=\dfrac{\mathrm{d}x\mathrm{d}y}{-z}=\dfrac{1}{\varepsilon}\mathrm{d}S$, 则

$$\iint\limits_{S_2}\frac{x\mathrm{d}y\mathrm{d}z+y\mathrm{d}z\mathrm{d}x+z\mathrm{d}x\mathrm{d}y}{\sqrt{(x^2+y^2+z^2)^3}}=-\frac{1}{\varepsilon^4}\iint\limits_{S_2}(x^2+y^2+z^2)\mathrm{d}S=-\frac{1}{\varepsilon^2}\iint\limits_{S_2}\mathrm{d}S=-2\pi$$

于是

$$原式=0-0-(-2\pi)=2\pi$$

例 6.31(南京大学 1995 年竞赛题)　设 $\varphi(x,y,z)$ 为原点到椭球面 Σ :

$$\frac{x^2}{a^2}+\frac{y^2}{b^2}+\frac{z^2}{c^2}=1\quad(a>0,b>0,c>0)$$

上点 (x,y,z) 处的切平面的距离,求 $\displaystyle\iint\limits_{\Sigma}\varphi(x,y,z)\mathrm{d}S$.

解析　椭球面 $\dfrac{x^2}{a^2}+\dfrac{y^2}{b^2}+\dfrac{z^2}{c^2}=1$ 任一点 $P(x,y,z)$ 处的切平面方程为 $\dfrac{xX}{a^2}+\dfrac{yY}{b^2}$

$+\dfrac{zZ}{c^2}=1$,坐标原点到切平面的距离

$$\varphi(x,y,z)=\frac{1}{\sqrt{\dfrac{x^2}{a^4}+\dfrac{y^2}{b^4}+\dfrac{z^2}{c^4}}}$$

记 $u = \dfrac{x^2}{a^4} + \dfrac{y^2}{b^4} + \dfrac{z^2}{c^4}$，则 $\varphi(x,y,z) = \dfrac{1}{\sqrt{u}}$. 于是

$$\iint\limits_{\Sigma} \varphi(x,y,z)\mathrm{d}S = \iint\limits_{\Sigma} \frac{1}{\sqrt{u}}\mathrm{d}S = \iint\limits_{\Sigma} \frac{1}{\sqrt{u}}\left(\frac{x^2}{a^2} + \frac{y^2}{b^2} + \frac{z^2}{c^2}\right)\mathrm{d}S \qquad (*)$$

因椭球面 Σ 上 P 点处的外侧法向量的方向余弦为

$$\cos\alpha = \frac{x}{\sqrt{u}\,a^2}, \quad \cos\beta = \frac{y}{\sqrt{u}\,b^2}, \quad \cos\gamma = \frac{z}{\sqrt{u}\,c^2}$$

由此化简（ $*$ ）式得

$$\begin{aligned}
\iint\limits_{\Sigma} \varphi(x,y,z)\mathrm{d}S &= \iint\limits_{\Sigma} (x\cos\alpha + y\cos\beta + z\cos\gamma)\mathrm{d}S \\
&= \iint\limits_{\Sigma} x\,\mathrm{d}y\mathrm{d}z + y\,\mathrm{d}z\mathrm{d}x + z\,\mathrm{d}x\mathrm{d}y \quad （高斯公式） \\
&= \iiint\limits_{\Omega} 3\mathrm{d}V = 3 \cdot \frac{4}{3}\pi abc = 4\pi abc
\end{aligned}$$

例 6.32（全国 2011 年决赛题）　已知曲面 S 是空间曲线 $\begin{cases} x^2 + 3y^2 = 1, \\ z = 0 \end{cases}$ 绕 y 轴旋转生成的椭球面的上半部分（ $z \geqslant 0$ ），取上侧，Π 是 S 在 $P(x,y,z)$ 点处的切平面，$\rho(x,y,z)$ 是原点到切平面 Π 的距离，λ, μ, ν 表示 S 的正法向的方向余弦，计算：

(1) $\displaystyle\iint\limits_{S} \frac{z}{\rho(x,y,z)}\mathrm{d}S$；

(2) $\displaystyle\iint\limits_{S} z(\lambda x + 3\mu y + \nu z)\mathrm{d}S$.

解析　根据题意，可得旋转曲面 S 的方程为 $x^2 + 3y^2 + z^2 = 1 (z \geqslant 0)$. 曲面 S 上任一点 $P(x,y,z)$ 点处的切平面 Π 的方程为 $xX + 3yY + zZ = 1$，于是

$$\rho(x,y,z) = \frac{1}{\sqrt{x^2 + 9y^2 + z^2}}$$

记 $\sqrt{u} = \sqrt{x^2 + 9y^2 + z^2}$，则曲面 S 的外法向量的方向余弦为

$$\lambda = \cos\alpha = \frac{x}{\sqrt{u}}, \quad \mu = \cos\beta = \frac{3y}{\sqrt{u}}, \quad \nu = \cos\gamma = \frac{z}{\sqrt{u}}$$

(1) 令 $\Sigma: z = 0 (x^2 + 3y^2 \leqslant 1)$，取下侧. 记 S 与 Σ 包围的区域为 Ω，则

$$\begin{aligned}
&\iint\limits_{S} \frac{z}{\rho(x,y,z)}\mathrm{d}S \\
&= \iint\limits_{S} z\sqrt{u}\,\mathrm{d}S = \iint\limits_{S} \frac{z(x^2 + 9y^2 + z^2)}{\sqrt{u}}\mathrm{d}S
\end{aligned}$$

$$= \iint\limits_{S} xz\,\mathrm{d}y\mathrm{d}z + 3yz\,\mathrm{d}z\mathrm{d}x + z^2\,\mathrm{d}x\mathrm{d}y$$

$$= \oiint\limits_{S+\Sigma} xz\,\mathrm{d}y\mathrm{d}z + 3yz\,\mathrm{d}z\mathrm{d}x + z^2\,\mathrm{d}x\mathrm{d}y \quad (\text{下式应用高斯公式})$$

$$= \iiint\limits_{\Omega} 6z\mathrm{d}V = 6\int_0^1 \mathrm{d}z \iint\limits_{D(z)} z\,\mathrm{d}x\mathrm{d}y$$

$$= 6\pi\int_0^1 z\,\sqrt{1-z^2}\,\sqrt{\frac{1-z^2}{3}}\,\mathrm{d}z = \frac{\sqrt{3}}{2}\pi$$

(2) 记号同上,计算过程同上,有

$$\iint\limits_{S} z(\lambda x + 3\mu y + \nu z)\mathrm{d}S = \oiint\limits_{S+\Sigma} zx\,\mathrm{d}y\mathrm{d}z + 3zy\,\mathrm{d}z\mathrm{d}x + z^2\,\mathrm{d}x\mathrm{d}y = \frac{\sqrt{3}}{2}\pi$$

例 6.33(江苏省 2008 年竞赛题)　设 Σ 为 $x^2 + y^2 + z^2 = 1(z \geqslant 0)$ 的外侧,连续函数 $f(x, y)$ 满足

$$f(x, y) = 2(x - y)^2 + \iint\limits_{\Sigma} x(z^2 + \mathrm{e}^z)\mathrm{d}y\mathrm{d}z + y(z^2 + \mathrm{e}^z)\mathrm{d}z\mathrm{d}x$$
$$+ [zf(x, y) - 2\mathrm{e}^z]\mathrm{d}x\mathrm{d}y$$

求 $f(x, y)$.

解析　设

$$\iint\limits_{\Sigma} x(z^2 + \mathrm{e}^z)\mathrm{d}y\mathrm{d}z + y(z^2 + \mathrm{e}^z)\mathrm{d}z\mathrm{d}x + [zf(x, y) - 2\mathrm{e}^z]\mathrm{d}x\mathrm{d}y = a$$

则 $f(x, y) = 2(x - y)^2 + a$. 设 D 为 xOy 平面上的圆 $x^2 + y^2 \leqslant 1$, Σ_1 为 D 的下侧, Ω 为 Σ 与 Σ_1 包围的区域,应用高斯公式,得

$$a = \iint\limits_{\Sigma+\Sigma_1} x(z^2 + \mathrm{e}^z)\mathrm{d}y\mathrm{d}z + y(z^2 + \mathrm{e}^z)\mathrm{d}z\mathrm{d}x + [zf(x, y) - 2\mathrm{e}^z]\mathrm{d}x\mathrm{d}y$$

$$- \iint\limits_{\Sigma_1} x(z^2 + \mathrm{e}^z)\mathrm{d}y\mathrm{d}z + y(z^2 + \mathrm{e}^z)\mathrm{d}z\mathrm{d}x + [zf(x, y) - 2\mathrm{e}^z]\mathrm{d}x\mathrm{d}y$$

$$= \iiint\limits_{\Omega} [2z^2 + 2(x - y)^2 + a]\mathrm{d}V + \iint\limits_{D}(-2)\mathrm{d}x\mathrm{d}y$$

$$= \iiint\limits_{\Omega} [2(x^2 + y^2 + z^2) - 4xy + a]\mathrm{d}V - 2\pi$$

$$= 2\int_0^{2\pi} \mathrm{d}\theta \int_0^{\frac{\pi}{2}} \sin\varphi\mathrm{d}\varphi \int_0^1 r^4 dr - 0 + \frac{2}{3}\pi a - 2\pi = \frac{-6}{5}\pi + \frac{2}{3}\pi a$$

故 $a = \dfrac{18\pi}{5(2\pi - 3)}$, 于是 $f(x, y) = 2(x - y)^2 + \dfrac{18\pi}{5(2\pi - 3)}$.

例 6.34(全国 2016 年决赛题)　设 $P(x, y, z), R(x, y, z)$ 在空间上有连续偏导数,记上半球面 $S: z = z_0 + \sqrt{r^2 - (x - x_0)^2 - (y - y_0)^2}$, 且方向向上,若对任何

点 (x_0,y_0,z_0) 和 $r>0$,第二型曲面积分 $\iint\limits_{S}P\mathrm{d}y\mathrm{d}z+R\mathrm{d}x\mathrm{d}y=0$,证明: $\dfrac{\partial P}{\partial x}\equiv 0$.

解析 记上半球面 S 的底平面为 D,方向向上,D 的下侧记为 D_1. 记 $S+D_1$ 包围的区域为 Ω,应用高斯公式得

$$\iint\limits_{S+D_1}P\mathrm{d}y\mathrm{d}z+R\mathrm{d}x\mathrm{d}y=\iiint\limits_{\Omega}\left(\frac{\partial P}{\partial x}+\frac{\partial R}{\partial z}\right)\mathrm{d}x\mathrm{d}y\mathrm{d}z \tag{1}$$

由于 $\iint\limits_{S}P\mathrm{d}y\mathrm{d}z+R\mathrm{d}x\mathrm{d}y=0,\iint\limits_{D_1}P\mathrm{d}y\mathrm{d}z+R\mathrm{d}x\mathrm{d}y=-\iint\limits_{D}R(x,y,z_0)\mathrm{d}x\mathrm{d}y$,代入 (1) 式得

$$-\iint\limits_{D}R(x,y,z_0)\mathrm{d}x\mathrm{d}y=\iiint\limits_{\Omega}\left(\frac{\partial P}{\partial x}+\frac{\partial R}{\partial z}\right)\mathrm{d}x\mathrm{d}y\mathrm{d}z \tag{2}$$

此式两边分别应用二重积分中值定理和三重积分中值定理,得

$$-R(\xi,\zeta,z_0)\pi r^2=\left(\frac{\partial P}{\partial x}+\frac{\partial R}{\partial z}\right)\Big|_{(\alpha,\beta,\gamma)}\cdot\frac{2}{3}\pi r^3$$

即

$$R(\xi,\zeta,z_0)=-\left(\frac{\partial P}{\partial x}+\frac{\partial R}{\partial z}\right)\Big|_{(\alpha,\beta,\gamma)}\cdot\frac{2}{3}r$$

则 $\lim\limits_{r\to 0}R(\xi,\zeta,z_0)=R(x_0,y_0,z_0)=0$,由点 (x_0,y_0,z_0) 的任意性,即得 $R(x,y,z)\equiv 0$,代入 (2) 式得

$$\iiint\limits_{\Omega}\left(\frac{\partial P}{\partial x}\right)\mathrm{d}x\mathrm{d}y\mathrm{d}z\equiv 0.$$

下面根据上式证明 $\dfrac{\partial P}{\partial x}\equiv 0$. 用反证法,若 $\dfrac{\partial P}{\partial x}\Big|_{(x_0,y_0,z_0)}\neq 0$(不妨设大于 0),由于 $\dfrac{\partial P}{\partial x}$ 连续,所以当正数 r 充分小时,$\dfrac{\partial P}{\partial x}>0((x,y,z)\in\Omega)$,故 $\iiint\limits_{\Omega}\left(\dfrac{\partial P}{\partial x}\right)\mathrm{d}x\mathrm{d}y\mathrm{d}z>0$. 从而导出矛盾,所以 $\dfrac{\partial P}{\partial x}\equiv 0$.

例 6.35(全国 2017 年决赛题) 设函数 $f(x,y,z)$ 在区域 Ω:$\{(x,y,z)\mid x^2+y^2+z^2\leqslant 1\}$ 上具有连续的二阶偏导数,且满足

$$\frac{\partial^2 f}{\partial x^2}+\frac{\partial^2 f}{\partial y^2}+\frac{\partial^2 f}{\partial z^2}=\sqrt{x^2+y^2+z^2}$$

计算 $I=\iiint\limits_{\Omega}\left(x\dfrac{\partial f}{\partial x}+y\dfrac{\partial f}{\partial y}+z\dfrac{\partial f}{\partial z}\right)\mathrm{d}x\mathrm{d}y\mathrm{d}z$.

解析 设球面 Σ:$x^2+y^2+z^2=1$,取外侧. 因为

$$\iint\limits_{\Sigma} \frac{\partial f}{\partial x} \mathrm{d}y\mathrm{d}z + \frac{\partial f}{\partial y} \mathrm{d}z\mathrm{d}x + \frac{\partial f}{\partial z} \mathrm{d}x\mathrm{d}y$$

$$= \iint\limits_{\Sigma} (x^2 + y^2 + z^2) \frac{\partial f}{\partial x} \mathrm{d}y\mathrm{d}z + (x^2 + y^2 + z^2) \frac{\partial f}{\partial y} \mathrm{d}z\mathrm{d}x + (x^2 + y^2 + z^2) \frac{\partial f}{\partial z} \mathrm{d}x\mathrm{d}y$$

上式两边都应用高斯公式得

$$\iiint\limits_{\Omega} \left(\frac{\partial^2 f}{\partial x^2} + \frac{\partial^2 f}{\partial y^2} + \frac{\partial^2 f}{\partial z^2} \right) \mathrm{d}V$$

$$= 2\iiint\limits_{\Omega} \left(x\frac{\partial f}{\partial x} + y\frac{\partial f}{\partial y} + z\frac{\partial f}{\partial z} \right) \mathrm{d}V + \iiint\limits_{\Omega} (x^2 + y^2 + z^2) \left(\frac{\partial^2 f}{\partial x^2} + \frac{\partial^2 f}{\partial y^2} + \frac{\partial^2 f}{\partial z^2} \right) \mathrm{d}V$$

所以

$$原式 = \frac{1}{2}\iiint\limits_{\Omega} \left(\frac{\partial^2 f}{\partial x^2} + \frac{\partial^2 f}{\partial y^2} + \frac{\partial^2 f}{\partial z^2} \right) \mathrm{d}V - \frac{1}{2}\iiint\limits_{\Omega} (x^2 + y^2 + z^2) \left(\frac{\partial^2 f}{\partial x^2} + \frac{\partial^2 f}{\partial y^2} + \frac{\partial^2 f}{\partial z^2} \right) \mathrm{d}V$$

$$= \frac{1}{2}\iiint\limits_{\Omega} \sqrt{x^2 + y^2 + z^2} \mathrm{d}V - \frac{1}{2}\iiint\limits_{\Omega} (x^2 + y^2 + z^2)^{\frac{3}{2}} \mathrm{d}V \quad （采用球坐标计算）$$

$$= \frac{1}{2}\int_0^{2\pi} \mathrm{d}\theta \int_0^{\pi} \mathrm{d}\varphi \int_0^1 r^3 \sin\varphi \mathrm{d}r - \frac{1}{2}\int_0^{2\pi} \mathrm{d}\theta \int_0^{\pi} \mathrm{d}\varphi \int_0^1 r^5 \sin\varphi \mathrm{d}r$$

$$= 2\pi \left(\frac{1}{4} - \frac{1}{6} \right) = \frac{\pi}{6}$$

6.2.6 线面积分的应用题(例 6.36—6.38)

例 6.36(浙江省 2018 年竞赛题) 已知曲线型构件 $L: \begin{cases} x^2 + y^2 + z^2 = 1, \\ x + y + z = 0 \end{cases}$ 的
线密度为 $\rho = (x+y)^2$,求 L 的质量.

解析 **方法 1** 曲线 L 在 xOy 平面上的投影是椭圆：

$$2x^2 + 2y^2 = 1 - 2xy$$

将 xOy 平面绕 z 轴右旋 $\frac{\pi}{4}$ 作坐标系的旋转变换(见图(a))：

$$x = \frac{1}{\sqrt{2}}u + \frac{1}{\sqrt{2}}v, \quad y = \frac{-1}{\sqrt{2}}u + \frac{1}{\sqrt{2}}v, \quad z = w$$

则 $J = \dfrac{\partial(x,y,z)}{\partial(u,v,w)} = 1$,曲线 L 的方程化为 $L': \begin{cases} u^2 + 3v^2 = 1, \\ w = -\sqrt{2}v, \end{cases}$ 其参数方程为

$$u = \cos t, \quad v = \frac{1}{\sqrt{3}}\sin t, \quad w = -\sqrt{\frac{2}{3}}\sin t \quad (0 \leqslant t \leqslant 2\pi)$$

从而 $\rho = (x+y)^2 = (\sqrt{2}v)^2 = \frac{2}{3}\sin^2 t$,于是曲线 L 的质量为

$$m = \int_L \rho \mathrm{d}s = \frac{2}{3} \int_0^{2\pi} \sin^2 t \cdot \sqrt{(u')^2 + (v')^2 + (w')^2} \, \mathrm{d}t = \frac{2}{3} \int_0^{2\pi} \sin^2 t \, \mathrm{d}t$$

$$= \frac{1}{3} \int_0^{2\pi} (1 - \cos 2t) \mathrm{d}t = \frac{1}{3} \left(t - \frac{1}{2} \sin 2t \right) \Big|_0^{2\pi} = \frac{2}{3} \pi$$

	u	v	w
x	$\frac{1}{\sqrt{2}}$	$\frac{1}{\sqrt{2}}$	0
y	$-\frac{1}{\sqrt{2}}$	$\frac{1}{\sqrt{2}}$	0
z	0	0	1

	u	v	w
x	$\frac{1}{\sqrt{2}}$	$\frac{1}{\sqrt{6}}$	$\frac{1}{\sqrt{3}}$
y	$-\frac{1}{\sqrt{2}}$	$\frac{1}{\sqrt{6}}$	$\frac{1}{\sqrt{3}}$
z	0	$\frac{-2}{\sqrt{6}}$	$\frac{1}{\sqrt{3}}$

(a) (b)

方法 2 作坐标系的旋转变换(见图(b)),得

$$x = \frac{1}{\sqrt{2}} u + \frac{1}{\sqrt{6}} v + \frac{1}{\sqrt{3}} w, \quad y = \frac{-1}{\sqrt{2}} u + \frac{1}{\sqrt{6}} v + \frac{1}{\sqrt{3}} w, \quad z = \frac{-2}{\sqrt{6}} v + \frac{1}{\sqrt{3}} w$$

则 $J = \dfrac{\partial(x,y,z)}{\partial(u,v,w)} = 1$,平面 $x+y+z=0$ 为新坐标系 (u,v,w) 中的坐标平面 $w=0$,

曲线 L 的方程化为 $L':\begin{cases} u^2+v^2+w^2=1, \\ w=0, \end{cases}$ 即 $\begin{cases} u^2+v^2=1, \\ w=0, \end{cases}$ 其参数方程为

$$u = \cos t, \quad v = \sin t, \quad w = 0 \quad (0 \leqslant t \leqslant 2\pi)$$

从而 $\rho = (x+y)^2 = \left(\sqrt{\dfrac{2}{3}} v \right)^2 = \dfrac{2}{3} \sin^2 t$,于是曲线 L 的质量为

$$m = \int_L \rho \mathrm{d}s = \frac{2}{3} \int_0^{2\pi} \sin^2 t \cdot \sqrt{(u')^2 + (v')^2 + (w')^2} \, \mathrm{d}t$$

$$= \frac{2}{3} \int_0^{2\pi} \sin^2 t \, \mathrm{d}t = \frac{1}{3} \int_0^{2\pi} (1 - \cos 2t) \mathrm{d}t$$

$$= \frac{1}{3} \left(t - \frac{1}{2} \sin 2t \right) \Big|_0^{2\pi} = \frac{2}{3} \pi$$

例 6.37(江苏省 2002 年竞赛题) 已知曲线 $\overset{\frown}{AB}$ 的极坐标方程为

$$\rho = 1 + \cos\theta \quad \left(-\frac{\pi}{2} \leqslant \theta \leqslant \frac{\pi}{2} \right)$$

一质点 P 在力 $\boldsymbol{F}$ 的作用下沿曲线 $\overset{\frown}{AB}$ 从点 $A(0,-1)$ 运动到点 $B(0,1)$,力 $\boldsymbol{F}$ 的大小等于点 P 到定点 $M(3,4)$ 的距离,其方向垂直于线段 MP,且与 y 轴正向的夹角为锐角,求力 $\boldsymbol{F}$ 对质点 P 所做的功.

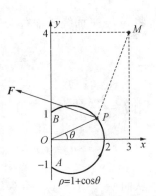

解析 曲线 $\overset{\frown}{AB}$ 如图所示.设 $P(x,y)$,根据题意,得

$$\overrightarrow{MP} = (x-3, y-4), \quad \boldsymbol{F} = (y-4, 3-x)$$

则

$$W = \int_{\widehat{AB}} (y-4)\mathrm{d}x + (3-x)\mathrm{d}y$$

$$= \oint_{\widehat{AB}+\overline{BA}} (y-4)\mathrm{d}x + (3-x)\mathrm{d}y - \int_{\overline{BA}} (y-4)\mathrm{d}x + (3-x)\mathrm{d}y$$

$$= -2\iint_D \mathrm{d}x\mathrm{d}y + \int_{-1}^1 3\mathrm{d}y = -2\int_0^{\frac{\pi}{2}} \rho^2 \mathrm{d}\theta + 6 = -2\int_0^{\frac{\pi}{2}} (1+\cos\theta)^2 \mathrm{d}\theta + 6$$

$$= -2\int_0^{\frac{\pi}{2}} \left(\frac{3}{2} + 2\cos\theta + \frac{1}{2}\cos 2\theta\right)\mathrm{d}\theta + 6 = 2 - \frac{3}{2}\pi$$

其中,D 为 $\widehat{AB}$ 与 y 轴所围区域.

例 6.38(莫斯科技术物理学院 1976 年竞赛题)

(1) 在区域 $D_1: x^2 + y^2 + z^2 < 4$ 上,函数 $f(x,y,z)$ 与 $g(x,y,z)$ 具有二阶连续的偏导数,Σ 为球面 $x^2 + y^2 + z^2 = 1$ 的外侧,求单位时间内向量 $\mathbf{grad}f \times \mathbf{grad}g$ 通过 Σ 的流量;

(2) 将上述区域 D_1 改为 $D_2: \dfrac{1}{4} < x^2 + y^2 + z^2 < 4$,其他条件不变,求单位时间内向量 $\mathbf{grad}f \times \mathbf{grad}g$ 通过 Σ 的流量.

解析　(1) 因为

$$\boldsymbol{A} = \mathbf{grad}f \times \mathbf{grad}g = (f'_x, f'_y, f'_z) \times (g'_x, g'_y, g'_z)$$
$$= (f'_y g'_z - f'_z g'_y, f'_z g'_x - f'_x g'_z, f'_x g'_y - f'_y g'_x)$$

记 $P = f'_y g'_z - f'_z g'_y$,$Q = f'_z g'_x - f'_x g'_z$,$R = f'_x g'_y - f'_y g'_x$,$\Omega: x^2 + y^2 + z^2 \leqslant 1$,应用高斯公式可得单位时间内向量 $\boldsymbol{A}$ 通过 Σ 的流量为

$$q = \iint_{\Sigma} \boldsymbol{A} \cdot \overrightarrow{\mathrm{d}S} = \iint_{\Sigma} P\mathrm{d}y\mathrm{d}z + Q\mathrm{d}z\mathrm{d}x + R\mathrm{d}x\mathrm{d}y$$

$$= \iiint_{\Omega} (P'_x + Q'_y + R'_z)\mathrm{d}V$$

$$= \iiint_{\Omega} (f''_{yx}g'_z + f'_y g''_{zx} - f''_{zx}g'_y - f'_z g''_{yx} + f''_{zy}g'_x + f'_z g''_{xy} - f''_{xy}g'_z - f'_x g''_{zy} + f''_{xz}g'_y$$
$$+ f'_x g''_{yz} - f''_{yz}g'_x - f'_y g''_{xz})\mathrm{d}V$$

$$= \iiint_{\Omega} 0\mathrm{d}V = 0$$

(2) 设 $\boldsymbol{B} = \mathbf{grad}g = (g'_x, g'_y, g'_z)$,则

$$\mathbf{rot}(f\boldsymbol{B}) = \mathbf{grad}f \times \boldsymbol{B} + f\mathbf{rot}\boldsymbol{B} = \mathbf{grad}f \times \mathbf{grad}g + f\mathbf{rot}(\mathbf{grad}g)$$

$$= \mathbf{grad} f \times \mathbf{grad} g + \mathbf{0} = \mathbf{grad} f \times \mathbf{grad} g = \mathbf{A}$$

记 $\Sigma_1 : x^2 + y^2 + z^2 = 1 (z \geqslant 0)$，取上侧，$\Sigma_1$ 的边界曲线为 $\Gamma_1 : x^2 + y^2 = 1, z = 0$，取逆时针方向；记 $\Sigma_2 : x^2 + y^2 + z^2 = 1 (z \leqslant 0)$，取下侧，$\Sigma_2$ 的边界曲线为 $\Gamma_2 : x^2 + y^2 = 1, z = 0$，取顺时针方向. 分别在上半球面与下半球面上应用斯托克斯公式，可得向量 $\mathbf{grad} f \times \mathbf{grad} g$ 通过 Σ 的流量为

$$q = \iint_{\Sigma} \mathbf{A} \cdot \overrightarrow{\mathrm{d}S} = \iint_{\Sigma} \mathbf{rot}(f\mathbf{B}) \cdot \overrightarrow{\mathrm{d}S} = \iint_{\Sigma_1} \mathbf{rot}(f\mathbf{B}) \cdot \overrightarrow{\mathrm{d}S} + \iint_{\Sigma_2} \mathbf{rot}(f\mathbf{B}) \cdot \overrightarrow{\mathrm{d}S}$$

$$= \int_{\Gamma_1} (f\mathbf{B}) \cdot \overrightarrow{\mathrm{d}r} + \int_{\Gamma_2} (f\mathbf{B}) \cdot \overrightarrow{\mathrm{d}r}$$

$$= \int_{\Gamma_1} (fg'_x)_{z=0} \mathrm{d}x + (fg'_y)_{z=0} \mathrm{d}y + \int_{\Gamma_2} (fg'_x)_{z=0} \mathrm{d}x + (fg'_y)_{z=0} \mathrm{d}y$$

$$= 0$$

其中，$\overrightarrow{\mathrm{d}S} = (\mathrm{d}y\mathrm{d}z, \mathrm{d}z\mathrm{d}x, \mathrm{d}x\mathrm{d}y), \overrightarrow{\mathrm{d}r} = (\mathrm{d}x, \mathrm{d}y, \mathrm{d}z)$.

练 习 题 六

1. 试求曲线 $\begin{cases} z = y\cot x, \\ x = y^2 + z^2 \end{cases}$ 上的点 $\left(\dfrac{\pi}{4}, \dfrac{\sqrt{2\pi}}{4}, \dfrac{\sqrt{2\pi}}{4}\right)$ 到点 $\left(\dfrac{\pi}{2}, \dfrac{\sqrt{2\pi}}{2}, 0\right)$ 间的一段弧长.

2. 计算下列曲线积分：

(1) $\displaystyle\int_{\Gamma} \mathrm{e}^{xy}(1+xy)\mathrm{d}x + \mathrm{e}^{xy}x^2\mathrm{d}y$，$\Gamma$ 为曲线 $y = 2^x + 1$ 上从点 $A(0,2)$ 到点 $B(1,3)$ 的一段弧；

(2) 已知 Γ 是 $y = a\sin x (a > 0)$ 上从 $(0,0)$ 到 $(\pi,0)$ 的一段曲线，试求当曲线积分 $\displaystyle\int_{\Gamma} (x^2 + y)\mathrm{d}x + (2xy + \mathrm{e}^{y^2})\mathrm{d}y$ 取最大值时 a 的值；

(3) $\displaystyle\int_{\widehat{AO}} (1 + \mathrm{e}^x)\cos y\mathrm{d}x - [(x + \mathrm{e}^x)\sin y - x]\mathrm{d}y$，其中 $\widehat{AO}$ 为由点 $A(2,0)$ 至点 $O(0,0)$ 的心形线 $\rho = 1 + \cos\theta$ 的上半周；

(4) $\displaystyle\int_{\Gamma} y\mathrm{d}x - x\mathrm{d}y + (x + y + z)\mathrm{d}z$，$\Gamma$ 由弧 $\widehat{AmB}$ 与直线 BA 组成，其中 $\widehat{AmB}$ 为螺纹线 $x = a\cos t, y = a\sin t, z = \dfrac{c}{2\pi}t (0 \leqslant t \leqslant 2\pi)$ 的一段，直线 BA 平行于 z 轴，但指向相反；

(5) $\displaystyle\int_{\Gamma} z\mathrm{d}x + x\mathrm{d}y + y\mathrm{d}z$，$\Gamma$ 为 $\begin{cases} 2x + z = 0, \\ x = \sqrt{1 - y^2} \end{cases}$ 上从点 $(0,1,0)$ 到点 $(0,-1,0)$ 的一段弧.

3. 求 $\int_{\widehat{AB}} (1+2x\mathrm{e}^y)\mathrm{d}x + (x+x^2\mathrm{e}^y)\mathrm{d}y$，$\widehat{AB}$ 为连接点 $A(1,2)$，$B(3,4)$ 的曲线弧，且 $\widehat{AB}$ 与 $\overline{BA}$ 构成封闭曲线的正向，它所围的图形的面积为 S.

4. 求 $\int_{\widehat{AB}} [\varphi(y)\cos x - \pi y]\mathrm{d}x + [\varphi'(y)\sin x - \pi]\mathrm{d}y$，$\widehat{AB}$ 为连接点 $A(\pi,2)$，$B(3\pi,4)$ 的曲线，且 $\widehat{AB}$ 与 $\overline{BA}$ 构成封闭曲线的正向，它所围的图形的面积为 2.

5. 求 $\int_\Gamma (y\sin x + \cos y)\mathrm{d}x + (xy^3 - x\sin y + 8y^5)\mathrm{d}y$，$\Gamma$ 为曲线 $y = \cos x$ 与 $y = -\cos x\left(-\dfrac{\pi}{2} \leqslant x \leqslant \dfrac{\pi}{2}\right)$ 所围区域的正向边界曲线.

6. 确定 n 的值，使得曲线积分 $\int_A^B (x^4 + 4xy^n)\mathrm{d}x + (6x^{n-1}y^2 - 5y^4)\mathrm{d}y$ 与路线无关，并求出当点 A,B 的坐标为 $A(0,0)$，$B(1,2)$ 时该曲线积分的值.

7. 设 $I = \int_A^B P\mathrm{d}x + Q\mathrm{d}y + R\mathrm{d}z$，其中 $P = xz + ay^2 + bz^2$，$Q = xy + az^2 + bx^2$，$R = yz + ax^2 + by^2$，试求 a,b 使曲线积分与路线无关，并求出当 A,B 的坐标为 $A(0,0,z_0)$，$B(x_1,y_1,0)$ 时 I 的值.

8. 求 $\iint_\Sigma \dfrac{1}{\sqrt{x^2 + y^2 + (z-a)^2}}\mathrm{d}S$，$\Sigma : x^2 + y^2 + z^2 = 1(0 < a < 1)$.

9. 求 $\iint_\Sigma y(x-z)\mathrm{d}y\mathrm{d}z + x(z-y)\mathrm{d}x\mathrm{d}y$，$\Sigma$ 为 $z = \sqrt{x^2 + y^2}$ 被平面 $z = 1$，$z = 2$ 所截的一块曲面的外侧.

10. 设 Σ 为球面 $x^2 + y^2 + z^2 = 2z$，试求曲面积分

$$\iint_\Sigma (x^4 + y^4 + z^4 - x^3 - y^3 - z^3)\mathrm{d}S$$

11. 计算 $\iint_\Sigma x^2\mathrm{d}y\mathrm{d}z + y^2\mathrm{d}z\mathrm{d}x + z^2\mathrm{d}x\mathrm{d}y$，其中 Σ 为柱面 $x^2 + y^2 = 1$ 界于 $z = 0$ 与 $x + y + z = 2$ 之间部分的外侧.

专题 7　空间解析几何

7.1　基本概念与内容提要

7.1.1　向量的基本概念与向量的运算

1) 向量在几何上为有向线段. 若 $a=\overrightarrow{PQ}$,将 $\overrightarrow{PQ}$ 平行移动使其起点 P 与原点 O 重合,若终点 Q 移至点 M 处,则 $\overrightarrow{PQ}=\overrightarrow{OM}$,若点 M 的坐标为 $M(a_1,a_2,a_3)$,则 $a=\overrightarrow{OM}=(a_1,a_2,a_3)$(或 $\{a_1,a_2,a_3\}$),此式称为向量的坐标表示式. 称

$$i=(1,0,0),\quad j=(0,1,0),\quad k=(0,0,1)$$

为基向量,向量 a 的模为 $|a|=\sqrt{a_1^2+a_2^2+a_3^2}$,向量 a 的方向余弦为

$$\cos\alpha=\frac{a_1}{|a|},\quad \cos\beta=\frac{a_2}{|a|},\quad \cos\gamma=\frac{a_3}{|a|}$$

向量 $a^0=(\cos\alpha,\cos\beta,\cos\gamma)$ 是与向量 a 方向相同的单位向量.

2) 向量的运算

(1) 向量的加法与减法满足平行四边形法则. 在下图中,有

$$\overrightarrow{AB}+\overrightarrow{AD}=\overrightarrow{AC},\quad \overrightarrow{AD}-\overrightarrow{AB}=\overrightarrow{BD}$$

(2) 向量 a 与 b 的内积定义为

$$a\cdot b=|a||b|\cos\langle a,b\rangle$$

它的射影表示式为

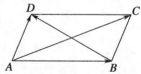

$$a\cdot b=|a|\operatorname{Prj}_a b,\quad a\cdot b=|b|\operatorname{Prj}_b a$$

设向量 $a=(a_1,a_2,a_3),b=(b_1,b_2,b_3)$,则 $a\cdot b$ 的坐标计算公式为

$$a\cdot b=a_1b_1+a_2b_2+a_3b_3$$

两向量 a 与 b 垂直的充要条件是 $a\cdot b=0$,两向量 a 与 b 平行的充要条件是

$$\frac{a_1}{b_1}=\frac{a_2}{b_2}=\frac{a_3}{b_3}$$

(3) 向量 a 与 b 的向量积定义为

$$a\times b=|a||b|\sin\langle a,b\rangle c^0$$

这里 c^0 是同时垂直于 a 与 b 的单位向量,且 a,b,c^0 组成右手系.

向量 a 与 b 的向量积的模等于以 a,b 为邻边的平行四边形的面积.

设向量 $a = (a_1,a_2,a_3)$,$b = (b_1,b_2,b_3)$,则向量 $a \times b$ 的坐标计算公式为

$$a \times b = \left(\begin{vmatrix} a_2 & a_3 \\ b_2 & b_3 \end{vmatrix}, \begin{vmatrix} a_3 & a_1 \\ b_3 & b_1 \end{vmatrix}, \begin{vmatrix} a_1 & a_2 \\ b_1 & b_2 \end{vmatrix} \right)$$

7.1.2　空间的平面

1) 平面的点法式方程:通过点 (x_0,y_0,z_0),法向量为 $n = (A,B,C)$(其中 A,B,C 不全为 0) 的平面方程为

$$A(x - x_0) + B(y - y_0) + C(z - z_0) = 0$$

2) 平面的一般式方程:平面的一般式方程为

$$Ax + By + Cz + D = 0$$

这里 A,B,C 不全为 0. 当 $D = 0$ 时,该平面过原点;当 A,B,C 中有一个为 0 时,该平面垂直于某坐标平面;当 A,B,C 中有两个为 0 时,该平面垂直于某坐标轴;xOy 平面,yOz 平面,zOx 平面的方程分别为 $z = 0,x = 0,y = 0$.

3) 平面的截距式方程:在 x 轴,y 轴,z 轴上的截距分别为 $a,b,c(abc \neq 0)$ 的平面方程为

$$\frac{x}{a} + \frac{y}{b} + \frac{z}{c} = 1$$

4) 点到平面的距离公式:点 (x_0,y_0,z_0) 到平面 $Ax + By + Cz + D = 0$ 的距离为

$$d = \frac{|Ax_0 + By_0 + Cz_0 + D|}{\sqrt{A^2 + B^2 + C^2}}$$

7.1.3　空间的直线

1) 直线的点向式方程:通过点 (x_0,y_0,z_0),方向向量为 $l = (m,n,p)$(其中 m,n,p 不全为 0) 的直线方程为

$$\frac{x - x_0}{m} = \frac{y - y_0}{n} = \frac{z - z_0}{p}$$

2) 直线的一般式方程:直线的一般式方程为

$$\begin{cases} A_1 x + B_1 y + C_1 z + D_1 = 0, \\ A_2 x + B_2 y + C_2 z + D_2 = 0 \end{cases}$$

这里的直线表示为两个平面的交线.

3) 直线的参数式方程:通过点(x_0,y_0,z_0),方向向量为$\boldsymbol{l}=(m,n,p)$的直线的参数方程为

$$x=x_0+mt,\quad y=y_0+nt,\quad z=z_0+pt$$

这里 t 为参数.

4) 点到直线的距离:设直线 L 通过点 P,方向向量为 $\boldsymbol{l}$,则点 M 到 L 的距离为

$$d=\frac{|\overrightarrow{PM}\times\boldsymbol{l}|}{|\boldsymbol{l}|}$$

5) 公垂线的长:设直线 L_1 过点 P_1,方向向量为 $\boldsymbol{l}_1$,直线 L_2 过 P_2,方向向量为 $\boldsymbol{l}_2$,则直线 L_1 与 L_2 的公垂线的长为

$$d=\frac{|\overrightarrow{P_1P_2}\cdot(\boldsymbol{l}_1\times\boldsymbol{l}_2)|}{|\boldsymbol{l}_1\times\boldsymbol{l}_2|}$$

7.1.4 空间的曲面

1) 空间曲面的一般方程为 $F(x,y,z)=0$,或写为 $z=f(x,y)$.

2) 球面:球面方程的一般形式为

$$x^2+y^2+z^2+2ax+2by+2cz+d=0$$

球面的标准方程是

$$(x-a)^2+(y-b)^2+(z-c)^2=R^2$$

这里(a,b,c) 为球心,R 为半径.

3) 柱面

(1) 方程 $F(x,y)=0$ 表示母线平行于 z 轴的柱面,准线为 $\begin{cases}F(x,y)=0,\\z=0;\end{cases}$

(2) 方程 $F(y,z)=0$ 表示母线平行于 x 轴的柱面,准线为 $\begin{cases}F(y,z)=0,\\x=0;\end{cases}$

(3) 方程 $F(z,x)=0$ 表示母线平行于 y 轴的柱面,准线为 $\begin{cases}F(z,x)=0,\\y=0.\end{cases}$

4) 旋转曲面:xOy 平面上的曲线 $y=f(x^2)$ 绕 y 轴旋转一周的旋转曲面方程为 $y=f(x^2+z^2)$;xOy 平面上的曲线 $x=g(y^2)$ 绕 x 轴旋转一周的旋转曲面方程为 $x=g(y^2+z^2)$.其他坐标平面内的曲线绕某坐标轴旋转所得旋转曲面的方程类似可得.

5) 二次曲面的标准方程

(1) 椭球面:$\dfrac{x^2}{a^2}+\dfrac{y^2}{b^2}+\dfrac{z^2}{c^2}=1$;　　　(2) 单叶双曲面:$\dfrac{x^2}{a^2}+\dfrac{y^2}{b^2}-\dfrac{z^2}{c^2}=1$;

(3) 双叶双曲面:$\dfrac{x^2}{a^2}-\dfrac{y^2}{b^2}-\dfrac{z^2}{c^2}=1$;　　(4) 二次锥面:$\dfrac{x^2}{a^2}+\dfrac{y^2}{b^2}-\dfrac{z^2}{c^2}=0$;

(5) 椭圆抛物面: $z = \dfrac{x^2}{a^2} + \dfrac{y^2}{b^2}$;　　　　(6) 双曲抛物面: $z = \dfrac{x^2}{a^2} - \dfrac{y^2}{b^2}$.

6) 空间曲面的切平面与法线

已知空间曲面 $\Sigma : F(x, y, z) = 0$, 若函数 F 可微, 点 $P(x_0, y_0, z_0) \in \Sigma$, 则

$$\boldsymbol{n} = (F_x', F_y', F_z')\Big|_P$$

为曲面 Σ 在点 P 的法向量; 曲面 Σ 在点 P 的切平面方程为

$$F_x'(P)(x - x_0) + F_y'(P)(y - y_0) + F_z'(P)(z - z_0) = 0$$

曲面 Σ 在点 P 的法线方程为

$$\frac{x - x_0}{F_x'(P)} = \frac{y - y_0}{F_y'(P)} = \frac{z - z_0}{F_z'(P)}$$

7.1.5　空间的曲线

1) 空间曲线的一般式方程为

$$\Gamma : \begin{cases} F(x, y, z) = 0, \\ H(x, y, z) = 0 \end{cases}$$

这里曲线表示为两个曲面的交线.

2) 空间曲线的参数式方程为

$$x = \varphi(t), \quad y = \psi(t), \quad z = \omega(t)$$

这里 t 为参数.

3) 空间曲线在坐标平面内的投影

4) 空间曲线的切线与法平面

设有空间曲线 Γ (一般式方程如上), 这里 F, H 可微, 点 $M(x_0, y_0, z_0) \in \Gamma$, 则

$$\boldsymbol{l} = (F_x', F_y', F_z') \times (H_x', H_y', H_z')\Big|_M$$

为曲线 Γ 在点 M 的切向量. 记 $\boldsymbol{l} = (m, n, p)$, 则曲线 Γ 在点 M 的切线方程为

$$\frac{x - x_0}{m} = \frac{y - y_0}{n} = \frac{z - z_0}{p}$$

曲线 Γ 在点 M 的法平面方程为

$$m(x - x_0) + n(y - y_0) + p(z - z_0) = 0$$

设空间曲线 Γ 的参数方程为 $x = \varphi(t), y = \psi(t), z = \omega(t)$, 则 $t = t_0$ 时曲线 Γ 的切线方程为

$$\frac{x - \varphi(t_0)}{\varphi'(t_0)} = \frac{y - \psi(t_0)}{\psi'(t_0)} = \frac{z - \omega(t_0)}{\omega'(t_0)}$$

曲线 Γ 在 $t=t_0$ 时的法平面方程为

$$\varphi'(t_0)(x-\varphi(t_0))+\psi'(t_0)(y-\psi(t_0))+\omega'(t_0)(z-\omega(t_0))=0$$

7.2 竞赛题与精选题解析

7.2.1 向量的运算(例 7.1—7.4)

例 7.1(江苏省 1994 年竞赛题) 设 a 和 b 是非零常向量,$|b|=2,\langle a,b\rangle=\dfrac{\pi}{3}$,则 $\lim\limits_{x\to 0}\dfrac{|a+xb|-|a|}{x}=$ _____.

解析 原式 $=\lim\limits_{x\to 0}\dfrac{(a+xb)\cdot(a+xb)-a\cdot a}{x(|a+xb|+|a|)}=\lim\limits_{x\to 0}\dfrac{2xa\cdot b+x^2|b|^2}{2|a|x}$

$=\dfrac{a\cdot b}{|a|}+0=|b|\cos\langle a,b\rangle=2\cdot\dfrac{1}{2}=1$

例 7.2(江苏省 1991 年竞赛题) 已知 a 为单位向量,$a+3b$ 垂直于 $7a-5b$,$a-4b$ 垂直于 $7a-2b$,则向量 a 与 b 的夹角为 _____.

解析 a 为单位向量,故 $|a|=1$.因两向量垂直的充要条件是它们的数量积为 0,所以

$$\begin{cases}(a+3b)\cdot(7a-5b)=7|a|^2+16a\cdot b-15|b|^2=0,\\(a-4b)\cdot(7a-2b)=7|a|^2-30a\cdot b+8|b|^2=0\end{cases}$$

即

$$\begin{cases}16a\cdot b-15|b|^2=-7,\\30a\cdot b-8|b|^2=7\end{cases}$$

由此可解得 $a\cdot b=\dfrac{1}{2}$,$|b|^2=1$,于是

$$\langle a,b\rangle=\arccos\dfrac{a\cdot b}{|a||b|}=\arccos\dfrac{1}{2}=\dfrac{\pi}{3}$$

例 7.3(江苏省 2006 年竞赛题) 已知 A,B,C,D 为空间的 4 个定点,AB 与 CD 的中点分别为 E,F,$|EF|=a$(a 为正常数),P 为空间的任一点,则 $(\overrightarrow{PA}+\overrightarrow{PB})\cdot(\overrightarrow{PC}+\overrightarrow{PD})$ 的最小值为 _____.

解析 如图,在点 E,F,P 所在平面上建立直角坐标系,并令 EF 的中点为坐标原点,$\overrightarrow{EF}$ 方向为 x 轴,则 E,F 的坐标为 $E\left(-\dfrac{a}{2},0\right)$,$F\left(\dfrac{a}{2},0\right)$.设 P 的坐标为 (x,y),因为 $\overrightarrow{PA}+\overrightarrow{PB}=2\overrightarrow{PE}$,$\overrightarrow{PC}+\overrightarrow{PD}=2\overrightarrow{PF}$,又

$$\overrightarrow{PE}=\left(-\dfrac{a}{2}-x,-y\right),\quad \overrightarrow{PF}=\left(\dfrac{a}{2}-x,-y\right)$$

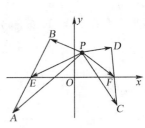

所以

$$(\overrightarrow{PA}+\overrightarrow{PB})\cdot(\overrightarrow{PC}+\overrightarrow{PD})=4\,\overrightarrow{PE}\cdot\overrightarrow{PF}=4\left[\left(-\frac{a}{2}-x\right)\left(\frac{a}{2}-x\right)+y^2\right]$$
$$=4(x^2+y^2)-a^2$$

由此可得:当 $x=y=0$ 时,原式取最小值 $-a^2$.

例 7.4(江苏省 2010 年竞赛题)　已知正方体 $ABCD\text{-}A_1B_1C_1D_1$ 的边长为 2,E 为 D_1C_1 的中点,F 为侧面正方形 BCC_1B_1 的中心.

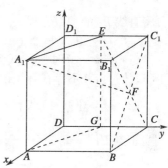

(1) 试求过点 A_1,E,F 的平面与底面 $ABCD$ 所成的二面角的值;

(2) 试求过点 A_1,E,F 的平面截正方体所得到的截面的面积.

解析　(1) 建立如图所示坐标系,则 $A_1(2,0,2)$,$E(0,1,2)$,$F(1,2,1)$,从而 $\overrightarrow{A_1F}=(-1,2,-1)$,$\overrightarrow{EF}=(1,1,-1)$,$\boldsymbol{n}=\overrightarrow{EF}\times\overrightarrow{A_1F}=(1,2,3)$.又因为底面 $ABCD$ 的法向量为 $\boldsymbol{k}=(0,0,1)$,故所求的二面角 θ 为

$$\theta=\arccos\frac{\boldsymbol{k}\cdot\boldsymbol{n}}{|\boldsymbol{k}||\boldsymbol{n}|}=\arccos\frac{3}{\sqrt{14}}$$

(2) 设 CD 的中点为 G,则四边形 $ABCG$ 的面积为 $S_1=3$,则所求截面的面积为 $S=\dfrac{S_1}{\cos\theta}=\sqrt{14}$.

7.2.2　空间平面与直线的方程(例 7.5—7.7)

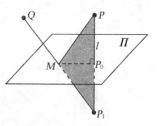

例 7.5(江苏省 2004 年竞赛题)　设点 $P(1,0,-1)$ 与 $Q(3,1,2)$,试在平面 $\boldsymbol{\varPi}:x-2y+z=12$ 上求一点 M,使得 $|PM|+|MQ|$ 最小.

解析　设 $f(x,y,z)=x-2y+z$,由于 $f(1,0,-1)=0<12$,$f(3,1,2)=3<12$,所以点 P,Q 在已知平面 $\boldsymbol{\varPi}$ 的同侧.从 P 作直线 l 垂直于平面 $\boldsymbol{\varPi}$,l 的方程为

$$x=1+t,\quad y=-2t,\quad z=-1+t$$

代入平面 $\boldsymbol{\varPi}$ 的方程解得 $t=2$,因此直线 l 与平面 $\boldsymbol{\varPi}$ 的交点为 $P_0(3,-4,1)$(如上图所示),所以 P 关于平面 $\boldsymbol{\varPi}$ 的对称点为 $P_1(5,-8,3)$.连接 P_1Q,其方程为

$$x=3+2t,\quad y=1-9t,\quad z=2+t$$

代入平面 $\boldsymbol{\varPi}$ 的方程解得 $t=\dfrac{3}{7}$,于是所求点 M 的坐标为 $\left(\dfrac{27}{7},-\dfrac{20}{7},\dfrac{17}{7}\right)$.

例 7.6(江苏省 2020 年竞赛题)　设点 $A(2,-1,1)$,两条直线

$$L_1:\begin{cases} x+2z+7=0, \\ y-1=0, \end{cases} \qquad L_2:\dfrac{x-1}{2}=\dfrac{y+2}{k}=\dfrac{z}{-1}$$

问是否存在过点 A 的直线 L 与两条已知直线 L_1,L_2 都相交?如果存在,请求出此直线的方程;如果不存在,请说明理由.

解析 **方法 1** 先求过点 A 与直线 L_1 的平面.将点 A 的坐标代入过直线 L_1 的平面束方程 $x+2z+7+\lambda(y-1)=0$,解得 $\lambda=\dfrac{11}{2}$,得此平面为

$$\Pi:2x+11y+4z+3=0$$

再将直线 L_2 的参数方程 $x=2s+1,y=ks-2,z=-s$ 代入平面 Π 的方程,得

$$2(2s+1)+11(ks-2)-4s+3=0 \iff 11ks-17=0 \qquad (*)$$

(1) 当 $k=0$ 时 $(*)$ 式无解,表明直线 L_2 与平面 Π 平行,故过点 A 不存在直线 L 与两条直线 L_1,L_2 都相交.

(2) $k\neq 0$ 时 $(*)$ 式有解 $s=\dfrac{17}{11k}$,此时 L_2 与平面 Π

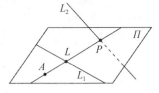

相交于点 $P\left(\dfrac{11k+34}{11k},-\dfrac{5}{11},-\dfrac{17}{11k}\right)$(见右图),则

$$\overrightarrow{AP}=\frac{1}{11k}(34-11k,6k,-11k-17)$$

由于 L_1 的方向向量为 $\boldsymbol{l}_1=(1,0,2)\times(0,1,0)=(-2,0,1)$,显然 $\overrightarrow{AP}$ 与 $\boldsymbol{l}_1$ 不平行,所以直线 AP 与直线 L_1 也相交,直线 AP 即为过点 A 与直线 L_1,L_2 都相交的直线 L,其方程为 $\dfrac{x-2}{34-11k}=\dfrac{y+1}{6k}=\dfrac{z-1}{-11k-17}$.

方法 2 设过点 A 与直线 L_1 的平面为 Π_1,过点 A 与直线 L_2 的平面为 Π_2,平面 Π_1 与平面 Π_2 的交线记为 L.过点 A 与直线 L_1,L_2 都相交的直线如果存在的话,必定是 L.

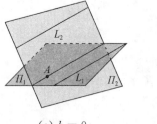

(a) $k=0$ (b) $k\neq 0$

由于 L_1 的方向向量为 $\boldsymbol{l}_1=(1,0,2)\times(0,1,0)=(-2,0,1)$,在直线 L_1 上取点 $B(-7,1,0)$,所以平面 Π_1 的法向量为 $\boldsymbol{n}_1=\boldsymbol{l}_1\times\overrightarrow{BA}=(-2,0,1)\times(9,-2,1)=(2,11,4)$.由于 L_2 过点 $C(1,-2,0)$,方向向量为 $\boldsymbol{l}_2=(2,k,-1)$,所以平面 Π_2 的法向量为 $\boldsymbol{n}_2=\boldsymbol{l}_2\times\overrightarrow{CA}=(2,k,-1)\times(1,1,1)=(k+1,-3,2-k)$.于是直线 L 的方向向量为 $\boldsymbol{l}=\boldsymbol{n}_1\times\boldsymbol{n}_2=(34-11k,6k,-11k-17)$.

(1) 当 $k=0$ 时,显然 $\boldsymbol{l}_1 \parallel \boldsymbol{l}_2 \parallel \boldsymbol{l}$,所以过点 A 不存在直线 L 与两条直线 L_1,L_2

都相交(见图(a));

(2)当 $k \neq 0$ 时,显然 l_1 与 l 不平行,l_2 与 l 不平行,所以直线 L 过点 A 并与两条直线 L_1,L_2 都相交,L 的方程为 $\dfrac{x-2}{34-11k} = \dfrac{y+1}{6k} = \dfrac{z-1}{-11k-17}$ (见图(b)).

例 7.7(江苏省 2017 年竞赛题)　已知直线

$$L_1: \frac{x-5}{1} = \frac{y+1}{0} = \frac{z-3}{2} \quad \text{与} \quad L_2: \frac{x-8}{2} = \frac{y-1}{-1} = \frac{z-1}{1}$$

(1)证明 L_1 与 L_2 是异面直线;

(2)若直线 L 与 L_1,L_2 皆垂直且相交,交点分别为 P,Q,试求点 P 与 Q 的坐标;

(3)求异面直线 L_1 与 L_2 的距离.

解析　(1)直线 L_1 通过点 $A(5,-1,3)$,方向向量为 $\boldsymbol{l}_1 = (1,0,2)$,直线 L_2 通过点 $B(8,1,1)$,方向向量为 $\boldsymbol{l}_2 = (2,-1,1)$,$\overrightarrow{AB} = (3,2,-2)$,由于

$$\left[\overrightarrow{AB}, \boldsymbol{l}_1, \boldsymbol{l}_2\right] = \begin{vmatrix} 3 & 2 & -2 \\ 1 & 0 & 2 \\ 2 & -1 & 1 \end{vmatrix} = 14 \neq 0$$

所以 L_1 与 L_2 是异面直线.

(2)直线 L 的方向向量为

$$\boldsymbol{l} = \boldsymbol{l}_1 \times \boldsymbol{l}_2 = (1,0,2) \times (2,-1,1) = (2,3,-1)$$

设交点坐标为 $P(x_1, y_1, z_1)$,$Q(x_2, y_2, z_2)$,令

$$\begin{cases} x_1 = 5+t, \\ y_1 = -1, \\ z_1 = 3+2t, \end{cases} \qquad \begin{cases} x_2 = 8+2s, \\ y_2 = 1-s, \\ z_2 = 1+s, \end{cases}$$

因线段 PQ 与 $\boldsymbol{l}$ 平行,所以

$$\frac{x_2-x_1}{2} = \frac{y_2-y_1}{3} = \frac{z_2-z_1}{-1} \Leftrightarrow \frac{3+2s-t}{2} = \frac{2-s}{3} = \frac{-2+s-2t}{-1} \Leftrightarrow \begin{cases} 8s-3t = -5, \\ s-3t = 2 \end{cases}$$

由此解得 $s = -1$,$t = -1$. 于是点 P 与 Q 的坐标分别为 $P(4,-1,1)$,$Q(6,2,0)$.

(3)由第(2)问可知异面直线 L_1 与 L_2 的距离为

$$d = |PQ| = \sqrt{(6-4)^2 + (2+1)^2 + (0-1)^2} = \sqrt{14}$$

7.2.3　空间曲面的方程与空间曲面的切平面(例 7.8—7.17)

例 7.8(江苏省 2018 年竞赛题)　已知二次锥面 $4x^2 + \lambda y^2 - 3z^2 = 0$ 与平面 $x - y + z = 0$ 的交线 L 是一条直线.

(1)试求常数 λ 的值,并求直线 L 的标准方程;

(2) 平面 Π 通过直线 L,且与球面 $x^2+y^2+z^2+6x-2y-2z+10=0$ 相切,试求平面 Π 的方程.

解析　(1) 二次锥面 $4x^2+\lambda y^2-3z^2=0$ 与平面 $x-y+z=0$ 都通过坐标原点 O,所以它们相交有 3 种可能:一条直线或两条直线或一点. 令 $y=1$,得

$$4x^2+\lambda-3z^2=0, \quad x+z=1 \Rightarrow x^2+6x+(\lambda-3)=0$$

交线 L 为一条直线的充要条件是上式有惟一解,而上式有惟一解的充要条件是

$$\Delta=36-4(\lambda-3)=0 \Rightarrow \lambda=12$$

所以 $\lambda=12$ 时 L 是一条直线.

当 $\lambda=12$ 时,由方程组 $\begin{cases} x^2+6x+9=0, \\ z=1-x \end{cases}$,解得 $x=-3,y=1,z=4$,所以直线 L 通过点 $P(-3,1,4)$.因直线 L 又通过原点 $O(0,0,0)$,取直线 L 的方向为 $\boldsymbol{l}=\overrightarrow{OP}=(-3,1,4)$,则直线 L 的标准方程为 $\dfrac{x}{-3}=\dfrac{y}{1}=\dfrac{z}{4}$.

(2) 因平面 Π 通过原点,所以设平面 Π 的方程为 $ax+by+cz=0$,其法向量为 $\boldsymbol{n}=(a,b,c)$,因为 $\boldsymbol{n}\perp\boldsymbol{l}$,所以 $3a-b-4c=0$.又球面的球心为 $(-3,1,1)$,半径为 1,平面 Π 与球面相切时球心到平面 Π 的距离为 1,所以有

$$|-3a+b+c|=\sqrt{a^2+b^2+c^2} \Leftrightarrow 4a^2-3ab-3ac+bc=0$$

取 $c=1$,由 $\begin{cases} b=3a-4, \\ 4a^2-3ab-3a+b=0 \end{cases}$ 解得 $(a,b,c)=(2,2,1),\left(\dfrac{2}{5},-\dfrac{14}{5},1\right)$,因此所求平面 Π 的方程为

$$2x+2y+z=0 \quad \text{或} \quad 2x-14y+5z=0$$

例 7.9(北京市 1997 年竞赛题)　证明曲面

$$z+\sqrt{x^2+y^2+z^2}=x^3 f\left(\frac{y}{x}\right)$$

上任意点处的切平面在 z 轴上的截距与切点到坐标原点的距离之比为常数,并求出此常数.

解析　记 $F=z+\sqrt{x^2+y^2+z^2}-x^3 f\left(\dfrac{y}{x}\right)$,则

$$\boldsymbol{n}=(F'_x,F'_y,F'_z)$$
$$=\left(\frac{x}{\sqrt{x^2+y^2+z^2}}-3x^2 f\left(\frac{y}{x}\right)+xyf'\left(\frac{y}{x}\right), \quad \frac{y}{\sqrt{x^2+y^2+z^2}}-x^2 f'\left(\frac{y}{x}\right),\right.$$
$$\left. 1+\frac{z}{\sqrt{x^2+y^2+z^2}}\right)$$

曲面上任一点 (x,y,z) 处的切平面方程为

$$\left(\frac{x}{\sqrt{x^2+y^2+z^2}}-3x^2f\left(\frac{y}{x}\right)+xyf'\left(\frac{y}{x}\right)\right)(X-x)$$

$$+\left(\frac{y}{\sqrt{x^2+y^2+z^2}}-x^2f'\left(\frac{y}{x}\right)\right)(Y-y)+\left(1+\frac{z}{\sqrt{x^2+y^2+z^2}}\right)(Z-z)=0$$

令 $X=Y=0$,得该切平面在 z 轴上的截距为

$$d=-\frac{\sqrt{x^2+y^2+z^2}\left(3x^3f\left(\frac{y}{x}\right)-z-\sqrt{x^2+y^2+z^2}\right)}{\sqrt{x^2+y^2+z^2}+z}$$

$$=-2\sqrt{x^2+y^2+z^2}$$

于是截距与切点到原点的距离之比为 $\dfrac{d}{\sqrt{x^2+y^2+z^2}}=-2$.

例 7.10(*南京大学 1995 年竞赛题*)   从椭球面外的一点作椭球面的一切可能的切平面,证明全部切点在同一平面上.

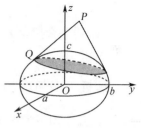

解析   设椭球面 Σ 的方程为 $\dfrac{x^2}{a^2}+\dfrac{y^2}{b^2}+\dfrac{z^2}{c^2}=1$,椭球面

外一点设为 $P(x_0,y_0,z_0)$, $\dfrac{x_0^2}{a^2}+\dfrac{y_0^2}{b^2}+\dfrac{z_0^2}{c^2}>1$(如图所示).

由 P 向 Σ 作切平面,设切点为 $Q(x,y,z)$,因曲面 Σ 过点 Q 的切平面方程为

$$\frac{xX}{a^2}+\frac{yY}{b^2}+\frac{zZ}{c^2}=1$$

令 $(X,Y,Z)=(x_0,y_0,z_0)$,代入上式得

$$\frac{x_0}{a^2}x+\frac{y_0}{b^2}y+\frac{z_0}{c^2}z=1 \tag{$*$}$$

这表明切点 Q 位于同一平面($*$)上.

例 7.11(*江苏省 2016 年竞赛题*)   设函数 $f(x,y)$ 在点 $(2,-2)$ 处可微,满足

$$f(\sin(xy)+2\cos x,xy-2\cos y)=1+x^2+y^2+o(x^2+y^2)$$

这里 $o(x^2+y^2)$ 表示比 x^2+y^2 高阶的无穷小(当 $(x,y)\rightarrow(0,0)$ 时),试求曲面 $z=f(x,y)$ 在点 $(2,-2,f(2,-2))$ 处的切平面方程.

解析   因 $f(x,y)$ 在点 $(2,-2)$ 处可微,故 $f(x,y)$ 在点 $(2,-2)$ 处连续,又因

$$\varphi(x,y)=\sin(xy)+2\cos x,\quad \psi(x,y)=xy-2\cos y$$

在点 $(0,0)$ 处连续,在原式中令 $(x,y)\rightarrow(0,0)$ 得 $f(2,-2)=1$.因为 $f(x,y)$ 在点 $(2,-2)$ 处可微,所以 $f(x,y)$ 在点 $(2,-2)$ 处可偏导.因此,在原式中令 $y=0$ 得 $f(2\cos x,-2)=1+x^2+o(x^2)$,应用偏导数的定义得

$$f'_x(2, -2) = \lim_{x \to 0} \frac{f(2 + (2\cos x - 2), -2) - f(2, -2)}{2\cos x - 2}$$

$$= \lim_{x \to 0} \frac{f(2\cos x, -2) - 1}{-x^2} = \lim_{x \to 0} \frac{x^2 + o(x^2)}{-x^2} = -1$$

在原式中令 $x = 0$ 得 $f(2, -2\cos y) = 1 + y^2 + o(y^2)$, 应用偏导数的定义得

$$f'_y(2, -2) = \lim_{y \to 0} \frac{f(2, -2 + (-2\cos y + 2)) - f(2, -2)}{-2\cos y + 2}$$

$$= \lim_{y \to 0} \frac{f(2, -2\cos y) - 1}{y^2} = \lim_{y \to 0} \frac{y^2 + o(y^2)}{y^2} = 1$$

因此曲面 $z = f(x, y)$ 在点 $(2, -2, 1)$ 处的切平面方程为

$$-f'_x(2, -2) \cdot (x - 2) - f'_y(2, -2) \cdot (y + 2) + 1 \cdot (z - 1) = 0$$

化简得 $x - y + z = 5$.

例 7.12(全国 2019 年预赛题)   设 $a, b, c, \mu > 0$, 曲面 $xyz = \mu$ 与 $\dfrac{x^2}{a^2} + \dfrac{y^2}{b^2} + \dfrac{z^2}{c^2} = 1$ 相切, 求 μ.

解析   设切点为 (x_0, y_0, z_0), 则 $x_0 y_0 z_0 = \mu$, $\dfrac{x_0^2}{a^2} + \dfrac{y_0^2}{b^2} + \dfrac{z_0^2}{c^2} = 1$. 因为 $\mu > 0$, 所以 x_0, y_0, z_0 均不为 0. 又曲面 $\dfrac{x^2}{a^2} + \dfrac{y^2}{b^2} + \dfrac{z^2}{c^2} = 1$ 与曲面 $xyz = \mu$ 在点 (x_0, y_0, z_0) 的法向量分别为 $\left(\dfrac{x_0}{a^2}, \dfrac{y_0}{b^2}, \dfrac{z_0}{c^2} \right)$ 与 $(y_0 z_0, x_0 z_0, x_0 y_0)$, 所以

$$\frac{\frac{x_0}{a^2}}{y_0 z_0} = \frac{\frac{y_0}{b^2}}{x_0 z_0} = \frac{\frac{z_0}{c^2}}{x_0 y_0} \Leftrightarrow \frac{\frac{x_0^2}{a^2}}{x_0 y_0 z_0} = \frac{\frac{y_0^2}{b^2}}{x_0 y_0 z_0} = \frac{\frac{z_0^2}{c^2}}{x_0 y_0 z_0}$$

由此可得 $\dfrac{x_0^2}{a^2} = \dfrac{y_0^2}{b^2} = \dfrac{z_0^2}{c^2} = \dfrac{1}{3}$, $\dfrac{x_0^2}{a^2} \dfrac{y_0^2}{b^2} \dfrac{z_0^2}{c^2} = \dfrac{1}{27}$. 因 $\mu > 0$, 于是 $\mu = x_0 y_0 z_0 = \dfrac{abc}{3\sqrt{3}}$.

例 7.13(全国 2015 年预赛题)   设 M 是以三个正半轴为母线的半圆锥面, 求其方程.

解析   圆锥面 M 的顶点为 $O(0, 0, 0)$, 其准线选作过三点 $(1, 0, 0)$, $(0, 1, 0)$, $(0, 0, 1)$ 的圆

$$\Gamma: \begin{cases} x + y + z = 1, \\ x^2 + y^2 + z^2 = 1 \end{cases}$$

设 $P(x, y, z)$ 是圆锥面 M 上任一点, 射线 OP 与准线 Γ 的交点记为 $Q(x_1, y_1, z_1)$, 则

$$\begin{cases} x_1 + y_1 + z_1 = 1, \\ x_1^2 + y_1^2 + z_1^2 = 1 \end{cases} \tag{*}$$

由于 $\dfrac{x_1 - 0}{x - 0} = \dfrac{y_1 - 0}{y - 0} = \dfrac{z_1 - 0}{z - 0} = t$, 代入(*)式可得 $\begin{cases} xt + yt + zt = 1, \\ (xt)^2 + (yt)^2 + (zt)^2 = 1, \end{cases}$ 再

消去 t 即得所求圆锥面 M 的方程为 $xy + yz + zx = 0$.

例 7.14(北京市 2001 年竞赛题)　若可微函数 $f(x, y)$ 对任意的 x, y, t 满足 $f(tx, ty) = t^2 f(x, y)$, $P_0(1, -2, 2)$ 是曲面 $z = f(x, y)$ 上一点, 且 $f_x'(1, -2) = 4$, 求曲面在 P_0 处的切平面方程.

解析　由 $f(tx, ty) = t^2 f(x, y)$, 两边对 t 求偏导, 有

$$f_x'(tx, ty)x + f_y'(tx, ty)y = 2t f(x, y)$$

取 $t = 1, x = 1, y = -2$, 得

$$f_x'(1, -2) + f_y'(1, -2)(-2) = 2f(1, -2)$$

将 $f(1, -2) = 2, f_x'(1, -2) = 4$ 代入上式, 得 $f_y'(1, -2) = 0$, 故曲面在 P_0 处的法向量为 $\boldsymbol{n} = (f_x'(P_0), f_y'(P_0), -1) = (4, 0, -1)$, 于是所求切平面的方程为

$$4(x - 1) - (z - 2) = 0, \quad \text{即} \quad 4x - z - 2 = 0$$

例 7.15(全国 2015 年预赛题)　求曲面 $z = x^2 + y^2 + 1$ 在点 $M(1, -1, 3)$ 的切平面与曲面 $z = x^2 + y^2$ 所围区域的体积.

解析　切平面的法向量为

$$(z_x', z_y', -1)\Big|_M = (2x, 2y, -1)\Big|_M = (2, -2, -1)$$

因此切平面方程为 $2x - 2y - z = 1$. 记切平面与曲面 $z = x^2 + y^2$ 所围区域为 Ω(如图), 由 $\begin{cases} 2x - 2y - z = 1, \\ z = x^2 + y^2 \end{cases}$ 消去 z, 得区域 Ω 在 xOy 平面上的投影为圆域

$$D: (x - 1)^2 + (y + 1)^2 \leqslant 1$$

则区域 Ω 的体积为

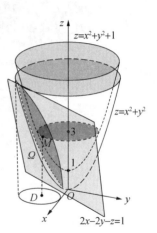

$$V = \iint_D (2x - 2y - 1 - (x^2 + y^2)) \mathrm{d}x\mathrm{d}y = \iint_D (1 - (x - 1)^2 - (y + 1)^2) \mathrm{d}x\mathrm{d}y$$

作平移加极坐标变换, 令 $x = 1 + \rho\cos\theta, y = -1 + \rho\sin\theta$, 则 $\mathrm{d}x\mathrm{d}y = \rho\mathrm{d}\rho\mathrm{d}\theta$, 可得

$$V = \int_0^{2\pi} \mathrm{d}\theta \int_0^1 (1 - \rho^2)\rho\mathrm{d}\rho = 2\pi\left(\frac{1}{2} - \frac{1}{4}\right) = \frac{\pi}{2}$$

例 7.16(江苏省 2008 年竞赛题)　(1) 证明: 曲面

$$\Sigma: \begin{cases} x = (b + a\cos\theta)\cos\varphi, \\ y = a\sin\theta, \\ z = (b + a\cos\theta)\sin\varphi \end{cases} \quad (0 \leqslant \theta, \varphi \leqslant 2\pi, 0 < a < b)$$

为旋转曲面;

(2) 求旋转曲面 Σ 所围立体的体积.

解析 （1）消去 θ,φ，得

$$\left(\sqrt{x^2+z^2}-b\right)^2+y^2=a^2$$

它是曲线 $\Gamma:\begin{cases}(x-b)^2+y^2=a^2\\z=0\end{cases}$ 绕 y 轴旋转一周生成的旋转曲面.

（2）根据题意,可得

$$V=2\pi\int_0^a\left[(b+\sqrt{a^2-y^2})^2-(b-\sqrt{a^2-y^2})^2\right]\mathrm{d}y$$
$$=8\pi b\int_0^a\sqrt{a^2-y^2}\,\mathrm{d}y$$
$$=2\pi^2a^2b$$

例 7.17（浙江省 2007 年竞赛题） 有一张边长为 4π 的正方形纸（如图（a）所示）,C,D 分别为 AA',BB' 的中点,E 为 DB' 的中点. 现将纸卷成圆柱形,使 A 与 A' 重合,B 与 B' 重合,并将圆柱面垂直放在 xOy 平面上,且 B 与原点 O 重合,D 落在 y 轴正向上,此时求：

（1）通过 C,E 两点的直线绕 z 轴所得的旋转曲面方程；

（2）此旋转曲面与 xOy 平面和过 A 点垂直于 z 轴的平面所围成的立体体积.

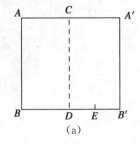
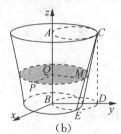

（a）　　　　　　　　　（b）

解析 （1）依题意可知圆柱底面的半径 $R=2$,故 C 点坐标取为 $(0,4,4\pi)$,E 点坐标为 $(2,2,0)$,$\overrightarrow{EC}=(-2,2,4\pi)$,则过 C,E 两点的直线方程为

$$\frac{x-2}{-2}=\frac{y-2}{2}=\frac{z}{4\pi}$$

如图（b）所示,在所求的旋转曲面上任取点 $P(x,y,z)$,过点 P 作平面垂直于 z 轴,交 z 轴于点 $Q(0,0,z)$,交直线 $Œ$ 于点 $M(x_0,y_0,z)$. 由于点 M 在 $Œ$ 上,则

$$\frac{x_0-2}{-2}=\frac{y_0-2}{2}=\frac{z}{4\pi}\Rightarrow x_0=2-\frac{z}{2\pi},\ y_0=2+\frac{z}{2\pi}$$

又因为 $|PQ|^2=|MQ|^2$,所以

$$x^2+y^2=x_0^2+y_0^2=\left(2-\frac{z}{2\pi}\right)^2+\left(2+\frac{z}{2\pi}\right)^2$$

即所求旋转曲面的方程为 $x^2 + y^2 = 8 + \dfrac{z^2}{2\pi^2}$.

（2）由上问可知旋转曲面在垂直于 z 轴方向的截面是一个半径为 $\sqrt{8 + \dfrac{z^2}{2\pi^2}}$ 的圆，故所求体积 V 为

$$V = \int_0^{4\pi} \pi\left(8 + \frac{z^2}{2\pi^2}\right)\mathrm{d}z = 32\pi^2 + \frac{32}{3}\pi^2 = \frac{128}{3}\pi^2$$

7.2.4　空间曲线的方程与空间曲线的切线（例 7.18—7.23）

例 7.18（南京大学 1996 年竞赛题）　记曲面 $z = x^2 + y^2 - 2x - y$ 在区域
$$D: x \geqslant 0, y \geqslant 0, 2x + y \leqslant 4$$

上的最低点 P 处的切平面为 Π，曲线 $\begin{cases} x^2 + y^2 + z^2 = 6, \\ x + y + z = 0 \end{cases}$ 在点 $(1,1,-2)$ 处的切线为 l，求点 P 到 l 在 Π 上的投影 l' 的距离 d.

解析　曲面 $z = x^2 + y^2 - 2x - y$ 化为标准形为 $z + \dfrac{5}{4} = (x-1)^2 + \left(y - \dfrac{1}{2}\right)^2$，

这是顶点为 $P\left(1, \dfrac{1}{2}, -\dfrac{5}{4}\right)$ 且开口向上的旋转抛物面. 由于 $\left(1, \dfrac{1}{2}\right) \in D$，所以抛物面在区域 D 上的最低点是 P，抛物面在点 P 的切平面 Π 的方程为 $z = -\dfrac{5}{4}$.

记点 P_0 为 $(1,1,-2)$，曲面 $x^2 + y^2 + z^2 = 6$ 在点 P_0 的法向量 $\boldsymbol{n}_1$ 与平面 $x + y + z = 0$ 在 P_0 的法向量 $\boldsymbol{n}_2$ 分别为

$$\boldsymbol{n}_1 = (2, 2, -4), \quad \boldsymbol{n}_2 = (1, 1, 1)$$

故其交线在点 P_0 的切向量为

$$\boldsymbol{l} = \boldsymbol{n}_1 \times \boldsymbol{n}_2 = (2, 2, -4) \times (1, 1, 1) = 6(1, -1, 0)$$

于是切线 l 的方程为

$$\frac{x-1}{1} = \frac{y-1}{-1} = \frac{z+2}{0}, \quad \text{即} \quad \begin{cases} x + y - 2 = 0, \\ z + 2 = 0 \end{cases}$$

此直线在平面 $x + y - 2 = 0$ 上，而平面 $x + y - 2 = 0$ 垂直于平面 $\Pi: z = -\dfrac{5}{4}$，所以

l 在 Π 内的投影 l' 的方程为 $\begin{cases} x + y - 2 = 0, \\ z = -\dfrac{5}{4}, \end{cases}$ 故点 $\left(1, \dfrac{1}{2}, -\dfrac{5}{4}\right)$ 到 l' 的距离为

$$d = \frac{\left|1 + \dfrac{1}{2} - 2\right|}{\sqrt{1+1}} = \frac{1}{2\sqrt{2}} = \frac{1}{4}\sqrt{2}$$

例 7.19(江苏省 1998 年竞赛题) 当 $k(>0)$ 取何值时,曲线 $\begin{cases} z=ky, \\ \dfrac{x^2}{2}+z^2=2y \end{cases}$ 是

圆?并求此圆的圆心坐标以及该圆在 zOx 平面、yOz 平面上的投影.

解析 题给曲线在 xOy 平面上的投影为

$$\begin{cases} x^2+2k^2\left(y-\dfrac{1}{k^2}\right)^2=\dfrac{2}{k^2}, \\ z=0 \end{cases}$$

它是 xOy 平面上中心为 $\left(0,\dfrac{1}{k^2}\right)$,半轴长分别为 $\dfrac{\sqrt{2}}{k}$,$\dfrac{1}{k^2}$ 的椭圆. 设所求圆的圆心 A 的坐

标为 (a,b,c),因点 A 在椭圆柱面 $x^2+2k^2\left(y-\dfrac{1}{k^2}\right)^2=\dfrac{2}{k^2}$ 的中心轴上,故 $a=0,b=\dfrac{1}{k^2}$,

$c=kb=\dfrac{1}{k}$. 欲使题给曲线为圆,等价于 $|OA|=\dfrac{\sqrt{2}}{k}$,即 $\sqrt{0^2+\dfrac{1}{k^4}+\dfrac{1}{k^2}}=\dfrac{\sqrt{2}}{k}$,由此

可解得 $k=1$. 于是 $k=1$ 时,题给曲线为圆,圆心坐标为 $(0,1,1)$.

将原方程组 $\begin{cases} z=y, \\ x^2-4y+2z^2=0 \end{cases}$ 消去 y,得圆在 zOx 平面上的投影为

$$\begin{cases} x^2+2z^2-4z=0, \\ y=0 \end{cases}$$

由于题给曲线圆在平面 $z=y$ 上,此平面垂直 yOz 平面,所以圆在 yOz 平面上

的投影为一线段,即

$$\begin{cases} y=z, \\ x=0 \end{cases} \quad (0\leqslant z\leqslant 2)$$

例 7.20(全国 2014 年决赛题) 已知函数 $F(x,y,z),G(x,y,z)$ 有连续的偏导

数,且 $\dfrac{\partial(F,G)}{\partial(z,x)}\neq 0$,曲线 $\Gamma:\begin{cases} F(x,y,z)=0, \\ G(x,y,z)=0 \end{cases}$ 过点 $P_0(x_0,y_0,z_0)$. 记 Γ 在 xOy 平面

上的投影曲线为 S,求 S 上过点 (x_0,y_0) 的切线方程.

解析 所求切线为 Γ 过点 P_0 的切线在 xOy 平面上的投影,而 Γ 过点 P_0 的切

线为两个曲面的切平面的交线,即

$$\begin{cases} F'_x(P_0)(x-x_0)+F'_y(P_0)(y-y_0)+F'_z(P_0)(z-z_0)=0, \\ G'_x(P_0)(x-x_0)+G'_y(P_0)(y-y_0)+G'_z(P_0)(z-z_0)=0 \end{cases}$$

两式消去 z 得

$$\begin{aligned} &(F'_x(P_0)G'_z(P_0)-F'_z(P_0)G'_x(P_0))(x-x_0) \\ &+(F'_y(P_0)G'_z(P_0)-F'_z(P_0)G'_y(P_0))(y-y_0)=0 \end{aligned} \qquad (*)$$

由于

$$\frac{\partial(F,G)}{\partial(x,z)}\Big|_{P_0} = F'_x(P_0)G'_z(P_0) - F'_z(P_0)G'_x(P_0) \neq 0$$

所以(*)式即为所求切线的方程.

例 7.21(江苏省 2012 年竞赛题)　已知点 $A(1,2,-1)$ 和 $B(5,-2,3)$ 在平面 $\Pi: 2x - y - 2z = 3$ 的两侧,过点 A,B 作球面 Σ 使其在平面 Π 上截得的圆 Γ 最小.

(1) 求球面 Σ 的球心坐标与该球面的方程;

(2) 证明:直线 AB 与平面 Π 的交点是圆 Γ 的圆心。

解析　(1) $\overrightarrow{AB} = 4(1,-1,1)$,线段 AB 的中点是 $(3,0,1)$,于是线段 AB 的垂直平分面 Π_1 的方程为 $x - y + z = 4$.

因球心在 Π_1 上,设球心为 $O(a,b,4-a+b)$,则 $OA^2 = (a-1)^2 + (b-2)^2 + (5-a+b)^2$. 设球心 O 到平面 Π 的距离为 d,则

$$d^2 = \left(\frac{2a - b - 2(4-a+b) - 3}{3}\right)^2 = \frac{1}{9}(4a - 3b - 11)^2$$

设圆 Γ 的半径为 r,则

$$u = r^2 = OA^2 - d^2$$
$$= (a-1)^2 + (b-2)^2 + (5-a+b)^2 - \frac{1}{9}(4a-3b-11)^2$$

由

$$\begin{cases} \dfrac{\partial u}{\partial a} = 2(a-1) - 2(5-a+b) - \dfrac{8}{9}(4a-3b-11) = 0, \\[2mm] \dfrac{\partial u}{\partial b} = 2(b-2) + 2(5-a+b) + \dfrac{6}{9}(4a-3b-11) = 0 \end{cases}$$

化简得 $\begin{cases} 2a+3b = 10, \\ a+3b = 2, \end{cases}$ 解得 $a = 8, b = -2$. 因驻点是惟一的,圆 Γ 的半径 r 的最小值存在,故 $a = 8, b = -2$ 为所求的球心坐标分量,于是球心坐标为 $O(8,-2,-6)$. 因 $|OA| = \sqrt{90}$,所以球面方程为

$$(x-8)^2 + (y+2)^2 + (z+6)^2 = 90$$

(2) 设直线 AB 的参数方程为 $x = 1+t, y = 2-t, z = -1+t$,将它们代入平面 Π 的方程,解得 $t = 1$,所以直线 AB 与平面 Π 的交点 M 的坐标为 $M(2,1,0)$. 又因为平面 Π 的法向量为 $\boldsymbol{n} = (2,-1,-2)$,而 $\overrightarrow{OM} = (-6,3,6) = -3(2,-1,-2)$,显然 $\overrightarrow{OM} \parallel \boldsymbol{n} \Leftrightarrow$ 直线 $OM \perp$ 平面 Π,于是点 M 是圆 Γ 的圆心.

例 7.22(江苏省 2006 年竞赛题)　设圆柱面 $x^2 + y^2 = 1(z \geqslant 0)$ 被柱面 $z = x^2 + 2x + 2$ 截下的(有限)部分为 Σ. 为计算曲面 Σ 的面积,我们用薄铁片制作 Σ 的模型,已知 $A(1,0,5), B(-1,0,1), C(-1,0,0)$ 为 Σ 上三点,将 Σ 沿线段 BC 剪开并展成平面图形 D. 建立平面直角坐标系,使 D 位于 x 轴的正上方,点 A 的坐标为 $(0,5)$. 试写出 D 的边界的方程,并求 D 的面积.

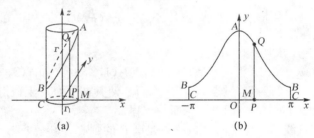

(a)　　　　　(b)

解析　圆柱面与柱面的交线 Γ 在 xOy 平面上的投影为圆(如图(a)所示)Γ_1: $x^2+y^2=1\ (z=0)$. 取 $M(1,0,0)$,在 Γ_1 上取点 $P(\cos t,\sin t,0)$,可得 $\overset{\frown}{MP}$ 的弧长为 t. 再过 P 作 $PQ\parallel z$ 轴,Q 为 PQ 与 Γ 的交点,则 Q 的坐标为

$$(\cos t,\sin t,(\cos t+1)^2+1)$$

又如图(b)所示,在 xOy 平面上展开后,P 的坐标为 $(t,0)$,Q 的坐标为

$$(t,\cos^2 t+2\cos t+2)$$

故 D 的边界曲线由 $y=\cos^2 x+2\cos x+2$ 与 $x=\pm\pi$,$y=0$ 组成. D 的面积为

$$S=\int_{-\pi}^{\pi}(\cos^2 x+2\cos x+2)\mathrm{d}x=\frac{5}{2}\cdot 2\pi=5\pi$$

例 7.23(江苏省 2006 年竞赛题)　设锥面 $z^2=3x^2+3y^2\ (z\geqslant 0)$ 被平面 $x-\sqrt{3}z+4=0$ 截下的(有限)部分为 Σ.

(1) 求曲面 Σ 的面积;

(2) 用薄铁片制作 Σ 的模型,$A(2,0,2\sqrt{3})$,$B(-1,0,\sqrt{3})$ 为 Σ 上的两点,O 为原点,将 Σ 沿线段 OB 剪开并展成平面图形 D,以 OA 方向为极轴建立平面极坐标系,试写出 D 的边界的极坐标方程.

解析　(1) 锥面与平面的交线 Γ: $\begin{cases} z^2=3x^2+3y^2, \\ x-\sqrt{3}z+4=0 \end{cases}$ 在 xOy 平面上的投影

为 $\frac{4}{9}\left(x-\frac{1}{2}\right)^2+\frac{1}{2}y^2=1$,此为一椭圆,它所围图形 D_1 的面积为 $\frac{3}{2}\sqrt{2}\pi$,从而 Σ 的面积为

$$S=\iint\limits_{D_1}\sqrt{1+(z_x')^2+(z_y')^2}\,\mathrm{d}x\mathrm{d}y=2\iint\limits_{D_1}\mathrm{d}x\mathrm{d}y=3\sqrt{2}\pi$$

(2) **方法 1**　交线 Γ 的球坐标方程为

$$r=\frac{8}{3-\cos\theta},\quad \varphi=\frac{\pi}{6}$$

作平面 $z=\sqrt{3}$ 交 Σ 于 Γ_1,Γ_1 是半径为 1 的圆(如下图(a)所示),其上任一点到 O 的距离为 2. 在 Γ 上取点 P,设其球坐标为 (r_0,φ_0,θ_0),则 $r_0=\frac{8}{3-\cos\theta_0}$,$\varphi_0=\frac{\pi}{6}$. 连接 OP 交 Γ_1 于 Q,连接 OA 交 Γ_1 于 A_1,Q 的球坐标为 $\left(2,\frac{\pi}{6},\theta_0\right)$,$\overset{\frown}{A_1Q}$ 的弧长为 θ_0.

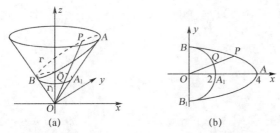

(a)   (b)

如上图(b),在平面图形 D 中,设 P 的极坐标为 (ρ,θ),则 Q 的极坐标为 $(2,\theta)$,$\overset{\frown}{A_1 Q}$ 的弧长为 2θ,故 $\theta_0 = 2\theta$. 因 $r_0 = \rho$,于是 D 的边界的极坐标方程为

$$\rho = \frac{8}{3 - \cos 2\theta} \quad \text{与} \quad \theta = \pm \frac{\pi}{2}$$

方法 2 先求交线 Γ 的柱坐标方程. 令 $x = \rho_1 \cos\theta, y = \rho_1 \sin\theta, z = z$(这里 (ρ_1, θ, z) 是 Γ 上点的柱坐标),则 Γ 的柱坐标方程为

$$\rho_1 = \frac{4}{3 - \cos\theta_1}, \quad z = \sqrt{3}\rho_1$$

作平面 $z = \sqrt{3}$,交 Σ 于 Γ_1,Γ_1 为半径是 1 的圆(如图(a)所示),其上任一点到原点 O 的距离为 2. 在 Γ 上任取点 P,设其柱坐标为 (ρ_1, θ_1, z_1),连接 OP 交 Γ_1 于 Q,连接 OA 交 Γ_1 交 A_1,则 Q 的柱坐标为 $(1, \theta_1, \sqrt{3})$,$\overset{\frown}{A_1 Q}$ 的弧长为 θ_1.

如图(b),在平面图形 D 中,设 P 的极坐标为 (ρ,θ),则 Q 的极坐标为 $(2,\theta)$,$\overset{\frown}{A_1 Q}$ 的弧长为 2θ,故 $\theta_1 = 2\theta$. 因为 $\rho^2 = \rho_1^2 + z^2 = 4\rho_1^2$,所以 $\rho = 2\rho_1$,于是 D 的边界曲线的极坐标方程为

$$\rho = \frac{8}{3 - \cos 2\theta} \quad \text{与} \quad \theta = \pm \frac{\pi}{2}$$

练 习 题 七

1. 设 xOy 平面上三点的坐标为 $(a_1, a_2), (b_1, b_2), (c_1, c_2)$,求证:以这三点为顶点的三角形的面积为 $\begin{vmatrix} a_1 & a_2 & 1 \\ b_1 & b_2 & 1 \\ c_1 & c_2 & 1 \end{vmatrix}$ 的绝对值.

2. 求通过直线 $\begin{cases} 4x - y + 3z - 1 = 0, \\ x + 5y - z + 2 = 0 \end{cases}$ 且与平面 $2x - y + 5z + 2 = 0$ 垂直的平面方程.

3. 求通过直线 $\begin{cases} x + 5y + z = 0, \\ x - z + 4 = 0 \end{cases}$ 且与平面 $x - 4y - 8z + 12 = 0$ 的夹角为 $\frac{\pi}{4}$ 的平面方程.

4. 求通过点 $(-1,0,1)$，垂直于直线 $\dfrac{x-2}{3}=\dfrac{y}{-4}=\dfrac{z}{1}$ 且与直线 $\dfrac{x+1}{1}=\dfrac{y-3}{1}$ $=\dfrac{z}{2}$ 相交的直线方程.

5. 求通过点 $(1,2,1)$，且与两直线

$$L_1:\begin{cases} x-2y-z+1=0, \\ x-y+z-1=0 \end{cases} \quad 和 \quad L_2:\begin{cases} 2x-y+z=0, \\ x-y-z=0 \end{cases}$$

都相交的直线方程.

6. 求点 $(2,6,5)$ 关于直线 $\dfrac{x-2}{3}=\dfrac{y-1}{4}=\dfrac{z+1}{1}$ 的对称点.

7. 求点 $(0,0,3)$ 到直线 $x-1=\dfrac{y+1}{-1}=z$ 的距离.

8. 求以直线 $\dfrac{x-1}{2}=y=\dfrac{z+1}{-2}$ 为对称轴且半径等于 2 的圆柱面的方程.

9. 求两条直线 $\dfrac{x-3}{2}=\dfrac{y}{4}=\dfrac{z+1}{3}$ 与 $\dfrac{x+1}{2}=\dfrac{y-3}{0}=\dfrac{z-2}{1}$ 间的距离.

10. 设 $\Gamma:\begin{cases} x^2+y^2+z^2+4x-4y+2z=0, \\ 2x+y-2z=k. \end{cases}$

(1) 当 k 为何值时 Γ 为一圆?

(2) 当 $k=6$ 时，求 Γ 的圆心和半径.

11. 求曲面 $x^2+2y^2+3z^2=12$ 的垂直于平面 $x+4y+3z=0$ 的法线方程.

12. 求由 $y=x\varphi\left(\dfrac{z}{x}\right)+\psi(yz)$ 确定的曲面 $z=z(x,y)$ 在点 $(1,-1,1)$ 处的切平面方程和法线方程.

13. 求通过直线 $\begin{cases} 10x+2y-2z-27=0, \\ x+y-z=0 \end{cases}$ 且与曲面 $3x^2+y^2-z^2=27$ 相切的平面方程.

14. 求直线 $\begin{cases} x=3-t, \\ y=-1+2t, \\ z=5+8t \end{cases}$ 在平面 $x-y+3z+8=0$ 上的投影的方程.

15. 求直线 $\dfrac{x-1}{2}=\dfrac{y}{1}=\dfrac{z}{-1}$ 绕 y 轴旋转一周所得旋转曲面的方程,并求该曲面与平面 $y=0,y=2$ 所包围的立体的体积.

16. 求立体

$$\Omega=\{(x,y,z)\mid 2x+2y-z\leqslant 4,(x-2)^2+(y+1)^2+(z-1)^2\leqslant 4\}$$

的体积.

17. 已知空间三点 $A(-4,0,0),B(0,-2,0),C(0,0,2),O$ 为原点,试求四面体 $OABC$ 的外接球面的方程.

专题 8　级数

8.1　基本概念与内容提要

8.1.1　数项级数的主要性质

设 $S_n = \sum\limits_{i=1}^{n} a_i$，$\lim\limits_{n\to\infty} S_n = A$，则级数 $\sum\limits_{n=1}^{\infty} a_n$ 收敛于 A，否则称级数 $\sum\limits_{n=1}^{\infty} a_n$ 发散.

1) 级数 $\sum\limits_{n=1}^{\infty} a_n$ 收敛的必要条件是 $\lim\limits_{n\to\infty} a_n = 0$.

2) 若 $\sum\limits_{n=1}^{\infty} a_n$ 与 $\sum\limits_{n=1}^{\infty} b_n$ 皆收敛，则 $\sum\limits_{n=1}^{\infty} (a_n \pm b_n)$ 也收敛.

3) 若 $\sum\limits_{n=1}^{\infty} a_n$ 收敛，$\sum\limits_{n=1}^{\infty} b_n$ 发散，则 $\sum\limits_{n=1}^{\infty} (a_n \pm b_n)$ 发散.

4) 对收敛级数任意加括号得到的新级数仍收敛，且其和不变.

5) 正项级数收敛的充要条件是其部分和数列有界.

8.1.2　正项级数敛散性判别法

1) 比较判别法 Ⅰ：设 $0 \leqslant a_n \leqslant b_n$，则当 $\sum\limits_{n=1}^{\infty} b_n$ 收敛时，$\sum\limits_{n=1}^{\infty} a_n$ 收敛；当 $\sum\limits_{n=1}^{\infty} a_n$ 发散时，$\sum\limits_{n=1}^{\infty} b_n$ 发散.

2) 比较判别法 Ⅱ：设 $a_n \geqslant 0$，$b_n > 0$，且 $\lim\limits_{n\to\infty} \dfrac{a_n}{b_n} = \lambda$，则当 $0 \leqslant \lambda < +\infty$，$\sum\limits_{n=1}^{\infty} b_n$ 收敛时，$\sum\limits_{n=1}^{\infty} a_n$ 收敛；当 $0 < \lambda \leqslant +\infty$，$\sum\limits_{n=1}^{\infty} b_n$ 发散时，$\sum\limits_{n=1}^{\infty} a_n$ 发散.

3) 比值判别法：设 $a_n > 0$，若 $\lim\limits_{n\to\infty} \dfrac{a_{n+1}}{a_n} = \lambda$，则当 $0 \leqslant \lambda < 1$ 时，$\sum\limits_{n=1}^{\infty} a_n$ 收敛；当 $\lambda > 1$ 时，$\sum\limits_{n=1}^{\infty} a_n$ 发散.

4) 根值判别法：设 $a_n > 0$，若 $\lim\limits_{n\to\infty} \sqrt[n]{a_n} = \lambda$，则当 $0 \leqslant \lambda < 1$ 时，$\sum\limits_{n=1}^{\infty} a_n$ 收敛；当 $\lambda > 1$ 时，$\sum\limits_{n=1}^{\infty} a_n$ 发散.

5) 积分判别法:记 $f(n)=a_n$,且 $f(x)$ 在区间 $[1,+\infty)$ 上为正值连续的单调减少函数,则当反常积分 $\int_1^{+\infty} f(x)\mathrm{d}x$ 收敛时,$\sum\limits_{n=1}^{\infty} a_n$ 收敛;当反常积分 $\int_1^{+\infty} f(x)\mathrm{d}x$ 发散时,$\sum\limits_{n=1}^{\infty} a_n$ 发散.

6) 两个重要级数

(1) 几何级数 $\sum\limits_{n=0}^{\infty} aq^n$:当 $|q|<1$ 时收敛,当 $|q|\geqslant 1$ 时发散. 且当 $|q|<1$ 时,有

$$\sum_{n=0}^{\infty} aq^n = \frac{a}{1-q}.$$

(2) p 级数 $\sum\limits_{n=1}^{\infty} \frac{1}{n^p}$:当 $p>1$ 时收敛,当 $p\leqslant 1$ 时发散.

8.1.3 任意项级数敛散性判别法

1) 当 $\sum\limits_{n=1}^{\infty} |a_n|$ 收敛时,$\sum\limits_{n=1}^{\infty} a_n$ 必收敛,此时称 $\sum\limits_{n=1}^{\infty} a_n$ 绝对收敛.

2) 当 $\sum\limits_{n=1}^{\infty} |a_n|$ 发散,但 $\sum\limits_{n=1}^{\infty} a_n$ 收敛,此时称 $\sum\limits_{n=1}^{\infty} a_n$ 条件收敛.

3) 莱布尼茨判别法:设交错级数 $\sum\limits_{n=0}^{\infty} (-1)^n a_n$,其中 $a_n>0$,若数列 $\{a_n\}$ 单调递减,且 $\lim\limits_{n\to\infty} a_n = 0$,则该级数收敛(可能是绝对收敛或条件收敛).

4) 对于任意项级数 $\sum\limits_{n=1}^{\infty} a_n$,若 $\lim\limits_{n\to\infty} \left| \dfrac{a_{n+1}}{a_n} \right| = \lambda$,则当 $0\leqslant\lambda<1$ 时,$\sum\limits_{n=1}^{\infty} a_n$ 绝对收敛;当 $\lambda>1$ 时,$\sum\limits_{n=1}^{\infty} a_n$ 发散.

8.1.4 幂级数的收敛半径、收敛域与和函数

对于幂级数 $\sum\limits_{n=0}^{\infty} a_n x^n$,若 $\lim\limits_{n\to\infty} \left| \dfrac{a_n}{a_{n+1}} \right| = R$,这里 $0\leqslant R\leqslant +\infty$.

(1) 当 $R=0$ 时,幂级数仅当 $x=0$ 时收敛(收敛于 a_0);
(2) 当 $R=+\infty$ 时,幂级数对任意 $x\in\mathbf{R}$ 收敛,即收敛域为 $(-\infty,+\infty)$;
(3) 当 $0<R<+\infty$ 时,称 R 为幂级数的收敛半径,$(-R,R)$ 为收敛区间.
收敛区间与使幂级数收敛的端点 $x=R$ 或 $x=-R$ 的并集,称为幂级数的收敛域.

幂级数的和函数在其收敛域上为连续函数;幂级数在其收敛区间内可逐项求导数、逐项求积分,且其收敛半径不变,但在两个端点的敛散性可能改变. 此性质常用于求幂级数的和函数.

8.1.5　初等函数关于 x 的幂级数展开式

求初等函数关于 x 的幂级数展开式也称为求初等函数的马克劳林级数,常用的方法如下:

1) 公式法:常用的公式有

$$e^x = \sum_{n=0}^{\infty} \frac{1}{n!} x^n = 1 + x + \frac{1}{2!} x^2 + \frac{1}{3!} x^3 + \cdots \quad (|x| < +\infty)$$

$$\sin x = \sum_{n=0}^{\infty} (-1)^n \frac{1}{(2n+1)!} x^{2n+1} = x - \frac{1}{3!} x^3 + \frac{1}{5!} x^5 - \cdots \quad (|x| < +\infty)$$

$$\cos x = \sum_{n=0}^{\infty} (-1)^n \frac{1}{(2n)!} x^{2n} = 1 - \frac{1}{2!} x^2 + \frac{1}{4!} x^4 - \cdots \quad (|x| < +\infty)$$

$$\ln(1-x) = -\sum_{n=1}^{\infty} \frac{1}{n} x^n = -x - \frac{1}{2} x^2 - \frac{1}{3} x^3 - \cdots \quad (-1 \leqslant x < 1)$$

$$\frac{1}{1+x} = \sum_{n=0}^{\infty} (-x)^n = 1 - x + x^2 - x^3 + \cdots \quad (|x| < 1)$$

2) 先求 $f'(x)$,并用公式法求出 $f'(x)$ 的关于 x 的幂级数展开式,再逐项积分求 $f(x)$ 的幂级数展开式.

3) 先求 $\int_0^x f(x) dx$,并用公式法求出 $\int_0^x f(x) dx$ 的关于 x 的幂级数展开式,再逐项求导数求 $f(x)$ 的幂级数展开式.

8.1.6　傅氏级数

1) 设 $f(x)$ 是周期为 2π 的可积函数,则有傅氏系数公式:

$$a_n = \frac{1}{\pi} \int_{-\pi}^{\pi} f(x) \cos nx \, dx, \quad n = 0, 1, 2, \cdots$$

$$b_n = \frac{1}{\pi} \int_{-\pi}^{\pi} f(x) \sin nx \, dx, \quad n = 1, 2, 3, \cdots$$

函数 $f(x)$ 的傅氏级数展开式为

$$f(x) \sim \frac{a_0}{2} + \sum_{n=1}^{\infty} (a_n \cos nx + b_n \sin nx)$$

2) 收敛定理:若 $f(x)$ 是以 2π 为周期的函数,在 $[-\pi, \pi]$ 上除有限个第一类间断点外均连续,且在 $[-\pi, \pi]$ 上只有有限个极值点,则函数 $f(x)$ 的傅氏级数展开式在 $x \in (-\infty, +\infty)$ 处收敛于 $\frac{1}{2} [f(x^-) + f(x^+)]$.

3) 正弦级数与余弦级数

若 $f(x)$ 是周期为 2π 的偶函数,则 $f(x)$ 的傅氏级数展开式为余弦级数,即

$$f(x) \sim \frac{a_0}{2} + \sum_{n=1}^{\infty} a_n \cos nx$$

其中 $a_0 = \dfrac{2}{\pi}\displaystyle\int_0^\pi f(x)\mathrm{d}x$, $a_n = \dfrac{2}{\pi}\displaystyle\int_0^\pi f(x)\cos nx\,\mathrm{d}x$.

若 $f(x)$ 是周期为 2π 的奇函数, 则 $f(x)$ 的傅氏级数展开式为正弦级数, 即

$$f(x) \sim \sum_{n=1}^\infty b_n \sin nx$$

其中 $b_n = \dfrac{2}{\pi}\displaystyle\int_0^\pi f(x)\sin nx\,\mathrm{d}x$.

若函数 $f(x)$ 只给出在 $[0,\pi]$ 上的定义, 则既可将 $f(x)$ 作偶延拓, 使 $f(x)$ 成为周期为 2π 的偶函数, 求其余弦级数; 也可将 $f(x)$ 作奇延拓, 使 $f(x)$ 成为周期为 2π 的奇函数, 求其正弦级数.

8.2　竞赛题与精选题解析

8.2.1　正项级数的敛散性及其应用 (例 8.1—8.13)

例 8.1 (浙江省 2002 年竞赛题)　设 $\{a_n\}$, $\{b_n\}$ 为满足 $\mathrm{e}^{a_n} = a_n + \mathrm{e}^{b_n}$ $(n \geqslant 1)$ 的两个实数列, 已知 $a_n > 0 (n \geqslant 1)$, 且 $\displaystyle\sum_{n=1}^\infty a_n$ 收敛, 证明: $\displaystyle\sum_{n=1}^\infty \dfrac{b_n}{a_n}$ 也收敛.

解析　由于 $\displaystyle\sum_{n=1}^\infty a_n$ 收敛, 所以 $\displaystyle\lim_{n\to\infty} a_n = 0$. 因 $a_n > 0$, 且

$$b_n = \ln(\mathrm{e}^{a_n} - a_n) = \ln\left(1 + a_n + \frac{a_n^2}{2} + o(a_n^2) - a_n\right)$$

$$= \ln\left(1 + \frac{a_n^2}{2} + o(a_n^2)\right) \sim \frac{a_n^2}{2} + o(a_n^2) \sim \frac{a_n^2}{2} \quad (n \to \infty)$$

故 $b_n > 0$, 且 $\dfrac{b_n}{a_n} \sim \dfrac{a_n}{2} (n \to \infty)$, 于是级数 $\displaystyle\sum_{n=1}^\infty \dfrac{b_n}{a_n}$ 收敛.

例 8.2 (江苏省 2010 年竞赛题)　已知数列 $\{a_n\}$: $a_1 = 1, a_2 = 2, a_3 = 5, \cdots$, $a_{n+1} = 3a_n - a_{n-1}$ $(n = 2, 3, \cdots)$, 记 $x_n = \dfrac{1}{a_n}$, 判别级数 $\displaystyle\sum_{n=1}^\infty x_n$ 的敛散性.

解析　已知 $a_1 = 1 > 0, a_2 = 2 > 0, a_2 - a_1 = 1 > 0$, 归纳假设 $a_n > 0, a_n - a_{n-1} > 0$, 则

$$a_{n+1} - a_n = 2a_n - a_{n-1} = (a_n - a_{n-1}) + a_n > 0$$

即 $a_{n+1} > a_n > 0$, 所以数列 $\{a_n\}$ 单调递增. 且 $\forall n \in \mathbf{N}, a_n > 0$, 由

$$3a_n = a_{n-1} + a_{n+1} < 2a_{n+1}$$

$$\Rightarrow \qquad a_{n+1} > \frac{3}{2}a_n > 0 \Rightarrow 0 < x_{n+1} < \frac{2}{3}x_n$$

$$\Rightarrow \qquad 0 < x_n < \frac{2}{3} x_{n-1} < \left(\frac{2}{3}\right)^2 x_{n-2} < \cdots < \left(\frac{2}{3}\right)^{n-1} x_1 = \left(\frac{2}{3}\right)^{n-1}$$

由于级数 $\displaystyle\sum_{n=1}^{\infty} \left(\frac{2}{3}\right)^{n-1}$ 收敛,应用比较判别法得 $\displaystyle\sum_{n=1}^{\infty} x_n$ 收敛.

例 8.3(全国 2015 年决赛题)　设 $p > 0$, $x_1 = \dfrac{1}{4}$, $x_{n+1} = x_n^p + x_n^{2p}$($n = 1, 2,$ $\cdots$),证明级数 $\displaystyle\sum_{n=1}^{\infty} \frac{1}{1 + x_n^p}$ 收敛并求其和.

解析　记 $a_n = x_n^p$,则 $a_1 = x_1^p = \dfrac{1}{4^p}$, $a_{n+1} = a_n + a_n^2$,由于 $a_{n+1} - a_n = a_n^2 \geqslant 0$, 所以数列 $\{a_n\}$ 单调递增. 若数列 $\{a_n\}$ 有上界,则 $\{a_n\}$ 收敛. 我们令 $\lim\limits_{n \to \infty} a_n = A$,则 $A - A = A^2 \Rightarrow A = 0$,这是不可能的,因为 $a_n \geqslant a_1 = \dfrac{1}{4^p} > 0$,所以数列 $\{a_n\}$ 上无界, 即 $\lim\limits_{n \to \infty} a_n = +\infty$.

由 $a_{n+1} = a_n + a_n^2 = a_n(1 + a_n)$,可得

$$\frac{1}{a_{n+1}} = \frac{1}{a_n(1 + a_n)} = \frac{1}{a_n} - \frac{1}{1 + a_n} \Rightarrow \frac{1}{1 + a_n} = \frac{1}{a_n} - \frac{1}{a_{n+1}}$$

考虑级数 $\displaystyle\sum_{n=1}^{\infty} \frac{1}{1 + x_n^p}$ 的部分和

$$S_n = \sum_{k=1}^{n} \frac{1}{1 + x_k^p} = \sum_{k=1}^{n} \frac{1}{1 + a_k} = \sum_{k=1}^{n} \left(\frac{1}{a_k} - \frac{1}{a_{k+1}}\right) = \frac{1}{a_1} - \frac{1}{a_{n+1}} \Rightarrow \lim_{n \to \infty} S_n = \frac{1}{a_1} = 4^p$$

所以级数 $\displaystyle\sum_{n=1}^{\infty} \frac{1}{1 + x_n^p}$ 收敛,且其和为 4^p.

例 8.4(全国 2013 年预赛题)　判别级数 $\displaystyle\sum_{n=1}^{\infty} \frac{1 + \frac{1}{2} + \cdots + \frac{1}{n}}{(n+1)(n+2)}$ 的敛散性;若收敛,求其和.

解析　由于

$$\frac{1}{2} + \frac{1}{3} + \cdots + \frac{1}{n} < \int_1^n \frac{1}{x} \, \mathrm{d}x = \ln n \quad (n \geqslant 2)$$

故 $a_n = 1 + \dfrac{1}{2} + \dfrac{1}{3} + \cdots + \dfrac{1}{n} \leqslant 1 + \ln n (n \geqslant 1)$. 当 n 充分大时,因为 $1 + \ln n < \sqrt{n}$, 所以

$$0 < \frac{1 + \frac{1}{2} + \cdots + \frac{1}{n}}{(n+1)(n+2)} \leqslant \frac{1 + \ln n}{(n+1)(n+2)} \leqslant \frac{\sqrt{n}}{(n+1)(n+2)} \sim \frac{1}{n^{\frac{3}{2}}} \quad (n \to \infty)$$

而级数 $\sum\limits_{n=1}^{\infty} \dfrac{1}{n^{\frac{3}{2}}}$ 收敛,应用比较判别法,即得原级数收敛.

考虑原级数的部分和

$$S_n = \sum_{k=1}^{n} \frac{a_k}{(k+1)(k+2)} = \sum_{k=1}^{n} a_k \left(\frac{1}{k+1} - \frac{1}{k+2} \right)$$

$$= \frac{a_1}{2} - \frac{a_1}{3} + \frac{a_2}{3} - \frac{a_2}{4} + \cdots + \frac{a_n}{n+1} - \frac{a_n}{n+2}$$

$$= \frac{a_1}{2} + \frac{a_2 - a_1}{3} + \frac{a_3 - a_2}{4} + \cdots + \frac{a_n - a_{n-1}}{n+1} - \frac{a_n}{n+2}$$

$$= \frac{1}{1 \cdot 2} + \frac{1}{2 \cdot 3} + \cdots + \frac{1}{n(n+1)} - \frac{a_n}{n+2}$$

$$= 1 - \frac{1}{2} + \frac{1}{2} - \frac{1}{3} + \cdots + \frac{1}{n} - \frac{1}{n+1} - \frac{a_n}{n+2} = 1 - \frac{1}{n+1} - \frac{a_n}{n+2}$$

因 $n \to \infty$ 时,$\dfrac{1}{n+1} \to 0, 0 < \dfrac{a_n}{n+2} \leqslant \dfrac{1 + \ln n}{n+2} \to 0$,故 $S_n \to 1$. 即原级数的和为 1.

例 8.5(全国 2018 年决赛题、莫斯科动力学院 1975 年竞赛题)

已知 $0 < a_n < 1, n = 1, 2, \cdots$,且

$$\lim_{n \to \infty} \frac{\ln(1/a_n)}{\ln n} = q \quad (\text{有限或} +\infty)$$

(1) 证明:当 $q > 1$ 时,级数 $\sum\limits_{n=1}^{\infty} a_n$ 收敛;

(2) 证明:当 $q < 1$ 时,级数 $\sum\limits_{n=1}^{\infty} a_n$ 发散;

(3) 讨论 $q = 1$ 时级数 $\sum\limits_{n=1}^{\infty} a_n$ 的收敛性,并阐述理由.

解析 (1) 当 $q > 1$ 时,取 $p \in (1, q)$,应用极限的性质,当 n 充分大时有

$$\frac{\ln(1/a_n)}{\ln n} > p \Rightarrow 0 < a_n < \frac{1}{n^p}$$

而级数 $\sum\limits_{n=1}^{\infty} \dfrac{1}{n^p} (p > 1)$ 收敛,应用比较判别法得级数 $\sum\limits_{n=1}^{\infty} a_n$ 收敛.

(2) 当 $q < 1$ 时,取 $p \in (q, 1)$,应用极限的性质,当 n 充分大时有

$$\frac{\ln(1/a_n)}{\ln n} < p \Rightarrow a_n > \frac{1}{n^p}$$

而级数 $\sum\limits_{n=1}^{\infty} \dfrac{1}{n^p} (p < 1)$ 发散,应用比较判别法得级数 $\sum\limits_{n=1}^{\infty} a_n$ 发散.

(3) 当 $q = 1$ 时,级数 $\sum\limits_{n=1}^{\infty} a_n$ 的收敛性不能确定. 例如:

① $a_n = \dfrac{1}{n}$ 时,$q = \lim\limits_{n\to\infty} \dfrac{\ln(1/a_n)}{\ln n} = \lim\limits_{n\to\infty} \dfrac{\ln n}{\ln n} = 1$,级数 $\sum\limits_{n=1}^{\infty} \dfrac{1}{n}$ 显然发散;

② $a_n = \dfrac{1}{n\,(\ln n)^2}$ 时,有

$$q = \lim_{n\to\infty} \frac{\ln(1/a_n)}{\ln n} = \lim_{n\to\infty} \frac{\ln n + 2\ln\ln n}{\ln n} = 1 + 2\lim_{u\to+\infty} \frac{\ln u}{u} = 1 + 0 = 1$$

因反常积分 $\displaystyle\int_2^{+\infty} \dfrac{1}{x\,(\ln x)^2}\mathrm{d}x = -\dfrac{1}{\ln x}\Big|_2^{+\infty} = \dfrac{1}{\ln 2}$(收敛),故级数 $\sum\limits_{n=2}^{\infty} \dfrac{1}{n\,(\ln n)^2}$ 收敛.

例 8.6(全国 2010 年预赛题) 设 $a_n > 0\,(n=1,2,\cdots)$,$S_n = \sum\limits_{i=1}^{n} a_i$,证明:

(1) 当 $\alpha > 1$ 时,级数 $\sum\limits_{n=1}^{\infty} \dfrac{a_n}{S_n^{\alpha}}$ 收敛;

(2) 当 $\alpha \leqslant 1$ 且 $S_n \to +\infty\,(n\to\infty)$ 时,级数 $\sum\limits_{n=1}^{\infty} \dfrac{a_n}{S_n^{\alpha}}$ 发散.

解析 (1) 当 $\alpha > 1$ 时,设 $f(x) = x^{1-\alpha}$,在区间 $[S_{n-1}, S_n]$ 上应用拉格朗日中值定理,必 $\exists \xi \in (S_{n-1}, S_n)$,使得

$$f(S_n) - f(S_{n-1}) = f'(\xi)(S_n - S_{n-1}) \Leftrightarrow \frac{1}{S_n^{\alpha-1}} - \frac{1}{S_{n-1}^{\alpha-1}} = (1-\alpha)\frac{a_n}{\xi^{\alpha}}$$

由此式可得

$$\frac{a_n}{S_n^{\alpha}} \leqslant \frac{a_n}{\xi^{\alpha}} = \frac{1}{\alpha-1}\left(\frac{1}{S_{n-1}^{\alpha-1}} - \frac{1}{S_n^{\alpha-1}}\right)$$

设正项级数 $\sum\limits_{n=2}^{\infty} \dfrac{1}{\alpha-1}\left(\dfrac{1}{S_{n-1}^{\alpha-1}} - \dfrac{1}{S_n^{\alpha-1}}\right)$ 的部分和为 σ_n,由于

$$\sigma_n = \frac{1}{\alpha-1}\left(\frac{1}{S_1^{\alpha-1}} - \frac{1}{S_2^{\alpha-1}} + \frac{1}{S_2^{\alpha-1}} - \frac{1}{S_3^{\alpha-1}} + \cdots + \frac{1}{S_n^{\alpha-1}} - \frac{1}{S_{n+1}^{\alpha-1}}\right)$$

$$= \frac{1}{\alpha-1}\left(\frac{1}{a_1^{\alpha-1}} - \frac{1}{S_{n+1}^{\alpha-1}}\right) < \frac{1}{\alpha-1}\frac{1}{a_1^{\alpha-1}}$$

所以级数 $\sum\limits_{n=2}^{\infty} \dfrac{1}{\alpha-1}\left(\dfrac{1}{S_{n-1}^{\alpha-1}} - \dfrac{1}{S_n^{\alpha-1}}\right)$ 收敛,应用比较判别法即得级数 $\sum\limits_{n=1}^{\infty} \dfrac{a_n}{S_n^{\alpha}}$ 收敛.

(2) 当 $\alpha = 1$ 时,设 $g(x) = \ln x$,在区间 $[S_{n-1}, S_n]$ 上应用拉格朗日中值定理,必 $\exists \eta \in (S_{n-1}, S_n)$,使得

$$g(S_n) - g(S_{n-1}) = g'(\eta)(S_n - S_{n-1}) \Leftrightarrow \ln\frac{S_n}{S_{n-1}} = \frac{a_n}{\eta}$$

由此式可得

$$\frac{a_n}{S_{n-1}} > \frac{a_n}{\eta} = \ln\frac{S_n}{S_{n-1}} \Leftrightarrow \frac{a_n}{S_n} = \frac{a_n}{S_{n-1}}\frac{S_{n-1}}{S_n} > \frac{a_n}{\eta}\frac{S_{n-1}}{S_n} = \frac{S_{n-1}}{S_n}\ln\frac{S_n}{S_{n-1}}$$

设正项级数 $\sum_{n=2}^{\infty}\ln\frac{S_n}{S_{n-1}}$ 的部分和为 σ_n，由于

$$\lim_{n\to\infty}\sigma_n = \lim_{n\to\infty}(\ln S_2 - \ln S_1 + \ln S_3 - \ln S_2 + \cdots + \ln S_n - \ln S_{n-1})$$
$$= \lim_{n\to\infty}(\ln S_n - \ln a_1) = +\infty$$

所以级数 $\sum_{n=2}^{\infty}\ln\frac{S_n}{S_{n-1}}$ 发散. 又由于

$$\lim_{n\to\infty}\frac{S_{n-1}}{S_n} = \lim_{n\to\infty}\frac{S_n - a_n}{S_n} = \lim_{n\to\infty}\left(1 - \frac{a_n}{S_n}\right) = 1 \quad （这里设数列 \{a_n\} 收敛）$$

所以级数 $\sum_{n=2}^{\infty}\frac{S_{n-1}}{S_n}\ln\frac{S_n}{S_{n-1}}$ 发散，应用比较判别法即得级数 $\sum_{n=1}^{\infty}\frac{a_n}{S_n}$ 发散.

当 $\alpha < 1$ 时，不妨设 $S_n > 1$，因 $\frac{a_n}{S_n^\alpha} \geqslant \frac{a_n}{S_n}$，应用比较判别法即得级数 $\sum_{n=1}^{\infty}\frac{a_n}{S_n^\alpha}$ 发散.

例 8.7（全国 2018 年预赛题）　设 $\{a_k\}$，$\{b_k\}$ 是正项数列，δ 为一常数，且

$$b_{k+1} - b_k \geqslant \delta > 0 \quad (k=1,2,\cdots)$$

若 $\sum_{k=1}^{+\infty}a_k$ 收敛，证明：$\sum_{k=1}^{+\infty}\frac{k\sqrt[k]{(a_1a_2\cdots a_k)(b_1b_2\cdots b_k)}}{b_{k+1}b_k}$ 收敛.

解析　记 $S_0 = 0$，$S_k = \sum_{i=1}^{k}a_ib_i$，$c_k = \frac{k\sqrt[k]{(a_1a_2\cdots a_k)(b_1b_2\cdots b_k)}}{b_{k+1}b_k}$，应用 A-G 不等式得

$$0 < c_k = \frac{k}{b_{k+1}b_k}\sqrt[k]{(a_1b_1)(a_2b_2)\cdots(a_kb_k)} \leqslant \frac{1}{b_{k+1}b_k}\sum_{i=1}^{k}a_ib_i = \frac{S_k}{b_{k+1}b_k}$$

下面先证明级数 $\sum_{k=1}^{+\infty}\frac{S_k}{b_kb_{k+1}}$ 收敛. 由于

$$\sum_{k=1}^{n}\frac{S_k}{b_kb_{k+1}} \leqslant \frac{1}{\delta}\sum_{k=1}^{n}S_k\left(\frac{1}{b_k} - \frac{1}{b_{k+1}}\right) = \frac{1}{\delta}\left(\sum_{k=1}^{n}\frac{S_k}{b_k} - \sum_{k=1}^{n}\frac{S_k}{b_{k+1}}\right)$$
$$< \frac{1}{\delta}\left(\sum_{k=1}^{n+1}\frac{S_k}{b_k} - \sum_{k=1}^{n+1}\frac{S_{k-1}}{b_k}\right) = \frac{1}{\delta}\sum_{k=1}^{n+1}\frac{S_k - S_{k-1}}{b_k}$$
$$= \frac{1}{\delta}\sum_{k=1}^{n+1}\frac{a_kb_k}{b_k} = \frac{1}{\delta}\sum_{k=1}^{n+1}a_k$$

因级数 $\sum_{k=1}^{+\infty}a_k$ 收敛，故 $\frac{1}{\delta}\sum_{k=1}^{n+1}a_k$ 有上界，因此 $\sum_{k=1}^{n}\frac{S_k}{b_kb_{k+1}}$ 有上界，所以级数 $\sum_{k=1}^{+\infty}\frac{S_k}{b_kb_{k+1}}$ 收

敛. 再应用比较判别法得级数 $\sum\limits_{k=1}^{+\infty} c_k$ 收敛, 即原级数收敛.

例 8.8(浙江省 2011 年竞赛题)　已知 $a_n > 0(n=1,2,\cdots)$, 且级数 $\sum\limits_{n=1}^{\infty} a_n$ 收敛, 试证明级数 $\sum\limits_{n=1}^{\infty} \sqrt[n]{a_1 a_2 \cdots a_n}$ 收敛.

解析　对于正项级数 $\sum\limits_{n=1}^{\infty} \sqrt[n]{a_1 a_2 \cdots a_n}$ 的部分和

$$\sum_{k=1}^{n} \sqrt[k]{a_1 a_2 \cdots a_k} = \sum_{k=1}^{n} \frac{\sqrt[k]{a_1 \cdot 2a_2 \cdot 3a_3 \cdot \cdots \cdot k a_k}}{\sqrt[k]{k!}}$$

应用不等式 $k! \geqslant \left(\dfrac{k}{3}\right)^k (k \in \mathbf{N}^*)$ 与 A-G 不等式, 有

$$\sum_{k=1}^{n} \frac{\sqrt[k]{a_1 \cdot 2a_2 \cdot 3a_3 \cdot \cdots \cdot k a_k}}{\sqrt[k]{k!}} \leqslant \sum_{k=1}^{n} \frac{3}{k} \sum_{i=1}^{k} \frac{i a_i}{k} = 3 \sum_{i=1}^{n} a_i \left(i \sum_{k=i}^{n} \frac{1}{k^2} \right)$$

由于

$$\begin{aligned}
i \sum_{k=i}^{n} \frac{1}{k^2} &= i \left(\frac{1}{i^2} + \frac{1}{(i+1)^2} + \frac{1}{(i+2)^2} + \cdots + \frac{1}{n^2} \right) \\
&< i \left(\frac{1}{i^2} + \frac{1}{i(i+1)} + \frac{1}{(i+1)(i+2)} + \cdots + \frac{1}{(n-1)n} \right) \\
&= i \left(\frac{1}{i^2} + \frac{1}{i} - \frac{1}{i+1} + \frac{1}{i+1} - \frac{1}{i+2} + \cdots + \frac{1}{n-1} - \frac{1}{n} \right) \\
&= i \left(\frac{1}{i^2} + \frac{1}{i} - \frac{1}{n} \right) < i \left(\frac{1}{i^2} + \frac{1}{i} \right) = \frac{1}{i} + 1 \leqslant 2 \quad (i \geqslant 1)
\end{aligned}$$

所以

$$\sum_{k=1}^{n} \sqrt[k]{a_1 a_2 \cdots a_k} \leqslant 3 \sum_{i=1}^{n} a_i \left(i \sum_{k=i}^{n} \frac{1}{k^2} \right) < 6 \sum_{i=1}^{n} a_i$$

由于收敛级数 $\sum\limits_{n=1}^{\infty} a_n$ 的部分和有界, 所以级数 $\sum\limits_{n=1}^{\infty} \sqrt[n]{a_1 a_2 \cdots a_n}$ 的部分和有界, 于是级数 $\sum\limits_{n=1}^{\infty} \sqrt[n]{a_1 a_2 \cdots a_n}$ 收敛.

例 8.9(全国 2012 年预赛题)　设 $\sum\limits_{n=1}^{\infty} a_n$ 和 $\sum\limits_{n=1}^{\infty} b_n$ 为正项级数.

(1) 若 $\lim\limits_{n\to\infty} \left(\dfrac{a_n}{a_{n+1} b_n} - \dfrac{1}{b_{n+1}} \right) > 0$, 证明: $\sum\limits_{n=1}^{\infty} a_n$ 收敛;

(2) 若 $\lim\limits_{n\to\infty} \left(\dfrac{a_n}{a_{n+1} b_n} - \dfrac{1}{b_{n+1}} \right) < 0$, 且 $\sum\limits_{n=1}^{\infty} b_n$ 发散, 证明: $\sum\limits_{n=1}^{\infty} a_n$ 发散.

解析　(1) 设 $\lim\limits_{n\to\infty} \left(\dfrac{a_n}{a_{n+1} b_n} - \dfrac{1}{b_{n+1}} \right) = c(c > 0$ 或 $+\infty)$, 取实数 $d(0 < d < c)$, 则 $\exists N \in \mathbf{N}^*$, 当 $n \geqslant N$ 时有

$$\frac{a_n}{a_{n+1}b_n} - \frac{1}{b_{n+1}} > d \Rightarrow a_{n+1} < \frac{1}{d}\left(\frac{a_n}{b_n} - \frac{a_{n+1}}{b_{n+1}}\right) \tag{1}$$

于是 $\forall m > N$ 有

$$\sum_{n=N}^{m} a_{n+1} < \frac{1}{d}\left[\left(\frac{a_N}{b_N} - \frac{a_{N+1}}{b_{N+1}}\right) + \left(\frac{a_{N+1}}{b_{N+1}} - \frac{a_{N+2}}{b_{N+2}}\right) + \cdots + \left(\frac{a_m}{b_m} - \frac{a_{m+1}}{b_{m+1}}\right)\right]$$

$$= \frac{1}{d}\left(\frac{a_N}{b_N} - \frac{a_{m+1}}{b_{m+1}}\right) < \frac{1}{d}\frac{a_N}{b_N}$$

因此有 $\sum\limits_{n=N}^{\infty} a_{n+1} \leqslant \dfrac{1}{d}\dfrac{a_N}{b_N}$，所以级数 $\sum\limits_{n=1}^{\infty} a_n$ 的部分和有上界，于是原级数 $\sum\limits_{n=1}^{\infty} a_n$ 收敛.

(2) 设 $\lim\limits_{n\to\infty}\left(\dfrac{a_n}{a_{n+1}b_n} - \dfrac{1}{b_{n+1}}\right) = c\,(c < 0\ \text{或}\ -\infty)$，取实数 $d(c < d < 0)$，则 $\exists N \in \mathbf{N}^*$，当 $n \geqslant N$ 时有

$$\frac{a_n}{a_{n+1}b_n} - \frac{1}{b_{n+1}} < d < 0 \Rightarrow \frac{a_{n+1}}{a_n} > \frac{b_{n+1}}{b_n}$$

由此可得 $n \geqslant N$ 时有

$$a_n = \frac{a_n}{a_{n-1}} \cdot \frac{a_{n-1}}{a_{n-2}} \cdot \cdots \cdot \frac{a_{N+1}}{a_N} \cdot a_N > \frac{b_n}{b_{n-1}} \cdot \frac{b_{n-1}}{b_{n-2}} \cdot \cdots \cdot \frac{b_{N+1}}{b_N} \cdot a_N = \frac{a_N}{b_N}b_n \tag{2}$$

由于级数 $\sum\limits_{n=1}^{\infty} b_n$ 发散，所以级数 $\sum\limits_{n=N}^{\infty} \dfrac{a_N}{b_N}b_n$ 发散，再由 (2) 式，应用比较判别法可得级数 $\sum\limits_{n=N}^{\infty} a_n$ 发散，因此级数 $\sum\limits_{n=1}^{\infty} a_n$ 发散.

例 8.10（浙江省 2009 年竞赛题） 已知 $f_n(x) = x^{\frac{1}{n}} + x - r$，其中 $r > 0$.

(1) 证明：$f_n(x)$ 在 $(0, +\infty)$ 内有惟一的零点 x_n；

(2) 求 r 为何值时级数 $\sum\limits_{n=1}^{\infty} x_n$ 收敛，为何值时级数 $\sum\limits_{n=1}^{\infty} x_n$ 发散.

解析 (1) 因 $x > 0$ 时，$\forall n \in \mathbf{N}^*$，有 $f_n(x)$ 连续，且 $f_n'(x) = \dfrac{1}{n}x^{\frac{1}{n}-1} + 1 > 0$，所以 $f_n(x)$ 单调增加. 又因为

$$f_n(0) = -r < 0, \quad f_n(r) = \sqrt[n]{r} > 0$$

根据零点定理，$f_n(x)$ 在 $(0, r)(\subset (0, +\infty))$ 内有惟一的零点 x_n.

(2) 当 $0 < r < 1$ 时，$f_n(r^n) = \sqrt[n]{r^n} + r^n - r > 0$，又由 $f_n(x)$ 单调增加可知 $0 < x_n < r^n$，而 $\sum\limits_{n=1}^{\infty} r^n$ 收敛，由比较判别法可得级数 $\sum\limits_{n=1}^{\infty} x_n$ 收敛.

当 $r > 1$ 时，因 $\lim\limits_{n\to\infty} \sqrt[n]{n} = 1$，$\lim\limits_{n\to\infty} \dfrac{1}{n} = 0$，所以只要 n 充分大，就有

$$f_n\left(\frac{1}{n}\right) = \sqrt[n]{\frac{1}{n}} + \frac{1}{n} - r < 0$$

由 $f_n(x)$ 单调增加可知 $x_n > \dfrac{1}{n} > 0$，而 $\displaystyle\sum_{n=1}^{\infty} \frac{1}{n}$ 发散，由比较判别法得 $\displaystyle\sum_{n=1}^{\infty} x_n$ 发散.

当 $r = 1$ 时，因为

$$f_n\left(\frac{1}{2n}\right) = \sqrt[n]{\frac{1}{2n}} + \frac{1}{2n} - 1 = \frac{1}{2n}\left(1 - 2n + 2n \cdot \sqrt[n]{\frac{1}{2n}}\right) = \frac{1}{2n}(1 - 2n(1 - \alpha))$$

其中 $\alpha = \dfrac{1}{\sqrt[n]{2n}}(0 < \alpha < 1)$，由于

$$2n(1-\alpha) = 2n\,\frac{1-\alpha^n}{1+\alpha+\alpha^2+\cdots+\alpha^{n-1}} = \frac{2n-1}{1+\alpha+\alpha^2+\cdots+\alpha^{n-1}}$$

$$> \frac{n}{1+1+\cdots+1} = \frac{n}{n} = 1$$

故 $f_n\left(\dfrac{1}{2n}\right) < 0$. 由 $f_n(x)$ 单调增加可知 $x_n > \dfrac{1}{2n} > 0$，由比较判别法得 $\displaystyle\sum_{n=1}^{\infty} x_n$ 发散.

综上所述，当 $0 < r < 1$ 时，级数 $\displaystyle\sum_{n=1}^{\infty} x_n$ 收敛；当 $r \geqslant 1$ 时，级数 $\displaystyle\sum_{n=1}^{\infty} x_n$ 发散.

例 8.11（精选题）　（1）先讨论级数 $\displaystyle\sum_{n=1}^{\infty}\left(\frac{1}{n} - \ln\left(1 + \frac{1}{n}\right)\right)$ 的敛散性，又已知 $x_n = 1 + \dfrac{1}{2} + \cdots + \dfrac{1}{n} - \ln(1+n)$，证明数列 $\{x_n\}$ 收敛；

（2）求 $\displaystyle\lim_{n \to \infty} \frac{1}{\ln n}\left(1 + \frac{1}{2} + \cdots + \frac{1}{n}\right)$.

解析　（1）应用 $\ln(1+x)$ 的马克劳林展式，有

$$\ln(1+x) = x - \frac{1}{2}x^2 + o(x^2) \quad (x \to 0)$$

所以当 n 充分大时，有

$$\ln\left(1 + \frac{1}{n}\right) = \frac{1}{n} - \frac{1}{2n^2} + o\left(\frac{1}{n^2}\right)$$

$$\frac{1}{n} - \ln\left(1 + \frac{1}{n}\right) = \frac{1}{2n^2} + o\left(\frac{1}{n^2}\right) \sim \frac{1}{2n^2}$$

而级数 $\displaystyle\sum_{n=1}^{\infty} \frac{1}{2n^2}$ 收敛，所以级数 $\displaystyle\sum_{n=1}^{\infty}\left(\frac{1}{n} - \ln\left(1 + \frac{1}{n}\right)\right)$ 收敛. 该级数的部分和为

$$\sum_{k=1}^{n}\left(\frac{1}{k} - \ln\left(1 + \frac{1}{k}\right)\right) = 1 + \frac{1}{2} + \cdots + \frac{1}{n} - \ln(1+n) = x_n$$

所以数列 $\{x_n\}$ 收敛.

(2) 由于 $\lim\limits_{n\to\infty}\dfrac{1}{\ln n}=0$，设 $x_n\to A$，则

$$\lim_{n\to\infty}\frac{x_n}{\ln n}=\lim_{n\to\infty}\frac{1+\frac{1}{2}+\cdots+\frac{1}{n}}{\ln n}-\lim_{n\to\infty}\frac{\ln(1+n)}{\ln n}=0 \qquad (*)$$

应用洛必达法则，有

$$\lim_{x\to+\infty}\frac{\ln(1+x)}{\ln x}=\lim_{x\to+\infty}\frac{\dfrac{1}{1+x}}{\dfrac{1}{x}}=\lim_{x\to+\infty}\frac{1}{1+\dfrac{1}{x}}=1$$

所以 $\lim\limits_{n\to\infty}\dfrac{\ln(1+n)}{\ln n}=1$，由（ * ）式即得

$$\lim_{n\to\infty}\frac{1}{\ln n}\left(1+\frac{1}{2}+\cdots+\frac{1}{n}\right)=\lim_{n\to\infty}\frac{\ln(1+n)}{\ln n}=1$$

例 8.12（北京市 1992 年竞赛题） 设 $f(x)=\dfrac{1}{1-x-x^2}$，$a_n=\dfrac{1}{n!}f^{(n)}(0)$，求证

级数 $\sum\limits_{n=0}^{\infty}\dfrac{a_{n+1}}{a_na_{n+2}}$ 收敛，并求其和.

解析 令 $F(x)=(1-x-x^2)f(x)$，则 $F(x)=1$. 根据莱布尼茨公式，对上式两边求 $(n+2)$ 阶导数，有

$$\begin{aligned}
F^{(n+2)}(x)&=f^{(n+2)}(x)(1-x-x^2)+C_{n+2}^1 f^{(n+1)}(x)(-1-2x)\\
&\quad+C_{n+2}^2 f^{(n)}(x)(-2)\\
&=0
\end{aligned}$$

令 $x=0$ 得

$$(n+2)!a_{n+2}+C_{n+2}^1 a_{n+1}(n+1)!(-1)+C_{n+2}^2 a_n n!(-2)=0$$

$$(n+2)!a_{n+2}-(n+2)!a_{n+1}-(n+2)!a_n=0$$

于是

$$a_{n+2}=a_{n+1}+a_n$$

且 $a_0=\dfrac{1}{0!}f^{(0)}(0)=1$，$a_1=\dfrac{1}{1!}f'(0)=\left.\dfrac{-(-1-2x)}{(1-x-x^2)^2}\right|_{x=0}=1$，归纳可得 $n\to\infty$

时有 $a_n\to\infty$. 原级数的部分和

$$\begin{aligned}
S_n&=\sum_{k=0}^{n}\frac{a_{k+1}}{a_k\cdot a_{k+2}}=\sum_{k=0}^{n}\frac{a_{k+2}-a_k}{a_k\cdot a_{k+2}}=\sum_{k=0}^{n}\left(\frac{1}{a_k}-\frac{1}{a_{k+2}}\right)\\
&=\left(\frac{1}{a_0}-\frac{1}{a_2}\right)+\left(\frac{1}{a_1}-\frac{1}{a_3}\right)+\left(\frac{1}{a_2}-\frac{1}{a_4}\right)+\cdots+\left(\frac{1}{a_{n-1}}-\frac{1}{a_{n+1}}\right)+\left(\frac{1}{a_n}-\frac{1}{a_{n+2}}\right)\\
&=\frac{1}{a_0}+\frac{1}{a_1}-\frac{1}{a_{n+1}}-\frac{1}{a_{n+2}}\to 2 \quad (n\to\infty)
\end{aligned}$$

于是级数 $\sum\limits_{n=0}^{\infty} \dfrac{a_{n+1}}{a_n a_{n+2}}$ 收敛,且和为 2.

例 8.13(莫斯科工程物理学院 1975 年竞赛题)　试举出一个收敛的正项级数 $\sum\limits_{n=1}^{\infty} a_n$,其中 $a_n \neq o\left(\dfrac{1}{n}\right)$.

解析　当 n 为某正整数的平方时,取 $a_n = \dfrac{1}{n}$,当 n 不是某正整数的平方时,取 $a_n = \dfrac{1}{n^2}$,即 $\sum\limits_{n=1}^{\infty} a_n$ 为

$$1 + \frac{1}{2^2} + \frac{1}{3^2} + \frac{1}{4} + \frac{1}{5^2} + \frac{1}{6^2} + \frac{1}{7^2} + \frac{1}{8^2} + \frac{1}{9} + \cdots \tag{1}$$

这里 $a_n \neq o\left(\dfrac{1}{n}\right)$. 下面证明该级数是收敛的. 由于

$$\sum_{n=1}^{\infty} \frac{1}{n^2} = 1 + \frac{1}{2^2} + \frac{1}{3^2} + \frac{1}{4^2} + \frac{1}{5^2} + \frac{1}{6^2} + \frac{1}{7^2} + \frac{1}{8^2} + \frac{1}{9^2} + \cdots \tag{2}$$

收敛,所以加括号后级数

$$1 + \left(\frac{1}{2^2} + \frac{1}{3^2} + \frac{1}{4^2}\right) + \left(\frac{1}{5^2} + \frac{1}{6^2} + \frac{1}{7^2} + \frac{1}{8^2} + \frac{1}{9^2}\right) + \left(\frac{1}{10^2} + \cdots + \frac{1}{16^2}\right) + \cdots \tag{3}$$

也收敛. 又由于级数

$$\sum_{n=1}^{\infty} \frac{1}{n^4} = 1 + \frac{1}{2^4} + \frac{1}{3^4} + \frac{1}{4^4} + \cdots = 1 + \frac{1}{4^2} + \frac{1}{9^2} + \frac{1}{16^2} + \cdots \tag{4}$$

收敛,所以(3)与(4)式逐项相减后所得级数

$$\left(\frac{1}{2^2} + \frac{1}{3^2}\right) + \left(\frac{1}{5^2} + \frac{1}{6^2} + \frac{1}{7^2} + \frac{1}{8^2}\right) + \left(\frac{1}{10^2} + \cdots + \frac{1}{15^2}\right) + \cdots \tag{5}$$

也收敛. 再将收敛级数(5)与(2)逐项相加即得级数(1)收敛.

8.2.2　任意项级数的敛散性及其应用(例 8.14—8.23)

例 8.14(全国 2013 年决赛题)　若对任意趋向于 0 的序列 $\{x_n\}$,级数 $\sum\limits_{n=1}^{\infty} a_n x_n$ 都是收敛的,试证:级数 $\sum\limits_{n=1}^{\infty} |a_n|$ 收敛.

解析　(用反证法)设级数 $\sum\limits_{n=1}^{\infty} |a_n|$ 发散,记 $S_n = \sum\limits_{i=1}^{n} |a_i|$,则 $\lim\limits_{n \to \infty} S_n = +\infty$. 于是存在单调递增的正整数数列 $\{n_k\}$ $(k=1,2,\cdots)$,使得

$$S_{n_1} \geqslant 1, \quad S_{n_k} - S_{n_{k-1}} \geqslant k \quad (k=2,3,\cdots)$$

取

$$x_n = \frac{1}{k}\operatorname{sgn}a_n \quad (n_{k-1}+1 \leqslant n \leqslant n_k)$$

则 $\lim\limits_{n\to\infty} x_n = 0$. 由于

$$\sum_{n=1}^{\infty} a_n x_n = (|a_1|+|a_2|+\cdots+|a_{n_1}|) + \frac{1}{2}(|a_{n_1+1}|+|a_{n_1+2}|+\cdots+|a_{n_2}|)$$

$$+\cdots+\frac{1}{k}(|a_{n_{k-1}+1}|+|a_{n_{k-1}+2}|+\cdots+|a_{n_k}|)+\cdots$$

$$\geqslant 1 + \frac{1}{2}\cdot 2 + \cdots + \frac{1}{k}\cdot k + \cdots = 1 + 1 + \cdots + 1 + \cdots$$

所以级数 $\sum\limits_{n=1}^{\infty} a_n x_n$ 发散,此与题设条件矛盾. 所以级数 $\sum\limits_{n=1}^{\infty} |a_n|$ 收敛.

例 8.15(江苏省 1996 年竞赛题) 设级数 $\sum\limits_{n=1}^{\infty} a_n$ 条件收敛,极限 $\lim\limits_{n\to\infty}\dfrac{a_{n+1}}{a_n} = r$ 存在,求 r 的值,并举出满足这些条件的例子.

解析 因级数 $\sum\limits_{n=1}^{\infty} a_n$ 条件收敛,故该级数不可能为正项级数或负项级数. 由

$$\lim_{n\to\infty}\frac{a_{n+1}}{a_n} = r \Rightarrow \lim_{n\to\infty}\left|\frac{a_{n+1}}{a_n}\right| = |r|$$

(1) 若 $|r| < 1$,则由比值判别法推得 $\sum\limits_{n=1}^{\infty} |a_n|$ 收敛,此与条件矛盾,故 $|r| \geqslant 1$.

(2) 若 $|r| > 1$,则由 $\lim\limits_{n\to\infty}\left|\dfrac{a_{n+1}}{a_n}\right| = |r| > 1$,推知 n 充分大时数列 $\{|a_n|\}$ 单调递增,故 $|a_n|$ 不趋于 $0 \Rightarrow a_n$ 不趋于 $0(n\to\infty)$,此与条件矛盾,故 $r = 1, -1$.

(3) 若 $r = 1$,则由 $\lim\limits_{n\to\infty}\dfrac{a_{n+1}}{a_n} = 1$,推知 n 充分大时,a_n 与 a_{n+1} 同为正值或同为负值,此不可能.

综上,得 $r = -1$.

例如级数 $\sum\limits_{n=1}^{\infty} (-1)^n \dfrac{1}{n}$ 为条件收敛,且

$$\lim_{n\to\infty}\frac{a_{n+1}}{a_n} = \lim_{n\to\infty}\frac{(-1)^{n+1}}{n+1}\cdot\frac{n}{(-1)^n} = -1$$

例 8.16(浙江省 2019 年竞赛题) 讨论 $\sum\limits_{n=2}^{\infty}\dfrac{(-1)^n}{n^p+(-1)^n}$ 的敛散性,其中 $p > 0$.

解析 记 $a_n = \dfrac{(-1)^n}{n^p+(-1)^n}$,由于 $|a_n| = \dfrac{1}{n^p+(-1)^n} \sim \dfrac{1}{n^p}(n\to\infty)$,所以原

级数在 $p>1$ 时绝对收敛,在 $0<p\leqslant 1$ 时非绝对收敛.

当 $0<p\leqslant 1$ 时,将原级数拆分为两个级数,得

$$\sum_{n=2}^{\infty}\frac{(-1)^n}{n^p+(-1)^n}=\sum_{n=2}^{\infty}\frac{(-1)^n(n^p-(-1)^n)}{n^{2p}-1}=\sum_{n=2}^{\infty}\frac{(-1)^n n^p}{n^{2p}-1}-\sum_{n=2}^{\infty}\frac{1}{n^{2p}-1}$$

记 $b_n=\dfrac{(-1)^n n^p}{n^{2p}-1}$,由于数列 $\{|b_n|\}=\left\{\dfrac{1}{n^p-n^{-p}}\right\}$ 单调递减,且

$$\lim_{n\to\infty}|b_n|=\lim_{n\to\infty}\frac{1}{n^p-n^{-p}}=0,$$

应用莱布尼茨判别法得 $\displaystyle\sum_{n=2}^{\infty}b_n$ 收敛;记 $c_n=\dfrac{1}{n^{2p}-1}$,由于 $0<c_n\sim\dfrac{1}{n^{2p}}(n\to\infty)$,所以 $p>\dfrac{1}{2}$ 时 $\displaystyle\sum_{n=2}^{\infty}c_n$ 收敛,$0<p\leqslant\dfrac{1}{2}$ 时 $\displaystyle\sum_{n=2}^{\infty}c_n$ 发散.

综上,原级数在 $p>1$ 时绝对收敛,在 $\dfrac{1}{2}<p\leqslant 1$ 时条件收敛,在 $0<p\leqslant\dfrac{1}{2}$ 时发散.

例 8.17(江苏省 1996 年竞赛题)　讨论级数 $1-\dfrac{1}{2^p}+\dfrac{1}{\sqrt{3}}-\dfrac{1}{4^p}+\dfrac{1}{\sqrt{5}}-\dfrac{1}{6^p}+\cdots$ 的敛散性(p 为常数).

解析　当 $p=\dfrac{1}{2}$ 时,原式 $=\displaystyle\sum_{n=1}^{\infty}(-1)^{n+1}\dfrac{1}{\sqrt{n}}$,由于此为交错级数,$\left\{\dfrac{1}{\sqrt{n}}\right\}$ 单调递减且收敛于 0,由莱布尼茨判别法得 $p=\dfrac{1}{2}$ 时原级数收敛.

当 $p\leqslant 0$ 时,原级数的通项 a_n 不趋于 $0(n\to\infty)$,所以原级数发散.

当 $p>\dfrac{1}{2}$ 时,考虑加括号(两项一括)的级数

$$\sum_{n=1}^{\infty}\left(\frac{1}{\sqrt{2n-1}}-\frac{1}{(2n)^p}\right) \tag{1}$$

由于 $n\to\infty$ 时 $\dfrac{1}{\sqrt{2n-1}}-\dfrac{1}{(2n)^p}\left(\text{在}\ p>\dfrac{1}{2}\ \text{时}\right)$ 与 $\dfrac{1}{\sqrt{2n-1}}$ 同阶,而 $\dfrac{1}{\sqrt{2n-1}}$ 与 $\dfrac{1}{\sqrt{n}}$ 同阶,$\displaystyle\sum_{n=1}^{\infty}\dfrac{1}{\sqrt{n}}$ 发散,所以 $p>\dfrac{1}{2}$ 时,加括号的级数(1)发散,因而原级数也发散.

当 $0<p<\dfrac{1}{2}$ 时,考虑如下加括号的级数

$$1-\sum_{n=1}^{\infty}\left(\frac{1}{(2n)^p}-\frac{1}{\sqrt{2n+1}}\right) \tag{2}$$

由于 $n\to\infty$ 时,$\dfrac{1}{(2n)^p}-\dfrac{1}{\sqrt{2n+1}}\left(\text{在}\ p<\dfrac{1}{2}\ \text{时}\right)$ 与 $\dfrac{1}{(2n)^p}$ 同阶,而 $\dfrac{1}{(2n)^p}$ 与 $\dfrac{1}{n^p}$ 同

阶，$\sum\limits_{n=1}^{\infty}\dfrac{1}{n^p}$ 发散，所以 $0<p<\dfrac{1}{2}$ 时，加括号的级数(2)发散，因而原级数也发散.

综上，原级数仅当 $p=\dfrac{1}{2}$ 时收敛.

例 8.18(全国 2016 年考研题)   已知 $f(x)$ 可导，且 $f(0)=1,0<f'(x)<\dfrac{1}{2}$，设数列 $\{x_n\}$ 满足 $x_{n+1}=f(x_n)(n=1,2\cdots)$，试证明：

(1) 级数 $\sum\limits_{n=1}^{\infty}(x_{n+1}-x_n)$ 绝对收敛；

(2) 极限 $\lim\limits_{n\to\infty}x_n$ 存在，且 $1<\lim\limits_{n\to\infty}x_n<2$[①].

解析   (1) 令 $a_n=x_{n+1}-x_n$，应用拉格朗日中值定理，在 x_{n-1} 与 x_n 之间必存在 ξ_n 使得

$$|a_n|=|x_{n+1}-x_n|=|f(x_n)-f(x_{n-1})|=|f'(\xi_n)(x_n-x_{n-1})|$$
$$<\frac{1}{2}|a_{n-1}|<\frac{1}{2^2}|a_{n-2}|<\cdots<\frac{1}{2^{n-1}}|a_1|$$

因级数 $\sum\limits_{n=1}^{\infty}\dfrac{1}{2^{n-1}}|a_1|$ 收敛，应用比较判别法得级数 $\sum\limits_{n=1}^{\infty}|a_n|$ 收敛，即 $\sum\limits_{n=1}^{\infty}(x_{n+1}-x_n)$ 绝对收敛.

(2) 由(1)推得级数 $\sum\limits_{n=1}^{\infty}(x_{n+1}-x_n)$ 收敛，设 $\sum\limits_{n=1}^{\infty}(x_{n+1}-x_n)=A(A\in\mathbf{R})$，则

$$\lim_{n\to\infty}\sum_{i=1}^{n-1}(x_{i+1}-x_i)=\lim_{n\to\infty}(x_n-x_1)=A\Rightarrow\lim_{n\to\infty}x_n=A+x_1$$

因此极限 $\lim\limits_{n\to\infty}x_n$ 存在. 令 $\lim\limits_{n\to\infty}x_n=B$. 下面证明 $1<B<2$.

因 $f(x)$ 连续，在 $x_{n+1}=f(x_n)$ 中令 $n\to\infty$ 得

$$B=\lim_{n\to\infty}x_{n+1}=\lim_{n\to\infty}f(x_n)=f(\lim_{n\to\infty}x_n)=f(B)$$

又因为 $f(0)=1$，所以 $B\neq0$. 由拉格朗日中值定理，在 B 与 0 之间必存在 ξ 使得

$$B-1=f(B)-1=f(B)-f(0)=f'(\xi)B,\quad 0<f'(\xi)<\frac{1}{2}$$

若 $B>0\Rightarrow0<f'(\xi)B=B-1<\dfrac{1}{2}B\Rightarrow1<B<2$，即 $1<\lim\limits_{n\to\infty}x_n<2$；

若 $B<0\Rightarrow\dfrac{1}{2}B<f'(\xi)B=B-1<0\Rightarrow2<B<1$，此为矛盾式，故 $B<0$ 不成立.

---

① 原题是 $0<\lim\limits_{n\to\infty}x_n<2$，本书做了改进.

综上,即得 $1 < \lim\limits_{n \to \infty} x_n < 2$.

例 8.19(精选题)　设 $f(x)$ 在 $(-\infty, +\infty)$ 上有定义,在 $x = 0$ 的邻域内 f 有连续的导数,且 $\lim\limits_{x \to 0} \dfrac{f(x)}{x} = a > 0$,判别级数 $\sum\limits_{n=1}^{\infty} (-1)^{n+1} f\left(\dfrac{1}{n}\right)$ 的敛散性.

解析　由于 $\lim\limits_{x \to 0} \dfrac{f(x)}{x} = a > 0$,所以 $x \to 0$ 时,$f(x) \sim ax$,$f\left(\dfrac{1}{n}\right) \sim \dfrac{a}{n}$,而级

数 $\sum\limits_{n=1}^{\infty} \dfrac{a}{n}$ 发散,故级数 $\sum\limits_{n=1}^{\infty} (-1)^{n+1} f\left(\dfrac{1}{n}\right)$ 非绝对收敛. 由条件可得 $f(0) = 0$,又

$$f'(0) = \lim_{x \to 0} \frac{f(x) - f(0)}{x} = \lim_{x \to 0} \frac{f(x)}{x} = a$$

且 $a > 0$,因 $f'(x)$ 在 $x = 0$ 连续,所以存在 $x = 0$ 的某邻域 U,其内 $f'(x) > 0$,因而在 U 中 $f(x)$ 单调增加,于是当 n 充分大时,有

$$f\left(\frac{1}{n+1}\right) < f\left(\frac{1}{n}\right)$$

即 $\left\{ f\left(\dfrac{1}{n}\right) \right\}$ 单调递减,且 $\lim\limits_{n \to \infty} f\left(\dfrac{1}{n}\right) = f(0) = 0$,应用莱布尼茨法则即得原级数条件收敛.

例 8.20(全国 2016 年决赛题)　设 $I_n = \displaystyle\int_0^{\pi/4} \tan^n x \, \mathrm{d}x$,其中 n 为正整数.

(1) 若 $n \geqslant 2$,计算 $I_n + I_{n-2}$;

(2) 设 p 为实数,讨论级数 $\sum\limits_{n=1}^{\infty} (-1)^n I_n^p$ 的绝对收敛性与条件收敛性.

解析　(1) 应用定积分的换元积分法,可得

$$I_n + I_{n-2} = \int_0^{\pi/4} (\tan^n x + \tan^{n-2} x) \mathrm{d}x = \int_0^{\pi/4} \tan^{n-2} x \, \mathrm{d}\tan x$$

$$= \frac{1}{n-1} \tan^{n-1} x \Big|_0^{\pi/4} = \frac{1}{n-1}$$

(2) 当 $0 \leqslant x \leqslant \dfrac{\pi}{4}$ 时,$0 \leqslant \tan x \leqslant 1$,所以 $\tan^{n+2} x \leqslant \tan^n x \leqslant \tan^{n-2} x$,应用定积分的保号性得

$$I_{n+2} \leqslant I_n \leqslant I_{n-2} \Rightarrow I_{n+2} + I_n \leqslant 2I_n \leqslant I_n + I_{n-2}$$

又由第(1)问可得 $I_{n+2} + I_n = \dfrac{1}{n+1}$,于是

$$\frac{1}{2(n+1)} \leqslant I_n \leqslant \frac{1}{2(n-1)} \Rightarrow \frac{1}{2^p(n+1)^p} \leqslant I_n^p \leqslant \frac{1}{2^p(n-1)^p} \quad (p > 0)$$

① 当 $p > 1$ 时,因为 $|(-1)^n I_n^p| = I_n^p \leqslant \dfrac{1}{2^p(n-1)^p}$,而级数

$$\sum_{n=1}^{\infty} \frac{1}{2^p (n-1)^p} = \frac{1}{2^p} \sum_{n=1}^{\infty} \frac{1}{(n-1)^p}$$

显然收敛,应用比较判别法得原级数绝对收敛.

② 当 $0 < p \leqslant 1$ 时,因为 $|(-1)^n I_n^p| = I_n^p \geqslant \dfrac{1}{2^p (n+1)^p}$,而级数

$$\sum_{n=1}^{\infty} \frac{1}{2^p (n+1)^p} = \frac{1}{2^p} \sum_{n=1}^{\infty} \frac{1}{(n+1)^p}$$

显然发散,应用比较判别法得原级数非绝对收敛.由于

$$\frac{1}{2^p (n+1)^p} \leqslant I_n^p \leqslant \frac{1}{2^p (n-1)^p}, \quad \lim_{n \to \infty} \frac{1}{2^p (n+1)^p} = 0, \quad \lim_{n \to \infty} \frac{1}{2^p (n-1)^p} = 0$$

应用夹逼准则得 $\lim\limits_{n \to \infty} I_n^p = 0$,又数列 $\{I_n^p\}$ 显然单调递减,据莱布尼茨判别法得原级数为条件收敛.

③ 当 $p \leqslant 0$ 时,因 $|(-1)^n I_n^p| = I_n^p \geqslant 2^{-p} (n-1)^{-p} \geqslant 1$,所以 $\lim\limits_{n \to \infty} (-1)^n I_n^p \neq 0$,因此原级数发散.

综上,$p > 1$ 时原级数绝对收敛,$0 < p \leqslant 1$ 时条件收敛,$p \leqslant 0$ 时发散.

例 8.21(江苏省 2002 年竞赛题) 设 k 为常数,试判别级数 $\sum\limits_{n=2}^{\infty} (-1)^n \dfrac{1}{n^k (\ln n)^2}$ 的敛散性,何时绝对收敛?何时条件收敛?何时发散?

解析 记 $a_n = \dfrac{1}{n^k (\ln n)^2}$. 当 $k > 1$ 时,因为

$$\lim_{n \to \infty} \frac{a_n}{\dfrac{1}{n^k}} = \lim_{n \to \infty} \frac{1}{(\ln n)^2} = 0$$

而级数 $\sum\limits_{n=1}^{\infty} \dfrac{1}{n^k}$ 收敛,所以 $k > 1$ 时 $\sum\limits_{n=1}^{\infty} a_n$ 收敛,故原级数在 $k > 1$ 时绝对收敛.

当 $k = 1$ 时,因为反常积分

$$\int_2^{+\infty} \frac{1}{x (\ln x)^2} dx = -\frac{1}{\ln x} \Big|_2^{+\infty} = \frac{1}{\ln 2}$$

是收敛的,所以 $k = 1$ 时级数 $\sum\limits_{n=2}^{\infty} a_n$ 收敛,故原级数在 $k = 1$ 时绝对收敛.

当 $k < 1$ 时,因为

$$\lim_{n \to \infty} \frac{a_n}{\dfrac{1}{n}} = \lim_{n \to \infty} \frac{n^{1-k}}{(\ln n)^2} = +\infty$$

而 $\sum\limits_{n=2}^{\infty} \dfrac{1}{n}$ 发散,所以 $k < 1$ 时原级数非绝对收敛.

当 $0 \leqslant k < 1$ 时,$\{a_n\}$ 单调递减,且

$$\lim_{n \to \infty} a_n = \lim_{n \to \infty} \frac{1}{n^k (\ln n)^2} = 0$$

应用莱布尼茨判别法得原级数在 $0 \leqslant k < 1$ 时条件收敛.

当 $k < 0$ 时,因为

$$\lim_{n \to \infty} a_n = \lim_{n \to \infty} \frac{n^{-k}}{(\ln n)^2} = +\infty$$

所以 $k < 0$ 时原级数发散.

综上,$k \geqslant 1$ 时原级数绝对收敛,$0 \leqslant k < 1$ 时条件收敛,$k < 0$ 时发散.

例 8.22(江苏省 2016 年竞赛题)　已知级数 $\displaystyle\sum_{n=2}^{\infty} (-1)^n (\sqrt{n^2+1} - \sqrt{n^2-1}) n^\lambda \ln n$,

其中实数 $\lambda \in [0, 1]$,试对 λ 讨论该级数的绝对收敛、条件收敛与发散性.

解析　方法 1　设 $a_n = (\sqrt{n^2+1} - \sqrt{n^2-1}) n^\lambda \ln n$,则 $a_n > 0$,且 $n \to \infty$ 时

$$a_n = n(\sqrt{n^2+1} - \sqrt{n^2-1}) \frac{\ln n}{n^{1-\lambda}} = \frac{2\ln n}{(\sqrt{1+1/n^2} + \sqrt{1-1/n^2}) n^{1-\lambda}} \sim \frac{\ln n}{n^{1-\lambda}} = b_n$$

因为 $\lambda \in [0, 1]$,即 $1-\lambda \leqslant 1$,所以 $\dfrac{\ln n}{n^{1-\lambda}} > \dfrac{1}{n} (n \geqslant 3)$,而 $\displaystyle\sum_{n=2}^{\infty} \frac{1}{n}$ 发散,应用比较判别

法得级数 $\displaystyle\sum_{n=2}^{\infty} b_n = \sum_{n=2}^{\infty} \frac{\ln n}{n^{1-\lambda}}$ 发散,再应用比较判别法得原级数非绝对收敛.

(1) 当 $\lambda \in [0, 1)$ 时,令 $f(x) = x(\sqrt{x^2+1} - \sqrt{x^2-1})$,当 $x \geqslant 2$ 时,因

$$f'(x) = \sqrt{x^2+1} - \sqrt{x^2-1} + x\left(\frac{x}{\sqrt{x^2+1}} - \frac{x}{\sqrt{x^2-1}}\right)$$

$$= \frac{2}{\sqrt{x^2+1} + \sqrt{x^2-1}} \cdot \left(\frac{\sqrt{x^4-1} - x^2}{\sqrt{x^4-1}}\right) < 0$$

所以 $f(x)$ 在 $x \geqslant 2$ 时单调减少,故 $f(n) = n(\sqrt{n^2+1} - \sqrt{n^2-1})$ 单调递减.

令 $g(x) = \dfrac{\ln x}{x^{1-\lambda}}$,因 $0 < 1-\lambda \leqslant 1$,则

$$g'(x) = \frac{1 - (1-\lambda)\ln x}{x^{2-\lambda}} < 0 \quad (x > e^{\frac{1}{1-\lambda}} \text{ 时})$$

所以 x 充分大时 $g(x) = \dfrac{\ln x}{x^{1-\lambda}}$ 单调减少,故 n 充分大时 $g(n) = \dfrac{\ln n}{n^{1-\lambda}}$ 单调递减. 显然

$f(n) > 0$, $g(n) > 0$,故 $\{a_n\} = \{f(n) \cdot g(n)\}$ 也单调递减. 又应用洛必达法则有

$$\lim_{x \to +\infty} g(x) = \lim_{x \to +\infty} \frac{\ln x}{x^{1-\lambda}} = \lim_{x \to +\infty} \frac{1/x}{(1-\lambda)x^{-\lambda}} = \lim_{x \to +\infty} \frac{1}{(1-\lambda)x^{1-\lambda}} = 0$$

于是 $\lim\limits_{n\to\infty}g(n)=\lim\limits_{n\to\infty}\dfrac{\ln n}{n^{1-\lambda}}=0$，所以

$$\lim_{n\to\infty}a_n=\lim_{n\to\infty}\frac{2}{\sqrt{1+1/n^2}+\sqrt{1-1/n^2}}\cdot\lim_{n\to\infty}\frac{\ln n}{n^{1-\lambda}}=1\cdot 0=0$$

应用莱布尼茨判别法得级数 $\sum\limits_{n=2}^{\infty}(-1)^n a_n$ 在 $\lambda\in[0,1)$ 时为条件收敛.

(2) 当 $\lambda=1$ 时，因为

$$\lim_{n\to\infty}a_n=\lim_{n\to\infty}\frac{2\ln n}{\sqrt{1+1/n^2}+\sqrt{1-1/n^2}}=+\infty,\qquad \lim_{n\to\infty}(-1)^n a_n\neq 0$$

所以原级数在 $\lambda=1$ 时发散.

综上，$0\leqslant\lambda<1$ 时原级数条件收敛，$\lambda=1$ 时发散.

方法 2　数列 $\{a_n\}$ 单调递减的证明改动如下(其他步骤同方法 1)：

令 $f(x)=(\sqrt{x^2+1}-\sqrt{x^2-1})\cdot x^\lambda\ln x$，则

$$f'(x)=\left(\frac{x}{\sqrt{x^2+1}}-\frac{x}{\sqrt{x^2-1}}\right)x^\lambda\ln x+(\sqrt{x^2+1}-\sqrt{x^2-1})x^{\lambda-1}(\lambda\ln x+1)$$

$$=\frac{-2x^2\ln x+2\sqrt{x^4-1}(\lambda\ln x+1)}{\sqrt{x^4-1}(\sqrt{x^2+1}+\sqrt{x^2-1})x^{1-\lambda}}<\frac{2x^2(1+\lambda\ln x)-2x^2\ln x}{\sqrt{x^4-1}(\sqrt{x^2+1}+\sqrt{x^2-1})x^{1-\lambda}}$$

$$=\frac{2x^2(1-(1-\lambda)\ln x)}{\sqrt{x^4-1}(\sqrt{x^2+1}+\sqrt{x^2-1})x^{1-\lambda}}<0\quad(\text{当 }x>e^{\frac{1}{1-\lambda}}\text{ 时})$$

所以 x 充分大时 $f(x)$ 单调减少，故 n 充分大时 $\{a_n\}=\{f(n)\}$ 单调递减.

例 8.23(全国 2019 年决赛题)　设 $\{u_n\}_{n=1}^{\infty}$ 为单调递减的正实数列，$\lim\limits_{n\to\infty}u_n=0$，$\{a_n\}_{n=1}^{\infty}$ 为一实数列，级数 $\sum\limits_{n=1}^{\infty}a_n u_n$ 收敛，证明：$\lim\limits_{n\to\infty}(a_1+a_2+\cdots+a_n)u_n=0$.

解析　因为 $\sum\limits_{n=1}^{\infty}a_n u_n$ 收敛，应用收敛级数的柯西准则得：$\forall\varepsilon>0,\exists K\in\mathbf{N}^*$，当 $n\geqslant K$ 时有

$$\left|\sum_{i=m}^{n}a_i u_i\right|<\frac{\varepsilon}{2}\quad(m=K,K+1,\cdots,n)$$

记 $A_m=\sum\limits_{i=m}^{n}a_i u_i$，$A_{n+1}=0$，则由上式得 $|A_m|<\dfrac{\varepsilon}{2}(m=K,K+1,\cdots,n)$，且有

$$a_K+a_{K+1}+\cdots+a_n=\sum_{m=K}^{n}a_m u_m\frac{1}{u_m}=\sum_{m=K}^{n}(A_m-A_{m+1})\frac{1}{u_m}$$

$$=\sum_{m=K}^{n}A_m\frac{1}{u_m}-\sum_{m=K}^{n}A_{m+1}\frac{1}{u_m}$$

$$=A_K\frac{1}{u_K}+\sum_{m=K+1}^{n}A_m\frac{1}{u_m}-\sum_{m=K+1}^{n+1}A_m\frac{1}{u_{m-1}}$$

$$= A_K \frac{1}{u_K} + \sum_{m=K+1}^{n} A_m \left(\frac{1}{u_m} - \frac{1}{u_{m-1}} \right)$$

由于 $\left\{ \dfrac{1}{u_i} \right\}_{i=K}^{n}$ 是单调递增的正数列，上式两端取绝对值得

$$|a_K + a_{K+1} + \cdots + a_n| \leqslant |A_K| \frac{1}{u_K} + \sum_{m=K+1}^{n} |A_m| \left(\frac{1}{u_m} - \frac{1}{u_{m-1}} \right)$$

$$\leqslant \frac{\varepsilon}{2} \frac{1}{u_K} + \frac{\varepsilon}{2} \left(\frac{1}{u_n} - \frac{1}{u_K} \right) = \frac{\varepsilon}{2 u_n}$$

因此 $|(a_K + a_{K+1} + \cdots + a_n) u_n| < \dfrac{\varepsilon}{2}$.

另一方面，由于 $\lim\limits_{n \to \infty} u_n = 0, K$ 是固定的正整数，所以

$$\lim_{n \to \infty} (a_1 + a_2 + \cdots + a_{K-1}) u_n = 0$$

应用极限的定义得：$\forall \varepsilon > 0, \exists K_1 \in \mathbf{N}^*$，当 $n \geqslant K_1$ 时有

$$|(a_1 + a_2 + \cdots + a_{K-1}) u_n| < \frac{\varepsilon}{2}$$

取 $N = \max\{K, K_1\}$，则当 $n \geqslant N$ 时有

$$|(a_1 + a_2 + \cdots + a_n) u_n| \leqslant |(a_1 + a_2 + \cdots + a_{K-1}) u_n| + |(a_K + a_{K+1} + \cdots + a_n) u_n|$$

$$< \frac{\varepsilon}{2} + \frac{\varepsilon}{2} = \varepsilon$$

再应用极限的定义，即得 $\lim\limits_{n \to \infty} (a_1 + a_2 + \cdots + a_n) u_n = 0$.

8.2.3　求幂级数的收敛域与和函数(例 8.24—8.35)

例 8.24(全国 2012 年决赛题)　讨论 $\displaystyle\int_0^{+\infty} \dfrac{x}{\cos^2 x + x^\alpha \sin^2 x} \mathrm{d}x$ 的敛散性，其中 α 是实常数.

解析　记 $f(x) = \dfrac{x}{\cos^2 x + x^\alpha \sin^2 x}$，由于 $f(x) \in \mathscr{C}(0, +\infty)$，且

$$\lim_{x \to 0^+} (\cos^2 x + x^\alpha \sin^2 x) = 1 + \lim_{x \to 0^+} x^{\alpha+2} \frac{\sin^2 x}{x^2} = \begin{cases} 1, & \alpha > -2, \\ 2, & \alpha = -2, \\ \infty, & \alpha < -2 \end{cases}$$

则 $\lim\limits_{x \to 0^+} f(x) = 0$，所以 $x = +\infty$ 是反常积分的惟一奇点，因此可就 $x \geqslant \pi$ 进行讨论.

当 $\alpha \leqslant 0$ 时，显然 $f(x) \geqslant \dfrac{x}{1 + 1 \cdot 1} = \dfrac{x}{2}$，因为 $\displaystyle\int_\pi^{+\infty} \dfrac{x}{2} \mathrm{d}x$ 发散，所以 $\alpha \leqslant 0$ 时原反常积分发散.

当 $\alpha > 0$ 时，下面化为级数处理，即

$$\int_{\pi}^{+\infty} f(x)\mathrm{d}x = \sum_{n=1}^{\infty} \int_{n\pi}^{(n+1)\pi} f(x)\mathrm{d}x = \sum_{n=1}^{\infty} a_n$$

其中 $a_n = \int_{n\pi}^{(n+1)\pi} f(x)\mathrm{d}x$. 当 $n\pi \leqslant x \leqslant (n+1)\pi$ 时有

$$0 \leqslant \frac{n\pi}{\cos^2 x + (n+1)^\alpha \pi^\alpha \sin^2 x} \leqslant f(x) \leqslant \frac{(n+1)\pi}{\cos^2 x + n^\alpha \pi^\alpha \sin^2 x}$$

$$0 \leqslant \int_{n\pi}^{(n+1)\pi} \frac{n\pi}{\cos^2 x + (n+1)^\alpha \pi^\alpha \sin^2 x}\mathrm{d}x \leqslant a_n \leqslant \int_{n\pi}^{(n+1)\pi} \frac{(n+1)\pi}{\cos^2 x + n^\alpha \pi^\alpha \sin^2 x}\mathrm{d}x$$

因为 $\dfrac{1}{\cos^2 x + C\sin^2 x}$ (C 为正常数) 是周期为 π 的偶函数, 所以有

$$\int_{n\pi}^{(n+1)\pi} \frac{1}{\cos^2 x + C\sin^2 x}\mathrm{d}x = 2\int_0^{\pi/2} \frac{1}{\cos^2 x + C\sin^2 x}\mathrm{d}x = 2\int_0^{\pi/2} \frac{1}{1 + C\tan^2 x}\mathrm{d}\tan x$$

$$= \frac{2}{\sqrt{C}}\arctan(\sqrt{C}\tan x)\Big|_0^{(\frac{\pi}{2})^-} = \frac{\pi}{\sqrt{C}}$$

分别取 C 等于 $(n+1)^\alpha \pi^\alpha$ 与 $n^\alpha \pi^\alpha$ ($n \geqslant 1$), 可得

$$\frac{n\pi^2}{\sqrt{(n+1)^\alpha \pi^\alpha}} \leqslant a_n \leqslant \frac{(n+1)\pi^2}{\sqrt{n^\alpha \pi^\alpha}}$$

当 $\alpha > 4$ 时, 因为

$$a_n \leqslant \frac{(n+1)\pi^2}{\sqrt{n^\alpha \pi^\alpha}} \sim \frac{A}{n^{\frac{\alpha}{2}-1}} \ (n \to \infty, A > 0), \quad \sum_{n=1}^{\infty} \frac{A}{n^{\frac{\alpha}{2}-1}} \text{ 收敛} \left(\frac{\alpha}{2} - 1 > 1\right)$$

应用比较判别法, 可得 $\alpha > 4$ 时级数 $\displaystyle\sum_{n=1}^{\infty} a_n$ 收敛; 当 $0 < \alpha \leqslant 4$ 时, 因为

$$a_n \geqslant \frac{n\pi^2}{\sqrt{(n+1)^\alpha \pi^\alpha}} \sim \frac{B}{n^{\frac{\alpha}{2}-1}} \ (n \to \infty, B > 0), \quad \sum_{n=1}^{\infty} \frac{B}{n^{\frac{\alpha}{2}-1}} \text{ 发散} \left(\frac{\alpha}{2} - 1 \leqslant 1\right)$$

应用比较判别法, 可得 $0 < \alpha \leqslant 4$ 时级数 $\displaystyle\sum_{n=1}^{\infty} a_n$ 发散.

综上, 即得 $\alpha > 4$ 时原反常积分收敛, $\alpha \leqslant 4$ 时原反常积分发散.

例 8.25(北京市 1996 年竞赛题) 求级数 $\displaystyle\sum_{n=1}^{\infty} \frac{(-1)^n 8^n}{n\ln(n^3+n)} x^{3n-2}$ 的收敛域.

解析 令 $t = -8x^3$, 则原式 $= \dfrac{1}{x^2}\displaystyle\sum_{n=1}^{\infty} \frac{1}{n\ln(n^3+n)} t^n$. 记 $a_n = \dfrac{1}{n\ln(n^3+n)}$, 因

$$\lim_{n\to\infty} \left|\frac{a_n}{a_{n+1}}\right| = \lim_{n\to\infty} \frac{(n+1)\ln((n+1)^3 + (n+1))}{n\ln(n^3+n)}$$

$$= \lim_{n\to\infty} \frac{n+1}{n} \cdot \frac{\ln(n^3 + 3n^2 + 4n + 2)}{\ln(n^3+n)} = 1$$

所以幂级数 $\displaystyle\sum_{n=1}^{\infty}\frac{1}{n\ln(n^3+n)}t^n$ 的收敛半径为 1. 当 $t=1$ 时,由于

$$\frac{1}{n\ln(n^3+n)}\geqslant\frac{1}{n\ln n^4}=\frac{1}{4n\ln n}\quad(n\geqslant2),\qquad\int_2^{+\infty}\frac{1}{4x\ln x}\mathrm{d}x=\frac{1}{4}\ln\ln x\Big|_2^{+\infty}=+\infty$$

由积分判别法与比较判别法,在 $t=1$ 处幂级数 $\displaystyle\sum_{n=1}^{\infty}\frac{1}{n\ln(n^3+n)}t^n$ 发散;当 $t=-1$

时,$\displaystyle\sum_{n=1}^{\infty}\frac{(-1)^n}{n\ln(n^3+n)}$ 为莱布尼茨型级数,故收敛. 于是幂级数 $\displaystyle\sum_{n=1}^{\infty}\frac{1}{n\ln(n^3+n)}t^n$ 的收

敛域为 $[-1,1)$. 又因为 $-1\leqslant t<1\Leftrightarrow-1\leqslant-8x^3<1\Leftrightarrow-\dfrac{1}{2}<x\leqslant\dfrac{1}{2}$,所以原

幂级数的收敛域为 $\left(-\dfrac{1}{2},\dfrac{1}{2}\right]$.

例 8.26(江苏省 2004 年竞赛题)　求幂级数 $\displaystyle\sum_{n=1}^{\infty}\frac{1}{n(3^n+(-2)^n)}x^n$ 的收敛域.

解析　令 $a_n=\dfrac{1}{n(3^n+(-2)^n)}$,则

$$\lim_{n\to\infty}\left|\frac{a_n}{a_{n+1}}\right|=\lim_{n\to\infty}\frac{(n+1)(3^{n+1}+(-2)^{n+1})}{n(3^n+(-2)^n)}=\lim_{n\to\infty}\frac{3+(-2)\left(\frac{-2}{3}\right)^n}{1+\left(\frac{-2}{3}\right)^n}=3$$

所以幂级数的收敛半径 $R=3$. 当 $x=3$ 时,原幂级数化为 $\displaystyle\sum_{n=1}^{\infty}\frac{3^n}{n(3^n+(-2)^n)}$,因为

$\dfrac{3^n}{n(3^n+(-2)^n)}>\dfrac{1}{2n}$,而级数 $\displaystyle\sum_{n=1}^{\infty}\frac{1}{2n}$ 发散,由比较判别法知 $x=3$ 时原幂级数发散.
当 $x=-3$ 时,原级数化为

$$\sum_{n=1}^{\infty}(-1)^n\frac{3^n}{n(3^n+(-2)^n)}=\sum_{n=1}^{\infty}(-1)^n\frac{1}{n}-\sum_{n=1}^{\infty}\frac{2^n}{n(3^n+(-2)^n)}$$

因为 $\displaystyle\sum_{n=1}^{\infty}(-1)^n\frac{1}{n}$ 为莱布尼茨型级数,收敛;令 $b_n=\dfrac{2^n}{n(3^n+(-2)^n)}$,由于 $b_n>0$,且

$$\lim_{n\to\infty}\frac{b_{n+1}}{b_n}=\lim_{n\to\infty}\frac{n\cdot2^{n+1}(3^n+(-2)^n)}{(n+1)\cdot2^n(3^{n+1}+(-2)^{n+1})}$$

$$=\lim_{n\to\infty}2\cdot\frac{1+\left(\frac{-2}{3}\right)^n}{3+(-2)\left(\frac{-2}{3}\right)^n}=\frac{2}{3}<1$$

由比值判别法知 $\displaystyle\sum_{n=1}^{\infty}b_n$ 收敛,故 $x=-3$ 时原幂级数收敛. 故所求收敛域为 $[-3,3)$.

例 8.27(北京市 1994 年竞赛题)　求级数 $\sum\limits_{n=1}^{\infty}\left(1+\dfrac{1}{2}+\dfrac{1}{3}+\cdots+\dfrac{1}{n}\right)x^n$ 的收敛半径及和函数.

解析　令 $a_n=1+\dfrac{1}{2}+\dfrac{1}{3}+\cdots+\dfrac{1}{n}$,则 $n\geqslant1$ 时有 $1\leqslant a_n\leqslant n$,又 $\lim\limits_{n\to\infty}\sqrt[n]{n}=1$,

由夹逼准则可知 $\lim\limits_{n\to\infty}\dfrac{1}{\sqrt[n]{|a_n|}}=1$,所以幂级数的收敛半径 $R=1$.

令

$$u_n(x)=x^n,\quad n=0,1,2,\cdots$$

$$v_0(x)=0,\quad v_n(x)=\frac{1}{n}x^n,\quad n=1,2,3,\cdots$$

易知级数 $\sum\limits_{n=0}^{\infty}u_n(x),\sum\limits_{n=0}^{\infty}v_n(x)$ 在 $(-1,1)$ 上绝对收敛,应用绝对收敛级数的乘法规则,有

$$\sum_{n=1}^{\infty}a_nx^n=\sum_{n=0}^{\infty}\left(x^n\cdot0+x^{n-1}\cdot x+x^{n-2}\cdot\frac{1}{2}x^2+\cdots+1\cdot\frac{1}{n}x^n\right)$$

$$=\sum_{n=0}^{\infty}\left[u_n(x)v_0(x)+u_{n-1}(x)v_1(x)+\cdots+u_0(x)v_n(x)\right]$$

$$=\left(\sum_{n=0}^{\infty}u_n(x)\right)\cdot\left(\sum_{n=0}^{\infty}v_n(x)\right)$$

$$=\frac{1}{1-x}(-\ln(1-x))\quad(|x|<1)$$

故幂级数的和函数为 $S(x)=\dfrac{\ln(1-x)}{x-1}$,其中 $|x|<1$.

例 8.28(江苏省 2006 年竞赛题)　(1) 设幂级数 $\sum\limits_{n=1}^{\infty}a_n^2x^n$ 的收敛域为 $[-1,1]$,

求证:幂级数 $\sum\limits_{n=1}^{\infty}\dfrac{a_n}{n}x^n$ 的收敛域也为 $[-1,1]$.

(2) 试问命题(1)的逆命题是否正确?若正确,给出证明;若不正确,举一反例说明.

解析　(1) 因 $\sum\limits_{n=1}^{\infty}a_n^2$ 收敛,$\sum\limits_{n=1}^{\infty}\dfrac{1}{n^2}$ 收敛,而 $\left|\dfrac{a_n}{n}\right|\leqslant\dfrac{1}{2}\left(a_n^2+\dfrac{1}{n^2}\right)$,由比较判别法

得 $\sum\limits_{n=1}^{\infty}\left|\dfrac{a_n}{n}\right|$ 收敛,故 $\sum\limits_{n=1}^{\infty}\dfrac{a_n}{n}x^n$ 在 $x=\pm1$ 时(绝对)收敛.下面证明:$\forall\ x_0,|x_0|>1$,

级数 $\sum\limits_{n=1}^{\infty}\dfrac{a_n}{n}x_0^n$ 发散.

（反证法）设级数 $\sum\limits_{n=1}^{\infty}\dfrac{a_n}{n}x_0^n$ 收敛，因此对 $\forall r$，只要 $|r|<|x_0|$，则 $\sum\limits_{n=1}^{\infty}\left|\dfrac{a_n}{n}r^n\right|$ 收敛，

取 r_1 使得 $1<|r_1|<|r|<|x_0|$. 因为 $\lim\limits_{n\to\infty}a_n^2=0$，$\lim\limits_{n\to\infty}n\left|\dfrac{r_1}{r}\right|^n=0$，所以 n 充分大时，

$|a_n|<1$，$n\left|\dfrac{r_1}{r}\right|^n<1$. 于是

$$|a_n^2r_1^n|=\left|\dfrac{a_n}{n}r^n\right||a_n|\,n\left|\dfrac{r_1}{r}\right|^n\leqslant\left|\dfrac{a_n}{n}r^n\right|$$

故 $\sum\limits_{n=1}^{\infty}a_n^2r_1^n$ 收敛，此与 $\sum\limits_{n=1}^{\infty}a_n^2x^n$ 在 $|x|>1$ 时发散矛盾. 所以幂级数 $\sum\limits_{n=1}^{\infty}\dfrac{a_n}{n}x^n$ 的收敛

域为 $[-1,1]$.

（2）命题（1）的逆命题不成立. 反例：设 $a_n=\dfrac{1}{\sqrt{n}}$，则 $\sum\limits_{n=1}^{\infty}\dfrac{a_n}{n}x^n=\sum\limits_{n=1}^{\infty}\dfrac{1}{n^{3/2}}x^n$，其收

敛域为 $[-1,1]$，但 $\sum\limits_{n=1}^{\infty}a_n^2x^n=\sum\limits_{n=1}^{\infty}\dfrac{1}{n}x^n$ 的收敛域为 $[-1,1)$.

例 8.29（江苏省 2006 年竞赛题）　求幂级数 $\sum\limits_{n=1}^{\infty}\dfrac{n}{2^n}(x+1)^{2n}$ 的收敛域与和函数.

解析　令 $t=\dfrac{(x+1)^2}{2}$，则

$$原式=\sum_{n=1}^{\infty}nt^n \qquad\qquad (*)$$

设 $a_n=n$，因 $\lim\limits_{n\to\infty}\left|\dfrac{a_n}{a_{n+1}}\right|=1$，故收敛半径 $R=1$. $t=1$ 时 $(*)$ 式发散，故 $(*)$ 式的

收敛域为 $[0,1)$. 由此可解得原级数的收敛域为 $(-1-\sqrt{2},-1+\sqrt{2})$，且

$$原式=t\left(\sum_{n=1}^{\infty}nt^{n-1}\right)=t\left(\sum_{n=1}^{\infty}t^n\right)'=t\left(\dfrac{t}{1-t}\right)'$$

$$=\dfrac{t}{(1-t)^2}=\dfrac{2(x+1)^2}{(1-2x-x^2)^2}$$

例 8.30（北京市 2001 年竞赛题）　求 $\sum\limits_{n=0}^{\infty}\dfrac{(-1)^n n^3}{(n+1)!}x^n$ 的收敛区间与和函数.

解析　令 $a_n=\dfrac{(-1)^n n^3}{(n+1)!}$，则

$$\lim_{n\to\infty}\left|\dfrac{a_n}{a_{n+1}}\right|=\lim_{n\to\infty}\dfrac{n^3}{(n+1)!}\cdot\dfrac{(n+2)!}{(n+1)^3}=+\infty$$

于是，原级数的收敛区间为 $(-\infty,+\infty)$.

因为

$$\frac{n^3}{(n+1)!} = \frac{n^3+1-1}{(n+1)!} = \frac{(n+1)(n^2-n+1)}{(n+1)!} - \frac{1}{(n+1)!}$$

$$= \frac{n(n-1)+1}{n!} - \frac{1}{(n+1)!} = \frac{1}{(n-2)!} + \frac{1}{n!} - \frac{1}{(n+1)!}$$

所以

$$\sum_{n=0}^{\infty} \frac{(-1)^n n^3}{(n+1)!} x^n = \sum_{n=1}^{\infty} \frac{n^3}{(n+1)!} (-x)^n$$

$$= -\frac{x}{2} + \sum_{n=2}^{\infty} \frac{(-x)^n}{(n-2)!} + \sum_{n=2}^{\infty} \frac{(-x)^n}{n!} - \sum_{n=2}^{\infty} \frac{(-x)^n}{(n+1)!}$$

$$= -\frac{x}{2} + (-x)^2 \sum_{n=0}^{\infty} \frac{(-x)^n}{n!} + \sum_{n=2}^{\infty} \frac{(-x)^n}{n!} + \frac{1}{x} \sum_{n=3}^{\infty} \frac{(-x)^n}{n!}$$

$$= -\frac{x}{2} + x^2 e^{-x} + (e^{-x} - 1 + x) + \frac{1}{x}\left(e^{-x} - 1 + x - \frac{1}{2}x^2\right)$$

$$= e^{-x}\left(x^2 + 1 + \frac{1}{x}\right) - \frac{1}{x} \quad (x \neq 0)$$

综上所述,和函数 $S(x) = \begin{cases} e^{-x}\left(x^2+1+\dfrac{1}{x}\right) - \dfrac{1}{x}, & x \neq 0; \\ 0, & x = 0. \end{cases}$

例 8.31(江苏省 2019 年竞赛题)　求幂级数 $\displaystyle\sum_{n=1}^{\infty} \frac{n}{8^n(2n-1)} x^{3n-1}$ 的收敛域与和函数.

解析　记 $a_n = \dfrac{n}{8^n(2n-1)} x^{3n-1}$,应用任意项级数的比值判别法,由

$$\lim_{n\to\infty} \left|\frac{a_{n+1}}{a_n}\right| = \lim_{n\to\infty} \left|\frac{(n+1)x^{3n+2}}{8^{n+1}(2n+1)}\right| \left|\frac{8^n(2n-1)}{nx^{3n-1}}\right| = \left|\frac{x}{2}\right|^3$$

可得 $|x| < 2$ 时原级数收敛;$|x| > 2$ 时原级数发散;又当 $x = \pm 2$ 时原级数化为 $\dfrac{1}{2}\displaystyle\sum_{n=1}^{\infty} \frac{(\pm 1)^n n}{2n-1}$,由于 $\lim\limits_{n\to\infty} \left|\dfrac{(\pm 1)^n n}{2n-1}\right| = \dfrac{1}{2} \neq 0$,所以原级数发散.因此原级数的收敛域为 $(-2, 2)$.下面求其和函数.

因为

$$\sum_{n=1}^{\infty} \frac{n}{8^n(2n-1)} x^{3n-1} = \frac{1}{2}\sum_{n=1}^{\infty} \frac{2n-1+1}{8^n(2n-1)} x^{3n-1}$$

$$= \frac{1}{2x}\sum_{n=1}^{\infty} \left(\frac{x}{2}\right)^{3n} + \frac{1}{2}\sum_{n=1}^{\infty} \frac{1}{8^n(2n-1)} x^{3n-1}$$

上式右端第一项为几何级数,和函数为 $\dfrac{x^2}{2(8-x^3)}$,再求第二项的和.

当 $x \in (0, 2)$ 时,令 $\dfrac{x}{2} = t^{\frac{2}{3}}$,则

$$\frac{1}{2}\sum_{n=1}^{\infty}\frac{1}{8^n(2n-1)}x^{3n-1}=\frac{t}{2x}\sum_{n=1}^{\infty}\frac{1}{2n-1}t^{2n-1}=\frac{t}{2x}\int_0^t\left(\sum_{n=1}^{\infty}\frac{1}{2n-1}(t^{2n-1})'\right)\mathrm{d}t$$

$$=\frac{t}{2x}\int_0^t\frac{1}{1-t^2}\mathrm{d}t=\frac{t}{4x}\ln\frac{1+t}{1-t}=\frac{\sqrt{x}}{8\sqrt{2}}\ln\frac{2\sqrt{2}+x\sqrt{x}}{2\sqrt{2}-x\sqrt{x}}$$

当 $x\in(-2,0)$ 时,令 $\dfrac{x}{2}=-t^{\frac{2}{3}}(t>0)$,则

$$\frac{1}{2}\sum_{n=1}^{\infty}\frac{1}{8^n(2n-1)}x^{3n-1}=\frac{t}{2x}\sum_{n=1}^{\infty}\frac{(-1)^n}{2n-1}t^{2n-1}=\frac{t}{2x}\int_0^t\left(\sum_{n=1}^{\infty}\frac{(-1)^n}{2n-1}(t^{2n-1})'\right)\mathrm{d}t$$

$$=-\frac{t}{2x}\int_0^t\frac{1}{1+t^2}\mathrm{d}t=-\frac{t}{2x}\arctan t$$

$$=-\frac{\sqrt{-x}}{4\sqrt{2}}\arctan\frac{x\sqrt{-x}}{2\sqrt{2}}$$

综上,所求和函数为

$$S(x)=\begin{cases}\dfrac{x^2}{2(8-x^3)}+\dfrac{\sqrt{x}}{8\sqrt{2}}\ln\dfrac{2\sqrt{2}+x\sqrt{x}}{2\sqrt{2}-x\sqrt{x}} & (0\leqslant x<2),\\[4mm]\dfrac{x^2}{2(8-x^3)}-\dfrac{\sqrt{-x}}{4\sqrt{2}}\arctan\dfrac{x\sqrt{-x}}{2\sqrt{2}} & (-2<x<0)\end{cases}$$

例 8.32(北京市 2004 年竞赛题)　设

$$a_0=1,\quad a_1=-2,\quad a_2=\frac{7}{2},\quad a_{n+1}=-\left(1+\frac{1}{n+1}\right)a_n\quad(n\geqslant 2)$$

证明当 $|x|<1$ 时幂级数 $\displaystyle\sum_{n=0}^{\infty}a_nx^n$ 收敛,并求其和函数 $S(x)$.

解析　因为 $a_{n+1}=-\left(1+\dfrac{1}{n+1}\right)a_n$,所以 $\dfrac{a_n}{a_{n+1}}=-\dfrac{n+1}{n+2}$,且

$$\lim_{n\to\infty}\left|\frac{a_n}{a_{n+1}}\right|=\lim_{n\to\infty}\left|-\frac{n+1}{n+2}\right|=1$$

所以幂级数的收敛半径 $R=1$,故当 $|x|<1$ 时,幂级数 $\displaystyle\sum_{n=0}^{\infty}a_nx^n$ 收敛.

由 $a_{n+1}=-\left(1+\dfrac{1}{n+1}\right)a_n(n\geqslant 2)$,即 $a_n=-\left(1+\dfrac{1}{n}\right)a_{n-1}(n\geqslant 3)$,于是

$$a_n=-\frac{n+1}{n}\cdot\left(-\frac{n}{n-1}\right)a_{n-2}=(-1)^2\frac{n+1}{n-1}a_{n-2}=\cdots$$

$$=(-1)^{n-2}\frac{n+1}{3}\cdot a_2=(-1)^n\frac{7}{6}(n+1)\quad(n\geqslant 3)$$

则

$$S(x) = a_0 + a_1 x + a_2 x^2 + \sum_{n=3}^{\infty} a_n x^n$$

$$= 1 - 2x + \frac{7}{2} x^2 + \sum_{n=3}^{\infty} (-1)^n \frac{7}{6} (n+1) x^n$$

考虑 $\sum_{n=3}^{\infty} (-1)^n (n+1) x^n = f(x)$，逐项积分得

$$\int_0^x [-f(x)] \mathrm{d}x = \sum_{n=3}^{\infty} (-x)^{n+1} = \frac{x^4}{1+x}$$

两边求导数得 $f(x) = -\left(\dfrac{x^4}{1+x}\right)' = -\dfrac{4x^3 + 3x^4}{(1+x)^2}$，所以

$$S(x) = \frac{1}{(1+x)^2} \left(1 + \frac{x^2}{2} + \frac{x^3}{3}\right), \quad |x| < 1$$

例 8.33(全国 2017 年考研题) 已知 $a_0 = 1, a_1 = 0$，且 $a_{n+1} = \dfrac{1}{n+1}(na_n + a_{n-1})(n = 1,2,3,\cdots)$，$S(x)$ 为幂级数 $\sum_{n=0}^{\infty} a_n x^n$ 的和函数.

(1) 证明:幂级数 $\sum_{n=0}^{\infty} a_n x^n$ 的收敛半径等于 1[①]；

(2) 证明 $(1-x)S'(x) - xS(x) = 0 (x \in (-1,1))$，并求 $S(x)$.

解析 (1) $n \geq 2$ 时，由于

$$a_{n+1} - a_n = \frac{-1}{n+1}(a_n - a_{n-1}) = \frac{-1}{n+1} \cdot \frac{-1}{n}(a_{n-1} - a_{n-2}) = \cdots$$

$$= \frac{(-1)^n}{(n+1)!}(a_1 - a_0) = \frac{(-1)^{n+1}}{(n+1)!}$$

所以

$$a_n = a_{n-1} + \frac{(-1)^n}{n!} = a_{n-2} + \frac{(-1)^{n-1}}{(n-1)!} + \frac{(-1)^n}{n!} = \cdots$$

$$= a_2 + \frac{(-1)^3}{3!} + \cdots + \frac{(-1)^{n-1}}{(n-1)!} + \frac{(-1)^n}{n!}$$

$$= \frac{(-1)^2}{2!} + \frac{(-1)^3}{3!} + \cdots + \frac{(-1)^{n-1}}{(n-1)!} + \frac{(-1)^n}{n!}$$

$$= \frac{1}{2!} - \frac{1}{3!} + \frac{1}{4!} - \cdots + \frac{(-1)^n}{n!} = \sum_{k=2}^{n} \frac{(-1)^k}{k!}$$

又因为 $\mathrm{e}^x = 1 + x + \frac{1}{2!} x^2 + \frac{1}{3!} x^3 + \cdots + \frac{1}{n!} x^n + \cdots (|x| < +\infty)$，取 $x = -1$ 得

$$\frac{1}{\mathrm{e}} = \frac{1}{2!} - \frac{1}{3!} + \frac{1}{4!} - \cdots + \frac{(-1)^n}{n!} + \cdots$$

---

①原题要求证明收敛半径不小于 1，本书做了改进.

$$= \lim_{n \to \infty} \sum_{k=2}^{n} \frac{(-1)^k}{k!} = \lim_{n \to \infty} a_n$$

所以 $k = \lim_{n \to \infty} \sqrt[n]{|a_n|} = \lim_{n \to \infty} \sqrt[n]{a_n} = \left(\frac{1}{e}\right)^0 = 1$，故幂级数的收敛半径为 $R = \frac{1}{k} = 1$.

（2）由于 $S(x) = \sum_{n=0}^{\infty} a_n x^n$，且 $S(0) = a_0 = 1$，$a_1 = 0$，$S'(x) = \sum_{n=1}^{\infty} n a_n x^{n-1} = \sum_{n=0}^{\infty} (n+1) a_{n+1} x^n$，所以

$$(1-x)S'(x) - xS(x) = \sum_{n=0}^{\infty} (n+1) a_{n+1} x^n - \sum_{n=0}^{\infty} (n+1) a_{n+1} x^{n+1} - \sum_{n=0}^{\infty} a_n x^{n+1}$$

$$= \sum_{n=1}^{\infty} (n+1) a_{n+1} x^n - \sum_{n=1}^{\infty} n a_n x^n - \sum_{n=1}^{\infty} a_{n-1} x^n$$

$$= \sum_{n=1}^{\infty} ((n+1) a_{n+1} - n a_n - a_{n-1}) x^n \equiv 0$$

由上可知 $S(x)$ 是一阶线性齐次方程 $y' - \frac{x}{1-x} y = 0$ 满足条件 $y(0) = 1$ 的特解，应用通解公式得

$$S(x) = C \exp\left(\int \frac{x}{1-x} dx\right) = C \exp(-x - \ln(1-x)) = \frac{C}{1-x} e^{-x}$$

再由 $S(0) = 1$ 得 $C = 1$，于是 $S(x) = \frac{1}{1-x} e^{-x} (-1 < x < 1)$.

例 8.34（浙江省 2002 年竞赛题）　设 $a_1 = 1$，$a_2 = 1$，$a_{n+2} = 2a_{n+1} + 3a_n$，$n \geq 1$，求 $\sum_{n=1}^{\infty} a_n x^n$ 的收敛半径、收敛域及和函数.

解析　由于 $a_{n+2} + a_{n+1} = 3(a_{n+1} + a_n)$，令 $b_n = a_{n+1} + a_n$，则

$$b_{n+1} = 3b_n = 3^2 b_{n-1} = \cdots = 3^n b_1 = 3^n \cdot 2$$

考察

$$b_1 - b_2 + b_3 - b_4 + \cdots + (-1)^{n+1} b_n$$

$$= (a_2 + a_1) - (a_3 + a_2) + (a_4 + a_3) - \cdots + (-1)^{n+1}(a_{n+1} + a_n)$$

$$= a_1 + (-1)^{n+1} a_{n+1} = 1 + (-1)^{n+1} a_{n+1}$$

$$= 2 \cdot (3^0 - 3 + 3^2 - 3^3 + \cdots + (-1)^{n+1} 3^{n-1})$$

$$= 2 \cdot (1 - 3 + 3^2 - 3^3 + \cdots + (-3)^{n-1})$$

$$= 2 \cdot \frac{1 - (-3)^n}{1 - (-3)} = \frac{1}{2}(1 - (-3)^n)$$

由此可得 $a_{n+1} = (-1)^n \cdot \frac{1}{2} + 3^n \cdot \frac{1}{2} \Rightarrow a_n = (-1)^{n-1} \cdot \frac{1}{2} + 3^{n-1} \cdot \frac{1}{2}$，于是

$$\sum_{n=1}^{\infty} a_n x^n = \sum_{n=1}^{\infty} \frac{1}{2}(-1)^{n-1} x^n + \sum_{n=1}^{\infty} \frac{1}{2} 3^{n-1} x^n$$

$$= -\frac{1}{2} \sum_{n=1}^{\infty} (-x)^n + \frac{1}{6} \sum_{n=1}^{\infty} (3x)^n$$

$$= -\frac{1}{2} \cdot \frac{-x}{1-(-x)} + \frac{1}{6} \cdot \frac{3x}{1-3x} = \frac{x(1-x)}{(1+x)(1-3x)}$$

其中 $|x| < 1$ 且 $|3x| < 1$，故所求级数收敛半径为 $R = \dfrac{1}{3}$，收敛域为 $\left(-\dfrac{1}{3}, \dfrac{1}{3}\right)$，和

函数为 $\dfrac{x(1-x)}{(1+x)(1-3x)}$.

例 8.35（北京市 1995 年竞赛题） 已知 $a_1 = 1, a_2 = 1, a_{n+1} = a_n + a_{n-1} (n = 2, 3, \cdots)$，试求级数 $\displaystyle\sum_{n=1}^{\infty} a_n x^n$ 的收敛半径与和函数.

解析 令 $b_n = \dfrac{a_n}{a_{n+1}}$，则 $b_1 = 1, b_2 = \dfrac{1}{2}, b_{n+1} = \dfrac{1}{1+b_n}$. 假设 $\{b_n\}$ 收敛，令 $b_n \to$

$A(n \to \infty)$，则 $A = \dfrac{1}{1+A} \Rightarrow A^2 + A - 1 = 0 \Rightarrow A = \dfrac{-1 \pm \sqrt{5}}{2}$，由于 $b_n > 0$，故

$$A = \frac{-1+\sqrt{5}}{2}$$

下面来证明 $\lim\limits_{n \to \infty} b_n = A$. 由于 $1 - A = A^2, 0 < A < 1$，故有

$$|b_{n+1} - A| = \left| \frac{1}{1+b_n} - A \right| = \frac{|1-A-Ab_n|}{1+b_n} \leq A |b_n - A|$$

$$\leq A^2 |b_{n-1} - A| \leq \cdots \leq A^n |b_1 - A| = A^n \left(\frac{3-\sqrt{5}}{2} \right)$$

且 $\lim\limits_{n \to \infty} A^n = 0$，所以 $\lim\limits_{n \to \infty} b_n = A$. 级数 $\displaystyle\sum_{n=1}^{\infty} a_n x^n$ 的收敛半径

$$R = \lim_{n \to \infty} \left| \frac{a_n}{a_{n+1}} \right| = \lim_{n \to \infty} |b_n| = \frac{-1+\sqrt{5}}{2}$$

令原级数的和函数为 $S(x)$，由 $a_{n+1} = a_n + a_{n-1}$ 可知 $a_{n+2} = a_{n+1} + a_n$，则 $a_n = a_{n+2} - a_{n+1}$，于是

$$a_n x^n = a_{n+2} x^n - a_{n+1} x^n$$

$$\sum_{n=1}^{\infty} a_n x^n = \sum_{n=1}^{\infty} a_{n+2} x^n - \sum_{n=1}^{\infty} a_{n+1} x^n$$

$$S(x) = \frac{S(x) - a_1 x - a_2 x^2}{x^2} - \frac{S(x) - a_1 x}{x}$$

可得

$$S(x) = \frac{x}{1-x-x^2} \quad \left(|x| < \frac{-1+\sqrt{5}}{2}\right)$$

综上所述,收敛半径 $R = \dfrac{-1+\sqrt{5}}{2}$,和函数为

$$S(x) = \frac{x}{1-x-x^2} \quad \left(|x| < \frac{-1+\sqrt{5}}{2}\right)$$

8.2.4　求数项级数的和(例 8.36—8.42)

例 8.36(精选题)　设 a_n 是曲线 $y = x^n$ 与 $y = x^{n+1}(n = 1, 2, \cdots)$ 所围区域的面积,记 $S_1 = \sum\limits_{n=1}^{\infty} a_n$,$S_2 = \sum\limits_{n=1}^{\infty} a_{2n-1}$,求 S_1 与 S_2 的值.

解析　根据题意有

$$a_n = \int_0^1 (x^n - x^{n+1})\mathrm{d}x = \left(\frac{1}{n+1}x^{n+1} - \frac{1}{n+2}x^{n+2}\right)\Big|_0^1 \cdot$$

$$= \frac{1}{n+1} - \frac{1}{n+2} = \frac{1}{(n+1)(n+2)}$$

$$a_{2n-1} = \frac{1}{2n \cdot (2n+1)}$$

由于 $a_n = \dfrac{1}{(n+1)(n+2)} \sim \dfrac{1}{n^2}$,而 $\sum\limits_{n=1}^{\infty} \dfrac{1}{n^2}$ 收敛,所以级数 S_1 收敛;由于 $a_{2n-1} = \dfrac{1}{2n \cdot (2n+1)} \sim \dfrac{1}{4n^2}$,而 $\sum\limits_{n=1}^{\infty} \dfrac{1}{4n^2}$ 收敛,所以级数 S_2 收敛.有

$$S_1 = \sum_{n=1}^{\infty} a_n = \lim_{n\to\infty} \sum_{k=1}^{n} a_k = \lim_{n\to\infty} \sum_{k=1}^{n} \frac{1}{(k+1)(k+2)}$$

$$= \lim_{n\to\infty}\left(\frac{1}{2} - \frac{1}{3} + \frac{1}{3} - \frac{1}{4} + \cdots + \frac{1}{n+1} - \frac{1}{n+2}\right)$$

$$= \lim_{n\to\infty}\left(\frac{1}{2} - \frac{1}{n+2}\right) = \frac{1}{2}$$

$$S_2 = \sum_{n=1}^{\infty} a_{2n-1} = \sum_{n=1}^{\infty} \frac{1}{2n(2n+1)} = \sum_{n=1}^{\infty}\left(\frac{1}{2n} - \frac{1}{2n+1}\right)$$

由于级数 $\sum\limits_{n=2}^{\infty} (-1)^n \dfrac{1}{n}$ 显然是收敛的,所以加括号的级数 $\sum\limits_{n=1}^{\infty}\left(\dfrac{1}{2n} - \dfrac{1}{2n+1}\right)$ 也收敛,且 $\sum\limits_{n=1}^{\infty}\left(\dfrac{1}{2n} - \dfrac{1}{2n+1}\right) = \sum\limits_{n=2}^{\infty} (-1)^n \dfrac{1}{n}$.

由于 $\sum\limits_{n=1}^{\infty} (-1)^n \dfrac{x^n}{n} = \sum\limits_{n=1}^{\infty} \dfrac{1}{n}(-x)^n = -\ln(1+x)$,收敛域为 $(-1, 1]$,所以 $\sum\limits_{n=1}^{\infty} (-1)^n \dfrac{1}{n} = -\ln(1+1) = -\ln 2$,于是

$$\sum_{n=2}^{\infty} (-1)^n \frac{1}{n} = 1 - \ln 2$$

$$S_2 = \sum_{n=1}^{\infty} \left(\frac{1}{2n} - \frac{1}{2n+1} \right) = \sum_{n=2}^{\infty} (-1)^n \frac{1}{n} = 1 - \ln 2$$

例 8.37(北京化工大学 1991 年竞赛题)　计算

$$\lim_{n \to \infty} \sum_{k=1}^{n} \frac{k+2}{k! + (k+1)! + (k+2)!}$$

解析　由于

$$k! + (k+1)! + (k+2)! = k! [1 + (k+1) + (k+1)(k+2)]$$
$$= k! (k+2)^2$$

所以 $\dfrac{k+2}{k! + (k+1)! + (k+2)!} = \dfrac{1}{k!(k+2)}$. 考虑幂级数

$$f(x) = \sum_{k=0}^{\infty} \frac{1}{k!(k+2)} x^{k+2}$$

则 $f'(x) = \displaystyle\sum_{k=0}^{\infty} \frac{1}{k!} x^{k+1} = x \sum_{k=0}^{\infty} \frac{1}{k!} x^k = x e^x$，于是

$$f(x) = f(0) + \int_0^x x e^x \mathrm{d}x = e^x (x-1) + 1, \quad |x| < +\infty$$

令 $x = 1$，得

$$\lim_{n \to \infty} \sum_{k=1}^{n} \frac{k+2}{k! + (k+1)! + (k+2)!} = \sum_{k=0}^{\infty} \frac{1}{k!(k+2)} - \frac{1}{2}$$

$$= f(1) - \frac{1}{2} = \frac{1}{2}$$

例 8.38(江苏省 2002 年竞赛题)　求 $\displaystyle\lim_{n \to \infty} \left(\frac{1^2}{2^1} + \frac{2^2}{2^2} + \frac{3^2}{2^3} + \cdots + \frac{n^2}{2^n} \right)$ 的和.

解析　首先考虑幂级数为

$$f(x) = \sum_{n=1}^{\infty} n^2 x^{n-1} \quad (|x| < 1)$$

逐项积分得

$$\int_0^x f(x) \mathrm{d}x = \sum_{n=1}^{\infty} n x^n \quad (|x| < 1)$$

令 $g(x) = \displaystyle\sum_{n=1}^{\infty} n x^{n-1} (|x| < 1)$，逐项积分得

$$\int_0^x g(x)\mathrm{d}x = \sum_{n=1}^{\infty} x^n = \frac{x}{1-x} \quad (\,|x|<1\,)$$

两边求导得

$$g(x) = \left(\frac{x}{1-x}\right)' = \frac{1}{(1-x)^2} \quad (\,|x|<1\,)$$

于是

$$\int_0^x f(x)\mathrm{d}x = xg(x) = \frac{x}{(1-x)^2} \quad (\,|x|<1\,)$$

两边求导得

$$f(x) = \left[\frac{x}{(1-x)^2}\right]' = \frac{1+x}{(1-x)^3} \quad (\,|x|<1\,)$$

所以

$$原式 = \frac{1}{2}f\left(\frac{1}{2}\right) = \frac{1}{2}\frac{1+\frac{1}{2}}{\left(1-\frac{1}{2}\right)^3} = 6$$

例 8.39(精选题) 求级数 $\displaystyle\sum_{n=1}^{\infty} \frac{(-1)^{n-1}}{n(2n-1)3^n}$ 的和.

解析 令

$$f(x) = \sum_{n=1}^{\infty} \frac{(-1)^{n-1}}{2n(2n-1)}x^{2n}, \quad |x|\leqslant 1$$

两次逐项求导得

$$f'(x) = \sum_{n=1}^{\infty} \frac{(-1)^{n-1}}{2n-1}x^{2n-1}, \quad |x|<1$$

$$f''(x) = \sum_{n=1}^{\infty} (-1)^{n-1}x^{2n-2} = \sum_{n=1}^{\infty} (-x^2)^{n-1} = \frac{1}{1+x^2}, \quad |x|<1 \qquad (1)$$

(1)式两边积分得

$$f'(x) = f'(0) + \int_0^x \frac{1}{1+x^2}\mathrm{d}x = \arctan x, \quad |x|<1 \qquad (2)$$

(2)式两边积分得

$$f(x) = f(0) + \int_0^x \arctan x\,\mathrm{d}x = x\arctan x\Big|_0^x - \int_0^x \frac{x}{1+x^2}\mathrm{d}x$$

$$= x\arctan x - \frac{1}{2}\ln(1+x^2), \quad |x|<1$$

于是

原式 $= 2f\left(\dfrac{1}{\sqrt{3}}\right) = \dfrac{2}{\sqrt{3}}\arctan\dfrac{1}{\sqrt{3}} - \ln\dfrac{4}{3} = \dfrac{\pi}{9}\sqrt{3} - 2\ln2 + \ln3$

例 8.40(江苏省 2012 年竞赛题) 求级数 $\displaystyle\sum_{n=1}^{\infty}\dfrac{n^2(n+1)+(-1)^n}{2^n n}$ 的和.

解析 原式 $= \displaystyle\sum_{n=1}^{\infty}\dfrac{n(n+1)}{2^n} + \sum_{n=1}^{\infty}\dfrac{1}{n}\left(-\dfrac{1}{2}\right)^n$,现令

$$f(x) = \sum_{n=1}^{\infty}n(n+1)x^{n-1}$$

于是

$$\int_0^x f(x)\mathrm{d}x = \sum_{n=1}^{\infty}(n+1)x^n$$

$$\int_0^x\left(\int_0^x f(x)\mathrm{d}x\right)\mathrm{d}x = \sum_{n=1}^{\infty}x^{n+1} = \dfrac{x^2}{1-x},\quad |x|<1$$

因此

$$f(x) = \left(\dfrac{x^2}{1-x}\right)'' = \left(\dfrac{2x-x^2}{(1-x)^2}\right)' = \dfrac{2}{(1-x)^3},\quad |x|<1$$

$$f\left(\dfrac{1}{2}\right) = \sum_{n=1}^{\infty}\dfrac{n(n+1)}{2^{n-1}} = 16,\quad \sum_{n=1}^{\infty}\dfrac{n(n+1)}{2^n} = 8$$

又

$$\sum_{n=1}^{\infty}\dfrac{1}{n}\left(-\dfrac{1}{2}\right)^n = -\ln\left(1+\dfrac{1}{2}\right) = -\ln\dfrac{3}{2}$$

故原式 $= 8 - \ln\dfrac{3}{2}$.

例 8.41(浙江省 2018 年竞赛题) 求幂级数 $\displaystyle\sum_{n=1}^{\infty}\dfrac{(2+(-1)^n)^n}{n}x^n$ 的收敛域与

级数 $\displaystyle\sum_{n=1}^{\infty}\dfrac{(2+(-1)^n)^n}{n6^n}$ 的和.

解析 将原幂级数按奇数项与偶数项拆分为两个幂级数,得

$$f(x) = \sum_{n=1}^{\infty}\left(\dfrac{1}{2n-1}x^{2n-1} + \dfrac{9^n}{2n}x^{2n}\right) = \sum_{n=1}^{\infty}\dfrac{1}{2n-1}x^{2n-1} + \sum_{n=1}^{\infty}\dfrac{1}{2n}(3x)^{2n}$$

记这两个幂级数依次为 I_1 与 I_2. I_1 的收敛域显然为 $-1<x<1$,I_2 的收敛域显然为 $-1<3x<1$,于是原幂级数的收敛域为 $(-1,1)\bigcap\left(-\dfrac{1}{3},\dfrac{1}{3}\right) = \left(-\dfrac{1}{3},\dfrac{1}{3}\right)$.

将幂级数逐项求导得

$$f'(x) = \sum_{n=1}^{\infty}x^{2n-2} + 3\sum_{n=1}^{\infty}(3x)^{2n-1} = \dfrac{1}{1-x^2} + \dfrac{9x}{1-9x^2}$$

由于 $f(0) = 0$,上式两边积分得

$$f(x) = \int_0^x \frac{1}{1-x^2} \mathrm{d}x + \int_0^x \frac{9x}{1-9x^2} \mathrm{d}x = \frac{1}{2} \ln \frac{1+x}{1-x} - \frac{1}{2} \ln(1-9x^2)$$

再取 $x = \frac{1}{6}$,即得所求级数的和为

$$\sum_{n=1}^{\infty} \frac{(2+(-1)^n)^n}{n 6^n} = f\left(\frac{1}{6}\right) = \frac{1}{2} \ln \frac{7}{5} - \frac{1}{2} \ln \frac{3}{4} = \frac{1}{2} \ln \frac{28}{15}$$

例 8.42(莫斯科钢铁与合金学院 1977 年竞赛题) 证明:当 $p \geqslant 1$ 时,有

$$\sum_{n=1}^{\infty} \frac{1}{(n+1)\sqrt[p]{n}} \leqslant p$$

解析 令 $x_n = \dfrac{1}{(n+1)\sqrt[p]{n}}$,于是

$$x_n = n^{1-\frac{1}{p}} \frac{1}{n(n+1)} = n^{1-\frac{1}{p}} \left(\frac{1}{n} - \frac{1}{n+1}\right)$$

$$= n^{1-\frac{1}{p}} \left(\left(\frac{1}{\sqrt[p]{n}}\right)^p - \left(\frac{1}{\sqrt[p]{n+1}}\right)^p\right)$$

由拉格朗日中值定理,存在 $\theta \in (0,1)$,使得

$$\left(\frac{1}{\sqrt[p]{n}}\right)^p - \left(\frac{1}{\sqrt[p]{n+1}}\right)^p = p\left(\frac{1}{\sqrt[p]{n+\theta}}\right)^{p-1} \left(\frac{1}{\sqrt[p]{n}} - \frac{1}{\sqrt[p]{n+1}}\right)$$

于是

$$x_n = \left(\frac{n}{n+\theta}\right)^{1-\frac{1}{p}} p\left(\frac{1}{\sqrt[p]{n}} - \frac{1}{\sqrt[p]{n+1}}\right) \leqslant p\left(\frac{1}{\sqrt[p]{n}} - \frac{1}{\sqrt[p]{n+1}}\right)$$

又 $\sum_{n=1}^{\infty} \left(\dfrac{1}{\sqrt[p]{n}} - \dfrac{1}{\sqrt[p]{n+1}}\right) = \lim_{n\to\infty} \left(1 - \dfrac{1}{\sqrt[p]{2n}}\right) = 1$,因此

$$\sum_{n=1}^{\infty} \frac{1}{(n+1)\sqrt[p]{n}} \leqslant p \sum_{n=1}^{\infty} \left(\frac{1}{\sqrt[p]{n}} - \frac{1}{\sqrt[p]{n+1}}\right) = p$$

8.2.5 求初等函数关于 x 的幂级数展开式(例 8.43—8.46)

例 8.43(江苏省 2018 年竞赛题) 设函数 $f(x) = \dfrac{7+2x}{2-x-x^2}$ 在区间 $(-1,1)$

上关于 x 的幂级数展式为 $f(x) = \sum_{n=0}^{\infty} a_n x^n$.

(1) 试求 $a_n (n = 0, 1, 2, \cdots)$;

(2) 证明级数 $\sum_{n=0}^{\infty} \dfrac{a_{n+1} - a_n}{(a_n - 2) \cdot (a_{n+1} - 2)}$ 收敛,并求该级数的和.

解析　先将 $f(x)$ 分解为部分分式的和,即令

$$f(x) = \frac{7+2x}{2-x-x^2} = \frac{2x+7}{(1-x)(2+x)} = \frac{A}{1-x} + \frac{B}{2+x}$$

其中 $A = f(x)(1-x)\big|_{x=1} = 3, B = f(x)(2+x)\big|_{x=-2} = 1$,故 $f(x) = \frac{3}{1-x} + \frac{1}{2+x}$.

(1) 应用初等函数的幂级数展开公式得

$$f(x) = 3\sum_{n=0}^{\infty} x^n + \frac{1}{2}\sum_{n=0}^{\infty} \frac{(-1)^n}{2^n} x^n = \sum_{n=0}^{\infty} \left(3 + \frac{(-1)^n}{2^{n+1}}\right) x^n, \quad |x| < 1$$

于是

$$a_n = 3 + \frac{(-1)^n}{2^{n+1}} \quad (n = 0, 1, 2, \cdots)$$

(2) 因为

$$\sum_{n=0}^{\infty} \frac{a_{n+1} - a_n}{(a_n - 2) \cdot (a_{n+1} - 2)}$$

$$= \sum_{n=0}^{\infty} \frac{(a_{n+1} - 2) - (a_n - 2)}{(a_n - 2) \cdot (a_{n+1} - 2)} = \sum_{n=0}^{\infty} \left(\frac{1}{a_n - 2} - \frac{1}{a_{n+1} - 2}\right)$$

$$= \lim_{n \to \infty} \left\{ \left(\frac{1}{a_0 - 2} - \frac{1}{a_1 - 2}\right) + \left(\frac{1}{a_1 - 2} - \frac{1}{a_2 - 2}\right) + \cdots + \left(\frac{1}{a_n - 2} - \frac{1}{a_{n+1} - 2}\right) \right\}$$

$$= \lim_{n \to \infty} \left(\frac{1}{a_0 - 2} - \frac{1}{a_{n+1} - 2}\right) = \frac{2}{3} - \lim_{n \to \infty} \frac{1}{1 + \frac{(-1)^{n+1}}{2^{n+2}}}$$

$$= \frac{2}{3} - 1 = -\frac{1}{3}$$

所以原级数收敛,其和为 $-\frac{1}{3}$.

例 8.44(全国 2019 年预赛题)　设 $f(x)$ 是仅有正实根的多项式函数,满足

$$\frac{f'(x)}{f(x)} = -\sum_{n=0}^{\infty} c_n x^n$$

试证:$c_n > 0 (n \geqslant 0)$,极限 $\lim\limits_{n \to \infty} \frac{1}{\sqrt[n]{c_n}}$ 存在,且等于 $f(x)$ 的最小实根.

解析　设 $f(x)$ 的实根为 $a_1, a_2, \cdots, a_k (0 < a_i < a_{i+1}, i = 1, 2, \cdots, k-1)$,其重数分别为 $r_1, r_2, \cdots, r_k$,则

$$f(x) = A(x-a_1)^{r_1}(x-a_2)^{r_2}\cdots(x-a_k)^{r_k} \quad (A \in \mathbf{R})$$

$$\frac{f'(x)}{f(x)} = \frac{Ar_1(x-a_1)^{r_1-1}\cdots(x-a_k)^{r_k} + \cdots + Ar_k(x-a_1)^{r_1}\cdots(x-a_k)^{r_k-1}}{A(x-a_1)^{r_1}(x-a_2)^{r_2}\cdots(x-a_k)^{r_k}}$$

$$= \frac{r_1}{x - a_1} + \frac{r_2}{x - a_2} + \cdots + \frac{r_k}{x - a_k}$$

$$= -\left(\frac{r_1}{a_1 - x} + \frac{r_2}{a_2 - x} + \cdots + \frac{r_k}{a_k - x}\right)$$

当 $|x| < a_1$ 时,将上式右边的 k 项分别展开为关于 x 的幂级数,得

$$\frac{f'(x)}{f(x)} = -\left(\sum_{n=0}^{\infty} \frac{r_1}{a_1}\left(\frac{x}{a_1}\right)^n + \sum_{n=0}^{\infty} \frac{r_2}{a_2}\left(\frac{x}{a_2}\right)^n + \cdots + \sum_{n=0}^{\infty} \frac{r_k}{a_k}\left(\frac{x}{a_k}\right)^n\right)$$

$$= -\sum_{n=0}^{\infty}\left(\frac{r_1}{a_1^{n+1}} + \frac{r_2}{a_2^{n+1}} + \cdots + \frac{r_k}{a_k^{n+1}}\right)x^n = -\sum_{n=0}^{\infty} c_n x^n$$

由函数的幂级数展式的惟一性得

$$c_n = \frac{r_1}{a_1^{n+1}} + \frac{r_2}{a_2^{n+1}} + \cdots + \frac{r_k}{a_k^{n+1}}$$

显然 $c_n > 0$. 由于 $0 < \dfrac{a_1}{a_i} < 1 (i = 2, 3, \cdots, k)$,应用幂指函数的极限性质,得

$$\lim_{n \to \infty} \sqrt[n]{c_n} = \lim_{n \to \infty} \frac{1}{a_1}\left(\frac{r_1}{a_1} + \frac{r_2}{a_2}\left(\frac{a_1}{a_2}\right)^n + \cdots + \frac{r_k}{a_k}\left(\frac{a_1}{a_k}\right)^n\right)^{\frac{1}{n}}$$

$$= \frac{1}{a_1}\left(\frac{r_1}{a_1} + 0 + \cdots + 0\right)^0 = \frac{1}{a_1}$$

于是 $\lim\limits_{n \to \infty} \dfrac{1}{\sqrt[n]{c_n}} = a_1$,即极限 $\lim\limits_{n \to \infty} \dfrac{1}{\sqrt[n]{c_n}}$ 存在,且等于 $f(x)$ 的最小正实根.

例 8.45(江苏省 2017 年竞赛题)　求函数 $f(x) = \dfrac{x}{(1 + x^2)^2} + \arctan\dfrac{1 + x}{1 - x}$ 关于 x 的幂级数展开式.

解析　令 $F(x) = \dfrac{x}{(1 + x^2)^2}$, $G(x) = \arctan\dfrac{1 + x}{1 - x}$,则

$$\int_0^x F(x)\mathrm{d}x = \int_0^x \frac{x}{(1 + x^2)^2}\mathrm{d}x = -\frac{1}{2(1 + x^2)}\bigg|_0^x = \frac{1}{2} - \frac{1}{2(1 + x^2)}$$

$$= \frac{1}{2} + \sum_{n=0}^{\infty} \frac{(-1)^{n+1}}{2}x^{2n} \quad (|x| < 1)$$

两边求导数得

$$F(x) = \sum_{n=1}^{\infty} (-1)^{n+1} n x^{2n-1} = \sum_{n=0}^{\infty} (-1)^n (n + 1)\, x^{2n+1} \quad (|x| < 1)$$

又由于

$$G'(x) = \frac{(1 - x)^2}{(1 - x)^2 + (1 + x)^2} \cdot \frac{2}{(1 - x)^2} = \frac{1}{1 + x^2}$$

$$= \sum_{n=0}^{\infty} (-1)^n x^{2n} \quad (|x| < 1)$$

两边求积得

$$G(x) = G(0) + \sum_{n=0}^{\infty} \frac{(-1)^n}{2n+1} x^{2n+1} = \frac{\pi}{4} + \sum_{n=0}^{\infty} \frac{(-1)^n}{2n+1} x^{2n+1} \quad (|x|<1)$$

综上，函数 $f(x)$ 关于 x 的幂级数展开式为

$$f(x) = \frac{\pi}{4} + \sum_{n=0}^{\infty} (-1)^n \left[(n+1) + \frac{1}{2n+1} \right] x^{2n+1} \quad (|x|<1)$$

例 8.46（精选题） 将幂级数

$$\sum_{n=0}^{\infty} \frac{(-1)^n}{(2n+1)!2^{2n}} x^{2n+1}$$

的和函数展为 $x-1$ 的幂级数.

解析 应用函数 $\sin x$ 的马克劳林展式得原级数的和函数为

$$\sum_{n=0}^{\infty} \frac{(-1)^n}{(2n+1)!2^{2n}} x^{2n+1} = 2\sum_{n=0}^{\infty} \frac{(-1)^n}{(2n+1)!} \left(\frac{x}{2}\right)^{2n+1} = 2\sin\frac{x}{2}$$

令 $x-1=t$，应用 $\sin x$ 与 $\cos x$ 的马克劳林展式，则

$$2\sin\frac{x}{2} = 2\sin\frac{1+t}{2} = 2\sin\frac{1}{2}\cdot\cos\frac{t}{2} + 2\cos\frac{1}{2}\cdot\sin\frac{t}{2}$$

$$= 2\sin\frac{1}{2}\cdot\sum_{n=0}^{\infty}\frac{(-1)^n}{(2n)!}\left(\frac{t}{2}\right)^{2n} + 2\cos\frac{1}{2}\cdot\sum_{n=0}^{\infty}\frac{(-1)^n}{(2n+1)!}\left(\frac{t}{2}\right)^{2n+1}$$

$$= \sum_{n=0}^{\infty} 2(-1)^n\left[\frac{\sin\frac{1}{2}}{2^{2n}(2n)!}(x-1)^{2n} + \frac{\cos\frac{1}{2}}{2^{2n+1}(2n+1)!}(x-1)^{2n+1}\right]$$

其中，$|x|<+\infty$.

8.2.6 求函数的傅氏级数展开式（例 8.47—8.48）

例 8.47（江苏省 1994 年竞赛题） 将函数 $f(x) = \frac{x}{4}$ 在 $[0,\pi]$ 上展成正弦级数，并求 $1 + \frac{1}{5} - \frac{1}{7} - \frac{1}{11} + \frac{1}{13} + \frac{1}{17} - \cdots$ 的和.

解析 将 $f(x)$ 作奇延拓，则 $f(x)$ 为奇函数，$f(x)\cos nx$ 为奇函数，$f(x)\sin nx$ 为偶函数.应用奇、偶函数在对称区间上定积分的性质，求得傅氏系数中

$$a_n = 0 \quad (n=0,1,2,\cdots)$$

而

$$b_n = \frac{2}{\pi}\int_0^\pi f(x)\sin nx\,dx = \frac{1}{2\pi}\int_0^\pi x\sin nx\,dx = \frac{-1}{2n\pi}\int_0^\pi x\,d\cos nx$$

$$= \frac{-1}{2n\pi}\left(x\cos nx\Big|_0^\pi - \int_0^\pi \cos nx\,dx\right) = \frac{1}{2n}(-1)^{n+1}$$

于是 $f(x)$ 的正弦级数为

$$f(x) \sim \frac{1}{2}\sum_{n=1}^{\infty}\frac{(-1)^{n+1}}{n}\sin nx$$

取 $x=\dfrac{\pi}{2}$ 得 $I=1-\dfrac{1}{3}+\dfrac{1}{5}-\dfrac{1}{7}+\dfrac{1}{9}-\cdots=\dfrac{\pi}{4}$，于是

$$\begin{aligned}
\text{原式} &= 1+\frac{1}{5}-\frac{1}{7}-\frac{1}{11}+\frac{1}{13}+\frac{1}{17}-\cdots\\
&= I+\frac{1}{3}-\frac{1}{9}+\frac{1}{15}-\frac{1}{21}+\cdots=I+\frac{1}{3}\left(1-\frac{1}{3}+\frac{1}{5}-\frac{1}{7}+\cdots\right)\\
&= I+\frac{1}{3}I=\frac{4}{3}I=\frac{\pi}{3}
\end{aligned}$$

例 8.48（全国 2016 年预赛题）　设函数 $f(x)$ 在区间 $(-\infty,+\infty)$ 上可导,且

$$f(x)=f(x+2)=f(x+\sqrt{3})$$

用 Fourier 级数理论证明 $f(x)$ 为常数.

解析　因为 $f(x)$ 连续（注:这里可导的条件给强了）,有周期 2,所以 $f(x)$ 的傅氏级数为

$$f(x)=\frac{a_0}{2}+\sum_{n=1}^{\infty}(a_n\cos n\pi x+b_n\sin n\pi x)\quad\text{（注:这里是等于）}$$

其中

$$\begin{aligned}
a_n &= \int_{-1}^{1}f(x)\cos n\pi x\mathrm{d}x=\int_{-1}^{1}f(x+\sqrt{3})\cos n\pi x\mathrm{d}x\quad(\text{令 }x+\sqrt{3}=t)\\
&= \int_{\sqrt{3}-1}^{\sqrt{3}+1}f(t)\cos n\pi(t-\sqrt{3})\mathrm{d}t\\
&= \int_{\sqrt{3}-1}^{\sqrt{3}+1}f(t)(\cos n\pi t\cdot\cos\sqrt{3}n\pi+\sin n\pi t\cdot\sin\sqrt{3}n\pi)\mathrm{d}t\\
&= (\cos\sqrt{3}n\pi)\int_{\sqrt{3}-1}^{\sqrt{3}+1}f(t)\cos n\pi t\mathrm{d}t+(\sin\sqrt{3}n\pi)\int_{\sqrt{3}-1}^{\sqrt{3}+1}f(t)\sin n\pi t\mathrm{d}t\\
&= (\cos\sqrt{3}n\pi)\int_{-1}^{1}f(t)\cos n\pi t\mathrm{d}t+(\sin\sqrt{3}n\pi)\int_{-1}^{1}f(t)\sin n\pi t\mathrm{d}t\\
&= (\cos\sqrt{3}n\pi)a_n+(\sin\sqrt{3}n\pi)b_n\\
b_n &= \int_{-1}^{1}f(x)\sin n\pi x\mathrm{d}x=\int_{-1}^{1}f(x+\sqrt{3})\sin n\pi x\mathrm{d}x\quad(\text{令 }x+\sqrt{3}=t)\\
&= \int_{\sqrt{3}-1}^{\sqrt{3}+1}f(t)\sin n\pi(t-\sqrt{3})\mathrm{d}t\\
&= \int_{\sqrt{3}-1}^{\sqrt{3}+1}f(t)(\sin n\pi t\cdot\cos\sqrt{3}n\pi-\cos n\pi t\cdot\sin\sqrt{3}n\pi)\mathrm{d}t
\end{aligned}$$

$$= (\cos\sqrt{3}\,n\pi)\int_{\sqrt{3}-1}^{\sqrt{3}+1} f(t)\sin n\pi t\,\mathrm{d}t - (\sin\sqrt{3}\,n\pi)\int_{\sqrt{3}-1}^{\sqrt{3}+1} f(t)\cos n\pi t\,\mathrm{d}t$$

$$= (\cos\sqrt{3}\,n\pi)\int_{-1}^{1} f(t)\sin n\pi t\,\mathrm{d}t - (\sin\sqrt{3}\,n\pi)\int_{-1}^{1} f(t)\cos n\pi t\,\mathrm{d}t$$

$$= (\cos\sqrt{3}\,n\pi)b_n - (\sin\sqrt{3}\,n\pi)a_n$$

即有方程组

$$\begin{cases} (1-\cos\sqrt{3}\,n\pi)a_n - (\sin\sqrt{3}\,n\pi)b_n = 0, \\ (\sin\sqrt{3}\,n\pi)a_n + (1-\cos\sqrt{3}\,n\pi)b_n = 0 \end{cases}$$

其系数行列式

$$\begin{vmatrix} 1-\cos\sqrt{3}\,n\pi & -\sin\sqrt{3}\,n\pi \\ \sin\sqrt{3}\,n\pi & 1-\cos\sqrt{3}\,n\pi \end{vmatrix} = 2(1-\cos\sqrt{3}\,n\pi) > 0 \quad (n=1,2,\cdots)$$

所以 $\forall n=1,2,\cdots$，有 $a_n=0, b_n=0$，于是

$$f(x) = \frac{a_0}{2} = \frac{1}{2}\int_{-1}^{1} f(x)\,\mathrm{d}x = 常数$$

练习题八

1. 设级数 $\sum\limits_{n=1}^{\infty} u_n$ 的通项 u_n 与其部分和 S_n 满足方程

$$2S_n^2 = 2u_n S_n - u_n \quad (n\geqslant 2)$$

证明级数收敛并求其和.

2. 判别下列级数的敛散性：

(1) $\sum\limits_{n=1}^{\infty} (\sqrt[n]{n} - 1)$；

(2) $\sum\limits_{n=2}^{\infty} \left(\dfrac{1}{\sqrt{n-1}} - \dfrac{1}{\sqrt{n}} - \dfrac{1}{n} \right)$；

(3) $\sum\limits_{n=1}^{\infty} \dfrac{1!+2!+\cdots+n!}{(2n)!}$；

(4) $\sum\limits_{n=1}^{\infty} \dfrac{n^2}{\left(2+\dfrac{1}{n}\right)^n}$.

3. 判别级数

$$\sqrt{2} + \sqrt{2-\sqrt{2}} + \sqrt{2-\sqrt{2+\sqrt{2}}} + \sqrt{2-\sqrt{2+\sqrt{2+\sqrt{2}}}} + \cdots$$

的敛散性.

4. 判别下列级数是绝对收敛还是条件收敛：

(1) $\sum\limits_{n=1}^{\infty} \dfrac{(-1)^{n+1}}{n-\ln n}$；

(2) $\sum\limits_{n=1}^{\infty} (-1)^{n+1}(\sqrt{n+1} - \sqrt{n})$；

(3) $\sum\limits_{n=2}^{\infty} \dfrac{(-1)^n}{n\ln n}$；

(4) $\sum\limits_{n=1}^{\infty} (-1)^n \tan(\sqrt{n^2+2}\,\pi)$.

5. 若级数 $\displaystyle\sum_{n=1}^{\infty} b_n\,(b_n \geqslant 0)$ 收敛,级数 $\displaystyle\sum_{n=1}^{\infty} (a_n - a_{n-1})$ 也收敛,判别级数 $\displaystyle\sum_{n=1}^{\infty} a_n b_n$ 的敛散性.

6. 已知级数 $\displaystyle\sum_{n=2}^{\infty} (-1)^n \frac{n^k}{n-1}$ 为条件收敛,求常数 k 的取值范围.

7. 就常数 p 讨论级数 $\displaystyle\sum_{n=2}^{\infty} (-1)^n \frac{\ln n}{n^p}$ 何时绝对收敛、何时条件收敛、何时发散.

8. 就常数 p 讨论级数 $\displaystyle\sum_{n=1}^{\infty} \ln\left(1 + \frac{(-1)^n}{n^p}\right)$ 何时绝对收敛、何时条件收敛、何时发散.

9. 设 $\alpha > 1$,求证:级数 $\displaystyle\sum_{n=1}^{\infty} \frac{n}{1^\alpha + 2^\alpha + \cdots + n^\alpha}$ 收敛.

10. 设 α 为正实数,讨论级数 $1 - \dfrac{1}{2^\alpha} + \dfrac{1}{3} - \dfrac{1}{4^\alpha} + \dfrac{1}{5} - \dfrac{1}{6^\alpha} + \cdots$ 的敛散性.

11. 求下列级数的收敛域:

(1) $\displaystyle\sum_{n=1}^{\infty} \frac{1}{1 + \frac{1}{2} + \cdots + \frac{1}{n}} x^n$;

(2) $\displaystyle\sum_{n=1}^{\infty} \frac{1}{a^n + b^n} x^n \ (a > 0, b > 0)$;

(3) $\displaystyle\sum_{n=1}^{\infty} \frac{1}{n - (-1)^n} x^n$;

(4) $\displaystyle\sum_{n=1}^{\infty} (\ln x)^n$.

12. 求下列幂级数的和函数:

(1) $\displaystyle\sum_{n=1}^{\infty} \frac{2n-1}{3^n} x^{2n}$;

(2) $\displaystyle\sum_{n=1}^{\infty} n(n+1) x^n$;

(3) $\displaystyle\sum_{n=1}^{\infty} \frac{1}{n(n+1)} x^{n+1}$;

(4) $\displaystyle\sum_{n=1}^{\infty} \frac{n}{n+1} x^n$.

13. 求下列级数的和:

(1) $\displaystyle\sum_{n=1}^{\infty} \frac{1 + n!}{2^n (n-1)!}$;

(2) $\displaystyle\sum_{n=1}^{\infty} \frac{n}{(n+1)!}$.

14. 试求 $\dfrac{1 + \frac{\pi^4}{5!} + \frac{\pi^8}{9!} + \frac{\pi^{12}}{13!} + \cdots}{\frac{1}{3!} + \frac{\pi^4}{7!} + \frac{\pi^8}{11!} + \frac{\pi^{12}}{15!} + \cdots}$ 的值.

15. 求下列函数关于 x 的幂级数展开式,并指出收敛域:

(1) $\ln \dfrac{1+x}{2-x}$;

(2) $x\arctan x - \ln \sqrt{1+x^2}$.

16. 求 $f(x) = \dfrac{x^2(x-3)}{(x-1)^3(1-3x)}$ 关于 x 的幂级数展开式,指出其收敛域.

专题 9　微分方程

9.1　基本概念与内容提要

9.1.1　微分方程的基本概念

1) 微分方程的阶、微分方程的初值问题、微分方程的通解与特解

2) 线性与非线性微分方程

一阶线性方程的标准形式是

$$y' + P(x)y = Q(x)$$

二阶线性方程的标准形式是

$$y'' + P(x)y' + G(x)y = f(x)$$

线性方程的特征是关于未知函数以及它的各阶导数是一次方程,其系数与非齐次项(即上述方程的右端项)是自变量的已知函数. 上述两个方程是关于 y 的一阶与二阶线性方程. 当两个方程右端的非齐次项 $Q(x)$ 与 $f(x)$ 恒等于零时,称为线性齐次方程,否则称为线性非齐次方程.

9.1.2　一阶微分方程

1) 变量可分离的方程总可化为

$$P(x)\mathrm{d}x + Q(y)\mathrm{d}y = 0$$

的形式,两边积分即得隐函数形式的通解

$$\int P(x)\mathrm{d}x + \int Q(y)\mathrm{d}y = C$$

这里左端的两个不定积分只求一个原函数.

2) 齐次方程:齐次方程总可化为

$$\frac{\mathrm{d}y}{\mathrm{d}x} = f\left(\frac{y}{x}\right)$$

的形式. 作未知函数的变换 $y = xu$,这里 u 为新的未知函数,则原方程化为变量可分离的方程

$$\frac{\mathrm{d}u}{f(u) - u} = \frac{\mathrm{d}x}{x}$$

设该方程的通解为 $u = \varphi(x,c)$，则原方程的通解为 $y = x\varphi(x,c)$.

3) 一阶线性方程：一阶线性方程

$$y' + P(x)y = Q(x)$$

的通解可用公式

$$y = e^{-\int P(x)dx}\left(c + \int Q(x)e^{\int P(x)dx}dx\right)$$

直接写出. 这里的三个积分皆取一个原函数. 这个通解公式中，$ce^{-\int P(x)dx}$ 是原微分方程所对应的齐次方程 $y' + P(x)y = 0$ 的通解，而另一项

$$e^{-\int P(x)dx}\int Q(x)e^{\int P(x)dx}dx$$

是原方程的一个特解.

4) 伯努利方程：方程的形式为

$$y' + P(x)y = Q(x)y^\lambda$$

这里 $\lambda \neq 0,1$. 作未知函数的变换，令 $y^{1-\lambda} = u$，且原方程可化为一阶线性非齐次方程

$$\frac{du}{dx} + (1-\lambda)P(x)u = (1-\lambda)Q(x)$$

9.1.3 二阶微分方程

1) 用降阶法解特殊的二阶微分方程

(1) $y'' = f(x)$：积分两次即得通解

$$y = \int\left(\int f(x)dx\right)dx + c_1 x + c_2$$

(2) $y'' = f(x,y')$：令 $y' = u$，则原方程化为一阶方程 $u' = f(x,u)$.

(3) $y'' = f(y,y')$：令 $y' = u$，$y'' = u\frac{du}{dy}$，则原方程化为一阶方程

$$u\frac{du}{dy} = f(y,u)$$

2) 二阶线性微分方程通解的结构

二阶线性微分方程的标准形式为

$$y'' + p(x)y' + q(x)y = f(x) \tag{1}$$

$$y'' + p(x)y' + q(x)y = 0 \tag{2}$$

称方程(2) 为方程(1) 所对应的齐次方程，称方程(2) 的通解为方程(1) 的余函数.

定理 1 设 $y_1(x)$ 与 $y_2(x)$ 是方程(2) 的两个线性无关解，则方程(2) 的通解为

$$y = c_1 y_1(x) + c_2 y_2(x)$$

这里 c_1 与 c_2 为两个任意常数.

定理 2 设 $y_1(x)$ 与 $y_2(x)$ 是方程(2)的两个线线无关解,$\tilde{y}(x)$ 是方程(1)的任一特解,则方程(1)的通解为

$$y = c_1 y_1(x) + c_2 y_2(x) + \tilde{y}(x)$$

定理 3 设方程(1)中 $f(x) = f_1(x) + f_2(x)$. 若方程

$$y'' + p(x)y' + q(x)y = f_1(x)$$

$$y'' + p(x)y' + q(x)y = f_2(x)$$

分别有特解 $\tilde{y}_1(x)$ 与 $\tilde{y}_2(x)$,则方程(1)有特解 $\tilde{y}_1(x) + \tilde{y}_2(x)$.

定理 4 方程(1)的任意两个特解的差是方程(2)的一个特解;方程(1)的任意两个特解的平均值仍是方程(1)的一个特解.

3) 二阶常系数线性齐次方程的通解公式:二阶常系数线性齐次方程

$$y'' + py' + qy = 0 \tag{3}$$

的特征方程为

$$\lambda^2 + p\lambda + q = 0 \tag{4}$$

当 $p^2 - 4q > 0$ 时,方程(4)有两个相异实根 $\lambda_1, \lambda_2 (\lambda_1 \neq \lambda_2)$,此时方程(3)的通解为

$$y = c_1 e^{\lambda_1 x} + c_2 e^{\lambda_2 x}$$

当 $p^2 - 4q = 0$ 时,方程(4)有两个相等的实根 $\lambda_1, \lambda_2 (\lambda_1 = \lambda_2)$,此时方程(3)的通解为

$$y = e^{\lambda_1 x}(c_1 x + c_2)$$

当 $p^2 - 4q < 0$ 时,方程(4)有两个共轭复根 $\lambda_1 = \alpha + \beta i, \lambda_2 = \alpha - \beta i$,其中 $\alpha = \dfrac{-p}{2}, \beta = \dfrac{1}{2}\sqrt{4q - p^2}$,此时方程(3)的通解为

$$y = e^{\alpha x}(c_1 \cos\beta x + c_2 \sin\beta x)$$

4) 二阶常系数线性非齐次方程的特解

设方程

$$y'' + py + qy = f(x) \tag{5}$$

当右端的函数 $f(x)$ 为指数函数 $e^{\alpha x}$、多项式 $P_n(x)$、三角函数 $a\cos\beta x + b\sin\beta x$ 或者它们的乘积时,可用待定系数法求方程(5)的一个特解 $\tilde{y}(x)$. 这里 $\tilde{y}(x)$ 与 $f(x)$ 有相同的形式,或在此相同形式前乘以 $x^k (k = 0, 1, 2)$. 具体地说,当 α 或 $\alpha + \beta i$ 不是特征根时,$k = 0$;当 $\lambda = 0$ 不是特征根时,$k = 0$;当 α 或 $\alpha + \beta i$ 是单特征根时,$k = 1$;当 $\lambda = 0$ 是单特征根时,$k = 1$;当 α 是二重特征根时,$k = 2$.

5) 欧拉方程:二阶欧拉方程的标准形式是

$$x^2 y'' + pxy' + qy = f(x) \tag{6}$$

作自变量的变换,令 $x = e^t$,则

$$xy' = \frac{dy}{dt}, \quad x^2 y'' = \frac{d^2 y}{dt^2} - \frac{dy}{dt}$$

代入方程(6)化为常系数线性方程

$$\frac{d^2 y}{dt^2} + (p-1)\frac{dy}{dt} + qy = f(e^t)$$

9.1.4　微分方程的应用

1) 求函数表达式:根据已知条件,运用微分知识,导出未知函数所满足的微分方程和初值条件,求解此初值问题即得所求的函数表达式.

2) 在几何上常常需要求满足一定条件的曲线,这些条件通常与曲线的切线性质或曲线所围的面积有关. 我们用 $y = f(x)$ 表示所求曲线的方程,根据已知条件找出 x, y, y' 之间的关系式,这就是微分方程,然后求解此微分方程.

3) 在物理上,常用 t 表示时间,用 x 表示某物理量,应用导数的物理意义(如速度、加速度等) 以及有关的物理定律建立微分方程,然后再求解.

9.2　竞赛题与精选题解析

9.2.1　求解一阶微分方程(例 9.1—9.6)

例 9.1(莫斯科动力学院 1975 年竞赛题)　求满足函数方程

$$f(x+y) = \frac{f(x) + f(y)}{1 - f(x)f(y)}$$

的可微函数 $f(x)$.

解析　由于 $y = 0$ 时

$$f(x) = \frac{f(x) + f(0)}{1 - f(x)f(0)} \Rightarrow f(0)[1 + f^2(x)] = 0$$

所以 $f(0) = 0$. 又因为

$$\frac{f(x+y) - f(x)}{y} = \frac{f(y) - f(0)}{y} \cdot \frac{1 + f^2(x)}{1 - f(x)f(y)}$$

两边令 $y \to 0$ 得

$$f'(x) = f'(0)[1 + f^2(x)]$$

分离变量得

$$\frac{\mathrm{d}f(x)}{1+f^2(x)} = f'(0)\mathrm{d}x$$

积分得

$$\arctan f(x) = f'(0)x + C_1$$

令 $x = 0$ 代入得 $C_1 = 0$，于是所求函数为 $f(x) = \tan(Cx)$。

例 9.2（东南大学 2018 年竞赛题）　试求出所有的可微函数 $f:(0,+\infty) \to (0,+\infty)$，满足

$$f'\left(\frac{1}{x}\right) = \frac{x}{f(x)} \quad (x > 0)$$

解析　由原式得

$$f(x)f'\left(\frac{1}{x}\right) = x, \quad f\left(\frac{1}{x}\right)f'(x) = \frac{1}{x}$$

令 $F(x) = f(x)f\left(\frac{1}{x}\right)$，则

$$F'(x) = f'(x)f\left(\frac{1}{x}\right) + f(x)f'\left(\frac{1}{x}\right)\left(-\frac{1}{x^2}\right) = \frac{1}{x} - \frac{1}{x} = 0$$

所以 $F(x) = C$（C 为任意正常数），因此 $f'(x) = \frac{1}{Cx}f(x)$。这是变量可分离的方程，容易求得通解为

$$f(x) = C_1 x^{\frac{1}{C}} \quad (C_1 > 0)$$

代入 $f(x)f\left(\frac{1}{x}\right) = C$ 得 $C_1 = \sqrt{C}$，于是所求函数为

$$f(x) = \sqrt{C}x^{\frac{1}{C}} \quad (C \text{ 为任意正常数})$$

例 9.3（北京市 1995 年竞赛题）　(1) 求微分方程 $y' + \sin(x-y) = \sin(x+y)$ 的通解；(2) 求可微函数 $f(t)$，使之满足 $f(t) = \cos 2t + \int_0^t f(u)\sin u\,\mathrm{d}u$。

解析　(1) 应用三角公式，原方程等价于

$$y' + \sin x \cdot \cos y - \cos x \cdot \sin y = \sin x \cdot \cos y + \cos x \cdot \sin y$$

即 $y' = 2\cos x \cdot \sin y$，此为变量可分离的方程，分离变量得

$$\frac{\mathrm{d}y}{\sin y} = 2\cos x\,\mathrm{d}x$$

两边积分得 $\ln|\csc y - \cot y| = 2\sin x + C_1$，即通解为

$$\csc y - \cot y = Ce^{2\sin x}$$

（2）等式两端对 t 求导,得

$$f'(t) - \sin t \cdot f(t) = -2\sin 2t$$

此为一阶线性微分方程,通解为

$$f(t) = \mathrm{e}^{\int \sin t\, \mathrm{d}t}\left(C - \int 2\sin 2t \cdot \mathrm{e}^{-\int \sin t\, \mathrm{d}t}\,\mathrm{d}t\right)$$

$$= \mathrm{e}^{-\cos t}\left(C - 2\int \sin 2t \cdot \mathrm{e}^{\cos t}\,\mathrm{d}t\right) = 4(\cos t - 1) + C\mathrm{e}^{-\cos t}$$

例 9.4（全国 2013 年决赛题）　已知函数 $f(u,v)$ 具有连续偏导数,且满足

$$f'_u(u,v) + f'_v(u,v) = uv$$

求 $y(x) = \mathrm{e}^{-2x}f(x,x)$ 所满足的一阶微分方程,并求其通解.

　　解析　由于

$$y'(x) = -2\mathrm{e}^{-2x}f(x,x) + \mathrm{e}^{-2x}(f'_u(x,x)\cdot 1 + f'_v(x,x)\cdot 1)$$

$$= -2y(x) + x^2\mathrm{e}^{-2x}$$

所以 $y(x)$ 所满足的一阶微分方程是 $y' + 2y = x^2\mathrm{e}^{-2x}$,其通解为

$$y = \mathrm{e}^{\int -2\,\mathrm{d}x}\left(C + \int x^2\mathrm{e}^{-2x}\mathrm{e}^{\int 2\,\mathrm{d}x}\,\mathrm{d}x\right) = \mathrm{e}^{-2x}\left(C + \int x^2\,\mathrm{d}x\right) = \mathrm{e}^{-2x}\left(C + \frac{1}{3}x^3\right)$$

例 9.5（江苏省 2000 年竞赛题）　设函数 $f(x)$ 在 $(-\infty, +\infty)$ 上连续,且满足

$$f(t) = 2\iint\limits_{x^2+y^2\leqslant t^2}(x^2+y^2)f(\sqrt{x^2+y^2})\mathrm{d}x\mathrm{d}y + t^4$$

求 $f(x)$.

　　解析　采用极坐标将二重积分化为定积分,有

$$\iint\limits_{D}(x^2+y^2)f(\sqrt{x^2+y^2})\mathrm{d}x\mathrm{d}y = \int_0^{2\pi}\mathrm{d}\theta\int_0^t\rho^3 f(\rho)\mathrm{d}\rho = 2\pi\int_0^t\rho^3 f(\rho)\mathrm{d}\rho$$

代入原式得

$$f(t) = 4\pi\int_0^t\rho^3 f(\rho)\mathrm{d}\rho + t^4$$

两边求导数得

$$f'(t) = 4\pi t^3 f(t) + 4t^3, \quad f(0) = 0$$

此为一阶线性微分方程,其通解为

$$f(t) = \mathrm{e}^{4\pi\int t^3\,\mathrm{d}t}\left(C + \int 4t^3 \cdot \mathrm{e}^{-4\pi\int t^3\,\mathrm{d}t}\,\mathrm{d}t\right) = \mathrm{e}^{\pi t^4}\left(C + \int 4t^3\cdot \mathrm{e}^{-\pi t^4}\,\mathrm{d}t\right)$$

$$= C\mathrm{e}^{\pi t^4} - \frac{1}{\pi}$$

由 $f(0) = 0$ 得 $C = \frac{1}{\pi}$,于是 $f(x) = \frac{1}{\pi}(\mathrm{e}^{\pi x^4} - 1)$.

例9.6(江苏省 1994 年竞赛题)　设 $f(x)$ 为定义在 $[0,+\infty)$ 上的连续函数，且满足

$$f(t) = \iiint\limits_{x^2+y^2+z^2 \leqslant t^2} f(\sqrt{x^2+y^2+z^2})\,\mathrm{d}V + t^3$$

求 $f(1)$.

解析　首先应用球坐标计算三重积分，记 $\Omega : x^2+y^2+z^2 \leqslant t^2$，则

$$\iiint\limits_{\Omega} f(\sqrt{x^2+y^2+z^2})\,\mathrm{d}V = \int_0^{2\pi}\mathrm{d}\theta\int_0^{\pi}\mathrm{d}\varphi\int_0^t f(r)r^2\sin\varphi\,\mathrm{d}r = 4\pi\int_0^t r^2 f(r)\,\mathrm{d}r$$

代入原式得

$$f(t) = 4\pi\int_0^t r^2 f(r)\,\mathrm{d}r + t^3$$

则 $f(0) = 0$. 上式两边求导得 $f'(t) = 4\pi t^2 f(t) + 3t^2$，此为一阶线性方程，通解为

$$f(t) = \mathrm{e}^{\int 4\pi t^2 \mathrm{d}t}\left(C + \int 3t^2\,\mathrm{e}^{-\int 4\pi t^2 \mathrm{d}t}\mathrm{d}t\right) = \mathrm{e}^{\frac{4}{3}\pi t^3}\left(C + \int 3t^2\,\mathrm{e}^{-\frac{4}{3}\pi t^3}\mathrm{d}t\right)$$

$$= C\mathrm{e}^{\frac{4}{3}\pi t^3} - \frac{3}{4\pi}$$

由 $f(0) = 0$ 得 $C = \dfrac{3}{4\pi}$，于是 $f(t) = \dfrac{3}{4\pi}\left(\mathrm{e}^{\frac{4}{3}\pi t^3} - 1\right)$，故 $f(1) = \dfrac{3}{4\pi}\left(\mathrm{e}^{\frac{4}{3}\pi} - 1\right)$.

9.2.2　求解二阶微分方程(例9.7—9.16)

例9.7(莫斯科大学 1977 年竞赛题)　是否存在闭区间 $[-a,a]$ 上的连续函数 $p(x),q(x)$，使得 $y = x^2\sin x$ 是微分方程

$$y'' + p(x)y' + q(x)y = 0$$

的特解？

解析　将 $y = x^2\sin x$ 代入微分方程得

$$(2\sin x + 4x\cos x - x^2\sin x) + p(x)(2x\sin x + x^2\cos x) + q(x)x^2\sin x = 0$$

当 $x \neq 0$ 时，将上式整理得

$$2\frac{\sin x}{x} + 4\cos x + [2p(x) - x + xq(x)]\sin x + xp(x)\cos x = 0$$

令 $x \to 0$ 得 $2+4+0+0 = 0$，即 $6 = 0$，此为矛盾式. 故不存在连续函数 $p(x),q(x)$ 使得 $y = x^2\sin x$ 为所给微分方程的解.

例9.8(江苏省 1994 年竞赛题)　设四阶常系数线性齐次微分方程有一个解为 $y_1 = x\mathrm{e}^x\cos 2x$，则通解为_____.

解析　由特解 $y_1 = x\mathrm{e}^x\cos 2x$，表明特征方程有二重特征根 $\lambda = 1 \pm 2\mathrm{i}$，故特征方程为

$$(\lambda - 1 - 2\mathrm{i})^2(\lambda - 1 + 2\mathrm{i})^2 = 0$$

化简得 $(\lambda^2 - 2\lambda + 5)^2 = \lambda^4 - 4\lambda^3 + 14\lambda^2 - 20\lambda + 25 = 0$，于是得所求的微分方程为 $y^{(4)} - 4y^{(3)} + 14y'' - 20y' + 25y = 0$，此方程的通解为

$$y = e^x [(C_1 + C_2 x)\cos 2x + (C_3 + C_4 x)\sin 2x]$$

例 9.9(全国 2009 年预赛题) 已知 $y_1 = xe^x + e^{2x}$，$y_2 = xe^x + e^{-x}$，$y_3 = xe^x + e^{2x} - e^{-x}$ 是某二阶常系数线性非齐次方程的三个解，试求此微分方程.

解析 设所求微分方程为 $L(D)y = y'' + py' + qy = f(x)$，令 $y = ay_1 + by_2 + cy_3$，由于

$$L(D)y = L(D)(ay_1 + by_2 + cy_3) = (a + b + c)f(x)$$

所以，若 $a + b + c = 0$，则 $y = ay_1 + by_2 + cy_3$ 是微分方程 $L(D)y = 0$ 的特解；若 $a + b + c = 1$，则 $y = ay_1 + by_2 + cy_3$ 是微分方程 $L(D)y = f(x)$ 的特解. 因为

$$ay_1 + by_2 + cy_3 = (a + b + c)xe^x + (a + c)e^{2x} + (b - c)e^{-x}$$

令 $\begin{cases} a + b + c = 0, \\ a + c = 1, \\ b - c = 0, \end{cases}$ 解得 $(a, b, c) = (2, -1, -1)$，则 $2y_1 - y_2 - y_3 = e^{2x}$ 是 $L(D)y = 0$ 的特解；令 $\begin{cases} a + b + c = 0, \\ a + c = 0, \\ b - c = 1, \end{cases}$ 解得 $(a, b, c) = (1, 0, -1)$，则 $y_1 - y_3 = e^{-x}$ 是 $L(D)y = 0$ 的特解；令 $\begin{cases} a + b + c = 1, \\ a + c = 0, \\ b - c = 0, \end{cases}$ 解得 $(a, b, c) = (-1, 1, 1)$，则 $-y_1 + y_2 + y_3 = xe^x$ 是 $L(D)y = f(x)$ 的特解. 所以 $\lambda = 2, -1$ 是微分方程 $L(D)y = 0$ 的两个特征根，故所求微分方程为

$$L(D)y = y'' - y' - 2y = f(x)$$

将特解 $y = xe^x$ 代入上式得 $f(x) = e^x(1 - 2x)$，于是所求微分方程为

$$y'' - y' - 2y = e^x(1 - 2x)$$

例 9.10(精选题) 设二阶常系数线性非齐次方程

$$y'' + ay' + by = (cx + d)e^{2x}$$

有特解 $y = 2e^x + (x^2 - 1)e^{2x}$，不解方程写出通解(说明理由)，并求出常数 a, b, c, d 的值.

解析 微分方程的通解具有形式

$$y = C_1 y_1(x) + C_2 y_2(x) + \tilde{y}(x) \tag{$*$}$$

这里 C_1, C_2 为任意常数，$y_1(x), y_2(x)$ 为对应的齐次微分方程的基本解组. $\tilde{y}(x) = (\alpha x + \beta)e^{2x}$，此时 $\lambda = 2$ 不是特征根；或 $\tilde{y}(x) = x(\alpha x + \beta)e^{2x}$，此时 $\lambda = 2$ 为单特征根. 由于

$$y = 2e^x + (x^2 - 1)e^{2x} = 2e^x - e^{2x} + x^2 e^{2x}$$

此特解应为(∗)式中取定常数 C_1, C_2 而得. 分析可得 $y_1(x) = e^x$, $y_2(x) = e^{2x}$, $\tilde{y}(x) = x^2 e^{2x}$. 因而 $\lambda = 1, 2$ 为特征根, 故 $a = -(1+2) = -3$, $b = 1 \cdot 2 = 2$. 原方程的通解为

$$y = C_1 e^x + C_2 e^{2x} + x^2 e^{2x}$$

将 $\tilde{y}(x) = x^2 e^{2x}$ 代入 $y'' - 3y' + 2y = (cx + d)e^{2x}$ 可得

$$e^{2x}(4x^2 + 8x + 2) - 3e^{2x}(2x^2 + 2x) + 2x^2 e^{2x} = (cx + d)e^{2x}$$

化简得 $2x + 2 = cx + d$, 所以 $c = 2, d = 2$. 即有

$$a = -3, \quad b = 2, \quad c = 2, \quad d = 2$$

例 9.11(全国 2016 年考研题)　已知 $y_1(x) = e^x$, $y_2(x) = u(x)e^x$ 是二阶微分方程

$$(2x - 1)y'' - (2x + 1)y' + 2y = 0$$

的解, 若 $u(-1) = e, u(0) = -1$, 求 $u(x)$, 并写出该微分方程的通解.

解析　因 $y_2 = e^x u$, $y_2' = e^x(u' + u)$, $y_2'' = e^x(u'' + 2u' + u)$, 代入原微分方程得

$$(2x - 1)u'' + (2x - 3)u' = 0$$

这是关于 u' 的一阶线性齐次方程, 应用其通解公式得

$$u' = C_1' \exp\left(-\int \frac{2x - 3}{2x - 1} dx\right) = C_1' \exp(-x + \ln(2x - 1)) = C_1'(2x - 1)e^{-x}$$

$$\Rightarrow \qquad u = C_1' \int (2x - 1)e^{-x} dx = -C_1'(2x + 1)e^{-x} + C_2'$$

由 $u(-1) = e, u(0) = -1$, 可确定 $C_1' = 1, C_2' = 0$, 于是 $u(x) = -(2x + 1)e^{-x}$.

因 $y_1(x) = e^x$, $y_2(x) = -(2x + 1)$ 是原方程的两个线性无关解, 故所求通解为

$$y = C_1 e^x + C_2(2x + 1)$$

例 9.12(南京大学 1993 年竞赛题)　设 $\varphi(x) = \cos x - \int_0^x (x - u)\varphi(u) du$, 其中 $\varphi(u)$ 为连续函数, 求 $\varphi(x)$.

解析　原式两边求导得

$$\varphi'(x) = -\sin x - \int_0^x \varphi(u) du - x\varphi(x) + x\varphi(x)$$

$$= -\sin x - \int_0^x \varphi(u) du \tag{1}$$

再两边求导得

$$\varphi''(x) + \varphi(x) = -\cos x \qquad (2)$$

其特征方程为 $\lambda^2 + 1 = 0$,特征根为 $\lambda = \pm i$. 用待定系数法,令

$$\widetilde{\varphi}(x) = x(A_1\cos x + A_2\sin x)$$

代入方程(2)得 $A_1 = 0$, $A_2 = -\dfrac{1}{2}$,故 $\widetilde{\varphi}(x) = -\dfrac{1}{2}x\sin x$. 于是方程(2)的通解为

$$\varphi(x) = C_1\cos x + C_2\sin x - \frac{1}{2}x\sin x$$

又由原式和(1)式可知 $\varphi(0) = 1$,$\varphi'(0) = 0$,代入上式得 $C_1 = 1$,$C_2 = 0$,因此所求函数为

$$\varphi(x) = \cos x - \frac{1}{2}x\sin x$$

例 9.13(北京市 1993 年竞赛题)   设 $u = u(\sqrt{x^2 + y^2})$ 具有连续二阶偏导数,且满足

$$\frac{\partial^2 u}{\partial x^2} + \frac{\partial^2 u}{\partial y^2} - \frac{1}{x}\frac{\partial u}{\partial x} + u = x^2 + y^2$$

试求函数 u 的表达式.

解析   令 $t = \sqrt{x^2 + y^2}$,则

$$\frac{\partial u}{\partial x} = \frac{\mathrm{d}u}{\mathrm{d}t} \cdot \frac{\partial t}{\partial x} = \frac{x}{t}\frac{\mathrm{d}u}{\mathrm{d}t}$$

$$\frac{\partial^2 u}{\partial x^2} = \left(\frac{1}{t} - \frac{x^2}{t^3}\right)\frac{\mathrm{d}u}{\mathrm{d}t} + \frac{x^2}{t^2}\frac{\mathrm{d}^2 u}{\mathrm{d}t^2}$$

同理

$$\frac{\partial^2 u}{\partial y^2} = \left(\frac{1}{t} - \frac{y^2}{t^3}\right)\frac{\mathrm{d}u}{\mathrm{d}t} + \frac{y^2}{t^2}\frac{\mathrm{d}^2 u}{\mathrm{d}t^2}$$

代入原方程得 $\dfrac{\mathrm{d}^2 u}{\mathrm{d}t^2} + u = t^2$. 此为二阶线性常系数方程,解得其通解为

$$u = C_1\cos t + C_2\sin t + t^2 - 2$$

故所求函数 u 的表达式为

$$u(x,y) = C_1\cos\sqrt{x^2 + y^2} + C_2\sin\sqrt{x^2 + y^2} + x^2 + y^2 - 2$$

其中 C_1,C_2 为任意常数.

例 9.14(全国 2010 年预赛题) 设函数 $y = f(x)$ 由参数方程

$$\begin{cases} x = 2t + t^2, \\ y = \psi(t) \end{cases} \quad (t > -1)$$

所确定,且 $\dfrac{\mathrm{d}^2 y}{\mathrm{d}x^2} = \dfrac{3}{4(1+t)}$,其中 $\psi(t)$ 具有二阶导数,并与曲线 $y = \displaystyle\int_1^{t^2} \mathrm{e}^{-u^2} \mathrm{d}u + \dfrac{3}{2\mathrm{e}}$ 在 $t = 1$ 处相切,求函数 $\psi(t)$.

解析 记 $x = 2t + t^2 = \varphi(t)$,则 $\varphi'(t) = 2(1+t)$,$\varphi''(t) = 2$.应用参数式函数的二阶导数公式得

$$\frac{\mathrm{d}^2 y}{\mathrm{d}x^2} = \frac{\psi'' \varphi' - \psi' \varphi''}{(\varphi')^3} = \frac{2(1+t)\psi'' - 2\psi'}{8(1+t)^3} = \frac{3}{4(1+t)}$$

化简上式得

$$\psi''(t) - \frac{1}{1+t}\psi'(t) = 3(1+t)$$

此为关于 $\psi'(t)$ 的一阶线性方程,其通解为

$$\psi'(t) = \mathrm{e}^{\int \frac{1}{1+t}\mathrm{d}t}\left(C_1 + \int 3(1+t)\mathrm{e}^{-\int \frac{1}{1+t}\mathrm{d}t}\mathrm{d}t\right) = (1+t)(C_1 + 3t)$$

又由题意可知 $\psi'(1) = 2t\mathrm{e}^{-t^4}\Big|_{t=1} = \dfrac{2}{\mathrm{e}}$,故 $2(3 + C_1) = \dfrac{2}{\mathrm{e}}$,得 $C_1 = \dfrac{1}{\mathrm{e}} - 3$. 于是

$$\psi'(t) = 3t^2 + \frac{1}{\mathrm{e}}t + \frac{1}{\mathrm{e}} - 3$$

积分得

$$\psi(t) = t^3 + \frac{1}{2\mathrm{e}}t^2 + \left(\frac{1}{\mathrm{e}} - 3\right)t + C_2$$

又因 $\psi(1) = \dfrac{3}{2\mathrm{e}}$,代入上式可得 $C_2 = 2$,故有 $\psi(t) = t^3 + \dfrac{1}{2\mathrm{e}}t^2 + \left(\dfrac{1}{\mathrm{e}} - 3\right)t + 2$.

例 9.15(北京邮电大学 1996 年竞赛题) 设 $u_0 = 0$,$u_1 = 1$,$u_{n+1} = au_n + bu_{n-1}$,$n = 1, 2, \cdots$. 设 $f(x) = \displaystyle\sum_{n=1}^{\infty} \frac{u_n}{n!}x^n$,试导出 $f(x)$ 满足的微分方程.

解析 已知 $f(x) = \displaystyle\sum_{n=1}^{\infty} \frac{u_n}{n!}x^n$,对 x 求导得

$$f'(x) = \sum_{n=1}^{\infty} \frac{u_n}{(n-1)!}x^{n-1} = 1 + \sum_{n=2}^{\infty} \frac{u_n}{(n-1)!}x^{n-1}$$

$$= 1 + \sum_{n=2}^{\infty} \frac{au_{n-1} + bu_{n-2}}{(n-1)!}x^{n-1}$$

$$= 1 + a \sum_{n=2}^{\infty} \frac{u_{n-1}}{(n-1)!} x^{n-1} + b \sum_{n=2}^{\infty} \frac{u_{n-2}}{(n-1)!} x^{n-1}$$

$$= 1 + af(x) + b \sum_{n=1}^{\infty} \frac{u_{n-1}}{n!} x^n$$

再求导,得

$$f''(x) = af'(x) + b \sum_{n=1}^{\infty} \frac{u_{n-1}}{(n-1)!} x^{n-1}$$

$$= af'(x) + b \sum_{n=0}^{\infty} \frac{u_n}{n!} x^n = af'(x) + bf(x)$$

故 $f(x)$ 满足微分方程

$$\begin{cases} f''(x) - af'(x) - bf(x) = 0, \\ f(0) = 0, f'(0) = 1 \end{cases}$$

例 9.16(江苏省 1994 年竞赛题)　给定方程 $y'' + (\sin y - x)(y')^3 = 0$.

(1) 证明 $\dfrac{\mathrm{d}^2 y}{\mathrm{d}x^2} = -\dfrac{\mathrm{d}^2 x}{\mathrm{d}y^2} \Big/ \left(\dfrac{\mathrm{d}x}{\mathrm{d}y}\right)^3$,并将方程化为以 x 为因变量,以 y 为自变量的形式;

(2) 求方程的通解.

解析　(1) 应用反函数求导法则得 $\dfrac{\mathrm{d}y}{\mathrm{d}x} \cdot \dfrac{\mathrm{d}x}{\mathrm{d}y} = 1$,两边对 x 求导得

$$\frac{\mathrm{d}^2 y}{\mathrm{d}x^2} \cdot \frac{\mathrm{d}x}{\mathrm{d}y} + \frac{\mathrm{d}y}{\mathrm{d}x} \cdot \frac{\mathrm{d}}{\mathrm{d}x}\left(\frac{\mathrm{d}x}{\mathrm{d}y}\right) = \frac{\mathrm{d}^2 y}{\mathrm{d}x^2} \cdot \frac{\mathrm{d}x}{\mathrm{d}y} + \frac{\mathrm{d}y}{\mathrm{d}x} \cdot \frac{\mathrm{d}^2 x}{\mathrm{d}y^2} \cdot \frac{\mathrm{d}y}{\mathrm{d}x} = 0$$

$$\Rightarrow \qquad \frac{\mathrm{d}^2 y}{\mathrm{d}x^2} = -\frac{\mathrm{d}^2 x}{\mathrm{d}y^2} \cdot \left(\frac{\mathrm{d}y}{\mathrm{d}x}\right)^2 \Big/ \frac{\mathrm{d}x}{\mathrm{d}y} = -\frac{\mathrm{d}^2 x}{\mathrm{d}y^2} \Big/ \left(\frac{\mathrm{d}x}{\mathrm{d}y}\right)^3$$

代入原微分方程得

$$-\frac{\mathrm{d}^2 x}{\mathrm{d}y^2} \Big/ \left(\frac{\mathrm{d}x}{\mathrm{d}y}\right)^3 + (\sin y - x) \Big/ \left(\frac{\mathrm{d}x}{\mathrm{d}y}\right)^3 = 0$$

即得 $\dfrac{\mathrm{d}^2 x}{\mathrm{d}y^2} + x = \sin y$.

(2) 上问中所求得的方程是关于 x 的二阶线性方程,特征方程为 $\lambda^2 + 1 = 0$,解得 $\lambda = \pm \mathrm{i}$,则对应的齐次方程的通解为

$$x = C_1 \cos y + C_2 \sin y$$

令原方程的特解为 $\tilde{x} = y(A\cos y + B\sin y)$,则

$$\tilde{x}' = (A + By)\cos y + (B - Ay)\sin y$$

$$\tilde{x}'' = (B + B - Ay)\cos y + (-A - A - By)\sin y$$

一起代入原微分方程得

$$(2B - Ay + Ay)\cos y + (-2A - By + By)\sin y = \sin y$$

比较系数得 $B = 0$, $A = -\dfrac{1}{2}$, 故 $\tilde{x} = -\dfrac{1}{2}y\cos y$, 于是所求通解为

$$x = C_1\cos y + C_2\sin y - \frac{1}{2}y\cos y$$

9.2.3 解微分方程的应用题(例 9.17—9.23)

例 9.17(全国 2019 年预赛题) 设 $f(x)$ 在 $[0, +\infty)$ 上具有连续导数,满足

$$3[3 + f^2(x)]f'(x) = 2[1 + f^2(x)]^2 e^{-x^2}$$

且 $f(0) \leqslant 1$,证明:存在常数 $M > 0$,使得 $x \in [0, +\infty)$ 时,恒有 $|f(x)| \leqslant M$.

解析 记 $f(x) = y$,将原式变量分离得 $\dfrac{2}{3}e^{-x^2}\mathrm{d}x = \dfrac{3 + y^2}{(1 + y^2)^2}\mathrm{d}y$,则

$$\frac{2}{3}\int_0^x e^{-x^2}\mathrm{d}x = \int_{f(0)}^{f(x)}\frac{3 + y^2}{(1 + y^2)^2}\mathrm{d}y = \int_{f(0)}^{f(x)}\frac{3}{1 + y^2}\mathrm{d}y - 2\int_{f(0)}^{f(x)}\frac{y^2}{(1 + y^2)^2}\mathrm{d}y$$

$$= 3\arctan f(x) - 3\arctan f(0) + \int_{f(0)}^{f(x)}y\mathrm{d}\frac{1}{1 + y^2}$$

$$= 2\arctan f(x) + \frac{f(x)}{1 + f^2(x)} - 2\arctan f(0) - \frac{f(0)}{1 + f^2(0)}$$

由条件得 $f'(x) > 0$,所以 $f(x)$ 单调增加,故 $\lim\limits_{x \to +\infty}f(x) = L$($L$ 为有限数或 $+\infty$).
下面用反证法证明 L 为有限数. 若 $L = +\infty$,在上式两端令 $x \to +\infty$,得

$$\frac{2}{3} \cdot \frac{\sqrt{\pi}}{2} = 2 \cdot \frac{\pi}{2} - 2\arctan f(0) - \frac{f(0)}{1 + f^2(0)}$$

即

$$\pi - \frac{1}{3}\sqrt{\pi} = 2\arctan f(0) + \frac{f(0)}{1 + f^2(0)}$$

由于 $\dfrac{\mathrm{d}}{\mathrm{d}y}\left(2\arctan y + \dfrac{y}{1 + y^2}\right) = \dfrac{3 + y^2}{(1 + y^2)^2} > 0$,所以 $2\arctan y + \dfrac{y}{1 + y^2}$ 单调增加,则
由 $f(0) \leqslant 1$,得

$$\pi - \frac{1}{3}\sqrt{\pi} = 2\arctan f(0) + \frac{f(0)}{1 + f^2(0)} \leqslant 2\arctan 1 + \frac{1}{1 + 1^2} = \frac{\pi}{2} + \frac{1}{2}$$

由此可得 $3(\pi - 1) \leqslant 2\sqrt{\pi}$,由于 $3(\pi - 1) > 6$,$2\sqrt{\pi} < 4$,故 $3(\pi - 1) \leqslant 2\sqrt{\pi}$ 为矛盾式,所以 L 为有限数.
取 $M = \max\{|f(0)|, |L|\}$,则 $x \in [0, +\infty)$ 时,恒有 $|f(x)| \leqslant M$.

例 9.18(精选题) 设有底面圆半径为 R,高为 h 的正圆锥($h > R$),圆锥面上有一曲线 Γ,已知 Γ 过底面圆周上的一点,Γ 上每一点的切线与正圆锥面的轴线的夹角为 $\dfrac{\pi}{4}$,求曲线 Γ 的方程.

解析 设圆锥是由 yOz 平面上的直线

$$\frac{y}{R} + \frac{z}{h} = 1$$

线 z 轴旋转而得(见右图). 该圆锥的方程为

$$z = h \cdot \left(1 - \frac{1}{R}\sqrt{x^2 + y^2}\right)$$

设曲线 Γ 的起点为 $A(R, 0, 0)$, 曲线 Γ 的参数方程为

$$x = \rho(\theta)\cos\theta, \quad y = \rho(\theta)\sin\theta, \quad z = h\left(1 - \frac{1}{R}\rho(\theta)\right)$$

这里 $\rho = \rho(\theta)$ 为待求函数. 曲线 Γ 的切向量为

$$\boldsymbol{\tau} = \left(\rho'(\theta)\cos\theta - \rho(\theta)\sin\theta, \; \rho'(\theta)\sin\theta + \rho(\theta)\cos\theta, \; -\frac{h}{R}\rho'(\theta)\right)$$

故 $|\boldsymbol{\tau}| = \sqrt{(\rho'(\theta))^2 + \rho^2(\theta) + \frac{h^2}{R^2}(\rho'(\theta))^2}$. 圆锥的轴线为 z 轴, 取 $\boldsymbol{k} = (0, 0, 1)$, 由题意有

$$\boldsymbol{\tau}^0 \cdot \boldsymbol{k} = \frac{\boldsymbol{\tau}}{|\boldsymbol{\tau}|} \cdot \boldsymbol{k} = \cos\frac{\pi}{4} = \frac{\sqrt{2}}{2}$$

上式化简得

$$-\frac{h}{R}\rho' = \frac{\sqrt{2}}{2}|\boldsymbol{\tau}| = \frac{\sqrt{2}}{2} \cdot \sqrt{\frac{R^2 + h^2}{R^2}(\rho')^2 + \rho^2}$$

$$\rho'(\theta) = -\frac{R}{\sqrt{h^2 - R^2}}\rho(\theta)$$

于是

$$\rho(\theta) = C\exp\left(-\frac{R}{\sqrt{h^2 - R^2}} \cdot \theta\right)$$

由于 $\theta = 0$ 时 $\rho = R$, 所以 $C = R$, 即 $\rho(\theta) = R\exp\left(-\frac{R}{\sqrt{h^2 - R^2}}\theta\right)$. 故所求曲线 Γ 的参数方程为

$$\begin{cases} x = R\exp\left(-\dfrac{R}{\sqrt{h^2 - R^2}}\theta\right) \cdot \cos\theta, \\[3mm] y = R\exp\left(-\dfrac{R}{\sqrt{h^2 - R^2}}\theta\right) \cdot \sin\theta, \quad (0 \leqslant \theta < +\infty) \\[3mm] z = h\left(1 - \exp\left(-\dfrac{R}{\sqrt{h^2 - R^2}}\theta\right)\right) \end{cases}$$

例 9.19(北京市 1999 年竞赛题)　表面为旋转曲面的镜子应具有怎样的形状才能使它将所有平行于其轴的光线反射到一点?求出旋转曲面的方程.

解析　设旋转曲面的旋转轴为 x 轴, 旋转曲面与 xOy 平面的截线为 Γ, 入射光线 L_1 平行于 x 轴, 反射光线 L_2 经过定点 $O(0, 0)$(见下图).

设曲线 Γ 的方程为 $y = y(x)$, Γ 在点 $P(x, y(x))$ 的切线为 L, 则 L 的方向向量为 $\boldsymbol{l} = (-1, -y'(x))$, 且 L_1 的方向向量为 $\boldsymbol{l}_1 = (-1, 0)$, L_2 的方向向量为 $\boldsymbol{l}_2 = $

$(-x, -y(x))$. L 与 L_1 的夹角

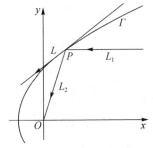

$$\theta_1 = \arccos \frac{\boldsymbol{l} \cdot \boldsymbol{l_1}}{|\boldsymbol{l}| \cdot |\boldsymbol{l_1}|} = \arccos \frac{1}{\sqrt{1+(y')^2}}$$

L 与 L_2 的夹角

$$\theta_2 = \arccos \frac{\boldsymbol{l} \cdot \boldsymbol{l_2}}{|\boldsymbol{l}| \cdot |\boldsymbol{l_2}|} = \arccos \frac{x+yy'}{\sqrt{1+(y')^2} \cdot \sqrt{x^2+y^2}}$$

由于 $\theta_1 = \theta_2$，所以

$$\frac{1}{\sqrt{1+(y')^2}} = \frac{x+yy'}{\sqrt{1+(y')^2} \cdot \sqrt{x^2+y^2}}$$

化简得 $y(x)$ 满足的微分方程为

$$y\frac{\mathrm{d}y}{\mathrm{d}x} = -x + \sqrt{x^2+y^2} \Leftrightarrow \frac{\mathrm{d}x}{\mathrm{d}y} = \frac{x}{y} + \sqrt{1+\frac{x^2}{y^2}} \quad (y>0)$$

这是齐次方程，令 $x=yu$，则 $\dfrac{\mathrm{d}x}{\mathrm{d}y} = u + y\dfrac{\mathrm{d}u}{\mathrm{d}y}$，则原方程化为 $\dfrac{\mathrm{d}u}{\sqrt{1+u^2}} = \dfrac{\mathrm{d}y}{y}$，积分得

$$\ln(u+\sqrt{1+u^2}) = \ln|y| - \ln|C|$$

即

$$x + \sqrt{x^2+y^2} = \frac{y^2}{C} \Rightarrow y^2 = 2Cx + C^2$$

于是所求旋转曲面的方程为 $y^2 + z^2 = 2Cx + C^2$.

例 9.20（清华大学 1985 年竞赛题） 已知 A,B,C,D 四个动点开始分别位于一个四边形的四个顶点（如图(a)所示），然后点 A 向着点 B、点 B 向着点 C、点 C 向着点 D、点 D 向着点 A 同时以相同的速率运动，求每一点运动的轨迹，并画出运动轨迹的大致图形。

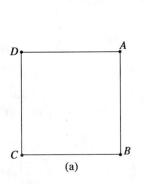

(a)

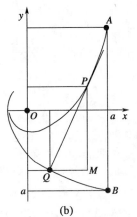

(b)

解析　建立如图(b) 所示坐标系,坐标原点在正方形的中心,点 A,B,C,D 的坐标别为 $(a,a),(a,-a),(-a,-a),(-a,a)$. 下面先考虑点 A 的运动. 设经过时刻 t,点 A 运动到 $P(x,y)$,则点 B 运动到 $Q(y,-x)$,作 PM 垂直于 x 轴,QM 垂直于 y 轴,PM 与 QM 相交于 M. 于是

$$y' = \tan\angle PQM = \frac{PM}{QM} = \frac{x+y}{x-y}, \quad y(a) = a$$

这是奇次方程,令 $y = xu$,方程化为

$$\frac{(1-u)\mathrm{d}u}{1+u^2} = \frac{\mathrm{d}x}{x}, \quad u(a) = 1$$

解得 $2\arctan\dfrac{y}{x} = \dfrac{\pi}{2} + \ln\dfrac{x^2+y^2}{2a^2}$,这就是点 A 运动的轨迹,化为极坐标方程为

$$\rho = \sqrt{2}a\mathrm{e}^{\theta-\frac{\pi}{4}}, \quad \theta \leqslant \frac{\pi}{4}$$

此为对数螺线,图形如右图(c) 所示. 点 B,C,D 运动轨迹的极坐标方程分别为

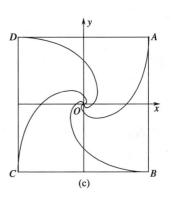

(c)

$$B: \rho = \sqrt{2}a\mathrm{e}^{\theta+\frac{\pi}{4}}, \quad \theta \leqslant -\frac{\pi}{4}$$

$$C: \rho = \sqrt{2}a\mathrm{e}^{\theta+\frac{3\pi}{4}}, \quad \theta \leqslant -\frac{3\pi}{4}$$

$$D: \rho = \sqrt{2}a\mathrm{e}^{\theta+\frac{5\pi}{4}}, \quad \theta \leqslant -\frac{5\pi}{4}$$

其图形由对称性可画出(如图(c) 所示).

例 9.21(精选题)　设函数 $f(x)$ 在区间 $[1,+\infty)$ 上二阶连续可导,$f(1) = 0$,$f'(1) = 1$,函数 $z = (x^2+y^2)f(x^2+y^2)$ 满足 $\dfrac{\partial^2 z}{\partial x^2} + \dfrac{\partial^2 z}{\partial y^2} = 0$,求 $f(x)$ 在 $[1,+\infty)$ 上的最大值.

解析　令 $u = x^2 + y^2$,则 $z = uf(u),u'_x = 2x,u'_y = 2y$,且

$$\frac{\partial z}{\partial x} = u'_x f(u) + uf'(u)u'_x = 2x[f(u) + uf'(u)]$$

$$\frac{\partial^2 z}{\partial x^2} = 2[f(u) + uf'(u)] + 2x[f'(u)u'_x + u'_x f'(u) + uf''(u)u'_x]$$
$$= 2f(u) + 2(5x^2+y^2)f'(u) + 4x^2 uf''(u) \tag{1}$$

利用函数 z 中 x 与 y 的对称性,易得

$$\frac{\partial^2 z}{\partial y^2} = 2f(u) + 2(5y^2+x^2)f'(u) + 4y^2 uf''(u) \tag{2}$$

将(1) 式与(2) 式代入方程 $\dfrac{\partial^2 z}{\partial x^2} + \dfrac{\partial^2 z}{\partial y^2} = 0$ 可得

$$u^2 f''(u) + 3uf'(u) + f(u) = 0 \tag{3}$$

(3) 式是二阶欧拉方程. 令 $u = \mathrm{e}^t$, 则

$$uf'(u) = \frac{\mathrm{d}f}{\mathrm{d}t}, \quad u^2 f''(u) = \frac{\mathrm{d}^2 f}{\mathrm{d}t^2} - \frac{\mathrm{d}f}{\mathrm{d}t}$$

代入(3) 式得

$$\frac{\mathrm{d}^2 f}{\mathrm{d}t^2} + 2\frac{\mathrm{d}f}{\mathrm{d}t} + f = 0 \tag{4}$$

其特征方程为 $\lambda^2 + 2\lambda + 1 = 0$, 解得 $\lambda_{1,2} = -1$, 于是方程(4) 的通解为

$$f = \mathrm{e}^{-t}(C_1 + C_2 t) = \frac{1}{u}(C_1 + C_2 \ln u)$$

由 $f(1) = 0$, $f'(1) = 1$, 得 $C_1 = 0$, $C_2 = 1$, 于是 $f(x) = \dfrac{\ln x}{x}$.

因 $f'(x) = \dfrac{1 - \ln x}{x^2}$, 令 $f'(x) = 0$ 得驻点 $x_0 = \mathrm{e}$, 且当 $1 \leqslant x < \mathrm{e}$ 时 $f'(x) > 0$,

当 $x > \mathrm{e}$ 时 $f'(x) < 0$, 所以 $f(\mathrm{e}) = \dfrac{1}{\mathrm{e}}$ 为所求的最大值.

例 9.22(全国 2020 年考研题) 若函数 $f(x)$ 满足

$$f''(x) + af'(x) + f(x) = 0 \quad (a > 0)$$

且 $f(0) = m$, $f'(0) = n$, 求 $\displaystyle\int_0^{+\infty} f(x)\mathrm{d}x$.

解析 由于 $f(x) = -af'(x) - f''(x)$, 所以

$$\int_0^{+\infty} f(x)\mathrm{d}x = -\int_0^{+\infty} (af'(x) + f''(x))\mathrm{d}x = -(af(x) + f'(x))\Big|_0^{+\infty}$$

$$= af(0) + f'(0) - af(+\infty) - f'(+\infty)$$

$$= am + n - af(+\infty) - f'(+\infty)$$

原方程的特征方程为 $\lambda^2 + a\lambda + 1 = 0$. 下面分 3 种情况求 $f(+\infty)$ 与 $f'(+\infty)$:

(1) $a = 2$ 时, 特征根为 $\lambda_1 = \lambda_2 = -1$, 原方程的通解为 $f(x) = (C_1 + C_2 x)\mathrm{e}^{-x}$, 于是

$$f'(x) = (C_2 - C_1 - C_2 x)\mathrm{e}^{-x}$$

$$f(+\infty) = \lim_{x \to +\infty} \frac{C_1 + C_2 x}{\mathrm{e}^x} = 0, \quad f'(+\infty) = \lim_{x \to +\infty} \frac{C_2 - C_1 - C_2 x}{\mathrm{e}^x} = 0$$

(2) $a > 2$ 时, 特征根为 $\lambda_{1,2} = \dfrac{1}{2}(-a \pm \sqrt{a^2 - 4})$, 原方程的通解为 $f(x) = C_1 \mathrm{e}^{\lambda_1 x} + C_2 \mathrm{e}^{\lambda_2 x}$, 且 $f'(x) = C_1 \lambda_1 \mathrm{e}^{\lambda_1 x} + C_2 \lambda_2 \mathrm{e}^{\lambda_2 x}$. 由于 $\lambda_1 < 0$, $\lambda_2 < 0$, 显然

$$f(+\infty) = 0, \quad f'(+\infty) = 0$$

(3) $0 < a < 2$ 时,特征根为 $\lambda_{1,2} = \alpha \pm \beta \mathrm{i}$,其中 $\alpha = -\dfrac{a}{2}$,$\beta = \dfrac{\sqrt{4-a^2}}{2}$,原方程
的通解为 $f(x) = \mathrm{e}^{\alpha x}(C_1 \cos\beta x + C_2 \sin\beta x)$,且

$$f'(x) = \mathrm{e}^{\alpha x}\left[(C_1\alpha + C_2\beta)\cos\beta x + (C_2\alpha - C_1\beta)\sin\beta x\right]$$

由于 $\alpha < 0$,函数 $A\cos\beta x + B\sin\beta x (A, B \in \mathbf{R})$ 有界,所以

$$f(+\infty) = 0, \quad f'(+\infty) = 0$$

综上三种情况,皆有 $f(+\infty) = 0, f'(+\infty) = 0$,所以 $\displaystyle\int_0^{+\infty} f(x)\mathrm{d}x = am + n.$

例 9.23(全国 2019 年决赛题)　求 $\displaystyle\sum_{n=1}^{\infty} \dfrac{1}{3} \cdot \dfrac{2}{5} \cdot \dfrac{3}{7} \cdot \cdots \cdot \dfrac{n}{2n+1} \cdot \dfrac{1}{n+1}$ 的和.

解析　　级数的通项化为

$$a_n = \frac{2(2n)!!}{(2n+1)!!(n+1)} \cdot \frac{1}{2^{n+1}} = \frac{2(2n)!!}{(2n+1)!!(n+1)} \cdot \left(\frac{1}{\sqrt{2}}\right)^{2(n+1)}$$

令 $f(x) = \displaystyle\sum_{n=1}^{\infty} \dfrac{2(2n)!!}{(2n+1)!!(n+1)} x^{2(n+1)}$,记 $u_n(x) = \dfrac{2(2n)!!}{(2n+1)!!(n+1)} x^{2(n+1)}$,因

$$\lim_{n\to\infty}\left|\frac{u_{n+1}(x)}{u_n(x)}\right| = \lim_{n\to\infty} \frac{2(2n+2)!!}{(2n+3)!!(n+2)} x^{2(n+2)} \cdot \frac{(2n+1)!!(n+1)}{2(2n)!!x^{2(n+1)}}$$

$$= \lim_{n\to\infty} \frac{(2n+2)(n+1)}{(2n+3)(n+2)} x^2 = x^2$$

所以 $x^2 < 1$ 时 $f(x)$ 的幂级数收敛,其收敛区间为 $(-1, 1)$.

将 $f(x)$ 的幂级数逐项求导两次得

$$f'(x) = \sum_{n=1}^{\infty} \frac{4(2n)!!}{(2n+1)!!} x^{2n+1}, \quad f''(x) = \sum_{n=1}^{\infty} \frac{4(2n)!!}{(2n-1)!!} x^{2n}$$

再将 $f''(x)$ 的幂级数提取 x 后逐项积分并求导,可得

$$f''(x) = x\sum_{n=1}^{\infty} \frac{4 \cdot (2n)!!}{(2n-1)!!} x^{2n-1} = x\left(\sum_{n=1}^{\infty} \frac{4 \cdot (2n)!!}{(2n-1)!!} \int_0^x x^{2n-1}\mathrm{d}x\right)'$$

$$= x\left(x\sum_{n=1}^{\infty} \frac{4 \cdot (2n-2)!!}{(2n-1)!!} x^{2n-1}\right)' = x\left(x\sum_{n=0}^{\infty} \frac{4 \cdot (2n)!!}{(2n+1)!!} x^{2n+1}\right)'$$

$$= x\left[x\left(4x + \sum_{n=1}^{\infty} \frac{4 \cdot (2n)!!}{(2n+1)!!} x^{2n+1}\right)\right]'$$

$$= x\left[x(4x + f'(x))\right]' = x(8x + f'(x) + xf''(x))$$

$\Rightarrow$
$$f''(x) - \frac{x}{1-x^2}f'(x) = \frac{8x^2}{1-x^2}$$

这是关于 $f'(x)$ 的一阶线性方程,应用其通解公式得

$$f'(x) = \exp\left(\int \frac{x}{1-x^2}\mathrm{d}x\right)\left(C + \int \frac{8x^2}{1-x^2}\exp\left(-\int \frac{x}{1-x^2}\mathrm{d}x\right)\mathrm{d}x\right)$$

$$= \frac{1}{\sqrt{1-x^2}} \left(C + 8 \int \frac{x^2}{\sqrt{1-x^2}} dx \right) \quad \left(\diamondsuit\, x = \sin t \left(-\frac{\pi}{2} < t < \frac{\pi}{2} \right) \right)$$

$$= \frac{1}{\sqrt{1-x^2}} \left(C + 8 \int \sin^2 t \, dt \right) = \frac{1}{\sqrt{1-x^2}} (C + 4t - 2\sin 2t)$$

$$= \frac{1}{\sqrt{1-x^2}} (C + 4\arcsin x - 4x\sqrt{1-x^2})$$

由 $f'(0) = 0$，可得 $C = 0$，所以 $f'(x) = 4\left(\dfrac{\arcsin x}{\sqrt{1-x^2}} - x \right)$，积分得

$$f(x) = 4 \int \left(\frac{\arcsin x}{\sqrt{1-x^2}} - x \right) dx = 2(\arcsin x)^2 - 2x^2 + C_1$$

再由 $f(0) = 0$，可得 $C_1 = 0$，所以 $f(x) = 2(\arcsin x)^2 - 2x^2$，于是

$$\text{原式} = \sum_{n=1}^{\infty} a_n = f\left(\frac{1}{\sqrt{2}} \right) = 2\left(\arcsin \frac{1}{\sqrt{2}} \right)^2 - 1 = \frac{\pi^2}{8} - 1$$

练习题九

1. 求下列微分方程的通解：

(1) $\dfrac{dy}{dx} = \dfrac{y}{x - \sqrt{x^2 + y^2}}$ $(y \neq 0)$；

(2) $(x^2 + y^2 + x) dx + y\, dy = 0$；

(3) $\left(1 + e^{\frac{x}{y}} \right) dx + e^{\frac{x}{y}} \left(1 - \dfrac{x}{y} \right) dy = 0$；

(4) $\dfrac{dy}{dx} + \sin y + x(1 + \cos y) = 0$.

2. 已知一阶线性方程 $y' + p(x) y = e^x$ 有特解 $y = x e^x$，求该微分方程的通解.

3. 已知 $F(x)$ 是 $f(x)$ 的一个原函数，$G(x)$ 是 $\dfrac{1}{f(x)}$ 的一个原函数，且 $F(x)G(x) = -1$，$f(0) = 1$，求 $f(x)$.

4. 求满足 $\displaystyle\int_0^x f(t) dt = \dfrac{x^2}{2} + \int_0^x t f(x - t) dt$ 的函数 $f(x)$.

5. 已知 $f(x) = \displaystyle\sum_{n=0}^{\infty} a_n x^n$，$f(0) = 1$，且

$$\sum_{n=0}^{\infty} \left[2x a_n + (n+1) a_{n+1} \right] x^n = 0$$

求函数 $f(x)$.

6. 设 $f(x)$ 具有连续的二阶导数，函数 $z = f(\sqrt{x^2 + y^2})$ 满足

$$\frac{\partial^2 z}{\partial x^2} + \frac{\partial^2 z}{\partial y^2} = x^2 + y^2$$

求函数 z.

7. 设 $f(x)$ 具有连续的二阶导数,且 $f(1)=0,f'(1)=1$,若使得曲线积分

$$\int_{\widehat{AB}} \left[x(f'(x))^2 - 2f'(x) \right] y\mathrm{d}x - xf'(x)\mathrm{d}y$$

与路线无关,求函数 $f(x)$.

8. 求微分方程 $y'' - y = 2x + \sin x + \mathrm{e}^{2x}\cos x$ 的通解.

9. 求二阶微分方程 $y'' + y' - 2y = \dfrac{\mathrm{e}^x}{1+\mathrm{e}^x}$ 的通解.

10. 已知方程 $(x-1)y'' - xy' + y = 0$ 有特解 $y = \mathrm{e}^x$,求其通解.

11. 设曲线 C 经过点 $(0,1)$,且位于 x 轴上方. 就数值而言,C 上任何两点之间的弧长都等于该弧以及它在 x 轴上的投影为边的曲边梯形的面积,求 C 的方程.

12. 设函数 $u = u(x)$ 连续可微,$u(2)=1$,且

$$\int_L (x+2y)u\mathrm{d}x + (x+u^3)u\mathrm{d}y$$

在右半平面与路线无关,求 $u(x)$.

练习题答案与提示

练习题一

1. C.　2. $f(x) = x + x^3, z(x,y) = 2x + (x+y)^3$.

3. $f(x) = 2k\pi + \arcsin\dfrac{9}{8}x(k \in \mathbf{Z})$ 或 $f(x) = (2k+1)\pi - \arcsin\dfrac{9}{8}x(k \in \mathbf{Z})$.

4. 3.　5. $\dfrac{1}{3}$.　6. 1.　7. $a=1, b=\dfrac{1}{3}$.

8. (1) 0; (2) e; (3) $\dfrac{1}{6}$; (4) -6; (5) $\dfrac{7}{6}$; (6) $-\dfrac{e}{2}$; (7) $\exp\left(-\dfrac{\pi^2}{2}\right)$; (8) -50; (9) $\dfrac{\sqrt{2}}{2}$;

(10) 1; (11) 1.

9. $-\dfrac{1}{2}$.　10. $\dfrac{1}{4}$.　11. $\dfrac{1+\sqrt{5}}{2}$.　12. $-\dfrac{1+\sqrt{5}}{2}$.　13. $f(x) = \begin{cases} 2, & 0 < x < 2; \\ x, & x \geqslant 2. \end{cases}$

14. $x=0$ 可去，$x=1$ 跳跃.　15. $a=1, b=\mathrm{e}$.　16. $a=0, b=1$.

17. 定义域为 $(-1, +\infty)$，$x \neq 1$ 时连续，$x=1$ 时为第一类（跳跃型）间断点.

18. （提示）应用零点定理与函数的单调性.

19. （提示）应用零点定理.

20. （提示）应用零点定理与函数的单调性.

21. （提示）设 $f(x) = 2^x - x^2 - 1$，由 $f(0) = f(1), f(4) = -1, f(5) = 6$，应用零点定理证明至少有三个实根，再用反证法证明只有三个实根.

22. （提示）设 $F(x) = f\left(x + \dfrac{b-a}{2}\right) - f(x), x \in \left[a, \dfrac{a+b}{2}\right]$，应用零点定理.

练习题二

1. 该命题不成立，反例如下：$f(x) = \begin{cases} ax+1, & x \neq 0; \\ 0, & x = 0. \end{cases}$　2. A.　3. D.

4. $f'(x) = \begin{cases} 3, & 0 < x < \sqrt{3}; \\ 不存在, & x = \sqrt{3}; \\ 3x^2, & \sqrt{3} < x < 2. \end{cases}$　5. $a=0, b=2$.　6. $x=0, x=1$.　7. $f'(1) = ab$.

8. $f'(x) = \begin{cases} \arctan\dfrac{1}{|x|} - \dfrac{|x|}{1+x^2}, & x \neq 0; \\ \dfrac{\pi}{2}, & x = 0. \end{cases}$

9. (1) $\arcsin \dfrac{1}{4}$;(2) $-4\cot 2x \cdot \csc^2 2x$;(3) $f(x)\left(\ln(x+\sqrt{1+x^2})+\dfrac{x}{\sqrt{1+x^2}}\right)$;

    (4) $\dfrac{(1+y^2)e^y}{1-x(1+y^2)e^y}$;(5) $\dfrac{y-x}{y+x}$;(6) $\dfrac{|t|}{t}$;(7) $(1+2x)e^{2x}$.

10. 0.   11. -32 .   12. $\dfrac{f''(y)-(1-f'(y))^2}{x^2(1-f'(y))^3}$.   13. $n=2$.   14. $-4\cdot 6!$.

15. $f^{(n)}(0)=\begin{cases} 0, & n \text{ 为偶数;} \\ (-1)^{\frac{n+1}{2}}(n-1)!, & n \text{ 为奇数.} \end{cases}$

16. $\dfrac{5^n}{2}\cos\left(5x+\dfrac{n\pi}{2}\right)-\dfrac{11^n}{4}\cos\left(11x+\dfrac{n\pi}{2}\right)-\dfrac{1}{4}\cos\left(x+\dfrac{n\pi}{2}\right)$.

17. $f(x)=e^x$ (提示:应用导数的定义).

18. (1) $\dfrac{2}{15}$;(2) $\dfrac{1}{3}$;(3) $\dfrac{1}{2}$;(4) -2 ;(5) $\dfrac{1}{6}$.   19. 3.   20. $\xi=\dfrac{-58\pm 2\sqrt{145}}{29}$.

21. (提示) 应用拉格朗日中值定理.

22. (提示) 应用柯西中值定理.

23. (提示) 构造辅助函数 $F(x)=f(x)-x(2-x)$,应用罗尔定理.

24. (提示) 应用介值定理与拉格朗日中值定理.

25. (提示) 综合应用拉格朗日中值定理和柯西中值定理.

26. (提示) 先应用泰勒公式, $\forall x_0 \in (a,b)$,将 $f(x)$ 在 $x=x_0$ 处展开,再分别令 $x=a, x=b$ 对 $f'(x_0)$ 进行估值.

27. (提示) 先应用拉格朗日中值定理,再作辅助函数 $F(x)=x(f'(x)-1)$,应用罗尔定理.

28. (提示) 应用泰勒公式,先将 $F(x)=\displaystyle\int_3^x f(t)\mathrm{d}t$ 在 $x=3$ 处展开,再分别令 $x=2, x=4$,由 $F(4)-F(2)$ 可得 $\displaystyle\int_2^4 f(t)\mathrm{d}t$ 的表达式.

29. $P(x)=x^3-6x^2+9x-2$ (提示:令 $P'(x)=a(x-2)$).

30. (提示) 应用马克劳林公式与零点定理证明 $f(x)$ 至少有一个零点,再应用导数的性质证明 $f(x)$ 单调减少.

31. $\left\{k\,\middle|\,k=-\dfrac{4}{27} \text{ 或 } k\geqslant 0\right\}$.   32. (提示) 应用导数研究函数的单调性.   33. 略.

34. (1) $x=0, y=-\dfrac{\pi}{2}, y=\dfrac{\pi}{2}$;(2) $x=0, y=-x-3, y=x+3$.

练习题三

1. $f(x)=\dfrac{1}{3}(e^{3x}+2)$.   2. $f(x)=5x-\dfrac{3}{2}x^2+2\ln|1-x|+C$.

3. $f(x)=\begin{cases} x+1, & x\leqslant 0; \\ e^x, & x>0. \end{cases}$ 4. $\cos x-2\dfrac{\sin x}{x}+C$.

5. (1) $2\arctan\sqrt{1+x}+C$;(2) $\dfrac{1}{2}\ln^2\left(1-\dfrac{1}{x}\right)+C$;(3) $x\ln(\ln x)+C$;

(4) $2(x-2)\sqrt{e^x-2}+4\sqrt{2}\arctan\sqrt{\dfrac{e^x-2}{2}}+C$;(5) $\dfrac{1}{3}\tan^3 x-\tan x+x+C$;

(6) $\dfrac{2}{\sqrt{\cos x}}+C$;(7) $\dfrac{x-\arctan x}{\sqrt{1+x^2}}+C$;(8) $-\dfrac{4}{3}\sqrt{1-x\sqrt{x}}+C$;

(9) $\dfrac{1}{2}(\sin x-\cos x)-\dfrac{\sqrt{2}}{4}\ln\left|\csc\left(x+\dfrac{\pi}{4}\right)-\cot\left(x+\dfrac{\pi}{4}\right)\right|+C$;

(10) $\ln\left|\dfrac{xe^x}{1+xe^x}\right|+C$;(11) $\dfrac{x}{\ln x}+C$;(12) $\begin{cases}\dfrac{1}{3}x^3+C, & x<0,\\[2mm]\dfrac{1}{2}x^2+C, & 0\leqslant x\leqslant 1,\\[2mm]\dfrac{1}{4}x^4+\dfrac{1}{4}+C, & 1<x.\end{cases}$

6. $f(x)=x^2\sin x-2$.　7. (1) $\dfrac{1}{k+1}$;(2) $\dfrac{4}{e}$;(3) $\dfrac{2}{\pi}$;(4) $\dfrac{1}{4}\ln a$;(5) $\dfrac{1}{\ln 2}$.

8. $f(x)=e^{-x}(x\neq 0),f(0)=1$,则 $f'(0)=-1$.

9. (提示) 对函数 $F(x)=f(x)+f(1-x)$ 在 $[a,b]$ 上应用定积分中值定理.

10. $\dfrac{1}{4}\left(\text{提示：对函数 } f(x)=\dfrac{1}{1+x^2},\text{有 }\dfrac{\pi}{4}=\int_0^1 f(x)\mathrm{d}x,\text{仿例 } 3.17\text{ 求解}\right)$.

11. (1) $\begin{cases}\dfrac{1}{2}(a^2-b^2), & a<b\leqslant 0,\\[2mm]\dfrac{1}{2}(a^2+b^2), & a<0<b,\\[2mm]\dfrac{1}{2}(b^2-a^2), & 0\leqslant a<b;\end{cases}$(2) $\dfrac{59}{2}$;(3) $\dfrac{4}{3}$;(4) $\dfrac{1}{8}\pi\ln 2$;(5) $\dfrac{1}{2}(e\sin 1+e\cos 1-1)$;

(6) $\dfrac{3}{16}\pi$;(7) $\dfrac{\pi}{\sqrt{2}}\ln(1+\sqrt{2})$;(8) $\dfrac{2}{3}$.

12. $\ln(1+e)$.　13. $\dfrac{1}{2}$.　14. $\dfrac{1}{\sqrt{2}}$.　15. $\dfrac{1}{2}$.　16. 3.

17. (提示) 令 $F(x)=\int_x^b f(t)\mathrm{d}t$,应用分部积分法.

18. (提示) 应用定积分的分部积分公式.

19. (提示) 对函数 $F(x)=\int_0^x f(x)\mathrm{d}x$ 分别在 $x=0$ 与 $x=1$ 处展开为 2 阶泰勒公式,然后分别取 $x=1$ 与 $x=0$,将两式相减,最后应用介值定理.

20. (提示) 对函数 $F(x)=\int_a^x f(x)\mathrm{d}x$ 分别在 $x=a$ 与 $x=b$ 处展开为 2 阶泰勒公式,然后二式都取 $x=\dfrac{b-a}{2}$,并将两式相减,最后应用介值定理.

21. (提示) 取辅助函数 $F(x)=\dfrac{1}{2}[f(a)+f(x)](x-a)-\dfrac{1}{12}k(x-a)^3-\int_a^x f(t)\mathrm{d}t$,其中常数 k 使得 $F(b)=0$,然后两次应用罗尔定理.

22. (提示) 证明存在 $c\in(0,1)$,使得 $\int_0^c f(x)\mathrm{d}x=\dfrac{1}{2}I$,在 $[0,c]$ 与 $[c,1]$ 上分别应用拉格朗日中值定理.

23. (提示) 应用积分的保号性.

24. (提示) 当 $x=a$ 或 b 时,不等式显然成立;当 $x \in (a,b)$ 时,将函数 $f'(x)$ 分别在区间 $[a,x]$ 与 $[x,b]$ 上积分,再应用与绝对值有关的积分性质.

25. (提示) 应用拉格朗中值定理与积分的保号性.

26. (提示) 取辅助函数 $F(x)=(n+1)\int_a^x (t-a)^n f(t)\mathrm{d}t-(x-a)^n \int_a^x f(t)\mathrm{d}t$,应用导数 $F'(x) \geqslant 0$ 研究单调性.

27. (提示) 令 $M=\max\limits_{a \leqslant x \leqslant b} f(x)$,用数学归纳法证明 $0 \leqslant f(x) \leqslant M\dfrac{x^n}{n!} \leqslant M\dfrac{b^n}{n!}(a \leqslant x \leqslant b)$,取极限即得.

28. $\dfrac{\sqrt{2}\pi}{60}$ $\left(提示:V=\pi\int_0^1 \dfrac{1}{2}(\sqrt{x}-x)^2 \dfrac{1}{\sqrt{2}}\left(1+\dfrac{1}{2\sqrt{x}}\right)\mathrm{d}x\right)$.

29. $\dfrac{81}{10}\sqrt{2}\pi$ $\left(提示:V=\pi\int_0^6 \dfrac{1}{32}(6x-x^2)^2 \dfrac{\sqrt{2}}{4}(7-x)\mathrm{d}x\right)$.

30. $\dfrac{\sqrt{2}\pi}{60}$ $\left(提示:V=\pi\int_0^1 \dfrac{1}{2}(x-x^2)^2 \dfrac{\sqrt{2}}{2}(1+2x)\mathrm{d}x\right)$.

31. $\dfrac{71}{30}\sqrt{2}\pi$ $\left(提示:V=\pi\int_0^2 \dfrac{1}{32}(6x-x^2)^2 \dfrac{\sqrt{2}}{4}(7-x)\mathrm{d}x\right)$.   32. (1) π;(2) 3;(3) $\dfrac{\pi}{4}$.

练习题 四

1. (1) 0;(2) e;(3) 1;(4) 0;(5) $\dfrac{1}{4}$;(6) 不存在.

2. B.   3. D.   4. D.   5. A.   6. A.   7. B.

8. 不连续、可偏导、不可微 $\left(提示:\lim\limits_{\substack{y=x\\x\to 0}}f(x,y)=0,\ \lim\limits_{\substack{y=-x+x\\x\to 0}}f(x,y)=-2,f'_x(0,0)=0,f'_y(0,0)=0\right)$.

9. 连续、可偏导、可微 $\left(提示:f'_x(0,0)=0,f'_y(0,0)=0,\lim\limits_{\rho\to 0^+}\dfrac{f(x,y)-f'_x(0,0)x-f'_y(0,0)y}{\sqrt{x^2+y^2}}=0\right)$.

10. (1) 4, $\arcsin\sqrt{\dfrac{2}{5}}$;(2) $y^2(1+xy)^{y-1}$, $z\left[\ln(1+xy)+\dfrac{xy}{1+xy}\right]$;(3) $3x^2 f-2yf'$, xf';

(4) $\dfrac{1}{x^2+y^2}(-y\mathrm{d}x+x\mathrm{d}y)$;(5) $\dfrac{y\mathrm{d}x-x\mathrm{d}y}{|y|\sqrt{y^2-x^2}}+2z\mathrm{d}z$;(6) $(\varphi+x\varphi')f'_1+2(x+\varphi\varphi')f'_2$;

(7) $2xy,2xy-x^2\sin(2x)$;(8) $\dfrac{-x}{y(1+x^2)\ln^2(xy)}+\dfrac{\ln(1+x^2)}{xy\ln^3(xy)}$;(9) $f'',f''(\varphi')^2+f'\varphi''$;

(10) $f'(x+y)+y[f''(xy)+f''(x+y)]$;(11) $f''_{xx}+\dfrac{2}{\varphi'(y)}f''_{xy}+\dfrac{1}{(\varphi'(y))^2}f''_{yy}-\dfrac{\varphi''(y)}{(\varphi'(y))^3}f'_y$;

(12) $\mathrm{e}^y[f(x)-f(x-y)]+\mathrm{e}^y f'(x-y)$.

11. $g(x,y)=x-y$.   12. $\dfrac{1}{y\mathrm{e}^z+1},-\dfrac{y\mathrm{e}^z}{(y\mathrm{e}^z+1)^3}$.   13. $\dfrac{2x}{f'-2z}\mathrm{d}x+\dfrac{y(2y-f)+zf'}{y(f'-2z)}\mathrm{d}y$.

14. $2xf'_1+2\mathrm{e}^{2x}f'_2-2z\mathrm{e}^x \dfrac{\varphi'_y}{\varphi'_z}f'_3$.   15. $a\geqslant 0,b=2a$.   16. $f\left(0,\dfrac{1}{\mathrm{e}}\right)=-\dfrac{1}{\mathrm{e}}$ 为极小值.

17. $(9,3)$ 为极小值点,极小值为 $z(9,3)=3$;

    $(-9,-3)$ 为极小值点,极小值为 $z(-9,-3)=-3$.

18. $\dfrac{\sqrt{7}}{2}$.   19. $\left(\dfrac{k}{a},\dfrac{k}{b},\dfrac{k}{c}\right)$,其中 $k=\dfrac{a^2b^2c^2}{a^2b^2+b^2c^2+c^2a^2}$.

20. (1) $\dfrac{1}{\sqrt{a}}x+\dfrac{2}{\sqrt{b}}y+\dfrac{3}{\sqrt{c}}z=3$;(2) $a=1,b=\dfrac{1}{4},c=\dfrac{1}{9}$.

21. $\dfrac{\sqrt{2}}{4}\pi$.   22. $f(-2,8)=-\dfrac{96}{7}$,为极小值.

练习题五

1. (1) $\displaystyle\int_{\frac{1}{2}}^{1}\mathrm{d}y\int_{\frac{1}{y}}^{2}f(x,y)\mathrm{d}x+\int_{1}^{2}\mathrm{d}y\int_{1}^{2}f(x,y)\mathrm{d}x$;

   (2) $\displaystyle\int_{-1}^{0}\mathrm{d}y\int_{-1-\sqrt{1+y}}^{-1+\sqrt{1+y}}f(x,y)\mathrm{d}x+\int_{0}^{3}\mathrm{d}y\int_{y-2}^{-1+\sqrt{1+y}}f(x,y)\mathrm{d}x$;

   (3) $\displaystyle\int_{0}^{2}\mathrm{d}y\int_{-\sqrt{y}}^{\sqrt{y}}f(x,y)\mathrm{d}x+\int_{2}^{4}\mathrm{d}y\int_{-\sqrt{4-y}}^{\sqrt{4-y}}f(x,y)\mathrm{d}x$;

   (4) $\displaystyle\int_{0}^{\sqrt{2}}\mathrm{d}y\int_{-\frac{\pi}{4}}^{\arccos\frac{y}{2}}f(x,y)\mathrm{d}x+\int_{\sqrt{2}}^{2}\mathrm{d}y\int_{-\arccos\frac{y}{2}}^{\arccos\frac{y}{2}}f(x,y)\mathrm{d}x$.

2. $\displaystyle\int_{0}^{1}\mathrm{d}x\int_{-x}^{\sqrt{2x-x^2}}f(x,y)\mathrm{d}y+\int_{1}^{2}\mathrm{d}x\int_{-\sqrt{2x-x^2}}^{\sqrt{2x-x^2}}f(x,y)\mathrm{d}y$;

   $\displaystyle\int_{-1}^{0}\mathrm{d}y\int_{-y}^{1+\sqrt{1-y^2}}f(x,y)\mathrm{d}x+\int_{0}^{1}\mathrm{d}y\int_{1-\sqrt{1-y^2}}^{1+\sqrt{1-y^2}}f(x,y)\mathrm{d}x$.

3. $\dfrac{1}{2}$.

4. (1) $\dfrac{11}{40}$;(2) $\dfrac{5}{2}\pi$;(3) $\dfrac{2}{3}+\dfrac{\pi}{4}$;(4) $\dfrac{1}{24}+\dfrac{\pi}{64}$;(5) $\dfrac{45}{32}\pi a^4$;(6) $\dfrac{1}{2}$;(7) $4a^3$;(8) $\dfrac{20}{3}$;

   (9) $\dfrac{\pi}{2}(2e^3-5)$;(10) $\dfrac{1}{11}$;(11) $\dfrac{\pi}{2}$;(12) $\dfrac{\pi}{2}-1$.

5. (1) 1;(2) $\dfrac{1}{4}\left(\dfrac{1}{e}-1\right)$.

6. (提示) 先将二次积分化为两种形式的二重积分,再应用 A - G 不等式与定积分的保号性.

7. a.   8. $\dfrac{\pi^2}{4}-\dfrac{\pi}{2}$.

9. (1) $\dfrac{47}{30}\pi$;(2) $\pi(e-2)$;(3) $\dfrac{11}{60}\pi$;(4) $\pi\left(4\ln2-\dfrac{5}{2}\right)$;(5) $\dfrac{1}{8}\pi a^4$;(6) 8π.

10. $\dfrac{1}{2}\displaystyle\int_{0}^{x}(x-t)^2f(t)\mathrm{d}t,-1$.   11. 336π.   12. $2a^2$.

13. $R=\dfrac{4}{3}a$.   14. $\dfrac{5}{6}\pi,\left[\sqrt{2}+\dfrac{1}{6}(5\sqrt{5}-1)\right]\pi$.

练习题六

1. $\dfrac{\sqrt{\pi}}{2}\left[\sqrt{2}-1+\left(\dfrac{\sqrt{2}}{3}-\dfrac{1}{6}\right)\pi\right]$.

2. (1) e^3;(2) $\dfrac{2}{\pi}$;(3) $\dfrac{3}{4}\pi-e^2-1$;(4) $-a(2\pi a+c)$;(5) $-\dfrac{3}{2}\pi$.

3. $S+9e^4-e^2+6$.　　4. $-6\pi^2$.　　5. 0.　　6. $n=3$,积分值为 $-\dfrac{79}{5}$.

7. $a=\dfrac{1}{2}$,$b=0$;$I=\dfrac{1}{2}x_1y_1^2$.　　8. 4π.　　9. 0.　　10. $\dfrac{32}{5}\pi$.　　11. $-\dfrac{3}{2}\pi$.

练习题七

1. (提示) 利用两个三维向量叉积的模的几何意义.

2. $7x+14y+5=0$.　　3. $x-z+4=0$ 或 $x+20y+7z-12=0$.

4. $\dfrac{x+1}{13}=\dfrac{y}{16}=\dfrac{z-1}{25}$.　　5. $\dfrac{x-1}{11}=\dfrac{y-2}{18}=\dfrac{z-1}{-1}$.　　6. $(8,4,-5)$.　　7. $\dfrac{4}{3}\sqrt{6}$.

8. $(2y+z+1)^2+4(x+z)^2+(x-2y-1)^2=36$.　　9. $\dfrac{7}{\sqrt{6}}$.

10. (1) $-9<k<9$;(2) $\left(-\dfrac{2}{3},\dfrac{8}{3},-\dfrac{7}{3}\right)$,$\sqrt{5}$.

11. $\dfrac{x-1}{1}=\dfrac{y-2}{4}=\dfrac{z-1}{3}$ 与 $\dfrac{x+1}{1}=\dfrac{y+2}{4}=\dfrac{z+1}{3}$.

12. $[\varphi(1)-\varphi'(1)](x-1)+[\psi'(-1)-1](y+1)+[\varphi'(1)-\psi(-1)](z-1)=0$,

$\dfrac{x-1}{\varphi(1)-\varphi'(1)}=\dfrac{y+1}{\psi'(-1)-1}=\dfrac{z-1}{\varphi'(1)-\psi(-1)}$.

13. $9x+y-z=27$ 或 $9x+17y-17z+27=0$.　　14. $\begin{cases}14x+11y-z-26=0,\\x-y+3z+8=0.\end{cases}$

15. $x^2+z^2=1+4y+5y^2$,$\dfrac{70}{3}\pi$.　　16. 9π.　　17. $(x+2)^2+(y+1)^2+(z-1)^2=6$.

练习题八

1. $S=0$ (提示:将 $u_n=S_n-S_{n-1}$ 代入所给方程,得 S_n,S_{n-1} 满足的递推式).

2. (1) 发散;(2) 收敛;(3) 收敛;(4) 收敛.

3. 收敛 $\left(\text{提示}:a_1=\sqrt{2}=2\sin\dfrac{\pi}{2^2},\cdots,a_n=2\sin\dfrac{\pi}{2^{n+1}},a_n\sim\dfrac{\pi}{2^n}\right)$.

4. (1) 条件收敛;(2) 条件收敛;(3) 条件收敛;(4) 条件收敛.　　5. 绝对收敛.　　6. $0\leqslant k<1$.

7. $p>1$ 时绝对收敛,$0<p\leqslant 1$ 时条件收敛,$p\leqslant 0$ 时发散.

8. $p>1$ 时绝对收敛,$\dfrac{1}{2}<p\leqslant 1$ 时条件收敛,$p\leqslant\dfrac{1}{2}$ 时发散

$\left(\text{提示}:\ln\left(1+\dfrac{(-1)^n}{n^p}\right)=\dfrac{(-1)^n}{n^p}-\dfrac{1}{2}\cdot\dfrac{1}{n^{2p}}+o\left(\dfrac{1}{n^{2p}}\right)\right)$.

9. (提示) 与级数 $\displaystyle\sum_{n=1}^{\infty}\dfrac{1}{n^\alpha}$ 作比较.

10. $\alpha=1$ 时级数条件收敛,$\alpha\neq 1$ 时级数发散 (提示:$\alpha\neq 1$ 时应用加括号的级数发散则原级数也发散的性质).

11. (1) $[-1,1)$;(2) $(-R,R)$,$R=\max\{a,b\}$;(3) $[-1,1)$;(4) $\left(\dfrac{1}{e},e\right)$.

12. (1) $S(x) = \dfrac{x^2(3+x^2)}{(3-x^2)^2}, x \in (-\sqrt{3}, \sqrt{3})$；(2) $S(x) = \dfrac{2x}{(1-x)^3}, x \in (-1,1)$；

    (3) $S(x) = \begin{cases} (1-x)\ln(1-x)+x, & -1 \leqslant x < 1, \\ 1, & x = 1; \end{cases}$

    (4) $S(x) = \begin{cases} \dfrac{1}{1-x} + \dfrac{1}{x}\ln(1-x), & -1 < x < 0 \text{ 或 } 0 < x < 1, \\ 0, & x = 0. \end{cases}$

13. (1) $\dfrac{1}{2}\sqrt{e} + 2$；(2) 1 $\left(\text{提示：考虑幂级数} \sum_{n=1}^{\infty} \dfrac{n}{(n+1)!} x^{n+1} \text{ 的和函数}\right)$.

14. π^2 (提示：考虑 $\sin x$ 的幂级数展开式).

15. (1) $-\ln 2 + \sum_{n=1}^{\infty} \left((-1)^{n+1} + \dfrac{1}{2^n} \right) \dfrac{1}{n} x^n, (-1, 1]$；

    (2) $\sum_{n=1}^{\infty} (-1)^{n+1} \dfrac{1}{2n(2n-1)} x^{2n}, [-1, 1]$.

16. $f(x) = \sum_{n=0}^{\infty} \left[3^n - \dfrac{1}{2}(n+1)(n+2) \right] x^n, |x| < \dfrac{1}{3}$ $\left(\text{提示：} f(x) = \dfrac{1}{1-3x} + \dfrac{1}{(x-1)^3} \right)$.

练习题九

1. (1) $x + \sqrt{x^2+y^2} = C$ 或 $x - \sqrt{x^2+y^2} = Cy^2$；(2) $y^2 = Ce^{-2x} - x^2$；

    (3) $x + ye^{\frac{x}{y}} = C$；(4) $\tan \dfrac{y}{2} = Ce^{-x} + (1-x)$.

2. $y = e^x(C + x)$.   3. $f(x) = e^x$ 或 $f(x) = e^{-x}$.   4. $f(x) = e^x - 1$.

5. $f(x) = e^{-x^2}$ (提示：$f(x)$ 满足微分方程 $f'(x) + 2xf(x) = 0, f(0) = 1$).

6. $z(x,y) = \dfrac{1}{16}(x^2+y^2)^2 + C_1 \ln\sqrt{x^2+y^2} + C_2$

    $\left(\text{提示：方程化为} \dfrac{d^2 z}{du^2} + \dfrac{1}{u} \dfrac{dz}{du} = u^2, u = \sqrt{x^2+y^2}, \text{再用降阶法化为一阶线性微分方程} \right)$.

7. $f(x) = \ln \dfrac{1+x^2}{2}$.   8. $y = C_1 e^{-x} + C_2 e^x - 2x - \dfrac{1}{2}\sin x + \dfrac{1}{10} e^{2x}(\cos x + 2\sin x)$.

9. $y = \dfrac{1}{3} C_1 e^x + C_2 e^{-2x} - \dfrac{1}{3} e^x \ln(1+e^{-x}) - \dfrac{1}{6} + \dfrac{1}{3} e^{-x} - \dfrac{1}{3} x e^{-2x} - \dfrac{1}{3} e^{-2x} \ln(1+e^{-x})$.

10. $y = C_1 e^x + C_2 x$ (提示：作变换 $y = e^x u$ 将原方程化简).

11. $y = \dfrac{1}{2}(e^x + e^{-x})$ $\left(\text{提示：} \int_0^x \sqrt{1+(y')^2}\, dx = \int_0^x y(x)\, dx, y(0) = 1 \right)$.

12. $u(x) = \dfrac{\sqrt[3]{4x}}{2}$ $\left(\text{提示：利用曲线积分与路线无关，得} \dfrac{dx}{du} - \dfrac{1}{u} x = 4u^2 \right)$.